国家社会科学基金重点项目
"伦理道德的精神哲学形态研究"（10AZX004）成果

伦理道德的精神哲学形态

樊浩 著

中国社会科学出版社

图书在版编目（CIP）数据

伦理道德的精神哲学形态／樊浩著.—北京：中国社会科学出版社，2017.12
（2019.5 重印）
ISBN 978-7-5203-2532-5

Ⅰ.①伦… Ⅱ.①樊… Ⅲ.①伦理学—研究②精神哲学—研究
Ⅳ.①B82②B022

中国版本图书馆 CIP 数据核字（2018）第 088476 号

出 版 人	赵剑英	
责任编辑	张 林	齐 芳
责任校对	李 剑	
责任印制	戴 宽	

出　　版	中国社会科学出版社
社　　址	北京鼓楼西大街甲 158 号
邮　　编	100720
网　　址	http://www.csspw.cn
发 行 部	010-84083685
门 市 部	010-84029450
经　　销	新华书店及其他书店

印刷装订	北京君升印刷有限公司
版　　次	2017 年 12 月第 1 版
印　　次	2019 年 5 月第 2 次印刷

开　　本	710×1000　1/16
印　　张	34
字　　数	553 千字
定　　价	178.00 元

樊浩，本名樊和平。男，1959 年 9 月 8 日生，江苏省泰兴市人。教育部长江学者特聘教授（2007），东南大学资深教授，校学术委员会副主任，人文社会科学学部主任，道德发展研究院院长；江苏省社会科学院副院长；北京大学世界伦理中心副主任（主任为杜维明教授），资深研究员。英国牛津大学高级访问学者，伦敦国王学院访问教授。1992 年被破格晋升为教授，成为当时全国最年轻的哲学伦理学教授。国家"万人计划"首批人文社会科学领军人才，中宣部"四个一批"人才暨"全国文化名家"；教育部社会科学委员会哲学学部委员，教育部高校哲学教学指导委员会副主任，国家教材局专家委员会委员，中国伦理学会名誉副会长；江苏省社科名家，江苏省中青年首席科学家、"333 工程"第一层次（院士级）专家。江苏省"公民道德与社会风尚'2011'协同创新中心"、江苏省"道德发展高端智库"首席专家兼总召集人。第八、九、十届江苏省政协委员。

　　出版个人独立专著 14 部，合著多部，在《中国社会科学》等独立发表论文 260 多篇。成果获全国、教育部、江苏省优秀哲学社会科学一等奖 5 项，二等奖 8 项。作为首席专家主持国家重大招标项目 2 项，其他国家和省部级重大、重点和一般项目二十多项。代表作有：独立专著"中国伦理精神三部曲"——《中国伦理的精神》（22 万字，1990，1995），《中国伦理精神的历史建构》（38 万字，1992，1994），《中国伦理精神的现代建构》（60 万字，1997）；独立专著"道德形而上学三部曲"——《伦理精神的价值生态》（42 万字，2001，2007），《道德形而上学体系的精神哲学基础》（57 万字，2006），《伦理道德的精神哲学形态》（55 万字，2017）；以及作为首席专家的合著"道德国情三部曲"《中国伦理道德报告》（94 万字，2010），《中国大众意识形态报告》（105 万字，2010），《中国伦理道德发展数据库》和《中国伦理道德发展报告》（一千多万字，2018）。

总　序

　　东南大学的伦理学科起步于20世纪80年代前期，由著名哲学家、伦理学家萧崑焘教授、王育殊教授创立，90年代初开始组建一支由青年博士构成的年轻的学科梯队；至90年代中期，这个团队基本实现了博士化。在学界前辈和各界朋友的关爱与支持下，东南大学的伦理学科得到了较大的发展。自20世纪末以来，我本人和我们团队的同人一直在思考和探索一个问题：我们这个团队应当和可能为中国伦理学事业的发展做出怎样的贡献？换言之，东南大学的伦理学科应当形成和建立什么样的特色？我们很明白，没有特色的学术，其贡献总是有限的。2005年，我们的伦理学科被批准为"985工程"国家哲学社会科学创新基地，这个历史性的跃进推动了我们对这个问题的思考。经过认真讨论并向学界前辈和同人求教，我们将自己的学科特色和学术贡献点定位于三个方面：道德哲学，科技伦理，重大应用。

　　以道德哲学为第一建设方向的定位基于这样的认识：伦理学在一级学科上属于哲学，其研究及其成果必须具有充分的哲学基础和足够的哲学含量；当今中国伦理学和道德哲学的诸多理论和现实课题必须在道德哲学的层面探讨和解决。道德哲学研究立志并致力于道德哲学的一些重大乃至尖端性的理论课题的探讨。在这个被称为"后哲学"的时代，伦理学研究中这种对哲学的执着、眷念和回归，着实是一种"明知不可为而为之"之举，但我们坚信，它是我们这个时代稀缺的学术资源和学术努力。科技伦理的定位是依据我们这个团队的历史传统、东南大学的学科生态，以及对伦理道德发展的新前沿而做出的判断和谋划。东南大学最早的研究生培养方向就是"科学伦理学"，当年我本人就在这个方向下学习和研究；而东南大学以科学技术为主体、文管艺医综合发展的学科生态，也使我们这些90年代初成长起来的"新生代"再次认识到，选择科技伦理为学科生长点是明智之举。如果说道德哲学与科技伦理的定位与我们的学科传统有关，那么，重大应用的定位就是基于对伦理学的现实本性以及为中国伦理道德建设做出贡献的愿望和抱负而做出的选择。定位"重大应用"而不是一般的"应用伦理学"，昭明我们在这方面有所为也有所不为，只是试图在伦理学应用的某些重大方面和重大领域进行我们的努力。

基于以上定位，在"985工程"建设中，我们决定进行系列研究并在长期积累的基础上严肃而审慎地推出以"东大伦理"为标识的学术成果。"东大伦理"取名于两种考虑：这些系列成果的作者主要是东南大学伦理学团队的成员，有的系列也包括东南大学培养的伦理学博士生的优秀博士学位论文；更深刻的原因是，我们希望并努力使这些成果具有某种特色，以为中国伦理学事业的发展做出自己的贡献。"东大伦理"由五个系列构成：道德哲学研究系列；科技伦理研究系列；重大应用研究系列；与以上三个结构相关的译著系列；还有以丛刊形式出现并在20世纪90年代已经创刊的《伦理研究》专辑系列，该丛刊同样围绕三大定位组稿和出版。

"道德哲学系列"的基本结构是"两史一论"。即道德哲学基本理论；中国道德哲学；外国道德哲学。道德哲学理论的研究基础，不仅在概念上将"伦理"与"道德"相区分，而且从一定意义上将伦理学、道德哲学、道德形而上学相区分。这些区分某种意义上回归到德国古典哲学的传统，但它更深刻地与中国道德哲学传统相契合。在这个被宣布"哲学终结"的时代，深入而细致、精致而宏大的哲学研究反倒是必须而稀缺的，虽然那个"致广大、尽精微、综罗百代"的"朱熹气象"在中国几乎已经一去不返，但这并不代表我们今天的学术已经不再需要深刻、精致和宏大气魄。中国道德哲学史、外国道德哲学史研究的理念基础，是将道德哲学史当作"哲学的历史"，而不只是道德哲学"原始的历史""反省的历史"，它致力探索和发现中外道德哲学传统中那些具有"永远的现实性"精神内涵，并在哲学的层面进行中外道德传统的对话与互释。专门史与通史，将是道德哲学史研究的两个基本纬度，马克思主义的历史辩证法是其灵魂与方法。

"科技伦理系列"的学术风格与"道德哲学系列"相接并一致，它同样包括两个研究结构。第一个研究结构是科技道德哲学研究，它不是一般的科技伦理学，而是从哲学的层面、用哲学的方法进行科技伦理的理论建构和学术研究，故名之"科技道德哲学"而不是"科技伦理学"；第二个研究结构是当代科技前沿的伦理问题研究，如基因伦理研究、网络伦理研究、生命伦理研究等。第一个结构的学术任务是理论建构，第二个结构的学术任务是问题探讨，由此形成理论研究与现实研究之间的互补与互动。

"重大应用系列"以目前我作为首席专家的国家哲学社会科学重大招标课题和江苏省哲学社会科学重大委托课题为起步，以调查研究和对策研究为重点。目前我们正组织四个方面的大调查，即当今中国社会的伦理关系大调查、道德生活大调查、伦理—道德素质大调查、伦理—道德发展状况及其趋向大调查。我们的目标和任务，是努力了解和把握当今中国伦理道德的真实状况，在此基础上进行理论推进和理论创新，为中国伦理道德建设提出具有战略意义和创新意义的对策思路。这就是我们对"重大应用"的诠释和理解，今后我们将沿着这个方向走下去，并贡献出团队和个人的研究成果。

"译著系列"、《伦理研究》丛刊，将围绕以上三个结构展开。我们试图进行的努力是：这两个系列将以学术交流，包括团队成员对国外著名大学、著名学术机构、著名学者的访问，以及高层次的国际国内学术会议为基础，以"我们正在做的事情"为主题和主线，由此凝聚自己的资源和努力。

马克思曾经说过，历史只能提出自己能够完成的任务，因为任务的提出表明完成任务的条件已经具备或正在具备。也许，我们提出的是一个自己难以完成或不能完成的任务，因为我们完成任务的条件尤其是我本人和我们这支团队的学术资质方面的条件还远没有具备。我们期图通过漫漫求索乃至几代人的努力，建立起以道德哲学、科技伦理、重大应用为三元色的"东大伦理"的学术标识。这个计划所展示的，与其说是某些学术成果，不如说是我们这个团队的成员为中国伦理学事业贡献自己努力的抱负和愿望。我们无法预测结果，因为哲人罗素早就告诫，没有发生的事情是无法预料的；我们甚至没有足够的信心展望未来；我们唯一可以昭告和承诺的是：

我们正在努力！

我们将永远努力！

樊　浩

谨识于东南大学"舌在谷"

2006 年 9 月 8 日

内容提要

　　"伦理道德的精神哲学形态"包含四个不断递进的具有前沿意义的概念:"伦理道德","精神","精神哲学","精神哲学形态";也包含四个不断递进的课题:伦理与道德的关系;伦理道德"精神"家园的回归;"精神哲学"的方法;"精神哲学形态"的理论。本书的研究对象是"伦理道德",即伦理与道德的关系;聚力点是"精神";方法是"精神哲学";主题是"精神哲学形态"。"精神—精神哲学—精神哲学形态"构成关于"伦理道德"研究的概念体系、言说构架和推进逻辑。"精神哲学形态"的要义和目标是:让伦理道德回归"精神"的家园;让伦理与道德的关系回归"精神哲学"的理论体系和人的精神世界的现实发展;让精神哲学和人的精神世界回归"精神哲学形态"的历史传统和民族精神形态。

　　全书三卷六篇二十三章,外加两万字左右的绪论,和四万字左右的结语。绪论以历史叙事的方式提出一个精神哲学问题:"'我们'的世界缺什么?"通过对"希腊记忆"和"中国经验"的历史考察,引出人类文明的终极课题和终极挑战:"我",如何成为"我们"?

　　上卷"'伦理—道德'形态的精神现象学",对中西方伦理道德发展的两大文明传统的"源"与"流"进行精神哲学的历史叙事。第一编"伦理—道德"的"原生态"是精神哲学形态的历史之"源",通过对中西方伦理道德精神哲学形态的总体性历史考察,呈现以《道德经》和《论语》为源头的伦理道德的两大中国原生态。第二编"后伦理时代"揭示中西方伦理道德精神哲学形态的现代之"流":"伦"传统的"终结"—"后伦理时代"的来临,由此透析产生广泛影响的韦伯"理想类型"中所潜在的深刻精神哲学风险。

　　中卷"'伦理—道德'的精神哲学纠结",揭示现代高新技术和文明转型中所内在的"伦理—道德悖论"。第三编"高技术文明的伦理守望与道德蝉变",通过对科学技术的"物理"与伦理道德的"人理"的哲学关系的辩证,从电子信息方式、基因技术、医疗技术三个维度,揭示高技术文明对于伦理道德发展的精神哲学挑战,探索"高技术的伦理悖论与伦理中道"。第四编"伦理之'公'与道德之'民'",在形上层面探讨经济社会现代转型中伦理的存在方式,揭示伦理之"公"与道德之"民"精神哲学关系,以及作为精神世界与生活世界互动规律的善恶因果律的两大哲学形态:"理性"形态与"精神"形态。

下卷"伦理道德形态的精神哲学理论"是关于伦理道德的精神哲学形态的思辨研究。第五篇"伦理道德的精神哲学范式"通过对伦理道德的精神哲学形态的形上思辨,探讨伦理道德的西方精神哲学范式和中国精神哲学范式,进而回答一个哲学追问:"伦理道德,如何缔造现代文明的'中国精神哲学形态'"。第六编"走向伦理精神"着力探讨和回答关于"伦理道德精神哲学形态"的诸形上问题:"伦理道德,为何'精神'"?"伦理道德,因何期待'精神哲学'"?"伦理道德,何种精神哲学形态"?最后得出结论:"走向伦理精神"。

结语"伦理道德形态的精神哲学对话"回到绪论提出的问题,基于"对话文明"的理念,走出"轴心文明"和"轴心思维",进行中西方伦理道德发展的精神哲学对话,彰显"伦—理—道—德"的中国精神哲学传统和中国精神哲学形态,实现"伦理共和"。

"伦理道德的精神哲学形态"广义上是回归"精神"的家园,或作为"'精神'现象"的伦理道德的哲学形态,狭义上是"精神哲学"视域中伦理与道德关系的哲学形态。这一主题的理论指向是"精神哲学",历史与现实指向是伦理型中国文化对人类文明的特殊贡献和伦理道德发展的特殊精神哲学规律。本书致力于四大研究,进行四大对话:伦理与道德的精神哲学关系的体系化研究,进行"中国问题"与"西方问题"的精神哲学对话;伦理道德回归"精神"家园的研究,进行马克思与黑格尔、历史唯物主义与精神哲学的对话;"精神哲学"体系的研究,进行伦理道德辩证发展的精神哲学对话;伦理道德的"形态学"理论或伦理道德的"精神哲学形态"的研究,进行"中国形态"与"西方形态"的精神哲学对话。

目　　录

下卷 伦理道德形态的精神哲学理论

第五编 伦理道德的精神哲学范式

第六编　走向伦理精神

绪论："我们"的世界缺什么？

我们的世界缺什么？

无论如何，这是一个太大的问题，即便是对"我们的精神世界"来说。

然而，"'我们'的世界缺什么？"却是一个可以回答、对当下的中国和世界来说也必须回答的追问。

这一追问的要义是：使"我"成为"我们"，当今的世界到底缺什么？换一种话语方式：在今天的文明中，到底因为文化构造上的何种缺陷，或者到底因为何种文明缺失，使个体性的"我"难以达到、也难以真正成为整体性和实体性的"我们"？

追问的前提基于对当代文明的事实判断和文化体验："我"难以成为"我们"！然而，无论诊断还是追问，在哲学上都指向一种质疑："人应当如何生活"这一古老的"苏格拉底问题"，在两千多年之后是否依然还是人的终极追问？或者，这一具有终极意义的追问是否一开始就内在某种文化缺失或文本误读？陷于当今文明的"问题丛林"，是否应当延展人类的终极追问和终极思考？

原来，在对发端于文明源头的"人应当如何生活"本始疑讶和终极追问的文本解读中，我们遗失了一个更重要的追问：

"我们如何在一起？"

这一不幸的遗失，至今演绎为关于当代文明的一种强烈质疑：

"我们能否在一起？"

于是，必须回溯人类文明的原初经验和童年记忆。

（一）"希腊记忆"：苏格拉底之死

人及其生活的终极问题或终极追问是什么？学界似乎已经在哲学思辨

和文本考证中形成某种共识："人应当如何生活？"并且认为，这一追问始源于古希腊哲学家苏格拉底。于是，苏格拉底便是讨论这一问题绕不过的话题。然而，由于历史的久远和文本的不确切，苏格拉底到底因何又如何提出这一问题，乃至这一问题到底由谁提出，可能还有待严密考证。不过，毋庸置疑的是，这一问题是西方学术在古典时期发现的人的世界的最重要的问题。如果在思辨与文本两种传统方法之外尝试第三种路径，即哲学尤其是道德哲学的历史叙事，也许会有新的推进。这里以西方文明史上最为重要的伦理事件即苏格拉底之死为重心，将它与古希腊文化史上乃至日后西方文明史上的其他重大伦理事件和道德哲学文本相关联，在历史叙事中进行哲学还原，以试图接近"人应当如何生活"这一古老问题的历史真相。

1. 苏格拉底为何"死"？

"苏格拉底之死"到底是何种文明事件或文化事件？回眸两千多年的文明历程，解释无疑是多维的，但可以肯定的是，它不只是一次法律事件，作为一次法律审判即便是开天辟地的第一次审判，其历史记忆不会如此深刻和广泛，乃至即便在今天还常常在人文和社会科学的诸学科研究中被唤醒；也不只是一种政治事件，即便这一事件体现古希腊平民政治的缺陷，并且这种缺陷在后来的法国大革命中频繁地重演。苏格拉底之死如此深刻而广泛地植入世人的文化记忆，更有解释力的假设是：它本质上是一次伦理事件，是事关人类生存意义和生存方式的伦理事件。"伦理事件"的判断不是基于苏格拉底被判死刑，而是基于这一更具文化意义或人文意义的史实：苏格拉底因何死？为何死？我的观点是：苏格拉底因伦理而死，也为伦理而死。

我们回到柏拉图的记载。苏格拉底因受迈雷托士、赖垦、安匿托士三位原告的指控或错告，在参与雅典审判的 501 名法官投票中以 281 对 220 的微弱优势被判死刑。罪名有二：（1）慢神；（2）蛊惑青年。撇开这些罪名，至关重要的问题是：苏格拉底为何选择了死。

第一个问题是，苏格拉底为何在审判中不请求免死？依据柏拉图的《苏格拉底的申辩》，苏格拉底至少有三种途径可以免死：带着妻儿向法官求情，这是当时免死的常例；表示悔改之意，或追述战功，以求将功赎罪；自认充分罚款。严群先生认为，"苏氏的这种行为纯出于烈士气概，烈士之所以为烈士,就是临难之际,生路排在面前,只要稍屈,尽可免死,然而烈士宁死不屈"①。在《苏格拉底的申辩》中,他向投票判他死刑的人陈述不请求免死的理由:带妻儿向法官求情免死不是他这种人应当做的,因为它丢自己的脸,更丢国家的脸;这是让法官徇私的不虔敬行为。同时还安慰投票赦免他的人:这是神的旨意,做好人总不至于吃亏。而他的托孤方式更特别:不托朋友,反托仇人;如果孤儿没出息,就处罚他们。严群在译后记中认为,"本篇(引者注:指《苏格拉底的申辩》)在历史上,是人类最光荣的历史一页;在艺术上,是一幅绝技的烈士图像;在文学上,是一篇一流的传记;在伦理学上,是一种道德的基型"②。苏格拉底宁死不屈,诠释的是一种西方式的道德范型和道德烈士的形象。

第二个问题是,苏格拉底为何不逃死?这是苏格拉底之死在历史上最为夺目之处。根据柏拉图《克力同》记载,临刑前,好友克力同黎明前便疏通狱卒来到床前等候他从酣睡中醒来,最后一次力劝并安排他逃走,由此引发了苏氏与克力同的著名讨论或辩论,最后苏格拉底以"神所指引的路"为论辩的结论慷慨地选择赴死。苏格拉底完全有可能逃死而不逃死,他自己陈述的理由有二。(1)在个人道德上,逃跑是以恶报恶。国家虽然对他有不公判决,但他不能以怨报怨,以逃跑的手段报复国家。(2)在个人与国家的伦理关系和公民的责任上,国家之于公民等同于父母之于子女,国家高于父母,对父母不能报复,对国家更不可报复,而且,国家的威信重于个人的曲直,公民对国家有履行契约的责任。

可见,苏格拉底无论不乞免死,还是临刑前不逃死,根本上都是基于个人与国家关系的"正当",这是一种伦理的正当。"未得国家许可而擅离此地,我们是否负了最不应负的人——以恶对待他们了?我们践诺留在此地是否正当?"他批评和开导克力同道:"你难道智不及见,国之高贵、庄严、神圣,神所尊重,有识者所不敢犯,远过于父母和世世代代祖先?国家赫然一怒,你必须畏惧,对他愈益谦让、愈益奉承,过于对父母;能谏则谏,否则遵命……"③ 表面看,苏格拉底不乞生、不逃死是基于个人道德,但这种个人道德的基础和根据却是个人与国家关系的伦理。个人与

---

① [古希腊]柏拉图:《游叙弗伦、苏格拉底申辩、克力同》,严群译,商务印书馆1983年版,第85页。

② 同上书,第88页。

③ 同上书,第107、108页。

国家关系的伦理上的"正当"，即对国家伦理实体的神圣性的承认和尊重，才是他做出这一道德选择的根本原因。正是在这个意义上，苏格拉底是为伦理而死。

第三个问题是，苏格拉底因何被判死？如果说苏格拉底不乞免死，不逃死已经是一种伦理崇高，是为伦理而死，那么，雅典的错误审判则不仅意味着苏格拉底是因伦理而死，而且使他的死在崇高之外更有一种悲壮的精神魅力。原告指控他的两大"罪状"即慢神与蛊惑青年归根结底都与伦理相关。在申辩中，苏格拉底极力辩白自己既非不信神，也没企图创造新神，相反处处以神意为根据；《克力同》的最后结论便是赴死乃"神所指引的路"。苏格拉底确实因不满于宗教太不道德化而批评过宗教，但这绝不像原告所说的那样是要诱惑青年怀疑雅典国家神而信奉新神。他常说有一种神兆在心里监督自己的行动，这事实上只是隐喻良知的作用。所以，苏格拉底申辩自己不是自然哲学家，也不是智者。前者怀疑神的绝对性，后者则可能挑战国家的伦理权威。古希腊智者学派的名言是普罗泰戈拉提出的"人是万物的尺度"。这一具有相对主义性质的著名命题，不仅将判断的标准从神还给了人，而且这里的人绝非实体性的国家或城邦，而是个体性的。"事物对于你就是它向你呈现的样子，对于我就是向我呈现的样子。"① 雅典法庭对苏格拉底判死的两大罪名，核心是他动摇神的绝对权威并因诱惑青年可能瓦解国家的权威。苏格拉底不仅在申辩中一再表白自己对神的尊奉，而且以慷慨赴死证明自己认同和维护国家的伦理实体性。在这个意义上，苏格拉底因伦理而死，雅典对苏格拉底的审判，是一个伦理的历史冤案。

为伦理而死，因伦理而死，于是结论便是：苏格拉底之死是一种伦理事件。这一伦理事件的巨大历史意义在于：苏格拉底为何既可请求免死也可逃死，最后却选择了死？回答是基于伦理的正当！在《克力同》中，苏格拉底说出了一句对人类精神影响极为深远的话："追求好的生活远过于生活。"生活是重要的，但好的生活才有价值，好的生活重于生活。这就是孟子所说的："生，我所欲也，义，我所欲也，二者不可得兼，舍生而取义者也。"（《孟子·告子上》）什么是好的生活？好的生活就是正当

---

① 转引自罗国杰、宋希仁《西方伦理思想史》上卷，中国人民大学出版社 1985 年版，第98 页。

的生活。"生活得好、生活得美、生活得正当是同一回事。"① 问题在于,到底是何种"正当"?苏格拉底在生死之际关于人的生命和生活意义的这个第一次启蒙,引出了此后西方文明中"人应当如何生活"的终极追问,也许这就是人们认为这一追求始源于苏格拉底的根据吧。但是,我们对这一终极追问的讨论,往往忘记或忽视了苏格拉底因伦理而死、为伦理而死的历史境遇,由此,人的生活之"应当"便可能成为事实上也已经成为脱离伦理实体或伦理认同的无规定的价值思辨和道德抽象。

2. "伦理事件"

苏格拉底之死,不仅是古希腊的一次伦理事件,而且日后也成为西方文明史乃至整个人类文明的一次伦理事件。历史还原发现,这个伦理事件处于人类文明演进的因果链之中,并且是这个因果链的纽结。

如果以苏格拉底之死为坐标,那么,希腊精神的发展史可以分为前苏格拉底时代和后苏格拉底时代。苏格拉底的时代,一定意义上依然是"后英雄时代",它在相当程度上还遗留着从自然实体中分离或剥离出来并与之抗争的那种英雄史诗般的文化气息。奥林匹斯山的神话世界是希腊也是西方文明的源头。这是一个"力"的世界,各种自然力,从宙斯的绝对权力到雅典娜至美的"魅力",在这里都以神的非人格化形态呈现和活跃着,由神谕所宣示的"力"的必然性力量是这个世纪的唯一逻辑,在无伦理的原初状态中,诸力与诸神都获得了完全的自由,大力神俄狄浦斯杀父娶母而不负伦理责任就是这种绝对自由的诠释。于是,作为"力"的质料和根源的神便具有实体乃至终极实体的意义。苏格拉底时代,诞生于奥林匹斯山的神话世界中的这种神与力的必然性,已经内化为一种文化信念,这种转化的文化过渡以及所呈现的人与神的伦理关系,可以从苏格拉底所信奉的镌刻于德尔斐神庙(一说是阿波罗神庙)上的那句著名的教训获得启迪:"know yourself。""认识你自己",一般将它解释为人要有自知之明。问题在于,"自知"什么?"明"了什么?从当时特殊的历史文化语境分析,其真正含义是告诫人们要认识到在神面前的渺小,匍匐于神的脚下,听从神的安排,挣脱神的掌心的任何企图都是徒劳的。如果将

① 均见[古希腊]柏拉图《游叙弗伦、苏格拉底申辩、克力同》,严群译,商务印书馆1983年版,第104页。

它理解为唤醒人的自主意识，那么在神庙上镂刻这句话无疑是一个自嘲的悖论。苏格拉底时代，包括苏格拉底本人，继承了神话时代尊崇神力和命运的传统，神既是终极力量，也是终极实体，因而具有伦理的哲学意义。他在法庭上一再表白自己没有慢神，并以神意作为选择的根据，就是对神的承认的见证。但是，既然雅典法庭以慢神之罪判他死刑，不仅宣示神的绝对权威，而且表明，在那个时代，神的绝对性已经受到质疑，虽然可能不是来自苏格拉底。

　　重要的是，这一伦理事件的深远影响并没有因苏格拉底饮鸩告终，而是通过他的学说的承继者柏拉图和亚里士多德扩展为西方历史上的文明事件。苏格拉底的学生柏拉图不仅通过历史记载使这一伦理事件成为哲学文本，而且以系统的理论演绎和推进了老师的思想。柏拉图的"理念"说尤其是"众理之理"，不仅像马克思所指出的那样，有中世纪基督教"上帝"的影子，而且是古希腊"神"的终极实体的传统的哲学表达。"神"的这种理性化或哲学化演绎以及与日后基督教"上帝"的勾连，是否与苏格拉底被指控的"慢神"或创造新神的企图存在某种不易发现的秘密联系？当然，"众理之理"也使神获得一种新的形态和理性的生命力，这应当也与苏格拉底在申辩中一再表白的对它的承认和尊重有关。苏格拉底之死表明，在人类发展史上，古希腊人的精神形态或精神发展的阶段是伦理形态，古希腊人的精神世界，就像黑格尔在《精神现象学》中所说的那样，是一个伦理的世界。伦理形态和伦理世界的特征是出现了个体与实体的两种自我意识，但个体与实体不分，个体以实体的普遍性为意识的真理和行为合法性的依据。但是，苏格拉底之死也昭示着这种实体状态已经出现内在否定性，它导致了日后希腊精神的自我否定。虽然苏格拉底之死是一个伦理冤案，虽然苏格拉底一再表白自己对神这个终极伦理实体、对国家这个世俗伦理实体的认同和尊崇并以死证明，但是，无论是他对国家批评中所表现出的对"人民"这个实体的轻慢，还是他的学生参加的推翻平民民主政治的活动，事实上都预示着他对伦理状态下个体意识的某种启蒙。

　　也许，正因为这个伦理冤案，或由对国家行为的伦理正当性无条件服从所导致的伦理冤案，导致苏格拉底的再传弟子亚里士多德在《尼各马科伦理学》中对伦理的德性和理智的德性的两种区分。"德性分为两类：一类是理智的，一类是伦理的。理智的德性主要由教导而生成、由培养而增长,所以需要经验和时间。伦理德性是由风俗习惯沿袭而来,因此把'习惯'一词拼写方法略加改动,就有了'伦理'这个名称。"① 亚里士多德主张理智的德性高于伦理的德性。亚里士多德对理智德性的偏重,显然能从苏格拉底对不逃死的"理智"的思辨中找到其传统的渊源,但是也可以做出新的假设:正是苏格拉底之死的伦理冤案推动了亚里士多德对伦理德性的反思和对理智德性的偏重。与苏格拉底不同,亚里士多德的《尼各马科伦理学》显然更强调对国家合理性的诉求。但是,亚里士多德两种德性的理论并不意味着希腊伦理形态或伦理世界的终结,毋宁是标示着古希腊伦理传统的某种转向,即由伦理形态向后来希腊化时期的道德形态的转向,至少对"理智的德性"的推崇,内在着由实体性的伦理认同向基于理性反思的个体道德的转向。在这个意义上,亚里士多德处于西方伦理形态和伦理传统的转换点上。

3."希腊记忆"

苏格拉底之死,既宣示希腊文明的精神形态,也宣示它的内在否定性。其一,苏格拉底慷慨赴死,根据他自己的申辩和与克力同的对话,主要根据有二:一是对国家伦理实体的认同与尊重;二是出于理智尤其是道德理智,譬如逃亡会连累朋友犯罪,余生永无扬眉吐气之日,而且希腊其他城邦也一样灰暗甚至更加不合理等。其二,苏格拉底为伦理而死,死于伦理,但苏格拉底之死作为一个伦理冤案,也触发后人尤其是它的承继者的伦理反思。它说明,内在于苏格拉底申辩和教导中的理智便成为日后柏拉图和亚里士多德哲学的重心。其三,古希腊人的精神世界是一个伦理世界;古希腊人的精神形态是伦理形态。作为日后西方哲学终极问题的"人应当如何生活"之"应当",诞生于这个伦理世界,也面向伦理世界。在这个世界中,"应当"是伦理的正当,是由伦理实体决定并且在伦理实体中获得的正当或应当。"应当的生活"是苏格拉底所说的"好的生活",它高于"生活"本身,"好"的标准完全取决于生活之于伦理的正当性,苏格拉底之死就是为这个伦理性的"应当"或伦理性的"正当"而死。但是,无论苏格拉底在国家伦理认同中对理智的注重,还是由苏格拉底之

---

① 〔古希腊〕亚里士多德:《尼各马科伦理学》,苗力田译,中国社会科学出版社 1999年版。

死的伦理冤案所引发的对伦理神圣性的反思，无论苏格拉底为伦理而死还是因伦理而死，都内在着希腊精神的某种自我否定，它以伦理悲剧的形式表明："应当如何生活"的追问，必须以另一种伦理表达为其具体内容："我们如何在一起？"

苏格拉底之死，不仅成为"希腊记忆"，也以深远的影响力植入西方文明的童年记忆。苏格拉底之死作为伦理事件，苏格拉底所处的希腊时代之为伦理时代，可以从另一方面得到佐证。柏拉图记载苏格拉底与克力同讨论是否应该逃死的文献《克力同》，其另一个篇名便是《论义务——关于伦理的》，所以这个文献的全名为《克力同（或论义务——关于伦理的）》。这个伦理事件给希腊留下了什么记忆？它对希腊文明产生了何种影响？在苏格拉底之死的伦理事件中始终存在一个悖论：苏格拉底誓死与雅典的"我们""在一起"，以至最后为伦理而死，但雅典的"我们"判他死刑，意味着国家拒绝与苏格拉底"在一起"；苏格拉底不乞免死、不逃死的"应当"选择基于个人与国家关系的伦理，但冤案也生于这个伦理；苏格拉底死于伦理，但也生于伦理，最后他以自己的死与希腊精神永远地"在一起"。在这个意义上，苏格拉底之死是一场"在一起"的伦理纠结。纠结的不是"应当"，而是"在一起"；它"应当"于"在一起"，悲剧于"在一起"。在这个事件中，自始至终纠结和缺场的不是"应当"的理智，而是"在一起"的伦理。雅典法庭判死苏格拉底，这个错案和冤案使苏格拉底之死更具一种伦理性的悲壮和崇高，也引发了世人对伦理绝对性和神圣性的怀疑。最后，伦理认同与道德理智、"人应当如何生活"与"我们如何在一起"之间的紧张，导致了亚里士多德关于"理智的德性高于伦理的德性"的道德哲学觉悟和道德哲学转向。但是，这一转向并不意味着对希腊精神和希腊传统的背离，甚至不意味着对它的超越，毋宁说是对希腊精神的伦理形态或希腊伦理世界的总结，只是在这个总结中，蕴含着某种内在否定。由此，开启了西方精神由伦理形态向道德形态的转换。

（二）中国经验："道可道，非常道"

中国民族带着何种记忆、何种经验，开启了它的精神之旅？我们的假设是："伦"的记忆，"伦"的经验。

1."伦"的世界

如果把古神话当作蒙昧时代的长夜篝火与即将来到的文明时代的黎明曙光在地平线上交织而成的精神之花,那么它便具有民族的精神基因意义。中国神话与希腊神话的最大区别在于:它不是一个"力"的世界,而是一个"伦"的世界。一般认为,崇德不崇力是中国神话的显著特点,也是中国文化早熟的最重要标志,问题在于,德因何生?德的根据完全在于神话世界中诸神之间的伦理关系。奥林匹斯山上的神话世界的主人完全没有人性人形,当然也没有任何伦理义务和道德责任,而活跃于中国古神话中的主人却是不同伦理人格的化身,这种显著差异在后羿与俄狄浦斯两个大力神身上得到集中体现。俄狄浦斯犯了杀父娶母这样在中国文化看来大逆不道的滔天大罪,却完全不负道德责任,因为一切都有命运决定。羿射九日,完成造福苍生的伦理天命,而当他的妻子嫦娥因一己之私念独吞长生不老之药,直奔广寒宫后,便遭遇最为严厉的处罚,不仅由美妙的仙子变身为丑陋的癞蛤蟆,而且终生过着孤独寂寞的日子。两个大力士的不同命运,预示着孩提时代中西文明的两个完全不同的精神世界——"力"的世界与"伦"的世界。两个世界中都有最高存在者,希腊神话中是奥林匹斯山上的宙斯,他与这个世界的关系是"主宰";中国神话中创世的人物是盘古和女娲,盘古开天,女娲补天,由此人从自然界和自然状态中分离出来,产生所谓"人类",他们与这个世界的关系是"载物"。"宰"与"载",或主宰世界与托载世界,根本上反映的是人对世界的两种截然不同的态度,也是"我们如何在一起"的两种截然不同的伦理方式。在神话时代,"我们"的世界缺什么?希腊神话世界缺伦理的气象,缺由伦理造诣而生成的作为诸神行为合法性的道德;中国神话因过早地背负伦理担当和道德责任,缺希腊神话孩提时代的童贞和绝对自由的那种诗意的浪漫。

正因为如此,两个世界的实体性理念,以及由神话时代通向文明时代的精神之路和记忆链便不相同。"神"是联结希腊神话时代和文明时代的记忆链,所以,对神的态度成为苏格拉底审判和辩护的最为关键的概念;而"礼"则是中华民族由原始时代走向文明社会的精神脐带。如果说盘古开天的精神意义是使"人"从自然界中挺拔出来,从而产生人的"类"存在与"类"意识,那么,女娲补天则是建构人的伦理同一性。两个神话，一阴一阳，都指向天人关系以及天人关系下的人的类存在。盘古开天宣示着天人之间的某种紧张，女娲补天则演绎着紧张中的某种乐观。盘古女娲与中华民族的关系，更像祖先，而不是西方式的终极实体和最高主宰，这也体现了天神崇拜与祖先崇拜的两种不同文化意向。同时，虽然无论开天还是补天，都表达和表现某种紧张，但由于开天与补天意味着天地不仅都是人的作品，而且天地的一切魅力以及天之于人的合意性都源于人的献身或化身，因而本质上是天人合一。而且，天人合一是一种"互合"的互动。因为人是天地之子，所以人合于天；因为天地是人的作品和人献身的造化，所以天意在人意，天理即人理。于是，在中国文明的童年，不仅天与人、人与人之间存在世俗的伦理同一性，而且于紧张中内在某种合一的乐观，因而没有出现苏格拉底式的伦理悲剧。苏格拉底之死，在文化精神上体现自古希腊神话以来神或终极实体对人的主宰及绝对权力的神圣性，也体现了二者之间难以消解的紧张，当然在这种紧张中也映现人的精神世界的悲剧式的崇高，它与日后西方文化的悲剧之美是一脉相承的。

如果说中国古神话是一个"伦"的世界，那么，西周维新则使这种"伦"的潜意识制度化与精神化。在中华民族由神话时代走向文明时代的精神之旅中，最重要的历史事件和文化事件便是西周维新。作为文明转型中最重要的历史事件，西周维新无疑是一次影响深远的社会变革，它奠定了日后中国社会制度乃至文化精神的原素与原色，其地位与古希腊历史上的梭伦改革等社会变革相似，其最重要的意义是决定了由原始社会向文明社会转型的"中国道路"，但与梭伦改革不同，它不是一次分道扬镳式的革命，而是中庸式的改良。这个由维新或改良而完成的文明转型的最大智慧，也是对人类文明的最大贡献，是成功地转化和开发了迄今为止人类所经历的最为漫长的原始社会中所形成的氏族血缘原理，使之上升为文明社会中意识形态的自觉主张和伦理政治制度，从而奠定了中国文明、中国文化万古江河的中流砥柱。西周维新的主题和核心话语是"制礼作乐"，正因为如此，它不仅是一次最为重要的社会变革，而且本质上也是一次最为重要的伦理事件，它奠定了中国文化作为伦理型文化的原色与基调。"礼"也许是西周维新中最具创造性的概念，如果它在西周以前已经存在，那么，至少是一个最具创造性的文化发现和文化选择。"礼"是对西周以前中国社会组织结构原理和人的精神世界的重大发现，"制礼"的重要贡献在于，它将作为自然法或习惯的"礼"成功地转化为意识形态上的自觉主张和一套典章制度，从而进行社会生活秩序与人的生命秩序的自觉建构。作为诞生于氏族社会的文化现象，"礼"源于祭祀，祭祀表达的是世俗生活中的人与自己生命根源的祖先之间跨时空的同一性关系，它在本质上是一种自然伦理关系的认同，由此建构人的生命的伦理同一性；透过"慎终追远"生命同一性的缅怀，社会生活秩序和社会的伦理同一性也在与祖先的不同关系中得到表达和建构，所谓"安伦尽份"；同时，在对"礼"的认同、内化和演绎中，个体获得"礼"的教养，从而形成所谓"德"，于是，"礼"不仅指向伦理或伦理实体，而且也指向个体道德或道德主体，也许这就是在中国文化初年"礼"的观念与"德"的观念几乎同时诞生的缘故。因此，"礼"在文明的开端便具有极其充沛的伦理内涵。所谓"作乐"，是通过"乐"的滋养，使"维齐非齐"的礼的伦理政治制度在日常生活中得到尊奉和落实，使"礼"不仅是善，而且是美；不仅是君君臣臣、父父子子的伦理政治地位的区分，而且是由区分所生成的社会秩序的和谐，"礼之用，和为贵"（《论语·学而》）不仅是外在制度，而且是内在教养及其所产生的伦理认同和内心愉悦。从一开始，"乐"便与"礼"紧密结合，表达和演绎着"礼"的制度安排。在这些意义上，西周维新是中国文明转型中最为重要的伦理事件，"礼"是它的最为关键也是对日后中国文明影响最为深远的概念。在文明发生中，"礼"与古希腊的"神"具有某些相同相通的文化意义和文化功能，对"礼"的态度与对"神"的态度一样，是行为合法性的绝对标准，"非礼勿视，非礼勿听，非礼勿言，非礼勿动"（《论语·颜渊》）。不同的是，"神"是终极实体和超自然的必然性力量，而"礼"则是伦理实体和世俗生活的伦理政治力量，使"我"成为"我们"，即获得"我们"承认从而可能"在一起"的合法性世俗基础与伦理前提。

2. 中国智慧

西周维新进行了"伦"的世界的制度化建构，但是春秋时代的天下大乱又解构和颠覆了这个世界。在人类社会的初年，如果说希腊文明的集体记忆是苏格拉底之死，那么，中国文明的童年记忆便是"礼崩乐坏"。"礼崩乐坏"不仅意味着社会秩序的解构，而且意味着由文化认同危机而导致的精神世界的颠覆，其文明后果和直接表现是社会失序，行为失范。在哲学上，它既意味着失去"人应当如何生活"之"应当"的道德同一性，也意味着失去"我"成为"我们"的"在一起"的伦理同一性。在那个时代，"我们"的世界缺什么？缺"礼"！这是先秦哲学家尤其是孔孟儒家做出的文明诊断。春秋战国时期，百家争鸣，但百家在两个方面却有共通之处，甚至可以作为价值共识或核心价值。其一，对作为"无知之幕"的原初文明即"三代"的"理想国"图式的虚拟肯定和向往，乃至孔子说出"郁郁乎文哉，吾从周"的无限憧憬的话；其二，"礼"是百家话题，虽然对礼的态度有所不同甚至截然相反，但"礼"总是诸子百家绕不过的话题和话语情境。孔子以"复礼"为自己的最高使命，试图以"克己复礼"拯救文明（《论语·颜渊》）；老子认为礼的教化是人的朴素本性的异化，"夫礼者，忠信之薄而乱之首"（《道德经·三十八章》）；法家"礼义生以定法度"，将"礼"作为"礼义廉耻"的"国之四维"（《管子·牧民》）之首。有待研究和追问的是：在拯救春秋战国时代那场社会危机和精神危机的过程中，儒家智慧和道德智慧到底有何殊异？为何儒家成为中国文化的主流和正宗？为何在日后的文明中，儒道互补成为解决中国人精神问题也成为中国人精神世界的必然结构？

　　鸟瞰历史，春秋时代的文明图像与古希腊有某些相似之处。孔子和苏格拉底可以分别作为中西方的第一位教师，不同之处在于，苏格拉底在审判中竭力否认自己是教师，理由是没收费，但法庭和世人都这么认为，也许苏格拉底的辩白是为推脱诱惑青年的指控吧！古希腊智者的相对主义与庄子也存在某些相似。苏格拉底开辟的传统成为西方文化中希腊传统的主脉；孔子开创的儒家则成为中国文化的主流与正宗。就儒道关系而言，道家无论在智慧还是学识方面都高于儒家，即便是作为儒家核心概念的"礼"，孔子也得向老子请教，但是，到底何种原因使儒家而不是道家在应对中国人生活世界和精神世界问题中成为主流？又是何种原因使得在解决生活世界尤其是精神世界的问题中儒道难分难离？苏格拉底以他的智慧，也以他极富人文意义的死，成为古希腊人和西方人精神的祖师和教主，而在中国，孔子和老子却始终是人的精神世界的双生教主，儒道互补，自古至今是化解中国人精神紧张的文化秘方。

　　某种意义上可以说，无论儒家还是道家，其理论的问题指向和着力点都是对春秋时代礼崩乐坏的坠落世界的精神拯救，虽然儒家一直试图诉诸制度安排，但精神拯救总是它的着力点。"礼云礼云，玉帛云乎？乐云乐云，钟鼓云乎？"（《论语·阳货》）孔子曾如此对形式化的缺乏精神内涵的礼仪制度提出批评和质疑。儒道拯救精神世界的努力展开为两种方向。老子开辟的是"道—德"本体性传统;孔子开辟的是伦理整体性传统。老子在解决世界的自然同一性、"我们"的社会同一性问题时,追问于终极性的"道",并以"德"诠释"一"与"多"、此岸与彼岸、终极与存在的关系,"尊道贵德"是他的哲学精髓。"道生之,德蓄之,物形之而器成之,是以万物莫不尊道而贵德。"(《道德经·五十一章》)但是无论"道"还是"德",都是一个形而上的本体概念,无论对回答"人应当如何生活"的"用生"的问题,还是"我们如何在一起"的"用世"的问题,它们都是一种视之不见、搏之不得的希夷之境,缺乏直接的解释力和解决力。《道德经》第一章便说:"道,可道也,非恒道也;名,可名也,非恒名也。"演绎下去,便是"道不可道,名不可名"。老子虽然"推天道以明人事",由"道"的终极实体演绎人的生活世界的合理性与合法性,但"道"到底如何落实为人的生活准则和生活秩序,始终是个难题。"道"是老子和道家的最高智慧,它在相当意义上与柏拉图的"理念"相近相通,因而也代表中国文化的最高智慧;但是,老子在用"道可道,非常道"来宣示"道"的至高境界的同时,某种意义上似乎也发现和暗示了它解释和解决世俗问题的乏力与局限,因而强调它是"非常道"。应该说,这同样是老子哲学的大智慧,是"自知"的大智慧,这种智慧日后演化为中国文化对待道德与伦理关系的智慧:"道"虽高远,但因其"非常道",难以直接成为日常生活的法则,只能作为这些法则的终极根据,而世俗世界的"伦"和"伦"之"理"才是具体的和客观的。

儒家便是这样一种智慧。孔子以"复礼"为使命,试图以此重建社会生活秩序和个体生命秩序。如何达到这个目标,他以一言盖之:"克己复礼为仁。"(《论语·颜渊》)撇开繁复的知识考古及其争讼而进行精神哲学分析,这一命题至少包括三个重要的精神元素:作为伦理实体的"礼";作为道德主体的"仁";作为化解礼与仁、伦理与道德之间紧张关系的"克己"。当然,最值得注意的是三者之间的关系,或这六个字所蕴含的建构伦理与道德之间关系的原理:"礼"或"复礼"是终极目的;"仁"是达到"礼"的途径;伦理实体性与道德主体性的同一性建构在于"克己"即自我超越的修养。"克己复礼为仁。一日克己复礼,天下归仁焉。"(《论语·颜渊》)由此,便建构了一个伦理优先,在伦理与道德的辩证互动中解决生活世界和精神世界问题的精神哲学范式。这个精神哲学范式及其传统在孟子那里得到了更为系统的表述："人之有道也，饱食、暖衣、逸居而无教，则近于禽兽。圣人有忧之，使契为司徒，教以人伦——父子有亲，君臣有义，夫妇有别，长幼有序，朋友有信。"（《孟子·滕文公上》）这段话中，最关键的是"人之有道"与"教以人伦"之间的关系。儒家乃至整个中国文化最大的忧患是"类于禽兽"，此即所谓"忧道"，这是忧患意识的发源和根本。如何解决这一课题？儒家提供的根本路径是"教以人伦"。显然，儒家也承认并追问一个终极性的"道"，但它所直面的是此岸性的"人道"，由"人道"而及"天道"。其着力点是在"类于禽兽"的现实危机下如何救"道"和济"道"。"'人之有道'—'教以人伦'"便是孟子也是儒家解决这个问题的最大也是最成熟的智慧。在这里，伦理与道德都在场，而伦理显然处于优先地位。

　　回眸中国文明的轴心时代，"礼崩乐坏"是"中国问题"也是"中国记忆"。如何应对这一"中国问题"？在中国文明的童年便有两种智慧。一是老子"尊道贵德"的智慧；一是孔孟"'人之有道'—'教以人伦'"的智慧。前者是"道—德"智慧，后者是"伦理—道德"合一、伦理优先的智慧。"道—德"智慧可以终极而形上地回答"人应当如何生活"的问题，但却难以现实地解决"我们如何在一起"的问题；"'人之有道'—'教以人伦'"的智慧，可以现实地回答"我们如何在一起"，并以此具体地回答"人应当如何生活"的问题。前者具有终极性和形上本体性，后者具有现实性和伦理总体性；前者是对彼岸的"道"的终极性诉求，后者是对此岸的"伦"的总体性追求。正因为如此，儒道互补，才能真正解决中国人的安身立命问题，其中，"'人之有道'—'教以人伦'"是应对"礼崩乐坏"的"中国问题"的最具代表性的"中国经验"和"中国智慧"。

（三）"同是天涯沦落人"

　　至此，我们便可以对文明初年中西方民族的精神发展做一个漫画式的描绘。希腊民族童年的精神图像是：奥林匹斯山"神"的世界—前苏格拉底时代德尔斐神庙"认识你自己"的神谕—苏格拉底之死—柏拉图"理念"—亚里士多德关于伦理的德性和理智的德性的区分及其哲学转换。中华民族初年的精神发展轨迹是：古神话时代的"伦"的潜意识或"伦"的世界—西周维新对"伦"世界的制度化建构—春秋时代礼崩乐坏对"伦"世界的颠覆性解构—儒道对"伦"世界的精神拯救和精神建构。可见,"伦"世界是与古希腊"神"世界的"希腊经验"相对应的"中国经验"。在文明初年的集体记忆中,苏格拉底之死是"希腊记忆",礼崩乐坏是"中国记忆"。

根据弗洛伊德的理论,童年的记忆对人的一生将发生重大影响。中西方民族正是背负着"神"与"伦"的童年经验和苏格拉底之死与礼崩乐坏的童年记忆,像黑格尔所说的密涅瓦黄昏起飞的猫头鹰一样,开始了他们的精神之旅。这些童年经验和童年记忆对他们的精神之旅具有基因性意义。

1. 西方经验

苏格拉底之死对西方精神尤其是西方道德哲学的影响,与后人对这一伦理事件的反思以及苏格拉底理论密切相关。如前所述,苏格拉底为伦理而死,因伦理而死,这一事件触发后人对伦理实体与个体道德、伦理存在与道德理智关系的反思,反思的基本走向是对伦理实体的公正诉求和对普遍道德理智的追求。苏格拉底"知识即美德"的命题以及在申辩中不断强调的"理智""公正"等理念,推动柏拉图具有精神意义的个体与实体同一性关系的"理念"的哲学诞生。可以说,"理念"既与希腊文明的"神"相通,也与苏格拉底的"理智"相印。"理念"既是普遍理智,也是个体与实体的同一,它隐含于苏格拉底之死中的精神纠结,即伦理与道德、实体(或国家共同体)与个体的关系,并且具有形上意义的解释力。亚里士多德主张理智的德性高于伦理的德性,已经内含着理智高于伦理或道德高于伦理的取向。于是,古希腊道德哲学经过亚里士多德,在拉丁化的过程中或希腊化时代便由"伦理"的精神形态向"道德"的精神形态转化。中世纪是神学的世纪,上帝是绝对的终极实体。无疑,这个神学的世纪既与希伯来文化相关,也与希腊传统相关。"上帝"及其在中世纪的绝对地位,不仅是像马克思所说的那样具有柏拉图"理念"的影子,而且有古希腊"神"的基因。不仅如此,更为奇妙的是,在中世纪最为黑暗的文明长夜中,苏格拉底开辟的希腊哲学的"理智"传统也一直不息地暗渡潜流。中世纪宗教以哲学的方式论证最高主宰的存在,讨论的命题如"一个针尖上能站几个天使",以理性论证蒙昧。正因为如此,文艺复兴甫一兴起,便迎来近代科学与人文的曙光。文艺复兴兴起的近代人文主义的内核是个体主义，个体主义不仅是对希腊伦理实体主义的反思和对上帝绝对实体的反动，也是中世纪宗教发展的必然结果。中世纪以上帝为终极实体，世间一切人与人的关系通过上帝这个终极的"伦"的依附关系获得合理性与合法性；在这种关系中，个体与上帝独立地发生精神往来，正因为如此，人在上帝这个终极实体面前事实上于精神世界中具有平等的地位。所以，一旦文艺复兴动摇了上帝的绝对权威，个体就不但自由了，而且平等了。作为近现代西方文化核心价值的自由平等理念，事实上是内在于中世纪宗教哲学中的否定因素。但是，文艺复兴将内在于古希腊传统中的理智主义极端地发展了，由苏格拉底的"知识就是美德"向培根"知识就是力量"的演绎便是如此。在"知识就是力量"的命题中，不仅内含着知识与美德的分离，而且潜在造就了"理智的傻瓜"，甚至"知识巨人，道德恶棍"的危险，培根自己的人格就是典型代表。由希腊伦理形态向后希腊时代道德形态转化的哲学根据有二：一是对普遍理性的追求；二是对意志自由的痴迷。这种道德形态至康德被哲学化并形成更完的理论形态，这就是道德哲学形态。康德一方面诉诸道德的"绝对命令"，并在"绝对命令"下追求和实现道德自由；另一方面，又借助"上帝存在"和"灵魂不朽"两大公设化解道德与幸福统一的至善的矛盾。显然，在康德的"绝对命令"中不仅有上帝的公设，而且有古希腊"神"的影子和柏拉图"理念"的影子。但是，当康德在《实践理性批判》最后宣誓对头顶上的星空和人内心的道德律满怀敬畏时，事实上也标志着他的道德哲学因其抽象性和形式化而走到尽头。在此基础上，黑格尔对古希腊以来的西方传统进行宏大叙事和哲学鸟瞰，建立了逻辑与历史统一的精神哲学体系，在伦理—道德的辩证运动及其生成的精神哲学体系中，实现了古希腊伦理与道德、伦理形态与近代道德形态的和解。

这样，在西方精神的演进中，古希腊开辟的是伦理传统或精神发展的伦理形态，苏格拉底之死催生了对这一传统的推进中的反思；希腊化时期的道德形态是对伦理形态的否定，而以康德为代表的道德哲学形态不仅是追求普遍理性和道德自由的哲学形态，而且也是道德形态的内在否定性；黑格尔的精神哲学形态及其所形成的伦理整体主义是古希腊伦理形态的否定之否定。至此，西方精神的发展完成了辩证发展的第一个圆圈。不幸的是,黑格尔之后,西方世界故意冷落黑格尔哲学,甚至把它当作死狗打,其后果不仅是哲学和精神的碎片化,而且是伦理与道德的再度分离。其间,最重要的伦理事件之一便是尼采向全世界的那个豪迈宣布:"上帝死了!"对宗教型的西方文化来说,"上帝死了"的道德哲学意义便是实体死了,伦理死了。吊诡的是,当尼采在44岁生日宣布"上帝死了"之后,他自己便疯了,而且从此再也没醒来,这似乎预示着上帝死了之后,人类所陷入的失根漂泊之境。于是,源于苏格拉底智慧、基于苏格拉底之死的哲学反思的西方道德哲学和西方文明的精神发展,在走完第一个圆圈之后,又陷入伦理与道德分离的碎片化危机之中。

2. 中国轨迹

先秦以后的中国道德哲学和中国精神文明似乎演绎了另一类轨迹。春秋时代礼崩乐坏的童年记忆,造就了日后中国文化挥之不去的秩序情结;而自古神话就创生的"伦"的世界和"伦"的传统,又使中国文化将社会秩序的建构奠基于伦理的基础之上。孔子和老子分别开辟了道德哲学和精神发展的"伦"的传统和"智"的传统。老子的"智"的传统被庄子主观化为相对主义和绝对的道德自由。老子的"道—德"智慧向庄子个体主义和绝对自由的发展是一个非常有趣的学术演绎。庄子哲学可以看作中国哲学中的自由结构。庄子的相对主义追求现世伦理关系下的绝对的道德自由和精神自由,其范式是所谓"乘物以游心,托不得已以养中"(《庄子·人世间》);"缘督以为径,可以保身,可以全生,可以养亲,可以尽年"(《庄子·养生主》)。前者是游于伦理的道德自由,后者是明哲保身的个体主义。但是,一方面,这种游于伦理的绝对自由没有现实性;另一方面,明哲保身的个体主义缺乏道德感。这两大原因决定了道家伦理最后只能遁入"用生"的个体内心生活,而不能成为"用世"的主流。孔子"克己复礼为仁"的伦理与道德同一精神哲学范式,在先秦沿着两个方向发展。其一是孟子展开和推进的"五伦四德"体系,在这种推进中,礼与仁虽依然合为一体,但礼已经成为四德之一,从而内在着丧失"礼"的伦理优先地位的危险。其二是荀子发现这一问题后,建立的以"礼"为核心的客观伦理精神体系。但是物极必反,他将"礼"诠释为天理、人情、国法的统一,不仅预示着"礼"向"礼教"的发展,而且内在着由儒家向法家、由伦理向法律的转化。于是,到汉武帝,"克己复礼为仁"的伦理与道德同一的古典精神形态被推进为官方形态，即"三纲五常"。显然，"纲"是一种绝对伦理，在伦理与道德的统一体中，伦理已经不只是优先，而是绝对。在日后的历史发展中，"礼"已经不是一种教养，而是一种制度甚至工具，所谓"名教"。由此，也内在着社会伦理与个体道德的紧张与冲突。至宋明理学，中国传统道德哲学形态和精神哲学形态获得第三期发展，达到儒道佛三位一体的"天理人欲"形态。至此，不仅伦理与道德相统一，伦理的优先地位不仅获得承认和巩固，而且透过儒家入世与道家循世、佛家出世的结构性互补，形成自给自足的伦理精神生态，使得中国人在得意、失意、绝望的任何境遇下都能坚守伦理并且不失安身立命的精神基地。这种伦理精神形态的精髓，用笛卡儿的话语诠释就是："只求改变自己的欲望，不求改变社会的秩序。"其实质早被封建社会启蒙思想戴震揭露："人死于法，犹有怜之者，死于理，其谁怜之！"（《孟子字义疏证·卷上》）至此，伦理优先的伦理精神形态因其绝对性便走到历史的尽头。

这样，带着文明童年的记忆，中西方民族演绎着自己不同的精神轨迹。西方轨迹的主题是伦理与道德分离，道德优先：古希腊"伦理"形态—"后希腊"或希腊化时代的"道德"形态—康德"道德哲学"形态—黑格尔伦理与道德统一的精神哲学形态—现代伦理与道德分离的道德自由形态。中国轨迹的主题是伦理与道德同一，伦理优先："克己复礼为仁"—"五伦四德"—"三纲五常"—"天理人欲"。

3. 相似的现代史

有趣的是，中西方民族的精神发展和道德哲学发展虽有不同的古代史，却有相似甚至相同的现代史。这种相同的现代史表现于两个方面。

其一，同一个"现代觉悟"。

进入 20 世纪，中西方思想家基于对自己文明的诊断，产生同一个觉悟——

20 世纪初，陈独秀痛切反思："伦理的觉悟，为吾人之最后觉悟之最后觉悟。"[1]

---

[1] 陈独秀：《吾人之最后觉悟》，载任建树、张统模、吴信忠编《陈独秀文集》第 1 卷，上海人民出版社 1993 年版，第 179 页。

20 世纪 40 年代，英国哲学家罗素睿智地发现："在人类历史上，我们第一次到达这样一个时刻：人类种族的绵亘已经开始取决于人类能够学到的为伦理思考所支配的程度。"①

何种"同一个现代觉悟"？"伦理"觉悟！

伦理觉悟，伦理启蒙，是现代文明早该完成但却远未完成，甚至还未真正意识到的任务，这一任务是如此重要，以至它不仅关涉道德发展，而且关乎"人类种族的绵亘"！

然而，仔细考察便会发现，陈独秀命题与罗素命题、"中国伦理觉悟"与"西方伦理觉悟"具有完全不同的话语背景和问题指向。五四时代，陈独秀"伦理觉悟"的主题是"冲决罗网"的伦理解放；罗素"伦理思考"的要义是"回到古希腊"的伦理回归。如果说前者是"现代觉悟"，那么后者已经是"后现代觉悟"。

其二，"同是天涯沦落人"。

然而，历史往前推进，进入 21 世纪，同一个觉悟便在全球化境遇中交叉重叠。由于未完成"学会伦理地思考"的必修课，现代西方道德哲学、现代西方文明已经陷入伦理认同与道德自由不可解脱的矛盾和冲突之中，诸领域广泛卷入并且方兴未艾的正义论和德性论之争就是这一冲突的理论表现。与此同时，20 世纪下半叶以来的中国文明，在市场经济和全球化的巨大冲击下，"伦理觉悟"已经演变为"伦理危机"。在"一切都被允许"的今天，人们对道德相对性，对由相对主义而产生的道德自由基本满意，但对作为道德自由后果的伦理关系却高度不满意；对于被朱熹当作"儒者第一义"或道德基本问题的义利关系，无论是价值取向还是社会现实，都在二者之间徘徊，因为义利标准失去了公私关系的伦理内涵和伦理具体性；在道德与幸福的关系中，几千年来深入文化骨髓的善恶因果律的信念动摇，社会也因因果律的中断失去善恶因果律的信心，因为善恶报应缺失伦理实体的支持和执法，除非诉诸康德式的两大公设；这一切的后果是，今天，经济发展了，生活水平提高了，人们的幸福感却下降了，缺乏伦理温情和伦理关怀，无论经济增长还是物质改善，都只是一个让人无动于衷的数字概念。离开伦理，离开伦理总体性和伦理具体性，我们只能穿梭徜徉于公正与德性等诸多价值之间，美丽地优柔……

---

① 罗素：《伦理学和政治学中的人类社会》，中国社会科学出版社 1992 年版，第 159 页。

伦理缺失的普遍文明感受和文明镜像是：失家园！失何种家园？失"伦理"家园。

于是，"人应当如何生活"的道德追问，根本上是"我们如何在一起"的伦理追寻。

由于伦理缺失，"我们如何在一起"的伦理追问已经演变为一场关于人类文明前途的信念危机——

"我们能否在一起？"

"我们"的世界缺什么？"我"成为"我们"的世界缺什么？"我们在一起"缺什么？

"缺伦理"！——缺作为"本性上是普遍的东西"的伦理存在！

"缺精神！"——缺达到"单一物与普遍物统一"的伦理精神！

缺"伦理"，缺"精神"。

这，就是本书的理论假设。

上　卷

"伦理—道德"形态的精神现象学

两千多年前，阿基米德希腊求索，与物理世界私语："给一个支点，我将撬起整个地球！"

一千多年前，诗人杜甫仰望泰山，与精神世界浪漫："会当凌绝顶，一览众山小！"

其实，无论阿基米德力学的"点"，还是杜甫诗化的"顶"，不过是轴心时代庄子的那泓哲学的"秋水"："因其所大而大之，则万物莫不大；因其所小而小之，则万物莫不小。"（《庄子·秋水》）

踩着这个"点"，登上这个"顶"，蹚着那泓"秋水"，浩瀚广袤、云山雾罩的人类精神史的全景，不过是由宗教的阴极和伦理的阳极交织而成的精神世界的太极。

人类精神史，从一开始便充满太多至今仍未完全揭开的玄机……

在世界精神史上，四分之三的众生以彼岸的宗教为精神世界的轴心，四分之一的中国人以此岸的伦理为精神世界的轴心，宗教与伦理，自古便是人类精神宇宙中出世与入世的两大支点，自如而自足地旋转。

于是，伦理道德在人类精神史上的原生态便有两道绚丽的风情：在西方，精神史的家族似乎永远是单性或单亲，或是童年的伦理形态，或是青年的道德形态，或是壮年的道德哲学形态，生命成熟中伦理与道德的偶尔邂逅，令文化基因中本能地相斥的西方人犹如第一次遇见同性恋般莫名惊诧，不是棒打鸳鸯，便是冷暴力。在中国，伦理与道德恰似精神单细胞中的一对染色体，呱呱坠地，已是双胞胎，只不过，老子的《道德经》虽略早于孔子的《论语》向世界报到，然而，不是老子的"道德"而是孔子的"论语"成为中国人"圣经"，这一独特的文明诞生史已经注定了精神世界的宿命：伦理与道德一体，伦理优先。

"忽如一夜春风来。"现代性狂暴突袭之际，"上帝死了"，尼采疯了，整个西方世界疯了；"孔家店""倒"了，"伦"的传统终结了，"后伦理时代"到来了。于是，无论西方还是中国，精神世界的原生态解构了，颠覆了……

"如果没有上帝，世界将会怎样？"

"如果没有伦理，道德将会怎样？"

中西方精神文明，中西方人的精神世界，以不同的问题式，呈现生命"青春期"的疑讶和惊悚。

流离失所之际，韦伯推来"理想类型"的"挪亚方舟"。可是，未及挂帆，却发现"理想类型"所暗渡的不仅是西方中心主义，而且是披着"伦理"华裳的"文明帝国主义"。随后刮起的是"全球化"飓风，不仅给中国人精神世界以严重感染，而且于文化殖民中潜在更大的精神世界风险：西方人生病，中国人跟着吃药！

"把上帝的还给上帝，把恺撒的还给恺撒！"

鸟瞰人类文明的精神史，回眸人类精神的问

题流，一个哲学追问便从思想的王国向生活世界
蜿蜒逶迤——

　　"伦理，如何与'我们'同在？"

第一编

伦理道德的"原生态"

一 "伦理"—"道德"的历史哲学形态

在形而上学"被终结"的时代，追究"伦理"与"道德"的概念关系似乎是一种不合时宜的思辨哲学奢侈甚至痼癖。然而，现代文明的悖论却为这一努力提供了哲学辩护：在西方社会广泛存在、中国社会以不同范式呈现的伦理认同与道德自由的矛盾。然而，另一种批评试图颠覆这一辩护：关于这一"现代性问题"的把握还没有达到相当的理论自觉与学术共识。于是，伦理—道德关系之成为"真问题"，一种努力便必不可少，这就是历史哲学考察。

历史哲学考察是关于道德文明和道德哲学发展的历史形态的哲学反思。它昭示，在人类进步的不同阶段，中西方道德文明和道德哲学曾经呈现出"伦理"或"道德"，或"伦理—道德"的不同历史哲学形态，展现为人的精神发展的丰富而辩证的生命状态和文化类型。因此，伦理与道德绝不只是抽象的概念，而是生动具体的精神样态。所谓历史哲学形态，是哲学把握下人类道德文明与道德哲学在不同历史时期与文化境遇中所呈现的生命形态，以及这些形态所构成的伦理道德精神发展史的历史全景。历史哲学形态所呈现的，是伦理—道德关系问题的历史之真与逻辑之实，是它作为一个道德哲学"真问题"的历史—现实—逻辑的深刻同一性。

历史哲学考察有赖于方法论的两个预设。第一个预设是：道德哲学与道德哲学史、道德文明史、人的精神发展史的同一性。道德哲学史本质上是人类伦理道德的精神发展史，也是个体伦理道德的精神发育史；道德哲学史是对人的伦理道德精神的哲学把握，道德哲学只有体现和解释这种同一性才具有真理性。现代道德哲学必须具有和保持对这种同一性的追求和解释力。第二个预设，准确地说，一个方法论澄明是：有一种被广泛接受的见解，认为伦理与道德只是对待同一个或者相似对象的不同历史话语或概念表述，至多，它们在历史上有区别，但在现代和现实生活中，已经合而为一。然而，历史上，西方文明之所以诞生"ethics"和"morality"两个不同概念，中国文明之所以创生"伦理"与"道德"两种话语，就是因为它们之间具有精微而深刻的区分。假定它们在近现代以后已经完全同一并可以相互替代，无异于说在漫长的文化与学术演进中，人类为自己保留了某种根本不需要的冗余物。一个浅显的道理是：这两个概念在漫长历史的大浪淘沙中之所以长期共存，就是因为人类文明需要它们共生互动。

伦理与道德的关系，是一个没有充分引起学术关切但却深刻影响现代道德哲学品质的重大前沿问题，它所遭遇的冷落，已经使之成为考验现代人学术耐力的标杆。在某种意义上，只有对这一课题达到必要的学术自觉和理论解决，现代道德哲学、现代社会的伦理关系和道德生活才真正走向成熟。在这个意义上，伦理道德的历史哲学形态的考察，也是为现代道德哲学寻找出路。

（一）西方"伦理""道德"的精神现象学

考察西方道德文明史与道德哲学史中伦理道德的诸历史形态，理论上绕不开黑格尔的精神现象学。《精神现象学》试图对人类的精神发展进行现象学还原，这部"天书"最睿智也是最晦涩的方面，是对精神运动的宏大哲学思辨背后的深沉历史感，而这种历史感的原型，就是西方精神的历史发展。在"客观精神"部分，黑格尔对精神发展的"伦理—教化—道德"的生命历程进行了既是泼墨写意，又是工笔雕琢式的广大而精微的思辨分析，在诸多情境中，不少论述几乎让人如入云雾，然而，一旦与那些沉潜思辨深处的生动具体的历史镜像对应，便豁然了悟。在这个意义上也可以说，《精神现象学》是对西方精神发展史的现象学还原，"客观精神"是对伦理道德历史形态演进的现象学还原。当然，这一还原只有与历史本身一致才有真理性，它所表达和呈现的，不只是逻辑与历史的一致性，而且是逻辑、历史与人的现实精神生命的一致性，而后一种一致性，正是人文科学所追求和应当追求的，因为精神生命是逻辑与历史的统一体，只有与人的生命同一，人文科学研究才具有意义，也才具有彻底的解释力。

1. "伦理" 形态

　　无论是历史考察还是现象学还原的哲学思辨，"伦理"似乎总是道德文明与道德哲学的第一个历史形态。原因很简单，伦理世界，是人所面对和处于其中的第一个世界；人从根本上说，是"从实体走来"；伦理既是人类原初时代的精神家园，也是人童年时代的现实精神样态。所以，无论是古代先民的神话还是现代人的童话，体现的都是人的实体状态或"从实体走来"的进程中精神的真实样态——说到底，神话就是人类的童话，它不是文学或艺术，而是先民对世界的真实认识，是先民的意识形态。正因为如此，无论神话还是童话，才具有超越于一切的永恒魅力，神话也才具有不可复制和不可反思的绝对精神存在——虽然童话并不是如此，但也正因为如此，童话在意义世界中缺失神话那种神圣的地位和境界。伦理世界是人"从实体走来"的第一个世界。对类来说，这个伦理世界是民族伦理实体；对个体来说，这个世界是家庭伦理实体；准确地说，民族和家庭是人所面对的第一个世界，是"人—家庭—民族"构成的伦理的世界。

　　伦理体现的是人的实体意识，是个体与实体之间透过精神所建构和表达的不可分离的联系，因而是人精神深处根深蒂固的家园感。伦理最初呈现的，是人在其所赖以生存的共体中的那种原生的经验，这种经验的自然和最初的形态被称为风俗习惯。因此，伦理总是人类伦理道德精神的第一个历史哲学形态。但是，由于各民族生成的历史境遇不同，特别是民族国家形成过程中由原初或原始的实体状态向文明状态转型的路径不同，伦理及其精神呈现为不同的文化气质和文化类型。古希腊的"伦理"就是最典型的西方形态。

　　在西方，"伦理"一词最早出现于亚里士多德的《尼各马科伦理学》。希腊"伦理"概念的最初意义是"灵长类生物生长的持久生存地"。根据德国学者劳尔斯·黑尔德的诠释，"持久生存地"之所以需要伦理，是因为在人身上存在两种相反的本性：一是意志自由，二是交往行为。意志自由是人的自我肯定，但意志自由只有在交往行为中才能确证。① 在交往行

---

　　① 正因为如此，在《法哲学原理》中，黑格尔将"伦理"作为意志自由实现的最高阶段，是"客观意志的法"。

为中，人们产生了对行为可靠性的期待，那些使可靠性得以发生的东西被称为"德"并得到鼓励。所以，"德"一开始便意味着多样性、个别性的存在者及其行为中的某种共通性，所谓"同心同德"，由于它们对共同生活的可靠性的生成意义，又被称为"伦常"，即基于或源于"伦"的常则、通则，"伦常"意味着"德"被伦理所规定，是个体"在伦理上的造诣"。因之，"伦理"从一开始就表现为对共同生活的可靠性的某种期待和缔造，借此人类才能获得长久生活的可靠"居留地"。在《尼各马科伦理学》中，亚里士多德认为伦理主要表现为风俗习惯。[①] "风俗"是在共同体生活中自然生成的普遍性与客观性，"习惯"则是风俗的个体内化自发形成的那些具有普遍意义的行为方式。以"风俗习惯"诠释和表达"伦理"，意味着在原初文明和文化的"无知之幕"中，伦理是个体性与普遍性的结合方式。在这种结合中，普遍性和客观性的"风俗"具有第一位的意义，而"习惯"则是获得普遍性的那种教养，这也隐含着日后古希腊在"风俗习惯"中概念地生长出"伦理"与"道德"的可能性。"居留地""可靠性"、客观普遍性与个体意志自由的结合，是古希腊"伦理"理念的基本元素，而个体性与普遍性的统一，确切地说，个体性达到或获得普遍性，则是这种结合的要义和精髓。

古希腊城邦是希腊"伦理"历史形态的摇篮。作为西方国家制度的母体和原初形态，城邦具有强烈的实体性和实体取向，其"伦理"性质在奥林匹斯神话和"苏格拉底之死"中得到典型表现。与其他神话形态相比，希腊神话更是一个无人称、无个体的实体性世界。宙斯、雅典娜乃至丘比特诸神，与其说是创造功业，不如说是由功业造就，它们就是"力""美""爱"诸理念和诸实体的人格化。与之相比，"苏格拉底之死"本质上是一个伦理事件。将"苏格拉底赴死"仅解释为对希腊法律的维护，事实上十分牵强，它与希腊神话，与希腊城邦世界中个体与实体同一的情愫，存在深刻的精神关联，当然也是一次精神的自觉。在这个意义上，"苏格拉底必然死"[②]，"苏格拉底之死"可以看作希腊"伦理"精神的文化表现和哲学诠释。神话世界中的英雄史诗、"苏格拉底之死"，

---

① 参见亚里士多德《尼各马科伦理学》，苗力田译，中国社会科学出版社1999年版。

② 关于这一命题，请参见樊浩《文化与安身立命》之导言部分，福建教育出版社2009年版。

所表现的是个体与实体命运纠结的"悲怆情愫"。但是,与中国古代国家形态相比,希腊城邦似乎具有一些"现代性",这种现代性,突出表现在它与原始文明的关系。古希腊国家制度的形成经过一系列改革如"梭伦改革"等,其核心是挣断漫长原始文明中以氏族血缘关系建构国家社会的纽带,以地域划分公民,在对自由意识和自由意志追求与尊重的基础上,建构伦理实体。于是,理性或理智便基因性地渗透贯彻到希腊"伦理"形态和"伦理"精神中。柏拉图的理型,也可以看作实体意识与理性诉求同一的希腊"伦理"形态的哲学混合体。在亚里士多德伦理学中,理智的元素不仅深入伦理内部,而且逐渐成为推动个体从实体中分离出来的精神力量,它是古希腊精神的"伦理"历史哲学形态向"道德"形态演变的内在否定因素。

2. "道德"形态

"道德"是西方伦理道德精神的第二个历史哲学形态或近代形态。希腊城邦的解体现实地推动伦理形态向道德形态的演变。在学术演进中,亚里士多德的伦理学在西塞罗那里获得"道德哲学"的意义;在文化变迁中,这一进程肇始于希腊文向拉丁文移植,其核心是"伦常"向"法则"的变异。如前所述,伦理基于原生经验,其原初形态是风俗习惯。基于原生经验的"伦理"透过教育、惩戒等得到发扬和传承,逐渐演变为"伦常",于是,"次生经验"产生,"伦常"抽象为"法则",泛化为某些对象性的规范。由此,"习惯生活的善"向"应然的善"、伦理向道德转变,"伦理学"向"道德哲学"形变。这一进程的完成,以康德道德哲学体系的形成为标志。康德赋予伦理道德以理性的乃至唯理性的特征,诉诸"绝对命令"与"普遍立法",从而最终将伦理从道德哲学中驱逐出去。正如黑格尔所批评的那样,在康德那里,完全没有伦理的概念,并且对伦理恣意凌辱。"康德多半喜欢使用道德一词。其实在他的哲学中,各项实践原则完全限于道德这一概念,导致伦理的观点完全不能成立,并且甚至把它公然取消,加以凌辱。"①

西方道德哲学形态由近代向现代转变的重要学术事件,是黑格尔体系的出现。在康德完成伦理向道德的历史哲学形变,并通过道德哲学的理性

---

① 〔德〕黑格尔:《法哲学原理》,范扬、张企泰译,商务印书馆1996年版,第42页。

建构将道德推向登峰造极的地位之后，黑格尔发现了抽象的伦理形态或道德形态的局限，试图对它进行辩证综合，这个学术工程借助广大精微的精神哲学和法哲学体系完成。《精神现象学》基于精神的意识方面，对人的精神发展进行了"伦理世界—教化世界—道德世界"的现象学还原；《法哲学原理》基于精神的意志方面，描述"抽象法—道德—伦理"的自由意志的辩证运动。但是，黑格尔哲学不仅是体系性，还是终结性的；它是西方精神的一种成熟，也是一种完成；成熟了，完成了，也就终结了。黑格尔之后，西方哲学和西方社会过于乃至故意冷落这位辩证法大师以及他的形而上学。这种冷落，一方面源于其体系的晦涩，人们对他的精神哲学或法哲学，"要么全部接受，要么一个也不接受"。另一方面，黑格尔之后，西方社会不可逆转地走进现代性，已经没有耐心也没有能力解读和理解这个庞大体系了。因此，伦理与道德的历史哲学形态，本来已经在黑格尔体系中被辩证也是思辨地统一，但在西方哲学和西方社会中，事实上却陷入深刻的对立和分裂。

3. 伦理—道德对峙

现代西方道德文明和道德哲学的典型特征是古希腊"伦理"与近代"道德"的批判性对置，它展现为现代道德哲学的两种相反的走向：道德的强势与伦理的回归。首先，"道德"的强势。近现代道德哲学中，"道德"置换"伦理"有两大原因：其一，对"意志自由"的痴迷。在古希腊，善是好的习惯和主体间的可靠性，而在近代道德哲学中，善便是自由意志。其二，对法则普遍性的痴迷和伦理相对性的夸大。由此，便由所谓"约定的道德"走向"后约定的道德"。其次，"伦理"的回归，以伦理的具体性取代道德的抽象普遍性，以"居留地"的可靠性取代抽象的意志自由。因为其一，"道德"覆盖"伦理"之不可能，普遍道德法则的有效性不可能，并且自由意志恰恰解构这种普遍性；其二，以个人意志自由为基础的道德缺少主体间状态，而在伦理中他人一开始便参与。现代西方道德文明和道德哲学的特点，是在伦理与道德两种形态之间摇摆，形成二者之间的临界状态，也是冲突状态。在哲学形态方面，表现为正义论与德性论的冲突；在道德生活中，表现为伦理认同与道德自由之间难以调和的矛盾；在生活世界中，表现为在义务论与幸福主义之间摇摆，禀好与敬畏相混合。现代西方伦理道德的精神形态，是伦理与道德在对峙中混合摇摆的历史哲学形态。① 这是一种过渡的形态，也是潜在多种可能性的形态。

（二）"伦理—道德"的中国历史形态

与西方精神史相似，"伦理"同样是中国道德文明与道德哲学的第一个历史哲学形态，但具有特殊的民族精神气质。首先，它比古希腊精神的"伦理"气质更强烈，更"纯粹"；其次，"伦理"与"道德"几乎同时发生，但"道德"服从于"伦理"；再次，它与亚里士多德"伦理的德性""理智的德性"的二分不同，是伦理与道德的合一，合一的哲学机制是"伦"与"理"、"道"与"德"的理一分殊，以及四者所构成的辩证精神生态。

中国道德文明与道德哲学，经历了三种历史哲学形态：第一，"轴心时代"孔子、老子的"礼"—"仁"、"道"—"德"形态，这是伦理预制，以道德回归伦理的历史哲学形态；第二，开启于孟子，异化于董仲舒的"五伦四德—三纲五常"形态，这是"伦理—道德"合一，伦理压过道德的形态；第三，宋明理学的"天理人欲"形态，这是"伦理—道德"同一，表面上伦理内化于道德，实际上道德消融于伦理的形态。从总体上看，中国"伦理—道德"的历史哲学形态和历史哲学发展的主流，是伦理与道德的合一，而合一的真义，是道德话语掩盖下的伦理强势，道德始终服务并服从于伦理。它与西方自由意志背景下道德的强势形成相反相成的形态。

1. 伦理与道德共生

与古希腊神话相比，中国古神话的实体取向更强烈，不仅与人的实体不分，而且与宇宙的实体不分，"盘古开天""女娲补天"反映的都是人试图从世界中挺拔出来但又本体地与世界合一的精神意识与哲学路向，即所谓天人合一。西周以降，"从实体走来"之后，先知们的理想世界无一不是"三代"洪荒。这个虚拟的神话化为历史的世界，就是作为人类历史开端，也是作为人的精神生命发生的伦理世界。在神话时代，中国人精

---

① 以上关于西方伦理"道德"关系演进的现象学描述，参见［德］克劳斯·黑尔德《对伦理的现象学复原》，倪梁康译，中国现象学网，www. enphenomenology. com。

神的"伦理"性征比西方更彻底，也更纯粹，它在"天命"与"命运"这两种神话世界中的必然性力量中得以昭示。虽然它们所体现的都是基于实体、基于必然性的伦理性的"悲怆情愫"，但古希腊神话借助"神谕"的命运，体现的是对个体的关注；而中国神话中的"命运"则显然是对实体必然性、对实体以及作为其人格表现的"帝"的关注。人人都有"命运"，而"天命"只能一人独享。在这个意义上，中国古神话是一种彻底的实体性，也是一种彻底的伦理性。

先秦道德哲学的总体镜像是伦理与道德共生。孔子强调伦理或所谓"人伦"，老子强调道德，有所谓《道德经》。确实，"伦理"与"道德"共生互动，是"轴心时代"中国之于希腊道德文明历史哲学形态的卓异之处，儒家与道家，老子与孔子的互补，共同缔造了中国伦理型文化的深厚底蕴。然而，无论孔子还是老子，其体系的历史哲学形态在本质上还是"伦理"而不是"道德"。《论语》有两个关键性的概念："礼"与"仁"。一般认为，"仁"是孔子的核心概念。如果从孔子的创造性贡献考察，"仁"确实是孔子乃至儒家最重要的概念和理念，说儒学是"仁学"也不为过。但是，仔细考察便发现，在"仁"之先乃至之上，有一个理念和价值的预置或悬置，这就是"礼"。"礼"是孔子对"三代"文化精粹的继承，被孔子认为是中国社会的应然与必然之道。"殷因于夏礼，所损益可知也；周因于殷礼，所损益可知也；其或继周者，虽百世，可知也。"（《论语·为政》）"礼"不仅具有永恒价值，而且具有家园意义——既是民族精神的历史家园，也是个体精神的现实家园。孔子以"克己复礼为仁"（《论语·颜渊》）诠释"仁"与"礼"之间的关系，其基本取向是以"礼"说"仁"，明确指出"仁"的目标和标准不是道德上的自我完成，而是"礼"的伦理实体、伦理世界和伦理精神的重建，即所谓"复礼"。"礼"与"复礼"，是孔子的最高理想，也是他一生努力解决的"中国问题"。如何"复礼"，就必须诉诸"仁"的道德建构。在《论语》中，"礼"与"仁"是分别标示伦理与道德的，准确地说，是标示伦理实体与道德主体的理念与概念。"礼"是"君君臣臣、父父子子"的安伦尽份，而"仁"的真谛则是"不独立""不孤立"的"爱人"。"樊迟问仁，子曰：爱人。"（《论语·颜渊》）为了解决"复礼"这一"中国问题"，孔子提出了独到的主张：必须诉诸"仁"的道德建构。所以，孔子特别强调"仁"。事实上"仁"也是他的学说最具创造性的贡献，但并不能由此说孔子体系的历史哲学形态是"仁"而不是"礼",是"道德"而不是"伦理"。准确地说,由于孔子发现只有透过"仁"的道德努力才能解决"礼"的"伦理问题",所以一开始他就比较自觉地将伦理与道德相同一,但其根本是伦理预置或伦理关怀下的道德,《论语》的根本气质特征是"伦理优先"。

老子学说的历史哲学气质似乎更难理解。《道德经》似乎已经以篇名昭示其"道德"气质。但是,《道德经》中两个元素特别值得关注:第一,在最原初的版本中《德经》在前,《道经》在后,是《德道经》,《道德经》的表述不仅是"后版本",而且已经是"现代"话语;第二,无论"道"还是"德",其本质都是"自然"。《道德经》的根本指向是"尊道贵德",而"道"与"德"的终极状态都是"自然"。"道之尊也,德之贵也,夫莫之爵而恒自然也。"(《道德经·五十章》)"自然"的"道德"体现是:"道"无为,"道常无为而无不为";"德""不德","上德不德,是以有得;下德不失其德,是以无德";"性"朴素,"民性朴素"。像孔子着力于"仁"一样,老子着力于"德",但"德"的本体和终极根据是"道",这就是在原初版本中"德经"先于"道经"的根本原因,所谓"推天道以明人事"。但在道家体系中,"道"是一种大朴未分的实体状态或伦理状态。"有物混成,先天地生……吾不知其名,强之曰道。""道"与"德"的伦理本性与伦理取向,经过庄子的主观性扩展,得到更清晰的表达。在庄子那里,道德生成的过程,就是伦理解构的过程,伦理解构经过了"未始有物"—"未始有封"—"未始有辨"—"未始有是非"—"仁义生"的历史演化。"大道废,有仁义;智慧出,有大伪;六亲不和,有孝慈;国家混乱,有忠臣。"回归"道"的伦理状态,同样必须透过"德"的努力,"德"的核心和真谛是"齐":"齐"是非,"齐"善恶。如此便可以在精神中复归于大朴未分的伦理实体状态,达到所谓"真"的境界。所以,老庄哲学虽然标榜"道德",但其根本指向和归宿也是"伦理"。与孔子相比,只是话语系统和文化气质不同,这相当程度上是由于其哲学境界的殊异。孔子的"礼"与"仁"指向入世的生活世界,老子的"道"与"德"指向思辨性的形上世界。

2. 伦理优先

伦理与道德同一、伦理优位的历史哲学形态,在孟子那里被系统化为"五伦—四德"的伦理—道德体系。在中国传统道德哲学中，"伦"是一个对伦理及其精神的整体性与实体性具有很强表达力与解释力的概念。无论是"天伦"还是"人伦"，都不是人与人之间关系或所谓人际关系的直接性概念，而是由诸多关系构成的、准确地说是由"伦"赋予合法性与合理性的整体性概念或理念，即黑格尔所谓的"整个的个体"。在这里，人与人之间的单子式关系并不具有现实性，个体行动的合法性与合理性，是首先在"伦"中找到自己的位置或所谓伦理份位，然后再选择合理的行为，所谓"正名"或"安伦尽份"；而人的行为的全部合理合法性，就在于对"伦"的尊重与维护。在"伦"的理念和精神中，个别性的人与人之间的关系，通过"伦"的实体获得现实性。在这个意义上，伦理，至少从中国伦理看来，人与人之间是没有"际"的，他们共处于一个实体中，是实体的"理一分殊"。这种传统，与西方哲学尤其是黑格尔哲学深切相通。黑格尔曾以家庭为例，揭示伦理关系的实体性与整体性。"因为伦理是一种本性上普遍的东西，所以家庭成员之间的伦理关系不是情感关系或爱的关系。在这里，我们似乎必须把伦理设定为个别的家庭成员对其作为实体的家庭整体之间的关系，这样，个别的家庭成员的行动和现实才能以家庭为其目的和内容。"① 与孔子不同，在"五伦—四德"的体系中，孟子直接将"礼"移植到道德内部，作为"四德"之一，由此被有些学者认为"礼"的地位下降了，而不像孔子那样，将它作为最高的伦理概念。但在"四德"之中，"礼"不仅根源于"恭敬之心"——恭敬的对象显然不是康德式"内心的道德律"，而是作为伦理秩序的"礼"，即所谓"敬礼"，而且也是仁与义的合理性限度，"礼也者，节文斯二者也"。

伦理与道德同一、伦理优先的历史哲学传统，在儒学成为官方哲学的异化进程中反而嬗变为一种"道德"的历史哲学形态。因为在先秦儒道的道德哲学形态中，伦理优先是一种悬置性或作为当然前提的优先，孟子将它向道德的移植使其面临优先地位内在被动摇的危险，于是，战国末期，荀子在进行先秦哲学的批判性总结时，重新恢复"礼"的地位，但将它从一种前提预置和价值理想，泛化为凌驾于一切的绝对，即所谓天理、人情、国法。由此，"礼"便事实上成为一种"教"，

---

① ［德］黑格尔：《精神现象学》下卷，贺麟译，商务印书馆 1996 年版，第 8—9 页。

所谓"礼教"，伦理便与政治合一，进而出现伦理与道德在同一中走向离异的可能。

　　秦汉以降，"五伦四德"的伦理—道德体系被官方化为"三纲五常"。官方道德哲学家如董仲舒试图重建伦理与道德之间的精神同一性，但"纲"与"常"之间事实上潜藏着文化精神与现实生活方面的矛盾。汉唐道德哲学一方面沿袭先秦传统；另一方面在不可动摇的"纲"的伦理前提下，更将注意力转移到"常"的内在建构，即所谓"以名为教"，并在此过程中试图培育所谓"名教之乐"，从而具有比较明显的"道德"的历史哲学形态的特征。但是，无论如何努力，伦理向道德的内化在理论上总是失之粗糙，最后不得不求助于佛教。不过当佛教成为主流意识形态时，不仅道德由此岸走向彼岸，而且伦理也面临被虚幻的危险。

3. "理一分殊"

　　经历封建社会顶峰时期的试验和选择之后，中国道德文明和道德哲学获得一种新的理论形态——宋明理学。宋明理学被称为所谓"新儒学"，已经昭明这一新的理论形态的哲学根基，其根本任务，可以说是试图哲学地完成伦理与道德的同一性建构。这一努力的创新性概念和关键性工程是"理"或"天理"的提出与理论完备。如前所述，先秦儒道道德形而上学的重要区分，在于孔子强调生活世界的"伦"，老子突显形上世界的"道"。宋明理学以"理"将二者贯通，并且以"理一"统摄贯通伦理与道德的"分殊"、伦理实体与道德主体的"分殊"以及多元价值的"分殊"。不同的是，陆王心学借助"立其大者"的"良心直觉"达到，程朱理学透过格物、致知、正心、诚意的哲学过程完成，但"存天理，灭人欲"都是他们完成这一工程的同一个理念与口号。其中，"存天理"的真义是存伦理，而"灭人欲"则是道德上的"去蔽"，是他们所认为的道德建构的核心。无论如何，"存天理，灭人欲"是建构伦理与道德同一性的根本理念。但是，由于理学像传统儒学那样，对于伦理的预置与悬置，缺乏经过现实批判的合理性，因而卓越而顽强的道德努力的历史效用，是培育了一代代圣人，也维护了一代代专制制度。正因为如此，近代启蒙运动将矛头首先对准作为伦理的"三纲"，反"三纲"标志着反封建的开端，而对"五常"的批判，可能只是封建体系内部的异端。宋明理学"致广大，尽精微，综罗百代"，最终并未真正完成伦理与道德的同一，而只是形成"伦理—道德"的历史哲学形态。

（三）"伦理"—"道德"的价值生态

伦理与道德的关系，是一个必须澄明但至今仍未澄明的问题。基于以上历史哲学考察，伦理与道德至少具有三方面的关联和区分。第一，伦理基于共同体生活的原生经验和直接感受，是通过"伦"所建构的人的实体性，也是通过"伦"这一"整个的个体"而建立和体验的人与人的关系及其所表现和表达的人"伦"之"理"。或者说，伦理是"伦"之"理"，而"伦"是"整个的个体"，其实体性以"理"的方式呈现和被把握，"人际关系"只是它的现象形态和抽象形态。与之对应，道德则是基于理性反思和自由意志的间接经验和主观把握，是客观的"伦"，通过个体对"道"的形上通达内化为"德"的过程和经验。伦理具有客观性和普遍性，道德表现为主观性和个别性，所以即使良心这样的"普遍物"，也可能因其主观性而处于"作恶的待发点上"。第二，伦理的观点，伦理方式的要义，是"从实体出发"，普遍性的"伦"始终是它的追求和合理性根据；而道德的观点，道德方式的核心，是从个体理性和自由意志出发，透过理性反思和自由意志达到"道"的普遍性，这种普遍性本质上内含着集合并列的"原子式思维"的可能。第三，在哲学气质方面，伦理必须表现为"精神"，而道德则可以是一种理性或理智。精神是基于信念的实体认同和个体普遍本质的回归，而理性与理智，则可能是基于反思甚至算计的形式普遍性的追求和建构。

显然，中国社会与西方社会一样，正遭遇伦理与道德的深刻矛盾。与西方社会伦理认同与道德自由的矛盾不同，它有三大特点：其一，伦理与道德分离，或伦理—道德精神链的断裂，分离和断裂的结果，是道德缺乏伦理前提与伦理归宿；其二，这种分离如此强烈，乃至形成伦理与道德、伦理诉求与道德追求的二元对峙；其三，在分离与对峙中，社会精神演进的基本趋向是对伦理认同的追求，虽然出现道德自由的强烈倾向，但无论事实判断、问题诊断还是价值批评，都潜藏着对伦理同一性的诉求，它与道德强势话语下伦理优先的历史哲学形态存在传统上的相通性。

如何解决现代中国伦理—道德的历史哲学矛盾？关键是确立关于伦理—道德关系的哲学理念。历史哲学考察表明，"伦理""道德"已经形成两大道德哲学和道德文明传统：以"理智的德性"为基因、追求道德自由的"西方传统"；道德强势话语下伦理优先的"中国传统"。时至今日，两大传统都遭遇伦理与道德的深刻矛盾，虽然矛盾的主要方面及其表现形态、社会后果不同，但无论如何，伦理道德的历史哲学形态正在改变，也应当改变。伦理与道德的分离甚至分裂，是其根源所在。因此，探讨和解决问题的思路，应当是二者的重新整合。在道德哲学研究中，关于伦理—道德概念关系的进展和正在达成的共识，是由伦理与道德的混沌未分，走向关于伦理与道德的概念区分。但"分"与"合"一样，并不是二者关系的真理，至少在历史哲学层面如此。基于对中西方伦理道德的历史哲学考察，走出伦理—道德悖论，应当建立伦理与道德的价值生态。在这个生态中，伦理与道德，伦理认同与道德自由辩证互动。生态合理性的价值目标是：具有伦理前景和精神底蕴的道德自由；经受理性反思并宽容道德多样性的伦理认同。中国伦理优先的历史哲学形态，最深刻的矛盾是个体至善的德性诉求难以达成社会至善的伦理后果；而亚里士多德开辟的伦理德性与理智德性分离的西方传统的深刻危机是社会至善缺乏个体至善的可靠基础。也许，"伦—理—道—德"的辩证生态，是现代中国具有传统根源、体现时代要求的历史哲学形态。当然，它的合理性与现实性尚有待实践与历史的检验。

二 "'德'—'道'"理型与形而上学的中国形态

（一）解读方法的尝试：如何让文本作为"主体""在场"？

与西方"morality"或"ethics"相比，中国伦理传统和道德概念最基本也是最独特的人文意蕴在于"'道'—'德'"的哲学构造与意义结构，而这一传统最重要的文本源头之一是老子的《道德经》。虽然《道德经》并未将"道""德"合用而形成"道德"概念，但"'道'—'德'"的理论自觉和文化基因由此开展，当是一个可以成立的言论。

文本尤其是历史文本解读的难题在于主体缺场，因而很容易出现解读的暴力。现代解释学区分"解释"和"理解"、"含义"和"意义"，就是试图规避解读中的暴力风险。但是，由伽达默尔开始的这一严谨的传统事实上只是规避了解释主体的伦理风险，因为它在做出"含义"不可知的预设的同时，为文本解读中的"意义"建构提供了无限可能，由此完全开脱了解读主体的伦理风险，但是，解读的学术风险却未丝毫消除。在这个意义上，现代解释学只是将解读的暴力从"解释"置换为"理解"，从本原性的"含义"转移到建构性的"意义"，暴力不仅依然存在，而且在"理解"和"意义"的庇护下被赋予彻底的伦理自由。比起由孔子开始的"温故而知新"的中国解释学传统，现代西方解释学无论在伦理还是学术方面都显得缺乏足够的坦诚。毕竟，孔夫子坦言或直言"知新"是"温故"的目的，而不是承诺某种对于文本来说不可能得到的彻底的尊重。

可见，现代西方解释学根本上只是为解释确切地说为解释主体辩护，而不是为文本辩护。诚然，文本一旦成为解读的对象，已经显示出解读主体对它的尊重,问题在于,如何在解读中让文本维护自己必要的尊严?于是便需要继续进行方法论上的尝试。一种可能的尝试是:让文本"在场"。在解读中,文本一般被当作解释的对象或客体,因而只是主体缺场的"他在"。文本在场的必要努力,就是要使它从客体变为主体。但是,文本的既定性和历史性又注定了它难以成为真正的主体。于是,可能的努力,便在解释中建立某种"主体间"的关系,在"主体间"的对话关系中使文本成为具有自我辩护和自我申言能力的主体。这种解释的方法论的尝试,用一句话表达,就是在"对话"中文本作为"主体""在场"。

《道德经》的最大哲学贡献,是确立了形而上学的中国形态,即"'德'—'道'"的形而上学理型或形而上学传统。这一传统对破解现代西方哲学所遭遇的形而上学恐怖,对推进哲学形而上学与道德形而上学的现代整合,具有重要的资源意义。对《道德经》解读和研究的关键词是"对话":体系内部对话——"德"与"道"在《道德经》文本中对话;同一传统内部对话——"'德'—'道'"理型与中国哲学传统对话;不同传统之间对话,尤其与西方哲学传统对话;传统与现代对话——追究在"形而上学死了"的时代,"'德'—'道'"传统的激活有何现代意义;不同学科之间对话,着重探讨"'德'—'道'"理型如何由哲学形而上学转换为道德形而上学;与未来对话,不仅关注文本的未来命运,而且更关注文本对人类未来命运的可能贡献。显然,本文的主题和方法的要旨不是比较,而是通过对话,在这个"被"字盛行的时代,建立《道德经》在"被解读"中的主体地位和主体性话语能力。

(二) 何种中国形态?"'德'—'道'"的形而上学类型

《道德经》对中国哲学、中国道德哲学尤其是中国形而上学的最大贡献,不是"道"的理念,也不是"德"的理念,而是二者合一的"'德'—'道'"理型。《道德经》开创的形而上学的中国形态和中国传统是什么?就是"德"—"道"的形而上学。"德""道"及其相互关系,至今仍是中国哲学尤其是中国道德哲学发展的前沿。

1. 《道德经》抑或《德道经》?

"道"与"德"是《道德经》的两个核心概念和基本构造,当是不

争的事实，因为这部经典就是由"道经"和"德经"构成。应当追究的
问题是，"道经"和"德经"，与此相关联，"道"和"德"的关系如何？

　　在先前许多文本包括一些权威文本中，"道经"为上篇，"德经"为
下篇。从河上公《老子章句》《王弼集校释》，到陈鼓应的《老子注释及
评价》，都以此为结构。但1973年马王堆出土的帛书《老子》给老学研
究带来震撼，出土的甲乙两种版本都是《德经》在前，《道经》在后，并
且不分章；郭店楚墓竹简《老子》的版本也是如此。它们是距今最早、
相对最可信的真本。2006年10月，被埋地宫两千多年的帛简本以《老
子·德道经》为名，由中央编译出版社出版。由此，《道德经》在文本上
便事实地被正名为《德道经》，只是由于《道德经》的说法已经流行太
久，特别是它与作为中国文化最基本概念的"道德"二字相关，所以
《道德经》的提法才在流传中约定俗成。

　　从《道德经》到《德道经》，到底改变了什么？其中潜藏着何种重大
哲学发现？

　　从《道德经》到《德道经》，其意义决不局限于文本正名或结构倒置，
最具革命意义的是对于中国文化源头关于"道"—"德"关系的哲学反正，
因为文本及其结构背后深藏的是文明"轴心时代"关于"道"—"德"关
系的基因密码。在《道德经》和《德道经》的两个文本和两种结构中，
"道"和"德"的意义内涵都未发生重大变化，"道"的本体地位也没有任
何改变，甚至可以说，"道"和"德"的关系也未产生实质性颠覆，唯一改
变，但却是至关重要的改变是：对"道"—"德"关系的把握方式发生重
大倒置，由此导致哲学上的再次发现。

　　如果确认"道"是形上本体，"德"是本体的主体形态或生命形态，
或由本体世界向现象世界落实的概念，那么，《道德经》①所建构的就是
一种形而上学。形而上学不仅是《道德经》的气质特征，是"道"—
"德"关系的意义域，而且也是它对中国文化的最大贡献点之所在。《道
德经》向《德道经》反正的真谛是：在老子的哲学中，道与德，到底何
者更具优先地位？两种可能并且事实上已经出现的观点是：《道德经》以

---

　　① 注：虽然马王堆帛书已经将《道德经》正名为《德道经》，但由于《道德经》的提法已
经通用，所以本文仍沿用这一名称，只是在特指帛书版本，或强调"德"—"道"关系时，采
用《德道经》这一名称。

"道"为重心，《德道经》以"德"为重心。应该说这两种观点都不够彻底，因为两个文本结构事实上体现两种完全不同的哲学路向：是由"道"而"德"，还是由"德"而"道"？因此，根本的问题发生于"道"和"德"的关系之中。如果用儒家的话语表述，《道德经》体现的是由天及人、由天道而人道的形而上学类型或"'道'—'德'"理型；《德道经》体现的是由人及天、由人道而天道的形而上学类型或所谓"'德'—'道'"理型。

2. "德—道"形而上学

《德道经》所开创的形而上学传统有两大气质特征：其一，"德""道"合一，开创"'德'—'道'"的形而上学传统；其二，辩证法与形而上学合一，开创形而上学的辩证法传统。

《道德经》"'德'—'道'合一"的形而上学有三个关键点。第一，它是"德"—"道"一体的形而上学。与西方寻找"始基"的本体论形而上学传统不同，在《道德经》中，不是"道"，也不是"德"，而是"道"与"德"的合一，才是中国形而上学的最高本体或最高概念，"德"与"道"是《道德经》形而上学本体的两个阴阳结构，如果说《道德经》也建构了某种具有始基意义的本体，那么只能说它是一个辩证的复合体，而不是西方式的"唯一"。第二，它是哲学形而上学与道德形而上学的同一体。在《道德经》中，无论是"德""道"的概念，还是"德"与"道"的关系，都兼具哲学形而上学和道德形而上学的双重意义。它以哲学形而上学为基色，但却以道德形而上学为内核，并在道德形而上学的刺激下完成，在这个意义上可以说是一种伦理型的形而上学。第三，它是由"德"而"道"的形而上学。《德经》在前，《道经》在后的体系，《道德经》的整个言说方式，是由"德"而"道"、以"道"说"德"的哲学理路。虽然人们对《道德经》的文体性质提出诸多质疑，认为它是警句集、哲理诗，甚至是多人的对话集，但无论如何，"德"在先，"道"在后，体现了一种特殊的价值逻辑与哲学取向。一句话，《道德经》建构和表达了"'德'—'道'合一"的形而上学类型或形而上学形态。

按照现行文本，《德道经》有德经四十四章，道经三十七章。《德经》开卷即言："上德不德，是以有德。下德不失其德，是以无德。"（三十八章）这段话表面是说"德"的两种境界，实质是揭示"德"的真谛——"不德"。"不德"与"有德"是理解"德"的关键。如果将它与五十一章相关联，可以理解得更清楚些。"道生之，德畜之，物形之而器成之，是以万物莫不尊道而贵德。道之尊也，德之贵也，夫莫之爵而恒自然也。……生而不有，为而不恃，长而不宰，是谓玄德。"显然，无论"德经"是否在"道经"之前，"道"总是"德"的话语前提。"道"是体，"德"是用；"道"是万物的本体，"德"是沟通"道"与万物，或本体世界与现象世界的环节，是本体化生万物，万物分享、显现本体的本性或能力。或者说，"德"是"道"与万物合一的概念，是现象世界中"道"的现实形态。本体的"道"因为"德"而成就万物，万物因为"德"而获得"道"的整体性与合法性。"上德不德"，"德"的真谛和最高境界，是"道"的显现，而不是万物得"道"。"德"是"道"的意义形态和生命形态，是"道"所以生生的本性。"道之尊也，德之贵也，夫莫之爵而恒自然也。"这句话应当重新解读，"爵"可以解释为地位或秩序，但"莫之爵"的对象应当是"道"与"德"的关系，而不只是"道"与"德"二者。其意是说，"道"与"德"及其相互关系都是"自然"。由此才可以理解"生而不有，为而不恃，长而不宰，是谓玄德"。"道"即是"玄德"，"玄德"即是"不德"的"上德"，是元德，亦即是道本身，"道"与"德"是形上本体的一体两面，或者说是本体的两种表现形态。

  "道"作为最高形上本体的地位不像"德"那样有待辩证。《道经》开卷即言："道，可道也，非恒道也；名可名也，非恒名也。无名，万物之始；有名，万物之母也。"（第一章）但必须特别注意的是，无论在《道经》还是在《德经》中，"道"和"德"都是两个相互对待、不可分离的概念。虽然在《道经》中"德"字出现较少；同样，在《德经》中，"道"字出现较少，但是，在《道德经》中，二者事实上是相互诠释的关系，或以"道"说"德"，或以"德"说"道"，但无论如何，"道"与"德"总是两个形而上学的概念。《道经》二十一章言："孔德之容，惟道是从。"《道德经》的形而上学与西方传统不同的气质特征是，西方形而上学一般只是追究或预设一个最高本体，如水、气、理念等，但这个最高本体如何成就万物之性，却缺乏一个"生生"或化育的环节，或缺少一个"德"的环节。"德"就是"道"与万物之间的化生、化育关系，或用西方哲学的话语表述，即"外化"的概念。在这个意义上，"道"与"德"结合，才是中国形而上学的基本概念，而西方形而上学却缺少这个"德"的环节和概念，在这个意义上可以说，《道德经》的形而上学比西方传统更为精致。

"道"与"德"首先是一个形而上学的概念或形而上学的存在。但必须注意的另一个特点是：在《道德经》中，阐述得最多的并不是哲学意义而是具体的社会生活尤其是道德哲学意义上的"道"与"德"。这就使《道德经》的形而上学具备了另一个重要特征：它不只是一种哲学的形而上学，而且也是甚至更重要的是一种道德形而上学。《道德经》一方面在哲学意义上"尊道贵德"，另一方面，更是通过它们在现实生活中的显现和外化；由"道"与"德"的哲学的形而上学进展为道德的形而上学。《道德经》中揭示和彰显的那些大智慧，如"无为而无不为""无为不争""以柔克刚"等，体现出哲学形而上学与道德形而上学合一的强烈取向。

但是，"德"与"道"合一，哲学形而上学与道德形而上学合一，是透过另一个努力，即辩证法与形而上学的"合一"或"合流"。"合流"不但一般地说《道德经》中具有丰富而深刻的辩证法资源，而且强调它的形而上学透过辩证法才得以完成，并且，形而上学与辩证法的"合一"或"合流"，具有明显的文化个性。在西方哲学史上，也有哲学形而上学与道德形而上学合一、形而上学与辩证法合流的传统，黑格尔就是代表。他的《精神现象学》《法哲学原理》，就是合一与合流的经典。但仔细考察就会发现，黑格尔体系与《道德经》不同。第一，黑格尔认为伦理道德是精神发展的特定阶段，是客观精神的表现，道德形而上学只是哲学形而上学的一部分，是哲学形而上学自我运动的特殊阶段的产物，从根本上说道德形而上学服从和服务于哲学形而上学；而《道德经》则不同，虽然"道"比"德"更具终极性的形上意义，但如果没有"德"，"道"就将完全失去现实性，可以说，"道"与"德"是本体的两种形态，即存在形态和发用形态、总体形态与分殊形态，"道"在具体事物中"显现"的能力、形态与合法性，就是"德"。更重要的是，伦理意义、道德意义上的"德"与"道"的形而上学，始终是老子形而上学关切的焦点，甚至是前提与归宿，这便是一些学者所揭示的《道德经》的秘密："推天道以明人事。"（李存山）当然，这一主题是潜在的和深藏的。第二，黑格尔辩证法与形而上学的合流，建构的主要是一种体系的辩证法，或形而上学体系的辩证法，由于他的体系本身头足倒置，最终其革命性的内涵往往被塞息。马克思正是看到这一点，对其进行了革命性改造，但保留了其思想的辩证法。《道德经》辩证法与形而上学结合所建构的，主要是思想的形上辩证法，即"德"的辩证法，"道"的辩证法，但更重要的是"德"—"道"关系的辩证法。"道"化生万物的辩证过程是："道生一，一生二，二生三，三生万物。"（四十二章）"德不德""道无名"的辩证法是"大方无隅，大器晚成，大音希声，大象无形，道隐无名"。（四十一章）《道德经》在形而上的层面谈论辩证法，又用其解释和解读形而下的生活，使道德辩证法具有形而上的基础，哲学辩证法具有道德辩证法的现实性，《道德经》因此开创了哲学辩证法与道德辩证法结合的传统。"道"与"德"的合一，哲学形而上学与道德形而上学的合一，就是在辩证法的推动下完成的。

3. "德—道"理型

综上，《道德经》开辟了形而上学的中国形态，这就是"德"—"道"的形而上学类型。"德"—"道"合一、辩证法与形而上学合一的价值真谛是"尊道贵德"，哲学本质是天人合一，所谓"道不远人"。在这个意义上，也可以将"德"—"道"的形而上学表述为天人合一的形而上学。"尊道贵德"，"尊道"只是悬设，"贵德"才是内核所在；表象是"德"合"于"道，人合于天，而真谛却是"道"基于"德"，天明于人。这种由人及天，由人道推天道的传统虽然在日后的发展中几经流变，但事实上万变不离其宗。在先秦，由人及天的天人合一的形而上学是主流形态；两汉以后，天人之间的形上沟通透过诸如天人感应的蒙昧主义与神秘主义建构，是形而上学传统的异化；到宋明理学，"天理"概念的提出，标志着"德"与"道"、哲学形而上学与道德形而上学合一、辩证法与形而上学合流的形而上学的中国形态的完成，也标志着形而上学的中国传统形态的终结。"天理"之中，"天"是哲学的形而上学，"理"是道德的形而上学，"天"与"理"两种形而上学合流的内在推动是辩证法。宋明理学建立了完整的形而上学体系，但它同样是哲学形而上学与道德形而上学的合一：既在道德形而上学的推动下完成，又以道德形而上学为核心。在这个意义上，宋明理学的体系不仅是儒道佛的辩证综合，而且是《道德经》所开辟的形而上学传统的复归与完成。

(三)"'德'—'道'"理型因何成为形而上学的中国形态?

在"形而上学终结"的现代,有待追问的是,《道德经》为何需要建构"'德'—'道'"的形而上学?道德形而上学为何与哲学形而上学一体,而不像西方传统那样将二者分离?在文明发展中,"'德'—'道'"理型为何未产生西方式的形而上学恐怖或形而上学暴力?

1. 西方形而上学传统

什么是哲学形而上学?"所谓哲学的'形而上学',就是寻求'最高原因的基本原理'的'同一性哲学'。"① 形而上学的哲学本质是追求同一性,包括世界的同一性,理性的同一性,行为的同一性等,追求建构和达到同一性的"最高原因"及其"基本原理"。为什么需要形而上学?孙正聿先生认为,形而上学有两个基本目的,即"普遍理性"和"伦理总体性"。② 应该说,"普遍理性"和"伦理总体性"是两个很具解释力和表达力的概念。事实上,它们不仅是形而上学追求的目标,也是形而上学的两种基本存在形态,二者一体相通,"普遍理性"是"伦理总体性"的前提;"伦理总体性"是"普遍理性"的客观化。

黑格尔哲学就是"普遍理性"和"伦理总体性"的体系。在《精神现象学》中,"普遍理性"就是所谓"精神",而"伦理总体性"则有实体和主体两种形态。在伦理世界中"伦理总体性"表现为家庭、民族等伦理性的实体或伦理实体;在道德世界中,它显现为道德性的主体。在人的行为中,"伦理总体性"的表现是:"伦理行为的内容必须是实体性的,换句话说,必须是整个的和普遍的;因而伦理行为所关涉的只能是整个的个体,或者说,只能是其本身是普遍物的那种个体。"③ 在黑格尔体系中,

---

① 孙正聿:《辩证法:黑格尔、马克思与后形而上学》,《中国社会科学》2008 年第 3 期。下文辩证法与形而上学"合流"的提法,也出自此文。

② 参见孙正聿《辩证法:黑格尔、马克思与后形而上学》,《中国社会科学》2008 年第 3 期。

③ [德] 黑格尔:《精神现象学》下卷,贺麟、王玖兴译,商务印书馆 1996 年版,第 9 页。

"伦理总体性"的实体和"普遍理性"的精神本性上是相通的。"实体就是还没有意识到其自身的那种自在而又自为地存在着的精神本质。至于既认识到自己既是一个现实的意识同时又将其自身呈现于自己之前（意识到了其自身）的那种自在而又自为地存在着的本质，就是精神。"① 在这个意义上，黑格尔的精神现象学也是哲学形而上学和道德形而上学一体的形而上学体系，二者之间的相通透过辩证法与形而上学的"合流"（孙正聿语）实现。在他的体系尤其是《精神现象学》体系中，黑格尔先预设了作为绝对存在的"精神"，意识、自我意识、理性、精神、宗教、哲学等都是"精神"辩证运动的环节，其中意识、自我意识、理性是潜在形态；到客观精神即伦理道德阶段，是"伦理总体性"的建构；但只有到哲学的"普遍理性"中，才得以绝对地实现和完成。"普遍理性"高于"伦理总体性"，这是黑格尔形而上学的基本特征。

康德的形而上学似乎走了另一条路，这就是认识论与形而上学的结合，而不像黑格尔那样是辩证法与形而上学合流。康德认为，世界的规律既是自然的规律，又是自由的规律，因而哲学应当有两种，即自然哲学与道德哲学。"这样就产生了双重的形而上学的观念——自然形而上学和道德形而上学。"② 康德认为，实践哲学必须预先假定和需要一种道德的形而上学，以为人的行为的合法性和道德准则提供"先天原理"。所以康德的三部主要的伦理学著作中便有两部以道德形而上学命名，即《道德形而上学》和《道德形而上学原理》。康德将他的道德形而上学置于认识论的庞大体系中，又将关于道德准则的形而上学预设即道德形而上学作为实践哲学的第一原理，著名的三批判就体现了他的认识论形而上学体系的特征。

康德、黑格尔的形而上学与古希腊的形而上学传统存在根源性关联。古希腊形而上学传统的特点是寻找宇宙的"第一原理"，即"始基"，关于人及其行为是"第一原理"的逻辑结果。所以古希腊的自然哲学远远早于道德哲学，至苏格拉底古希腊才发生以向人的转向为标志的重大哲学革命，而到亚里士多德，真正意义上的道德哲学才得以建构，但亚里士多

---

① ［德］黑格尔：《精神现象学》下卷，贺麟、王玖兴译，商务印书馆1996年版，第2页。
② ［德］康德：《道德形而上学原理》，载《康德文集》，改革出版社1997年版，第54页。注：此书将该著译为《道德形而上学的基本原则》，但通行翻译是《道德形而上学原理》，这里通行译名。

德的《尼各马科伦理学》还不能算是严格意义上的道德形而上学，其地位更像孔子的《论语》。老子的《道德经》显然是另一个谱系。如果用康德式的思维表达，《道德经》事实上试图建构了三种形而上学："德"的形而上学，所谓"伦理总体性"；"道"的形而上学，所谓"普遍理性"；""德'—'道'"的形而上学，即"伦理总体性"与"普遍理性"的合一。但是准确地说，《道德经》只建构了一种形而上学："德—道"的形而上学，即由"德"而"道"，"道""德"一体，"普遍理性"与"伦理总体性"合一的形而上学。必须追问的是：《道德经》为何既需要建构"德"的形而上学，又需要建构"道"的形而上学，而且在结构上"德"比"道"具有形而上学的优先地位？

2. "尊道贵德"的形而上学

细心考察便可发现，《道德经》有严密的逻辑体系，《道经》与《德经》的结构高度一致。最明显的特点是：两经的开卷即第三十八章和第一章就分别对"德"和"道"的理念进行哲学规定。《德经》的第一句是："上德不德，是以有德。下德不失其德，是以无德。"（三十八章）《道经》的第一句是："道，可道也，非恒道也；名，可名也，非恒名也。无名，万物之始也；有名，万物之母也。"（一章）显然，两个开卷语从句式到意境都高度一致，它们是《道德经》中关于"德"和"道"及其相互关系的具有纲领意义的两章。

《德经》由三部分构成。第三十八章至四十二章是第一部分，第四十三章至五十一章是第二部分，第五十二章至八十一章是第三部分。第三十八章是《德经》的总纲，开卷即澄明"德"有两种形态或两种境界："上德"与"下德"，指出"不德"才是"德"的真本性，仁、义、礼是"道之华而愚之始"。第三十九章至四十二章对其进行展开。第二部分哲学地阐释"反"与"弱"的"德"—"道"辩证法，演绎出"尊道贵德"的结论："道生之，德畜之，物形之而器成之，是以万物莫不尊道而贵德。"（五十一章）第三部分是修德或用生用世的""德'—'道'经"，归结为"小国寡民"的伦理政治理想（八十章），和"利而不害""为而不争"的天人之道（八十一章）。

《道经》有一个特点非常强烈，这就是"由天道说人道"。几乎每一章的风格都是由道的本性推出圣人的本性。用宋明理学的话语，如果说

"道"是太极，圣人是"人极"，那么，《道经》的基本立意便是"由太极而人极"，而最深刻的主题不是"立太极"，而是"立人极"。第一章至六章是第一部分，第七章至十七章是第二部分，第十八章至最后是第三部分。第一章是总纲，澄明道的两种存在形态："有名"与"无名"、"有欲"与"无欲"，这一言说结构对理解《道经》有重要意义，因为其后各章几乎全部沿着这个结构展开。第二部分揭示"道"的辩证法，其理路是由"道"的"太极"的辩证法，引出"圣"的"人极"的"道"的大智慧，如无欲、无为、不争，等等。第三部分指明在"大道废"，即"道"的本真状态异化的背景下，如何修道救世，回归于道，第三十七章以"道恒无名""镇之以无名之朴"第一章相呼应。

从以上结构分析可以看出，"道"与"德"都是一个兼具"普遍理性"和"伦理总体性"的形上概念，"'德'—'道'"理型或"'德'—'道'经"体现和表达的是"尊道贵德"的价值诉求和形上冲动，它再次说明，"德"—"道"的形而上学，是哲学形而上学与道德形而上学的辩证同一体。当然，抽象地说，"德"的形而上学更偏向于"伦理总体性"的诉求，"道"的形而上学偏重于"普遍理性"的冲动，但无论如何，"尊道贵德"贯穿于整个《道德经》的主题，因而"普遍理性"与"伦理总体性"是形而上学的冲动的原动力。

在《道德经》中，事实上存在三个世界："道"的世界，这是本体世界；"德"的世界，这是价值世界；"物"与"器"的世界，这是现象世界。"道"是本体世界同一性的概念，是价值世界的根源；"德"是价值世界同一性的概念，是现象世界的合理性与合法性基础；而"物"与"器"则是现象世界的多样性概念，是"道"与"德"的外化及其现实性。三个世界或"道"—"德"—"物""器"之间的关系是："道生之，德畜之，物形之而器成之，是以万物莫不尊道而贵德。"（五十一章）"尊道贵德"是出于对"物""器"的多样性现象世界的同一性追究。《道德经》的核心概念，并不像一般所理解的那样，只是一个"道"，更重要的还有一个"德"。甚至可以说，"德"不仅是《道德经》的形而上学区别于西方形而上学的概念，而且也是《道德经》中更具有现实性的形而上学概念，甚至可以说，"尊道"只是一种本体的"悬设"或"悬置"，而"贵德"才是其着力点之所在。由此便可能解释，《道德经》中不仅"德经"在"道经"之先，而且"德经"的篇幅也大于"道经"。

"推天道以明人事"，"道"是理性的同一性，"德"是伦理的同一性，"推天道"的动力是出于"明人事"的现实关切和现实追究。由于"物、器"即现象世界充满偶然性与多样性，因而需要对作为其同一性的"德"的追究；而由于"德"有"上德"与"下德"的辩证，因而产生对本体世界"道"的同一性的诉求。《道德经》之所以产生形而上学的激情和冲动，其动力之源不是像从泰勒士到柏拉图等古希腊哲学家那样，出于对本体世界的偏好，而是源于寻找世界同一性、行为合理性的渴求。正因为如此，"德经"与"道经"才有基本相同的三维结构或言说路径："德""道"的本性——"德""道"的辩证法——在用生用世尤其是国家治理中如何"尊道"，如何"贵德"。可以说，《道德经》之所以建构一种中国式的形而上学，这种形而上学之所以在日后的中国哲学发展包括中国道德哲学发展，以及中国人精神世界的建构中具有源头意义的地位，根本上是因为中国哲学和中国人的生活需要这种形而上学。

3. 形而上学暴力？

如果以现代西方哲学为参照，那么，有待澄明的另一问题是，《道德经》是否必然导致西方式的形而上学恐怖或形而上学暴力？如果从宋明理学"存天理，灭人欲"的口号，以及这一口号对中国封建社会变革的阻滞力考察，它确实导致了形而上学的恐怖与暴力。但是，这种恐怖和暴力并不是《道德经》所固有，因为《道德经》的形而上学已经经过"天理"的颠覆性改造，更何况，宋明理学的所谓"欲"，只是"私欲"，准确地说是"过欲"。在现代西方哲学中，无论是"形而上学终结论"，还是"形而上学恐惧论"，似乎都与黑格尔哲学有关。黑格尔在形而上学体系中，预设了一个本体性的实体，它在精神运动中最后外化为现实性的主体，他的著名命题是：实体即主体；德是一种伦理上的造诣。他的哲学辩证法表面上是实体外化主体，实质上是实体吞并主体，因而不仅在体系上终结了形而上学，而且导致形而上学的恐惧。表面看，"道"与"德"的哲学本性在相当程度上也具有"实体"与"主体"意义，但二者关系的性质及其意义却与黑格尔哲学根本不同。在《道德经》中，无论"道""德"，还是"尊道贵德"，其真谛都是自然无为。"道"的本性是"无"，不仅无为，而且无名；"德"的本性是"不德"，"上德无为"；"道之尊也，德之贵也，夫莫之爵而恒自然也"。（五十一章）虽然"道"为万物

之始，万物之母；虽然对现象世界及其多样性来说，"道生之，德畜之"，
但"道"与"德"的真谛却是"生而不有，为而不恃，长而不宰"（五
十一章）。"道"与"德"、"德"——"道"关系的本质，不仅是自然，而
且是自由。"人法地，地法天，天法道，道法自然。"（二十五章）"道"
的本性是自然；"生而不有，长而不宰"的"玄德"，对万物来说是自由。
这种自然自由的形而上学，当然不会产生形而上学的暴力与恐怖，因为包
括暴力与恐怖在内的任何有为都与它的本性相悖。在《道德经》中，
"道"与"德"的形而上学，与其说是"物"与"器"的现象世界多样
性的本体同一性与价值同一性的根源，不如说是对多样性的现象世界同一
性的解释和追究。因此，如果将《道德经》作为中国哲学和中国道德哲
学形而上学传统的根源，那么，宣布"形而上学终结"，或产生形而上学
恐怖，不仅没有必要，而且是堂吉诃德式的"与风车搏斗"。

（四）哲学形而上学与道德形而上学的生态同一

　　《道德经》的另一重要资源意义在于：不同学科，具体地说，哲学与
伦理学、哲学形而上学与道德形而上学之间的概念移植与学术对话。

　　显然，《道德经》产生于那个学科未分化的文明时代，但这并不意味
着它所开辟的传统对解决现代文明的难题没有启发意义。现代文明与现代
学术的重要难题，一方面是学科高度分化而造成的碎片化与学术壁垒；另
一方面，是学科对话及其理论与概念移植中所导致的意义和价值的异化。
哲学与伦理学、哲学形而上学与道德形而上学的关系就是如此。严格说
来，当今的中国传统，既稀缺哲学形而上学，也稀缺道德形而上学。更令
人担忧的是，在西方"形而上学终结"诅咒的影响下，我们会将这种稀
缺视为必然甚至"进步"。事实是，西方在"形而上学猖獗"或"形而上
学恐怖"的背景下宣布准确地说诅咒"形而上学终结"，而对我们这个缺
乏形而上学建构的学术体系来说，形而上学的缺场，不仅会造成哲学与伦
理学的理论残缺，而且会导致人的精神的残缺，终极根据与信念信仰的缺
乏就是表征之一。在中国学术体系中，伦理学属于哲学，因而方法论方面
必须解决的难题是：伦理学如何"是哲学"？如何"有哲学"？哲学形而
上学与道德形而上学如何生态同一？在哲学与伦理学的学科对话中如何合
理地进行概念与理论的移植？《道德经》的"'德'——'道'"形而上学

可以提供一种哲学形而上学与道德形而上学生态关联的原初模式或中国传统，它不仅可以诠释中国形而上学的伦理性质，而且更可以为现代西方哲学的伦理学转向提供某种跨文化的参照和历史传统的支持。

《道德经》的形而上学真谛，不是将道德形而上学提升到哲学形而上学，也不是将哲学形而上学落实为道德形而上学，而是"道"与"德"本身就兼具道德形而上学和哲学形而上学，是二者同一的概念。因此，理解《道德经》中哲学与伦理学、哲学形而上学与道德形而上学关系的关键，是"德—道"如何变为"道德"，其中"德"的理解和诠释至关重要。因为，"德"是哲学形而上学通向道德形而上学的枢纽，不理解"德"，便不仅不理解《道德经》，而且不理解中国形而上学。

"'德'—'道'"的形上理路，哲学形而上学与道德形而上学的生态关联，在《道德经》中从两个维度得到阐释。一是"道生之，德畜之"的"尊道贵德"的价值取向；二是"失道而后德，失德而后仁，失仁而后义，失义而后礼"的道德现象学。关于"道"与"德"的关系，二十一章言："孔德之容，唯道是从。"二十三章言："同于德者，道亦德之；同于失者，道亦失之。""道"与"德"，只是普遍物或同一性的两种存在形态，"道"是本体形态或自在形态，"德"是价值形态或自为形态，二者之间具有根本的一致性或同一性。"德"在本性上唯道是从，但与"道"又有不同的功能。"道"生万物，所谓自强不息；"德"畜万物，所谓厚德载物。然而，无论是"道"还是"德"，其核心都是人之"道"或"道"内在于人而形成的人的普遍性即德性本体。正由于人和人事的这种核心地位，所以"德经"的开卷在"上德不德"的哲学形而上学规定之后，便以道德形而上学诠释道德，这种诠释构成它的道德的精神现象学。"故失道而后德，失德而后仁，失仁而后义，失义而后礼。夫礼者，忠信之薄而乱之首也。"（三十八章）将"礼"当作不道德的根源无疑有倒因为果之嫌，但它对"道—德—仁—义—礼"发展异化过程的描述，与黑格尔的精神现象学哲学地相通。"道"与"德"相应于黑格尔的伦理世界，在精神发展的这一阶段，个体与实体自在地同一；而"仁—义—礼"则是伦理世界经过教化世界的异化，或者说为拯救教化世界中个体与实体的精神分裂而建构的道德世界。伦理世界是精神的自然状态或本体状态，其本性是自然无为；一旦有为，精神便异化了，分裂为个体与实体两极对立的教化世界；最后通过"仁—义—礼"的道德世界，重建伦理秩序，但它已经是有为，是"德"之华而不是"德"之实。与黑格尔不同的是，在《道德经》中，"道"与"德"的本体状态不仅是伦理世界，而且是世界本身，人得道或失道，便产生生活世界的现实性与偶然性，"德"不仅是由本体世界向现象世界转换的枢纽，而且是哲学形而上学与道德形而上学过渡的桥梁。

《道德经》中哲学形而上学与道德形而上学的这种可名又不可名的关系，在宋明理学中被表述为"理一分殊"。"道"是"理一"，是绝对和自然；它透过"德"则产生"分殊"，即包括道德在内的多样性的现象世界，"道"在多样性现象世界的显现就是"德"。"理一"和"分殊"的关系即"月映万川"，"一月摄一切水月，一切水月一月摄"，"摄"就是"生而不有，长而不宰"的"玄德"。其中，"德"与"道"的关系是全息性的"映"，是"道"的此岸性和现实性。对现实伦理关系与道德生活来说，"德"展现为多样性的道德规范，"德"的"普遍理性"与"伦理总体性"要求在诸德之中找到一种"全德"。于是，朱熹接过张载"理一分殊"的传统，但又向前推进，将它落实为"仁包五常""兼统四者"。在仁义礼智信的五常中，仁之德既是一种德，又是一切德；作为一种德，它是分殊的道德规范；作为一切德，它是五常之"理一"。由此，哲学形而上学便在道德形而上学中得到贯彻落实。

作为"轴心时代"的作品，《道德经》中哲学形而上学与道德形而上学、哲学与伦理学的关系，表现为无过渡、无中介、无移植的生态同一。这种同一，是"道"和"德"的同一、"普遍理性"与"伦理总体性"的同一，其根本哲学意向，是天与人的同一。第二十五章言"四大"："道大，天大，地大，王亦大。域中有四大，而王者居其一焉。人法地，地法天，天法道，道法自然。"道、天、地，最后都落实为人，四者通过所谓"法"一体相通。所以，《道德经》论述的重心，往往是所谓"王者"，准确地说是王者的"德"，王者因为得"道"而为王。哲学形而上学与道德形而上学的同一，在《道德经》的结构中得到充分体现。在微观结构中，如上所述，无论是《德经》还是《道经》，都有三大结构，第一部分提出和规定"德"与"道"的理念和概念，第二部分阐述"德"与"道"的辩证法，第三部分，也是篇幅最大的部分，论述王者的"德"和王者的"道"，呈现为"德—道—人（王）"统一的结构；在宏观结构中，大量的篇章都是先论"德"与"道"，提出"德"与"道"的"普遍理性"或"伦理总体性",然后依此直接论人或王者的"德"或"道"。如七章先阐述"天长地久。天地所以能长且久者,以其不自生,故能长生"的"普遍理性"或所谓"道",紧接着便演绎出"是以圣人后其身而身先,外其身而身存。非以其无私邪,故以'成其私'"的"伦理总体性"或所谓"德"。第二十二章从"曲则全,枉则直;洼则盈,敝则新;少则得,多则惑"的"普遍理性",直接推出"是以圣人抱一为天下式。不自见,故明;不自是,故彰;不自伐,故有功;不自矜,故能长。夫唯不争,故天下莫能与之争"的"伦理总体性"。这些都明显地表现出"道"与"德"直接同一,哲学形而上学与道德形而上学直接过渡,"普遍理性"与"伦理总体性"生态合一的哲学特性。

　　总之,《道德经》的形而上学是"德"—"道"一体的形而上学。它不是道德形而上学,但却以道德形而上学为核心并直接通向哲学形而上学。它是哲学形而上学与道德形而上学合一的中国传统的最早的自觉表达,因而成为中国伦理型形而上学的源头性资源,对解决现代文明的形而上学难题具有重要的资源意义。

三 《论语》"精神"气质及其
精神哲学范式

中国伦理道德传统是何种"'精神'文明"？呈现何种"精神"形态？这种"精神"形态对破解现代中国社会所遭遇的文明难题有何资源意义？这些问题的解决，需要也期待一种回归于"精神"的家园，在"精神"发展的辩证生态中把握伦理道德发展规律的精神哲学理论和方法。

历经市场经济和全球化的冲击，我国伦理道德发展愈益突显"精神"困顿的"中国问题"。在理论研究领域，现代西方理论的冲击，导致具有悠久道德哲学传统的中国本土话语的失落；伦理与道德的分离导致道德哲学的无体系或道德哲学理论的碎片化，从理论上消解了人的精神世界和精神生活的整体性；个人主义、物质主义、非理性主义，是"精神"失落的理论表现。在实践领域，根据我们的全国性大调查，伦理—道德悖论、知行分离，已经成为深刻的"精神问题"。"伦理—道德悖论"，如道德上基本满意—伦理上不满意的二元判断、伦理上守望传统—道德上走向现代的二元趋势，根本上是伦理—道德一体的有机精神世界的分裂："有道德知识，但不见诸道德行动"的知行脱节的公民素质缺陷，标示着个体品质构造中"精神"的失落。① 因此，一场精神洗礼和精神回归便不仅必要，而且迫切。作为其理论准备，最重要的努力之一，便是基于本土精神哲学资源，进行中国精神哲学的理论建构，借此能动地推进伦理道德的现代发展。通过对《论语》的精神哲学诠释，可以呈现其伦理道德理论的

---

① 关于以上结论的调查信息及其理论分析，请参见樊浩《当前中国伦理道德状况及其精神哲学分析》，《中国社会科学》2009 年第 4 期；《道德发展的"中国问题"与中国理论形态》，《天津社会科学》2011 年第 5 期。

"精神"气质及其所开辟的精神哲学形态，揭示其对于道德哲学研究和现代中国伦理道德发展的"'精神'家园"意义。

在中国传统中，"精神"的"精神哲学形态"却有待理论自觉或哲学发现，原因很简单，中国并没有西方式体系化的哲学精神理论。理论自觉的基本努力，首先是对传统精神哲学资源进行发掘，只有这项工程完成，体现本土意识、根源动力和民族文化生命力的精神哲学理论才可能建构。《论语》是中国道德哲学最重要的元典，关于《论语》的精神哲学研究，尤其是对其精神哲学形态的探讨，对发掘中国精神哲学传统，建构现代中国精神哲学理论，无疑具有不可替代的意义。《论语》中蕴含着十分丰富并且对日后中国哲学发展具有典范性意义的精神哲学资源，然而它却通过一种特殊的形式呈现，即透过伦理叙事和道德教诲，而非论证连贯的哲学体系，进行人的精神世界和精神哲学的建构。在这个意义上，《论语》并不存在甚至我们也不能要求它具有体系化的精神哲学言说，而必须透过话语形态和哲学体裁的转换，进行精神哲学形态的再发现。这种再发现，与其说是对《论语》精神哲学意义的证明和辩护，不如说是对现代人关于元典理解能力的检验和考验。对于这种转换和再发现的工作，西方的体系化的精神哲学研究传统无疑可资借鉴，而在西方传统中，黑格尔的精神哲学理论因其全面与完整而具有典范性意义。有鉴于此，这里对《论语》实质上具有的精神哲学内涵的揭示，在分析工具方面便借助黑格尔精神哲学理论对其加以系统的整理和重现，以期在形式上使之呈现其应有形态。当然这并不是用黑格尔理论对《论语》进行重新诠释，而是以此为参照系，在对《论语》本身所蕴含的精神哲学资源进行发掘时，借助黑格尔理论，使其更加系统化、呈现更为自觉的体系。

（一）"礼"—"仁"话语的"精神"气质

无论对《论语》的理解存在多少分歧，一个共识总可以作为研究前提："礼"与"仁"是《论语》的两个概念支点，它们在全书中出现频率极高。据杨伯峻在《论语译注》中的统计，《论语》中"仁"字出现109次，"礼"字出现74次。① 关于《论语》的知识考古，尤其对"礼"

---

① 杨伯峻：《论语译注》，中华书局1980年版，第221、311页。

"仁"等核心概念的语义辨正和义理分析，可谓汗牛充栋，也已形成许多共识。有待完成的任务是以既有的知识和共识为基础，探究这些概念之间的精神哲学关系。这里试图推进的问题是："礼""仁"的话语形态是什么？在文化发生和文明对话中，它们具有何种"中国气质"？可以假定，"礼""仁"是伦理、道德的精神哲学概念，体现了对于这些内容的精神哲学把握。

1. "礼"的"伦理"本性

"礼"因何显现为"伦理"的话语形态？何以显现"精神"气质？要义在于，它是关于伦理实体的概念，其"伦理"本性和"精神"气质在三方面得到展现。

其一，伦理世界与伦理规律的总体性伦理概念。伦理史与人类社会发展史、个体精神发育史内在一致。在人的精神发展进程中，伦理世界是个体与实体直接同一的世界。作为民族精神的家园，它是原初社会中个体与家庭、民族两大伦理实体自然同一的世界；作为个体精神的家园，它是作为家庭成员和民族公民的伦理实体意识。《论语》的"礼"建构和追求的是个体与家庭、民族直接同一的伦理世界。"伦"，即西方道德哲学话语中的所谓"伦理实体"，是这个世界的本质和精神形态。与西方道德哲学不同的是，"礼"不仅表现出强烈的"伦"的实体气质，而且彰显家庭与国家直接同一即家国一体的伦理规律，因而在"礼"的伦理世界中，没有像黑格尔所说的家庭成员与民族公民两种伦理实体意识之间的紧张和冲突，而是将家与国、家庭成员与民族公民两种"伦"及其实体意识直接贯通。孔子曾以孝悌为例，展示这两种意识之间的亲和贯通的关系："其为人也孝弟，而好犯上者，鲜矣；不好犯上而好作乱者，未之有也。"（《论语·学而》）在这个世界中，个体性的人与实体性的"伦"的关系，展现为"天伦"（家庭血缘关系）与"人伦"（社会伦理关系）两大结构，它们在黑格尔《精神现象学》中曾被表述为"神的规律"与"人的规律"。不同的是，"天伦"与"人伦"并不分别代表黑格尔所说的"黑夜的规律"和"白日的规律"，而是"伦"的一体贯通的两种生命形态或精神形态，"人伦本于天伦而立"，是根本的"伦"之"理"，或伦理规律。《论语》以周礼为"礼"的历史文本和理想类型。按照李泽厚的观点，周礼是未成文的习惯法，其基本特征是在原始巫术礼仪基础上晚期氏族统治体系的规范化和系统化。① 在家国一体的中国文明生成的历史进程中，"礼"融血缘—伦理—政治于一体，不仅被孔子创造性地转换为一种伦理政治制度，而且上升为意识形态的自觉主张，由习惯法提升为精神性的伦理实体。在孔子看来，"礼"是中国文明发展的历史轨迹和精神规律。"殷因于夏礼，所损益可知也；周因于殷礼，所损益可知也；其或继周者，虽百世，可知也。"（《论语·为政》）"礼"之道不仅具有永恒价值，而且具有家园意义——既是民族精神的历史家园，也是个体精神的文化家园。正是在这个意义上，可以将"礼"诠释为中国民族由初民社会向文明社会转化、人的精神由自然状态向实体状态转化的文化"脐带"。②

其二，"从实体出发"的伦理制度和伦理力量。伦理性的实体既是客观性的规章制度，又是使不同个体同一化的伦理力量。《论语》所指向的那种客观伦理制度，是孔子最受非议的方面。然而人们在批评中往往忽视了它的精神哲学意义，尤其是其"实体"气质。"正名"是《论语》提供的拯救社会失序、行为失范的伦理药方，其精髓被经典地表述为八个字："君君臣臣，父父子子。"（《论语·颜渊》）这曾被作为孔子政治保守性的铁证，然而仔细考证就会发现，它的精神哲学精髓是伦理与道德统一的"安伦尽份"，其话语重心不是君与臣、父与子之间个别性的人与人的关系，甚至不是彼此之间尊卑等级的关系，而是这四者与整个"伦"的实体性关系，关涉的是"伦"的"整个的个体"或伦理秩序。在这里，君臣父子行为合理的根据是"伦"的实体性要求，体现的是"安伦尽份"的"从实体出发"的"伦理"精神。"从实体出发"是孔子所发现的"礼"的伦理制度的"精神"气质。而孔子对"礼"的孜孜追求，绝不止于这些外在的伦理制度，而是这些制度背后或者透过这些制度所达到的那种伦理必然性、伦理力量和伦理合理性，它们被孔子用一个字来概括："和""礼之用，和为贵。"（《论语·学而》）"和"就是伦理实体和伦理精神的和谐，它是"君君臣臣，父父子子"的伦理制度背后的伦理必然性和伦理力量，也是"正名"的伦理合理性，"君子和而不同，小人同而不和"（《论语·子路》）。其终极追求是"致中和，天地位，万物育"的境界。

---

① 参见李泽厚《孔子再评价》，《中国社会科学》1980 年第 2 期。
② 参见樊浩《中国伦理精神的历史建构》，江苏人民出版社 1992 年版，第 79 页。

其三，以"礼"为"教"的伦理精神本质。如果进行话语切换，那么，黑格尔所谓的"单一物"即人的个别性，"普遍物"即实体性的"伦"。礼的要义，即在教养与制度两个维度达到个体性的人与实体性的"伦"的统一。诚然，《论语》中"礼"还不同于后来意义上的"礼教"，但以"礼"为"教"，或以"礼"作为个人的伦理教养和社会的伦理教化原则，并借此将人从个别性存在普遍化为伦理存在的伦理设计与价值追求是其精神内核。在《论语》中，"礼"作为教养具有双重"精神"气质。一方面，礼仪化的本质是伦理化，其真谛是过普遍性的生活。如黑格尔所说，教养的本质就是将人的个别性加以打磨，使它符合事物的本性。杜维明曾指出，在孔子和儒家学说中，一个人如不经过"礼仪化"的过程而成为一个真正的人，是不可想象的，在这个意义上，礼仪化也即"人性化"。① 另一方面，在中国文化的开端，"礼"不仅是意识，而且同时是意志行为，"履者，礼也"（《周易·序卦》）。可见，"礼"兼具"单一物和普遍物统一"、思维与意志同一的"精神"本性。因此，"礼"无论作为个体教养还是社会教化，其要义都是将人从个别性的"单一物"提升为伦理性的"普遍物"，从而成为"单一物与普遍物统一"的"有精神"的伦理存在者。

2. "仁"的"精神"气质

"仁"作为《论语》"道德"气质的标志性话语，其"道德"的哲学本性获得普遍认同。作为一个与"礼"的伦理实体性相对应的道德主体性的概念，它何以、又具有怎样的"精神"气质？

"仁"的"精神"气质同样有三。

第一，"爱人"的道德精髓与道德精神。在《论语》中，"仁"是"礼"的伦理实体性内植为个体道德的主体性，二者内在根本的"精神"同一，而"爱人"是二者之间相互过渡的中介，也是"仁"作为"道德"话语的"精神"气质的根本体现与中国表达。"仁"的基本规定就是"爱人"。樊迟问仁，子曰："爱人。"（《论语·颜渊》）"爱"的精神哲学本质，是扬弃个体的抽象独立性，从个别性的自然存在走向实体性的伦理存在。"爱是精神对自身统一的感觉"，"所谓爱，一般说来，就是意识到

---

① 杜维明：《人性与自我修养》，中国和平出版社 1989 年版，第 14 页。

我和别一个人的统一，使我不专为自己而孤立起来"，因而是"自然形式的伦理"。① "人"及其存在本身就是一个哲学悖论：已经"是"一个"人"，但又孜孜追求"成为"一个"人"。"是一个人"认证人是个别性的自然存在者，"成为一个人"的主旨是扬弃人的存在的个别性，从而成为"普遍物"。由此，"肯定自己是一个人，并尊敬他人为人"便是"法的命令"。"成为一个人"的精神历程从"爱人"开始。一方面，"爱"以"不孤立"和"与另一个人的统一"，消解人的抽象独立性或个别性，从而具有与他人相通的普遍性或所谓"德"；另一方面，"爱"无论作为人性事实抑或作为人性信念，都意味着人可能成为与他人相通进而最终成为普遍存在者的自我肯定，作为人的本性，它是人之成为人的"自然形式的伦理"。也许正因为如此，无论中国的儒家伦理，还是西方的基督教伦理，乃至其他文化的伦理，大都以"爱人"作为道德哲学基础和精神预设，原因很简单，从这里"人"开启了通向成为普遍物或伦理存在者的精神上的千里之行，也开通了由道德回归伦理的精神隧道。显然，"爱人"的规定，使"仁"的道德与"礼"的伦理在精神哲学上深切相通并相互转换，因为它使"礼"的实体性要求转换为"不孤立""与别一个人的统一"的主体德性。正是在这个意义上，"仁"成为中国道德及其"精神"气质的标志性话语和集中体现，也是孔子最具创造性的道德哲学贡献。

第二，"一种德"与"一切德"统一的总体性道德话语。在《论语》中，"仁"既是一种德，又是一切德。作为一种德，其要义是"爱人"；作为一切德，它是全德之名，能行恭、宽、信、敏、惠诸德于天下，便是"仁"；因此，一切正当行为都是"仁"之表现，也发端于"仁"，《礼记·儒行》引用孔子的话："温良者，仁之本也；敬慎者，仁之地也……"它表现为不断的"应然"，因而也是不断的"未然"，因为，"道德的观点是关系的观点、应然的观点或要求的观点"。② 由此，"仁"便成为黑格尔所谓的"主观意志的法"即主观意志的自由。后来孟子将"仁"向"义"推进，仁义合一，以至"仁义"日后成为"道德"的代名词，所谓"仁义道德"。这一历史演变的精神哲学根据是："仁"作为以"爱人"为本

① ［德］黑格尔：《法哲学原理》，范扬、张企泰译，商务印书馆1996年版，第175页。
② 同上书，第112页。

质的"礼"的伦理造诣,一方面必须坚守"仁者爱人"的"人道";另一方面,必须按照"天伦—人伦"的"礼"的伦理世界的规律爱人,具体地说,由"亲亲"而"仁民",由"孝亲"而"泛爱众",这便是所谓"义"。正因为如此,朱熹一语揭示"仁"的道德哲学精髓:"今日要识得仁之意思……始得集注说爱之理,心之德。"① "仁"与"义"在道德世界中的精神关系是"居仁由义"。"仁者爱人"是道德的始点和精神家园,"义"是"差爱"或"伦列之爱",是爱人的伦理合理性。仁以合同,义以别异,"仁"与"义"的同一,便是"道"与"德"的合一。韩愈曾对仁义与道德的关系有一个经典的表述:"夫所谓先王之教者,何也?博爱谓之仁;行而宜之谓之义;由是而之焉谓之道;足乎己无待于外谓之德。"由此,"仁与义为定名,道与德为虚位。"② 这种表述在某种意义上也可以被视为对《论语》"仁"的精神哲学诠释。

第三,"永远有待完成的任务"。"仁"的精神辩证法,既是德性与自然之间、也是道德主体性与伦理实体性之间的"乐观的紧张"。它既是内在于人的本性,"仁远乎哉?我欲仁,斯仁至矣"(《论语·述而》),又存在于求仁得仁的无限进程之中。"君子去仁,恶乎成名?君子无终食之间违仁,造次必如是,颠沛必如是。"(《论语·里仁》)在《论语》中,似乎存在一个悖论:一方面,求仁得仁,欲仁仁至;另一方面,孔子从未称道谁达到仁的境界或已经是仁人。这正是"仁"论的精神哲学的大智慧所在,因为,作为一个通向伦理实体或伦理普遍物的道德主体的概念,"仁"是不可能最终完成的,它是道德与自然,包括道德与主观自然即理与欲、道德与客观自然即义务与现实之间"被预设的和谐"。但从根本上说,"成为一个人"或中国道德哲学话语中的所谓"成人""仁人"境界应当是可以实现的,那是人与伦理实体合一,是无限与永恒的不朽之境。正如黑格尔所说,道德的终极任务,不是扬弃不道德,而是使道德成为多余,进而消灭道德本身。这便是伦理与道德、礼与仁合一的化境。

3. "直在其中"

"礼""仁"话语的伦理—道德定位和"精神"气质理解,是准确把

---

① 《朱子语类》卷6,《四库全书》第700册,上海古籍出版社1987年版,第108页。
② 《韩昌黎文集校注》,马其昶校注,上海古籍出版社1987年版,第13页。

握《论语》的概念前提。在"精神"的话语形态中，一些《论语》公案也许可以得到更有解释力的诠释。孔子最易引发争议和批判的命题之一，是《论语·子路》中的："父为子隐，子为父隐，直在其中矣。"在"亲亲相隐"之中，孔子到底"直"了什么？回答是："直"的是家庭伦理的"精神"本性。

如果将"直"诠释为价值真理，那么，在精神哲学意义上，它就是与道德、伦理密切相关的概念，三者的关系是：德或道德就是对于伦理的"直"，因而伦理以及个体道德与伦理实体之间的"精神"关联，是"直"之成为价值真理（或所谓正当）并转换为德性的关键。"一个人必须做些什么，应该尽些什么义务，才能成为有德的人，这在伦理性的共同体中是容易谈出的：他只需做在他的环境中所已指出的、明确的和他所熟知的事就行了。正直是在法和伦理上对他要求的普遍物。"① 德只有在伦理的共同体中才有现实性和具体内容，正直的内容是伦理普遍物，德是对伦理普遍物的"直"道而行。家庭、市民社会、国家诸伦理实体作为不同领域的伦理存在，各有其为德所应"直"的伦理普遍物。"亲亲相隐"之"直"，是家庭成员对家庭这个伦理普遍物的"直"。"亲亲相隐"是家庭伦理实体的自然性格，也是个别的人成为"家庭成员"的精神条件。诚然，"亲亲相隐"的"直"可能导致对社会和国家两大伦理实体的"曲"，但是，由于家庭在伦理和"精神"发育中的策源地地位，"亲亲相隐"在诸文明体系中，不仅被隐忍，而且被承认。② "因为对意识来说，最初的东西、神的东西和义务的渊源，正是家庭的同一性。"③ "家国一体"的文明路径和社会结构，使家庭在中国文明体系中具有更为深刻的精神策源地和文化本位地位，因而"亲亲相隐"对中国人具有更为重要的精神意义。

（二）精神哲学范式："克己复礼为仁"

《论语》中深藏着由"礼""仁""'精神'气质"生成的"精神哲

① ［德］黑格尔：《法哲学原理》，范扬、张企泰译，商务印书馆 1996 年版，第 168 页。
② 关于这个问题，郭齐勇曾有专文考证，这里不赘述。（参见郭齐勇《亲亲相隐——岳麓书院国学讲会》，http://www.aisixiang.com/data/16410.html）
③ ［德］黑格尔：《法哲学原理》，第 196 页。前引郭齐勇文对古今中外伦理与法律史上关于"亲亲相隐"的承认作过历史考证。

学"及其形态。"礼"与"仁"或者说"礼"的伦理世界与"仁"的道德世界如何"精神地"关联? 二者依何种规律辩证互动、造就个体与社会的精神生活和精神世界?《论语》"礼""仁"关系精神哲学模式的经典表述是:"克己复礼为仁!"

1. 哲学范式

长期以来,人们习惯于从政治哲学、历史哲学等维度解读"克己复礼为仁",揭示孔子的历史情结及其政治取向。然而,如果将"礼""仁"作为《论语》对于伦理与道德两种精神世界的建构和表达,以"克己"作为化解两个世界之间的紧张、达成"被预设的和谐"的精神中介或"第三维",那么,"礼—仁—克己"所建构和生成的便是一种特殊的精神哲学和精神哲学体系。这一"精神哲学发现"不仅为破解《论语》中"礼""仁"关系及其所指向和生成的精神体系,也为把握中国文明的精神传统,提供一种"精神地"和"哲学地"理解的理念与方法。

在《论语》中,"礼""仁"关系到底如何? 以"仁"为核心,还是以"礼"为核心? 这一问题的哲学实质是:伦理与道德到底谁处于优先地位?《论语》的精神哲学体系是什么? 一般认为,在《论语》中,"礼"是传统的因袭,"仁"是创造性贡献,因而是孔子和儒家伦理的标志性概念,而"仁"比"礼"多出现几十次,似乎是一个更具客观性的根据。然而,这种看法缺乏对于"礼"—"仁"互动而生成的人的精神同一性的哲学把握。从方法论的意义上考察,关于礼、仁的关系问题指向的是:伦理与道德的关系到底如何? 当今中国道德哲学研究逐渐达成的共识是:伦理与道德是两个相互区分的概念。诚然,在哲学把握中,关于伦理与道德之间的概念关系,由先前的"不分"进展到"分",是一次重要学术推进,但是,如果只停滞于"分",将陷入伦理与道德的碎片化,因而必须进行第二次推进,即由道德哲学向精神哲学的推进,将伦理与道德还原为精神的辩证生态,考察它们因何、如何生成精神的体系并在其中获得精神的同一性。伦理与道德,不仅是人的精神的不同形态,也是精神发展的两个不同结构和阶段。因此,《论语》精神哲学体系研究,以及关于《论语》"精神哲学"诠释的要义便是:摆脱关于礼与仁、伦理与道德关系的"原子式思考",在精神的辩证发展和精神哲学的有机体系中,把握二者关系的真理。

　　《论语》中的一段话对诠释"礼""仁"关系特别重要。"克己复礼为仁。一日克己复礼，天下归仁焉。"（《论语·颜渊》）这里孔子不仅指出"仁""礼""克己"三者关系，更透过三者关系隐喻一个价值系统和精神体系。"复礼"之谓"仁"，达致"礼"—"仁"同一必须"克己"，其基本取向是以"礼"说"仁"，指出"仁"的目标和标准不是道德上的自我完成，而是向"礼"的伦理世界和伦理精神的回归，即所谓"复礼"。这里，"复礼"之"复"以否定性的话语形态悬置一个在生活世界中被解构了的终极价值，即被孔子认为具有历史现实性并承载人类理想的伦理实体和伦理世界。"克己复礼为仁"的哲学图式，本质上是生活世界中透过道德努力的一种精神建构和精神回归运动，是伦理世界—生活世界—道德世界的精神哲学统一。因此，只有在精神哲学体系中，"礼""仁""克己"，以及三者关系的价值系统，才会得到准确的诠释和把握。

　　在"克己复礼为仁"的精神哲学模式中，"克己"与"复礼"在话语形态上表现出某种对应匹合，都指向某种经过辩证否定的肯定。在中国传统道德哲学中，"克己"的本质是胜己，"胜己之私之谓克"①。这里的"私"不能简单理解为"欲"或"私欲"，毋宁说是人的主观个别性或抽象的个体性。在中国哲学中，"私"往往与"公"相对应，"公"是社会秩序或伦理普遍物，"私"即未获得伦理承认的人的自然存在的个别性，所谓"一己之私"。朱熹言："己者，人欲之私也；礼者，天理之公也。一人之中，不容并立。"② 在精神哲学意义上，"私"的根源在于为"欲"所蔽，流连于个体的"小体"，难以达到社会普遍性的"大体"，即难以达致"公"的伦理存在。所以，"克己"即扬弃人的自然存在的主观个别性，获得"礼"的伦理教养，最终归于"礼"的伦理实体性。这里，"复"有两个层面的哲学意义。在历史哲学层面，面对"礼崩乐坏"的历史现实，孔子要"复礼"，即恢复或重建被他视为"理想类型"又有所"损益"的周礼秩序；在精神哲学层面，"复礼"则是精神回归的辩证运动，即将人从"己"的个别性存在的"单一物"提升为"礼"的伦理存在的"普遍物"的精神回归，也就是由自然存在回归伦理存在的精神哲学过程。"复礼"对个体行为和社会秩序来说即"正名"，其意义在于：

　　① 《朱子语类》卷41，《四库全书》第700册，第866页。
　　② 朱熹：《论语或问》卷17，《四库全书》第197册，第434页。

"名不正则言不顺，言不顺则事不成，事不成则礼乐不兴，礼乐不兴则刑罚不中，刑罚不中则民无所措手足。"（《论语·子路》）因此，"克己"之"克"，委实不是消极性的"剥落"，而是极富积极意义的超越和建构。"克"与"复"的精神哲学精髓，一方面标示着它们不只是思维或认知的所谓"理性"，而是"知行合一"的"精神"；另一方面，它们又是精神"显现"或实现自身的现实努力，是人超越抽象的自然存在达致伦理存在的具有实践意义的精神运动。由"己"的"单一物"到"礼"的"普遍物"、由"克己"到"复礼"的精神历程，便是"仁"之德性的建构与实现的精神和精神哲学过程。

　　"仁"作为一种道德向往和道德动力，推动由"克己"向"复礼"的精神运动的精神哲学根据存在于德性与伦理、道德主体与伦理实体的辩证关系中。黑格尔曾以一句话揭示二者关系的真谛："德毋宁应该说是一种伦理上的造诣。"① "德"或"德性"是内在于个别性的人身上的"普遍物"，它既是一种本性，也是一种建构，人获得伦理上的造诣，即获得伦理普遍物或伦理普遍性，而主体因分享这种普遍性彼此间便可相感相通，所谓"同心同德"。"仁"与"道"和"德"的关系是："志于道，据于德，依于仁，游于艺。"（《论语·述而》）人一旦"克"或扬弃"己"的个别性，"复"或回归"礼"的实体性，便达到"仁"，即建构起内在的道德主体性。主体即实体，由此达到"单一物与普遍物的统一"的"精神"，但"仁"无论作为"一种德"还是"一切德"即德的总体之名，都必须也只有透过"礼"才能获得现实性。"知及之，仁能守之，庄以莅之，动之不以礼，未善也。"（《论语·卫灵公》）"人而不仁如礼何？人而不仁如乐何？"（《论语·八佾》）所以，无论在精神哲学意义，还是在历史哲学意义上，"礼"在《论语》中都具有比"仁"更为优先的地位。孔子以"仁"为成圣成贤的核心和收拾"礼崩乐坏"局面的根本，但这只说明"仁"是孔子提出的解决春秋时期伦理道德"中国问题"的着力点，而并不能由此推出"仁"高于"礼"的结论。这一问题可以从孔子的另一论述中得到证明。对于怎样"克己复礼"，孔子以"四勿"诠释："非礼勿视，非礼勿听，非礼勿言，非礼勿动。"（《论语·颜渊》）视听言动都符合"礼"便是"仁"。"礼"不仅是"仁"的依据和目标，

---

① ［德］黑格尔：《法哲学原理》，范扬、张企泰译，商务印书馆1996年版，第170页。

而且是造就"仁"的德性的根本途径，因而"礼"的伦理之于"仁"的道德具有前提性意义。在精神哲学意义上，"克己复礼为仁"所建立的是"礼"之于"仁"的优先性，扩而言之，是伦理之于道德的优位论。"仁"的主体性是"礼"的实体性的造诣，由"克己复礼"而达致的"天下归仁"，就是伦理与道德同一而建构的社会秩序和社会风尚。"在跟个人现实性的简单同一中，伦理性的东西就表现为这些个人的普遍行为方式，即表现为风尚。"①"四勿"的精髓，在精神哲学意义上，是造就第二天性，即"活着和现存着的精神"。

2. "精神"要素

《论语》乃至日后儒家精神哲学体系和道德哲学体系有三个基本结构："礼"——伦理和伦理世界的概念；"仁"——道德和道德世界的概念；"克己"——生活世界中使"礼"与"仁"、伦理与道德辩证互动，建构精神同一性的概念。②作为精神哲学的"中国话语"，《论语》中的"克己"亦即所谓"正身""修己"。孔子特别强调"正身"对于"为政"的重要性。"苟正其身矣，于从政乎何有？不能正其身，如正人何？"（《论语·子路》）在《论语·宪问》中有这样的记载：子路问君子，子曰："修己以敬。"曰："如斯而已乎？"曰："修己以安人。"曰："如斯而已乎？"曰："修己以安百姓。"所有这些论述，核心理念都是"修己"。这种"修己"的理念，经过孟子"养其大者"推进，在日后的哲学演进中，生成所谓"修养"的理念。于是，"伦理—道德—修养"，便成为"克己复礼为仁"衍生的精神哲学体系的近现代话语表达。有待追究的是："克己复礼为仁"是何种精神哲学体系？这种体系为何以"克己"为必然和必要结构？在它所开辟的精神哲学传统中，"克己"的修养具有怎样的精神哲学意义？

无论"礼"还是"仁"，都以人和人的精神为主体，而人内在着两种相反相成的本性：作为自然存在者或作为"单一物"的个别性的"身"；

---

① ［德］黑格尔：《法哲学原理》，范扬、张企泰译，商务印书馆1996年版，第170页。

② 诚然，在日后的中国道德哲学发展中，伦理与道德有不同的话语演进，从孔子的"礼"与"仁"，到孟子的"五伦"与"四德"，再到汉以后的"三纲五常"，但其伦理与道德一体的哲学本质并无根本性改变，宋儒的"仁包五常"之说，也可视为寻找道德的整体性概念或整体性话语的哲学努力。

作为实体性存在或作为"普遍物"的"性"。中国文化处理二者关系的精神哲学智慧是:"修身养性。""身"即《论语》所指谓的"己",是单一性,潜在囿于或沦为单一物的危险与可能,因而要不断地"修"。"性"是人的普遍本质或所谓共体,内在于人,但只是善之"端",潜在被"身"的自然性遮蔽颠覆的危险,因而必须"养"。"身"是人的"小者","性"是人的"大者","体有贵贱,有小大。……养其大者为大人,养其小者为小人"(《孟子·告子上》)。修养既是王夫之所说的"身成"与"性成"统一的"成人之道",也是"单一物与普遍物统一"的精神过程。正因为如此,它不仅是"礼"与"仁"、伦理与道德相互转换的中介,也是使二者在生活世界中获得统一的精神条件。于是,在孔子开辟的儒家精神哲学传统中,修养是基于性善信念的"欲仁仁至"的自化,是"颠沛必如是,造次必如是"(《论语·里仁》)的自强不息的无限进程。在这个进程中,"礼"具有绝对意义。孔子"三十而立"于礼;"七十而从心所欲不逾矩"(《论语·为政》),"矩"就是"礼"的伦理教养与实体性自由。由此,《论语》建构起了一个从"立于礼"的伦理信念和伦理目标出发,经过自强不息的"仁"的道德努力,达到"从心所欲"于"礼"的绝对自由的精神哲学体系。

3. "第三元素"

诚然,任何精神哲学体系都有伦理与道德两个环节,但是,由于伦理优位或道德优位的取向不同,伦理与道德之间相互转换、辩证互动的中介便表现出深刻的文化差异。这一中介是诸精神哲学体系、诸民族精神之生态自洽和生态自足所要求的"第三元素",体现精神哲学与民族精神的性格特征。对以伦理认同为前提的中国传统而言,它是"求诸己"或"克己"的修养;对以道德自由为追求的西方传统而言,它是以伦理合理性批判为前提的公正。在这个意义上,我们毋宁将德性论与正义论之争,当作两种精神哲学传统之间的体系性互动,而只有在体系性对话中才能理解和把握。应当注意的是,无论伦理优位还是道德优位,无论以何种"第三元素"作为二者之间的中介,都可能有某种理论和实践的缺失,精神哲学体系及其研究的意义,便在于追求精神世界的整体性和体系性的理论合理性与实践合理性。《论语》悬置并追求一个高远境界:中庸。《论语》中直接讲中庸只一句:"中庸之为德也,其甚矣乎!民鲜久矣。"(《论

语·雍也》）但无论是孔子通过对颛孙师与卜商两个弟子比较所引出的
"过犹不及"（《论语·先进》）的论断，还是因"不得中道而行之"对
"狂狷"（《论语·子路》）的退求，都体现了中庸的风格。中庸作为"至
德"，乃是"礼"的伦理与"仁"的德性辩证统一的"至境"，它在后来
的儒家经典《中庸》中被表述为"天地位，万物育"的道德圆满与伦理
实现统一的天人合一境界。

（三）《论语》开辟的精神哲学的"中国传统"

1. 由"精神"到"精神哲学形态"

《论语》对"'精神'文明"的历史贡献展现为某种逻辑递进：由
"精神"而"精神哲学"，由"精神哲学"而"精神哲学形态"。它由
"礼""仁"奠定中国哲学话语的"精神"气质和"精神"元色；由"精
神"元色建构"克己复礼为仁"的"精神哲学"；由此开辟了延续两千多
年的精神哲学传统，形成伦理—道德一体、伦理认同优先或伦理优位的精
神哲学的"中国形态"。由"精神气质"到"精神哲学"的演进，是
"精神"理念的体系化；而由"精神哲学"到"精神哲学形态"的演进，
则标示着《论语》精神哲学不仅具有范型意义，而且开辟和生成了精神
哲学的独特传统，赋予精神哲学以"中国形态"，呈现"中国特色"。"克
己复礼为仁"的精神哲学模式内在的伦理与道德、个体至善与社会至善
的矛盾，构成《论语》及其开辟的精神哲学形态的"中国问题"，由于它
孕于《论语》并对日后中国精神哲学传统产生深远影响，因而成为"元
中国伦理问题"。

《论语》的精神哲学意义，不仅在于"礼""仁"话语内在的自然与自
由同一、个别性与普遍性同一、知行同一的"精神"本性和"克己复礼为
仁"的精神哲学模式，更重要的在于它开辟了一种伦理与道德辩证互动、
伦理优位的精神哲学形态。这种精神哲学"形态"，一方面开创并成为一种
传统，因而是"中国形态"；另一方面与西方精神哲学相区分，在日后历史
进程中所表现的传统力量，造就了精神哲学的"中国传统"。

2. "中国形态"

在儒学的历史演进中，《论语》的伦理与道德话语及其哲学形态产生

了深远影响，其具有一以贯之的"形态"特征和"形态"气派。孔子以"郁郁乎文哉，吾从周"的根源意识和对周礼"损益"规律的把握，解决了"礼"的神圣性难题；以对政治制度及统治者的道德诉求，即所谓"仁政""德治"，解决了"礼"的现实性难题；以"亲亲—忠恕—仁道"建构"仁"的道德主体，达致了"礼"的伦理认同；由此建立"礼"与"仁"、社会至善与个体至善之间的同一性关系。但是，礼与仁、伦理与道德的矛盾始终存在。孟子发现了这一问题，将"礼""仁"内涵及其相互关系作了重大推进，将伦理与道德分别展开为君臣、父子、兄弟、朋友、夫妇的"五伦"，以及仁、义、礼、智的"四德"。"五伦"是伦理实体，体现"人伦本于天伦"的家国一体的社会结构原理及其伦理规律；"四德"是体现五伦规律的道德要求及其所建构的道德主体。不难发现，"五伦"—"四德"的关系与《论语》伦理优位的哲学取向一脉相承。在精神哲学意义上，孟子的重要贡献有二。其一，人伦理念，以及伦理与道德关系的进一步自觉。"人之有道也，饱食、暖衣、逸居而无教，则近于禽兽。圣人有忧之，使契为司徒，教以人伦：父子有亲，君臣有义，夫妇有别，长幼有序，朋友有信。"（《孟子·滕文公上》）在孟子看来，"近于禽兽"的失道之忧是文化的最大忧患，也是人的忧患意识的根本；如何超越这种忧患？"教以人伦"是历史经验也是必由之路。这段经典论断表达的是人伦与人道、伦理与道德一体的哲学理念，表面上突显"道"的根本意义，实际上彰显了人伦之于人道的优先地位；不仅如此，"人伦"是"有亲""有义"等有差别的实体，人与人之间关系的合理性完全根源于个别性的人与实体性的"伦"的关系的性质，这便是"教以人伦"的真谛。其二，将"义"作为仅次于"仁"的第二德性，以在德性中落实"伦"的差别性和具体性，所谓"居仁由义""仁以合同"，"义以别异"，由此，"礼"与"仁"便因为"义"有了精神上的中介和过渡。为解决"礼"的伦理认同问题，孟子将"礼"直接移植到德性体系中，作为四德之一，以此解决"礼"与"仁"的内在同一性问题。在儒学发展史上，孟子将孔子的"礼"—"仁"体系向主观性方向推进，但也因此潜在动摇"礼"的伦理地位的危险。荀子发现这一问题，建构了以"礼"为核心的道德哲学体系。这一努力不能简单地被当作孔子体系的异化，而是将孔子的学说向客观性方向发展，形成客观伦理精神体系。显然，父子、君臣、夫妇是"五伦"伦理世界的主干结构，体现"天伦—人伦—

天人之间"的伦理世界的规律。在道德哲学发展中，出现"纲—常"思维和"纲—常"取向，将"伦"的相对伦理发展为"纲"的绝对伦理，从精神哲学的意义上考察，根本原因在于欲突显和巩固伦理之于道德的优先地位。正如贺麟早就指出的那样，"五伦"伦理在向"四德"落实的过程中，可能存在因其相对性而被动摇的危险，于是必须将相对的"伦"固化为绝对的"纲"。① 这一变化表面上发生在伦理内部，实际上指向伦理与道德之间的关系，根本取向是"五常"服从于"三纲"。正因为如此，由谭嗣同等人开始的近现代反封建伦理的启蒙运动将矛头首先对准"三纲"而不是"五常"。更值得注意的是，经过汉唐漫长的历史发展，"三纲五常"在宋明理学中被演绎为"天理人欲"的"新儒学"体系。余敦康曾将这种现象解释为"名教之乐"的缺失。② 孔子"礼"—"仁"体系，仅是一种内省的精神境界，而且是对现实社会的认同。当内省的道德追求不能导致被认同的社会生活秩序时，或社会生活秩序不能获得道德认同时，伦理与道德之间的冲突便不可避免地发生。宋明"新儒学"将"礼""仁"的伦理道德要求上升为"天理"，建构起形而上学的伦理系统，并将与之对立的一切归于"人欲"，通过"存天理，灭人欲"达到伦理与道德的统一，终建立起伦理优位的绝对精神体系。综上可以发现，在"礼"—"仁"—"五伦四德"—"三纲五常"—"天理人欲"诸历史形态之间，存在精神哲学的一致性，这种一致性不仅演绎着某种中国传统，更标示着精神哲学的"中国特色"。这种"中国特色"的要义是：伦理—道德一体、伦理优位，在伦理世界—生活世界—道德世界的辩证互动及其有机生态中建构个体和社会的精神生活和精神世界，也由此诠释和建构伦理道德的理论合理性与实践合理性。

也许，与西方精神哲学的对照更能映现《论语》所开辟的这一传统的"中国特色"。现代西方哲学家黑尔德曾对西方文化背景下伦理道德的历史发展进行现象学还原，发现西方精神哲学传统，经历了从古希腊"伦理"到中世纪"道德"再到近代"道德哲学"和黑格尔精神哲学的

---

① 贺麟：《五伦观念的新检讨》，载韦政通《伦理思想的突破》，水牛图书出版事业有限公司 1987 年版，第 12—13 页。

② 参见余敦康《内圣外王的贯通——北宋易学的现代阐释》，学林出版社 1997 年版，第 266—271 页。

历史发展，其总体轨迹是伦理与道德的分离。① 古希腊的"伦理"在拉丁化历史过程中向"道德"形变。到近代，尤其在康德哲学中，"道德"被进一步抽象为"道德哲学"，并由此以道德置换伦理。"道德"向"伦理"转换源于对自由意志的痴迷、对法则普遍性的痴迷和对伦理相对性的夸大。因此，黑格尔批评康德"完全没有伦理的概念"，对伦理"恣意凌辱"，而他本人则在《精神现象学》和《精神哲学》中系统地建立起融伦理与道德于一体的精神哲学体系。通过以上对于西方精神哲学传统的现象学复原可以发现，从古希腊到德国古典哲学，西方哲学的主流传统是伦理与道德的分离，它经历了古希腊"伦理"—古罗马"道德"—近代"道德哲学"的抽象性发展过程，伦理与道德的统一在黑格尔的精神哲学体系中才得以建构和完成。而以上考察也已经表明，在《论语》中，伦理与道德一体的精神哲学形态已经诞生，更重要的是，它开辟了贯穿日后两千多年文明的哲学传统，形成一种"中国特色"，标示着《论语》，也标示着中国伦理型文化对人类文明的独特贡献。现代西方学术过度冷落黑格尔哲学包括他的精神哲学，不可避免的结果便是重新陷入伦理与道德的精神分裂之中，使当代西方精神哲学遭遇伦理认同与道德自由不可调和的矛盾。面对市场经济与全球化的冲击，中国道德哲学如何重温孔子所开辟的伦理与道德一体的精神哲学传统，从中汲取合理而有深厚民族文化根源的内核，避免走进西方哲学与西方文明误区，建构中华民族健全的"精神"世界和"精神"文明，显然是一个十分重要的理论和现实课题。

3. "元中国伦理问题"

《论语》"克己复礼为仁"的精神哲学模式，必须逻辑和历史地解决两个问题："礼"的伦理和伦理实体如何具有合理性与现实性？如何透过"仁"的道德努力进行"礼"的伦理认同，并在此过程中建构和保持伦理—道德的创造性活力？前者是社会的善，后者是个体的善。从理论体系及其历史影响考察，《论语》卓越地解决了第二个问题，对第一个问题虽然孜孜以求，但终难获得彻底的解决。根本原因在于，孔子以"克己"作为社会善与个体善的同一性建构方式或伦理与道德相互转换的中介。这

---

① 参见［德］克劳斯·黑尔德《对伦理的现象学复原》，倪梁康译，中国现象学网，www.cnphenomenology.com。

一精神哲学模式留下一道哲学难题：个体至善是否不仅"应然"而且"必然"导致社会至善？或者说，如果缺乏伦理合理性，"克己"的个体至善到底造就社会的善，还是维护和延续社会的恶？内在于《论语》中的这一难题，导致了关于善的两大精神哲学悖论。其一，伦理或伦理实体本身不合理，缺失善的本性。在这种情境下，"克己"的伦理认同和道德努力所导致的现实后果是："道德的人与不道德的社会"①，它的极端后果，就是近现代中国启蒙哲学家所批判的"以礼杀人"。其二，某一种伦理实体，如家庭、社会、国家等，具有内部伦理关系的合理性，但当它们作为"整个的个体"而行动时却缺乏道德合法性，其现实后果是："伦理的实体与不道德的个体。"② 孔子以及以后的儒家都试图通过道德努力与制度诉求两个层面以化解这些难题，但由于它是《论语》和孔子所开创的儒家精神哲学形态中的内在矛盾，因而终未获解决。由于《论语》在中国道德哲学中的元典地位，这一"善的悖论"历史地成为"元中国伦理问题"。

诚然，任何道德哲学体系都存在个体至善与社会至善的矛盾，但由于伦理优位与道德优位的精神哲学取向和形态不同，"善"的矛盾的主要方面和表达形式也迥然不同。《论语》所开辟的伦理优位的精神哲学传统的善的悖论，与其个体至善和社会至善关系的价值取向有关。只有在生活世界中，伦理与道德、伦理世界与道德世界才可能现实地统一。伦理普遍性在生活世界中的现象形态，是公共权力与社会财富。以伦理优位为前提的"求诸己"的道德努力，虽然一定程度上可能造就圣人，但也可能维护和延续不合理的社会秩序。《论语》发现并揭示了"礼""仁"同一、伦理和道德辩证和谐所必须具备的现实条件，所以特别强调"仁政"与"修己安人"的权力伦理，以及"不患寡而患不均"的财富伦理。《论语》对为政者的德性要求，直指掌握公共权力的"王者"，将"内圣"作为"外王"的必要条件。《论语》"不患寡而患不均"，长期被曲解为平均主义，实际上这一命题的精神哲学真义，是追求和维护财富的伦理普遍性。问题在于，权力公共性和财富普遍性的危机总是客观而深刻地存在，因而伦理

① 这一命题出自［美］莱茵霍尔德·尼布尔《道德的人与不道德的社会》，蒋庆等译，贵州人民出版社1998年版。
② 参见樊浩《伦理的实体与不道德的个体》，《学术月刊》2006年第5期。

与道德之间的紧张总是现实，这种紧张必须透过精神发展和制度批判的双重努力才能实现。虽然孔子及儒家不懈努力，试图借助政治实现其伦理道德抱负，但最终沦为政治统治的工具。面对权力公共性与财富普遍性存在深刻危机的生活世界，"伦理优位"的儒家伦理努力的结果是：造就了一代代的圣人，也维护了一代代的不合理制度。

也许，人们会认为这是《论语》精神哲学形态的悲剧，是儒家伦理的悲剧，甚至据此有足够的理由颠覆和否定《论语》乃至整个儒家精神哲学。然而，当人们这样做的时候，很快发现，颠覆的不是传统，而是自己的精神家园。我们必须反思，现代人对自己的传统尤其是源头性传统的态度和理念是否出了问题？

近现代启蒙运动有两条路向，一条是西方式的"复古为解放"，代表性口号是："回到古希腊！"另一条是"反传统以启蒙"，代表性口号是："打倒孔家店！"两种启蒙的得失在近现代文明中都留下深深的印记。"反传统以启蒙"在激荡社会与文化革命式跃进的同时，导致文化的失根和精神的失家园；"复古为解放"在不断从古希腊文明寻找根源动力的过程中也不断复制和放大潜在于这个母体的基因缺陷。从苏格拉底"知识就是美德"，到亚里士多德"理智的德性高于伦理的德性"，古希腊精神一以贯之的传统是对知识和理智的崇尚，道德压倒伦理，知识与理智成为道德的根本。文艺复兴运动"回到古希腊"在结出康德"实践理性"硕果的同时，也在社会生活中分娩出培根、卢梭式的怪胎。康德的"实践理性"与亚里士多德的"理智的德性"一脉相承，培根"知识就是力量"则是这一传统的演绎，然而，培根、卢梭这些知识的巨人和理智的天才，却是不折不扣的道德不齿之徒。当代，理智压过伦理所导致的西方文明的精神哲学问题，一方面是失家园，另一方面是伦理认同与道德自由难以调和的矛盾。《尼各马科伦理学》只是强调理智德性之于伦理德性的优先地位，但在不断历史回归的基因复制过程中，却被放大和现实化为近现代文明难以根治的痼疾。

《论语》的命运虽相反，但本质却相似。它突显"礼"之于"仁"、伦理之于道德的优先地位，但同时强调二者的统一。在两千年文明中，由"'礼'—'仁'"展开为"五伦四德"—"三纲五常"—"天理人欲"诸历史形态，不断建构和强化伦理优位的"伦理—道德"生态。近代启蒙运动发现并揭示了它"以礼杀人"的严重后果，但随后对源头性传统激烈的反复激荡，一方面解构了"伦"的传统，或"从实体出发"的人伦传统，从而涣散了一个古老民族的文化凝聚力与精神凝聚力，失却在几千年文明进程中培育的"单一物与普遍物统一"的巨大而神圣力量，只能乞求于理性、利益、制度的上帝；另一方面，根源性传统的动摇，瓦解了社会的文化同一性基础，陷入哈贝马斯所揭示的"合法化危机"。可是，服用西方"理性"灵丹之后，人们发现，不但未能治"中国病"，反而解除了既有的获得性免疫力。在这个意义上可以说，当代中国面临的危机，根本上是一场"精神危机"。

在全球化背景下，过度的文化引进和缺乏辩证法的文化态度会导致诸多善意的错误：用"西方药"治"中国病"；甚至出现一种荒唐的状况——西方人生病，中国人跟着吃药。对待传统，保守固不可取，但以"西方药"治"中国病"只是一种天真的幻想。人类有足够的理由建立关于多元文化的信念和信心：文明本性上是相通的，应当以"文明对话"的理念代替"文明冲突"的理念。但是，文明相通是体系的相通，生态的相通；文明的合理性，是生态合理性。为此必须进行文明生态、文化生态的整体把握，然后寻找和满足它的现代合理性建构所需要的条件，这就是对《论语》进行精神哲学而不只是道德哲学分析的意义。也许，这是在两种启蒙路径之外的"第三选择"。

第二编

"后伦理时代"

四 "伦"的传统及其"终结"

(一) 问题："伦理观念"与"关于伦理的观念"

如果用一个字诠释中国传统伦理的精髓，那就是："伦"；

如果有一个字可以概括现代中国伦理所遭遇的根本性挑战和最大难题，那就是："伦"。

"人之有道，教以人伦"，是孟子，也是中国传统道德哲学对伦理发生的经典解释。中国伦理在人兽之分的意义上给人性立论；人伦，是人兽之分的根本，是人自我肯定即"肯定自己是一个人"的根本；"教以人伦"，是超越"近于禽兽"的文明忧患的根本解决之道。伦，准确地说，人伦，是中国传统伦理的历史起点与逻辑始点。中国传统伦理的特殊文化气质、文化意蕴和道德哲学精髓，首先在一个"伦"字。可以支持这一立论的直觉根据是：中国哲学将"伦理道德"相接相联，"伦理道德"从何开始，亦是从"伦"开始。所以，如果借用孔子的话语方式，伦，或者说人伦，就是中国传统伦理与伦理传统的"一以贯之"之"道"。

时至今日，中国的伦理传统已经发生巨大而深刻的变化。但是，无论揭示还是研究这些变化，以往的努力往往都聚焦于伦理的现象形态，尤其是伦理观念和伦理存在（如伦理关系、伦理生活等）诸方面，结果，正如人们已经感受到的那样，虽然可以现象地部分复原已经发生的变化，但最终解释和解释者本身却不幸都陷入解释的"碎片"之中，而不能为这些变化提供完整的现象学图景和更具哲学根据尤其是精神哲学根据的合理而有力的解释。原因很简单，解释的触须只游刃于"伦理现象"，至今还未延伸和深入"伦理本身"，即伦理的概念或人们关于伦理的观念经过时代的涤荡在道德哲学层面所发生的那些更具根本意义的变化。这种状况可以从历史和逻辑两方面寻找原因。历史原因是，在孟子对伦理发生的

"人之有道，教以人伦"的那段经典解释中事实上有两个"原素"，一个是"人伦"，另一个是"道"或"有道"。孟子一方面指出了五种人伦关系即"五伦"及其价值准则，它们在日后的解读中引起人们的足够重视；另一方面无论"五伦"还是与它们分别对应的处理这五种人伦关系的价值准则，都只是"分殊"，背后作为其统摄及合理性根据的却是"理一"，这个"理一"就是所谓"道"，人们在解读中往往得其"分殊"而不追思其"道"，因为，"道可道，非常道"。逻辑的原因是：无论"伦"还是"人伦"，都内在着两种可能的规定或理解，一是现象形态，主要是伦理观念和伦理存在；一是概念形态或本质形态，即"关于伦理"的观念、理念、信念等。

现代中国所发生的最为彻底和最为深刻的变化，不在伦理观念和伦理存在，而在人们关于伦理的概念与理念；当代中国伦理发展与道德建设的最为深刻的难题，不是人们在伦理观念、伦理生活和伦理关系方面的重大改变，而在于伦理本身，在于伦理的概念本性，在于人们对伦理的观念、理念和信念，即人们对于"什么才是伦理""如何达到伦理"等哲学规定方面发生了根本性改变。一句话，在伦理传统方面发生的最深刻、最重要但未被充分揭示和研究的变化，不是人们的"伦理观念"，而是人们"关于伦理的观念"。"关于伦理的观念"概而言之，就是所谓"伦理观"。现代中国道德哲学"关于伦理的观念"的最深刻、最集中的变化，首先在于并集中表现为：伦，或人伦。

显然，"伦理观念"和"关于伦理的观念"属两个不同层面的问题域，前者虽具主观性与内在性，但仍处于现象界，而后者则是人们关于伦理的概念、理念和信念等更具形上意义的问题，是伦理观的问题。中国伦理传统在经过近现代古今中西交汇的百年沧桑之后，最需要关切而又最缺少关切的，就是对于"关于伦理的观念"变化的反思。当伦理观念和伦理存在经历了一个多世纪持续不断的巨变之后，传统的变革已经深入"关于伦理的观念"这个对传统更具颠覆力的层面。"伦理观念"的变革已经发生，"关于伦理的观念"的变革正在发生。中国伦理已经进行了"伦理观念"的传统变革，中国伦理正在进行并必须审慎而合理地完成"关于伦理的观念"的巨大而深刻的革命。这便是我们讨论这一问题的全部意义。

(二)"伦理"的道德哲学本性及其"两种观点"

如何把握"伦理"的本性? 黑格尔讲得很绝对:"永远只有两种观点可能":"从实体性出发",或者,"原子式地探讨"。显然,他肯定"从实体性出发"的观点,否定"原子式地探讨"的观点,否定的理由只有一个:"没有精神。"

如果黑格尔的论断具有真理性,那么,"从实体性出发"和"原子式探讨"这两种"永远"的可能,便不仅是共时性的存在,而且应当成为两种历时性的传统,从而对现代伦理,尤其是对现代人关于伦理的理解和把握方式具有道德哲学的解释力。

1. "从实体出发"

"从实体性出发"的真义是什么? 我们先看看黑格尔讲这段话的语境。这段话的主要任务是解释和展开他的一个立论:"伦理性的实体包含着同自己概念合一的自为地存在的自我意识,它是家庭和民族的现实精神。"① 按照黑格尔的观点,伦理性的实体,即家庭与民族,包含着这两大实体的自我意识即所谓实体性自我意识,或实体对自我存在的反思意识,这两个实体性意识便是家庭与民族的精神。由此,"从实体性出发"的基本内涵便是伦理实体的自我意识。这种实体性自我意识如何成为家庭和民族的"现实精神"? 下一句作了展开:"伦理性的东西不像善那样是抽象的,而是强烈地现实的。精神具有现实性,现实性的偶性是个人。"②"从实体性出发"才能扬弃"伦理性东西"的抽象性,复归其现实性。抽象性的表现是什么? 便是伦理实体中作为"偶性"的"个人",具体地说是个人的主观性,或个人作为社会中的偶然性存在。"精神"为何具有现实性?"精神"之所以使"伦理性的东西"具有现实性,是因为"精神是单一物和普遍物的统一"。精神使"伦理性东西"中的个体与伦理实体达到统一,使伦理实体的现象性存在与它的实体性概念本质达到统一,从而使伦理实体具有现实性。由此,从"实体性出发"的真义,也就是从

---

① [德] 黑格尔:《法哲学原理》,范扬、张企泰译,商务印书馆1996年版,第173页。
② 同上。

"单一物与普遍物统一"的精神出发,亦即从"家庭与民族的现实精神"
出发。

　　如果以上烦琐的考证还不能彰显"从实体性出发"观点所考察的
"伦理"的真义,那么,在《精神现象学》中,黑格尔对伦理本性的揭示
就更为直截了当。"伦理本性上是普遍的东西。"① 根据黑格尔的观点,家
庭与民族作为"普遍的东西"的伦理性或它们作为两个基本伦理实体的
本质,不是指家庭与民族中个体性成员之间的自然关联,而是这些自然关
联的"精神本质",即个别性的人与家庭或民族这两个实体之间的那种
"单一物与普遍物"的统一,即个别性成员作为"家庭成员"或"民族公
民"而行动的那种"精神本质"。家庭成员与民族公民,就是"单一物与
普遍物"统一的伦理性存在和伦理性精神的表现。换句话说,个别性的
人,只有作为家庭成员或民族公民而行动时,亦即从家庭与民族的"实
体性出发"而行动时,才是伦理性的存在。伦理不是作为个别性存在的
人与人之间的关系或关联,而是个别性的人与它的普遍性实体之间的关
联,只有当个别性的人作为"单一物"与他们的"普遍物"即实体内在
关联并达到统一时,伦理才发生,也才存在现实的伦理。在这种统一中,
个别性的人扬弃个体性或偶然性而上升为实体的"成员"或"公民"。而
个体与实体之间的关联,只有透过精神才能实现,因而伦理本质上是一种
精神。实体是什么?实体即共体和公共本质。伦理实体即伦理性的共体和
公共本质,其基本形态就是家庭与民族。黑格尔为伦理、伦理关系和伦理
行为提供了一个判断标准:伦理不是个别性的人与人之间的关系,而是个
别性的人与他们的实体之间的关系;伦理行为不是个体与个体相关涉的行
为,而是并只是个别性的人与他的共体或公共本质相关涉的行为;"伦理
本性上是普遍的东西"。一句话,伦理就是个别性的人作为家庭成员或民
族公民而存在;伦理行为就是个体作为家庭成员和民族公民而行动。

　　黑格尔用一个具体解释这种抽象的规定。在家庭伦理实体中,家庭成
员之间的伦理关系"不是情感关系和爱的关系",而是"个别性的家庭成
员"与"对其作为实体的家庭整体"之间的关系。这就澄清了一种混乱
与误解:将家庭伦理关系当作个别性家庭成员如父子、夫妇、兄弟之间的
关系,尤其是他们间的情感关系或爱的关系。家庭伦理关系的本质是个体

---

① ［德］黑格尔:《精神现象学》下卷,贺麟、王玖兴译,商务印书馆 1996 年版,第 8 页。

与家庭实体之间的关系，其精髓是"个别家庭成员的行动和现实""以家庭为其目的和内容"。①

2. 中国话语

黑格尔关于家庭伦理关系的规定很容易让人想起《论语》中孔夫子"父为子隐，子为父隐，直在其中"的那种"亲亲相隐"的著名伦理逻辑。"父为子隐，子为父隐"何"直"之有？"直"于什么？根据黑格尔以上关于伦理本质的规定，问题就很明白了：它"直""面"家庭的伦理实体本性，"直"就直在家庭伦理实体中个体作为家庭成员而行动的伦理诉求。如果将伦理当作个体与个体之间的关系，那么，"父为子隐，子为父隐"显然就是非伦理和不道德的；但是，如果将伦理理解为个别性的人与他的伦理实体之间的关系，那么，"父为子隐，子为父隐"就是在特殊境遇下"直"面伦理的本性，是伦理本性的特殊显现，是家庭成员"从实体性出发"在特殊境遇下对于伦理本性的固持。这句话可以作如下道德哲学上的演绎：父为子隐，子为父隐，伦理就在其中，伦理的真谛就在其中。孔子以一种极端的情境彰显了家庭伦理的一个根本要求和绝对逻辑："个别家庭成员的行动和现实""以家庭为其目的和内容"。在这里，孔夫子提出了一个特殊的伦理悖论。在这个悖论中，假设如果反"父为子隐，子为父隐"而行之，那么，结果便是两个：瓦解家庭的自然伦理实体性；个别性的人丧失作为"家庭成员"的伦理本性和伦理资质。争议在于，"父为子隐，子为父隐"的现实后果是一种道德上的恶。但是，其一，如果将孔子这段话理解为对伦理本性的道德哲学诠释，那么其真理性与合理性便显而易见；其二，即便它会造成个体道德行为的恶，但与伦理实体的本性丧失的"大恶"相比，委实是"两害相权取其轻"的中庸之举，因为，家庭作为直接的和自然的伦理实体，是全部伦理的基础，家庭伦理实体的瓦解，必将导致整个伦理世界的崩溃，其严重伦理后果已经在历史上的诸多社会试验的伦理生活中体现。

在中国传统道德哲学中，伦理作为"本性上普遍的东西"集中体现和表达为一个"伦"字，中国传统道德哲学的"伦"或"人伦"，正是

---

① 参见［德］黑格尔《精神现象学》下卷，贺麟、王玖兴译，商务印书馆1996年版，第8—9页。

"从实体性出发""考察伦理"的观点。无论在道德哲学意义上还是在生活世界中，"伦"或"人伦"的内核都指向由个体之间的诸多关联所构成的实体，其真义并不是指个别性的人与人的关系，而是个别性的"人"与他所处的那个实体性的"伦"之间的关系，正如一些港台学者所揭示的那样，中国传统道德哲学中的伦理关系，核心是个体与他的份位之间的关系。正因为如此，安伦尽份才是传统道德的基本要求；而按照伦理实体要求而行动的"正名"，自孔子以来就是应对伦理失序的基本对策。台湾学者黄建中先生在《比较伦理学》中对"伦"与"伦理"作了比较详尽的辞源学考证，认为"伦谓宇宙内人群相待相倚之生活关系"。"伦理者，群道也。"① 伦是人与他所处的群体的关系，也是个体复合为群体的关系。"伦"的关系是具体的，在传统社会中具有范型意义的是"五伦"关系，但无论父子、兄弟、夫妇的家庭伦理关系三伦，还是君臣、朋友的社会伦理关系二伦，其要义都不是单个的人如父与子之间的关系，而父或子与他所处的父子关系的复合体之间的关系，即父或子与父子之伦之间的关系。由于单个的人在不同伦理情境中具有多重伦理角色，因而人伦关系根本上是"人"与"伦"，即人与伦理实体之间的关系，这种关系始终是伦理的合理性与合法性之所在，否则便是"不伦""乱伦"。中国文字以"辈"、以"类"、以"序"训"伦"，② 实体、秩序、区别，都是内在于"伦"的概念规定，这些规定所体现的道德哲学方法的根本要求就是："从实体性出发。"

以上考察可以得出的结论是："伦"，就是中西道德哲学传统"在考察伦理时"的方法论或把握伦理真谛方面的会通点，也是古今中西道德哲学和伦理传统的基本会通点。

（三）"伦理"的现象形态：伦理世界

伦理是"本性上普遍的东西"。这个在形上世界中存在和被把握"本性上普遍东西"的现象形态，就是"伦理世界"。

---

① 黄建中：《比较伦理学》，山东人民出版社 1998 年版，第 21、25 页。

② 注：许慎《说文解字·人部》曰："伦，辈也。"杨倞《〈荀子·富国篇〉注》："伦，类也。"赵岐《〈孟子·离娄下〉注》云："伦，序。"

"伦理世界"是"伦理"的世界，或"本性上普遍的东西"的世界。留心比较便很容易发现，中西传统道德哲学不仅在关于伦理普遍本性的哲学规定方面会通，而且在它的现象形态及其价值原理的设计方面表现出令人惊奇和兴奋的跨文化乃至跨时代的相通，区别往往表现为话语系统的民族文化形态。这种相通呈现出道德哲学的真理性本质，在相当程度上展现为一种普世"伦理"。

伦理世界的基本结构是什么？就是伦理实体、伦理规律和伦理精神。伦理实体是伦理世界表现；伦理规律是伦理世界的自为表现；伦理精神是伦理世界的既自在又自为的表现。

1. 伦理世界

"伦理世界"是黑格尔在《精神现象学》中提出的一个道德哲学概念，其本意不仅指伦理作为"本性上普遍的东西"的现象形态，也是他所说的客观精神的自在形态。在他看来，伦理世界是由"伦理实体—伦理规律—男人、女人"构成的"无限和整体"。家庭与民族是伦理实体的两种形态，它们是"本性上普遍的东西"的实体性表现或外化；家庭与民族分别遵循"神的规律"与"人的规律"，伦理世界中的这两大伦理规律或两大伦理势力既相互对立又相互过渡，由此造就伦理世界的整体；男人和女人是伦理世界的两个"原素"，在伦理性质上分别指向家庭与民族两个不同性质的伦理实体，在伦理世界的缔造中构成结构性的互补。这样，"诸伦理本质以民族和家庭为其普遍现实，但以男人和女人为其天然的自我能动的个体性"[①]。

黑格尔在思辨中所建构的"伦理世界"的概念，经过文化翻译实际上就是中国传统道德哲学的"伦"的世界，也是中国传统社会的生活世界中的人伦世界。伦理的自在形态是伦理实体。中国传统道德哲学与伦理生活同样以家庭与民族为两大伦理实体，不同的是，它比黑格尔具有更为现实的逻辑与历史根据。在中国道德哲学中，"人伦"的本质是"人"与"伦"的关系，"伦"即"本性上普遍的东西"的实体性形态。从逻辑上考察，个别性的人或个体总是面对两个基本的实体或"伦"，一是自然的

[①] ［德］黑格尔：《精神现象学》下卷，贺麟、王玖兴译，商务印书馆1996年版，第17页。

生命实体，或自然生命的实体性，这个直接的和自然的伦理实体就是家庭；另一个是社会的伦理实体，其现实形态就是民族，民族的自觉与能动的表现就是国家，国家在一定意义上是民族作为"整个的个体"的实体性形态。从历史上考察，中国传统社会的结构特征是家—国一体，由家及国，家与国构成社会的两极，因而以家庭与民族为伦理实体便具有历史现实性。应该说，在《精神现象学》中，黑格尔以家庭与民族为两大伦理实体或伦理的两个实体性表现，还是一种哲学的思辨，所以在晚期的道德哲学著作《法哲学原理》中，他事实上对此作了修正，在二者之间思辨了一个过渡性环节，这就是市民社会。但是，由于中国传统社会家国一体，由家及国的结构特质，以家庭与民族为伦理的两个基本的实体性结构，便既具有逻辑必然性，又具有历史现实性。

2. 伦理规律

伦理的自为形态是伦理规律。伦理规律在西方传统道德哲学话语中就是黑格尔所说的"神的规律"与"人的规律"，在中国道德哲学的话语系统和中国人的伦理生活中便是所谓"天伦"与"人伦"，一定意义上也可以说是"天道"与"人道"。[①] 天伦是家族血缘伦理关系及其复合体即血缘关系的实体；"人伦"是社会伦理关系及其实体。黑格尔以"神的规律"为家庭实体的伦理规律，并不是指它的宗教意义，而是突显家庭伦理实体及其家庭伦理关系的既定性与不可选择性，一句话，是其作为"自然"伦理实体及其规律的本性。这样的"神的规律"在中国道德哲学和中国人的生活世界中便是所谓"天伦"。"天"在中国传统道德哲学中是一个兼具哲学、伦理、宗教多重意义的概念。而"人伦"与"人的规律"在语义上直接相通。"天伦"是个体作为家庭成员的伦理存在而行动的规律，"人伦"是个体作为民族公民的伦理存在而行动的规律。家庭与民族、天伦与人伦、神的规律与人的规律，作为伦理世界中的"两大伦理势力"，既相互对立，更相互过渡和统一。对立与统一的原理是：人的规律以神的规律为基础；神的规律必须过渡到人的规律，天伦必须上升和推扩至人伦，在人伦中获

---

① 注：在中国传统道德哲学中，"天伦—人伦"与"天道—人道"的范畴既相通又具有不同的指谓。前者一般就伦理而言，后者一般就道德而言，二者在交叉重叠中也具有彼此不能包含的某些内涵。

得现实性。中西传统道德哲学的重要区别在于，西方传统道德哲学强调国家与人的规律的终极性意义；中国传统道德哲学突显家庭与天伦的基础与范型地位。前者的逻辑是："一个人只作为公民才是现实的和有实体的，所以如果他不是一个公民而是属于家庭的，他就仅只是一个非现实的无实体的阴影。"① 后者的法则和原理是："人伦本于天伦而立。"伦理规律本质上是个体作为实体性存在或实体成员而行动的规律。

3. 伦理精神

伦理的自在自为形态是伦理精神。伦理精神是伦理所要求的实体性精神，或伦理作为"本性上普遍的东西"的那种精神，其内核是伦理实体的自我意识。"伦理实体的自我意识"有两层意思或两种表现形态：一是伦理实体的精神，即实体意识到自己是一种普遍物，并使自己的普遍性获得现实性的那种自我意识，亦即黑格尔所说的家庭精神与民族精神；二是实体中的个体以自己为实体性存在，扬弃自己的个别性与实体同一的那种自我意识。前者是实体对自身的普遍性本性的意识；后者是个体对自己的实体性本性的意识。伦理精神的道德哲学意义是扬弃实体的抽象性，使之获得现实性；也扬弃个体的主观性，使个体行为获得现实合理性。这种内在的普遍性，就是所谓"德"。所以黑格尔才说，德本质上是一种"伦理上的造诣"。德，就是个体内在的实体性。"道德的观点就是关系的观点、应然的观点或要求的观点。"②

中国传统道德哲学将伦理与道德相连，形成"伦—理—道—德—得"的伦理精神发展的辩证过程。"伦"是自在的普遍性与普遍物，"理"与"道"可以诠释为自为的普遍性，既是伦理规律，也是对伦理规律的意识和尊奉，区别在于，"理"是意识形态或在意识中存在的普遍性或伦理规律，"道"是意志形态或冲动形态的普遍性与伦理规律，前者是"知"的形态，后者提"行"的形态；而"德"则是既自在又自为的伦理普遍性，是内在的伦理普遍物。"德者，得也。""得"什么？得"道"。伦理就是"人理"，道德就是"得道"。一旦"得道"，

---

① ［德］黑格尔：《精神现象学》下卷，贺麟、王玖兴译，商务印书馆 1996 年版，第10 页。

② ［德］黑格尔：《法哲学原理》，范扬、张企泰译，商务印书馆 1996 年版，第112 页。

个体便建构了内在的伦理普遍性，从而获得"伦理上的造诣"即
"德"。"德"作用于生活世界，用于指导"得"，使人在生活世界中不
失其"德"，由此便使伦理普遍性具有现实性，成为现实的精神，并外
化为现实的伦理世界。由此可见，中国传统的"伦理道德"概念，或
"伦—理—道—德—得"的结构与原理，就是伦理精神自我建构和自我
实现的辩证过程。伦理精神就是伦理的普遍性获得现实性与合理性的现
实过程，也是个体获得伦理普遍性并成为伦理性存在的精神。其中，
"伦"是自在的伦理普遍性，其存在形态是伦理性的实体；"理"与
"道"是意识形态与意志形态的普遍性，其表现形态是伦理规律，包括
伦理理性与道德规范；"德"是既自在又自为的伦理普遍性，其表现形
态是个体"伦理上的造诣"，即个体内在的实体性。伦理精神发展到
"德"，伦理性的实体便现实化为道德的主体，个体便上升为道德的主
体，从而成为伦理性的存在。而"得"的结构，则使伦理的普遍性回
归于现实的生活世界，成为生活世界的伦理精神。

4."活的世界"

这样，伦理实体—伦理规律—伦理精神，便构成一个活生生的伦理世
界。这是一个中西方民族、中西方文明共有的世界，也是在传统社会中已
经证明是一个可以共享也应当共享的世界。需要补充说明的是，在黑格尔
设计的伦理世界中，还有一个"原素"，即"男人、女人"。在黑格尔道
德哲学体系中，男人、女人与其说是两种自然的存在，不如说是两种伦理
性质的人格化，其中，男人天然地指向社会或民族伦理实体，而女人则是
"家庭的守护神"。所以，男女伦理性质的固持和过渡，缔造和维持伦理
世界"安静和平衡"。在这里，中西道德哲学的相通也一目了然。在中国
传统伦理中，特别强调夫妇一伦。"五伦"之中，中国传统伦理对天伦、
人伦都保持乐观的紧张，唯独对于介于天伦与人伦之间的夫妇一伦，始终
保持高度的警惕，"男女居室，人之大伦也"（《孟子·万章上》）。原因
就在于，它是伦理世界的"原素"，所谓"夫妇有别"，"男主外，女主
内"就是黑格尔道德哲学的中国化和生活化的话语。"男女有别，然后父
子亲；父子亲，然后义生；义生然后礼作；礼作然后万物安。无别无义，
禽兽之道。"（《礼记·郊特性》）

（四）"伦"传统的"终结"及其"集体记忆"

"伦"的实体性内核，以及"伦理"作为"本性上普遍的东西"的本质，是中国传统道德哲学的概念基础，也是中国伦理精神"关于伦理"的根本观念、理念与信念，以实体性和"本性上普遍的东西"为概念规定的"伦"，构成中国道德哲学和中国伦理精神最基本和最重要的文化气质和民族特质。然而，随着传统伦理的终结，随着伦理传统的不断被涤荡和摧廓，"伦"作为"本性上普遍的东西"的概念与观念传统逐渐被消解，甚至在相当意义上"退隐"和"终结"。这种情景与现代性的西方伦理具有十分相似的性质，它是现代中国道德哲学与伦理精神建构面临的最深刻和最根本的难题与挑战。

1. 陌生的伦理世界

考察"伦"的传统概念裂变也许是一个难以完成的任务，直观的办法是分析它在现象领域即伦理世界所发生的那些变化。

伦理实体以及关于伦理实体的观念方面所发生的最大和最明显的变化，就是所谓"市民社会"及其概念的出现。"市民社会"是黑格尔在《法哲学原理》中提出的概念。在《精神现象学》中，黑格尔认为伦理实体有家庭与民族两个形态；而在《法哲学原理》中，黑格尔提出了"家庭—市民社会—国家"的伦理实体的结构。仔细考察便可以发现，在《法哲学原理》中，"市民社会"实际上是一个具有很强思辨色彩的过渡性质的伦理实体，是伦理实体的否定性环节。但是，在后来尤其是当代学术研究中，"市民社会"却成为现代社会的特质，甚至被用来区分传统社会与现代社会。无论是黑格尔的原意，还是在概念内核方面，市民社会都是"法权社会"，相对于伦理世界与伦理精神的"法权状态"。法权状态是个体本位的社会，是社会的"原子状态"，其基本伦理特质是原初实体性的丧失，因此，黑格尔才认为只有过渡到国家，它才具有合理性。个别性的人以自身为目的而形成的"需要的体系"，以及个体与个体互为中介而构成的形式普遍性，是市民社会及其伦理实体的两个基本原则，[①] 所

[①] 参见［德］黑格尔《法哲学原理》，范扬、张企泰译，商务印书馆1996年版，第197页。

以，市民社会是"个人利益的战场"。"市民社会"否定了家庭伦理实体的自然质朴性，但还没有达到民族国家的伦理实体意识。"市民"从根本上说是一种工具性和原子式的伦理实体的自我意识，与"家庭成员"和"民族公民"的伦理实体意识具有原则区分。与家庭和民族相分离的抽象的市民社会观念，可能既是对家庭伦理实体和伦理精神的消解因素，也是对民族伦理实体和伦理精神的消解因素，当遭遇全球化思潮和浪潮时，它便成为民族精神的一种消解性因素。当今中国"伦"的观念和伦理实体性意识的动摇和消解，在伦理世界和伦理生活中的第一种表现，便是抽象的市民社会意识的生成，以抽象的"市民"取代"家庭成员"和"民族公民"的伦理实体意识。①

　　"伦"的传统的消解和伦理实体的退隐在伦理规律方面的体现，就是"人伦关系"向"人际关系"的蜕变。"人伦"是"伦"的传统及其观念的基本内核，"人伦"的本质，是个体性的人与"伦"即他的实体的关系，"人伦关系"概念的道德哲学精髓，是以对人的"实体性存在"的肯定为前提。而"人际关系"作为现代性的概念，是以对个体的殊异与对立、以对个体"原子式存在"的肯定为前提。现代道德哲学和伦理生活中"人伦关系"概念的退隐，"人际关系"概念的兴起，表征着对传统伦理世界中"天伦""人伦"的伦理规律否定，以及一种与"市民社会"相适应的"人际"伦理规律的生成。"人际关系"的概念代替"人伦关系"，表征着"人际"伦理规律取代"人伦"伦理规律。这种变化可以从婚姻伦理观念与职业伦理观念中窥测一斑。现代婚姻关系之所以不稳定，离婚率之所以呈上升趋势，一个道德哲学上的重要原因在于：现代人往往只是将婚姻关系看成男女两个个体性存在之间的原子式关系，或者是两个单子之间的"情感或爱的关系"，而不是婚姻中的个体性存在与婚姻所构成的家庭实体之间的关系。于是，离婚便成为两个单子之间的私事，其中任何一个单子、任何一个偶然的事件都可以任意而任性地对婚姻行使否决权，在此过程中甚至可以不考虑婚姻关系中的第三相关者，如子女的利益和命运，从而使婚姻关系逐渐丧失其社会性与伦理性。婚姻伦理观念中实

---

　　① 注：我并不一般地否定和反对"市民社会"的概念和"市民"意识，更不否定市民社会问题讨论的学术意义，只是认为，如果脱离了"家庭—市民社会—国家（民族）"的伦理实体的辩证结构，无论"市民社会"还是"市民"，都将变得抽象而不合理，消解伦理的实体性本质。

体性意识的丧失,是现代家庭关系日趋脆弱的道德哲学根源。"职业"观念也是如此。韦伯曾经说,新教伦理催生"资本主义精神"的重要表现之一,就在于将世俗的"职业"观念转换为以"完成上帝交给的任务"为内涵的"天职",由此形成一种新的劳动伦理观。"天职"与"职业"两个概念的道德哲学区别,在于前者以实体认同和实体回归(如上帝)为本质规定与根本目的,而对后者来说,职业只是谋生的目的和手段。在现代劳动伦理中,"天职"已经成为一个遥远的童话,它如此过于被冷落以至可能成为一个接近消逝和死亡的概念。"天职"观念的退隐和消解,标志着劳动伦理中价值的失落和实体性意识的消逝。婚姻关系与职业关系中这些概念内涵的变化,体现了伦理世界中伦理规律,尤其是由"人伦"伦理规律向"人际"伦理规律转变的十分值得注意而又未被充分关注的趋向。

伦理精神方面变化的集中表现,就是"单一物与普遍物统一"的伦理感和伦理能力的式微。伦理这个"本性上普遍的东西",透过"精神"才能达到个体与实体、个别性与普遍性的统一。然而,在"市民社会"中,人们正愈益沦为"无精神的单子","伦—理—道—德—得"中那种向实体的回归、冲动和运动,逐渐为"利益驱动"机制所取代。在中国传统道德哲学中,"伦理"与"道德"的概念既联系又区分。"伦理"向"道德"转换的实质,是由实体向主体,即外在实体性(普遍性)向内在实体性(主体性)的运动。市场逻辑改变了这一运动的道德哲学意义,这种改变可以从"德性论"向"正义论"的道德哲学范式的转换中获得启示。传统德性论的道德哲学精义是强调个体至善,强调"德"作为"伦理上的造诣"的道德哲学意义;正义论的道德哲学精义是强调社会至善,强调社会合理性包括伦理合理性对个体德性建构的意义。二者的根本区别在于,德性论强调实体、伦理普遍性对个体的绝对意义;正义论本质上以个体、确切地说以"集合并列"的个体存在及其判断为"普遍物"绝对价值,"正义"的结果在相当意义上取决于"市民社会"中个体利益的博弈。如果说极端发展的德性论可能会导致伦理专制主义,那么,极端发展的正义论则可能会导致道德相对主义与伦理虚无主义。德性伦理精神向正义伦理精神的演变,伴随着也表征着"伦"传统的解构,罗尔斯之所以遭遇"谁之正义?何种合理性?"的"麦金太尔难题",就是由于它"原子式地进行探讨"。我们已经发现,在对德性传统的反叛中,在对

"正义"的抽象追究中，"伦理"正在祛魅，"精神"正在退隐，社会的伦理同一性能力日渐式微。

2. "伦"观念的根本改变

"伦"传统的这些变化，归根结底是黑格尔所说的"考察伦理"的"观点"的变化，或"关于伦理的观点"即伦理观的变化；变化的实质，是在道德哲学方法论方面由"从实体出发"到"原子式地进行探讨"的演变。自宣布"上帝死了"之后，西方社会与西方伦理日益消解其实体性，造就了一个以法权社会为基础的"原子式地进行探讨"的伦理观念和伦理世界。经过一个多世纪欧风美雨的沐浴，中国社会在不断解构"伦理的传统"的过程中，也逐渐解构"关于伦理的传统"。可以说，中国社会虽然没有经历西方式的现代性，但"原子式地进行探讨"的现代性的"关于伦理的观念"已经侵蚀并颠覆了"从实体出发"的"伦"传统。应该说，中西方伦理发展中的这种历史演变从一开始就概念地或逻辑地内在于"伦理"之中，否则黑格尔也不能如此武断地说"在考察伦理时永远只有两种观点可能"。在这个意义上可以说，中西方伦理的这种演变早就为黑格尔所思辨地预言。

现代中西方社会"关于伦理的观念"以及由此所建构的伦理世界，愈益具有"原子式地进行探讨"的性征。问题在于，"现存"的这种演变是否具有现实性与合理性。黑格尔以一句话描述"原子式探讨"的特质："以单个的人为基础而逐渐提高"；也以一句话击中其要害："没有精神"，"因为它只能做到集合并列"。"原子式探讨"的伦理观也试图并努力达到伦理的普遍性，区别在于它将个体视为单子即原子式的存在，试图透过某种外在性，如规范、法律、利益（即市民社会中的所谓"需要的体系"）等建立同一性与普遍性，而最终只能做到无"精神"的"集合并列"，不能达到"单一物与普遍物的统一"。所以，"原子式探讨"的最为严重的缺陷在于人与它的实体性本质，或个体与实体的分离与对立。现代社会中愈益深重的人与自然、人与人、人与自身的矛盾与分裂，在道德哲学上就是"原子式探讨"的伦理观的必然后果，是人与他所处的自然实体、社会实体和生命实体的对立与分裂。"原子式探讨"的根本局限是"没有精神"，它使伦理和社会丧失自己的同一性本性和同一性能力，最终只能诉诸和求助经济的本能驱动与法律的外在约束，建立起"单个的人""集合并列"的无精神、无实体的同一性，引导社会进入或停滞于"法权状态"。

内在于"原子式探讨"的伦理观中的这种深刻缺陷，要求人们超越"现存的就是合理的"这种缺乏创造性和缺乏反思精神的思维定式，对正在伦理世界和伦理精神中发生的这种深刻变化采取批判的态度。前文已经指出，现代中国社会发生的最深刻的伦理变革，不是人们的伦理观念，不是社会的伦理存在，乃至不是一般意义上的伦理传统，而是关于伦理的概念、观念、理念、信念的根本改变，是"关于伦理的观念"或所谓伦理观的根本改变。由"从实体出发"并指向实体的、绝对的、神圣的伦理概念、伦理观念、伦理理念、伦理信念，向从个体性出发指并指向个体自我的、主观的、相对的、世俗的伦理概念、伦理观念、伦理理念、伦理信念转化。伦理的概念本性不再是"本性上普遍的东西"，而是原子式个体的"集合并列"；伦理观念和理念的灵魂不再是"单一物与普遍物统一"的精神，而是个体性的固持；伦理信念的内核不再是个体内在的实体性或普遍本性即所谓"德"的建构，而是个体性的充分实现。在这个意义上，伦理从根本上"祛魅"了，一种伦理"终结"了，社会似乎正进入一种"后伦理时代"，至少具有某些"后伦理时代"的特征。"后伦理时代"是消解伦理的同一性和神圣性，代之以主观性和世俗性的时代。在这个时代，韦伯在《经济与社会》中所说的那种"伦理的神"退隐了，死亡了。它不是一般地"伦理失序"或"道德失范"，也不是一般地无伦理，而是像尼采所言说的那种逻辑：我就是伦理！我就是道德！正像黑格尔在《法哲学原理》中所说的那样，每个人都坚持和坚信自己主观而缺乏客观公度性的良心，结果都"处于作恶的待发点上"。这是"原子式探讨"的"法权状态"所奉行的必然逻辑。

3. 对于"伦"传统的新态度

因此，对于现代中国伦理变革来说，最重要的是两项工作：一是敏锐地发现并指出在"关于伦理的观念"即伦理观方面发生的那些深刻而重大的变化，而不是将研究的触角只流连于在"伦理观念"方面的那些现象层面的变迁；二是对正在发生和已经发生的"关于伦理的观念"变化进行反思性批判，合理而能动地引导这场变革。如果说一场伦理观方面的"悄悄的革命"正在发生，那么，亟待进行的，是关于这场革命的再革命。伦理观的变革——在中国集中表现为"伦"的观念传统的变革，当然具有一定的现实性与合理性，这个变革留下的最大难题，是伦理普遍性与社会同一性的解构与重构，一些智慧的伦理学家已经发现这个基本难题并对此做出回应，哈贝马斯的"商谈伦理"在一定意义上便可以视为在"原子时代"和"法权状态"下建构伦理普遍性与社会同一性的努力。道德哲学应当为新伦理观的催生而启蒙，但在启蒙中必须保持和建构对于伦理本性的坚定而合理的信仰，否则启蒙就会失去理性的性质而沦为自发的情绪躁动。启蒙指向现实的变革，信仰指向合理的传统。传统的意义认同是解决启蒙与信仰的矛盾，进行伦理观革命的再革命的关键。

胡适先生早在 20 世纪 20 年代就说过，新思潮本质上是一种新态度。"关于伦理的观念"或伦理观变革的关键，是形成对待"伦"传统的新的合理态度。哈贝马斯曾经指出，现代社会正面临"合法化危机"，因为传统的解构使得统一的价值观很难透过教育进行文化同一性与社会同一性的建构。传统的意义认同也许是一个更为复杂的问题，法国心理学家莫里斯·哈布瓦赫"集体记忆"概念的移植可能有助于我们对这个复杂而重要的难题的诠释与解决。哈布瓦赫认为，任何记忆实质上都是"集体记忆"，必须透过对集体生活及其情境的表象而唤醒。如果将这个概念移植到道德哲学中，一种新的解释便是：传统，尤其是伦理传统，是一个民族对于自己的精神历史的"集体记忆"。伦理同一性的丧失，伦理精神的式微，最终将消解民族凝聚力而使之陷于涣散的绝境；而对传统的根本的和无节制的否定，则标志着一个民族彻底丧失自己的记忆和记忆能力，这个民族将成为无历史、无延续能力的无精神、无灵魂、无同一性的存在。面对正在发生的"关于伦理的观念"或伦理观方面的深刻变化，也许问题本身十分复杂，问题的解决时日尚远，但最基本、最重要的是保持和唤起人们对"伦"传统，对伦理作为"本性上普遍性东西"的"集体记忆"，否则，一旦失忆，我们只能成为无根源、非现实的单子式甚至植物性的存在。这就是对中国道德哲学"伦"的传统仔细梳理的意旨所在。

也许，以"伦"为传统的"从实体出发"的"伦理时代"正在终结，我们正走进一个"原子地进行探讨"的"后伦理时代"。"伦理时代"是实体伦理时代，"后伦理时代"是原子"伦理"时代。

也许，现代社会的诸多过渡性的伦理现象正是走向"后伦理时代"的症候，这个时代面临的诸多未能解决的伦理难题，正与我们仍然用

"伦理时代"的方式和方法解释和解决"后伦理时代"的课题的错位相关。

如果存在一个"原子式探讨"的"后伦理时代",那么,可以肯定的是,这个时代、这种形态伦理的基本课题将是伦理同一性的建构与重构。无论如何,伦理的同一性,社会的同一性,过去、现在、将来都是人类文明及其一切意识形态面临的基本课题,因为,原子状态、法权状态,逻辑与历史地是人类走出家庭伦理实体、血缘伦理实体之后的"自然状态"。

"伦"的传统不应当终结,但不幸却遭遇现代性这个"终结者"。面对这个悖论,对许多问题,包括"终结"与"后伦理时代"本身,过早的否定或肯定都缺乏充分的根据,对它们的判断还需要更多的敏锐的观察和睿智的思考。面对现代性这个"终结者",所能做和应当做的,首先是唤起和保持对于"伦"传统的"集体记忆"。也许,这是应对"终结"的最审慎和最小文化风险、文明风险的伦理策略。

五 "后伦理时代"的来临

19 世纪末 20 世纪初，人类精神史上相继出现两个重大文明事件：尼采宣告"上帝死了"，五四运动提出"打倒孔家店"。这两个口号不约而同地将锋芒直指中西文明的最高精神象征，石破天惊地宣示了与几千年传统的决裂，标示着人类精神史的重大转向。然而，这两个高度同质的口号，至今仍有太多遗案未破解，它们对理解现代文明中人类的精神状况具有文化密码意义——

"上帝死了"，到底"死"了谁？

"打倒孔家店"，到底"倒"了什么？

"上帝死了""孔家店倒了"之后的人类世界，到底呈现何种精神镜像？

三个问题，归结为一：作为重大文明事件，它们具有何种精神史意义？因何、如何具有精神史意义？

透过精神哲学思辨，鸟瞰 20 世纪人类精神史，可能的假设是："上帝死了"和"打倒孔家店"，昭告了一种精神传统、一个精神时代的终结。从道德文明的维度考察，这是一次"伦"之殇、"理"之祭，从此，在人类精神史上，"伦"的传统终结了，"后伦理时代"来到了。

（一）"伦"之殇

毋庸置疑，上帝和孔子分别是西方文明和中国文明最具象征意义和表达力的文化符号，它们所表征的精神本质，在文化设计的顶层相通。透过上帝和孔子的精神象征，不难发现，在这两个口号下"死"了和"倒"下的都是同一主体，这就是作为终极存在的"伦"，或作为人的实体性存在的"伦"。

1. "最崇高的概念"

余敦康先生发现，在多姿多彩的人类文化交织的世界历史的全景中存在某些共同因素，人类在轴心时代就已经自觉地迈出走向普遍性的步伐，这一规律已经为现代中西方哲学家同时揭示。20世纪40年代，中国哲学家金岳霖先生在《论道》中指出，中国、印度、希腊，每个文化区都有它的中坚思想，每一中坚思想都有它的最崇高的概念、最基本的原动力，在中国，这个最崇高的概念和原动力就是"道"。德国哲学家雅斯贝斯在20世纪50年代发表的《历史的起源与目标》中提出了"轴心时代"的著名理论，他认为，公元前800—公元前200年，在中国、印度、希腊三个相互隔绝地区的人类全部开始意识到整体的存在，开始追求统一的目标，证明人类有能力从精神上将自己和整个宇宙进行对比，在自身内部发现了将自己提高到自身和世界之上的本原。[1] 现代哲学家对不同文明的"最崇高概念"和关于整体存在的意识的跨文化发现，为理解人类精神史及其同质性提供了哲学启迪。不过，需要进一步推进的是，作为人类中坚思想的"最崇高概念"及其所表达的关于整体存在的意识，不仅是关于人与宇宙的整体性，而且首先是关于人的"类"存在的整体性，这便是人类精神史上"人"的转向的或人文转向的意义所在。用中国文化的话语表达，不仅有金岳霖先生所说的关于宇宙本体性的"道"概念，还有关于人的生命秩序和生活秩序总体性的"伦"概念；"道"是关于存在的本体性概念，"伦"是关于人的生命和生活的总体性概念；在文明体系和人的精神构造中，如果说"道"是表征原动力的"最崇高概念"，"伦"则是表征合法性的"最神圣概念"。

人类文明因其根源上的同质性，"理一"而"分殊"。丰富多样的人类智慧因其问题意识殊异，产生不同的文化关切。就文化形态而言，哲学的终极指向是"本体"，努力寻找构成世界的"始基"，即那种构成或不被构成的最后存在；伦理学或道德哲学的终极指向是"实体"，它是人的生命、人的精神、人的世界的原初的出发点或家园，即对人的生命和生活来说的那种解释而不被解释的存在。"本体"是哲学的形而上学，"实体"于不同文化中则以不同概念话语表达，在伦理型的中国文化中是所谓

---

[1] 转引自余敦康《内圣与外王的贯通》，学林出版社1997年版，第532—533页。

"伦",在宗教型的西方话语中则是上帝。然而,无论如何,"伦"与上帝只是同一伦理存在或终极性伦理实体的不同表达,上帝是人格化的终极实体,"伦"一旦被人格化,便是上帝。只要在宗教型文化与伦理型文化之间进行某种话语切换,便会发现"伦"与"上帝"只是同一对象的两种不同话语形态或话语表达。问题在于,五四运动为何"打倒孔家店"而不是"打倒'伦'"? 理由很简单,孔子不仅是传统文化的象征,更是"伦理精神象征",孔子及其所创立的儒家或所谓"孔家店"是传统社会中"伦"的实体以及"伦"之"理"的缔造者和捍卫者。一方面,孔子体系的精髓一言以贯之便是"克己复礼为仁"(《论语·颜渊》),以礼释仁,以仁达礼,"礼"所彰显的那种"伦"的秩序是根本宗旨和最高目标;① 另一方面,孔子所开创的儒家或"孔孟之道"的根本智慧是"人之有道—教以人伦"。"道"是本体,"人伦"才是避免失道之忧的根本。由此,"打倒孔家店"的核心便是打倒以孔子为精神象征的那种传统伦理,由此才有陈独秀所说"伦理觉悟为吾人最后觉悟之最后觉悟"。不难发现,"上帝死了"与"打倒孔家店",无论在精神意象还是文化情绪方面都十分相似并内在相通。它们都指向某种文化精神象征,不同的是,上帝因其人格化而"被死";"孔家店"的"通货"是"伦"或"伦理",因其非人格化只能"被倒",也正因为如此,"被倒"的对象是具有普遍意义的"孔家店"而不是"孔子"。所以,无论"上帝死了"还是"打倒孔家店",其真义都是:"伦"死了,"伦"倒了。如果将其还原于人类精神的发展史,一言以蔽之,"伦"殇了,"伦"的精神、"伦"的传统夭折了。

时隔一个多世纪,如果进行文明史的鸟瞰,无论是尼采宣布"上帝死了",还是五四运动提出"打倒孔家店",都不只是一个人或一群人的情绪宣泄或私见表达,而是一个时代的文化符号,尼采之为文化英雄,五四运动之为重大文明事件,二者对日后的文明发展之所以产生巨大而深远的影响,相当程度上与这两个石破天惊的口号相互诠释有关。它们作为时代文化符号的另一个佐证是:在表征"伦"的终结的这两个极具伦理意蕴的口号提出不久,哲学领域也诞生相似的命题:"形而上学终结""形

---

① 关于"礼"的伦理实体本质及其在孔子体系中的地位,参见樊浩《〈论语〉伦理道德思想的精神哲学形态》,《中国社会科学》2013 年第 3 期。

而上学死了"。显而易见，无论在话语形态还是精神气质方面，哲学与伦理的这两个命题、两大发现之间都深切相通，不同的是，一个是"伦"死了，实体死了；另一个是本体死了，"始基"终结了，表达和表现的是同一个文化意向和时代气质。

2. "人"与"伦"同在

问题在于，作为人类生命和人类生活的总体性概念，作为人的实体，"伦"会不会"死"？能不能"倒"？延伸开来，"上帝死了""打倒孔家店"是堂吉诃德式的与风车搏斗的血气之勇，还是具有现实内涵的人类精神发展的风向标？由此，洞察"上帝死了"与"打倒孔家店"的文明意义，必须进行另一个追问：到底个别性的"人"，还是实体性的"伦"，才是人类世界、人的生命和人的生活的真理？换言之，"伦"对人、对人的生命和生活到底有何意义？"伦"之殇对人类精神发展到底产生何种震撼性的文明颠覆？

必须回到人和人类精神的尽头或原初状态，勘探人的生命和人类生活的智慧密码。

人类文明的尽头或原初状态是什么？原始社会。这个"原"而"始"的文明的根本特质是什么？"公"！"大道之行也，天下为公。"（《礼记·礼运》）原始文明是一个自然的伦理世界，这个世界的文明气象是个体和实体直接同一，混沌一体，实体是世界唯一的真理，"从实体出发"是世界的绝对规律。原始社会的精神进化史，就是人从实体中分离出来，产生个体自我意识的历史。一旦个体自我意识形成，自然的伦理世界便解构了，通过伦理教化重建和回归伦理世界的文化长征便开始了，所谓"大道废，有仁义；智慧出，有大伪"（《老子·十八章》）。然而，原始社会的文明意义，尤其是原始社会的伦理世界的精神哲学意义，至少在以下两个方面至今仍未被充分认知和揭示。其一，原始的伦理世界，既"原"且"始"，于是便是人类尤其是人类精神的家园，不仅是人类的出发点，也是人类的归宿和故乡，其中基因式地隐藏着人类生命的精神诉求、文化情结和智慧密码。其二，原始文明是迄今为止最为漫长的人类文明，由原始社会向文明社会（或奴隶社会）的过渡，是迄今为止人类社会最具根本意义的一次社会转型，漫漫长夜煲炖而成的人类文明的原浆，为后来的人类文明提供了先天性的生命力和获得性的免疫力，它对人类如此重要，乃至在很多重要方面人类至今还不能摆脱和超越它。现代文明中人类"家"的构造和价值诉求，"社会"的能力及其追求，相当程度上都延续着原始文明的生理基因和精神脐带。"有记载的历史往前追溯，仅六千年的时间，它比之无法追溯的几十万年史前史，只是一段短暂的时期，而人的形成中决定性的几步都是在史前史中迈出的。""与这个世界自其开端起的几十亿年相比，人类传统延续的六千年时间仅仅是我们的星球得到改造的新时期中的第一秒。"① 伦理世界的原初状态，是个体与实体直接同一的"伦"的状态；原始文明智慧密码，是对"伦"的诉求和依赖；因之，"伦"的能力，是人类的本能，更是人类必须具有的基本文化能力。

　　个体生命的发育史同样如此。生命的诞生从无到有，因其不可解释而被西方哲学家言说为"一次荒谬的事件"。其实，生命诞生及其发育中富藏的是"伦"或伦理的文明天机。（1）新的生命由一个男人和一个女人共同缔造，已经表征人及其存在的伦理必然性和伦理客观性。（2）人的生命缔造与动物本能的根本区别，在于它需要一个主观条件，即透过"爱"的精神中介或所谓"爱情"，使男女两种独立个体之间不仅获得性别同一性，而且获得精神的同一性。（3）生命诞生的客观与主观两大伦理条件或伦理前提，已经注定了它的伦理宿命。更为丰沛的伦理信息是：一个新生命必须在另一个生命或母体中十月怀胎，似乎已经开始了人生"伊甸园"中的伦理基因的信息录入；呱呱坠地，啼哭着向这个世界报到，似乎是以前意识的方式表达与母体伦理分裂的那种无奈与无助；而脐带所呈现的新生命与母体依依惜别那种伦理景象更是令人动容；哺乳之为母子的双重需求，不仅是生理本能，更是伦理关切和伦理本能，是以生理为纽带延续伦理同一性的最后精神环节和最后精神努力。(4)生命诞生进程中所洋溢的伦理基因，决定了与母体在生理上脱离之后的人们——无论是中国人还是西方人，基因式地携带对"怀抱""关怀"等一系列具有生理基础但却是不折不扣的伦理需求的精神渴望、生命诉求和文化努力，并在此基础上生长出伦理情怀和伦理价值。基于以上四点，便可以描绘出生命诞生的生理与伦理同一的基因图谱、生命的客观与主观伦理前提："婚姻"的性别同一性与"爱情"精神同一性—"怀孕"（即"怀"而

①　[德] 卡尔·雅斯贝斯：《时代精神的状况》，王德峰译，上海译文出版社1997年版，第14、189页。

"孕")的"伦"基因的信息录入—初啼、脐带、哺乳的"伦"依恋与"伦"关切—怀抱、关怀的"伦"需求与"伦"延展—伦理或"伦"而"理"的精神诞生,"伦"情怀、"伦"价值的生成。生命诞生的这张伦理基因图谱,也是人从生理状态中脱胎,成长为伦理状态的精神轨迹,是由生理性、血缘性的"天伦",走向精神性的"人伦"的过程,或由"神的规律"走向"人的规律"的进程,它所呈现和表达的是人的"伦"的本质和"伦"之于人的生命真理性。

走出"这一个人"与"人之类"的生命化育史,在更开阔的视野中审视,人最原初的"伦"便是所谓"自然"。在社会发展史上,人类从自然界中的诞生与分离,本质上是人与自然关系的一次"伦"的裂变,表征着人与自然之"伦"的同一性和"人之有道也"的"人之类"的"伦"的特殊性,在更为根本的意义上彰显人的存在的"伦"本性和"伦"真理,不同的是,这里的"实体"既不是人的类实体,也不是个体的生命实体,而是人与整个世界直接同一的"自然"实体,正是在这个意义上,老子将"自然"与"道"同一,以"自然"诠释本体性的道,"人法地,地法天,天法道,道法自然"。(《老子·二十五章》)它再次说明,"伦",确切地说,人与自然同一的"伦",是人的真理、出发点和归宿。

人从自然界中的化育史、人的文明发展史、个体生命诞生史、诠释与确证的都是同一个真理:"伦"。"伦"的实体,"伦"的存在,是人的本质和真理。因之,从中国五千年文明中长出的"伦理"理念,本质上是"伦"之"理",即"伦"之真理。伦理所彰显和揭示的是人的"伦"本性或"伦"真理,在这个意义上,"伦理"之"伦"便与"人"同一,成为"人理"。在现实世界中,"人"的存在及其精神建构本质上是一个悖论:已经是"一个人",但却还要成为"人"。"成为一个人,并尊敬他人为人"便是黑格尔所宣示的"法的命令"。[①]破解这个悖论的要义是:"人"既是个别性的存在,又是实体性存在。作为"一个人"或单个的人,是个别性存在;而当"成为"或被提升为"人"时,便是"伦"的实体性存在。"人"既是有限的个别性存在的"单一物",又可能并且应当成为"伦"的实体性存在的"普遍物"。这便是人的终极任务,也是伦

---

① [德]黑格尔:《法哲学原理》,范扬、张企泰译,商务印书馆1996年版,第46页。

理的精神使命与文化魅力。

3. 两种实体情结

正因为如此，每一种文化都以不同的文化形态预设并认同人的实体性存在，每个健全的个体都以不同方式内含并表达某种实体情结。在宗教型文化中，这种终极存在的文化符号是上帝，在伦理型中国文化中，这种终极实体被抽象地表达为"伦"。两种实体的殊异在于，一方面上帝是终极实体的人格化；另一方面，与唯一的上帝相比，"伦"是一股生生不息并且互为根源的生命之流。两种文化分别进行了"上帝"和"伦"顶层设计和终极预设，上帝通过信仰达到，"伦"在信念中认同。作为具终极意义和家园意义的存在，这种实体性存在不可以也不应该经受理性之剑的反思和解剖，而应当是也必须是神圣的。理性和理智是人类自诞生之后在文明进化中发展并膨胀起来的一种文化能力，然而由于无论人之"类"还是人之个体都是从实体中无中生有地诞生的不可解释的事实，由于人的最后宿命乃是复归于"无"即死亡的不可逃脱的宿命，都注定了人类文明中有许多不可被理性触摸的神圣之地，人类的起点和终点便是如此，作为终极认同和终极关怀，它们为人类的信仰和信念留下地盘。当人类不恰当地运用自己的智力和智慧，将理性放逐于那些具有终极意义的神圣之地并且滥施淫威时，便可能导致人类文明的瓦解和人类精神的崩坏。"上帝死了"与"打倒孔家店"，在相当程度上既是一次理性的启蒙和理性的胜利，也是一次理性之于神圣的暴力，其最后的结果是也只能是："伦"死了，至少，"伦"殇了！——不仅人格化的终极实体即上帝死了，而且作为生命根源的"伦"的实体也死了，由此，生生不息的人的精神生命夭折了，人类走向失家园的艰难的漂泊之途。

（二）"理"之祭

1. 谁之"殇"？

由此，便引发另一个问题：作为人的生命和生活的总体性概念，"伦"可能"死"，可能"倒"吗？

如果以"伦"诠释"上帝"和"孔家店"，那么，在"上帝死了"与"打倒孔家店"中，便存在一个精神哲学悖论：在这两个宣示或口号下，"伦""死"了，"伦""倒"了；但就人的精神生命和生活世界的本性而言，"伦"不能"死"，不能"倒"。于是，不可回避的哲学追问便是：在这两个口号下，"死"的到底是谁？"倒"下的到底是什么？

无论是哲学思辨还是精神史演进的历史都证明，"上帝死了""打倒孔家店"，"死"和"倒"的只是"伦"的最高精神象征，而不是"伦"本身；就存在方式而言，"伦"不会"死"，也不能"倒"，但却可能"殇"，即在人的精神世界和人的生活世界中夭折；"伦"不会"死"、不能"倒"，但其最高精神象征却可能"死"、可能"倒"；不会"死"、不能"倒"，但却可能"殇"。于是，哲学思辨的可能假设便是："死"和"倒"的不是"伦"，而是"伦"之"理"；"死"和"倒"的不是"伦"本身，而是一种"伦"，或一种"伦"的传统和"伦"的精神；正因为如此，它是"伦"之"殇"，即"伦"的传统的转向或中断。在这些意义上，"伦"之"殇"，本质上是一次"理"之"祭"，即"伦"之"理"的蝶变或蜕变。

如果"伦"是人的存在的真理，是人的生命中最为根深蒂固的情结，那么它在本性便不会"死"，不可"倒"，"天伦""人伦"的理念已经宣示了它的绝对性与神圣性。尼采在宣布"上帝死了"之后不久便患精神分裂症而疯，虽然没有足够的根据证明二者之间作为生理事件与伦理事件之间的因果关联；但这种时间序列中的巧合确实极富戏剧性，因而在思辨中建立彼此之间的某种精神联系，也许是一个颇具哲学美感的尝试，至少它以偶然的方式直观地诠释了终极实体或精神家园对于个体生命的意义。因为，"随着上帝的丧失，人失去了他的价值观念——可以说，他是被杀戮了，因为他感到了自己毫无价值"。①"上帝之死"与"尼采之疯"之间的因果关联，更似个体与实体分裂，人成为黑格尔所说的"飘忽的幽灵"的那种伦理上的精神分裂，在这个意义上，尼采的精神分裂症是不折不扣的伦理性的精神分裂症，是失家园、无实体而导致的精神分裂。"伦"不会"死"，也不可"倒"，但在人的主观认同中却可能"殇"，导致"伦"的精神及其传统的夭折，导致有机精神世界的断裂或撕裂。"上帝死了""打倒孔家店"，真正"死"和"倒"的不是"伦"，而是"伦"之

---

① ［德］卡尔·雅斯贝斯：《时代精神的状况》，王德峰译，上海译文出版社1997年版，第135页。

"理"，或"伦"由客观真理转化为人的主观认知，由客观存在内化为人的精神世界的那种客观可能和主观能力，具体地说，是人的伦理观、伦理方式和伦理能力。

2. 伦理观—伦理方式—伦理能力

伦理之为"伦理"，已经表征它有三种存在形态：客观性或自在的"伦"，主观性或自为的"理"，既自在又自为的"伦—理"。"伦"是存在论与实体论，"理"是真理论与意识论，或价值论与规律论，"伦—理"是存在论与真理论、实体论与主体论的统一。由于"理"是"伦"之"理"，因而其真理形态便是价值和规律，即伦理价值与伦理规律，它不仅表现人对"伦"的认同，而且表现对"伦"的价值理解和"伦"的规律的把握，"天道""人道"，"天伦""人伦"都是对伦理价值和伦理规律的理解与把握。因之，"伦理"不只是概念，而且是理念，内含着透过"理"的认同将"伦"的本质转化为人的精神世界和现实生活世界的能力。同时，"伦理"也是一个由"伦"而"理"的辩证进程。在现实的伦理世界和伦理生活中，"伦"因其客观性与真理性，虽然其结构内涵和存在方式随着社会生活的演进可能发生重大变化，但"伦"本身往往只能被遮蔽，而不可能真正从根本上消除；而"伦"之"理"即人们对"伦"的认同与把握方式，则可能发生重大乃至根本的变化。

人们常言"世界观"，世界观是人们对待世界的根本看法和根本态度。其实，世界之为人的世界，首先是"伦"的世界，是人的生命秩序和生活秩序的世界，是伦理世界，于是必有其伦理观。伦理观从根本上说不是、至少不只是"伦理的观点"，而是"关于伦理的观点"。更进一步，因为伦理不只是概念而是理念，"伦理观"不只是"关于伦理的观念"，而且关涉"对待伦理的态度"。态度与观念的不同在于，它已经不只是"理论的观点"，而且是"实践的观点"，因而由认知走向意志，生成所谓"精神"。"上帝"是宗教型文化所认同和预设的终极实体，"上帝与我们同在"，既是宗教信念，也是宗教真理，虽然尼采断言"上帝死了"，但"死"的只是尼采的上帝，作为西方人伦理世界中最高主宰的上帝并没有因尼采的宣示而真的"死"了。由于上帝是西方人生命和生活的终极性的精神实体，因而西方文化的终极忧患就是《罪与罚》中主人公所反复追问的那个问题："如果没有上帝，世界将会怎样？"但是，追问这个问题本身，不仅意味着上帝不能死，而且也真切地预示着上帝绝对地位在人的精神世界中的危机。人类只能提出自己能够完成的任务，因为生活中已经可能没有，所以才会虚拟地假设"如果没有"。人们已经开始思考一个没有上帝这个终极实体的世界，只是对这个世界的前景还不能预料，于是发出"世界将会怎样"的疑虑，但思考本身便意味着反思，意味着不可反思的终极实体的绝对地位的动摇。"打倒孔家店"同样如此。孔子乃至"孔家店"并没有在这个气吞山河的口号下真的"倒"下，否则就不会有席卷整个 20 世纪的一浪高过一浪的反传统思潮。现代以来中国社会之所以要"反传统以启蒙"，对以孔子为代表的传统文化之所以要反复涤荡，就是因为"孔家店"难倒，20 世纪的历史已经表明，它并没有倒。"上帝死了""打倒孔家店"所宣示的，与其说是"伦"的命运，不如说是"伦"之"理"的蝶变或蜕变，尤其是人们对于"伦"的态度的断裂性转变。胡适曾经说过，新思潮本质上是一种新态度，这两个口号代表一种具有划时代意义的新思潮，表征着人们对待"伦"的传统的态度或伦理观的根本改变。

伦理观改变后的伦理世界如何？是伦理方式的蜕变。"从实体出发""原子式地思考"，是两种伦理观与伦理式，而"永远只有"的语势已经昭示其绝对性，在这个意义上黑格尔关于伦理观念的断语可以称为"黑格尔之咒"。"从实体出发"与"原子式地探讨"都是伦理，或者都是伦理建构或达到"伦"的两种方式，根本区别在于，前者是"精神"，后者"没有精神"。表现在伦理方式上，"从实体出发"的"精神"，是"单一物与普遍物的统一"；"没有精神"的"原子式地思考"，只能达到"集合并列"。"单一物与普遍物的统一"与"集合并列"，是两种伦理，它们分别呈现"精神"和"没有精神"两种伦理方式，其根源则是"从实体出发"与"原子式地思考"的两种伦理观。可以说，上帝和孔子的表达和缔造的是"从实体出发"的伦理观与伦理方式。如前所述，上帝不仅是实体，而且是终极实体。孔子虽不是实体，但他所缔造和开辟的，正是"从实体出发"的传统。孔子以"礼"为伦理实体的理念，以"正名"为实现"礼"的路径，造就"伦"的精神传统，在日后的文化演进中，这种精神传统不断得到延续和强化，这便是"孔家店"的文化真义。"上帝死了""打倒孔家店"，不仅是否定性口号，而且也标示一种转向或建构的开始；不仅标示人们对待上帝与孔子，简言之对待伦理传统的态度的

根本变化，而且标示伦理观与伦理方式的重大蜕变。向何处蜕变？根据
"黑格尔之咒"，只能走向"没有精神"的"集合并列"，从此，"从实体
出发"即从"伦"的实体出发的伦理观和伦理方式，蜕变为以个体为基
础的原子式的"集合并列"。一个"没有精神"的伦理，"没有精神"的
伦理世界出现了。这是一个怎样的世界？尼采和五四以后的文明史已经显
示，这是一个"理性"的玉兔东升，"精神"的金乌西坠，以个人为世界
主宰的世界。① 诚然，无论是尼采还是五四新文化运动的旗手们，并未创
造这个世界，但逻辑也历史地只能是这个世界。"黑格尔之咒"，别无
选择！

　　如果"伦"是人的实体性，"伦—理"便是人透过精神努力达到"单
一物与普遍物的统一"的建构伦理世界的能力。"伦"不会"死"也不可
"倒"，只是对人的终极的"伦"本质，或就黑格尔所说的伦理世界、伦
理状态而言，一旦进入生活世界，个体与其公共本质、人的单一性与普遍
性的同一建构性方式不仅有其现实内容，而且可能从一个时代到另一时代
会变得完全不同甚至截然相反。在这个意义上，"伦"，准确地说一种
"伦"或一种"伦"的传统又可能被解构和颠覆。由此，人类教化的任务
就是发展一种伦理教养和伦理能力，以坚守并回归"伦"的家园。"大道
废，有仁义"的真谛，是在"大道"的伦理世界或原初状态遭遇颠覆即
"废"之后，以"仁义"的教化重新回归"大道"，不过这种回归已经不
是伦理的自然状态，而是"伪"，即荀子所说的"化性起伪"的教化。
"六亲不和，有孝慈，国家昏乱，有忠臣"（《老子·十八章》）的文明逻
辑同样如此，孝慈的目的，是修复六亲之"和"，"和"即六亲的伦理状
态；忠臣的人格，在于除昏去乱，恢复国家之伦理秩序。仁义、孝慈、忠
臣，都是伦理世界失去之后个体与社会通过教养所建构的伦理能力和伦理
品质。在原初的伦理世界和伦理状态中，伦理是自然；在教化世界中，伦
理是必然和应然，"必然"是康德所说的"绝对命令"，而所谓"应然"
则被黑格尔道破为"未然"，"应然"总是意味着未发生但应当发生。在
"应然"和现实之间，总存在某种紧张，伦理的文化使命在于超越非伦理
的现实，透过个体与实体、单一物与普遍物的统一，建构伦理世界与现实

---

　　① 注：关于"精神"与"理性"在现代世界中的命运，参见樊浩《当"理性"僭越了
"精神"》，《中国德育·卷首语》2008 年第 9 期。

世界之间和谐。于是，伦理本质上便是一种能力，是建构伦理世界、建构个体与实体之间同一性关系的能力，这种建构的核心任务，是使"我"成为"我们"。由此，伦理就是"我"成为"我们"的能力，也是"这一个人"成为"人"的能力。不过，作为特殊的文明存在，伦理不是通过制度安排，也不是通过利益博弈，而是透过精神努力达到这种统一，精神努力的前提是对"伦"的信念和追求。发现、揭示、坚守社会财富与国家权力的伦理普遍性，就是生活世界中最基本的伦理和伦理能力。生命秩序和生活秩序的同一性为任何文明所必需，不同的是，当社会的伦理能力式微，当社会失却伦理凝聚力时，人们才将希望的目光转向利益博弈和制度安排的"集合并列"。这种"原子式思考"作为"从实体出发"的伦理替代，反过来又会进一步消解个体与社会的伦理能力。于是，"伦"之殇、"理"之祭的背后，是伦理能力的退化乃至丧失。

（三）"后伦理时代"

"上帝死了"与"打倒孔家店"，两个口号在不同文化区不约而同地将矛头直指中西文化的最高精神象征，尤其是作为终极实体的伦理精神象征；两个口号在文明行进的时间之流中相继发生于世纪末或新世纪初的转折点；这种特殊的时空纬度及其内在的文化精神的历史内容已经引人深思，而日后不久在哲学领域出现的"形而上学死了""形而上学终结"的命题与理念，不得不让人得出一个结论：一个时代终结了。

"上帝死了""打倒孔家店"，是一曲"伦"的殇歌，是一出"理"的祭礼，从此，"伦"的时代终结了，"后伦理时代"来到了。

问题在于，"后伦理"或接踵"伦"的传统而来的"伦理之后"的精神镜像是什么？这里不便进行历史哲学描述，而是继续精神哲学思辨。

1. 从"人伦"到"人际"

上文已经证明，无论宗教话语下的"上帝死了"，还是伦理话语下的"打倒孔家店"，"死"和"倒"的首先是"伦"："伦"的存在，"伦"的预设，"伦"的信念，一句话，"伦"的传统。由此，实体性、精神性的"人伦关系"的理念，向原子式、世俗性的"人际关系"的理念转化，"人伦"蜕变为"人际"。

　　在中国文化中，伦理之为"伦理"，在语义哲学上首先是"伦"之"理"，是"伦"的存在及其现实化之"理"，"伦理"之中，"伦"和"伦"的意识和精神是前提。然而，"伦"一开始就是一个实体性概念。一般认为，"伦"即关系，所谓"五伦关系"。其实，"伦"的真谛不是由原子式个人构成的关系，而是超越于二者之上由关系所构成的实体，相对于构成关系的单子而言，它是"第三者"。这个"第三者"对关系诸单子具有绝对价值。而且"伦"存在的客观性与绝对性，就在于它既是"自然"，是世界和生命的自然根源，有其自然本性，又是"必然"，是生活世界的必然秩序，因而又是"应然"，是人及其精神的信念和追求。在中国文化中，"伦"从来就是一个实体性、总体性并关涉神圣根源的概念，并由此与西方文化相通。①

　　如果说"伦"是一个精神世界的实体性和总体性概念，那么"道"便是关于宇宙万物的本体性概念。"伦"指向伦理学或道德哲学，而"道"则是哲学的形而上学。当然，当"伦理"与"道德"相通时，"道"便成为由真理形态、认知形态的"伦"，向意志形态、行为形态的"伦"转化的精神环节，成为"冲动形态的伦理"。"伦犹类也"，并不是一般意义上讲"伦"是将人进行不同身份等级的归类，而是说"伦"是人的"类"实体，最大的类实体即"人类"之存在及其意识，所谓"人之有道也"。在这个意义也可以说，"伦"意识就是"类"意识。《说文解字》曰："伦，从人，仑声，辈也。"这个字义解释中最重要的信息是，"伦"是专属人的概念，"从人"。然而关于"伦"的诸多隐喻中，也许将"伦"图解为一颗石子扔进水中所激起的一圈圈涟漪最具表达力。如果以它诠释人的生命或所谓"天伦"，那么，石子的落水点是原点，是生命的原初诞生。一圈圈涟漪，是一个个生命积分而成的血缘生命之流，它的文化符号便是一个人的"姓"，而涟漪上的每一珠水滴，则是每个一生命，它是家族血缘生命之流的微分，它的呈现方式或文化符号就是每个生命存在者即每一个家庭成员的"名"。涟漪的生命之流及其延绵不绝，就是每一个人的"姓"，它是从古到今并且直到遥远未来的所有血缘生命的共同符号，对每一珠水滴或每个个体来说，它即是"伦"；处于延绵不绝

---

　　① ［德］黑格尔：《精神现象学》下卷，贺麟、王玖兴译，商务印书馆1996年版，第8—9页。

的涟漪上的每一珠水滴，即是一个人的"名"或每一个个体的生命。由此，"姓名"便是最自然的人伦关系或伦理关系，其中隐藏着人伦与伦理关系的一切秘密和一切原动力，包括人伦关系的一切合法性的基础。涟漪是"伦"，它由每一珠水滴积分而成，但其意义却超越于每一珠水滴之和，具有绝对意义，这一形上法则的世俗表现就是：自远古至今，对每个生命个体来说，"姓"具有先验性与神圣性，不可改变，因为它不仅是血缘生命整体的共同符号，而且是生命的动力和根源所在；而"名"则代表在"伦"即血缘生命的整体中生命的个别性，是后天的并且是可以改变的。如果将"姓"与"名"都当作生命的符号，那么，在英文中，"姓"是"first name"，而"名"是"second name"。这种语义表达方式已经诠释了"伦"的文化真义的世界共性，表征"伦"意识是人类的共同智慧。"姓名"作为自然的"伦"关系与"伦"意识，是"天伦"，按照中国文化的原理，"人伦本于天伦而立"，日后社会生活中的诸多伦理关系与人伦意识，便以此为母胎或元智慧发展而来。"涟漪"与"姓名"图解生活化地直观了个体性的人与实体性的"伦"的关系本质及其元智慧。

由此，"伦"本质上是指向人的生命整体性与生活世界总体性的理念与智慧。"伦"智慧不仅是中国智慧，而且是世界智慧。"伦理本性上是普遍的东西"。"伦理行为所关涉的只能是整个的个体，或者说，只能是其本身是普遍物的那种个体。"① 在西方文化中，这个"本性上普遍的东西"，最高的"整个的个体"的人格化就是上帝；在中国文化尤其是儒家文化中，其现实表达就是所谓"礼"。孔子以"非礼勿视，非礼勿听，非礼勿言，非礼勿动"（《论语·颜渊》）诠释"克己复礼为仁"的"仁"的行为，"四勿"的真谛，就是关涉并且只是关涉"礼"这个"整个的个体"。不过，无论"伦"还是作为它的现实呈现的"礼"，这个"本性上普遍的东西"，本身内含深刻的文化风险，这就是作为"整个的个体"的"伦"对于个别性的人的绝对权力，这种绝对权力一旦与不合理的制度结合，便可能生成伦理暴力，在中国文化中即是"礼"的暴力，它的极端发展被鲁迅先生揭露为"吃人"，在西方文化中即黑格尔所说的由"冷酷的普遍性"而导致的"恐惧"。

---

① ［德］黑格尔：《精神现象学》下卷，贺麟、王玖兴译，商务印书馆1996年版，第9页。

　　人伦关系在西方文化中，表现为人与上帝或人与神的关系，在中国文化中表现为人与礼的关系，它们的共同本质是人与实体的关系。"上帝死了""打倒孔家店"，首先"死"和"倒"的就是这种"伦"的理念，"生"和"起"的是什么？就是"人际"和"人际关系"的理念。"人伦"走向"人际"、"人际关系"取代"人伦关系"，是"上帝死了"和"打倒孔家店"之后精神世界的最重要的镜像，也是现代性的重要表征。"际"取代"伦"，是生活世界更是精神世界的一种根本性转向。在"人际"理念和"人际关系"中，完全没有"伦"这样的总体性和实体性理念，世界的主人是原子式的个人，就像黑格尔所说的那样，"抽象的个人"成为"世界的主宰"。"际"和"伦"的根本区别在于："际"凸显个体的单子性与独立性，突显人与人之间的差别性甚至本质上的不可同一性，于是，"人际关系"只是在单个的人之间所建构的那种外在的联系，尤其是基于个体需要的那种工具性的桥梁；而"伦"则凸显人基于共同根源和公共本质的实体性和总体性。在"伦"中没有"际"即真正的鸿沟，就像涟漪这个生命之流不可间断一样，而在"际"中则沟壑壁立。如果说人伦关系的世界镜像是水中涟漪，那么，人际关系的伦理世界的镜像便似精致而无限巩固的蜂窝。在这个世界中，每个蜂窝都森严壁垒，经过苦心经营，层层叠叠，彼此相互对峙。整个蜂窝虽错落有致，但任何一个窝都堵死了通向另一窝的通道。蜂窝的世界虽极具美感并蔚为壮观，虽然其中盛产的是甘甜如醴的蜂蜜，然而如果不小心误入他者的领地，强悍无比的主人就会发起致命一击，誓死保卫自己的家园。蜂窝虽被恩格斯赞誉为世界上最美妙的建筑，蜂的世界虽有让人类心动的细致分工，但蜂窝的世界终是精致个体"集合并列"的无生命的"蜂际"世界，就像今天的世界被称为由精致的利己主义和个人主义缔结的世界一样。"人伦关系"的哲学预设是实体和总体的先验神圣性，"人际关系"的前提是人的个别性和后天建构的工具理性。由"人伦"向"人际"、由"人伦关系"向"人际关系"的转换，是一次根本性嬗变。从此，"伦"的世界沉沦了，"际"的世界诞生了；单子式的"新人"诞生了，实体性的"人"肢解了、死了、倒了。人，被驱赶到"市民社会的战场"。这种转向的重要文化表征之一是：今天，无论在日常话语还是学术话语中，"伦""人伦""人伦关系"的概念不可挽回地日益陌生并逐渐消逝，"人际关系"如日中天地成为基本话语和伦理世界的重心。

2. 从"精神"到"理性"

"伦"退隐了，"人伦"被"人际"篡位了，"人伦关系"为"人际关系"僭越了，伦理世界便"山河依旧主人易"。"物是人非"，虽"山河"还是"伦理"的山河，"物"还是"伦理"之物，但留下的"伦理"之名却已"名"不副"实"。很简单，"人伦"与"人际"是两个迥然不同世界的主人，"人伦世界"与"人际世界"是两个截然不同的伦理世界，主人易了，世界的法则和规律便从根本上改变了。随着"人伦"为"人际"取代，"伦"之"理"或伦理之"理"，再也不是"人伦"之"理"，而是"人际"之"理"。

"人伦之理"与"人际之理"的最大区别是："人伦"之"理"是"精神"；"人际"之"理"是所谓"理性"。

顾名思义，"人伦"与"人际"的主体都是"人"，根本区别是浑然一体并且无限延绵的实体性、总体性的"伦"，被置换为碎片化、单子性的"际"。"人际"的概念不仅指谓当下时空截面中所有存在者之间的个体性孤立，而且指谓在生命之流中个体与其生命整体的断裂，前者是"主体际"，后者是"代际"，"际"已经成为当今最有表达力和使用频度最高的话语之一。无论在何种意义上，"人际"总意味着"伦"的断裂、撕裂和碎片化，也总意味着人与他的实体和公共本质的分裂和决裂。由此，人从慎终追远的历史性存在，世俗化为无根源也无未来的当下偶然性存在，于是，人与自己的距离没有了，人与自己本能的紧张消除了，但人与人之间鸿沟耸立并且再也不可能真正融为一体了。通往根源的生命之流既然沟壑重重，人，再也没有气力也没有信心跋山涉水、峰回路转地回到自己的家园了，只能在这个人际的世界另谋出路，像庄子所说的那样"缘督以为径"，在"际"中寻找"中虚之道"，走向另类通达之路。至此，千百年造化而成的"精神"，便也只能被祛魅为一种最简捷也有效率的智慧："理性。"

就文化传统而言，"精神"似乎是中国民族与德国民族更多使用的概念，但哲学思辨发现，"精神"是宗教文化与伦理文化两大文明传统的共同概念。不仅因为作为它的语词结构之一的"神"内在宗教话语气质，"精神"也更能体现和表达伦理与宗教共同本性。"精"是什么？"以其凝聚而言，谓之精"（王阳明：《传习录》）。在王阳明的语境中，这里的

"其"指代"良知"，但在更广阔的语境下，"精"从来都意味着普遍性与特殊性的统一，或"普遍物与单一物的统一"，是以单一物而出现的普遍物。在"精"的理念中有三个基本构造：其一，可名而不可名的普遍物，如道、佛、圣等；其二，普遍物借以寄托和表现的单一物；其三，普遍物与单一物的统一。人的最高境界是普遍物与单一物的直接同一，佛是与宇宙大智慧同一的人，仙是与"道"的普遍物同一之人，而圣则是与伦理道德的普遍物同一之人。① 中国文学以及民间传说中的各种"精"，如《西游记》中的白骨精、《白蛇传》中的白蛇精等，都是经过千年修炼得道而成。千变万化、风情万种的形体，只是他们所得之"道"所寓所或寄生之体，诸"精"之间的差别只是伦理道德性质上的殊异，但在得"道"这个普遍物并且以某个具体形体表现方面，则完全相同。所以，"精"的本性便是所谓"道成肉身"，道与肉身同一，以肉身的"单一物"表现"道"的普遍物。正因为如此，黑格尔将"精神"规定为"显示"，"精神的规定性因而是显示"②。显示什么？以某个单一物呈现精神普遍物本身，使普遍物显示为某种简单的单一性。"基督教说，神通过基督、他亲生的儿子显示自己。"③ "神"是什么？"以其灵明而言，谓之神"（王阳明：《传习录》）。神的真义不是那些人格化的存在，相反，那些人格化的存在只是"灵明"借以"显示"自身的形式，神的真义是"灵明"。"灵明"是什么？灵明是普遍物的能力，即所具有的体悟、通达普遍物的能力。良知因内在这种能力，因而便"谓之神"。所以，无论在何种意义上，"精神"都指向普遍存在或普遍物，表征个别性存在提升为普遍性存在的信念和能力。正因为如此，精神被认为是"包含着人类整个心灵的和道德的存在"，并因之与神学相近。④ 中国文化是一种伦理型文化，"精神"构成伦理道德的核心概念，是个体通向伦理道德的普遍性的必要条件和必由之路。虽然王阳明以"精神"诠释"良知"这一道德形而上学的概念，但"精神"却潜隐淳朴的宗教气息和宗教气质，成为中国伦理型文化沟通西方宗教型文化并与之相接相通的桥梁。原因很简

---

① 参见楼宇烈《儒家的礼乐文化》，《光明日报》2013 年 5 月 27 日，第 5 版。
② ［德］黑格尔：《精神哲学》，杨祖陶译，人民出版社 2006 年版，第 21 页。
③ 同上书，第 23 页。
④ ［德］黑格尔：《历史哲学》，王造时译，上海书店出版社 1999 年版，"英译者序言"第 1—2 页。

单，无论伦理还是宗教，都指向具有终极意义的普遍存在，都试图将个别性存在提升为普遍性的存在。精神，是伦理型文化与宗教型文化的共同话语，是伦理型文化中走向终极实体并且可以与宗教境界相通的替代性概念。

然而，在"人际关系"的世界里，"精神"不可挽回地陨落了，"理性"成为世界的法则和规律。对中国文化而言，"理性"完全是一个舶来品，它何时殖民中国并入主世界，已经难以考察，但可以肯定的是，在今天的中国社会和国际社会，"理性"是比"精神"强势和强大得多的绝对话语。在英文中，理性即"reason"，与"理由"相通；在中文中，"理性"在语词结构上似乎意味着"由理而性"，即由普遍性的"理"判定具体对象的"性"。然而，关键在于，谁之"理由"？"理"之何来？在"人际关系"的世界里，世界的基点和价值重心已经发生根本性位移，不再是实体性和总体性的"伦"，而是个别性的"人"。于是，"理由"根本上是基于个人的理由，是"原子式思考"的结果，而不是"从实体出发"。诚然，彻底的理性必须体现普遍性，边沁的"最大多数人的最大幸福"的标准和理由就是说明，但是，其一，这里的普遍性只是个人利益的"集合并列"，是黑格尔所说的"需要的体系"中在"个人利益的战场"的利益博弈的结果；其二，理性所达到的普遍性本质上是一种建构，而不是"伦"的传统下对于实体的信念和认同，由于是一种建构，所以便有可能并随时可能解构。"由理而性"的诠释，表面上与柏拉图的理念尤其是"众理之理"的理念一脉相承，但它发生于"上帝死了""孔家店倒了"的特殊语境下，而上帝死了的实质与后果，是人人充当上帝，人人都是上帝，我就是众理之理，于是"由理而性"本质上是由"我之理"（而不是"伦之理"）规定万物之性。"人是万物的尺度"，这里的人，已经不是实体的人或人伦，而是"我就是万物的尺度"。"人际关系"的世界，只能借助理性建立"集合并列"形式的伦理普遍性或形式伦理，而无法建构"人伦关系"世界中的那种实质伦理，原因很简单，这个世界"没有精神"，而且拒绝精神。

3. "后伦理时代"

从"人伦关系"到"人际关系"、从"精神"到"理性"，在"伦"与"伦"之"理"，即客观与主观两个方面，"伦理"时代终结了，"后伦理"时代来到了。

在话语方式方面,"后伦理时代"似乎是"后现代社会"的套用语,然而内涵却迥然不同。如果进行语言哲学分析,关键在于:谁之"后"?何种"伦理"?哪个"时代"?

无论汤因比基于历史发展的"后现代",还是丹尼尔·贝尔的"后工业社会","后"都不只是一个时间概念,而是指称发展的某种状态或气质,理解这种状态或气质的关键词是:"断裂。"正如贝斯特所言,"后现代"是同现代时期相断裂的概念。① "上帝死了""打倒孔家店",用"死"与"倒"的绝对语势宣示对待一个时代、一种传统的态度,也预示一种传统以及这种传统所承载的那个时代的命运,标示着一种毫无保留的彻底决裂。无论这种彻底决裂是否可能成为现实,"启后"而不"承前"、让一切成"后"的"终结"心态和"后"意识酣畅淋漓。"后"什么?"后""伦理"!这里的"伦理",显然不是作为抽象概念的伦理,而是以上帝和孔子为最高精神象征的"伦"的传统,以及与之对应的"伦"之"理",总之是以上帝和孔子为最高精神象征的"伦理"以及这种伦理所代表的那个时代。所以,它们所"后"的只是一种伦理、一种传统、一个时代,而不像"后现代""后工业"的概念那样,"后"的是整个"现代"和"工业"本身。在这个意义上,"后伦理"与"后现代"有完全不同的时代指向,它指向传统而不是现代。"伦理"之"后",或"伦理"的传统、"伦理"的时代被颠覆之"后","后伦理"所呈现的是被站在传统与现代转折点的哲学家们所揭示的那些现代性社会的特质。"一切皆支离破碎,所有的一致性均已不复存在。"(约翰·多恩)"无常存在,无论是在我之外,还是在我之内,所有的只是永不停息的变化。"(费希特)"人被永久地系绑在社会整体的某个独立而微小的片断之上,他自己也变得不过是个片断。"(席勒)"在社会的脚下没有什么坚实的基础。不再有固定不变的事物。"(埃·涂尔干)②

不过,与现代性决裂中的所谓"后"不同,"后伦理"遵循和展现人的精神世界的特殊规律和图景。概言之,"后伦理"依然是"伦理",确

① 参见[美]斯蒂文·贝斯特《后现代理论》,张志斌译,中央编译出版社1999年版,第7页。
② 以上均转引自[美]斯蒂文·贝斯特《后现代理论》,张志斌译,中央编译出版社1999年版,英文版前言第7—8页。

切地说，依然以"伦理"自喻，但是，伦理世界的同一性已经断裂，精神世界与现实世界的同一性已经断裂，精神世界与现实世界中人的伦理认同的同一性已经断裂，最后，在"伦理"与"后伦理"之间已经发生巨大而深刻的断裂，"后伦理时代"陷入巨大而深刻的伦理纠结之中。

其一，"解放"与"破碎"的纠结：原子状态、伦理世界的断裂。"上帝死了""打倒孔家店"，对个体来说无疑是一次"伦"解放，准确地说是个人从"伦"的统摄和主宰下的解放，然而，一旦失去"伦"的实体，就会猛然发现不仅整个世界破碎了，而且人自身也破碎了，"人"碎片化为"个人"，乃至不再是"个体"，从而沦为无"体"之人。无论伦理生活与伦理观念发生多么深刻的变化，人从自然伦理世界中诞生，因而伦理是人的精神世界的自然本性的事实总是不可改变，但是，"伦"的存在方式，"伦理"在生活世界中的呈现方式，却已经面目全非。"伦理时代"同一性、实体性的"伦"的世界，已经被肢解为"际"的碎片化的世界，伦理世界已经断裂。虽然在家庭的自然伦理实体中"伦"的同一性依然或多或少地顽强地存在，但它已经无法向生活世界过渡，"伦"的实体意识再也不可能透过教化世界的努力成为人的伦理教养。"伦"的传统以不可挽回之势终结，一个以"人际关系"为轴心的原子世界诞生了。原子世界，既是一种伦理解放，也是一种伦理断裂。

其二，"启蒙"与"祛魅"的纠结："苦恼意识"，伦理意识与伦理现实的同一性的断裂。生活世界中"伦"的存在、"伦"的传统、"伦"的规律已经遭遇解构，但从伦理实体中诞生的文化基因，使人们依旧怀念和追求"伦"的家园，生成伦理意识与现实世界之间紧张的"苦恼意识"。但是，由于"伦"之"理"中"理性"对"精神"的僭越，无论"伦"还是"伦理"都只是观念世界中的温柔之乡，理性的品质决定了人们对它只是采取"理论的态度"而不是"实践的态度"，[①] 因此知行脱节，止步于只判断而不行动的"伦理判断"，缺乏透过行动将伦理观念、伦理理论转化为伦理现实或主观见之于客观的伦理能力和伦理力量。于是，对于伦理眷念和追求，不过是黑格尔所说的"伦理意境"和"优美灵魂"，最终"它就变成一种不幸的苦恼的所谓优美灵魂，逐渐熄灭，如

① 关于"理论的态度"与"现实的态度"的关系，参见［德］黑格尔《法哲学原理》，范扬、张企泰译，商务印书馆1996年版，第10—13页。

同一缕烟雾，扩散于空气之中，消逝得无影无踪"①。无疑，"上帝死了""打倒孔家店"，是一次深刻的伦理启蒙，但理性主义的走向决定了"苦恼意识"将成为整个"后伦理时代"的精神纠结。

其三，"自由"与"失依"的纠结：伦理认同的同一性的断裂，伦理认同与道德自由的矛盾。"上帝死了""打倒孔家店"之后，个体自由了，甚至绝对自由了，然而，自由的曙光刚刚在地平线上投上美丽一瞥，人们便猛然发现已经深深坠入失依的无归宿、无家园的阴霾之中。上帝之死与孔家店之倒，最终推翻的是伦理认同的同一性，正如人们已经发现的那样，"上帝死了"的真谛是人人都是上帝，确切地说，是人人充当上帝，于是，伦理、伦理实体倒了之后，道德、道德主体便旭日东升。然而，伦理认同与道德自由断裂的结果，却是尼采所说的那样，"一切都被允许"，精神世界呈现出诸神之争的景象，挣扎于伦理失序和道德失范的悬崖。

其四，单一性与普遍性的纠结："集合并列"，伦理世界的形式同一性的建构。伦理已经在客观与主观两个方面被解构，伦理的最高精神象征已经被推倒，但人的"伦"本性又使伦理像幽灵一样不可须臾离，于是便开启"伦理"的再建构。但是，再建构的伦理，已经不是源于慎终追远的生命长成的神圣伦理，而是理性反思中的存在，或者说，已经不是基于人的本性的"自然"，而是基于黑格尔所说的市民社会中"需要的体系"的那种"应然"和"必然"；如果一定要说"自然"，已经不是"见父自然知孝，见兄自然知悌"的良知良能的自然，而是人的欲望冲动的自然，不是"天理"，而是反思中存在的"人理"或人欲之理；由此，伦理不再是基于"伦"信念的"从实体出发"，而是基于工具理性的"集合并列"，不再是精神的普遍性，而是形式的普遍性。"集合并列"的世界始终是单一性与普遍性两极分裂的世界，它把人、把人的精神、把人的世界"分裂成不可屈挠的、冷酷的普遍性，和现实自我意识所具有的那种分立的、绝对的、僵硬的严格性和顽固的单点性"②。之于"伦理时代"，"上帝死了""打倒孔家店"之后的"后伦理时代"祛魅了，断裂了。伦理，只似一个精神的影子，一种文化情结，游荡于世界的背后；活跃于前

---

① ［德］黑格尔：《精神现象学》下卷，贺麟、王玖兴译，商务印书馆1996年版，第167页。
② 同上书，第119页。

台的，是汹涌欲海涤荡之后残留的斑斑渍迹。

必须重申的是，"后伦理时代"与"市民社会"有诸多相似之处，但还不能将"后伦理"当作市民社会的伦理，因为无论"上帝死了"，还是"打倒孔家店"，都不能当作市民社会来临的伦理信号，更不能认为"后伦理"具有天然的合理性，就像不能认为市民社会具有天然的合理性一样。无论市民社会还是"后伦理"，都内含巨大的文明风险。"市民社会是个人私利的战场，是一切人反对一切人的战场，同样，市民社会也是私人利益跟特殊公共事务冲突的舞台，并且是它们二者共同跟国家的最高观点和制度冲突的舞台。"[①] "市民社会在这些对立中以及它们错综复杂的关系中，既提供了荒淫和贫困的景象，也提供了为两者所共同的生理上和伦理上蜕化的景象。"[②] 为了摆脱"个人私利的战场"，为了防止人类在生理上与伦理上的双重蜕化，必须继续将伦理往前推进，超越充满"苦恼意识"的"后伦理时代"。

---

① ［德］黑格尔：《法哲学原理》，范扬、张企泰译，商务印书馆 1996 年版，第 309 页。
② 同上书，第 199 页。

六 韦伯"理想类型"与现代伦理形态

自 20 世纪初以来，人类伦理精神和道德哲学的演进，日益呈现诸神之争的"丛林"镜像。然而，"诸神之争"的背后，是关于"神"的自我认同和自我放逐，"丛林"无论如何峰回路转，总有自己的生成法则。经过一个多世纪的锤炼洗礼，鸟瞰精神世界的日月星辰，任何一个思维缜密的人都可能追问：现代道德哲学是否已经达到这样的进步，乃至可以找到一个对百年伦理道德理论的发展具有表达力和解释力的总体性概念？换言之，20 世纪伦理精神与道德哲学发展到底是否具有某种形态？其精神密码和哲学轨迹是什么？

或许，韦伯于 20 世纪初提出的"理想类型"，就是关于现代伦理形态最具表达力和解释力的总体性概念。或者说，"理想类型"就是现代伦理学理论形态。"理想"与"类型"体现"后伦理时代"的话语气质；"合成作用"的论证方式体现"后伦理时代"伦理置于"后"的价值生态的伦理精神的时代本质；由"类型"而"范型"进路展现"理想类型"由文化帝国主义到伦理帝国主义，最后到文明帝国主义的时代意志的西方轨迹。

（一）"理想类型"："后伦理时代"的话语气质？

1. "拒绝遗忘的过时命题"

20 世纪的世界学术史有许多待解之谜，韦伯"理想类型"的世界性影响就是最大谜团之一。这一命题的历史命运是一个不折不扣的悖论。一方面，作为诞生于 20 世纪初的命题，它显然已经过时；另一方面，人们对它拒绝遗忘。"拒绝遗忘的过时命题"是"理想类型"的第一个"韦伯悖论"。

韦伯在现代学术史上的地位似乎毋庸置疑，有人曾将20世纪最有影响的思想家表述为"二马"，即卡尔·马克思和马克斯·韦伯，并且将他们与爱因斯坦并称为"对世界历史产生巨大影响的三个德国人"。作为一个"系统地思考但不系统地写作"的思想家，韦伯最具标志性的学术话语是《新教伦理与资本主义精神》一书中发现和指证的所谓"理想类型"的命题。不过，正如人们已经发现的那样，这本书的影响"所具有的历史意义，以及它所使用的术语，在很大程度上是由他那个时代的学术水平所决定的"，因而他的命题可能已经过时，只具有相对的意义，韦伯自己也曾设想，一部学术著作的生命力最多能持续半个世纪。然而，从西方到中国，这个命题却于整个20世纪经久不衰，并仍在延续。"从某种意义上说，韦伯的命题无须重温，因为它拒绝被遗忘，尽管许多人经常怒不可遏地要彻底结束它的生命。"① 正如盖伊·奥克斯所说，"理想类型"的命题是一个"不朽的话题"，即便批评，也围绕这个轴心展开；而保罗·明希发现，"许多历史学家或者部分或者全部否定了韦伯的命题，主要是因为他们认为韦伯的理想类型方法极有可能作为普遍原则而成为社会学的偶像。"② 追捧与批评佐证同一个事实："理想类型"已经于集体记忆中成为关于20世纪学术理论尤其是社会学和道德哲学的"韦伯记忆"，是20世纪最具标识性的学术话语之一；并且，后果远比历史学家们的担忧"不幸"得多，"理想类型"作为"普遍原则"不仅成为社会学家而且成为伦理学家的"偶像"。

为什么？

最大秘密潜在于催生"理想类型"的特殊文明背景之中。如果对韦伯以前的学术史尤其是道德哲学史进行精神写意，便可以发现，面对"完成"与"终结"的空前文明机遇，"理想类型"契合并卓越地表达了时代的精神意向和精神气质。

中西方文明虽然孕生于不同时空场域，并且在近代以前处于相互隔绝的状态，却在基本原理和演进轨迹方面惊人相通，伦理道德尤为凸显。伦

---

① ［美］哈特穆特·莱曼等编：《韦伯的新教伦理》，闫克文译，辽宁教育出版社2001年版，前言第2页，绪论第5页。

② 同上书，第306、30页。

理与道德是人类建构社会生活秩序和个体生命秩序的两种相通相殊的精神形态，它们在人类社会发展史和个体生命发展史中既具有同一性，更表现为与文明形态相匹合的阶段性，理一而分殊。总体而言，西方伦理道德的历史展开经历了三个阶段：古希腊以亚里士多德为代表的"伦理"形态；希腊化时期的"道德"形态；近代以康德为代表的"道德哲学"形态。①至黑格尔，将伦理与道德相同一，建立了融伦理与道德于一体的精神哲学体系。② 由此，西方道德哲学完成了，也终结了。中国文化是一种伦理型文化，伦理道德是中华民族对人类文明的最大贡献，所以，伦理道德在中国文明史上的展开，比西方更为丰富生动。在轴心时代，中国文明在相互隔绝的不同地域，在诞生了儒家的同时，也诞生了道家。孔子缔造的儒家虽然创造性地贡献了"仁"的道德，但其根本指向却是"礼"的伦理。而老子向世界贡献的最高智慧则是所谓"道德经"。伦理与道德在中国文明初年于不同空间的同时化生，似乎预示着日后几千年文明演进中在中国人的精神世界中儒家与道家不可分离的孪生关系。至宋明理学，借着佛家参与，最终形成儒道佛三位一体、伦理与道德，具体地说，三纲与五常、天理与人欲共生互动的"理学"体系。由此，中国道德哲学完成了，也终结了。德国古典哲学与宋明理学，道德哲学形态的终结与完成，不仅在时间序列和历史发展阶段上相通相似，而且在精神内核方面也完全一致，这就是伦理与道德的辩证综合，由此完成和终结它的传统形态或古典形态。

　　然而在历史进程中，完成与终结只是一个"回车键"，绝不意味着停滞。人的生命在延续，人类精神生生不息，于是，伦理文明、道德文明、道德哲学的理论形态必然继续行进，完成与终结只是历史之流中的一个精神驿站。一般说来，完成与终结只是同一事实的肯定与否定的正反币面，完成意味着成熟，成熟了，便终结了。不过，真正的终结是一种破坏性解构，以"终结者"的出现为标志。作为造化精灵，无论在中国还是西方，传统伦理道德的精神驿站总是自我圆满，无比坚韧，极易让人们于流连忘返中错把他乡作故乡，于是必须以"盘古之斧"开辟新的纪元。为了走出几千年文明精心打造的象牙塔，而不致为它所窒息和桎梏，中西方文明

---

　　① 参见樊浩《伦理道德的历史哲学形态》，《学习与探索》2011年第1期。
　　② 注：伦理与道德的精神同一性及其理论体系，在黑格尔的《精神现象学》《法哲学原理》《精神哲学》中得到一以贯之的阐释。

分别瞄准各自传统的最高精神象征，几乎于同一时期发起文化狂飙。19
世纪末，尼采石破天惊地宣示"上帝死了"；20 世纪初，"五四青年"发
出"打倒孔家店"的呐喊。由此，以上帝和孔子为代表的两种精神传统
不仅完成了，而且真的难以挽回地终结了，一种没有上帝和孔子，或者说
离开上帝和孔子的"后伦理时代"或"第四伦理形态"开启了。

2. "后伦理话语"

这个"后伦理时代"到底是什么？历史期待卓越话语主体的出现，
更期待卓越的话语表达。

这是一个"一切都被允许"的时代，也是一个学术尤其是道德哲学
理论群雄并起的"丛林"时代。在这个重大转折关头，许多人、许多理
论试图充当新时代的发言人，只是，韦伯卓越地担当了这一历史期待，
"理想类型"卓越地体现了时代精神的文化诉求。"谁道出了那个时代的
意志，把它告诉他那个时代并使之实现，他就是那个时代的伟人。他所做
的是时代的内心东西和本质，他使时代现实化。"① 韦伯宣示了"后伦理
时代"的意志，他发现了这个时代"内心的东西和本质"，但无须将这个
意志实现，因为他找到了已经实现了这个意志的历史范型，这就是新教伦
理的"理想类型"。于是，不仅是"理想类型"，韦伯本人也成为开辟新
传统的时代标志。

"理想类型"如何成为"后伦理时代"的"内心的东西和本质"？如
何道出"后伦理时代"的意志，道出何种意志？这是"理想类型"之成
为"后伦理时代"的伦理形态话语的关键。

"理想类型"体现特殊的话语气质和精神意向。

其一，终极性与世俗性、思辨与历史同一的复合构造。仔细考察便发
现，在"理想类型"的概念与理论中，存在两种二元构造。一是上帝的
终极实体与现实社会文明同一的二元构造；二是思辨与历史同一的二元构
造。"上帝死了"，到底"死"了谁？"打倒孔家店"，到底"倒"了什
么？在这个具有强烈"终结"色彩的口号下，"死"和"倒"的都是具
有终极意义的伦理实体或伦理实体的人格象征。"上帝死了"，"死"的是
上帝这个终极实体；"打倒孔家店"，"倒"的是在中国延续几千年的以

---

① ［德］黑格尔：《法哲学原理》，范扬、张企泰译，商务印书馆 1996 年版，第 334 页。

"礼"为话语表达的兼具世俗和超越双重意义的终极性的"伦"（包括"天伦"与"人伦"）的传统。由此，一个没有终极实体，准确地说重新寻找或建构终极伦理实体的"后伦理时代"开始了。在"理想类型"中，虽然透过"新教伦理"凸显上帝作为终极存在的意义，但是，仔细考察就会发现，这个终极存在已经不再是绝对，它本身已经经历了由论证向被论证的悄悄而深刻的地位置换。一个显然的事实是，在"理想类型"中，无论新教还是新教伦理，都是由资本主义文明所论证的相对合理性。在这里，上帝虽然依然是终极的或被预设为终极，但却不是绝对，因为它与资本主义文明相互论证，由此形成"新教伦理"与"资本主义文明"的二元构造。于是，伦理的存在方式已经发生根本变化，由一种精神性的绝对存在，世俗化为与文明进程同一的现实存在，进而形成"理想类型"中思辨与历史的二元构造。虽然由"新教伦理"引发的"理想类型"是一个典型的西方话语与西方命题，但这一命题 20 世纪后期在中国的巨大影响，已经申言它的普世性。它在伦理型的中国文化中的传播与接受，同样表征着在人类伦理道德精神走完第一个大圆圈完成并终结之后，寻找新的伦理精神形态的努力。"理想类型"的高明之处在于，它不仅思辨地，而且在历史中发现了这种类型。韦伯给世人的强烈冲击是："理想类型"已经是一种历史现实，只是有待揭示和认同。于是，一旦将它揭示出来，便不仅道出了这个时代的意志，而且无须将它实现，因为它已经实现，因而已经做了"这个时代内心的东西和本质"。韦伯告诉世人的是：这是一种历史类型，但却是一种"理想类型"。于是，"理想类型"便不只是一种思辨性的创作和制造，而且是历史的真理。由此，"理想类型"便由思辨成为现实或必然成为现实。无论如何，"理想类型"是几千年伦理传统完成和终结之后，开启新的伦理形态和文明类型的努力。

其二，"idea"的根源意识及其多元表达。"理想类型"的英文表述是"idea type"，其核心概念是"idea"。在西方传统中，"idea"的基本含义是"理念"，是表达终极实体或与终极实体相关的概念，韦伯命题中的这个概念明确表征它与"被终结"的传统道德哲学形态之间的精神关联。众所周知，"idea"是柏拉图哲学的最高概念。柏拉图认为，万物皆有其理并为理所决定，在众理之上，存在"众理之理"即"总理"，于是"理念"便是主观与客观同一的终极性概念。正因为如此，马克思曾指出，在柏拉图的理念中，存在上帝的影子，因为"理念"一旦人格化，便蝶变为上帝。这便是希腊文化与希伯来文化在哲学深处的相通。"idea type"的命题中"idea"的核心概念，传递的是通向希腊哲学源头的承续力，也许正是这种传统的同一性，才使这一命题赢得西方世界的广泛重视和认同。"idea type"的准确翻译当是"理念类型"。但是，由于"idea"兼具"观念"意义，因而又被理解甚至作为一种研究方法，它首先就是"观念类型"，更接近于中国学术话语中的所谓"理论模型"。然而，韦伯理论中"新教伦理"之于资本主义文明的合理性、观念的主观性，这些多重原因使得最初的翻译中，"idea type"被译为"理想类型"。"理想类型"与"理念类型"的最大区别在于：在"理想类型"的翻译和理解中，与柏拉图"理念"的终极实体传统之间的深刻关联和文化承续被遮蔽了；同时，内在西方哲学"理念"中的概念与现实统一意义即"理念"的现实性也被消解至少被削弱了。"哲学研究的是理念，从而它不是研究通常所称的单纯的概念。""定在与概念、肉体与灵魂的统一便是理念。"① 理念中不仅包括概念的主观性或理想性，而且包括将主观转化为定在的现实化力量。当然，一旦"理念类型"被理解和翻译为"理想类型"便不仅彰显了韦伯命题的观念性，更表达了韦伯以及韦伯理论的阅读者对这一命题的肯定和认同。理由很简单，它已经被预设或预制为"理想"，理想与观念的最大区别在于，作为追求对象，理想"应当"成为现实。在解释学的意义上，由"理念类型"到"理想类型"，经历了由哲学形而上学到价值哲学的演进。"观念类型"只是一种理论建构；"理想类型"虽不是现实，但却应当也必须成为现实。也许，这就是韦伯"理想类型"的文化魅力之所在。②

其三，"类型"的时代意志（气质）与文化心态。如果说"理念"表明其实体本质和现实化的期待，那么，"类型"所表征的，则是在"上帝死了"之后，人人充当上帝的那种文化心态及其所导致的"丛林"现实。"上帝死了"包含多元复杂的时代意志和文化信息，一种具有代表性的解读是：上帝死了，终极实体或绝对权力消解了，然而上帝又不可或缺，于是便有了一个空前机会，人人可以充当上帝。然而现实却是，人不

---

① ［德］黑格尔：《法哲学原理》，范扬、张企泰译，商务印书馆1996年版，第1页。

② 注：为了与20世纪以来中国学界的流行话语相契合，本文仍将"idea type"表述为"理想类型"。

可能充当上帝，更不可能成为上帝，于是在伦理道德领域必须做和可以做的，便是发现和创造"类型"。在这个意义上，"类型"只是"上帝"的"理一分殊"或学理表述。确切地说，"类型"所表达的，是"上帝死了"之后，"后伦理时代"的那种"一切都被允许"又"人人充当上帝"的相互矛盾的社会心态和时代气质，"类型"林立的结果，必然是多元文化丛林或"伦理学丛林"的造就。

综上，"理想类型"体现了"完成"与"终结"之后，人们借助历史反思在观念中重新探索和创造新的文化类型、伦理类型的"后伦理时代"的话语气质。"idea"表征承续，"type"预示创造，承上启下，终极性与世俗性相通。由此，"理想类型"不仅历史地，而且逻辑地成为"后伦理时代"伦理形态的最具表达力和解释力的标志性话语，韦伯也成为"后伦理时代"伦理形态的代言人。

（二）何种伦理形态？

韦伯及其"理想类型"的第二个悖论是：非伦理学家完成的 20 世纪最有影响力的伦理论证。

无论在严格意义上还是一般意义上，韦伯都不是一个伦理学家或道德哲学家。即便《新教伦理与资本主义精神》及其"理想类型"，也并非严格意义上的道德哲学命题。"理想类型"的本意，是指证一种文明类型，然而在对这种文明类型的历史叙事中，却论证甚至建构了一种伦理类型，并且，这种伦理类型比 20 世纪任何一位道德哲学家都更具表达力和影响力。至今并没有发现韦伯自认为是道德哲学家的证据，甚至学界也没有确认韦伯是道德哲学家，大多现代西方道德哲学史的文献中很少见到关于韦伯的专论，韦伯得到普遍认同的学术身份是"宗教社会学家"。然而，另一个难以否认的事实是："理想类型"揭示和表达了 20 世纪乃至"后伦理时代"的伦理形态，至少，它成了关于现代伦理形态最具表达力和影响力的表述。原因很简单也很深刻，"理想类型"所表达的"时代内心的东西和本质"，使其成为"后伦理时代"的伦理形态。

1. "后伦理时代"的伦理形态
秘密存在于"理想类型"的特殊论证方式之中。

首先必须将"理想类型"还原于"后伦理时代"的话语背景。顾名思义，"后伦理时代"是"伦理隐于后"的时代。这是一种与"后现代"相对应的"后思维"与"后"论证方式。如前所述，"上帝死了""打倒孔家店"，"死"和"倒"的都是作为终极存在的伦理性的实体。无论黑格尔的精神哲学，还是宋明理学，伦理性的实体都被当作神圣存在，伦理是诸道德哲学"形态"的内核和标志，这是传统时代伦理形态的基本特征。"后伦理时代"并不只意味着与"伦理时代"的时间断裂，它还传递了这样一个明确信息：这是一个"伦理"隐于"后"或被置于"后"的伦理形态。在这个时代，在这个伦理形态中，"伦理"已不像以往那样直接申言自己的绝对价值，而是必须"被论证"，或作为论证的价值动因。一句话，伦理已经被隐于后或置于"后"。谁在前？文明的合理性、社会经济发展的合理性在前。在这种论证方式中，表面上被论证的是文明或社会经济存在，但由于以伦理为其"后"或价值合理性根据，于是，当文明获得认同时，一种伦理也就获得论证。而由于作为认同对象的文明存在已经是一种历史事实，因而真正被论证或获得论证的，竟是一种伦理或伦理类型。不过，不仅伦理，关于伦理的论证也都存在于它与经济、社会、文化的价值生态之中，因而"后伦理"的论证方法，本质上是一种价值生态的把握方式。这种"后伦理"既是一种"后智慧"，也是一种"后论证"。

2. 从"理想类型"到"伦理类型"

"理想类型"到底是何种伦理类型？必须回到韦伯的道德论证。

韦伯的论证方式有两个关键词：社会学叙事，"合成作用"。"理想类型"是由三个基本元素构成的价值系统：资本主义文明，"精神"或"资本主义精神"，新教伦理。关键在于，三元素如何"合成""理想类型"？"理想类型"如何成为"伦理类型"？

"理想类型"的立论，从关于资本主义文明的社会学叙事开始。韦伯的论证基于一个认定：资本主义是"我们现代生活中最决定命运的力量"①。至于它为何是"现代生活中最决定命运的力量"，韦伯没有论证，

① ［德］马克斯·韦伯：《新教伦理与资本主义精神》，于晓、陈维纲等译，生活·读书·新知三联书店1992年版，第7页。

只是把它当作一个社会事实。但是，韦伯又同时指证另一个社会学事实：资本主义性质的企业和企业家古已有之，遍布世界各地，"然而，西方却发展了资本主义，不仅数量上颇为可观，而且（随着数量上的增长）还发展出了在其他各地从未出现过的类型、形式和方向"。于是发问："为什么资本主义利益没有在印度、在中国也做出同样的事情呢？"由此"一个关于西方文化特有的理性主义问题"便浮出水面——"当务之急就是要找寻并从发生学上说明西方理性主义的独特性，并在这个基础上找寻并说明近代西方形态的独特性。"①

"发生学"的研究视角将"西方理性主义"引向"精神"。韦伯发现，决定西方经济理性独特性的，是"经济精神"或经济制度的"社会精神气质"。理性行为取决于人的能力和气质，而这种能力和气质的本质是"精神"。"如果这些理性行为的类型受到精神障碍的妨害，那么，理性的经济行为的发展势必遭到严重、内在的阻滞。"不过，无论"经济精神"还是"社会精神气质"都只是中介，它与理性行为一样，也有"发生学"的根源，这就是宗教伦理。"各种神秘的和宗教的力量，以及以它们为基础的关于责任的伦理观念，在以往一直都对行为发生着至关重要的和决定性的影响。"②何种宗教伦理构成西方资本主义理性行为最重要的根源？社会学叙事发现：新教伦理。"在任何一个宗教成分混杂的国家，只要稍稍看一下职业情况的统计数字，几乎没有什么例外地可以发现这样一种状况：工商界领导人、资本占有者、近代企业中的高级技术工人，尤其受过高等技术培训和商业培训的管理人员，绝大多数都是新教徒。"新教徒"不管作为统治阶级还是被统治阶级，不管是作为多数还是作为少数，都表现出一种特别善于发扬经济理性主义的倾向"。③韦伯以美国商人富兰克林为个案进行考察，指出富兰克林所宣扬的不是发迹的方法，而是一种奇特的伦理，这种发端于新教的伦理，本质上是一种"精神气质"，其内核是"一种要求伦理认同的确定的生活准则"。"近代资本主义扩张的动力首先并不是用于资本主义活动的资本额的来源问题，更重要的是资本主义精神的发展问题。"由此，"资本主义理性"便转换为"资本

---

① ［德］马克斯·韦伯：《新教伦理与资本主义精神》，于晓、陈维纲等译，生活·读书·新知三联书店1992年版，第10、15页。

② 同上书，第15—16页。

③ 同上书，第23、26页。

主义精神"。"资本主义精神的发展完全可以理解为理性主义整体发展的一部分，而且可能从理性主义对于生活基本问题的根本立场中演绎出来。"① 资本主义精神与前资本主义精神最大的区别，就在于它的"伦理色彩"，它是西方近代资本主义精神独特的"精神气质"。"资本主义在中国、印度、巴比伦，在古代的希腊、罗马，在中世纪都曾存在过。但我们将会看到，那里的资本主义缺乏这种独特的精神气质。"②

于是，"资本主义文明"—"资本主义精神"—新教伦理，通过社会学叙事，便被"合成作用"为一个"理想类型"。这种社会学叙事，可以被当作社会学的归因分析：在起点上，它从资本主义文明演绎出新教伦理；在终点上，它将资本主义文明归因于新教伦理。由于资本主义文明是社会学事实，因而"新教伦理"才是由这事实透过"精神"或"资本主义精神"的中介所进行的伦理学形态的认同与建构。需要注意的是，在其中任何一个元素都不具有绝对价值，"理想类型"是这些元素的"合成作用"。

如果将"理想类型"当作一个伦理形态和道德哲学建构，那么，这一伦理形态便有三个特点。其一，"理想类型"中，伦理只是通过社会学归因被论证，而不是像古典道德哲学包括以康德和黑格尔为代表的德国古典哲学那样，伦理被直接地宣示，虽然他们也不只是伦理学家或道德哲学家，但被他们当作道德哲学的著作中，伦理却是绝对主题。然而在"理想类型"中，伦理的主题被转换了，确切地说伦理存在的方式变化了，从"前"而隐于"后"，但其意义价值却没根本置换，只是在归因中确立其绝对地位。也许，这不仅意味着 20 世纪伦理论证方法的变化，而且也预示着伦理形态的根本改变。其二，"理想类型"的突出贡献，是关于"理性"与"精神"的关系的论证。它将近代以来西方资本主义解释为"独特的理性主义"，但又将它诠释和落实为"经济精神"和"经济制度的精神气质"，简言之，资本主义的精神气质。仔细考察便可以发现，"独特的理性主义"与"经济精神"，"理性"与"精神"之间已经不是简单的转换关系，而是通过对"理性"的德国式把握，将其向"精

---

① ［德］马克斯·韦伯：《新教伦理与资本主义精神》，于晓、陈维纲等译，生活·读书·新知三联书店 1992 年版，第 36、56 页。

② 同上书，第 36 页。

神"推进。"理性"和"精神"的纠结，是西方道德哲学，尤其是康德和黑格尔以来的西方道德哲学的重大难题，韦伯以社会学的方式，既呈现了这种纠结，更将它向问题的澄明推进了一步。其三，"理想类型"的更大贡献，是具体地说明新教伦理如何通过资本主义精神的生成，成为近现代西方资本主义文明的归因或价值动力，由此，不仅论证了新教伦理这"一种伦理"，而且也论证和指证了一种伦理形态，或现代伦理形态。

3. 价值生态的伦理精神

"理想类型"到底是何种伦理形态？如果一定要用某个术语概括，那么，"价值生态的伦理精神"可能是比较确切的表述。以往的道德哲学，一般都在道德哲学内部进行伦理论证与伦理形态的自我建构，这种自我圆满的论证导致康德在《实践理性批判》的最后，发出对头顶上的星空和人内心的道德律满怀敬畏的感叹。因何"敬畏"？当然源于道德力量的神圣和深刻。但不可否认，"敬畏"的生成可能还有另一重要原因：康德只是在道德理性、在道德哲学体系内部打转，将道德作为人的理性构造中的神圣而神秘的存在，缺乏外化为现实的力量。"理想类型"不仅走出伦理道德，而且走出理性，韦伯将它还原于人类文明和人类生活的经济文化生态，透过"精神"的中介，在资本主义文明与新教伦理的价值生态中论证一种伦理类型和伦理形态。在这个意义上，"理想类型"已经不是像亚里士多德《尼各马科伦理学》、康德的《实践理性批判》，也不像一些现代性的道德哲学那样，是在伦理道德内部自我完成、自我确证的伦理形态，而是价值生态的伦理形态。价值生态用韦伯的话语表述，就是所谓"合成作用"。由此，"理想类型"便指证了一种新的伦理类型，也指证了一种伦理形态。这是一种伦理被置于经济、社会、文化的生态之中，又被置于这个生态之"后"的伦理形态。置于生态之中，只能说明它是生态的一个因子；置于生态之"后"，则说明伦理是这个价值生态的合理性根据，它所生成的文明合理性，是生态合理性，而伦理则是生态合理性的归因。

重要的是，这种价值生态的伦理形态的最重要的学术立场，是对伦理价值的确证与坚守，在这个意义上它也可以被表述为生态人文主义的伦理形态，即在经济、社会、文化生态中对伦理价值或人文价值的坚守。也许正因为如此，西方学者将它与马克思主义伦理形态相对应甚至相对立。"从一开始，这项研究就被认为是反对历史唯物主义，强调与物质因素相对立的理想的重要性——如果不是自主性的话——的有力论据。"① 虽然历史唯物主义也强调精神对于历史发展的意义，但它往往被表述为"能动作用"或"反作用"，不像韦伯那样被提高到历史因果论的地位，韦伯"用理想类型取代了规律，并转向历史因果论这一新教伦理的源头"②。正如韦伯自己所说，"进行历史解释和解说的主要前提之一，就是学者自身的价值承诺"③。价值生态或"合成作用"中对伦理的价值承诺，就是"理想类型"伦理形态之人文主义本质的重要表现，也是它成为一种伦理形态的重要根据。

新教伦理与资本主义文明之成为价值生态的关键性因素，是"精神"或"资本主义精神"的中介，这也是"理念类型"与"理想类型"相通的学理根据。根据黑格尔的理论，精神的本质、精神与理性的最大区别，在于观念、理性与它的世界的统一。"当理性意识到它的自身即是它的世界、它的世界即是它的自身时，理性成了精神。"④ 用中国哲学话语表述，精神就是知行合一。"精神"或"资本主义精神"将近代以来西方资本主义的"独特理性主义"现实化为资本主义文明的"西方近代形态"。这种资本主义精神的气质特征是一种"伦理色彩"，即"一种要求伦理认可的确定的生活准则"，由此，资本主义文明不再是古恩伯格所批评的那种"从牛身上刮油，从人身上刮钱"的那种贪婪的"前资本主义"，而是"从人身上刮精神"的具有伦理气质的资本主义。"精神"的概念之于"理想类型"的意义，"理想类型"的"后伦理形态"，与以往伦理形态不同的时代特质或时代贡献，在于找到伦理道德介入生活世界的路径。韦伯发现，纯书卷气的学说不可能改变世界，他同意这样一种观点："单靠文献决不会产生任何东西，除非在历史与社会环境中找到适于它发挥作用的地方。人们在发现一种观念的书面来源时，决不会立即就能发现有关它

的实践意义的记录。"① "精神"或资本主义精神就是在历史与社会环境中找到新教伦理"发挥作用地方"的关键性概念。新教伦理如何生成"资本主义精神"？众所周知，韦伯从两个方面完成他的考察：一是职业伦理，二是理性禁欲主义。向上帝尽"天职"的"为信仰而劳动"的职业伦理，造就出无比兴奋的职业劳动者，生成创造财富必不可少的"勤奋"品质；世俗禁欲主义束缚消费尤其是奢侈品消费的节俭品质，必然导致资本的积累。于是，财富创造和财富积累的两种最重要的伦理品质便得以产生和不断强化。新教伦理"必然产生勤俭，而勤俭必然带来财富"②。当最大限度地解放人们的谋利冲动与对消费合理束缚结合时，不可避免的后果，便是资本主义财富的不断增长。这便是新教伦理与资本主义文明"合力作用"的"精神"秘密。

要之，韦伯"理想类型"以"复合作用"的论证方式，表达也预示了自 19 世纪末 20 世纪初以来"后伦理"的时代精神"内心的东西和本质"，即价值生态的"后伦理形态"。"后伦理形态"有两个基本特征：一是将伦理道德还原于经济—社会—文化的文明生态和价值生态中，而不再是孤立抽象的上层建筑；二是伦理道德被置于诸价值因子像韦伯所说的资本主义文明、资本主义精神之"后"，成为整个文明价值归因。它导致一种矛盾的结果：表面上，伦理道德的绝对地位下降了；实际上，伦理道德的地位大大提升，走出精神生活、精神世界的象牙塔，被提升到文明归因和价值决定性的崇高地位。在这个意义上，20 世纪以来"应用伦理"以及诸交叉伦理研究的趋向，不能简单地归之于对现实问题的回应和解决，而应当被理解为价值生态的"理想类型"伦理形态的体现。针对现代性的"新伦理"，韦伯像其他宗教社会学家那样，"拒绝用他的伦理体系去影响现实生活"③，试图用"复合作用"中的"新教伦理"应对"新伦理"，因而建构价值生态的"理想类型"，然而正因为如此，"理想类型"不仅成为而且开辟了另一种"新伦理"，即新的伦理形态。"后""后伦

①　[美] 哈特穆特·莱曼等编：《韦伯的新教伦理》，辽宁教育出版社 2001 年版，绪论第 27 页。

②　[德] 马克斯·韦伯：《新教伦理与资本主义精神》，于晓、陈维纲等译，生活·读书·新知三联书店 1992 年版，第 137 页。

③　[美] 哈特穆特·莱曼等编：《韦伯的新教伦理》，辽宁教育出版社 2001 年版，绪论第 365 页。

理"是理解"理想类型"的伦理形态的关键。

（三）由"类型"而"范型"：从伦理资本主义到 文明帝国主义

韦伯"理想类型"的第三个悖论是："谦逊"理论中生长并不断推进的霸权主义与帝国主义。

1. "类型"向"范型"的意志冲动

在《新教伦理与资本主义精神》的最后，韦伯谦逊地提醒读者，不要高估他的理论的意义。然而，"新教伦理"的排他性的历史哲学论证，不仅展现了韦伯及其理论的西方中心主义的文明观，而且正是从新教伦理的"理想类型"中，诞生出了 20 世纪的文化帝国主义。更为隐蔽也更为严重的是，经过"理想类型"伦理合法性论证，西方资本主义便神圣化为"伦理资本主义"；而由于"理想类型"是"复合作用"的价值生态或文明生态，于是，20 世纪 60 年代被人们所发现的西方世界的"文化帝国主义"，必然被逻辑与历史地推进为"文明帝国主义"。"理想类型"—"伦理资本主义"—"文化帝国主义"—"文明帝国主义"演进的秘密何在？就是内在于"理想类型"中由"类型"向"范型"的意志冲动，这种将西方文明的一种类型普遍化、偶像化为所有文明"范型"的冲动，已经历史化为 20 世纪西方世界的时代意志的冲动，导致"理想类型"作为"后伦理形态"的严峻文明后果。

就西方道德哲学发展而言，如果古希腊时代的伦理形态的重心是伦理，希腊化时代伦理形态的重心是道德，近代伦理形态是道德哲学，那么，现当代伦理形态的主题便是"理想类型"。"理想类型"是伦理—道德—道德哲学在完成它的历史运动之后的"第四伦理形态"。这一假设对中国伦理道德发展同样具有解释力，因为现当代中国的伦理形态的主题词也是寻找和建构"理想类型"。在伦理道德的历史哲学运动中，古希腊伦理处于西方世界从黑格尔所说的伦理世界或伦理状态中脱胎出来向教化世界转换的历史阶段，希腊伦理的基调是在人与世界或个体与城邦的整体性伦理关系中建构个体行为的合法性和个体德性，伦理实体尤其是城邦伦理实体是个体德性的决定性因素。希腊化时代，城邦伦理实体对人的行为的直接决定性让位于对普遍准则的遵守，城邦伦理向个体道德形变。近代以来，尤其是在康德哲学中，道德被进一步抽象化为道德哲学，即在普遍准则和"绝对命令"下对个体意志自由的追求和道德主体的建构。然而，无论古希腊伦理，还是希腊化时代的道德和近代道德哲学，乃至黑格尔的精神哲学体系，都悬置了一个终极性的伦理实体，并因此与宗教相通，康德道德哲学关于"灵魂不朽"与"上帝存在"的两大预设就是证明，黑格尔的"绝对精神"最后也是走向宗教。这种状况同样适用于中国伦理道德的发展。以孔子为代表的儒家是中国伦理道德的正宗与主流，孔子不仅以"礼"的伦理实体为最高价值，而且在这个伦理实体之上，还悬置"天"作为伦理秩序的终极根源，"天道远，人道迩"，敬天命而畏之。直到宋明理学，儒道佛三位一体，伦理与道德同一，生成"天理"的概念。"天理"之中，"天"是终极性伦理实体与伦理神圣性的预制，是伦理；而"理"相当程度上可以视为道德，是普遍化的道德规则与道德准则。"上帝死了""打倒孔家店"，预示着伦理道德精神发展的第一个大圆圈的完成与终结，人类开始了伦理道德发展的新纪元，从此开始关于伦理道德发展的新形态的探索。这是一个革命性的进程。新的伦理形态，既不是伦理，也不是道德，甚至也不是黑格尔与宋明理学所完成的那种伦理与道德的统一。人类开启了一种全新伦理思考，即再也不是在伦理或道德内部，而是将伦理道德还原于人类文明、人类精神、人的生命与生活的价值生态中进行把握与建构，或者说，走出伦理，走出道德，进行伦理与道德的批判性建构，从而进入一个"后伦理时代"。韦伯洞察了时代的本质，"理想类型"道出了时代的意志。无意之中，"理想类型"成为经过革命性转折之后新的伦理形态的话语表达和论证方式，韦伯成为新的伦理形态的代言人。令人费解的是，新的伦理形态的表达，新伦理形态的代言人，不是由纯粹的道德哲学家，甚至不是在经典意义上的道德哲学作品中被表达，在相当意义上，"理想类型"不折不扣地是在不经意间道出了这个时代的伦理意向和伦理形态。然而，这正是新的伦理形态诞生的宣示性标志。因为如果新的伦理形态依然由那些纯粹的道德哲学家在纯粹的道德哲学作品中完成和宣示，那么，它很可能依然处于传统之中，或新瓶装旧酒的冷饭一碟。"理想类型"是由道德哲学的"新人"或"另人"宣示的"新伦理"或"新伦理形态"。

　　"上帝死了""打倒孔家店"之后，新的伦理形态就是"理想类型"，准确地说，是寻找和建构"理想类型"。这不是一般意义上的伦理形态的转换，而是一个革命性转折，一个新的精神纪元的开端。然而，韦伯只是直觉地和抽象地道出"后伦理时代"的意志，朦胧地猜测到伦理形态演进的大体路向。"理想类型"中携带了韦伯作为一个宗教社会学、作为一个西方学者太多的身份信息，不过，也正因为如此，无意之中，它预示甚至开启了西方文化精神发展的方向，虽然这个方向令世界忧心忡忡。

2. 两种哲学构造

我曾经指出，韦伯的"理想类型"具有两个不同的构造：道德哲学结构与历史哲学结构。① 道德哲学结构是逻辑结构，具有较多的合理性；历史哲学结构是历史结构，体现了韦伯作为西方学者的文明史观，开启了文化帝国主义的先河，并且可能由伦理帝国主义走向文明帝国主义。"理想类型"的理论合理性与历史局限性必须在这两个结构中寻找和分析。

《新教伦理与资本主义精神》开卷便以强烈的问题意识切入主题，正是这个至今未引起学界应有重视的特殊发问方式，隐藏了韦伯"理想类型"的元意识、元理念，也隐藏了包括韦伯在内的西方学者的学术潜意识或元价值："一个在近代的欧洲文明中成长起来的人，在研究任何有关世界历史的问题时，都不免会反躬自问：在西方文明中而且仅仅在西方文明中才显现出来的那些文化现象——这些现象（正如我们常爱认为的那样）存在于一系列具有普遍意义和普遍价值的发展中，——究竟应归结为哪些事件的合成作用呢？"② 这段貌似简洁明了的文字实际透析出以下重要信息：（1）话语主体："在近代欧洲文明中成长起来的人"，它是近代欧洲人的思想习惯和学术定势；（2）问题域："任何有关世界历史问题"，指向世界史观或文明史观；（3）价值预设："仅仅在西方文明中才显现出来的那些文化现象"，存在于"具有普遍意义和普遍价值的发展中"，两句话之间具有诠释意义的破折号隐藏的信息特别深刻，它暗示了作者的一种认同和努力，即将西方文化现象上升为具有普遍意义和普遍价值的历史发展，引申下去，便有一种可能：在寻找普遍价值的同时，将西

---

① 参见樊浩《道德形而上学体系的精神哲学基础》，中国社会科学出版社 2006 年版。

② ［德］马克斯·韦伯：《新教伦理与资本主义精神》，于晓、陈维纲等译，生活·读书·新知三联书店 1992 年版，第 4 页。

方文化上升为普世价值；（4）论证方式：探讨这些特殊文化事件背后的"合成作用"。四个方面，传递和表达的是西方人的一种特殊的文明史观和论证方式：在"合成作用"中寻找西方文化的普遍意义和普遍价值。

"理想类型"的玄机便从这里开始。在逻辑结构方面，"理想类型"的本质，被某些学者揭示为"用观念类型书写历史"。在抽象意义上，"理想类型"可以诠释为仿照自然科学研究中所采用的"模型建构"或"理想模型"的方法，先进行超验的和观念的模型研究，然后再用来解释经验事实。在韦伯这里，"理想模型"又可分为"历史学的理想模型"和"社会学的理想模型"，前者是历史的，后者是抽象的。① "新教资本主义"的理想模型显然具有历史学与社会学的双重性质，但"观念类型"的超先验性是其基本特点。这种方法不能一般地理解为"抽象"，毋宁说它体现了一种气质，一种德国气质和人文气质。在《法哲学原理》中，黑格尔曾提出"凡是合理的都是现实的，凡是现实的都是合理的"的"两个凡是"的著名论断，它在遭遇马克思历史哲学的激烈批判的同时，也被马克思批判地吸收为"光是思想竭力体现为现实是不够的，现实本身应当力求趋向思想②"。"理想类型"以观念类型"理想"地建构世界，体现了"现实本身也应当力求趋向思想"的理想主义气派和气概，在"祛魅"的现代性背景下，这种气派和气概显得特别稀缺和重要，它可以转化为批判与改造现实的巨大力量。事实上，"理想类型"的重要贡献是，它在抽象和现实的双重意义上发现和揭示了这种力量，这就是"精神"，具体地说是"资本主义精神"。如前所述，"idea"在话语转换中的观念、理想、理念三种解释，透过"精神"可以得到融通。它首先是一种思辨性的观念类型，体现"价值承诺"的理想，但"理念"是观念和定在的统一，因而这种观念类型内在并且已经具有历史现实性，"精神"就是将观念、理想现实化为理念的知行合一的力量。在这个意义上，发现和揭示"精神"，以及近代以来西方资本主义"独特的理性主义"向"资本主义精神"的转化，是"理想类型"最大的成功和对现代伦理形态的最重要的贡献。这里的"精神"不是观念，甚至不是理想，而是与理性

---

① 参见［德］马克斯·韦伯《新教伦理与资本主义精神》，于晓、陈维纲等译，生活·读书·新知三联书店1992年版，第51页译者注。

② 《马克思恩格斯选集》第1卷，人民出版社1972年版，第10页。

相对应的概念，是理性的现代发展，是将观念、理想转化为现实的内在力量。显而易见，由"精神"所建构的"理想类型"具有很浓的"德国色彩"，我们可以在黑格尔哲学中找到它的理论渊源，发现彼此之间的亲族关系。在抽象的意义上，"理想类型"的道德哲学结构，是由"伦理—精神—社会文明"构成的价值生态的伦理形态，简言之，是一种基于"价值生态"的"伦理精神"形态。"合成作用"的"价值生态"是这个形态的重要标识。

如果说"理想类型"的道德哲学合理性体现于"理想"，或观念、理想、理念的内在同一性之中，那么，它的历史哲学局限便突出体现于"类型"诉求，以及由"类型"向"范型"转化的内在冲动。如前所述，韦伯在开卷中就已经表明研究的主旨，是将西方文化的特殊现象，归之于具有普遍意义和普遍价值的历史发展之中，于是，"理想类型"在历史哲学层面，便不只是指证"新教伦理"的一种"理想类型"，而且是将一种类型当作所有类型的"理想"模式；不仅如此，因其是"理念"，所以还内在着要将新教伦理"这一种""理想类型"现实化的内在冲动。理想类型的历史哲学模式是："新教伦理—资本主义精神—资本主义文明。"更重要的是，由于他将资本主义认定为现实生活中"最具决定作用的力量"，因而要将由此而建构的资本主义文明上升为人类的"理想类型"。这是"理想类型"的宏愿，也是它的历史哲学局限。由此，韦伯事实上开启了一个可怕的先河。他用"理想类型"完成了西方资本主义的伦理合法性论证，当这个论证完成之后，西方资本主义也就因其"伦理色彩"合法化为"伦理资本主义"。由于它是或被当作是排他性"理想类型"，于是借助"精神"的中介，它必然由"伦理资本主义"演绎为"伦理帝国主义"，并且最后由"伦理帝国主义"演绎为"文明帝国主义"。20世纪的文明发展史，已经验证了这一可能而又可恶可怕的演进轨迹。

20世纪以后，韦伯的"理想类型"不仅逻辑地而且历史地成为一种"类型"，不仅是理论类型，而且是方法类型，最一脉相承的便是在《新教伦理与资本主义精神》出版50年之后，居20世纪70年代美国知识精英之首的哈佛大学社会学家丹尼尔·贝尔的《资本主义文化矛盾》。在该书的再版前言中，贝尔坦言，他对资本主义文化矛盾破译的基本方法，首先是依据"人工设计的'理想类型'"，进行非历史的"虚拟研究"，然后在此基础上进行历史和具体复杂经验的充分观照。①他的发现是：现代资本主义的文化矛盾，是经济冲动力与宗教冲动力的矛盾，矛盾的主要方面，是宗教伦理的冲动力的耗散，对经济冲动力的束缚逐渐减弱。②显而易见，贝尔不仅沿袭了韦伯理想类型的分析方法，关于资本主义文化矛盾的理论发现，也是《新教伦理与资本主义精神》的反译与反证。"历史终结"理论的发现者、另一位美国学者弗兰斯西·福山在《信任——社会道德与繁荣创造》一书中，通过对信任伦理与社会经济发展关系的考察，同样展开和论证了韦伯的"理想类型"。20世纪90年代，亨廷顿提出"文明的冲突"的理论，认为"正在出现的全球政治的主要和最危险的方面将是不同文明集团之间的冲突"③，如果进行话语切换，"文明冲突"实质上就是诸"理想类型"之间的冲突。学术轨迹的这些描述说明，韦伯之后，"理想类型"已经成为一种重要的理论与方法类型。

3. 从"伦理资本主义"到"文明帝国主义"

然而，"理想类型"一开始就具有基因缺陷，这些缺陷随着韦伯理论的深远影响逐渐被放大。回溯20世纪以来的文明进程，"理想类型"最重要的基因缺陷有二：价值霸权，文化帝国主义。作为"后伦理形态"，"理想类型"在经济—社会—伦理的价值生态或所谓"合成作用"中确证伦理的价值及其所造就的文明合理性，其立论前提，是对某一价值因子，具体地说，是对资本主义经济、资本主义文明的肯定，只是将新教伦理作为资本主义文明的价值归因。这种特殊的研究方法，虽然最终使伦理精神与经济社会发展都得到合法性论证，然而它所遵循的却是社会经济价值的优先性，伦理的作用，只局限于"经济精神"或"社会精神气质"，在"合成作用"的价值生态中，事实上存在一个价值重心，就像关于人与自然关系的生态理念中存在人类中心主义的价值重心一样。因此，一旦"理想类型"获得论证，经济的价值霸权也随之确立。只是说，这种价值霸权不像"经济决定伦理"那样明显，"理想类型"的价值霸权，是潜隐

---

① ［美］丹尼尔·贝尔：《资本主义文化矛盾》，赵一凡等译，生活·读书·新知三联书店1992年版，第25页。

② 同上书，第30页。

③ ［美］塞缪尔·亨廷顿：《文明的冲突与世界秩序的重建》，周琪等译，新华出版社1999年版，第1页。

的价值霸权。"理想类型"试图以"精神"消解历史唯物主义的经济决定论，但由于在其中"精神"只是中介和解释、论证的工具，因而最终在"精神"旗帜下同样难以走出价值霸权的误区。

更严重的后果，是由价值霸权向文化霸权、文明霸权的演进。如前所述，"理想类型"的基本研究立场是"近代以来在欧洲文明中成长起来的人"，孜孜以求的目标是将"仅仅在西方文明中的那些文化现象"提升到"具有普遍意义与普遍价值的发展中"，这里深藏着巨大的"韦伯秘密"：将"西方文化现象"当作"普遍意义和普遍价值"。显然，韦伯没有直接和全力以赴地做这项工作，但这是他的潜意识，也是他的过人之处。不经意间，他透露出西方人尤其是德国人自我中心的本性。西方学者逐渐发现，任何民族都有自我中心的倾向，但西方人更为强烈，"理想类型"便是西方文明中心论最精致、最隐蔽的表达。而且，由于"理想类型"的深远影响，它从一种心态成为一种运动，乃至一种现实，因为在"理想类型"中，可以隐隐约约地看到全球化的影子和文化帝国主义的幽灵。哈里·利伯森已经发现，韦伯"是一个热情洋溢的民族主义者"。"在断言宗教的历史意义时，韦伯用以和它进行比较的其他可能的决定性文化因素，也是他的同时代人可能会首选的因素，就是民族认同。"[1]"理想类型"的秘密及其实质，是将新教资本主义的一种类型，当作人类的"理想"范型。将"类型"现实化为"范型"，由"观念"上升为"理想"，由一种文化"理想"普遍化为"人类理想"，是韦伯"理想类型"的真谛。在20世纪西方文明的历史进程中，"理想类型"逐渐历史化为"全球化"，其实质是"文化帝国主义"。"文化帝国主义"是20世纪60年代西方世界中出现的精神批判的话语，20世纪后期，人们愈益发现，在话语方式上，"文化帝国主义"已经为"全球化"代之。作为一个约定性的话语，文化帝国主义"似乎是说，帝国主义国家控制他国的过程，是文化先行，由帝国主义国家向他国输出支持帝国主义关系的文化形式，然后完成帝国的支配状态"[2]。具有中性话语性质的"全球化"隐蔽了这一实质。但是，无论如何，"理想类型"完成了"文化帝国主义""文明的冲

---

① ［美］哈特穆特·莱曼等编：《韦伯的新教伦理》，辽宁教育出版社2001年版，绪论第112页。

② ［英］汤林森：《文化帝国主义》，冯建三译，上海人民出版社1999年版，第6页。

突""全球化"的理念准备，因而将它作为这些思潮和现实运动的理论源头并不为过。而且，由于它是由伦理支持、经过伦理论证的"理想类型"，不但"合成作用"或价值生态中的某个因子的价值霸权可能扩张为整个文明的价值霸权，而且，文化帝国主义很可能被合法化为"伦理帝国主义"，即经过伦理论证、具有伦理色彩的文化帝国主义，最终必定演绎为"文明帝国主义"。诚然，这些概念今天还没有出现，但它们已经内在于韦伯的"理想类型"中，正在由可能变为现实。事实上，它们已经在人们的文化潜意识中存在，"现代化"成为一种意识形态就是其典型表现，因而需要未雨绸缪地特别警惕。文化帝国主义已经生成，文化帝国主义的实质已经为"全球化"的模糊话语遮蔽，今天和今后需要特别警醒的，是如何防止由文化帝国主义向伦理帝国主义、文明帝国主义的再次演进，因为一旦完成这种演进，文化帝国主义，乃至文明帝国主义便不仅在潜意识中、在观念中，而且在现实中取得合理性与合法性。这是"理想类型"留给世界的最大隐患，也是最具前沿性的难题。

中　卷

"伦理—道德"的精神哲学纠结

20 世纪初，雅斯贝斯已经预警："我们时代的精神状况包含巨大的危险，也包含巨大的可能，如果我们不能胜任所面临的任务，那么将标志着整个人类的失败。①"

包含于"我们时代的精神状况"中的"巨大危险"与"巨大可能"是什么？"伦理—道德的精神哲学纠结"也许不是唯一，但无疑是最深刻也是最典型的表征。

"伦理—道德的精神哲学纠结"至少在文明机体的两大淋巴系统中滋生蔓延：高技术的伦理—道德悖论；市场经济、全球化背景下伦理之"公"与道德之"民"的二难。

技术是"物理"，伦理是"人理"，"物理"与"人理""理一"而"分殊"，为人类精神交尾孕育。然而，现代高技术的伦理—道德悖论已经从三个方面不断逼迫人类文明的底线——

电子信息方式下的伦理世界：它以"信息方式"切入人类文明，重构甚至可能颠覆延绵数千年的"伦理世界"；

基因技术的道德哲学革命：它可能甚至正在

---

① 参见［德］卡尔·雅斯贝斯《时代精神的状况》，王德峰译，上海译文出版社 1997 年版，第 19 页。

创造一种"不自然""无自然"的伦理，将人类推向一种新文明的前夜，也内在使现有一切文明沦为"史前文明"的巨大风险；

生命技术、医疗技术的伦理关怀与道德调节：到底期待"生命伦理"还是"生命道德"？伦理，到底如何关切生命？

伦理，还是伦理，现在和未来都是精神世界"斯芬克斯之谜"的谜底。

还是到《庄子》那里寻找启迪，不过，是在反译中再启蒙。市场经济与全球化的涤荡，使伦理与道德成"涸泉之鱼"，"相与处于陆"。然而可以断言的是，中国现在和未来的精神史上再上演的正剧，将同样不是庄子所乐道的"相望于江湖"的道德自由，而是已经被他所不屑和唾弃的"相濡以沫"的那种伦理守望。

于是，一个具有根本意义却至今沉寂的重大理论和现实问题便必须首先追问："伦理，'存在'吗？"

生活于属"人"的世界，在现代文明中，无论伦理道德还是"精神"，其人格化的表现都是："公民"。然而，精神哲学的"致广大，尽精微"发现，"公民"与"伦理道德"本是一体两面：伦理致"公"，道德化"民"，"伦理"之"公"，方能诞生"道德"之"民"。"公民"，是伦理与道德辩证互动所结出的精神硕果，是精神世界的现实形态。然而二难在于：到底伦理优先，还是道德优先？或者说，现代伦理学或道德哲学到底选择"正义论"，还是"德性论"？

危机与时机同在，化"危机"为"时机"必

须回到"伦理道德一体、伦理优先"的中国传统，具体地说：向"中道"寻找走出高技术的伦理—道德悖论的"中国智慧"；在德福因果律的文明信念中建构伦理之"公"与道德之"民"同一的"精神"形态。

高技术和欧风美雨洗礼后的中国，伦理与道德依然循着既有的精神哲学轨迹前行，凤凰涅槃，正脱胎一尊崭新的风姿。

第三编

高技术文明的伦理守望与道德嬗变

七 "物理"与"人理"

（一）两种智慧形态

　　人类文明是一个以人为核心的有机和生命的存在。早在 20 世纪 20 年代，中国现代新儒学大师梁漱溟先生就提出一个醒世宏论：人类面临三大关系——人与自然的关系、人与人的关系、人与自身的关系，并由此形成科学、伦理与宗教三大文化形态，以及希腊、中国与印度三大文化路向。梁先生的观点经过近一个世纪的检验，至今还被人们奉为经典。之所以如此，不仅仅因为已经跨进 21 世纪门槛的世界文明仍未解决这三大难题，而且或许在遥远的将来，人们依然不能轻言解决。正如梁先生所指出的那样，"生活的根本在意欲而文化不过是生活之样法"①，任何时候人类都不会申明意欲已经满足。梁氏命题留下的巨大空间，是对人类文化、人类文明的有机的和生命的把握意向。在物质财富的积累已经可以解决、至少在相当范围内解决人类生存危机的今天，文明的难题和困境已经不在、至少主要不在解决三大关系的三大文化形态之内，而更迫切地存在于三大文化形态之间。三大文化之间，科学与伦理的关系，处于更基本更核心的地位，因为宗教在文化上的伦理属性和伦理内核，不仅已经被古典思想家们所发现，而且也被像韦伯、贝尔等现代学术大师们在事实上充分彰显。

　　科学与伦理的关系之于现代文明发展前途的意义，在现代中国的话语系统中被表述为两个文明的关系。物质文明的标志是生产力的发展水平，现代中国人普遍接受的命题和逻辑是："科学技术是第一生产力。"归根结底，科技发展是物质文明的根本。精神文明的核心是什么？在意识形态话语中，它被诠释为"思想道德建设"。然而，谁都承认，现代文明发展

---

　　① 梁漱溟：《东西方文化及其哲学》，商务印书馆 1999 年版，第 62 页。

的最大难题，既不是物质文明，也不是精神文明，而是物质文明和精神文明的关系。因为，人是文明的主体，也是文明的尺度，而且人是有机的生命存在，如果不以"人"为核心，那么，无论是物质文明还是精神文明，都将失去合理性基础。一旦以人为主体和核心，物质文明和精神文明的有机和高度统一，就是健全生命的基本特征。科学和伦理的关系，才是现代文明所面临的最基本的、也是最大的难题。

世人对科学与伦理关系的重要性的认知，典型表现为人们对现代科技尤其是高新科技的社会后果的担忧。任何一个核大国目前所拥有的核武器，足可以让整个地球一次又一次地毁灭；克隆技术的发展，不仅可能动摇作为以往一切社会文明基础的自然秩序，而且潜在的更大危险是世界乃至人种的多样性会成为少数垄断技术和力量的狂人的家族；网络技术日新月异的进步，也为作为文明劣根性的犯罪行为拓展了更为广阔的空间。所有这一切，如果离开了道德的制约与伦理的引导，都可能在科技进步的同时，导致文明的毁灭。"科技的明天，文明的末日"，已经不是杞人忧天式的感叹。但是，对于现代科技的缺陷和可能出现的危险所发出的伦理呼唤，显然太微弱，也太悲观。科学和伦理关系的积极的和更令人奋发的意义，在于健全的、体现人类理想的文明形态的造就。

从人类文明整体形态的意义上考察，科学与伦理各有两种存在形态：一是成果形态，一是智慧形态。作为文明的两个领域的科学与伦理，它们以各种科技成果和伦理成果的形式体现，用梁先生的命题表述，它们是处理人和自然关系、人和人关系的成果，其存在形式比较显性，比较可见。不过，它们还不是科学与伦理的最深刻、最本质的存在。在以人为核心的文明机体中，科学和伦理的最深刻、最本质的存在方式是它们的智慧底蕴，或者说是科学智慧和伦理智慧的存在形态。科学和伦理，都是人类的智慧闪光，科学成果与伦理成果，都是人类智慧的结晶，是人类智慧的不同表现。比较而言，二者之中，智慧形态（抽象地说，科学智慧和伦理智慧）是对人的生活，对文明发展的前途产生更广泛和更深刻影响的形态。

智慧形态与成果形态相比，最大的特点就是它的方法论、价值观和世界观的意义。科技成果与伦理成果当然是各自特定的方法论的确证，但后者之于前者的最大区别，就在于它一旦形成方法，就不只局限于科技的或伦理的领域，而且不可避免地应用于人的生活的其他方面乃至一切方面，成为特殊的文明智慧或人文智慧。在成果层面，人类文明确实具有物质文明与精神文明之分，然而在智慧层面，不可能对文明作物质与精神的明显区分，因为无论在智慧的运作还是在现实的表现形态方面，都没有截然分开的物质文明与精神文明，只有一个文明，这就是社会文明。物质文明与精神文明的区分，是一种迫不得已的抽象，当把这种抽象当作真实，当依据这种抽象在理念中对人的智慧也进行同样的截然二分时，就不仅意味着人、人性、人格的片面性的开始，而且也潜在着人类文明陷入不健全的深重灾难之中。人的智慧乃至一个民族的智慧可能有所侧重，就像中国传统文化的伦理智慧比较发达，西方传统文化的科学智慧比较发达一样，但可以肯定的是，只适用于某一领域的智慧只是技术智慧，是小巧或小智慧，只有引导人的生命机体的健全发育、推动人类文明健全发展的智慧才是大智慧。局于一隅的小智当然可以被人们误当大智，就像科学智慧、伦理智慧可能成为人类文明的主要智慧或全部智慧一样，但这绝不是智慧的发育，而是智慧的泛滥，其充分运作的后果，可能导致某一方面、某一历史时期的辉煌，但它很可能是"落日的辉煌"，一阵令人目眩的辉煌之后，难逃"百年无长歌"的厄运。

据此，现代文明的危机，不是一般意义上的科学与伦理关系的危机，而是人类智慧、文明智慧的危机。走出危机的出路，当然是健全智慧的造就。

（二）"理一分殊"

在智慧的层面，科学与伦理的关系，借用宋明理学的学术语言表述，就是："理一分殊。"

"理一"的根据在于：作为人的智慧、人类智慧的结晶，科学与伦理必定服务于人、服务于人类的最高目的和终极价值；作为以人为核心的文明机体的有机构成，科学和伦理的共生共存也必定有其共同的价值指向和价值原理。鉴于此，根本上必须、也应当"理一"。

科学与伦理作为文明机体的有机因子的价值合理性的最后根据是"理一"，但二者之作为文明机体中相对独立的文化形式的基础，其在价值功能、价值原理方面则是"分殊"。

如何"分殊"，又如何"理一"，是探讨科学和伦理智慧本性的关键。

关于科学与伦理的"分殊"，一种很有影响的见解是，认为科学处理人与自然的关系，伦理处理人与人之间的关系。另一种见解则对此提出了质疑，认为不仅人与人之间的关系，而且人与自然的关系同样具有伦理属性，生态伦理的理念就以人与自然关系的道德属性为理论前提，不仅如此，伦理还应当包括人与自身的关系，因为伦理必须通过自省自律来发挥作用。这些学术争讼也许暂时难有定论，不过一种概括大致可以表述科学与伦理之间的原则差异：科学智慧是"物理"，伦理智慧是"人理"。"物理"和"人理"，可以当作科学和伦理在智慧层面的基本"分殊"。

"物理"与"人理"的智慧"分殊"在哪里？主要在于："是"与"应当"（或"实然"与"应然"）；"征服"与"投入"。

科学的主题是"真"，伦理的主题是"善"。"真"的逻辑是"实然"，"善"的逻辑是"应然"。这些观点在学术界基本上已成共识。对人及其生活来说，"实然"与"应然"无疑是一致的。艾德勒早就指出，"在真善美三大观念中，真是支配的观念，犹如在正义、平等、自由三大观念中，正义是支配的观念一样"①。"就某种尺度来说，对真理的拥有是一种心智的善，这是我们追求真理时所寻求的善。"② 但是，二者在智慧方面的殊异确实是巨大的。总体说来，科学的"实然"追究的是"事实世界"，伦理的"应然"建构的是"价值世界"或"意义世界"。"实然"是一种呈现，"应然"是一种建构。真，追求真理，追求事实；善，追求意义，追求崇高，追求神圣。

"征服"与"投入"，是科学智慧与伦理智慧的另一重要分殊。科学把人与自然之间的关系区分为主体与客体，这种关系在哲学上被称为"对象化"。对象化的意思是，在科学智慧中，自然只是人的"对象"——认识的对象，改造的对象，征服的对象，一句话，是人的目的、理性、意志实现的对象。客体、对象的核心是无生命性和无目的性。正是在这一假设的前提下，人进行观察、分析和实验，在"科学"面前，即便是人，也只能是"对象"和"客体"。认识的目的是改造，使之符合人的目的和需要。因此说到底，科学是人对自然的征服，科学的逻辑是征服的逻辑。伦理智慧则不同。伦理当然也必须以一定的认识为前提，但这种

---

① ［美］艾德勒：《六大观念》，生活·读书·新知三联书店 1998 年版，第 75 页。
② 同上书，第 79 页。

认识不是主体对客体的"了解",而是人对人的"理解"。伦理的逻辑是:"能尽己之性,则能尽人之性;能尽人之性,则能尽物之性;能尽物之性,则可以赞天地之化育;赞天地之化育,则可以与天地参。"其最后的境界,不是天人相分,而是天人合一。孔子的"忠恕之道",就是典型的伦理智慧和伦理型的思维方式。"己欲立而立人,己欲达而达人。""己所不欲,勿施于人。"伦理以人对人的投入、人对人的理解为前提。投入、理解的结果,不是主—客关系的确立,而恰是主—客对立的消解。伦理学家们都承认,爱、爱心,是伦理智慧和伦理精神的基础。孔子把"仁"作为人的本质,"仁者,人也"。仁的核心是什么?"仁者爱人。"孟子以恻隐之心即所谓同情心为伦理的最重要基础,"恻隐之心,人皆有之"。"恻隐之心,仁之端也"。可以说,离开了人对人的理解和投入,就不可能有伦理智慧,也就谈不上伦理和伦理生活。在这个意义上,如果说科学智慧是"理性"的,那么伦理智慧就是"性理"的。理性的特征是由"理"而"性",依某种"理"——规律之理、逻辑之理来认识事物的本性;而性理的特征是由"性"而"理",由自己的本性、人的本性,推知自己和他人的行为之"理"。科学智慧呈现"事实世界"的机制是理性,伦理智慧建构"意义世界"的机制是情感。没有情感,没有情感的投入与感通,"意义"就会无意义,"价值"也无价值,"意义世界"就无以建立。也许正因为如此,黑格尔才把作为情感家园的家庭作为伦理的根源,梁漱溟也才把科学称为"物理",把伦理称为"情理"。

然而,科学与伦理之间并非只有"分殊",从根本上说,"分殊"的必要性正在于"理一"。这种"理一",不仅在于它们作为有机而完整的人文智慧必须也必定"理一",而且在于二者于智慧、智慧原理方面的"理一"。突出的表现,就是科学之"理"和伦理之"理"在起点和终点方面的"一"。"理一"的具体内涵,戏剧性地表现为它们的非"理性"基础和非"理性"归宿。科学是理性,然而科学理性的最后基础却是假设,或曰科学假设。在众多科学分支中,数学为科学之王,最为"科学",然而依照理性的逻辑,其基础并不科学,至少并不完全科学,因为它是建立在至今仍未获得严格证明的"1+1"的假设基础上。著名数学家陈景润倾其毕生心血才证明出"1+2",摘取了数学皇冠上的一颗皇珠,然而在它获得证明之前,数学已经诞生并被运用了不知多少个世纪。伦理的基础是人性。然而到底什么是人性,学术界至今仍无定论,作为伦理基础的人性认知往往会陷入悖论。人的自然生命的存在基础是生物性，而其作为人的存在前提，却是道德性或其社会性。如果以前者为人性，就难以解释善从何来；如果以后者为人性，就难以解释恶从何来。人们至今对人性并无确切的和统一的认知，但这并不妨碍伦理学已经伴随人类文明几千年。人们无法确切地认知人性，但却可以依据各自的文化本性认同人性。科学的起点是假设，伦理的起点是认同。理性也好，性理也好，最后都建立在同一个"理"的基础上，这就是人的价值追求。科学和伦理的归宿或终点也是如此。西方著名的理性主义哲学家笛卡儿用理性"怀疑一切"并将之贯彻到底，最后陷入"鸡生蛋，蛋生鸡"式的怪圈，他只有以非理性的方式宣告："我思，故我在。"集科学家和伦理学家于一身的康德，可以以理性穿透一切，却对"头顶上的星空，内心的道德律"深感不解和惶恐，最后只有通过两个悬设达到自我圆通，这就是"上帝存在"和"灵魂不死"。由此我们就可以理解，科学的极致，伦理的极致，最后为何与某种宗教境界相通。在起点以及终点上，科学与伦理于智慧上殊途同归，此谓"理一"。

（三）价值霸权

梁漱溟先生在论及西方人的科学精神时，曾发现一种现象："西方人走上了科学的道，事事都成了科学的。起首只是自然界的东西，其后种种的人事，上自国家大政，下至社会上琐碎问题，都有许多许多专门的学问，为先事的研究。"① 梁先生的研究不只指出了一种事实，而且还揭示了一种可能：科学理性、科学智慧在发育生长的过程中，会超出人与自然的关系，泛化为一种普遍理性和普遍智慧。于是，在科学发展、伦理发展的过程中，就存在一个悖论：人的生活是有机整体，人的智慧同样是有机整体。一方面，作为一种智慧，科学和伦理不可能只局限于人与自然的关系，或人与人的关系；但另一方面，无论科学还是伦理，又确实是特定文明领域中的人类智慧，只有在与之相对应的领域中才有普遍的合理性。这一悖论用两个命题表述就是：科学智慧、伦理智慧不甘于、也不可能拘于

---

① 梁漱溟：《东西方文化及其哲学》，载曹锦清编《梁漱溟文选》，上海远东出版社1994年版，第18页。

有限；然而科学智慧、伦理智慧的合理性却只能属于有限。

智慧发育的这种悖论的现实运作，可能形成一种状况，这就是科学智慧和伦理智慧的泛化或普遍化。它的结果，不仅使智慧的真理向前迈进一步，更重要的是，当它们与特定的经济和社会条件结合时，会在特定历史时期的文化中不恰当地占据统治地位，从而形成所谓"价值霸权"。

中西方文明的发展都没有超越这个悖论。在梁漱溟所揭示的科学型文化和伦理型文化的历史演进中，中西方民族在特定历史时期都曾陷入不同价值霸权的魔掌之中。

西方现代文明的价值霸权是科学主义，确切地说，是唯科学主义、泛科学主义。关于西方传统文明为何以处理人与自然的关系为重心，又如何由此生长出科学精神和科学智慧，梁漱溟先生已经作了比较深入细致的阐述，需要特别指出的是，在现代化的进程中，西方文明充分地甚至过分地张扬了在处理人与自然关系中培育的科学精神和科学智慧，最后形成了所谓的唯科学主义。什么是唯科学主义？美国学者郭颖颐认为，唯科学主义是"……那种把所有的实在都置于自然秩序之内，并相信仅有科学方法才能认识这种秩序的所有方面（即生物的、社会的、物理的或心理的方面）的观点"。"简言之，唯科学主义认为宇宙万物的所有方面都可通过科学方法来认识，认为科学能够而且应当成为新的宗教。"[1] 哲学是人类智慧的精华。唯科学主义在哲学上的表现被概括为本体论唯科学主义、认识论唯科学主义和历史观唯科学主义。本体论唯科学主义把世界上的一切，包括物质、生命、思想、情感等，最终都用机械的模式加以说明。其基本理念是："人类与自然的其他方面即物理科学的自然并无不同。"[2] 认识论唯科学主义将科学方法、科学研究和程序，不加区别和改造而应用于其他领域，以处理人与自然关系的方法和态度客观地、冷静地、理性地看待自然，看待人生，看待社会。历史观唯科学主义的逻辑是：科学 = 进步，它认为，科学应当主宰人类文明，并将整个世界背负在自己的肩上。在西方现代化的进程中，唯科学主义不只是一种主张，也是一种实践，而且已经是一种现实。西方的现代化，用一个多世纪的功夫在文明的肌肤上

---

① ［美］郭颖颐：《中国现代思想中的唯科学主义》，雷颐译，江苏人民出版社 1989 年版，第 17 页。

② 同上书，第 1 页。

镌刻着深深的印记：科学的价值霸权。

中国传统文明的价值霸权是伦理主义。两个方面的基础使伦理在中国传统文明中必须也有条件具有比其他任何民族更为重要的地位。这两个基础是：家—国一体的社会结构，农业型的生产方式。与其他文明形态相比，中国的传统文明的最大特点，是它的先民在由原始社会向文明社会的过渡中，没有选择希腊式的彻底打破原有的氏族体系的办法，而是成功地改良了原有的氏族文明，从原始的氏族文明中生长出国家政治文明，选择了家—国一体、由家及国的走向文明的路径和文明社会的结构形式。家—国一体、由家及国的文明路径和社会结构的逻辑前提是家族本位。按照黑格尔的理论，家族是伦理性的实体。家族本位，在文化上就是伦理本位。由此，伦理在文化价值系统中便无可争议地处于核心地位。农业型的生产方式，不仅有效地巩固和延续了家—国一体的社会结构，而且也有效地巩固和保障了伦理在整个文化价值系统中的核心地位。伦理，不仅成为社会结构的基本原理，而且也成为社会组织、社会行为的基本文化原理，当然也被赋予超出人与人、人与自身关系以外的更为广泛也特别沉重的文化使命和历史责任。中国历史上几次大的文化热都以对传统伦理的批判为指向，每当遇到重大的社会变革，人们对社会的伦理状况表现出的令人感动的担忧，就是伦理在中国文明中核心地位的反证。这种核心地位，在长期的历史演进中逐渐形成一种价值霸权，即伦理的价值霸权。伦理霸权的基本表现，就是以伦理作为评价一切的标准，在实践上，它不仅以伦理化的社会为一种终极理想，而且使伦理成为一种生活方式，至少是一部分人的生活方式。儒家重义轻利的价值观，朱熹"正其义而利自在，明其道而功自在"的价值逻辑，就是中国传统文明中伦理价值霸权的理论表现。所以，如果说西方现代文明的价值霸权是科学霸权的话，中国传统文明的价值霸权就是伦理霸权。

正是由于唯科学主义、泛道德主义在中西方文明体系中的价值霸权，正是由于这些价值霸权对中西方文明发展产生的副作用，现代以来中西方民族都进行了差不多一个世纪的动摇和解构科学霸权和伦理霸权的努力。西方现代文明对科学霸权的解构以反科学主义思潮以及与之密切相关的后现代主义思潮为代表。21世纪初，当科学达到荣光巅峰之际，西方就开始了对科学智慧的反思和唯科学主义的批判。面对科学技术的进军，人们担忧：科技在征服自然之余是否在征服人类？杰尔基指出："科学只知道客体，当谈到人时，并未发现一个创造性的、自主的自我……只是发现了物理、化学、生物、心理的复合物。"① 《大趋势》的作者奈斯比特在反思西方的科学智慧时感叹："从某种意义上说，20 世纪曾经经历了自己的中世纪——高技术的发展和以机器代替人为特征的高度工业化时期。"② 反科学主义，构成西方后现代主义思潮的重要走向。中国现代文明对泛道德主义的价值霸权的解构，以对传统文化的反思与批判为表现。自五四运动举起科学、民主的大旗，高呼"打倒孔家店"的口号以来，中国现代文化开始了反思和批判传统文化的历史进程。由于传统文化的主体是儒家文化，而儒家文化的主体又是伦理文化，因此中国 20 世纪的反传统事实上都是以对传统伦理的反思与批判为中心，陈独秀"伦理之觉悟，为吾人最后觉悟之觉悟"的感叹，就体现伦理批判对中国文化现代建构的重要意义。

值得注意的是，无论西方对科学霸权的解构，还是中国对伦理霸权的解构，都表现出某种回归与整合的趋向。后现代主义者以人性和世界的有机性，以伦理解构传统的科学霸权；而中国自现代社会伊始，就以科学反传统，进展到现在，以科学技术为第一生产力，要求提高全民族的科学意识，实际上是以科学解构传统的伦理霸权。当然，在西方现代文明已经开始揭示科学主义弊端的背景下，中国现代文明关于科学智慧的觉悟还是体现出新的时代高度，20 世纪 20 年代著名的"科玄论战"就体现了这样的觉悟。中西方现代文明的这种互为认同、互为复回的倾向，预示着一种新的文明智慧的诞生。

（四） 生态智慧

在文明体系中，科学和伦理都具有作为文明基础的价值合理性。但是，它们只是相对于各自特定文明领域的合理性，因而是有限的合理性。然而，智慧本性决定了无论科学还是伦理，都不甘局限于人与自然、人与人关系的领域，总会突破自身的文化领地，泛化为普遍的文明智慧或人文

---

① 转引自吕乃基、樊浩等著《科学文化与中国现代化》，安徽教育出版社 1994 年版，第115 页。

② ［美］奈斯比特：《2000 年大趋势》，军事科学院外国军事研究部译，中共中央党校出版社 1990 年版，第 65 页。

智慧。当科学或伦理所关心和解决的问题成为某个民族一定历史时期的基本课题时，智慧的泛化就可能使之上升为一种价值霸权。科学只能完成科学的使命，伦理只能完成伦理的使命，复归文明合理性的最简单方法是：将科学还给科学，将伦理还给伦理。可是，二者在文明体系中的基础性地位，决定了这种最简单的方法只能是乌托邦式的幻想，而且是不合理的幻想。最简单的智慧也许是最有效率的智慧，但并不一定是最合理的智慧。

有位哲人曾经说过，历史只能完成自己能够完成的任务，因为任务的提出，标志着完成任务的条件已经成熟或正在成熟。在伦理或科学在中西方文明中获得价值霸权地位的同时，智慧的主体就开始洞察价值霸权主义给人类文明带来的隐患。当泛道德主义在整个中国传统社会凯歌行进时，现代社会在肇始之初就为它准备了一个厚葬的典礼，新文化运动以"科学"作鼓号奏响了伦理霸权的哀乐。当科学主义创造了西方社会物质财富前所未有的辉煌时，生态主义、后现代主义宣告了科学霸权的终结。发端于20世纪60年代的生态觉悟的深刻意义，绝不只是人与自然关系的觉悟，而是整个人类文明的觉悟，是人类智慧的历史性飞跃，它标志着人类文明、人类价值、人类智慧已经开始由霸权时代走向生态时代，走向以有机性为基本内核的生命时代。[①] 不过，中国现代文明以科学解构传统的伦理霸权，西方后现代主义以伦理解构现代社会中的科学霸权的事实，特别提醒正在开始历史性觉悟的人们：在有机的文明体系中，科学与伦理必定存在某种不可分离的深刻联系；科学与伦理的关系可能成为新的文明智慧的最基本和最根本的课题。

人类智慧也许会在科学与伦理之间徘徊，徘徊的症结是物质文明和精神文明的痛苦选择。不过，徘徊也好，痛苦也好，都是现代社会二元思维方式误导的结果。它把一个本来是一体的和有机的人类文明人为地进行了二分，并让人们在二者之间进行痛苦而艰难的选择，选择的结果是文明的片面和文明的歧途。走出这个二元怪圈的智慧航灯，是做出这样的追问：人以及人类文明的终极价值、终极目的到底是什么？

长期以来，人们把创造越来越多的物质财富，极大地提高物质文化生活水平，满足日益增长的物质文化生活的需要，作为最高目标。但是这一

---

① 注：关于生态觉悟在世纪之交的文明进展中的巨大而深刻的意义，详见樊浩《开放—冲突的文明体系中伦理精神的生态合理性》，《中国社会科学》2001年第1期。

目标所要求和造就的人的品质和文明品质显然是不断征服和无限进取，其结果必然造成人与自然、人与人关系的紧张。它在理论上无法回答这样的问题：物质财富、生活需要的满足有无客观标准？人的需要的无限性与资源的有限性在任何时候都是无法彻底解决的矛盾，于是定位于物质财富的终极目标，必然导致对自然无节制的和非合理的索取，也必然导致人与人、民族与民族、国家与国家之间无止境的争斗。同时，我们还有必要做出这样的质疑：假使物质财富极大丰富，人的需要彻底满足了，文明是否就达到了它的极致？人是否就得到完全的实现？回答是否定的。古今中外的一切伟大的思想家、理论家，很少把人类的终极目标定位于此。宗教智慧以向上帝的回归，以获得拯救后向天堂的回归为终极目标，上帝创造的天堂显然不是一个物化的伊甸园。中国传统儒家把最终目标定位于"大同社会"，在这个社会，除了基本的生活条件外，更有"不独亲其亲，不独子其子""老吾老以及人之老，幼吾幼以及人之幼"的伦理气象。也许，古今中外共有的一个理想更能体现人类的终极目标，这就是：幸福。什么是幸福？幸福当然不只是物质需要的满足，还有"一切都称心如意的感觉"。前者是幸福的外部条件，后者是幸福的内部条件。科学的功能是创造和开发财富，是获得幸福的外部条件。伦理道德与幸福的关系如何？大思想家们都充分肯定二者之间的一致。罗素指出，"强有力的道德就是以奋斗获取物质上的成功；这种道德适用于国家，同时也适用于个人"①。康德在《实践理性批判》中讲得更清楚，也更精辟：道德不是获取幸福的条件，却是配享幸福的条件。所以，合理的文明智慧，应当把熔财富与意义于一炉的幸福当作文明的终极价值目标。对人类文明的合理体系来说，科学和伦理是获得幸福的两个不可分离的基本要素。

由此，便引出21世纪关于人类文明的新智慧理念：生态智慧。生态智慧是生态时代的文明智慧。在基本要素方面，生态智慧是科学与伦理不可分离、有机统一的智慧。生态智慧落实于实践，用罗素的话说，就是追求那种"受爱心激发，又受科学指导"的生活。生态智慧在生态意义上理解人类文明，理解人的生活，理解各种文化形态的价值合理性。在生态智慧中，科学与伦理共生互动，在共生互动中获得价值合理性。从文明生态的意义考察，伦理的重要文化使命之一，就是扬弃科学及其应用——技

① ［英］罗素：《幸福之路》（上），文化艺术出版社1998年版，第279页。

术可能带来的消极社会后果，从而使科学技术的发展符合人的终极目的。科学则赋予伦理以现实基础和自我发展的内在动力。生态智慧要求把科学与伦理看作有机的文明生态，在生态视野下观照和处理二者之间的关系，以生态合理性作为科学，作为伦理，也作为科学与伦理关系的价值合理性的最高标准，追求科学与伦理关系的生态合理性，在此基础上追求人类文明的生态合理性。生态合理性，可以当作 21 世纪科学伦理关系的智慧底蕴。

八 电子"信息方式"下的 "伦理世界"

（一）"信息方式—伦理世界"：一种道德哲学的 诠释构架

1. "信息方式"

信息高技术影响现代文明的实态到底如何？学界通常使用的概念是"信息社会"或"信息化社会"。然而仔细追究便会发现，无论怎样"辩证"，这些概念都会陷入深刻的逻辑悖论之中。"信息社会"概念的合理性在于它是诠释信息高技术影响现代社会的一种"概念性图式"与"中轴原理"，① 但它只是揭示信息高技术"已经影响"现代文明的事实，而不能解释它到底"如何影响"现代文明及其价值合理性这个具有实践哲学意义的重大问题。

美国学者马克·波斯特在 20 世纪 90 年代提出的"信息方式"概念应当引起足够的学术关注。"信息方式"由波斯特借鉴马克思的"生产方式"概念而提出。在马克思那里，"生产方式"被视为社会发展的决定因素；"信息方式"概念则暗示："历史可能按符号交换情形中的结构变化被区分为不同时期，而且当今文化也使'信息'具有某种重要的拜物教意义。"② 波斯特从后结构主义理论出发，根据每个时代所采用的符号交换形式包含的不同意义结构，提出人类社会经历的三种不同的"信息方式"发展阶段："面对面的口头媒介的交换；印刷的书写媒介交换；以及

---

① 注：关于"概念性图式"和"中轴原理"参见 ［美］丹尼尔·贝尔《后工业社会的来临》，王宏周等译，新华出版社 1997 年版，第 10—11 页。

② ［美］马克·波斯特：《信息方式》，范静哗译，商务印书馆 2000 年版，第 13 页。

电子媒介的交换。若说第一阶段的特点是符号的互应，而第二阶段的特点是意符的再现，那么第三阶段的特点则是信息的模拟。"① 在口头传播阶段，自我处于面对面的总体性关系之中；在印刷阶段，自我被建构成一个自律性的行为者；而在第三阶段即电子传播阶段，由信息虚拟所形成的持续的不稳定性则使自我去中心化、分散化和多元化。"信息方式"本质上是一种交往方式而非马克思所说的生产方式，它既是一种语言构型，也是一种交往行动和交往方式，它通过语言/交往行动对主体的建构方式、主体与世界关系的建构方式、进而对社会文明发生影响，并因此具有直接而深刻的伦理意义。② 如是，以电子媒介为核心的信息高技术，只是一种新型的"信息方式"，或人类"信息方式"的第三个历史发展阶段。信息方式—语言/交往行为—文明形态与文化形态，是波斯特所提供的解释信息方式，进而解释现代信息技术影响人类文明的哲学范式。虽然波斯特的"信息方式"理论有待进一步展开和反思，但"信息方式"的概念却可以为解释信息高技术对现代文明尤其是对现代伦理的影响提供一个新的诠释维度，其解释力与合理性存在于它与另一个概念的哲学关联之中，这个概念就是："伦理世界。"

2. "伦理世界"

虽然难有充分的学术资源说明"伦理世界"的概念在道德哲学史上的源头，但可以肯定的是，它在黑格尔道德哲学尤其是《精神现象学》中得到了最自觉和最系统的理论阐述。

"伦理世界"的道德形而上学基础，是"伦理"的道德哲学本性及其在道德哲学体系中的地位。黑格尔用一句话揭示了伦理的真谛："伦理是一种本性上普遍的东西。③"这种"普遍的东西"就是个人的公共本质，或所谓共体、实体，伦理的文化本性就是个人的实体性或普遍本质。由于伦理作为个人的公共本质，不仅实体地存在，而且通过个体自我意识的反思及个体行动获得现实性，因而它不是一种自在的或抽象的善，而是"活的善"，是主观的善与客观的善、善的概念与善的行为的统一，是自

---

① ［美］马克·波斯特：《信息方式》，范静哗译，商务印书馆2000年版，第13页。
② 关于信息方式的三种历史形态以及电子信息方式的哲学本质，参见［美］马克·波斯特《信息方式》，第12—21页。
③ ［德］黑格尔：《精神现象学》下卷，贺麟、王玖兴译，商务印书馆1996年版，第8页。

我实现着的善。伦理的普遍性不仅是概念的存在，而且外化和表现为"世界的种种形态"，这些形态就是伦理实体或诸多伦理性的实体。伦理的真谛是作为普遍物而存在的"整个的个体"。既是整体，又是个体，这就是"普遍物"即"伦理"的辩证本性。所以，"人伦"的精髓，不是作为"单一物"而存在的个体之间的关系，而是个体与它的公共本质、个体与伦理实体之间的关系，即"人"与"伦"的关系。由于精神"是单一物与普遍物的统一"，伦理的普遍性必须通过精神并在精神中才能达到。① "个人的实体性或普遍本质""活的善""整个的个体"、精神，是伦理概念的四个最重要的道德形而上学规定。

"伦理世界"概念不仅体现了伦理作为"普遍物"的本性，而且凸显了它作为"活的善"的本性。"世界"的概念不仅是众多个别性的生命当下存在的场域，更凸显了生命的同一性及其在辩证同一体中生生不息的语言哲学精髓。在黑格尔的《精神现象学》中，"伦理世界"概念在狭义和广义两种意义上被使用。伦理与道德在其体系中是客观精神或所谓狭义的精神辩证运动的两个不同阶段。伦理作为"真实的精神"是客观精神的第一个环节，狭义的或黑格尔所直接指称的"伦理世界"是"伦理"的自在形态。由于伦理是"普遍的东西"或"普遍物"，因而"伦理世界"只是"普遍性的东西"或人的公共本质的直接的或自然的实体形态。它由"家庭—民族—男人、女人"构成辩证的体系，其中，家庭与民族是两大伦理性实体，而男人和女人则既是构成这两大伦理实体也是构成整个伦理世界的"原素"。这种处于伦理精神诞生的原初阶段的"伦理世界"，实际上是伦理的"自然世界"或自然的"伦理世界"，是伦理世界的原生态。

但是，在黑格尔体系中，客观精神或伦理精神自我运动的过程，就是伦理世界或伦理性的精神世界展开和建构的辩证过程，因而"伦理世界"事实上是广义而不只是狭义的。在精神的辩证发展中，"伦理"是"真实的精神"，个体与实体直接而自然地同一，是客观精神发展的自在阶段；"教化"是"自身异化的精神"，个体从实体中异化出来并与实体对立，是客观精神发展的自为阶段；而"道德"则是"对其自身具有确定性的精神"，个体与实体复归于统一，建立个体的实体性从而使之达到主体，

① ［德］黑格尔：《法哲学原理》，范扬、张企泰译，商务印书馆1996年版，第173页。

是客观精神发展的既自在又自为的阶段。在《精神现象学》中，由于黑格尔对"伦理"概念是"单一物与普遍物统一"的辩证规定，"单一物"或个体是内在于"伦理世界"中的否定性，必然推动"伦理世界"向"教化世界"和"道德世界"辩证否定和复归，因而"伦理世界"又不是一个抽象的存在，而是一个自我运动的过程。于是，真实的或自然的伦理世界—教化的或异化的伦理世界—道德的或复归的伦理世界，在黑格尔体系中便构成广义的"伦理世界"的具体形态及其辩证结构。

对"伦理世界"进行概念分析的目的，在于为阐释信息高技术的道德哲学意义提供概念基础和逻辑构架，以便在广义上诠释和规定"伦理世界"的概念，即以个体与实体直接而自然地同一的"伦理状态"（即黑格尔所直接指称的"伦理世界"）为伦理世界的原生形态；以个体与实体对立并以个体为"效准"和"主宰"的"法权状态"为伦理世界的异化形态；以个体与实体统一，建立个体内在的实体性从而达到主体的"道德状态"为伦理世界的复归形态。"原生伦理世界—教化世界（或异化的伦理世界）—道德世界（或复归的伦理世界）"，就是伦理世界自我运动、自我发展的辩证体系。由此，黑格尔"伦理—教化—道德"的客观精神发展的体系，便被诠释为"伦理世界"辩证运动的过程。

3. 一个诠释构架

根据以上分析，可建立起一个诠释以电子媒介为核心的信息高技术"如何影响"现代文明的道德哲学构架："信息方式—伦理世界"。首先，现代电子信息技术是一种新型的"信息方式"。"信息方式"作为以一定符号交换形式为特质的语言/交往方式，既包含符号交换的特殊结构，也包括符号的意义及其手段和关系，因而具有技术与伦理的双重性质。"信息方式"的道德哲学意义，在于它既是主体的建构方式，也是主体和世界关系乃至整个意义世界的建构方式。其次，"伦理世界"既是人的公共本质或普遍本质的实体性世界，也是个体与实体、个别性与普遍性、个体善与社会善同一的世界，是伦理同一性建构和实现的世界。主体的建构、个体与世界同一性关系尤其是伦理同一性的建构，是"信息方式"—"伦理世界"的互动点。符号交换形式—语言/交往方式—主体、主体与世界关系的建构方式，是"信息方式"影响"伦理世界"的哲学理路。再次，"信息方式—伦理世界"的诠释构架的道德哲学要义是：以电子为媒介的现代信息技术作为"信息方式"的第三个历史发展阶段,透过特殊的语言构型和交往行动,在原生态伦理世界、异化伦理世界即教化世界、复归伦理世界即道德世界,以及这三大伦理世界的辩证发展中,改变了"单一物"与"普遍物"即个体与实体、个体善与社会善相同一的伦理逻辑和伦理方式;改变了伦理、伦理世界的存在性状及其建构和发展规律;改变了人们对伦理、伦理世界的文化态度,以及对个体存在和个体位于其中的那个世界的伦理感。"信息方式—伦理世界"的辩证互动,呈现出一幅电子信息高技术影响现代文明的道德哲学图景。

(二)"伦理世界"原生态的解构与重构

电子信息方式对伦理世界的影响,始于对原生态伦理世界的解构。原生态的伦理世界是由"家庭—民族—男人、女人"构成的个体与实体直接同一的自然伦理世界。电子信息方式通过特殊的语言/交往实践,从四个方面展开对原生态伦理世界的颠覆性改造:意义符号即语言性质的变异;网络交往中虚拟的世界主义对原生伦理世界三维结构的解构;网络—媒介生活导致的"位置感"的不确定以及由此导致的男女"伦理性质"的蜕变;精神世界中"伦理意境"与"悲怆情愫"的消解。

1. 语言性质的变异

合理诠释并充分理解信息高技术对伦理世界的影响的关键在于,不能将电子媒介仅仅当作一种"会话行为",而必须当作新的信息方式下特殊的交往行为或交往实践。交往的基本中介是语言,语言是意向行动的工具,它构建言说主体,也构建作为言说对象的主体。波斯特发现,"言语通过加强人们之间的纽带,把主体构建为一个群体的成员"。[1] 所以语言天然具有伦理的意义。但是,伦理世界的形成需要特殊的"道德语言"或"伦理学语言"。斯蒂文森早就指出,道德判断之所以与科学判断不同,就在于它具有科学判断所不具有的情感意义。道德概念、道德判断不同于科学概念和判断,它不是或主要不是陈述事实,而是表达言说者的情感、内心倾向、心情或感觉,影响听者的情感并促使他也产生相应的情感

① [美]马克·波斯特:《信息方式》,范静哗译,商务印书馆2000年版,第66页。

和行动。① 一句话，道德语言是情感语言，而不是或不仅仅是陈述事实或传递关于事实的信息。斯蒂文森的论断显然不能仅仅被归之于情感主义伦理学的一家之言，其中内含哲学的慧见。从道德哲学上考察，伦理世界的形成，必须以情感为基础，情感因其使人"意识到我和别一个人的统一"而具有伦理意义。情感使一个人成为"成员"而不是孤立的个体，从而使伦理实体的形成成为可能。家庭所以是自然的伦理实体，很大程度上是因其直接而质朴的情感性。家庭以婚姻为基础，婚姻以"爱"为规定。"爱是感觉，即具有自然形式的伦理。"② 由此便可以理解，为何中国伦理以仁爱、西方伦理以博爱为逻辑基础。然而，电子语言改变了传统信息方式下语言的伦理性质，改变甚至颠覆了道德语言的情感内核。

语言是交往行动中"最为敏感的质点"，语言构型的变化，改变了主体的意义传递和意义表达方式。当语言从口传包装和印刷包装转换到电子包装时，不仅主体的建构方式，而且主体与世界的关系也就被重新构型。③ 电子语言是借助新的技术中介和技术形式的新的语言方式，其基本功能是传递信息或所谓"陈述事实"，在这个意义上，甚至可以说它是一种"准科学语言"。正像人们所感受到的那样，电子语言大大提高了交流的效率，却稀释甚至解构了口头语言和印刷语言的情感性质。"电子媒介交流使说话者和听话者之间的关系变远，并且摆脱了阅读者或书写者与印刷或手写文本的可感可触的物质性之间的关系，因而它搅乱了主体与主体所传递或接受的符号之间的关系，并以极其新的形式对这一关系重新构建。"④ 如果用解释学的理论诠释，那么，在第一种信息方式即面对面的交流中，人们可以通过"解释"把握语言的"含义"，因而具有直接的伦理性；在第二种信息方式即书面交流或印刷语言中，人们可以通过"理解"把握语言的"意义"，"理解"已经是一种建构，"意义"便是在主体与文本的互动中所建构的世界；但是，第三种信息方式即电子信息方式却可能导致对"含义"和"意义"的双重解构。电子语言因话语、书写与主体之间的分离，使主体与它传递的符号之间的关系疏远而混乱；电子

---

① 参见［美］查尔斯·L. 斯蒂文森《伦理学与语言》，姚新中、秦志华等译，中国社会科学出版社 1992 年版，译者述评第 4、22—23 页。

② ［德］黑格尔：《法哲学原理》，范扬、张企泰译，商务印书馆 1996 年版，第 175 页。

③ ［美］马克·波斯特：《信息方式》，范静哗译，商务印书馆 2000 年版，第 20 页。

④ 同上书，第 24 页。

媒介交流摆脱了传统信息方式下交流者之间的面对面或一对一的关系,使彼此之间的关系虚拟而不确定。电子语言以其对传统信息方式的情感内核的解构和置换,使新的信息方式的语言正在逐渐削弱它的伦理性状和缔造与维系伦理世界的功能;媒介交流使交往情境技术化和虚拟化,瓦解了语言交流和交往行为的情感场和伦理场,出现所谓"伦理缺场"。诚然,在电子交流尤其是网络交流中,也可以出现高度情感化的语言,但是,书写者与所传递信息之间的分离,极易导致人们对情感及其表达抱着游戏的态度,而不像在口头交流和书面交流那样具有确定而严肃的伦理责任。于是,网络语言中的"情感",在很多情境下非但不能成为伦理和伦理世界的基础,反而往往正是破坏伦理世界的力量。

2. 交往空间

电子信息方式下的语言世界,是一个科学语言挤压甚至颠覆道德语言的世界。如果说电子语言中情感的缺位导致伦理世界场域和伦理世界空间的缺失,电子网络则从另一个纬度改变了伦理世界的存在性状。互联网空前地拓展了人们的交流和交往空间,从根本上改变了传统信息方式下关于人的生活的空间概念,也改变了人与自己所处的那个世界的关系。人们发现,电子网络已经使世界变成一个"地球村"。日趋凸显的"地球村"意识,使伦理世界的构成正突破原初的"身(男人、女人)—家(家庭)—国(民族)"的结构,向"身—家—国—地球村"演变。在伦理精神中,三位一体的伦理世界正悄悄地被四位一体的伦理世界的概念所取代。然而,我们也应该看到,"地球村"概念及其作为伦理世界有机构成和伦理实体存在地位的确立,既是由电子信息方式所导致的伦理发展的新契机,也标志着电子世界中一种无规定的世界主义的虚幻文化意识的形成。在电子世界的这种无规定、无限制的世界主义感觉中,人们与他所处的那个现实世界的真实关系在意识中往往容易被遮蔽,因而伦理世界的实体意识、实体感,尤其是民族的甚至家庭的实体意识与实体感变得模糊不清和动摇不定。电子网络推波助澜下产生的所谓"全球化"对民族意识的消解,实际上在道德哲学意义上就是对伦理的实体意识的解构,也是对原生伦理世界的解构。应当承认,"地球村"感觉正在悄悄蚕食甚至取代民族意识。虽然人们也试图建立"地球村"的普世伦理,甚至可以假设,这种普世伦理就是与"地球村"相对应的伦理策略。但是,无论如何,

"地球村"在当下还只是在网络世界中建立的概念或由人类面临的某些共同难题所导致一种超越现实的感觉，它能否真正像民族那样成为一种伦理的实体，能否化生出像民族那样的实体感，确实令人怀疑，至少现在还只是一种乌托邦。如果没有"共同情感"这样的基本原素，是难以形成像民族那样的伦理实体和伦理感。在这里，"四者合一"的中国传统伦理世界或许能为人类未来的伦理世界的新结构的形成提供一个可资借鉴的理想图式。在"身—家—国—天下"四者贯通为一的中国传统伦理世界中，身、家、国是实实在在的，而"天下"则代表着由有限走向无限的某种文化理想。它意味着在未来人类文明发展的某个历史时段，人类将实现"大同"的古老理想。① 但是，在"大同"理想实现之前，马克思的国家理论更具有科学性和解释力。由电子信息所产生的伦理世界的新结构，恰似一把"双刃剑"。一方面，它唤起了个体与他所处的最高的"普遍物"即"天下"同一的新的"伦理感"，使"身、家、国、天下"的贯通及其伦理世界新结构的形成至少在技术上成为可能；另一方面，这种伦理感的虚拟性和不现实性又正在解构和颠覆传统伦理世界概念的那种现实感和伦理实体意识的确定性。在这个意义上可以说，电子信息方式下所形成的伦理世界，既是一个四位一体的世界，也是一个具有乌托邦色彩的世界。

3. 伦理原素

更为值得注意乃至警惕的是，新信息方式对伦理世界的改变已经深入伦理世界的原素，开始对传统信息方式下"男人、女人"的伦理性质及其确定性的改造。电子信息的特殊言语方式和网络的特殊交流空间，诱使接受者和交流者对自我建构和交流本身抱游戏的态度，在不同的会话中不断地重塑自己。在网络交往和媒介交流中，任意的角色置换不仅导致作为交流主体的"男人、女人"的性别及其伦理性质的虚构性与不确定性在技术上成为可能，而且这种交往行为的后果往往是对伦理的直接嘲弄甚至

---

① 在中国传统哲学中，"天下"是一个文化意义上的概念，是以"中国"，准确地说以中国文化或中国文明为核心或辐射源的"大同世界"，正是在这个意义上，"天下"才可能在家、国之上，成为一个最高伦理实体和伦理实体的概念，所谓"平天下"。传统的"天下"概念与现代意义上的"世界"或以国家与国家、民族与民族之间的平等为核心的"世界"的概念之间存在深刻的殊异。这里借用传统哲学的"天下"概念，但赋予它以现代意义上的"世界"的内涵，它可以视为"地球村"概念的中国式话语。

玩弄。尽管交流者参与者及旁观的他者可能将这种情况当作游戏，但事实上它所产生的后果已经不是游戏。我们有理由担心，这种游戏是否会导致一个伦理上"中性"的和"无性"的时代？是否会演进为伦理世界中主体在伦理上的无性别和无性格？如果主体无伦理性别和伦理性质成为现实，那么原生态伦理世界的崩溃将难以避免。

4. 伦理规律

电子信息的语言/交往方式，就是这样从起始结构即"原素"到终极结构即最高伦理实体的诸环节开始了对伦理世界存在性状的颠覆性改变，并进而引发伦理世界的规律即所谓伦理规律的改变。伦理规律是由于人在伦理世界中的实体性和实体意识而派生的伦理行为的规律。在原生伦理世界中，家庭与民族是两种基本伦理实体形态，与此相应，伦理世界便有两大基本伦理规律，即黑格尔的所谓"神的规律"与"人的规律"。前者指个体作为家庭成员而行动的规律；后者指个体作为民族公民而行动的规律。二者既存在深刻的内在矛盾，即一旦行动就会导致一个规律对另一个规律的偏离甚至侵害，所以伦理行为往往成为"罪过的环节"；二者也相互同一，即人的规律以神的规律为基础，神的规律必须过渡到人的规律，正如黑格尔所说，一个人如果只属于家庭而不属于民族，那他只是一个非现实的阴影。无论哪种规律，其内核都是一种伦理的实体感或实体性的伦理感。这种伦理规律和伦理感，在伦理的精神世界中表现为"伦理意境"和"悲怆情愫"。前者是一种与人的行为相关的伦理情感和伦理态度，其真义是个体必须作为家庭成员或社会公民而行动；后者是指渗透于个体整个存在的决定个体命运的一种情感因素，本质上是普遍性和对普遍本质的皈依。[1]"伦理意境"和"悲怆情愫"作为原生伦理世界中个体以实体和对实体的皈依为不可抗拒的命运和必然性的那种情感与态度，在第一种信息方式即面对面的口头交流中最为强烈，所以在传统社会以及相对稳固的乡村环境中，伦理与伦理世界才最为牢固，由此道德哲学家们才总是指出，乡村是伦理世界和伦理精神的策源地。电子信息方式的特殊语言/交往方式，通过虚拟世界的建构彻底颠覆了人们依照自己的实体性本性而行

---

[1] 关于"伦理意境"与"悲怆情愫"，参见［德］黑格尔《精神现象学》下卷，第26—27页。

动并在伦理中回归实体性的伦理宿命意识，传统信息方式下的伦理"敬畏"之情，如孔子的"三畏"（畏天命，畏大人，畏圣人之言）和康德对内心道德律的敬畏，已经切切实实地成为遥远世界的童话。电子信息方式的推波助澜造就了一个原子的世界，伦理的意境和情愫不再是"从实体出发"，而是"原子式的思维"。人愈益成为一个从实体中挣脱出来的漫游的单子，普遍性的形成听命于外在秩序"集合并列"而不是伦理精神的聚合。伦理的实体感和实体意识失落了，意境不在，悲怆不再，人们在欢庆伦理解放的同时，又分明感受到一种原子世界的飘零。电子信息方式在技术上最终宣告："实体死了"，并且缔造了一个以原子为逻辑的伦理精神世界。

　　综上，电子信息方式正在解构和颠覆伦理世界的原生态：它先以特殊的语言构型，解构原生伦理世界的符号与意义基础；又以空前扩张且虚拟的交往行动解构了原生伦理世界的结构系统；继而通过为交流与交往主体提供任意建构的可能性瓦解原生伦理世界"原素"的伦理性质；最后，颠覆伦理世界中的伦理规律和主体的伦理精神。这种颠覆和解构具有一定的现实性与合理性，并将以技术必然性继续挺进。但是，面对一个正在破坏又正在形成的伦理世界，价值判断和文化战略选择特别需要警醒的是：它将造成怎样的文明后果？伦理世界原生态的崩坏在人的精神世界中造成的严重后果已经日益凸显，这种后果用后现代主义者的话概括就是："失家园。"在电子世界开始挺立的文明体系中，人们的精神世界中愈发产生一种"不在家"的失家园的强烈感受；随着电子世界中"地球村"的形成，人们越来越滋生一种"无处是故乡"的感觉。彼得·伯杰指出："现代人遭受了越来越严重的'无家'之苦。"① 人们对于家、祖国、故乡的渴望，在信息技术发达和全球化时代的欧洲变得越来越强烈而急近。伦理实体的解构，人的实体性的动摇，不仅导致人的归宿感的失落，而且让人感受到"没有离开的地方"——不知从哪里来，也不知到哪里去。在电子信息的时代，是否需要通过对原生的伦理世界的捍卫，让人的精神"还乡"和"回家"，着实是一个必须严肃面对的问题。

---

① 转引自［英］戴维·莫利、凯文·罗宾斯《认同的空间》，司艳译，南京大学出版社2001年版，第117页。

（三）"教化世界"的分裂及其向"道德世界"
回归中的断裂

1. "世界"体系

在黑格尔道德哲学中，由"民族—家庭—男人、女人"构成的"伦理世界"是一个历史的概念。它既是客观精神发展的第一阶段，也是人类文明史发展的第一阶段，这一阶段上的"伦理世界"是一个只有实体而没有个体的世界，即一个伦理的自然世界。但是，伦理和伦理世界的本性不是抽象的普遍性和普遍物，而是"单一物"即个体与"普遍物"即实体的统一。于是，混沌未分的自然伦理世界必然被扬弃，进入"教化世界"。

"伦理世界"与"教化世界"的根本区别在于：伦理世界中的实体是世界的真理，个体对实体的意识是"悲怆情愫"，个体或单一物是内在否定性；教化世界中的个体成为世界的主宰，实体存在于世界的彼岸，实体或普遍物是内在否定性。由"伦理状态"向"法权状态"的辩证转换必须通过"教化"。教化的实质是异化，是自然存在的异化。其真义在于：一是通过"启蒙"唤醒在伦理世界中的个体性，在伦理实体中产生"个体人格"，在这个意义上，"教化"即"开化"；二是通过"信仰"扬弃法权状态下人的原子性，使个体存在既取得客观效准，又具有现实性，这个意义上的"教化"是"进化"。但是，在教化世界中，伦理与伦理普遍性并没有消失，而是以异化的形态存在于权力和财富中。① 这两个世界在作为伦理存在的本性与具有伦理普遍性方面并没有本质区别，区别在于个体与实体的关系。正是在这个意义上，我把以"民族—家庭—男人、女人"为结构的"伦理世界"称为伦理世界的原生态，而将"教化世界"视为伦理世界的异生态或异化形态。但是，无论原生态还是异生态，都不是伦理世界的合理和现实的状态，因为它们都没有真正达到"单一物与普遍物的统一"，伦理和伦理精神都无法自我确证。因而伦理世界逻辑和历史地必定有其复归形态，即实现"单一物与普遍物统一"的"道德世

---

① 关于国家权力和财富的伦理性及其在教化世界中的异化，参见［德］黑格尔《精神现象学》下卷，第44—52页。

界"。在黑格尔那里，道德世界的逻辑是："道德规律应该成为自然规律。"① 在道德世界中，伦理普遍性在个体中回到自身，使个体上升为实体，从而达到个体与实体的辩证统一，德性与风尚，就是道德世界中伦理普遍性的存在形态。伦理世界的原生态是"真实的精神"即伦理精神的自然形态；伦理世界的异生态即"教化世界"是伦理精神的异化形态即"自身异化了的精神"；伦理世界的复归形态即"道德世界"是"对其自身具有确定性的精神"。

　　在伦理世界的三种形态中，教化世界是电子信息方式最直接的着力点。伦理世界形成的基本条件是个体与实体、单一物与普遍物的统一；与之相对应，伦理世界的基本矛盾，便是个体与实体、单一物与普遍物的对立。在教化世界中，贯穿于伦理世界的基本矛盾具有特殊的性质和性状，这就是个体成为世界的"效准"和"主宰"。在现代性文明的背景下，电子信息方式先通过凸显和扩张个体的"效准"与"主宰"地位，加剧和扩大了伦理世界的内在分裂；继而造成原生的伦理世界与教化的伦理世界、教化的伦理世界与道德的伦理世界之间生态链的断裂，从而对教化世界和道德世界进行解构和重构。

2. "去稳定性"

　　如果用波斯特"信息方式"的理论进行诠释，那么，电子信息方式对伦理世界尤其是教化世界和道德世界解构的着力点用一个简短的词语表述就是：去稳定性。这种解构从三个方面展开：形成新的社会机体，即人—电脑合成的社会机体，解构人因其在世界中独立地位和中心位置感觉的稳定；在电子世界中建构新的主体即所谓"后人类"，解构主体普遍性的稳定性；以电子网络解构社会网络的稳定性。

　　首先，一个无法否认的事实是："电脑网络已形成一个新的社会机体"。"人类与机器间的共生合成体可以说正在形成。我们一直觉得人类身体在世界中的位置有一个界限，而这种共生合成体威胁了我们这种感觉的稳定性。"② 电子信息方式下的世界，是一个人与电脑合成的世界。其

---

① 参见［德］黑格尔《精神现象学》下卷，贺麟、王玖兴译，商务印书馆1996年版，第126—138页。

② ［美］马克·波斯特：《信息方式》，范静哗译，商务印书馆2000年版，第11页。

次，随着信息方式由口头交流、印刷交流向电子交流转换，世界正面临由"热"交流媒介向"冷"交流媒介的变化，这个变化导致了马歇尔·麦克卢汉所说的"感觉中枢的整改"，导致"主体普遍性的去稳定化"。在电子信息方式下，身体已经不再有效地限制主体的位置，身体与语言的分离使自我构成的新形式成为可能，一种由人—电脑合成机体所造就的"新人"正在出现，这种"新人"的重要特质就是主体普遍性的不稳定甚至缺失。再次，在"地球村"技术上已成为可能的时代，信息交换已不再受时空限制，电子媒介提供的高度互联性，无论在肯定（如信息传播）还是否定（如病毒）的方面都加重了社会网络的脆弱性，并由此导致社会网络及其伦理功能的不稳定性。

以上三个方面"去稳定性"的伦理意义在于：人在世界中身体位置界限的感觉去稳定性，改变了人与世界关系的建构方式，也改变了人的自我建构方式，一句话，改变了人的世界的建构方式；主体普遍性的去稳定性，改变了个体德性的建构方式，因为，德性从根本上说就是个体内在的伦理普遍性；社会网络的去稳定性，改变了社会德性即所谓"道德风尚"的建构方式，改变了作为普遍行为方式的社会风尚的文化性质和伦理内涵。三者之中，第一个改变是基础性的，也是在三种伦理世界形态中所共有的；第二和第三个改变既存在于教化世界向道德世界的转换中，又直接存在于道德世界。由于道德世界是伦理世界的辩证复归形态，因而这两个改变对伦理世界的建构具有特别重要的意义。于是，个体德性、社会风尚便成为电子信息方式作用于教化世界和道德世界及其转换的两个最应引起关注的问题。

3. "实体—个体—主体"的断裂

电子信息方式在"教化"中对伦理世界的解构，发生于教化世界中的分裂，以及教化世界与原生伦理世界关系链的断裂。如前所述，教化世界之"教化"的真谛，在于它必须完成双重文化任务：一是唤醒原初的自然伦理状态下的个体人格和个体意识，从实体中分离和挺立出个体，使其成为世界的"效准"和"主宰"，此谓"启蒙"；二是在启蒙中让人们不失去其伦理的普遍性和对于这种普遍性的实体意识，保持对人的公共本质的信仰，使个体转换和成长为主体。虽然后者要到伦理世界的第三种形态即道德世界中才能真正完成，但如果教化只完成前者而无视后者的意义，就会发生"教化"的内在伦理分裂，以及原生伦理世界与教化伦理世界关系链的断裂。

在道德哲学意义上，伦理与道德既在概念上相区分，又具有根本的一致性，这个一致性就是"普遍性"。伦理是客观的普遍性和普遍物，道德是个体内化了的普遍性。德性，就是个体内在的伦理普遍性或伦理实体性，是主观内化了的"普遍物"，是既自在又自为的伦理。道德或德性的哲学真义在于：只有通过德性，个体才能上升为主体。人在伦理世界中的成长须经过一个辩证过程。在自然或原生伦理世界中，人是一个自在的实体；在异化或教化伦理世界中，人是一个原子式的个体；到复归的或道德世界中，人才既具有个体性，又不失其实体性，从而成为一个主体。主体的意义，就在于既是一个个体，又具有普遍性与实体性。正因为如此，中西方道德哲学传统才对"德"的理解方面表现出某种跨文化、跨时空的相通。老子说，"德者，得也"。"得"什么？最根本的就是得"道"，"道"就是伦理普遍物；黑格尔说，"德"毋宁应该说是一种伦理上的造诣。道德世界建构的过程，就是人作为个体存在的内在伦理普遍性或"伦理上的造诣"建构与形成的过程。正因为如此，道德世界才成为伦理世界的复归形态或自在自为形态。

电子信息方式使个体内在的伦理普遍性即德性的建构方式发生了重大改变。在口头交流和印刷交流这两种信息方式下，德性的建构在相对稳定的伦理情境和伦理传统下进行。在建构主体与建构对象，或交往主体与阅读文本的相对稳定的交往环境中，主体进行自我建构或被建构；而不断延续和延伸的传统，又为自我建构的同一性提供了基本文化条件。电子信息方式解构和破坏了这些条件。一方面，电子网络、电子媒介使人们跨越时空的异时异地聚合成为可能；身体与语言的分离为建构主体不断变换自己的身份或伦理角色提供可能；而媒体会话尤其是电视媒介，是一种独白式、自指性和对交流情境具有难以想象的巨大控制力的会话。"媒体语言，由于是无语境、独白式、自指性的，便诱使接受者对自我建构过程抱游戏的态度，在话语方式不同的'会话'中，不断重塑自己。"① 由此造成了个体主体性及其建构的不确定和不稳定性。另一方面，网络世界的高度互联性又造就了一个过度开放和无限扩展的世界，各种信息相互激荡、

① ［美］马克·波斯特：《信息方式》，范静哗译，商务印书馆2000年版，第66页。

相互冲突，令人目不暇接，交流和交往的这种技术—社会环境和它的实践对文化传统的形成及其延续造就了一种巨大的破坏力量。在这种背景下，统一的价值观很难透过教育移植到被建构者的心灵，由此便造成哈贝马斯所说的"合法化危机"——不仅传统失去了合法性，而且伦理普遍性与普遍物的存在，以及对伦理普遍性的内植也失去了合法性，与此相应，作为建构人的德性即伦理普遍性的道德教育也失去了普遍性。由此，主体性建构的合法化危机，便演化为道德和道德世界的危机。

这种危机还在另一个方面加剧和延续。伦理普遍物即伦理性的实体，它是一种"活的善"。这种"活的善"在个体身上的表现是德性；在社会中的表现是风尚。"在跟个人现实性的简单同一中，伦理性的东西就表现为这些个人的普遍行为方式，即表现为风尚。"① 电子信息方式不仅改变了个体内在同一性即"德"的形成规律，而且改变了个体外在同一性或伦理性的"普遍行为方式"即"风尚"的形成规律。后一种改变如果用一句话概括，就是："风尚"正为"时尚"所代替，或日益具有时尚的性质和意义。伦理风尚的形成，需要一个生活和文化积淀的过程。某种德性或道德，必须透过教育和习俗，成为大多数社会成员的习性和普遍的行为方式，乃至积淀为某种传统，才能形成真正的伦理风尚。电子信息方式以独白式的话语，借助对话语情境的技术控制，建构社会成员的同一性。在这里，口头交流中的"含义"解释和直接互动、印刷交流中的"意义"理解和价值对话，演变为建构主体霸权式的独白，被建构的主体则沦为纯粹的建构对象。一方面，电子媒介具有强有力的社会同一性功能，它建构了一个不在场的庞大的接受者群体，因而具有福柯所说的"普遍知识分子"的特征，比"传统知识分子"具有更加广泛的影响力和建构力；另一方面，电子文本较之印刷文本又具有极度的不稳定性和易逝性，在对它的接受中，被建构主体失去了口头交流和印刷交流中的确定性和解释与理解的稳定性。这两个方面的原因，决定了电子交流所创造的，只能是"时尚"，而难以成为真正的"风尚"。

如果说风尚在人与人之间的互动中形成，那么，电子信息方式也改变了这个互动的规律。在传统信息方式下，父母或长辈作为知识拥有者、传统承荷者对后代进行道德教育，教师以社会代表者和传统传承者的身份对

---

① ［德］黑格尔：《法哲学原理》，范扬、张企泰译，商务印书馆1996年版，第170页。

学生进行道德教育，由此建构社会的伦理同一性。电子信息技术否定和消解了父母与教师的这个特权。不少学者指出，随着电子信息技术的发展，人类正从以长者和教师作为道德教育的主体和道德的示范者的前示型社会，向社会个体之间的相互影响的互示型社会转变。而且由于年青一代对这种新的信息手段更易于接受，他们获得信息的能力可能比前辈更强，更可能成为"多信息"的"新人"。在这个意义上，有人甚至认为，现代社会正变为一个由年青一代引导社会的"后示型社会"。电子世界中信息的不断更新而形成的信息爆炸，导致所形成的行为同一性或共同行为方式更可能是时尚而不是风尚，至少时尚的性质大大超过风尚。时尚与风尚的区别不仅在于某种同一性存续的时间，更在于它由选择和积淀所形成的内在合理性，在于文化与价值积淀的深度和厚度，二者之间存在着由量变到质变的区别。在网络的高度互联性所导致的过度开放与市场经济的全球化进程的推动下，一种虚拟的"全球化"飓风正迅速而严重地摧毁着作为传统基石的"地方性知识"即民族的传统，使稳定的伦理同一性的形成缺乏传统的和价值根源的基础，导致电子信息方式下时尚压过风尚、时尚僭越风尚甚至取代风尚的逻辑可能和现实局面。

总之，电子信息方式对于主体、对于世界，对于主体与世界关系的"去稳定性"，以及社会交流场景的媒介化，造成教化世界中伦理普遍性的"遮蔽"和道德世界中个体主体性的动摇不定，引发了教化世界中实体与个体、道德世界中个体与主体的内在分裂，以及原生伦理世界与教化世界、教化世界与道德世界辩证运动过程中生态链的断裂。

（四）技术规律—伦理规律的辩证互动与
伦理世界的前途

"信息方式—伦理世界"的诠释构架提供了一幅关于电子信息方式下伦理世界现象学复原的"概念性图式"。现象学复原及其"概念性图式"的直接目的在于发现电子信息技术影响现代道德文明的"中轴原理"和"首要逻辑"，揭示高技术—伦理辩证互动的道德哲学规律。毫无疑问，这种以事实指证为核心任务的现象学复原的努力只是研究的起点，而不是它的终点，更不是研究的全部，特别具有文化战略意义的课题在于对电子信息方式下伦理世界的价值判断，在于对电子信息方式与伦理世界辩证互动的未来趋势及其文明前景的历史前瞻。但是，无论如何，现象学复原的努力是必要乃至不可逾越的，因为它为价值判断和未来前瞻提供可靠的事实基础和哲学前提。

电子信息方式下的伦理世界，是现代信息高技术背景下，以电子信息方式为"首要逻辑"的技术规律、自然规律、伦理规律三大规律辩证互动和历史运动所造就的世界。伦理道德的对象是自然，确切地说是人的自然本性和自然性存在，自然规律是人及其存在的基本的但却是应当被扬弃和超越的规律，道德文明、伦理文明的精髓是使伦理规律、道德规律成为"自然规律"，在"肯定自己为人，并尊重他人为人"的"法的命令"下获得真正的和现实的自由。然而，电子信息方式消解和颠覆了人们在口头媒介交换的第一种信息方式和印刷媒介交换的第二种信息方式下所形成的道德与自然、伦理与自然之间，或者说消解和颠覆了传统信息方式下伦理世界中"被预定的和谐"，导致原生伦理世界的解构，导致教化伦理世界的分裂及其向道德世界回归中的断裂。伦理世界的哲学真谛是世界的伦理同一性，具体地说，是"单一物"与"普遍物"、个体与实体不可消解的同一性，正如黑格尔所说的那样，道德与自然（包括主观自然与客观自然）之间的和谐，既是自我意识的终极目的，也是世界的终极目的，在这个意义上，伦理世界、世界的伦理同一性是作为个别性存在的人不可逃脱的命运，具有某种终极性的价值，向它的回归是人的"悲怆情愫"。所以，现代信息高技术下伦理世界面临的诸多困境，不能简单归之于伦理的危机，从根本上说，它是传统信息方式的危机，至少是传统信息方式与传统伦理的共同面临的危机。这种危机的哲学真义是信息方式与伦理世界生态链的分裂与断裂，具体地说是新的信息方式与传统的伦理同一性方式之间的不适应，我们可以把它形象地比喻为新的信息方式与伦理世界之间重建"预定的和谐"的"青春期危机"。应对这种青春期危机，亟须进行一场心理革命。必须扬弃两种"乌托邦"情结：传统的伦理"乌托邦"情结，和由技术拜物教产生的技术"乌托邦"情结；同时也必须扬弃伦理虚无主义和伦理悲观主义的"歹托邦"（波斯特语，意指乌托邦的反面）心态，以一种批判的态度和伦理乐观主义重建"信息方式"与"伦理世界"之间、"道德"与"自然"之间"被预定的和谐"。胡适先生早就说过，新思潮本质上是一种新态度，面临新的技术革命及其由此导致的新的伦理思潮，首先需要反思和建构的是这种"新态度"。

电子信息方式已经改变并将继续改变伦理世界。但是，这种改变的本质，不是否定伦理和伦理世界本身，而是提出新的伦理图景和伦理要求，也为伦理和伦理世界的发展提供新的历史机遇。新的信息方式下伦理和伦理世界的前途，在道德哲学方面也许与以下三个要素密切相关。第一，伦理的坚持和对于伦理世界的信念。面对新的冲击，最可怕的不是对某一种伦理如传统伦理的怀疑，而是对伦理本身的怀疑，是对于伦理和伦理世界信念的动摇。新的信息方式和市场法则的结合，已经使这种怀疑和动摇正在滋生乃至某种程度上在蔓延，它是精神领域中对伦理和伦理世界最具破坏性的力量。第二，伦理资源尤其是新的伦理资源的培育和供给。电子信息方式对伦理世界的颠覆，本质上是提出进行伦理世界创造性转换的要求，如果具有新的充沛而合理的伦理资源的供给，则伦理和伦理世界本身非但不会被颠覆，而且可以浴火重生，凤凰涅槃。譬如，由于语言与身体的分离而导致的对自我的任意建构及其道德危机，就对个体的道德的主体性及其伦理坚定性提出新的伦理诉求，要求在造就道德主体和伦理存在方面提供新的文化资源和价值供给，如果满足这个条件，无论道德生活还是伦理世界，都将得到一个飞跃性提升，反之，将造成道德的危机。又如，电子信息方式造就了"身—家—国—天下"的四维伦理世界结构的可能性，并由此解构了伦理世界的原生态，而新的伦理世界成立的前提条件是："天下"或"世界"必须具有伦理性，否则，伦理世界可能就是一种新的乌托邦。为此，人们已经产生了普世伦理的觉悟，并且在生态、资源等方面提出了普世伦理要求。电子信息方式下的伦理世界，是一个伦理机遇与伦理风险，甚至是文明机遇与文明风险空前地共生并存的世界，风险转化为机遇的关键性因素之一，就在于我们能否及时并且尽可能充分地进行新的伦理资源的供给。第三，伦理世界的自我调适。伦理世界必须有这样的觉悟：在新的信息方式下，只有主动地自我变革，创造性转化，才是明智而能动的选择；反之，技术的伦理紧箍咒，只会使伦理世界自身作茧自缚。

电子信息方式下的伦理世界，既是一个被技术冲击甚至改变了的事实世界，更是一个被人所能动建构的新的价值世界。不仅伦理世界的前途、电子信息方式与伦理世界互动的前途，而且电子信息技术本身的前途，在相当程度上都取决于技术规律、自然规律、伦理规律辩证互动的合理性。中国传统伦理学家戴震曾经为自然规律与伦理规律之间的同一性提供了一种道德哲学模式：归于必然，适完其自然。"实体实事，罔非自然，而归于必然。"（戴震：《孟子字义疏证》卷上）"善，其必然也；性，其自然也。归于必然，适完其自然，此之谓自然之极也，天地人物之道于是乎尽。"（戴震：《孟子字义疏证》卷下）技术规律在某种意义上是介乎自然规律与伦理规律之间但又必须并应当作为其中介的规律，三者之间存在韦伯所说的那种"乐观的紧张"。马克思曾经说过，"人类始终只提出自己能够解决的任务，因为只要仔细考察就可以发现，任务本身，只有在解决它的物质条件已经存在或者至少是在形成过程中的时候，才会发生"。①电子信息方式提出了进行伦理世界创造性转换的任务，也提供了完成这一任务的条件。当电子网络为个体的建构和世界的互联提供无限可能的同时，也为重建这个世界的伦理同一性提供了技术基础，我们有足够的理由对新的伦理世界的缔造充满信心，问题在于，在"科学的精神"与"道德的心灵"的互动与商谈中，必须有坚定而合理的伦理坚持。现代高技术空前地扩张了人的选择性和能动性，不仅道德文明的前途，而且人类种族的前途已经开始取决于：人类到底在多大程度上能够学会为伦理思考所支配。这便是在高技术冲击面前伦理坚持的全部意义。

---

① 《马克思恩格斯选集》第 2 卷，人民出版社 1972 年版，第 83 页。

九　基因技术的道德哲学革命

随着基因技术及其应用的不断推进，基因伦理学研究已经面临一个严峻挑战：基因伦理只是一种（高）技术伦理吗？这个追问的延伸意义是：一般高技术伦理的研究视野和研究方法是否能满足基因伦理研究的需要？一种有待论证的理论假设是：基因伦理不只是一种高技术伦理，更是一种革命形态的道德哲学。① 为此，基因伦理及其研究，在"高技术伦理"的定位之外，更需要"道德哲学"的定位，通过对基因伦理哲学革命的着力点与道德哲学的转换点审慎而准确的甄别，前瞻性地为正在萌动的道德哲学革命进行理论准备和路径选择。

（一）道德哲学革命形态的高技术伦理

"道德哲学革命形态的高技术伦理"的假设，基于并需要进行三个依次递进的重大问题的理论辩证。

1. 基因技术的伦理学本质："技术革命"？"道德哲学革命"？

基因技术的发展及其不断取得的重大突破，愈益促成一种共识：人类正处于一场重大技术革命的开端。这场革命将引领人类走进一个"生物时代"，其实质不仅是对自然的控制能力，而且是人的生命体的"自我控制"能力飞跃式的增长，它的最终前景将实现人对自身自然组织的完全

---

① "道德哲学"概念在西方古代哲学中即指伦理学；在近代哲学中，伦理学成为其一个部分；在现代哲学中，它既不像近代那样内涵宽泛，又在一定程度上保留了作为某些学科基础的传统。在一般情况下，它与康德的"道德形而上学"意义相近。本文所说的"道德哲学革命"主要指道德的哲学基础、哲学体系，乃至哲学形态方面的革命；"道德哲学"尤指伦理学中的那些形而上的层面。

控制。"我们现在正处于一个'生物时代'的门槛；在这个时代，人将一步一步地实现对其自身自然组织的完全控制。"① 人的行为选择权空前地爆发式扩张，必将并且已经导致人类文明史上大量从未遭遇的严峻伦理难题，也使人的行为选择的道德责任变得愈发沉重和巨大。由此，基因伦理学的研究不仅迫切，而且对人类文明发展的前途具有以往从未有过的重大意义。

现代基因伦理学面对的第一个疑难是：它在文化本务上所应对并且应当为之提供理论和实践准备的，到底是一场"技术革命"，还是"道德哲学革命"？

无疑，人类正在进行一场技术革命，但"技术革命"只是基因伦理学的客观基础，如果将它的文化目标锁定和局限于"技术革命"，那么，基因伦理学就可能疏离甚至僭越自己的文化本职，它所贡献的关于基因技术发展的伦理理念和伦理理论就不仅缺乏哲学洞见和价值真理性，而且最终也会使基因伦理学在"技术革命"面前丧失能动性，难以为新的文明提供精神和价值支持。因此，现代基因伦理学应当前瞻地应对的最深刻、最艰难的课题，不是"技术革命"，而是"道德哲学革命"，准确地说，是潜在于正在进行的生物技术（或生命技术）革命背后并且作为它最深刻的伦理后果的道德哲学革命。

如果将对人的自然生命体的"自我控制能力"作为基因技术对现代文明发展的着力点和技术—伦理的互动点，那么，从已经发生和可能发生的情况考察，基因伦理学最为关注的基因技术领域有三：基因—治疗技术；基因—生殖技术；克隆人。三者在对人的自然体改变的深度、对人类文明影响的力度，以及所导致的伦理后果严峻的程度方面，形成由浅入深的序列。但是，正如一些伦理学家和社会学家所发现的那样，改变人的自然体及自然生命过程的努力，事实上自人类文明的开端就一直在进行，只是它不是通过技术的或不只是通过技术的手段，而主要是透过政治的、文化的和社会的途径进行。在治疗技术方面，任何药物和外科治疗，甚至心理和精神方面的治疗，都渐进地和局部地改变人的自然生命体；在生殖技术方面，古今中外的一切婚姻制度，都可以看作对人种繁衍的人为干预，从柏拉图的《理想国》、康帕内拉《太阳城》中提出的优生思想，到叔本

---

① ［德］库尔特·拜尔茨：《基因伦理学》，马怀琪译，华夏出版社2001年版，第6页。

华"素质遗传性"的理论，尼采"育种战略"的"伟大政策"，其实质就是"按照哲学原则繁殖"，正如恩格尔哈特所言，在人的进化过程中，人的繁殖并没有作为纯自然的处女地被保留下来；当今人的克隆被看作基因技术的最危险的后果，然而《圣经》中"上帝造人"的过程，也就是上帝对自身的"克隆"。所以，在改变人的自然体的努力方面，基因工程的当前发展，"只是在技术手段的层面上才算得上是一次'革命'"①。

但是，这丝毫不意味着基因技术在人和人类文明进化的进程中，与以前所进行的社会文化方面的努力可以等量齐观甚至混为一谈。基因技术的意义在于：它可能使人类对自身自然体的控制与改变由渐进转入突变甚至灾变；由量变达到质变；由文化理想和政治理念变为社会现实。基因技术对人类文明并由此对伦理道德所具有的根本意义的挑战及其严峻后果，可能表现在两个方面：一是通过对人的生物体的根本改造，使"自然人"或"自然生命"成为"技术人"或"人工生命"，彻底改变人的自然本性及其结构，从而根本颠覆作为道德起点的人性基础；二是通过对生殖过程和人种繁衍方式的根本改造，根本改变作为社会细胞的家庭的血缘逻辑，使"自然家庭"成为"人工家庭"，当它发展到极致即家庭成员之间（如果它还可以称为"家庭"的话）基本甚至完全没有自然血缘关系时，也就从根本上消解传统意义上的"家庭"，从而根本颠覆作为伦理始点的家庭自然实体。一句话，基因技术对伦理学的最根本、最深远的挑战，在于通过改造人的生物性的自然本性，和以生物性血缘关系为纽带的家庭的自然本性，消解传统意义上的"自然人"和"自然家庭"，从而从根本上颠覆传统道德和传统伦理赖以存在的基础。由此，基因技术的"自然进程"，必将导致到目前为止的现代道德哲学的终结。正是在这个意义上，基因技术最深刻的伦理学本质，不是技术革命，而是道德哲学革命。

作为革命形态的伦理，基因伦理的发展规律和发展轨迹是：从技术革命到道德哲学革命——从技术革命开始，以道德哲学革命告终。与其他高技术伦理不同，基因伦理一开始就表现出强烈的道德哲学取向，并具有革命性、否定性的哲学本性：既是传统道德哲学的终结，又是新的文明形态的道德哲学的起始。基因伦理，就是道德哲学革命形态的高技术伦理。

---

① ［德］库尔特·拜尔茨：《基因伦理学》，马怀琪译，华夏出版社 2001 年版，第 24 页。

2. 基因伦理的文化反映：伦理批评？伦理战略？道德哲学准备？

随即而来的问题是：这种"道德哲学革命形态的高技术伦理"对基因技术的发展，应当做出怎样的特殊文化反应？

库尔茨认为，无论基因伦理学建立在何种哲学基础上，它都存在两大局限。第一种是理论局限，① 它"不能在考虑到人类长期的遗传前景的条件上提出充分有效的实际的目标方向"。由于它不能回答"'完善的生命'到底是什么"这样的终极的问题，因而也就难以为"人的形象"的考虑和设计提供理念指导。第二种是实践局限，"基因伦理学在保证它所提供的标准和判断依据的社会有效性方面的无能为力，应是它的第二种，也就是实践方面的局限"。社会公众在多大程度上承认并遵循基因伦理学的道德标准，"这不是一个哲学问题，而是一个政治问题"。根据他的观点，基因伦理学唯一能做也是能有所作为的，即对于当前技术实践与伦理实践的批评性的理论表达。也就是说，基因伦理学的主要任务，就是对基因技术的发展提供伦理批评。② 美国伦理学家德尼·古莱认为，应当以发展伦理学的视野应对社会文明发展中遭遇的复杂状况。"发展伦理学从一开始就有两条不同的并且在现代已经汇合的道路。第一条道路从参与发展的实践计划或推动变革到正式明确表述伦理战略，第二条道路开始于对常规伦理道德哲学理论的内部哲学批判发展到对外阐明一项作为规范实践的不同的发展伦理学。"③ 由这一观点演绎，基因伦理学的任务有二：伦理战略和伦理批评。前者是提出推动基因技术合理发展的伦理战略；后者依据基因技术的新发展对传统道德哲学进行自我批判并提出新的实践规范。

虽然德尼·古莱赋予基因伦理学的文化使命比库尔茨前进了一步，但无论是伦理战略、伦理批评，还是二者的结合，都不能真正解决基因技术所面对的伦理难题。虽然伦理批评和伦理战略对基因技术和伦理学的发展都具有十分重要的价值。造成这种状况的原因有两个，第一个原因涉及技

① 注：库尔茨认为，基因伦理学有两种基本的哲学立场：实体论的与主观论的，主观论比实体论更合理，也更能引导人们超越基因技术的伦理困境。
② 以上引文见［德］库尔特·拜尔茨《基因伦理学》，马怀琪译，华夏出版社 2001 年版，第 338—341 页。
③ ［美］德尼·古莱：《发展伦理学》，高铦、温平、李继红译，社会科学文献出版社 2003 年版，第 2 页。

术与伦理的一般关系。技术与伦理遵循各自独特的发展规律，即技术规律与伦理规律，二者之中，技术规律总是更具决定性的规律。在人类文明史上，伦理批评到底对技术的进步及其应用起多大实际作用，着实是一个存质疑的问题。也许，一项新技术被认同和接受的最终结果，取决于技术与伦理之间商谈与互动的状况，在道德哲学的层面毋宁可以将它看作彼此之间价值让渡的结果。伦理批评无疑会提醒和推动社会公众认识并警惕技术应用潜在的伦理后果，但是在技术发展史上，任何新技术的伦理后果，最终主要是通过技术进步的不断完善和其他社会政治机制解决，伦理批评只能提供价值引导和理念支持。在这个意义上，将基因伦理学的文化使命定位于伦理批评，并且相信通过伦理批评可以对基因技术的发展产生实质性影响的观点，是不切实际和自不量力的。第二个原因源自基因技术对人类文明影响的特殊性质。到目前为止的一切技术，其核心都是改变人所面对的客观自然，以更好地满足人自身的需要，而基因技术第一次试图改变并且最终可能会彻底地改变人的主观自然。基因技术并不像以往技术进步那样，只是改变人的生活方式，而是试图改变人的存在形态，颠覆人类文明和人的伦理道德的人性基础。面对即将开始的"造人"技术运动，人类社会在技术文明史上空前一致地拉响了伦理警报，但现在的伦理反映似乎从一开始就陷入某种悖论之中：伦理批评和伦理战略，要么在新技术的挺进面前信心不足甚至苍白无力，要么为它推波助澜。

然而，这并不意味着伦理学在基因技术面前完全无所作为，或一筹莫展，只是需要一种更有远见、更具创造性的伦理反映，更超越地确立自己的文化使命。在伦理批评和伦理战略之外，人类社会需要更长远地进行伦理规划，这就是针对可能出现的"新人"形态和文明形态进行必要的伦理准备。这种伦理准备可能还比较遥远，也许人类至今仍坚信自己有能力遏制基因技术的"造人"运动，但无论如何，只要基因技术应用于人，"人"存在的自然形态就会量变或质变地不断改变，从而以往和现有的一切伦理道德的哲学基础也就渐进地或突变地动摇，到目前为止，人类决然地控制的，也只是"造人"的极端形态，即"克隆人"，并没有试图阻止在治疗和生殖过程中对基因技术的应用。无论如何，"人"存在的自然形态，"人"的自然关系，即将或正在发生改变。伦理学在为这种改变提供批评性的伦理互动和参与性的伦理战略之外，更应当为"新人"基础上产生的新的道德世界和伦理世界进行文化准备。虽然人类还无法预料未来可能发生的一切，但哲学上的准备必须着手启动。基因技术对人类文明和人类的道德生活、伦理关系的影响是根本的和全局性的，人类的伦理反映因而必须是哲学的。面对迅速扩张的基因技术，最具远见也是最务实的伦理反映和更长远的伦理战略，就是为新的伦理文明形态进行道德哲学方面的准备。

也许，伦理批评和伦理战略，是应对一般技术革命的伦理反映，对基因技术来说，道德哲学准备（简称伦理准备），是更重要但目前还未引起应有的理性自觉的特殊伦理反映。

3. 基因伦理学的视野：常规伦理学？发展伦理学？

如果以上立论成立，那么，一个显而易见的事实是：不仅一般伦理学，而且一般科技伦理学，甚至一般道德哲学的视野都不能适用于基因伦理的研究。基因伦理不仅是高技术的，而且是道德哲学的；不仅是道德哲学，而且是革命形态的道德哲学。因此，基因伦理的研究必须具有"高技术—道德哲学—哲学革命"的复合视野。在现有的方法论体系中，能够体现这种复合视野基本要求的研究方法，就是发展伦理学。

面对重大技术变革，人类的第一个本能反应几乎都是深深的伦理忧患。两千多年前，当老子看到从水井取水的最原始的机械时，便发出有"机械"便有"机心"，有"机心"便"放辟邪侈"生的道德预言，从此，道德哲学家对技术进步的伦理批评就从未停止过。文明史上的最有趣的图像是，一面是"世风日下，人心不古"的伦理批评和道德诅咒；一面是技术以铁的规律向前推进，伦理道德最终以对新技术的接纳和适应而与之握手言和。伦理对新技术的批评态度，一方面是自身文化职责的履行。越是巨大的技术变革，就越是深刻地改变人们的生活，因而就越可能激起作为维护和建立社会生活秩序与个体生命秩序的价值原理的道德哲学的深刻反映。伦理批评揭示潜在于新技术中的价值局限，推动新技术在进步和应用中不断调整自己，以与人类文化的根本价值相吻合。但是，激烈的伦理批评乃至伦理抵制和文化抵抗在相当程度上还有另一方面的原因：人们总是以既定的和传统的道德哲学应对全新的并表现出无限发展可能的新技术，于是伦理反映只能成为技术变革的"紧箍咒"。第二个方面涉及人们对待新技术的根本伦理态度和伦理学方法的问题：人们总是以传统的和既定的伦理立场与伦理理论应对新生的技术运动和变化了的社会生活，因而伦理态度和伦理学方法总偏于保守和滞后。

基因伦理学的合理态度和合理方法是：用发展伦理学的态度和方法研究和应对基因技术的伦理难题。德尼·古莱对"常规道德伦理"和"发展伦理学"作了区分。发展伦理学"认识到需要运用比'常规道德伦理'更多的东西来应付一整套复杂的多层面的价值问题"，它根据发展的核心问题（如"美好生活是什么？""社会生活的基础是什么？"等）使伦理批评和伦理战略超越工具性的应用，而走向重新构建伦理理论。① 德尼的"发展伦理学"实际上是"关于'发展'的伦理学"，是对"发展"的伦理批评和伦理战略，这种视角对基因伦理学的研究显然具有启发意义。但是，基因伦理学的研究还须延伸和扩展"发展伦理学"的内涵，使之不仅是关于"发展"的伦理理论，而且是基于"发展"理念和"发展"视野下的道德哲学。前者是狭义的，后者是广义的。这样，基因伦理学就既是应对基因技术"发展"的伦理批评和伦理战略，也是基于"发展"理念和"发展"价值观的关于基因技术的伦理建构及其道德哲学。

显而易见，"常规伦理学"（基于"常规伦理道德"的伦理学）不足以积极能动而又富有远见地解决基因技术的伦理难题。正如人们普遍发现的那样，几乎没有任何时候和任何地方像今天的基因技术那样，机会与风险紧密相连。人类似乎面临对自己的文明来说迄今最为重要的机会与风险的两难选择：要么放弃彻底提升人类文明的机会，要么承受颠覆以往全部人类文明的风险——基因技术自发发展的最后结果，是使迄今为止的全部人类文明成为"史前文明"。面对这个文明史上从未遇见的难题，人类一方面需要以一种审慎的乃至偏于保守的态度，战战兢兢地进行自己的文化选择，做出这个选择的逻辑是："如果我们缺少采取行动所需的足够的智慧，那么真正的智慧就是不要采取任何行动。"② 但另一方面，人类更需要一种主动的、积极的战略，因为，基因技术的变革已经"采取行动"并将继续"采取行动"，在这个行进中的技术运动面前，"不采取行动"所能做的，只是以政治规约和文化抵抗为技术行为划定一个最后的"底线"。无论如何，基因技术已经开始改变人类文明，在这种改变面前，伦

---

① 参见［美］德尼·古莱《发展伦理学》，高铦、温平、李继红译，社会科学文献出版社2003年版，第1—2页。

② ［德］库尔特·拜尔茨：《基因伦理学》，马怀琪译，华夏出版社2001年版，第182页。

理学的战略反应，不是固守自己已经遭遇袭击的阵地，而应当洞察时变，着手为新的文化根据地奠基，为解决新的文明课题进行道德哲学方面的准备。这个准备，就是基于基因技术的发展伦理学的视野。

基因技术的发展伦理学视野有两个基本要素，一是"发展"的取向，一是"建构"的努力。基因技术提出全新的伦理道德问题，迄今已有的伦理学不足以解决这些问题，只能以"发展"的理念、通过"发展"的伦理进行新的探索。发展伦理学超越技术—伦理对立中的任何极端的或虚无的立场，既不把基因技术面临的决策压力仅当作习惯的和传统的压力，也不片面地以既有的道德价值拒绝和彻底怀疑新的技术，而是以对待人类及其文明"发展"能力的乐观态度，在"发展"中探讨和解决基因技术的伦理冲突和道德难题。发展伦理学应对基因技术最重要的伦理反映，不是出于对文明忧患的伦理批评，也不是实用性地提出解决具体问题的伦理战略，而是以它们为基础的对于"发展"了的社会文明的伦理建构。伦理建构，正是作为否定性的"道德哲学革命形态"的基因伦理的肯定性本质。"生物时代"的具体伦理理论和实践规范的建构时日尚远，当下需要启动的，是建构新的道德哲学的准备。

综合以上分析，得出的结论是：基因伦理学面临的最深远的伦理课题，不是技术革命，而是道德哲学革命；面对这场革命，基因伦理学的特殊伦理反应，不是伦理批评，也不是伦理战略，而是进行道德哲学的准备；只有发展伦理学而不是常规伦理学的视野，才可以推动和帮助人们进行这个富有远见的和能动积极的文化战略准备。

（二）道德哲学的基础与基因伦理的哲学革命

"道德哲学革命形态的高技术伦理"的命题要成立，还必须回答两个问题。（1）为什么基因技术的发展将导致道德哲学的革命？（2）基因技术如何进行道德哲学的革命？前一个问题的关键是：基因技术道德哲学革命的作用点在哪里？或者说，技术革命—道德哲学革命的互动点与作用点在哪里？后一个问题的核心是：这场革命的进程和形式是什么？

1. "人类文明时代"的道德哲学基础
道德哲学革命固然是诸多因素综合作用的结果，但其中最具决定性的因素是道德哲学基础的颠覆。基因技术的道德哲学革命，不只是一般地表现为对传统道德哲学基础的颠覆，而且表现为对迄今为止的一切人类文明时代的道德哲学基础的颠覆。由此，第一个课题就是："人类文明时代"道德哲学的基础是什么？

　　到目前为止，古今中外一切道德哲学都建立在两个基石之上：一是自然人；一是由自然人组成的自然家庭。自然人是道德的逻辑与历史起点；自然家庭是伦理的逻辑与历史始点。"自然人"——"自然家庭"，就是道德哲学的基础。

　　这一立论可以从逻辑与历史两个路径论证。逻辑的路径不仅是抽象的，而且是困难的，因为道德哲学体系遵循"理性建立在非理性基础之上"的形上规律，自然人与自然家庭的基础地位在道德哲学体系中作为预定前提存在，"只知如此，不可究诘"。相比之下，历史的路径比较简捷，选取两种最经典的道德哲学体系——黑格尔和中国传统儒家体系，便可以既历史又逻辑地确证自然人与自然家庭在道德哲学体系中的基础地位。

　　黑格尔的道德哲学体系由（精神）现象学、法哲学、历史哲学三个结构构成。"伦理世界""道德世界"是这个体系的概念基础和概念出发点。自然家庭和自然人，则是这三个结构、两个世界的始点和原素。

　　现象学以精神及其辩证发展为考察对象。在《精神现象学》的体系中，"伦理"作为精神发展的肯定阶段，处于"真实的"和"活的""伦理世界"中。民族和家庭、人的规律和神的规律、男人和女人，分别是"伦理世界"的结构、规律和"原素"。在黑格尔看来，伦理的本质是"实体"，而不是"关系"，"实体"的真谛是"单一物与普遍物的统一"。[①] 民族与家庭，就是伦理世界的两个基本结构或两个基本伦理实体。伦理世界的始点，应当是"单一物"与"普遍物"直接同一的那种天然的实体，这个天然的伦理实体就是家庭。"它既是一个天然的共体或社会，那么，显然，这个环节即是家庭。"[②] 家庭之所以是伦理的实体，不是因其内存在的家庭成员之间的天然关系，甚至也不是因神圣的情感关

　　[①] "伦理行为的内容必须是实体性的，换句话说，必须是整个的和普遍的；因而伦理行为所关涉的只能是整个的个体，或者说，只能是其普遍物的那种个体。"[德]黑格尔：《精神现象学》下卷，贺麟、王玖兴译，商务印书馆1996年版，第9页。

　　[②] [德]黑格尔：《精神现象学》下卷，第8页。

系，而是由于它本性上的普遍性。"因为伦理是一种本性上普遍的东西，所以家庭成员之间的伦理关系不是情感关系或爱的关系。在这里，我们似乎必须把伦理设定为个别的家庭成员对其作为实体的家庭整体之间的关系，这样，个别家庭成员的行动和现实才能以家庭为其目和内容。"① 民族由家庭发育生长而成。黑格尔认为，家庭向民族的发展，民族伦理实体的形成，主要通过两个途径：一是家庭"平静扩张"而成为民众或民族；一是"霸道者的暴力"，以暴力手段将分散的家庭聚集成民族，或分散的家庭"出于自愿而集合一起"。无论如何，"民族是出于共同的自然渊源的"，这个共同的自然渊源就是家庭。② 所以，民族是伦理的实体，伦理是民族的精神。

但是，在伦理世界中，家庭与民族之间存在对立，因为它们各自具有不同的规律。家庭伦理实体遵循"神的规律"，民族伦理实体遵循"人的规律"。"人的规律"与"神的规律"是伦理世界中存在的相互对立的两种势力。家庭所以是"神的规律"，因为它以先天的血缘情感为逻辑，神圣而天然；民族所以是"人的规律"，因为它的成员已经超越家庭成员而成为社会公民。两大势力在对立中走向同一："人的规律"必须以"神的规律"为基础，"神的规律"应当发展到"人的规律"。"因为一个人只有作为公民才是现实的和有实体的，所以如果他不是一个公民而是属于家庭的，他就仅只是一个非现实的无实体的阴影。"③

民族与家庭、人的规律与神的规律何以能同一？因为在伦理世界中存在着使它们相互过渡的辩证环节和同一体，这就是在家庭中诞生的、作为伦理世界原素的"男人和女人"。由于"男人和女人"的不同伦理性质，伦理世界便既牢牢守护住作为出发点与本源的家庭伦理实体的基地，又必然走向作为"人的规律"的民族。黑格尔的思辨是：在家庭中，作为男人的兄弟被家庭精神赶到社会共体中，获得自己的社会性的伦理实体性；而作为女人的姐妹则是家庭的守护神。"弟兄是从他本来的生活于其中的神的规律向着人的规律过渡，而姐妹则将像妻子本来一直就是的那样也变成家庭的主宰者和神圣规律的维护人。这样，男女两性就克服了他们自然

---

① ［德］黑格尔：《精神现象学》下卷，第9页。
② 参见［德］黑格尔《法哲学原理》，范扬、张企泰译，商务印书馆1996年版，第195页。
③ ［德］黑格尔：《精神现象学》下卷，第10页。

的本质而按照伦理实体具有的不同形式表现出两性的两种不同的伦理性质来。"①

于是，"伦理世界"的基本原理就是："诸伦理本质以民族和家庭为其普遍现实，但以男人和女人为其天然的自我和能动的个体性。""人的规律，当其进行活动时，是从神的规律出发的。"② 家庭，是伦理世界的出发点、基础和归宿；而家庭中诞生的"男人和女人"，即自然人，则是伦理世界的天然个体和能动原素。

《精神现象学》中的以上论述，是黑格尔对"伦理世界"的现象学复原，过于思辨晦涩。在《法哲学原理》中，他对自然人—自然家庭作为道德哲学基础的分析，更为简洁清晰。法哲学以意志及其自由为考察对象。在法哲学分析中，黑格尔的理论进展在于，不仅确认家庭"是"而且论证家庭"为何是"伦理世界基础的问题。他认为，"伦理实体"有三种形态，它们形成伦理精神自我运动的辩证过程："家庭—市民社会—国家。"黑格尔的历史哲学可以当作现象学与法哲学相统一的道德哲学形态。在《历史哲学》中，他将历史区分为原始的历史、反省的历史、哲学的历史，认为只有哲学的历史才是真正的历史哲学。哲学所诠释的历史以"精神"的历史、具体的发展为主体，而精神的本性是"自由"，自由的真谛是"解放"，所以，历史哲学的真义，就是"精神"如何在民族的历史发展中被解放而获得自由。"解放"有两层含义：一是从外在控制包括各种政治关系、伦理实体的控制中获得解放；一是从内在控制主要是个人的本能冲动和主观欲望，即人自身的自然情欲的控制中获得解放。前者是政治精神和伦理精神的发展史，后者是道德精神的发展史。③ 这一观点的道德哲学意义在于：它以自然的人和自然人从自然状态下的"解放"，作为历史哲学的逻辑与历史的出发点。

可见，在黑格尔道德哲学体系中，无论是精神现象学的复原，法哲学的分析，还是历史哲学的再现，"自然人"（即家庭中诞生的"男人和女人"）和由"自然人"组成的"自然家庭"，都是道德和伦理的最初的出发点，是道德世界、伦理世界，最后是道德哲学的两个互为前提、相互过

---

① ［德］黑格尔：《精神现象学》下卷，第16页。
② 同上书，第17页。
③ 参见［德］黑格尔《历史哲学》，王造时译，上海书店出版社1999年版，绪论部分。

渡的基础。黑格尔的道德哲学体系回答了我们所试图探讨的两个问题：
（1）"自然人"—"自然家庭""是"道德哲学的基础；（2）"自然
人"—"自然家庭""为何是"道德哲学的基础。在他的论述中，合理内
核显而易见。

在儒家道德哲学中，自然人与自然家庭的基础地位，不是以理性思辨
而是以历史现实的形式直觉地表现。儒家道德哲学的伦理世界与道德世
界，是伦理实体和道德自我。"五伦"是中国伦理的典范。"五伦"之中，
君臣、朋友是人伦，即社会伦理关系；父子、兄弟是天伦，即家庭伦理关
系；而夫妇一伦，则介于天伦与人伦之间，连接着天伦与人伦。"五伦"
的基本原理是：人伦本于天伦而立。君臣比父子，朋友比兄弟，而夫妇则
比于一切男女关系。社会伦理始源于家庭伦理，社会道德根源于家庭自然
本德。与西方道德哲学体系不同的是，在中国道德哲学中，家庭和家庭伦
理关系不仅是伦理实体的基础，而且是一切伦理实体和全部伦理的范型和
原型。道德世界的核心是道德自我。道德自我是由"人性论—规范论—
修养论"构成的"潜在—自在—自为"的辩证结构。在中国道德哲学体
系中，伦理、伦理世界的出发点和概念基础是以天伦与人伦为结构的伦理
实体原理，道德、道德世界的逻辑出发点和概念基础是以善与恶、天道与
人道为结构的人性论。中国伦理史上对人性问题展开了达数千年的争论，
但无论是主流的性善论，还是支流的性恶论，都是从"自然人"出发并
以之为道德的主体。性善论突显道德的神圣性，性恶论强调道德的必要
性，无论如何，善恶并存的"自然人"本性，是道德存在及其现实性的
全部依据。正如一位西方伦理学家所指出的，人性与兽性的区别，在于有
道德；人性与神性的区别，在于需要道德。所以，到宋明理学，中国道德
哲学中人性论的成熟形态或复归形态，就是所谓"天地之性"与"气质
之性"相统一的复合人性论。所以，家庭血缘关系，以及由家庭血缘关
系而诞生的自然人的本性，在中国道德哲学中具有绝对的意义，它们的地
位如此重要，以至于孔子提出"父为子隐，子为父隐，直在其中"的
"亲—亲互隐"的非理性主张。

2. 基因技术的伦理颠覆

如果以上讨论可以得出"自然人"与"自然家庭"是道德哲学基础
的结论，那么，另一个结论就逻辑地被演绎：当"自然人"与"自然家

庭"的"自然"本性及其作为道德哲学基础的地位被颠覆时，就标志一种道德的哲学终结。于是，探讨的另一个课题就是：基因技术是如何颠覆人及其家庭的自然本质，从而导致道德哲学革命的？

根据基因技术的发展趋势及其应用前景，它对未来伦理道德的影响可能呈现为一种结构性图景：基因—治疗技术渐进地影响和改变人及其家庭的自然本质；基因—生殖技术质变地改变人及其家庭的自然本质；基因—克隆技术突变甚至灾变地改变人及其自然本质。渐进—质变—灾变，既是基因技术对伦理道德乃至整个人类文明影响的三种形式，也是它的三个结构层次。作用的最后结局，是包括伦理道德在内的人类文明具有革命意义甚至颠覆意义的转折，因而也是到目前为止的人类一切道德哲学的终结。

基因—治疗技术被认为最具建设性意义，在基因伦理学的讨论中分歧相对也最小。不过，基因—治疗技术的伦理后果及其对人类文明的长远影响，还不在于基因伦理学家们已经指出的其内所潜在的那些伦理风险，而在于与人及其家庭的自然本质相关的深刻隐患。基因治疗可以理解为在基因水平上进行疾病的治疗干预，它在医治一些危及人类生命存在与生命质量的重大疾病，在一些遗传病的治疗方面，具有造福人类的广泛应用前景。但是，由于它是通过体细胞或生殖细胞的途径达到治疗目的，不仅基因的表达及其控制难以预期，而且基因水平的治疗也会导致人的自然本性局部性和数量上的改变，这种改变透过婚姻关系可能导致自然血缘关系的紊乱与错乱。潜在状态即未被人们自觉意识的状态，它将影响人类社会的自然秩序，尤其影响长期进化过程中通过以姓氏为标识的血缘关系的自然区分而形成的人种繁衍的合理性，由潜在的、无意识的、局部的"乱伦"而影响人种繁衍的质量；一旦进入自在状态，即基因水平上人的自然本质的部分改变为人们所意识和自觉，又势必透过伦理心理而影响人类的伦理关系和伦理生活。

基因—生殖技术对人及其家庭的自然本质的影响向前进了一步。如前所述，虽然人类自诞生始就未停止过通过婚姻和其他选择途径对生殖过程的干预，但这种"按哲学原则生殖"的文化、政治和社会努力，与基因技术对生殖过程的干预具有完全不同的性质。正如一些基因伦理学家所发现的那样，基因—生殖技术的文明实质是"充当上帝"，即试图扮演新的造物主，不过，正如格罗伯·斯太因所说，这句话还隐含着另一层意思："从贬义的用法上讲，'充当上帝'的说法含有我们像上帝那样做出决定，但却没有上帝那样无所不知的智慧的意思。"① 基因—生殖技术使人的自然体在相当程度上为技术所支配，使人类从"育种员"变为育种的"工程师"，从而导致人的自然本性与人的能动性在伦理学上的巨大分裂。"由于基因和生殖工程的发展而引起的忧虑之根源在于下述事实：通过它们得以实现的干预所涉及的不是随便一种中性价值的物质，而是关系到一向被视为'神圣'的、具有自身道德和美学价值的人和自然体，亦即人的本质。"所以，它被批评者指责为违反自然，"严重危及到人的本质及与其相关的人道、人性本身"②。

基因技术发展到"克隆人"，将是对人及其家庭的自然本质的灾变性的颠覆。根据世界卫生组织关于"克隆为遗传上同一的机体或细胞系（株）的无性生殖"的定义，"克隆人"不仅是人的无性生殖，而且是对人的复制。抛开其他方面的争议，可以肯定的是："克隆人"是对人的自然本质，对家庭的自然本质的彻底颠覆，由于现有的文明智慧还难以阻止克隆人可能导致的不可逆转的严重后果，因而这种技术应用对人类文明造成的后果将很可能是灾难性的。一旦发展到"克隆人"，包括道德哲学在内的现有的一切人类文明将最后终结，因为现有文明的主体和基础——自然人和自然家庭已经不复存在。③

基因技术的发展迫使人们面对这样的现实："不管这需要多长时间，但今天任何人都不得不承认：早晚有一天，能够通过技术对人进行彻底的'改良'。"④ 对人的彻底"改良"，也就是对人的自然本质的彻底改造或彻底颠覆。然而，由于"自然"不仅是迄今为止的所有文明的核心价值，而且是一切价值的基础，所以在对人的自然本质进行"改良"的进程中，既有人类文明的基础以及奠基于其上的价值便发生动摇并将最终被颠覆。"事实上，'合乎自然'这个词几乎在任何一个地方都具有极其强烈的约束和制约作用，反之，'违背自然'则会引起一种自发的而且极其深重的

---

① 转引〔德〕库尔特·拜尔茨《基因伦理学》，第181页。

② 同上书，第126、129页。

③ 本人明确反对"克隆人"。这里将"克隆人"视为基因技术所导致的人类文明的灾变，已表明作者的态度。本文将"克隆人"作为基因技术发展的一个阶段对之进行讨论，并不意味着承认这种技术行为的合理性与合法性，而只是认为作为学术研究，应当未雨绸缪，对它出现的可能性、对人类可能产生的影响以及我们可能的对策进行探讨。

④ 〔德〕库尔特·拜尔茨：《基因伦理学》，第82页。

抗拒反应。"① 无论选择怎样的伦理反应，基因技术已经将人类历史带到一个革命性转折的重大进程中。

（三）"不自然的伦理"及其创造性道德哲学

基因技术由改变人及其家庭的自然本质而导致道德哲学革命。在自然基础被颠覆后，道德哲学的未来形态是什么？面对基因技术所导致的人类文明的革命性转折，道德哲学创新的路径在哪里？

1. "不自然的伦理"

在基因技术道德哲学革命的进程中，如果从量变和质变两个层面对伦理的未来前景和道德哲学的未来形态进行展望，那么，人类首先面对、即将面对并将长期面对的形态，是由基因—治疗技术和基因—生殖技术面导致的"不自然的伦理"和"不自然的道德哲学"；到"克隆人"阶段，将是"无自然的伦理"和"无自然的道德哲学"。"不自然"原则区别于"无自然"。"不自然"仍然"有自然"，甚至相当程度上仍然是"自然"，它只是相对于基因技术应用于人之前的那种未被技术改造的"全自然"，准确地说，它是"自然—技术"共生互动的"不完全自然"状态；而"无自然"则是人完全为基因技术所创造和控制的状态。在第一个阶段和第一种形态中，人的自然本质为技术所局部地和部分地改变，"自然人"（或自然生命体）与被基因改造过的"技术人"（或人工生命体）在同一个人、同一个社会文明中长期共存，在人的自然属性与社会属性之外，人类将具有另一个层面的人性结构，这就是"自然人"的本性与"技术人"（或"人工人"）的本性，或简称自然本性与技术本性。与之相对应，作为伦理始点的家庭，也将不再纯粹"自然"，既有出于血缘的生物性遗传的自然关系，也有出于基因改造的技术人的关系结构。生物性的血缘关系以姓氏为文化标识加以区分，而非血缘的"技术人"之间的关系可能以基因技术为标识，即基因改造的程度为技术"商标"。为了不致造成人种繁衍方面的隐患，未来的人及其家庭成员可能需要有两个"姓氏"：作为血缘标识的姓氏，作为基因技术标识的姓氏。因其消解了原有的"纯自

① ［德］库尔特·拜尔茨：《基因伦理学》，第127页。

然"（自然生命及其家庭关系），但又未达到完全的"技术"（人工生命及其家庭关系），而是自然生命与人工生命在同一个生命体和同一个家庭实体中混合共存，同生互动，因而将它称为"不自然的伦理"。

基因技术产生前或当下人类文明的伦理形态，是以"自然人"——"自然家庭"为基础的"自然伦理"形态；到彻底的克隆人阶段，人完全由基因技术创造或复制，其伦理形态则是以"技术人"（人工生命）——"技术家庭"（人工生命家庭）为基础的"无自然的伦理"形态。自然生命与人工生命、自然人与技术人共生互动的"不自然的伦理"形态，将是基因技术发展给人类带来的最现实、持存历史可能最为漫长的一种伦理形态，因而最应当被关注，也最迫切地需要前瞻性地研究。一旦人可以被克隆，一旦克隆人成为世界的主体，现代以前的一切人便成为史前人，在人类没有足够的智慧对克隆人技术进行合理有效的控制之前，只能通过政治法律途径对之"严防死守"。在这个意义上，"无自然的伦理"对我们来说，尚处于"六合之外"，暂且"存而不论"。应当密切关注的是由基因技术而导致的、通过对以"自然人"——"自然家庭"为基础的"自然伦理"的辩证否定而即将诞生的"不自然的伦理"形态。不过，现有的文明成果及其智慧，还无法对"不自然的伦理形态"的具体细节进行规划设计，只能进行道德哲学革命的理论准备。"不自然的伦理"即将出现，"不自然的伦理形态"即将生成，如不进行道德哲学方面的及时转换和前瞻性准备，新形态的伦理必将因缺乏形而上学的价值基础和价值指导而陷于混乱，并导致某些先天性甚至获得性文化遗传方面的缺憾。一旦人及其家庭的自然本质因技术的作用而开始消解，既有文明，尤其是既有道德哲学和伦理精神就会因基石的动摇而坍塌。

诚然，人类从一开始就没停止过对自己的生物本性及其家庭的本能冲动的忧患、反省与改造，从伦理道德到政治法律制度，在某种意义上都可以当作对这种"自然"本性的现实批判，但是，反省与批判的本质，是对"自然"价值的提升和超越，而不是对它的否定与颠覆。无论是人还是人的家庭的"自然"，对既有的道德与伦理来说，都具有绝对的价值意义。黑格尔曾经说过，"对意识来说，最初的东西、神的东西和义务的渊源，正是家庭的同一性"①。家庭一旦彻底解体，现有意义上的伦理便

---

① ［德］黑格尔：《法哲学原理》，第 196 页。

"丧失"，因为无论是人最初的实体性，还是神圣性、义务感的渊源都由此丧失。所以，对道德哲学来说，应当发出"如果没有家庭，伦理将会怎样"的陀思妥耶夫斯基式的追问。①

2. 道德哲学革命

基因技术所导致的文明革命和道德哲学革命的根本问题，是对待人及其家庭的血缘自然本性的态度和战略问题。自然人（血缘人）、自然家庭（血缘家庭）与技术人（人工生命）、技术家庭（人工生命家庭）的关系，将是未来文明、未来道德哲学革命的基本课题。这个基本课题包括两个方面：一是如何对待在此以前的数千年发展中所形成的以自然人—自然家庭为基础的文明资源，包括它的一些根本价值；二是如何处理自然生命与人工生命、自然家庭与人工生命家庭的关系。第二个方面是基因技术的文明革命和道德哲学革命面对的不同于以前的特殊课题，这个课题的严峻性在于："技术人"会不会、该不该取代"自然人"，进而统治整个世界？这个问题实际上在机器人刚刚出现时就已经以另一种形式提出：机器人会不会统治世界？在基因技术的发展中，人类似乎面临一个哲学悖论：为了彻底地提高人类生命和人类文明的质量，必须对人进行彻底的改良；一旦对人实现彻底的改良，"人"将不复存在，至少将不再是文明的主体。面对这个悖论，一些基因伦理学家提出如下道德的哲学原则：生命存在高于生命质量；应当依据传统和文化价值而不是科学技术认识与改造世界。人类已经走到一个重大文明革命和道德哲学革命的前夜，发展伦理学应当让人类保持希望，发展伦理学更应当扬弃一切异化。随着基因技术的不断发展，未来的伦理世界、道德世界将呈现自然人—技术人、自然家庭—人工家庭混合共生的过渡形态，道德哲学应当以创造性的价值智慧，卓越地调和与解决这个矛盾。这个矛盾的解决对中国民族的未来命运具有更为重要的意义，因为，血缘关系和自然血缘家庭，对中华民族来说，具有更为重要的意义。"中国纯粹建筑在这一种道德的结合上，国家的特性便是客观的'家庭孝敬'。中国人把自己看作是属于他们家庭的，而同时又是国家

---

① 注：在《罪与罚》中，陀思妥耶夫斯基的借主人公的口反复追问："如果没有上帝，世界将会怎样？"

的儿女。"①

　　也许，未来人类文明的命运，未来伦理的形态，未来道德哲学的命运，取决于人类是否有足够的哲学智慧、以什么样的哲学智慧，解决自然人—技术人（人工生命）、自然家庭—技术家庭（人工生命家庭）的矛盾这个新的文明时代的基本课题。基因技术的哲学革命呼唤创造性的道德哲学，这种创造性道德哲学的要义在于：最大限度地尊重并开发漫长的"人类文明"时期"自然道德哲学"的合理内核，寻找"自然的伦理"与"不自然的伦理"的中庸点与结合点，"自然人"（自然生命）—"技术人"（人工生命）一体，由"自然人"（自然生命）及"技术人"（人工生命），实行"不自然的道德哲学"的辩证转换与辩证建构。

　　我们现在已经感受到一种伦理革命和道德革命的躁动，这个新生的胎儿现在还不可触摸，为他量体裁衣尚有待时日，道德哲学上的准备，当是拥抱他的第一份也是最好的礼物。

---

　　①　［德］黑格尔：《历史哲学》，第127页。

十　伦理，到底如何关切生命？

（一）"生命伦理"，如何才是真命题？

生命伦理学诞生半个世纪，一个追问指向这一学科：繁荣与荣光之际，我们是否忽略了一个必须完成的基本哲学问题：生命，与伦理是否关联？如何关联？

显然，如果不能完成这一哲学课题，"生命伦理学"便可能遭遇概念上的根本颠覆，"生命伦理"就是一个伪命题。

于是，必须进行关于生命与伦理关系的哲学诠释：生命，到底如何与伦理"在一起"？

确切地说：伦理，到底如何关切生命？

宇宙万物，没有什么比生命更充满魅惑和挑战。生命是生灵在场的时空透迤，更是"人"这一独特宇宙现象的剧场演绎，于是"人"将生命对象化，严峻而不懈地反思；生命短促有限，最残酷莫过于人是所有生灵中唯一意识到自己必定死亡的动物，只能向死而生，大巧若拙地放逐生命的进程；人之生是一次偶然甚至荒诞的事件，却基因性地复制留待人们永远抗争的不平等的大千世界，人之死是必然归宿，最后一息才让所有生命复归终极平等。也许，人类的最大痛苦和最大智慧，是对生的偶然与死的必然的自觉自知，于是，才有"生"与"命"的纠结，"病"与"康"的抗争，"死"与"亡"的事实与意义的二元分殊，诞生对生命永续的期待，对无限与永恒的渴望。雅斯贝斯早就发现，在人类的童年即轴心时代，环绕不同文明轴心旋转的诸多相互陌生的民族，如希腊、中国、印度，产生了一个共同的信念或意识形态，相信人类可以在精神上将自己提升到与宇宙同一的高度，进而与世界共永恒。从此，生命便成为生理延展与意义追求一体的文化存在，生命不再是尘埃般与浩瀚宇宙对峙的唯一，也不再孤冷,不再恐惧,因为指向无限与永恒的意义关切成为生命的守望者和守护神。意义,成为"生"的确证和"命"的归宿。"有的人活着,他已经死了;有的人死了,他还活着。"臧克家的名言其实只是"人"之"生"与"死"的诗意演绎。

"轴心觉悟"之后,文化虽风情万种,生命的守护神却永远只是两位:宗教与伦理。在西方,生命与上帝同在;在中国,生命与伦理同在。沧海桑田,物转星移,飘逝的是"生",历史全景中主宰的是"命"。伦理与宗教,分别成为中西方人不息生命的两个永远的文化伴侣,大千世界,中西文明,共有的是"生",一切的生动都来自作为"生"之文化伴侣的伦理与宗教。文化人类学智慧而宽容地将轴心时代以来的世界文明诠释为宗教型文化与伦理型文化。不幸的是,携带"轴心思维"基因的世人习惯于夸大二者之间的殊异,多有"因其大者而大之"的好奇与诧疑,少有"因其小者而小之"的气势与胸怀,于是,宗教与伦理之于生命的意义,犹如一对失散的双胞胎,因成长中沐浴的不同风霜而相互陌生,甚至相互挤对。其实,追根溯源,无论宗教还是伦理,天职都只是一个,就是守望和守护生命,诚如丹尼尔·贝尔所说,"文化本身是为人类生命过程提供解释系统,帮助他们对付生存困境的一种努力。"[1]"生"是人的终极追求,"死"是人的终极归宿,宗教与伦理是"命"的最高智慧,作为生命的守望者与守护神,它们不只是终极守护,而且是终生守护,即对生命从诞生到死亡,从偶然到永恒的永远守护,因而是生命的终身伴侣。这种守望和守护,对具有异域风情的宗教型文化来说,也许容易演绎和理解,但对入世即在现世中将生命引向无限与永恒的中国伦理型文化来说,乃是一个有待追问和有待自觉的问题。

对伦理型的中国文化来说,生命与伦理的哲学关系的澄明,具有特殊的意义:如果不能完成这样辩证,中国的生命伦理学就永远像恩格尔哈特所指出的那样,是从西方"进口"的,而不是本土的和"中国的"。在中西方,生命都是世界的主体,不同的是,在中国,伦理是文化的核心,不仅在传统上而且在现代,中国文化都是一种伦理型文化,"生命"与"伦理"在文化上一体相通,合而为一。"生命伦理"的真义,无疑不只是对

---

① [美]丹尼尔·贝尔:《资本主义文化矛盾》,赵一凡等译,生活·读书·新知三联书店1992年版,第24页。

待生命的伦理态度或生命的伦理立法，而是生命的伦理形态，是生命的伦理规律、伦理真理、伦理天理。

中国文化中的生命，与英语世界的 life、live 等具有不同哲学意义。life，live 的要义是生活，即"生"而"活"；而在"生命"的话语重心，相当程度上不在世俗性的"生"，而在超越性的"命"。"命"不仅是相对于"生"的世俗存在的超越性，更是"生"的最后决定性和"生"的目的性。"命"的意味在 life 和 live 中并不直接内在，而是融摄和呈现于与生命终极相关的宗教的文化构造之中。"命"是伦理型中国文化的特殊理念，何谓"命"？"命"常与作为本体性存在的另一个超越性概念一体——"天"，所谓"天命"。"莫之为而为者，天也，莫之致而至者，命也。"①孟子以伦理话语的句式告诉世界，"生命"之中，内在两个构造，"生"是存在，"命"是意义，"生命"是存在与意义、世俗与超越的统一。同样，"伦理"之中，也存在两个构造，"伦"是实体，是存在，"理"是"伦"的真理与天理。"生命"之中，内在"生"与"命"的张力；"伦理"之中，内在"伦"与"理"的辩证。"伦"，既是"生"的实体，也是"命"的显现，"生命伦理"，就是生命的伦理真理、伦理天理或伦理天命，因而既是生命的伦理存在形态，也是生命的伦理关切。

然而，生命既是空间上的呈现，即现实的生活，"生"并且"活"着，"生"统摄"活"，"活"确证"生"；更是时间上的延展，延绵为俗语所说的"生老病死"的过程。生命，既是一种现象，是"人"所"现"的"象"，又是一个进程，即"人"的"出场—在场—退场"的生理和文化进程。在生命进程的意义上，"生命伦理"是人"出场—在场—退场"的伦理。在伦理型的文化，甚至在任何文化中，"伦"的实体都是人及其生命最重要和最基本的"场"，人总是在"伦"中"安生"并且"立命"。由于"理"是"伦"的真理、天理与规律，"生命伦理"相当意义上是人"明伦—安伦—归伦"之"理"。因此，"生命伦理"既是时间意义上"生命全程"的伦理，也是空间意义上"生命全息"的伦理。"生命伦理"，必须是对人的"出场—在场—退场"的全程生命和生老病死的全部生活具有解释力和呈现力的伦理，是生命的伦理精神的现象学。"生命伦理"不是问题的碎片，也不是基于各种道德哲学传统的伦理私见

---

① 《孟子·万章上》。

的汇集，只有在全程生命和全部生活中考察和把握生命与伦理的关系，才能建构起真正的"生命伦理学"。

要之，"生命伦理"不是"生命"与"伦理"的嫁接，它内蕴一个哲学认知和文化信念：生命是生理与伦理的二重存在，伦理是生命的意义构造与文化形态，人只有在伦理中，才能安"生"，才能立"命"。在这个意义上，生命伦理学的基本哲学任务是：面对生命，如何学会伦理地思考。因"命"而"生"，由"伦"而"理"，一言以蔽之，"生"之"理"，"伦"之"命"，这就是"生命"的"伦理"关切的真谛与真理。

（二）"生命伦理"，还是"生命道德"？

"生命伦理"首先遭遇一个语义哲学问题："生命"的谓语为何是"伦理"而不是"道德"？或者说，"生命"的文化密码与文化期待为何是"伦理"而不是"道德"？

问题的真实性不证自明。在英语世界，"生命伦理"有专用术语"Bioethics"；在汉语世界，从一开始就是"生命伦理"而非"生命道德"。这一现象也许可以这样辩护：在现代话语中，伦理与道德已无区分，"生命伦理"只是一种话语习惯或约定俗成。然而，另一个事实质疑这一辩护：在任何严谨的关于生命伦理的学术讨论中，伦理与道德几乎总是同时在场，并且具有显然不同的指谓，人们总是揭示生命伦理所遭遇的许多道德问题，无论在专业性学术讨论还是日常话语中，"生命道德"的话语都十分难见。由此可以假定，"生命伦理"作为某种具有世界性的话语表达，表征和传递着一种社会的潜意识，或文化直觉与集体知识：生命的价值关切，是伦理至少首先是伦理。虽然康德以来的西方理性主义传统粗糙而粗暴地以道德取代伦理，虽然这种学术流感在全球化飓风的裹挟下已经传染了伦理故乡的中国，使中国道德哲学不再有足够的耐心甚至丧失往昔那种对伦理与道德进行审慎区分的学术上尽精微的细致功力，但"生命伦理"的话语还是以直觉和潜意识的方式不经意间在伦理与道德之间做出了文化选择。这种表达不是话语偏好，而是传递了某种更为深层的文化信息。于是，"生命伦理"逻辑地必须完成的学术辩证是：伦理与道德，在关于生命的价值关切中，到底具有何种不同的意义？

"生命伦理"的哲学精髓是什么？顾名思义，生命伦理是关于生命的

"伦"真理与"伦"天理。这一诠释关涉伦理与道德的哲学区分。虽然中西方道德哲学传统存在深刻殊异，但关于伦理与道德的概念在哲学层面却基本相通。伦理与道德之间，"伦"是实体，"道"是本体；"理"是天理，"德"是主体。"生命伦理"的深刻意蕴和最大秘密在"伦"。"伦"是什么？"伦"是人的共体、家园和本质。在抽象意义上，它是人的公共本质；在现实性上，它是人所赖以生存的共同体。作为人的类生命和人的个体生命的第一个意识形态的古神话与童话都已经表明，人的存在的"无知之幕"或本真样态是实体或"在一起"，个体生命在母体中孕育和分娩的诞生史也不断提醒和强化这种意识，实体是生命的本质和家园。于是，实体或"在一起"便成为"伦"的第一哲学真义。但是，人类生活的现实是"分"，无论人的类生命还是个体生命，在诞生的那一刹那，就开始了"分"或"别"的进程。亚当夏娃在伊甸园中偷吃智慧果之所以是"原罪"，就是因为极具哲学表达力的"智慧果"的第一次启蒙导致伊甸园完美实体的"别"——不仅是亚当与夏娃之间的"性别"，更是上帝与自己的创造物之间的"别"，从此，人类走上通过"伦"的拯救重回伊甸园的文化长征。个体生命同样如此，"青梅竹马，两小无猜"所有的美好，就在于在自我意识中还没有个体最自然也是最重要的"别"即"性别"。

人与自己实体的"别"，性之"别"，导致了生活世界中诸多伦理关系的"别"，所以，"伦"的第二要义是"分"或"别"，这是人类所处于其中的伦理世界的真实或现实。但是，"别"只是"伦"的教化或异化，"伦"的真谛与真理，是由"别"走向"不别"，于是，伦理世界的家园，无论在出世的宗教型文化还是在入世的伦理型文化中，都只是一个出发点："爱！"因为，正如黑格尔所说，"爱"的本质就是不独立，不孤立，其文化功能和文化魅力就是由"别"复归于"在一起"。于是，"爱"便成为最基本也是最高的"伦"之"理"。由此，"伦"的第三个本性，便是由"别"向实体，或由"分"向"不分"的复归，以孔子为代表的中国文化将这种境界称为"大同"，即透过"别"的中介而重新"在一起"。以上三方面，构成"伦"及其"理"的基本内涵，它们的辩证运动，构成人类和个体的精神史。"伦理"之"理"，归根结底是"伦"之"理"，是在相互分别的世界中"在一起"，简言之，是使"我"成为"我们"的智慧。

于是，在伦理中，便存在黑格尔所说的两个最基本要素，即伦理制度和伦理力量。前者即伦理秩序,其要义是孔子所说的"正名";后者是形成伦理的实体性力量,或伦理必然性,其要义是孔子所说的"和"。"代替抽象的善的那客观伦理,通过作为无限形式的主观性而成为具体的实体。具体的实体因而在自己内部设定了差别,从而这些差别都是自由的观念规定的,并且由于这些差别,伦理就有了固定的内容。……这些差别就是自在自为地存在的规章制度。"但是,伦理的本性不是由伦理制度所规定的差别,而是这些差别所形成的"体系",这个有差别的体系是伦理性东西的合理性,它是伦理必然性的圆圈,即伦理力量。"这个必然性的圆圈的各个环节,就是调整个人生活的那些伦理力量。"① 这个有差别的"体系",被孔子表述为"君君臣臣,父父子子";这种伦理必然性和伦理力量,被孔子表述为"和";而对伦理制度的尊奉与坚守,被孔子表述为"正名"。中西方道德哲学的差异,在相当程度上是话语方式的差异,在哲学智慧的深处总是异曲同工。"伦"的本性是实体,"理"的天性是经过个体与实体分离的异化之后,透过向"伦"的复归而重新"在一起",回到"伦"的家园。

"在一起"的回到家园的全部魅力和全部动力,在于"我们"原本在一起那种不证自明和不可反思的原初状态和价值信念,因而伦理之理,就是个体性的"人"与实体性的"伦"的关系之理,是"人伦"之理。不同的是,在宗教性文化中,人作为实体性存在的价值的根源是上帝造人的"创世纪";在入世的伦理型文化中,是现世生命诞生的那种慎终追远的自然情感。二者都是神圣性,前者是宗教的神圣性,后者是基于家族血缘的自然的或世俗的神圣性;前者是信仰,后者是信念。不过,共同共通的是,中西方道德哲学都认为,存在两种基本的"伦"或"伦"之"理",中国道德哲学表达为"天伦"与"人伦",西方道德哲学表达为"神的规律"与"人的规律";前者是家庭即自然生命的共同体,后者是社会或社会生命的共同体,家庭、社会、国家,是三种基本的伦理性实体。同样共同共通的是,中西方道德哲学都在天伦与人伦之上预设或悬置了一个作为最后根源的超越性的"伦",在西方是上帝,在中国是所谓"天"。正如一位哲学家所揭示的,中国文化中的"天",实际上是没有人格化的上帝,重大区别在于,"天"在中国文化中只是一种悬置,"天道远,人道

---

① [德] 黑格尔:《法哲学原理》,范扬、张企泰译,商务印书馆 1996 年版,第 164、165 页。

迹"。伦理即天理。伦理与生命的哲学同一性表明，"生命伦理"既是生命的"伦"天理，也是生命的"伦"真理。

对于生命，伦理与道德究竟具有何种不同的文化意义？在哲学意义上，道德只有在伦理中才有现实性。伦理是"伦"之"理"，是人从实体中走出，通过生活世界最后回归于"伦"的家园的文化历程；道德是"道"之"德"，是在伦理的具体历史情境中获得"道"的智慧，成为"德"的主体性存在的文化历程。伦理与道德深切相关甚至深度交集，但却有不同意义功能，二者关系的要义，是"理"向"道"的转化。"伦"是存在，"理"是天理，也是对"伦"的良知，而"理"向"道"的转化，是由存在向智慧，由认知形态的"伦"向冲动形态的"伦"的转化，或由知向行的转化。人的存在的真谛是实体，"伦"的实体状态即"道"的原初状态，"大道废，有仁义，智慧出，有大伪"①。老子提出但没有回答的问题是：为什么"大道废"，就有了"仁义"？或者说，为什么"大道废"了之后，就有了"仁义"的诉求和智慧，二者之间到底存在何种因果关联和历史必然性？在中国文化中，仁义是道德的代名词，至少是道德的核心。"大道废，有仁义"隐含一种历史悖论与哲学判断：仁义既是大道的异化，也是对大道的修复，因而仁义的道德包含着回归大道的某种终极性的意义功能。于是，就必须从对仁义的道德哲学解读中寻找答案。从先秦到宋明，仁义具有两个相反相成的文化功能，"仁以合同，义以别异"。"仁"的功能在"合同"，所谓"仁者爱人"，"仁者无不爱也"，通过不孤立、不独立的"爱"回到"合同"的实体状态；"义"是别异，其要义是在现实的也是以差别为原则的伦理制度中安伦尽份，做伦理份位所规定的事，克尽伦理本务，从而形成"惟齐非齐"的"和"的伦理必然性和伦理力量。于是，仁义不仅联结着原初的实体世界和异化了的差别性的生活世界，而且更重要的是回到"伦"的家园的创造性的道德力量。所以，道德逻辑历史地期待伦理的前提，道德是客观伦理的主体性呈现方式。"伦理性的东西，如果在本性所规定的个人性格中得到反映，那便是德。""德毋宁应该说是一种伦理上的造诣。"②

由以上关于伦理与道德的哲学辩证，可以引出两个假设或结论。其

---

① 《老子·十八章》。
② ［德］黑格尔：《法哲学原理》，范扬、张企泰译，商务印书馆1996年版，第168、170页。

一,中西方生命伦理具有相通性,因而可以在哲学层面深度对话;其二,据此可以在理论上诠释甚至超越现代生命伦理学的某些前沿性的难题。

"生命伦理"是中西方道德哲学的共同话语,但却有不同的问题域。共同话语体现生命的智慧真谛,不同问题域体现道德哲学的不同传统。美国生命伦理学家恩格尔哈特在《生命伦理学基础》中提出了一个问题:一种"能够超越由不同的传统、意识形态、俗世的理解和宗教所形成的具体道德形态来得到辩护"的"一般的俗世的生命伦理学"是否可能?①他发现一个严峻的事实,"当代的生命伦理学问题是建立在道德观破碎的背景上产生,这种破碎紧密联系着一系列的信仰丧失和伦理的、本体论的信念改变"②。于是,他提出两种生命伦理学:"朋友之间及异乡人之间的道德和生命伦理学",亦即现代西方道德哲学中广泛讨论的道德本乡人和异乡人的问题。③ 不得不说,恩格尔哈特敏锐而深刻地发现了问题,他的《生命伦理学基础》所讨论的问题远远超出生命伦理学本身,已经是一部道德哲学著作。

然而,也不能不承认,恩格尔哈特所提出的问题,是一个典型的西方道德哲学问题,至少是西方道德哲学传统所遭遇的问题,并不是一个中国道德哲学问题,虽然它可能在现实中成为或演变为中国道德问题。因为,西方道德哲学的传统,是将伦理与道德相分离,离开伦理的前提和具体的伦理情境,试图寻找普遍有效的道德准则,即恩格尔哈特所说的"一般俗世的生命伦理学"。西方道德哲学经亚里士多德开辟的古希腊的"伦理"传统,在古罗马断裂性地型变为"道德",到德国古典哲学,这一历史轨迹同源分流为康德与黑格尔两大谱系,前者是寻找道德的"绝对命令"道德哲学谱系,后者是融伦理与道德于一体的精神哲学谱系。前者是"真空中飞翔的鸽子",不仅追逐并且只是"实践理性",务求"纯粹";后者是"黄昏起飞的猫头鹰",即背负着伦理经验的道德。遗憾的是,现代西方道德哲学选择了康德而故意冷落黑格尔,于是,陷入伦理认同与道德自由之间不可调和的矛盾,演绎至今,形成处于如美国哲学家黑尔所说的那种在伦理与道德之摇摆的"临界状态"。恩格尔哈特的问题及

---

① [美] H. T. 恩格尔哈特:《生命伦理学基础》,范瑞平译,北京大学出版社 2006 年版,第 25 页。

② 同上书,第 19 页。

③ 同上书,第 77 页。

其纠结就是这一道德哲学传统的折射。

　　然而，中国道德哲学传统从一开始就是伦理与道德共生，不仅老子的《道德经》与孔子的《论语》共生，而且主流的道德哲学体系从一开始就以孔子的"克己复礼为仁"为范型，"礼"的伦理是"仁"的道德的现实内容和价值目标，开辟并形成伦理与道德一体、伦理优先的道德哲学传统。在这种传统中，道德异乡人与道德本乡人或同乡人其实是一个伪命题，因为任何道德都只能在具体甚至共同的伦理具体性中才有现实内容和合理性。诚然，现代中国社会由于文化开放和价值多元，伦理存在和伦理实体也出现多元化走向，事实上也存在道德的同乡人和异乡人问题，但是，至少在伦理道德一体、伦理优先的道德哲学传统中，道德的同乡人和异乡人问题在理论上不是或不成为一真问题，或者说，如果依循和坚守这一传统，它就不是一个真问题。因而，在中国道德哲学传统中或中国道德体系中，生命伦理学不存在"恩格尔哈特烦恼"，至少在理论上不存在或没有这么强烈，西方生命伦理学的诸多难题，在中西道德哲学传统的互镜互释中有望得到诠释和解决，而对中国生命伦理学而言，必须直面的是一些具体的"中国问题"。

（三）"生"之"理"；"生"与"活"的伦理重奏

　　"生"以什么确证自己？"活"！"生命"的在场方式是："生"，并且"活"着。

　　"生命伦理"是"生"之"理"，或"生生"之"理"！

　　生命伦理首先是"生"之"理"，即生命进程中人的诞生与存续之理。用世俗话语表述，是人的"生"与"活"之"理"；用哲学话语表述，是人的生命的出场与在场之理。"生之理"是何种"理"？显然不是，或至少不只是生理之"理"，在现实形态上应当甚至必须是伦理之"理"，简言之，"生之理"即"伦之理"。"生"与"活"、生理之"理"与伦理之"理"的二重奏，才使生命伦理的"生之理"成为人及其生命的生生不息之理，即"生生之理"。

　　如果将生命当作"生"与"命"的二元构造，将生命分解为"生—老—病—死"的现象学进程，那么，"生"（狭义）与"病"是"生"的结构，"老"与"死"是"命"的结构。在生命现象和生命进程中，

"生"有两种含义和两种词性，作为非连续动词的"生"即诞生，是生命的出场或在出世；作为连续动词"生"即所谓"活"，所谓"生活"或"生存"，是生命的在场或在世；"生"与"活"、出场与在场，构成广义的"生"。正因为如此，"生活"成为"生命"的自在自为形态，包含"生"与"活"两个结构或过程，其基本语词意义是"生"并且"活"着。在生命现象与生命伦理中，"生"展现为人的诞生、健康、疾病和治疗的诸环节及其进程，它几乎是人的俗世生活即"在世"的全过程。"生之理"即"伦之理"，因为，一方面，生命诞生和持存于现实的伦理实体和伦理关系中，伦理或伦之理是"生"及其进程的最重要的文化支持；另一方面，在生命的现实形态即"生活"之中，不仅存在"生"与"活"的进程，而且内在"生"与"活"的紧张，"生"一定"活"，而"活"却不一定"生"，否则就不会有"活着却死了，死了却活着"的那种生命悖论，伦之理，是"生"的意义结构。可解释的是事实，不可解释的是生活，问题在于，对无论对生活还是广义的生命来说，不可解释而又必须解释，这便是生命伦理的大智慧，也是人文科学的价值真理所在。

"生"起始于"诞生"。生命自"诞生"便开始了生理与伦理的二重奏，确切地说，是以生理为台词，伦理为旋律的二重奏，深藏并演绎着伦理的音符和密码。在现代文明背景下，诞生作为生命序曲的第一个难题便是基因伦理。迄今为止的人类社会的全部基础，都建立在生命诞生的不可选择、不可控制的基础上。虽然人类从初年开始就开始了人种"优生"的设计，古神话中所谓英雄配美人，以及日后形成的中西方传统，其实根本上都是人类的优生谋划，对现代中国仍有重要影响的"郎才女貌"实际上是"英雄美人"优生谋划的文化版或文明版。其实，这种基于自然条件的优生选择是人类从动物进化中携带的基因，鹿王和大猩猩世界的残酷决斗，相当程度上是物种再生产中优生的自然选择的蒙昧版。自第一把石斧创造以来，文明史相当程度上是人类选择能力不断扩张的历史，现代高技术使人类选择能力达到空前甚至狂妄的程度，基因技术尤其是克隆技术将人类文明和人类的选择能力推到底线。基因技术对人类文明的最大挑战，在于存在一种前所未有却可能根本改变人类前途的文明风险，它使人种的再生产由自然的"诞生"变成工业化的"制造"，从而在根本颠覆人种再生产的形态的同时，根本颠覆人类文明的形态。一旦克隆成为人种再生产的主流形态，那么迄今为止的一切人类文明将成为史前文明，包括今天"在场"的所有地球人都将成为"原始人"。基因治疗与器官移植同样如此，因为它们达到一定程度，量变引起质变，将消解人的自然实体性，虽然生物学意义上的"人"依然存在，但已经不是自然意义上的"这个人"，而是"人"的零部件的杂交组装，就像流水线上的机器组装一样。

所以，高技术对生命伦理的第一个也是最大的挑战，是基因技术对人的"诞生"形态的颠覆，它根本改变人"类"的伦理，从"自然的伦理"蜕变为"不自然的伦理"，①根本改变甚至颠覆世俗伦理关系的"起跑线"或自然基础。因为迄今为止人类社会及其组织的基本原理和文化是：人的诞生或出世的第一个伦理实体即家庭背景是不可以选择的，由此，人所赖以生存的第一个自然环境也是不可选择的，于是产生具有准宗教意义的所谓"缘"即"血缘"和"地缘"的观念。在这个意义上，人睁开眼睛后所看到并遭遇的第一个伦理事实是不平等，不仅家庭出生和地域状况因为诸多"差别"而不平等，而且最自然的还有"性别"的不平等。也许，生命的所有魅力都源于这种原初状态或无知之幕的不平等或不可选择性，正因为如此，人类才以生命的根源动力发展了诉求和追求平等的选择与奋斗能力。自历史开启以来，生命及以此为基础的人类文明，都建立在这种自然史的基础上，"诞生"的生命伦理意义，在于生命出场的自然伦理实体的不可选择性。

自生命诞生逻辑引出的便是生命的诞生权利问题。在生命伦理学研究和中西方传统中产生广泛分歧的堕胎问题聚讼的哲学焦点，其实是伦理与道德两大哲学传统及其文化立场的分殊。恩格尔哈特认为，俗世道德看不到堕胎的不道德性，"这在很大程度上是由于人类生物学生命的开端并不是作为道德主体的人的生命的开端所造成的"。但同时他又认为，"人所生产的精子、卵、胚胎和胎儿，仅次于自己的身体，用俗世的道德语言来说，完全是自己的。它们是一个人自己的身体的延伸和果实。它们服从于人自己的处置，直到它们作为有意识的实体而自己掌握了自己、直到在其同体中给予它们一个特殊的地位、直到一人把对它们的权利转让给了另一个人，或直到它们成为人"②。不难发现，恩格尔哈特上述论述的立场是

①　关于基因技术的伦理挑战，参考樊浩《基因技术的道德哲学革命》，《中国社会科学》2006年第1期；樊浩《自然的伦理与不自然的道德哲学》，《学术月刊》。

②　[美] H. T. 恩格尔哈特：《生命伦理学基础》，范瑞平译，北京大学出版社2006年版，第253、255页。

矛盾的,前者是基于胎儿生命的道德立场,后者是基于胎儿与母体关系的伦理立场。显然,堕胎的权利的论争根本上不在于胎儿是否是生命,而是对待这个可能的生命的伦理与道德的两种不同态度。基于伦理的态度,胎儿是父母身体的实体性延伸和果实,因而父母对它有意志自由;基于道德的立场,胎儿是可能的生命,因而堕胎是不道德的。但最后的事实正如恩格尔哈特所说的那样,胎儿作为私有财产的地位和国家的有限权威,使得限制堕胎的强制行为在一般世俗道德中成为不适当的,而胎儿作为私有财产的道德合法性相当程度上来源于它们与父母的伦理一体性与伦理实体性。在这个意义上,堕胎根本上是一个伦理问题,而不是道德问题。

自诞生之后,生命便是一个从成长到终结的自然进程,健康是生命自然进程的常态,疾病则是生命进程中的脱轨、失序和加速,最严重的后果是导致自然进程的中断。所谓"寿"与"夭",即生命的自然进程与非自然进程。恩格尔哈特提出了"作为人的病人"的概念,它所隐含的命题是:"病人"不是至少不仅仅是与"健康人"相对应的概念,应当在与"人"的伦理实体的关系上考察关于"病人"或"疾病"的生命伦理。在伦理的意义上,"病人"是从"人"的伦理实体中离析出来的一个子集,内在三种伦理关系:"病人"在"人"的伦理实体中的权力;"人"的伦理实体对待"病人"的态度;治疗过程中的伦理关系尤其是医患关系。病人作为"人"的伦理共同体的成员,享有治疗的权利或福利,家庭之所以具有治疗和关怀病人的自然义务,不仅出于爱或血缘亲情,而且是这个自然的伦理实体所规定的义务,到目前为止,这个义务几乎是所有文化背景下人们的自然良知或共同良知。作为这种义务的延伸,"病人"享有对社会与国家的治疗福利的权利,这种权利不仅在他们为社会做出贡献即推进社会福利的积累之后,而且即便对还没有能力或没有机会为"人"的共同体做出贡献之前,如婴儿与儿童应享受的医疗福利,移民的医疗福利等。"病人"在"人"的实体中的医疗福利是人的最基本的伦理安全,也是人的实体的伦理关怀的最突出的体现。在这里,无论公共医疗政策还是社会风尚,在背后起决定作用的都是"人"对"病人"的伦理态度,是社会的伦理自觉的程度。总之,生命进程中的疾病与健康,是一个具有很强伦理意蕴的道德哲学概念,关于疾病与健康的理念,期待一次深刻的伦理觉悟,伦理觉悟的核心是:不只是在医学意义上将"病人"与"健康人"相对应,而应当在生命伦理,在道德哲学意义上将"病人"

与"人"相对应，在"人"的伦理实体意义上确立对于"病人"的伦理理念和伦理态度，这是"生之理"作为"伦之理"的根本。

医患关系同样如此。长期以来，医患关系成为中国社会最严峻也是最深刻的社会问题之一，根据我们持续近十年的社会大调查的信息，在当今中国社会，医生已经成为继政府官员、演艺界、企业家与商人之后第四大在伦理道德上最不被信任的群体，而医生不被信任，在社会后果上可能比任何一个社会群体不被信任要严重得多，因为它预示着人的自然生命处于可能的危机之中。医患关系的危机，本质上是一场伦理危机，是伦理认同、伦理觉悟和伦理关系的危机。生命进程中，医生往往充当或被期待充当"病人"和"健康人"之间的"上帝之手"，然而，在市场化和祛魅了的缺乏伦理追求的职业认同下，医生往往只拥有充当"上帝之手"的威势或特权，却没有上帝所要求的那种情怀和精神，甚至根本上不具备这样的技术能力和伦理抱负。治疗中的诸多生命伦理问题，如医生的语言形态即医学语言与伦理语言、知情同意、病人权利等，大多发生在技术和知识的层面，其实更深刻的问题是医务人员的伦理认同与伦理理念。正如恩格尔哈特所说，对医务人员来说，病人是"一个异乡土地上的异乡人"，但是，恩格尔哈特仅仅在知识与技术层面理解"异乡人"，其实，病人在治疗的特殊境遇中还是一个伦理上的异乡人，他们已经从"健康人"的实体中被离析出来，成为一个伦理上的异乡人，不得不适应一些新的外在的伦理关系模式和伦理期待，在正在加入的医患关系这个社会群体中，他们可能没有任何成员地位，只能把自己的健康、财富甚至生命托付给医生。医生不仅成为病人眼中的上帝，也常常以上帝自居，不幸的是，却少有上帝的品质。现代医患关系的生命伦理症结在于：医生成为也把自己当作"病人—健康人—人"之外的特殊存在，进行去伦理化的自我身份认同，即市场化的职业认同。其实，正如西方生命伦理学家所发现的那样，医生与病人的关系应当是朋友，而不是异乡人。根据我们的调查，在现代中国社会，朋友关系传统上是现在依然是包括家庭血缘关系在内的五种最重要伦理关系之一，① 因而同样需要一种伦理上的觉悟和伦理上的建构。我们不能期望医患关系成为朋友关系就能解决一切问题，但这种职业关系向伦理关系转换与提升，无疑对化解日趋紧张的医患关系具有重要意义。

---

① 参见樊浩等著《中国伦理道德报告》，中国社会科学出版社 2011 年版。

要之,生命之理即"生"之"理","生之理"是伦理之理或"伦之理",而不只是生理之理,也不只是医疗技术之理或职业之理。"生"的生命伦理的建构,期待一种将生命回归伦理和伦理实体的彻底的伦理精神,这种彻底的伦理精神,本质上是一种彻底的人文精神,由此,"生"之"理"才能成为"人"的"生生之理"即生生不息之理。

(四)"伦"之"命":"死"与"亡"的伦理商谈

"生"为何与"命"联姻?

原因很直白,生命的最大奥秘是:"生",并且由"命"!

"生命"之"命"是何种"命"?

"伦"之"命"!

"生"与"死",是生命的在场与退场的两个过程,宗教与伦理对待这两个截然不同的生命过程的共同智慧,是将它们当作生命存在的两种状态,即此岸和彼岸;并且,无论宗教型文化还是伦理型文化,都倾向于认为,"生"与"死"的背后内在一个最后的决定性或必然性,这就是"命",所谓"死生由命",也许,这就是"生"——"命"相连所生成的"生命"理念的哲学奥秘所在。"生命"之中,"生"是世俗结构,"命"是超越结构;"生"是偶然性,"命"是必然性。"生"——"命"合一的哲学大智慧,赋予人之"生"以终极目的性,也赋予人之"活"以终极的合理性,使宗教的因果报应与伦理的善恶报应,总而言之使所谓德福一致具有逻辑与历史的现实性,这是从古神话到作为人文精神最高智慧形态的宗教与伦理的共同智慧密码。在"生"与"命"的二元构造中,"生"也许具有一定的可解释性或可解读性,"命"却是所有宇宙现象中最"不可道""不可言"的而人类又总是不懈地追求对它的"道"与"言",所谓"莫之致而至者,命也"。也许正因为如此,生命才具有无穷的魅惑,"由命""立命""正命"才成为人"生"的态度、境界和追求,因为它使人的生命成为存在与价值,或生理与伦理统一的区别于其他任何动物的文化存在。不可解释又必须解释,这才是"生命伦理学"的最大哲学诱惑。

"生命"从根本上说是一个反义词,因为"生"是一个向"死"而"生"的自然,也许,如果没有"死"即"生"的终结,人类永远也不会思考"生"的问题，也不会诞生"生命"的理念，正因为如此，人生观的问题发生及其真谛是"人死观"——因为死是人的必然归宿，所以才必须严肃而执着地探寻生的真谛。"生命"既是"生"之"命"，更是"死"之"命"，只是"生之命"是世俗的，展现为多样的，而"死之命"是必然的，人人平等。因为"死之命"是必然，不可逃脱，于是，人类将智慧投向一种生命超越性的在场方式，诞生与"死"相对的另一个理念："亡。""死"与"亡"都表征生命的退场，但"死"是肉体生命的退场，"亡"精神生命或所谓灵魂的退场，于是便存在一种可能：肉体退场，灵魂在场。不同的是，在宗教型文化中是在另一个时空即所谓"天国"在场；在伦理型文化中只是转换了在场的形态，由物理时空的在场，转换为精神时空中的在场。无论如何，这些都只是改变了"活"的方式：前者"永远活在天国"，后里"永远活在人们心中"，宗教与伦理，只是出世与入世的区别。作为"死亡"的书面表述的所谓"逝世"，只是表明人与现世生命链环的一次告别，或与"在世"的一次告别，转而以另一种生命形态在场或"活"着，告别现世，报到来世。至此，"生"之"命"便表现为"死"与"亡"的商谈，"死而不亡者寿"，老子揭示的这个真理，意味着人不仅可以永恒，而且真正的永恒不是"不死"，而是"不亡"，即"死"后如何不从世界中彻底地退场。但是，正如"生"之"理"是"伦"之"理"一样，"死"之"理"也是"伦"之"理"。"生"之"命"、"死"之"命"，归根结底都是"伦"之"命"，是由"伦"即"伦"的实体所决定的"命"，因而必须也只能从与"伦"的关系中理解和诠释"死"与"亡"的商谈，对伦理型的中国文化来说，尤其如此。

　　"自杀"是现代中西方生命伦理学聚讼焦点之一，其实，关于自杀的论争，本质上是一个伦理纠结。在一般意义上，自杀意味着生命自然进程的自我终结，因而关涉主体对于生命的权利问题，于是，不同文化和不同时代便表现出巨大差异；然而在学术经典中却存在基本的共识，这就是在与"伦"的关系中讨论。关于自杀的经典论述最容易引起误读的是黑格尔。在《法哲学原理》中，他曾在同一个论域下三次讨论自杀问题，但结论却非常不同甚至截然相反。在导论中，他明确指出："意志这个要素所含有的是：我能摆脱一切东西，放弃一切目的，从一切东西中抽象出来。唯有人才能抛弃一切，甚至包括他的生命在内，因为人能自杀。"①
从意志及其自由的意义上考察自杀问题，这是他立论的形而上学基础。在
他看来，法的基地是精神，精神的出发点是意志，意志的本性是自由，自
由与意志的关系，就像物体与重量的关系一样。于是便有所谓"意志的
理想主义"，即人能摆脱与放弃一切东西，包括自己的生命。然而绝对的
意志自由只是抽象，在现实意义上，生命的自主权必须服从于伦理，由伦
理主导。于是，在"抽象法"的"所有权"部分的开始和最后，他提出
两个相反的立论。前半部分认为，"只有在我愿意要的时候，我才具有这
四肢和生命，动物不能使自己成为残废，也不能自杀，只有人才能这样
做"②。这是意志的理想主义。然而在最后一节，他的立论却是："不言不
喻，单个的人是次要的，他必须献身于伦理整体。所以当国家要求献出生
命的时候，他就得献出生命。但是人是否可以自杀呢? 人们最初可能把自
杀看作一种勇敢行为，但这只是裁缝师和侍女的卑贱勇气。其次它又可能
被看作一种不幸，因为由于心碎意灰，遂致自寻短见。但是主要问题在
于，我是否有自杀的权利。答案将是：我作为这一个人不是我生命的主
人……所以人不具有这种权利。③"

　　"我是生命的主人，拥有自杀权——我不是生命的主人，没有自杀
权"，如何看待这个关于自杀的"黑格尔悖论"? 关键在于，其一，这些
相互矛盾的立论应了关于黑格尔理论的解读方法的一句名言：对黑格尔的
理论，要么全部接受，要么一个都不接受。他在关于意志自由的辩证运动
中讨论自杀问题，在抽象意义上，人有自杀的自由;在具体意义上，人没
有自杀的自由，因为人是具体的伦理存在。其二，重要的是，必须在伦理
实体而不是抽象主体的意义上讨论人的自杀权利问题，在伦理的意义上，
他的最后结论是："所以一般说来，我没有任何权利可以放弃生命，享有
这种权利的只有伦理的理念，因为这种理念自在地吞没这个直接的单一人
格，而且是对人格的现实权力。"④ 所以，自杀归根结底是"裁缝师和侍
女的卑贱勇气"，是一种彻底的生命懦弱和伦理逃逸。因为人必须也只能
献身于"伦理整体"，只有伦理整体才有使人放弃生命的权利，如为国家

民族献身等。如果黑格尔的论述还不够直白或"本土"，那么，两千多年孔子的教诲已经简洁地道出这个天理。孔子的名言是："身体发肤，受之父母，不敢毁伤，孝之始也。"① 为何"身体发肤，不敢毁伤"？因为"受之父母"！自己的生命不仅来自父母，是父母生命的一部分，而且承载着使父母生命永恒的文化使命，在这个意义上，自毁即是毁父母，自伤即是伤父母，对待自己生命的态度，根本上不是权利问题，而是伦理问题，是伦理良知和对待伦理实体的态度问题。因此，关于自杀问题的追究，关键在于"学会伦理地思考"。

　　如果说自杀是个体对伦理实体的生命意志，那么安乐死便更多涉及伦理实体对待个体的生命意志，它是生命伦理学聚讼的另一个焦点，争论的核心是关于安乐死的合法性问题，合法性的核心问题是：安乐，到底是生命主体的"安乐"，还是"生者"的安乐？安乐死的权利，到底是生命主体的权利，还是"生者"的权利？归根结底，还是个体与实体或主体与实体的关系问题。如果安乐死是生命主体的选择，那便与上文所讨论的自杀问题相交切，是一种"安乐自杀"，关涉主体的伦理合法性；如果安乐死是"生者"的选择，便关涉伦理实体对待生命主体的态度问题。无论如何，纠结点都是伦理。安乐死的最大风险是伦理风险，无论自主还是他人实施的安乐死，它都可能使人们放弃生命的伦理责任，尤其他人实施的安乐死，潜在的风险是由主体的"生命伦理"，蜕变的"生者的伦理"，即在生命进程中处于强势地位的群体放弃对个体的伦理关切和伦理责任，生命伦理学中关于濒危病人医治的家庭能力和社会代价的争论，已经潜在这个风险，它很可能使个体与社会责任的逃避获得一种伦理合法性甚至伦理上的自我安慰与社会辩护。西方生命伦理将安乐死的最后决定权交给个体，已经发现一些出乎意料的选择，它启示人们，在"生命"与"安乐"的选择之间，对待生命至少需要足够的"美丽的优柔"。一般情况下，在现代生命伦理学意义上，安乐死的决定者往往有两大权利主体：生命主体或者家庭成员。家庭成员为何具有实施安乐死的权利？归根结底，只是因为他们与生命主体是一个自然的伦理实体。无论如何，伦理，还是伦理，才是最后决定性的因素。生命之"命"，归根结底是"伦"之"命"。

　　与死亡密切相关的另一问题是葬礼。在出世的宗教型文化中，葬礼是

━━━━━━━━━━

① 《孝经·开宗明义》。

现世与来世漫漫人生征途上的华丽驿站；在入世的伦理型文化中，葬礼是"送君千里，终有一别"的关塞长亭。各种葬礼，虽形式多样，然而主题却永远只是一个：如何"死"而不"亡"。仔细考察便发现，葬礼的语言，是伦理语言。宗教葬礼上牧师对死者的祈祷，既是向上帝的推荐信，也是生命在世的鉴定书；中国葬礼上的哭泣诉说，既是依依惜别的陈情表，也是以悲痛和泪珠打造的功德林和死者"永远活在我们心中"的宣言书。"死"之悲痛和"亡"之忧患，构成葬礼的二重奏，将人生推向伦理的巅峰。黑格尔曾经说过，"存在者的运动本身也在伦理的范围之内，并且以此伦理共体为目的；死亡是个体的完成，是个体作为个体所能为共体（或社会）进行的最高劳动"。家庭的使命，使死亡成为一个伦理事件，它"把亲属嫁给永不消逝的基本的或天然的个体性，安排到大地的怀抱；家庭就是这样使死了的亲属成为一个共体的一名成员"。① 家庭的重要功能，不仅作为自然的伦理实体给予正在消逝的生命以临终关怀，而且使已经消逝了的生命回到家庭自然伦理实体的怀抱，慎终追远，使之成为家庭共同体的永恒生命链环中的一个伦理性环节。

如果说"死"是生命的终结，那么"老"便是终结的前奏。在生老病死的生命进程中，生与病是自然进程，老与死则是自然进程的失序与中断。"老"是生命的伦理谢幕的起始，本质上是一个伦理性的进程，因而对待老人的态度，对待"老"的态度，最能考量社会的伦理精神和人生的境界。所谓"五十而知天命"，"知"何种"天命"？在自然生命的意义上，就是知"老之将至"。"老"作一个生命伦理现象，核心是所谓"孝"的德行。因为"孝"包含了对生命真谛的禅悟，对生命的伦理态度和伦理追求。在中文中，"孝"在造字上即是"子"背负"老"的会意，而所谓"教"或教化、教育的本意，就是"教子行孝"，可见"孝"在文明和文化体系中的特殊地位。在生命伦理中，必须完成关于"孝"的两个伦理上的澄明或觉悟：到底为什么要"孝"？"孝"的终极意义是什么？两大问题，都围绕一个主题词展开：伦理。为什么要"孝"？"孝"本质上是对待生命的一种伦理态度和伦理体验。黑格尔曾说，在家庭中，父母与子女之间爱的情感具有迥然不同的性质。父母对子女的爱是慈爱，

---

① ［德］黑格尔：《精神现象学》下卷，贺麟、王玖兴译，商务印书馆1996年版，第10、12页。

子女对父母的爱是孝敬。慈爱是这样一种情感，父母意识到"他们是以他物（子女）为其现实，眼见着他物成为自为存在而不到他们（父母）这里来；他物反而永远成了一种异己的现实，一种独自的现实"。子女是父母的作品，是婚姻之中两种人格的共同人格即所谓"爱情的结晶"，所以，父母对子女的爱本质上是对自己，即自己的作品和婚姻共同人格的爱，因而具有某种本能性质，正是在这个意义上，恩格斯才说，爱自己的子女是老母鸡都会的事。然而，子女对父母的孝敬则是一种教化和文化觉悟。"但子女对父母的孝敬，则出于相反的情感：他们看到他们自己是在一个他物（父母）的消逝中成长起来，并且他们之所以能达到自为存在和他们自己的自我意识，完全是由于他们与根源（父母）分离，而根源经此分离就趋于枯萎。"①"孝"基于这样一种生命体认：父母是子女的生命根源，子女是在父母生命的枯萎之中成长起来的。孔子关于"孝"的"返本回报"的诠释，道出了"孝"的生命伦理真谛。因此，"孝"本质上是一种伦理觉悟和伦理上的教养，"孝"的全部根据在于生命伦理。

　　关于"孝"的另一个生命伦理难题是：为何"不孝有三，无后为大"？到底是孟子迂腐，还是现代人缺乏必要的伦理洞察力？"无后为大"指向的是"死而不亡"的生命永恒。如何"死而不亡"？入世的中国文化有所谓"三不朽说"，然而三不朽中，立德、立言都是精英的专利，芸芸众生如何不朽？能否不朽？这个问题不解决，入世的文化终将难以自立。于是，伦理型的中国文化给予每个中国人以不朽的能力和机会。对普通大众来说，只要"有后"即有儿子，血脉相传，香火相续，便可不朽，因为在生生不息的自然生命之流中，每一个生命都将永存。相反，如果"无后"，生命的自然之流中断，那便既"死"且"亡"了，所以"无后为大"，因为"无后"便彻底中断了不朽的希望，因而是最大的不孝。至于"无后"为何是无儿子，那纯属父系文明遗产的偏见。由此，"孝"便从道德问题转换为伦理问题，毋宁说它从开始或者从根源上就是一个伦理问题。

　　要之，死与老的生命节律，自杀、安乐死、葬礼、养老送终等生命难题，本质上是一个伦理问题。"生"之"命"，就是"伦"之"命"，是伦理之"命"。

---

　　① ［德］黑格尔：《精神现象学》下卷，贺麟、王玖兴译，商务印书馆 1996 年版，第14 页。

（五）"精神律"：以伦理看待生命

生老病死的生命现象和生命过程展现生命的伦理本色。关于"生"与"命"的伦理解读，演绎生命伦理学的方法论理念：以伦理看待生命；也提供生命伦理学的哲学前提：学会伦理地思考。唯有如此，"生命伦理"才是真问题，"生命伦理学"才有可能。

"以伦理看待生命"，可能使中国的生命伦理学免于一种风险：不是西方"进口"的，而是中国"本土"的，是基于中国现实的伦理情境、以中国特殊的伦理传统理解和建构生命的伦理学。由于中国文化是一种伦理型文化，在狭义上，"以伦理看待生命"或"学会伦理地思考"与中国文化直接契合，在这个意义上生命伦理学最应当也最有条件是"中国的"。不过，对于生命的伦理解读和伦理演绎更内在甚至追求另一种可能：生命伦理学既不是中国的，也不是西方的，而是世界的，因为，"以伦理看待生命"和"学会伦理地思考"，为生命伦理学提供了一种具有形而上学意义的理念和方法，将生命伦理学提升到哲学或者说广义的道德哲学的层面。之所以说是广义的道德哲学，是因为这种道德哲学的核心概念是"伦理"而不是"道德"。"以伦理看待生命"，无论是西方宗教型文化背景下的生命伦理，还是中国伦理型文化背景下的生命伦理，都具有一种共同形态："精神"形态。

在伦理的意义上，"精神"的对应面是"理性"；在关于伦理的观念方面，根据黑格尔理论，"精神"与"理性"的根本区分，是"从实体出发"与"集合并列"的对立。无论宗教还是伦理，本质上都是实体取向，区别在于，宗教是彼岸的终极实体或最高存在，伦理是"伦"的此岸的实体，共通在于，它们都必须也只有通过精神才能达到。正如黑格尔所说，伦理是一种本性上普遍的东西，普遍物有多种存在形态，也可以通过多种形态建构，如制度安排、利益博弈等，只有通过精神达到的"单一物与普遍物的统一"才是伦理。精神与伦理实为一体之两面，所谓"伦理精神"。在这个意义上，"以伦理看待生命"即"精神地看待生命"，"学会伦理地思考"即"学会精神地思考"，其哲学内核一言概之，就是"从实体出发"。因此黑格尔才说，"从实体出发"才是伦理，也才"有精神"。

　　"生之理"和"伦之命"已经显示，人的生命遵循两个基本规律，即自然律与伦理律，用西方哲学的话语表述，自然律是"神的规律"，伦理律是"人的规律"，它们彰显的是两种不同的实体性伦理关系，前者是"天伦"，后者是"人伦"。自然律与伦理律，归根结底是精神律，精神出于自然而超越自然，达到"单一物与普遍物的统一"。生命伦理的规律，根本上是精神规律，准确地说是伦理精神规律。或许，哲学演绎过于抽象，但是，"伦理地思考"的"精神律"可以破解生命现象和生命伦理中的诸多难题。

　　出世的宗教文化与入世的伦理文化，都遭遇一个关于人的诞生的共同难题：人为何以一声啼哭向世界报到？迄今为止的文化想象展现的多样性是：悲观主义者认为人生是苦，所以哭；乐观主义者认为乐极生悲，所以依然是哭。来到世界，人人都曾哭，但人人都无法解释甚至没有记忆。其实，生命诞生的自然史已经解开这个密码。为何只有母亲的怀抱可以平息生命的啼哭？原来，十月怀胎，一朝分娩，生命的诞生无论对母体还是婴儿，都是实体的一次浪漫而痛苦的分离，这种分离既是"生"，也是"命"，于是，迎接这个世界的只能是啼哭。回到母亲怀抱的生命本质，是回到实体。婴儿通过十个月漫长生命长成的嗅觉本能辨识母体，通过母乳建立与母体之间的自然生命关联。于是，生命之爱，便由以"怀胎"为呈现方式的前诞生的生理史，走向以"怀抱"为表达方式的诞生初期的心理史，生命进一步成长，便发展成以"关怀""关心"的伦理史或伦理教化与伦理成长史。无论如何，"爱"的本质是不独立，是"在一起"，"怀胎—怀抱—关怀"，就是生命诞生和成长的生理史、心理史和伦理史的精神运动，三个历史的发展轨迹，是人出于自然而超越自然的精神史。可解释的是自然，不可解释的是生命，神秘的生命现象，只有在精神准确地说伦理精神的解读下才能现出它的本真。

　　日常生命中一些司空见惯但未能把握真谛的生命伦理现象同样如此，最典型的案例是关于残疾人与流行病人的生命伦理。一般情况下，人们似乎对残疾人不乏同情心，在此基础上社会也都建立某些残疾人政策。同情心的本质是"同情感"，即对残疾人作为"人"的实体的子集的那种共同共通的情感，即建立与"残疾人"在"人"终极性上"同体"的直觉基础上的那种"同体大悲"情感。但无论这种情感，还是建立在这种情感基础上的公共医疗政策都是脆弱的，因为，相对于"人"而言，"病人"

总是弱势群体,残疾人更是如此,因而需要一种把"病人"还原到"人"的共同体或人的实体中的彻底的伦理精神。对待残疾人,尤其是对待那些先天残疾的人来说,作为"人"的实体应有的伦理觉悟是:无论概率多大,"人"或个体的"诞生"都内在成为残疾人的风险与可能,残疾人与其说是"人"中的失能者,所谓 disable,不如说他们承担了其他每个正常人全部的风险,因此,社会对待他们的伦理态度,不应当止于"同情",而应当"感恩"。可以想见,基于"同情"与基于"感恩"所体现的伦理态度以及在此基础上建立的公共医疗政策,将有多么巨大而深刻的差异。对待流行病人的态度同样如此。流行病是一种与人类共存的历史现象,全球化将流行病的传播提高到空前的速度与广度,因而任何一个负责任的理智的国家与社会对此都采取果决措施,表现出最大的治疗力度。但是,对流行病的控制与对待流行病人的态度是两个完全不同的问题域。可以发现,到目前为止,无论国家还是社会大众,对流行病的控制与治疗,相当程度上是基于"恐惧",即对疾病甚至死亡"流行"的恐惧,个体的自觉也是基于"流行"就在身边的那种"人人自危"的切身体验,而对流行病人,则缺少必要的伦理体验与伦理关切,社会所给予的一切,仅限于治疗,远没有提升到伦理的程度。其实,即便在医学知识的层面,流行病毒也往往随着流行的扩展而不断变异与衰退,所以,流行病人不仅是可恶病毒的不幸感染者,也是伦理共同体中"人"的挡箭牌和殉难者,社会应当对他们表现出必要的伦理关切和伦理敬意。脱离人的实体性,关于生命现象的任何理解,都将没有伦理,也没有精神。

生命的真理是伦理,伦理的本性是精神。生命伦理,本质上是一种伦理精神;生命伦理律,根本上是伦理精神律。"以伦理看待生命""学会伦理地思考",生命才有伦理,也才有精神。生命伦理学,就是关于生命的伦理精神体系。

十一　高技术的伦理悖论与伦理中道

（一）方法论假设：向中道哲学寻求伦理智慧

在科技发展史上，现代高技术以史无前例的显示度将文明风险集中指向伦理。面对以基因技术和信息技术为代表的现代高技术，伦理忧患乃至伦理恐慌是那么的真切和深切，以至即使最极端的伦理虚无主义者也难以把它当作道学家式的杞人忧天。不过，在此之外，也确实存在一种伦理乐观主义。这种乐观主义是一种指向过去的历史意识判断：在历史上，任何重大的技术进步，总是首先面临伦理检讨和伦理批判，或者说，重大技术进步因其总是会导致生活方式和生活秩序的重大改变，必定遭遇伦理冲突和伦理紧张，然而科学技术和人类文明却总是在"人心不古，世风日下"的伦理忧患与伦理紧张中前进。面对正在挺进的高技术革命，忧患与恐慌固然无济于事，传统的伦理乐观主义亦难免于空言虚语。因为，技术演进第一次将人类逼到文明黑洞的风口，它颠覆的不只是传统的生活方式和社会秩序，而且是人本身，是到目前为止的整个人类文明！为制止技术自发性可能导致的"灾变"，各国政府前所未有的一致反映是：筑起一道以伦理底线为依据的政策藩篱。然而，政治干预无论如何有力，终归只能是一种权宜之计，问题的真正解决有待一种技术—伦理辩证互动、协调发展的、包括科学家在内的全社会的伦理觉悟，和具有深厚文明底蕴的伦理智慧。其中，寻找、确立合理有效地应对现代高技术的、具有一定普适性的伦理态度、伦理理念和伦理智慧，就成为通向超越文明危机的重要路径。

1. 高技术的伦理忧患

与以往任何一次技术—伦理冲突不同，现代高技术的伦理困境，在于高风险与高机遇的两难：在上帝造人的信仰即将为技术造人的现实替代之际，唯科学主义的理念和放任技术自发性的态度，无疑存在将迄今为止的一切文明送入"史前时期"，将经过千亿年进化、作为一切文明主体的人还原为新文明的猿猴的灾难性的后果；而泛伦理主义的理念和伦理的主观性，几乎同样无疑使人类与一次实现文明飞跃的千载难逢的历史机遇失之交臂！高技术的伦理问题如此严峻和现实，以至文明预警的首发者并不是伦理学家而是科学技术专家，以及政府界的远见卓识之士。这种异乎寻常的开端提出了一项基本要求：虽然"高技术伦理"的中心词是伦理，但研讨绝不能局限于伦理学的学科疆域之内，至少不能局限于传统伦理学的视野。必须在人类文明的有机生态中考察和把握高技术伦理的意义，并从全部人类文明及其历史发展中汲取智慧。

在这个努力开始之前，一个似乎存在某种心理约定，但事实上并不真正清楚的问题的厘清是有意义的：作为高技术发展的文明忧患的"伦理"到底指什么？或者说，最令人忧患的"伦理"问题在哪里？如果从"伦理"在文明生态中的文化分工而不只是众说纷纭的抽象学科概念方面理解，与高技术发展相关联的"伦理"可能有三个层面。（1）风俗、习惯。它们是伦理的世俗层面或现象层面。在任何文化中，风俗、习惯都是伦理的基础和基本构成，引申下去，它们还包括另外两个要素：第一个要素是由风俗、习惯建立和维系的人伦关系和人伦秩序；第二个要素是作为这些关系和秩序的合理性与合法性根据的人伦原理。人伦关系和人伦原理，在一定意义上可以看作风俗习惯的抽象形态。（2）价值、意义。无论作为人类的能动建构，还是长期的历史积淀，风俗习惯必有其在文明体系中存在的根据，这个根据就是人类所理解、认同和追求的价值与意义。价值、意义可以说是伦理的超越层面或形上层面。（3）实践理性、文明生态。伦理作为实践理性，在康德之后就获得比较广泛的认可，需要进一步强调的是，在中国传统哲学与德国古典哲学中，"实践理性"的概念可以与"精神"相互诠释，因为在这两种哲学中，精神既是理智，又是意志，还必须是德性，一句话，是全部心灵与道德的复合体。① 据此，伦理就是文明及其主体的精神。正是在这个意义上，黑格尔才说，民族是伦理的实

① 注：关于"精神"的概念及其与理性、意志的关系，参见黑格尔《历史哲学》。在这个意义上，我认为，黑格尔虽然没有"实践理性"一说，但"精神"在相当意义上可以视作它的另一种表述。中国哲学亦然。

体，伦理是民族的精神。伦理透过文明精神与民族精神的运作，追求与建构的正是一种文明生态，准确地说，是文明生态在伦理价值与伦理意义层面的合理性。实践理性与文明生态，是"伦理"的现实层面。风俗、习惯—价值、意义—实践理性、文明生态，构成"伦理"的"世俗—超越—现实"的辩证结构，这个结构，也分别对应着"潜在—自在—自为"的辩证过程。

由此展开，高技术的伦理难题和伦理忧患就比较容易分辨了。在第一个即风俗、习惯的层面，高技术的伦理矛盾相对比较容易解决，风俗习惯最终要随着高技术的发展而变化，只是在移风易俗的过程中必须追求伦理的合理性。在价值与意义的层面，问题就复杂了。价值、意义虽然具有主观性与相对性，但它毕竟与文明发展的路向和目标相联系，尤其一些具有广泛共识并成为传统的价值观与意义理解，甚至与民族和种族的存在相关联。在这个层面，技术的发展，必须首先接受伦理考量和伦理批判。第三个层面最复杂。在实践理性的层面，技术发展必须置于伦理的引导之下，否则便可能丧失文明价值，甚至对人具有负价值和反价值。而"文明的生态"之于技术—伦理互动的意义是：虽然技术发展可以产生巨大的财富效益，但同时也可能伴随巨大的文明隐患和文明忧患。超越这一难题的路径是，在文明生态中建立起扬弃技术发展可能导致的文明隐患的结构和机制；在新的结构和机制或新的文明生态未建立起来之前，技术发展必须给伦理"让渡"，暂时控制那些可能产生巨大伦理隐患又缺乏充分的把握进行文明驾驭的技术的发展。三个层面的技术—伦理互动，贯穿一个内容：面对文明的严峻形势，在利益—风险、技术发展—伦理变化之间，必须进行必要的权衡和合理的选择。矛盾的主要方面，则是人类的伦理智慧。

2. 重温中道智慧

重温中道智慧，必须突破一个先见，即认为中道只是一种形上理念。从产生的历史背景考察，中道恰恰是面临重大变革、应对两难选择的合理智慧。在人类文明的进程中，中道是少有的几个具有普适性的价值观之一，它既是行为合理性的最高标准，也是合理性的最高境界。更值得注意的是，它伴随人类文明的发端而孕生，在最为重要的社会历史变革中由杰出圣哲推向成熟。中国的中庸思想在殷商时期萌生，春秋时期被孔子上升为自觉范畴。这两个时期恰恰是中国社会文明发展的最初的也是最重要的两个转折点。前者是由原始社会向文明社会的跨越，后者是由奴隶社会向封建社会的转型。前者奉行"允执厥中"的"中德"的成果，就是透过"西周维新"而不是西方文明式的"革命"实现向文明社会的过渡。面对春秋转型中失序失范的现实，孔子发出"中庸之为德也，其至矣乎！民鲜久矣"（《论语·雍也》）的感叹，一方面将中庸推为最高和最合理的德性，另一方面将文明危机追究于对这一德性"民鲜久矣"。在这两次转型中，中庸之德都表现出深刻的历史合理性。也许在抽象理论上有许多理由批评"西周维新"的不彻底，但只要与西方文明初期包括古希腊罗马文明中那些经常出现的文化中断现象，与中国古代文明发展的轨迹相比较，就可以发现这种强调历史延续性的"中德"所内蕴的文明价值：它在人类文明史的第一次也是最重要的一次社会转型中，成功地转换、开发、利用了人类在迄今为止最为漫长的生存历史中积累的原始文明的积极成果，使中国文明创造性地走上"家国一体，由家及国"的独特的历史道路。辉煌的古代文明在确证这一道路的历史合理性的同时，事实上也确证了"允执厥中"的理论合理性。孔子对中庸的向往和执着，形成"仁"与"礼"的思想体系，这种应对变革的态度与智慧的合理性，也随着孔子及其思想在传统文明中的运作得到历史的检验。中道不仅为儒家所独持，而且是中国文化所固有。在儒家它是"中庸之道"，在道家则为"中虚之道"①，在佛家是"空、假、中""三谛圆融"之"中道"。西方文明状况也极为相似。在西方，中道思想孕生成熟于古希腊。从"中庸是最好"的古老训诫，到毕达哥拉斯学派"凡事以'守中'为善"的原则，再到"认识你自己"的神庙铭文，都表明了在巨大而深刻的社会变革和社会动荡中，人们对自己的行为与情感的合理性标准及其境界的追求。这种思想被亚士多德集大成为"恰当的时候，在恰当的地方，以恰当的方式，施加于恰当的人"的中庸。中道是重大社会变革中产生，也是为历史发展所检验的应对重大社会变革的、具有一定文明共通性的合理理念和合理智慧。

问题在于，中道作为一种形上方法和形上境界，对当下合理地处理高

---

① 在庄子哲学中，"中虚之道"的现象学阐释便是所谓"庖丁解牛"的寓言，其真义是所谓"缘督以为径"。

技术与伦理的关系，有何具体而可落实的指导意义。仔细反思便会发现，"中道"是一个由"历史理性—理论理性—实践理性"构成的完整结构。它关注并立足于特定的历史情境，在终极的意义上追究其合理性，最后作用于人的情感、态度与行为。具体地说，包括以下诸方面。第一，恰当与固持。中道的精髓在恰当和适度。"不偏不倚谓之中"是恰当，"恒常不易谓之庸"是固持。在技术进步与伦理发展之间，不可偏倚，"技术决定论"与"伦理至上论"两种偏向都不可取，应以二者之间的平衡与协调发展为"度"，守住"喜怒哀乐之未发"之中，不可以技术或伦理方面的偏颇而使之失度。第二，立本与贵诚。这是达致中道的两种路径。在高技术与伦理的关系方面，中道要求先立"天下之大本"，这个大本不是技术，也不是伦理，而是以人为主体和核心的社会文明，文明合理性，才是技术与伦理关系之"本"。大本既立，必要求在情感、态度、行为诸方面"诚"于文明合理性之"本"。第三，"执两"与求和。这里的"两"，既是高技术与伦理之两端，也是在不得"中道而行之"的情况下的"狂狷"之两行。在理智与行为中，必须始终执技术—伦理之两端，不可偏失其一，然后寻求超越二者之上之一"本"。在二者矛盾，中道难求，难以选择的情境下，退于"狂狷"。"狂"是有所为，"狷"是有所不为。遇两难时先寻找"所为"与"所不为"，甚至达成技术与伦理之间的暂时的妥协或"让渡"，以利于二者之间的和谐。而和谐的根本目标，在于透过辩证互动而追求的技术—伦理之社会文明有机体。[①]

（二）高技术的伦理—道德悖论

　　人类从来没有像今天这样，对以生命技术（尤其是基因技术）、信息技术为代表的高技术，表现出超越伦理的全面而深层的文明忧患，也从来没有像今天这样，将科技伦理提升到不仅关乎人的情感价值、生活品质和利益格局，而且直接关乎人类文明前途的高度，或者说，伦理从来没有像今天这样，在科技冲击面前被赋予如此重要的文明使命。它表征伦理与科技的关系，及其与整个人类文明发展的意义发生了某种根本性的变化。为

　　[①]　注：关于中庸伦理精神的辩证结构，参见樊浩《中国伦理精神的历史建构》，江苏人民出版社1992年版。

了担当新的文明任务，现代伦理已经不能用传统的态度和方略应对从未遭遇的文明情境，而必须进行文化战略的超越性乃至革命性转换。

1. "伦理缺场"

现代文明之所以对高技术产生伦理忧患，现代伦理之所以对高技术的发展一筹莫展，深层的原因在于：在技术—伦理互动和技术—伦理实践中，遭遇了深刻的伦理—道德悖论，即伦理缺场或道德出域。

在关于高技术伦理的研究中采用黑格尔道德哲学的观点，将"伦理"和"道德"作区分，对问题的解释和解决是有裨益的。伦理的基本前提是：社会的伦理关系和伦理生活的价值安排、人的行为的规范调节、个体与社会的伦理实现，只有在一定的"伦理场"中才能完成。"伦理场"是一个指向伦理实践和伦理现实性的概念，它在黑格尔体系中的思辨性表述是所谓"伦理实体"，在日常的经验性理解中则是个体、社会的伦理关系、伦理境遇的文化形态。"伦理场"比"伦理实体"更具体，也更富有实践意义。用中国的道德哲学解释，具体而客观的人伦关系，以及由一定的文化价值所决定的人伦关系的运作原理和逻辑，是伦理场的两个基本要素。这里的关键是：伦理的基本概念是"人伦"而不是"人际"，"人伦关系"是以某些神圣性和价值性为基础建立的、具有严谨文化逻辑的人际关系；人伦"原理"的精髓则是主体对自己行为的价值预期和主体间的伦理互动。伦理的主体在"场"，伦理运作的原理及其保障—激励机制在"场"，是伦理现实性所必须具备的两个基本条件。

然而，现代高技术所展示的，却是伦理愈益"缺场"或"退场"的趋势。这一趋势的表现有三。第一，在到目前为止的一切文明形态中作为"自然—文化人"的伦理主体缺场。假设放任克隆技术的发展而不加以任何伦理—社会干预，那么最直接的后果是：作为伦理主体的"自然人"将被"技术人"所取代，最乐观的后果是"技术—文化人"取代"自然—文化人"，但由于技术必定成为"克隆文明"的绝对逻辑，"技术—文化人"归根结底也只是"技术人"。由于"技术人"与"自然人"具有完全不同的人性品质，作为到目前为止一切伦理的逻辑基础的人性预设将不复成立，甚至可以大胆地假设，包括伦理在内的对人的行为的任何价值干预方式将永久地退出文明的舞台，取而代之的是对人的技术性改良。随着伦理主体的"退场"，现代意义上的伦理也就完全地在文明体系中"缺场"。

第二，伦理关系或人伦关系"缺场"。到目前为止，明晰而严格的自然血缘关系及其辨识与区分是一切伦理关系和伦理体系的基础。现代生殖技术和克隆技术在改变原有生命秩序的同时，也彻底地改变了血缘关系的生活秩序，从而使"人伦"从自然伦理场中退出，成为技术的概念甚至技术秘密。由此，伦理关系或人伦关系的自然基础便从伦理场中隐逸，在相当多的情况下必须借助技术甄别才能使人伦"在场"。第三，伦理机制"缺场"。在入世性的文化中，伦理运作的主要机制是信念、传统和舆论压力；在出世的文化中主要是信念和信仰。现代高技术不仅会通过彻底地改变人而彻底地告别传统，而且由于虚拟空间的创设，也使人与人间的相互监督难以可能，唯一可以依赖的，是人的信念和信仰，但在技术的绝对逻辑下，信念与信仰的可靠性乃是一个值得怀疑的问题。

高技术的伦理后果、高技术背景下的"伦理缺场"可以这样概括：退"人"；隐"伦"；无"理"。随着"自然人"成为"技术人"，现代意义上的人伦关系便从"伦理场"中隐逸，以价值互通和行为互动为特质的伦理机制亦失去其文化效力。但是，无论克隆技术如何发达，"技术人"总有其"自然"的基础，"技术人"是"人工自然人"，"自然人"只是从伦理场中退出，并未消失；自然人的人伦关系（尤其是血缘伦理关系）只是隐而不彰，暂时逸出"场"外，并未真正退"场"。于是，就出现一种悖论：一方面，高技术必然导致以"自然人"为基础的伦理"缺场"；另一方面，高技术必然要求伦理"在场"。因为"自然人"的基础依然存在，"伦理缺场"所造成人伦的混乱，不仅直接损害文化价值，而且最终会因人种的倒退而毁灭人类自身。高技术的人文后果是"伦理缺场"；高技术的人文前途是"伦理在场"。

这就是高技术的伦理悖论。

2. "道德出域"

"道德域"可以看作与"伦理场"相对应的、安顿个体内在生命秩序的概念。"道德域"的持存有三个基本条件：意志自由；真实主体；意义存在。仔细考察就会发现，现代高技术动摇甚至部分地颠覆了这些条件，导致"道德出域"。

意志自由是任何伦理体系道德生活的前提。正像库尔特·拜尔茨所发现的，以基因技术和信息技术为代表的现代技术革命，"已经导致了我们行为选择权的急剧扩张"，人的行为选择权和选择能力被膨胀到如此程度，以至试图"人人充当上帝"。但是第一，如前所述，"充当上帝"的另一面是，我们像上帝那样做决定和行事，造物乃至造人，但却没有上帝那样的智慧和德性；第二，当人的意志为技术所操纵，成为技术的存在时，当人自身不是由虚设的上帝而是由实在技术所创造时，恰恰不是人的自由的扩充，而是自由的真正丧失。在第一种意义上，意志自由是康德所说的主观任性；在第二种意义上，意志自由是黑格尔所讽刺的"佣仆"的自由和佣仆的德性。于是，现代高技术一开始便陷入"意志自由"悖论之中。

道德的第二个条件是，在道德域中活动的必须是真实的和直接的主体，到目前为止，这个道德主体的基础是自然的实体，准确地说，是自然—文化实体。高技术正在改变这种状况。它不仅可能以技术主体或人工主体取代自然主体，而且在很多情况下，主体借助技术可以变得虚拟而不真实。目前已经成为普遍事实的现象是：高技术尤其是信息技术日益改变着传统的"人—人"的伦理交往和伦理互动方式，代之以"人—技术—人"的交往方式，直接的伦理关系的价值互动内在着被技术性的信息传递取代的可能，伦理交往和伦理互动愈益失去其作为目的的理性的内涵而获得工具理性的特性。以往道德生活中生动真实的自然主体可能、并且已经大量地被由技术之幕所遮蔽的虚拟主体所取代，而不可捉摸的虚拟主体当然难以成为道德规责的对象。于是，道德主体事实上便逸出"道德域"之外。

"意义存在"是高技术背景下道德生活面临的最大难题。"伦理场"是"人伦场"，而"道德域"的实质是"意义域"。"意义存在"有两个基本内涵：一是意义的存在形态。意义有三种存在形态。潜在形态是价值及其神圣性；自在形态是原则、规范；自为形态则是对原则、规范的认同和践履所形成的德性或美德。三者之中，神圣性是核心。二是意义逻辑。意义逻辑是联结事实与价值、世俗世界和价值世界的逻辑，其核心是"'德'—'得'相通"或善恶因果律。现代高技术则在这两个方面动摇了道德的意义基础。在伦理体系中，道德神圣性的源泉有两个：一是世俗层面的家庭血缘关系；二是超越层面的终极价值、终极关怀及其形成的宗教情感。现代生殖技术、基因技术正在颠覆家庭的血缘基础，而"人人充当上帝"无疑是上帝的"还俗"，于是，在根源与终极两个层面，道德的神圣性都遭遇"祛魅"。而一旦神圣性失去，意义世界也将不复存在，至多成为一种生存策略甚至智者的狡诈。更困难的是，由于虚拟主体的出现和以技术为中介的交往方式，"德"—"得"逻辑紊乱，善恶因果律中断。如果善恶因果律不仅在现实中，而且在信仰与信念中中断，不可避免的结果就是伴随意义逻辑的失灵，意义世界退出，道德生活陷入危机之中。

"道德出域"的困境可以作这样的概述："道"隐；"德"逸；"意义"逝。于是，就出现另一种悖论：一方面，高技术必然导致传统意义上的道德尤其是道德主体从生活世界中不断退出或淡出；另一方面，高技术的合理性，高技术文明的合理性，必定依赖道德的支撑与统御。高技术的人文后果是"道德出域"；高技术的人文前提是"道德入主"。这就是高技术的道德悖论。

（三）高技术的伦理中道

1. 理智的中道：社会文明的生态合理性

高技术的伦理中道在两种意义上被诠释。一是处理高技术与伦理之间关系的中道，即高技术—伦理中道；二是应对高技术的伦理中道。二者既有区别又紧密联系，因为在高技术与伦理的矛盾中，高技术虽然是主导方面，但伦理却是关注和讨论的矛盾主要方面。

高技术伦理问题的真正解决，首先有赖于建立一种合理的高技术伦理或高技术—伦理的社会理智。由于这种理智与一定的文化传统相联系，因而又是民族理智或文化理智。显然，构成高技术伦理理智的基本要素是关于技术价值与伦理价值的认知与判断。两种价值之中，高技术伦理理智的中道是什么？中道点在哪里？根据"执两"的要求，它不是两种价值中的任何一种，而是存在于二者之间、又是涵摄二者并超越二者之上的某种价值。高技术—伦理的辩证互动而形成的社会文明的价值合理性，就是高技术伦理的理智中道，或技术价值—伦理价值的中道点。

在关于高技术—伦理关系的思考中，人们往往自觉不自觉地陷入某种"原子式"的怪圈中。其表现有二。（1）简单移植本体论的思维范式，认为技术决定伦理，伦理在技术发展面前最终只能处于被动和从属的地位。这种范式的谬误，除混同本体论与价值论的基本界限外，更难应对一个简单的诘问：如果伦理只是为技术所决定，那么关于高技术伦理的忧患与讨论岂不是庸人自扰？伦理在文明体系中岂不是类似于人体的盲肠一般的冗余的结构？（2）在技术与伦理的两难选择中徘徊优柔。要么以技术价值为先，要么以伦理价值为急，然而无论以谁为先，似乎取舍都十分艰难，理论也难有真正的说服力。症结在于：它们走进"鸡"与"蛋"的迷阵之中。一个简单的道理是，无论技术还是伦理，都难以自我确证，也难以真正相互确证价值合理性；同样，无论技术还是伦理，都不能成为人及其文明的真正目的。因此，只有社会文明及其主体——人，才能成为解决高技术—伦理矛盾的理智中道。

现代学术已经基本达成一种共识："技术进步"本身并不具有先验的价值合理性，而所谓抽象的"伦理要求"不但难具合理性，而且难有现实性。或许一个词在抽象意义上具有某种超越价值："发展。"然而，一方面，无论哪种"发展"，其价值合理性都是非常有限的，无穷发展只是恶性发展，技术的恶性运用和无节制的发展已经给人类造成巨大灾难，如生态危机；另一方面，思想与理论的进步，已经在形上层面为"发展"确立一个理念，这个理念用时兴的话语表述就是：协调、全面、可持续发展。当谈"发展"时，必须进行一种麦金太尔式的追问：谁之价值？何种发展？只有社会文明的发展，而不是抽象的技术或伦理发展，才具有健全和真正的价值合理性；而社会文明的发展，必须是包括技术与伦理在内的各种有机因子的和谐协调和辩证互动。因此，必须抛开技术或伦理的抽象价值观，在社会文明的有机体中考察高技术与伦理的关系，以社会文明的合理性为最高价值标准和理智中道。

鉴于现代生命技术对既有文明的颠覆性冲击，理智的中道不可回避一个难题：作为社会文明及其价值合理性的"人"到底应具何种品质？生命技术可能使作为以往一切文明主体的"自然人"成为"技术人"，那么，社会文明的价值合理性，到底是以"技术人"为主体的理智中道，还是继续以"自然人"为主体的理智中道？由于到目前为止的文明体系还不能全部预测更难以真正防范"技术人"所造成或可能造成的巨大甚至灾难性的文明风险，给价值主体给以一个底线的预设和规定是有意义的：价值主体必须是"自然—自由人"。至少在目前以及日后可见的时间内，只有自然人才能作为文明的主体，技术人只是技术的附属，严格地说，只是生命机器，难以成为主体。而且，由于技术人不是由作为最高文

化预设的上帝造就，而是由技术强人甚至狂人造就的，因而事实上并没有
自由意志，而自由意志正是伦理、法律以及属于现有文明的一切文化的前
提。即便对于"发展"，由诺贝尔获奖者阿玛蒂亚·森提出的最新观点
是："以自由看待发展。""实质性自由"才是"发展"的真正标尺。① 只
有自然人才有真正的自由，而自由之于意志、之于人的关系，像黑格尔所
指出的那样，类似于重量之于物体的关系。

这样，基于技术价值与伦理价值的"执两"，高技术伦理的理智中道
或理智的中道点就被完整在表述为：以"自然—自由人"为主体的社会
文明的生态合理性。

也许有人会批评，社会文明的合理性不仅难以把握，而且，在向社会
文明进行价值合理性诉求的过程中，事实上不仅可能导致技术价值，而且
可能导致伦理价值的流失甚至消解。必须申言，以社会文明的价值合理性
为理智中道，在方法论层面，是以"生态价值观"取代抽象的"原子价
值观"（即技术价值观或伦理价值观）。人类赖以生存发展的世界至少应
当是一个有机的价值生态。其中，任何一个因子，即便是最基本、最重要
的因子，如科技、经济、伦理、法律，相对于它来说，都只具有抽象的价
值合理性，只有社会文明的合理生态，对人类才具有健全的价值。各民族
的特色，本质上是民族文明生态的殊异。在这个生态中，任何因子都不可
以罔顾其他因子，而在价值上得到片面的高扬和恶性的发展；各种因子的
辩证互动，形成有机的文明生态。当然，文明生态本身也存在合理性与发
展活力的问题。这就带来两个问题：第一，各种价值在文明生态中辩证
互动的同时，也必定有所"让渡"，以服从于文明生态的有机性与合理
性；第二，当生态中某些因子的革命性发展导致文明生态的历史性转换
时，在人类对这些发展可能对整个文明生态潜在的巨大威胁还未找到有效
而合理的解决方案之前，必须暂时将它的发展限制在人类所能掌控的范围
之内，以便规避人类文明的生态性灾难。这在某种意义上可以理解为某种
生态因子发展的另一种形式的价值"让渡"。

理智中道还必须考虑另一个问题，即人们对于高技术的伦理态度。因
为态度作为稳定的行为倾向，实际上是理智的非理智表现形式，是行动着

---

① 注：关于自由与发展的关系，参见［印度］阿玛蒂亚·森《以自由看待发展》，中国人
民大学出版社 2002 年版。

的理智。在态度中道中，技术乐观主义与伦理悲观主义是两极，盲目乐观与末日式的紧张是两极，必须在"乐观"与"悲观"中寻找"中观"，在乐观与紧张中确立中道。在这方面，杜维明先生所指出的中国传统伦理的态度可以借鉴，这种态度就是：乐观的紧张。乐观的紧张，可以当作高技术的伦理理智在态度方面的中道。其要求是：一方面，对高技术的发展保持必要的文明忧患与伦理警惕，使之处于合理的价值引导之下；另一方面，相信人类的智慧必能超越这些难题，以积极的态度和信心实现高技术与伦理之间的合理互动。

2. 意志的中道：技术冲动力—伦理冲动力的"合理体系"

伦理本质上是实践的，高技术伦理必有其意志的或意志—行为的结构。

高技术伦理的意志结构显然存在两个基本要素：技术意志、伦理意志。

但是，就此停止是远不够的。康德在《实践理性批判》中提醒，伦理意志、实践理性的品质与潜藏于背后的动力密切相关，他把意志背后的动力称为"灵魂驱动力"。黑格尔在《法哲学原理》中更进一步指出，冲动是意志的首要内容，自由意志必须是一个"冲动的体系"，合理的自由意志就是合理的冲动体系。这里，黑格尔提示我们两点：第一，意志行为首先表现为"冲动"；第二，意志的普遍性与合理性在于它是"一切冲动的体系"，"冲动应该成为意志规定的合理体系"，各种冲动相互排挤和妨碍，如果只受某种或某些冲动驱策而放弃"冲动的体系"，那么，意志就会使自己陷于局促和毁灭的状态。① 丹尼尔·贝尔接着韦伯的思路，事实上也归宗于黑格尔的方法，认定宗教冲动力或道德冲动力与经济冲动力的矛盾，是资本主义的文化矛盾。这一矛盾表现，就是二者相互游离和冲突，难以形成黑格尔所说的"冲动的体系"。② 根据这些学术资源，高技术伦理的意志结构至少由三部分构成：技术冲动力、伦理冲动力、技术冲动力—伦理冲动力的"体系"。其中，前两个部分虽是基础，但第三部分

---

① 参见［德］黑格尔《法哲学原理》，范扬、张企泰译，商务印书馆 1996 年版，第 28、29 页。

② 详见［美］丹尼尔·贝尔《资本主义文化矛盾》，生活·读书·新知三联书店 1992 年版。

最具价值。实际上，这三者之外，还应当有另一个构成，即技术—伦理的冲动力体系与整个文明体系之间的生态关系。

这样，如果将技术冲动力与伦理冲动力作为高技术伦理的意志结构的两极，由此执两用中，那么，意志的中道就是技术冲动力—伦理冲动力的"合力"或"合理体系"。

自然科学中的力学原理，对诠释和理解作为意志中道的"合力"应该是有帮助的。根据力学的一般原理，力有三要素：大小、方向、作用点。在冲动力的意志体系中，"大小"可以诠释为社会的技术冲动力与伦理冲动力的力度的标志。历史经验表明，技术冲动力比伦理冲动力更有力，马克思就说过，社会一旦产生技术上的需要，那么，这种需要比数十所大学更能将社会推向前进。虽然伦理冲动力扎根于传统，但由于技术冲动与人们的利益直接相联，因而一般处于更为主动的地位，由于技术在生产方式中的核心和基础性地位，因而相对于伦理来说，技术在形而上的层面确实最终具有某种"决定"作用。现代高技术比起以往任何一次技术革命，都会产生更加巨大的效益与效率，效益和效率方面的诱惑，使高技术具有空前的文化冲动力。与之相比照，伦理经过市场、意识形态，以及现代性的不断"祛魅"之后，则显得文化冲动力不够。这种情况使高技术伦理的意志结构自始就潜在着丹尼尔所说的"文化矛盾"。"方向"可以理解为技术冲动力和伦理冲动力对社会文明作用的方向，以及二者之间一致的程度。显然，二者在作用方向上越一致，形成的冲动体系和冲动力越是巨大和合理。"作用点"则是技术冲动和伦理冲动对人、对人类的社会文明的着力点。生命技术的着力点是人的存在形态和生命品质，信息技术的着力点是人的交往方式和生活方式，而伦理冲动的作用点，则是以人伦为基础的人性提升及其价值性改造。

高技术伦理的技术冲动力—伦理冲动力的"合力"，表现为一种平行四边形模型。在这个模型中，两种冲动力分别构成两边；二者之间一致的状况，是四边形的夹角；两边的指向，则代表两种冲动力的作用方向。显然，它们所形成平行四边形的合力的状况，最终与两大因素有关。第一个因素是代表技术冲动力与伦理冲动力大小的两边的长度；第二个因素是二者之间的夹角，夹角愈小，表征两种冲动力的在文明体系中的一致性愈强，同样的冲动力下形成的合力愈大，反之亦然。两大要素之中，表征技术冲动力与伦理冲动力作用方向的夹角，可能是一个最值得注意的结构。

在两种情形下，它们都不可能取得最大合力。（1）如果两种冲动力的方向非常不一致，夹角很大，那么合力就会很小，甚至比两种冲动力中任何一种都小得多，当二者正相反对时，平行四边形消失，合力便为零。这种状况就是高技术与伦理的激烈冲突以及由此产生的文明生态中文化能量的巨大内耗。（2）如果两种冲动力的方向完全一致，那么，也不可能产生合力的最大值，在这种情况下，最大值就是两种冲动力中的最大者或最强者。两种冲动力完全一致，即是泛本体主义的机械决定论，它提示人们，技术决定论形成的文明作用力，最多是技术的力量，而不可能是文明体系中一切生态因子的合力。它说明，要形成合理而最大的冲动合力，必须在高技术与伦理之间保持适度紧张。适度的紧张，才是技术冲动力与伦理冲动力之间的中道点。而两种冲动力之间的夹角，就是合理的"度"所在。由两种冲动力的合理夹角形成的冲动的合力，就是技术冲动力与伦理冲动力的意志中道，或高技术伦理的意志中道。

"合力"的理论，可以对技术—伦理的矛盾运动进行历史的解释。任何民族，都有自己技术冲动和伦理冲动；任何时代，都有相对于它的高技术。文明的品质，民族的特殊性，在于技术冲动力和伦理冲动力匹合的不同状况。在中国传统文化中，技术冲动一直处于伦理冲动的监督、控制甚至部分压抑之下，伦理型文化对技术发展具有出自本能的伦理警惕，老子"有机械便有机心，有机心放辟邪侈生焉"的逻辑便是典型的伦理型文化逻辑。在这种背景下，伦理冲动力强于技术冲动力，它在使技术冲动置于伦理统御之下的同时，也部分地抑制了技术的发展。"科学技术是生产力"的理念，科学精神的兴起，在文化的层面起到将科技从伦理束缚下解放出来的心理效果和社会效果，赋予技术冲动以充分的文化合法性。但是，这绝不意味着技术冲动具有先验的价值合理性，也绝不意味着可以放任技术冲动。技术的极度发展造成的文明恶果已经被"罗马俱乐部"等富有洞察力的学者所揭示。对技术冲动的伦理忧患和伦理警惕是中西文明及其历史发展的共性。问题在于，技术—伦理的意志中道，是两种冲动力的辩证互动，而不是伦理对技术的控制。这里必须澄清一个问题。中国曾经在拥有辉煌的伦理文明的同时，同样拥有灿烂的技术文明。四大发明就是古代世界文明中的高技术。有人曾批评，火药在中国发明，可中国却用于歌舞升平；而传到西方，就被用于军事，最后，火药的故乡却被在军事上运用火药的异乡人所打败。由此判断这是中国传统文明的局限。然而这种状况在一定意义上，恰恰说明中国传统技术—伦理冲动的"意志体系"的合理性。正如有的学者所指出的，技术有其价值负载，因而必须承担其伦理后果和道德责任，应当合理地限制它的使用范围。在技术转移和使用的过程中，必须有一定的"价值承诺"，恶性的使用，只会造成严重后果。炮火就是传统社会的大规模杀伤型武器，是西方技术冲动与伦理冲动脱离的结果。而中国将火药用于民生，正是技术—伦理合理互动和文明合理性的表现。中国传统技术哲学所阐述的"正德、利用、厚生"的技术理念，就是技术冲动力与伦理冲动力的意志中道。

3. 精神的中道：新人文主义伦理精神

伦理理智和伦理意志既抽象又具有内在一致性。就像黑格尔所说那样，它们只是对同一事物的两种不同态度，即理论的态度和实践的态度。理智和意志的辩证复合，便是精神。精神不仅是理性的真理性，而且是理性的现实，它内在着外化为现实的本性和力量，因而不仅包含理性，而且包含意志。精神的现实的形态是什么，他认为就是伦理。精神的本质是伦理现实，其表现是像家庭、市民社会、国家这样的伦理实体。当处于真理性状态时，"精神乃是一个民族——这个个体是一个世界——的伦理生活"①。黑格尔的结论显然是他思辨体系的演绎，但如下几点对我们探讨问题具有资源意义：精神是理性的真理性与现实性的统一，是理智和意志的统一；伦理是精神特别是民族精神的集中体现；精神的合理而现实的状态，就是一个民族的伦理生活。引申开来，高技术伦理精神是高技术伦理的最高结构，高技术伦理精神现实地表现为现实的高技术—伦理关系和高技术—伦理生活。

高技术的伦理问题如此重要和紧迫，然而人们似乎仍未找到一种达成伦理共识、可能使技术活动合理有效地纳入伦理轨道的路径。传统的伦理保障系统即内心信念—传统习惯—社会舆论已经难以真正发挥伦理效力，因为高技术活动的特性及其能力，使人的行为在很大程度上逸出这个系统之外，导致"伦理失场""道德出域"。而无论是中国的目的论的伦理传统，还是西方的责任论的伦理传统，至少到目前为止对高技术似乎还一筹莫展。比较前沿的探索是所谓"结构伦理"的概念。这种思路试图通过

---

① ［德］黑格尔：《精神现象学》下卷，贺麟、王玖兴译，商务印书馆1996年版，第4页。

使伦理成为科技活动的结构性安排，有效地干预科技活动，以此替代原有的"目的（信念）伦理"和"责任（规范）伦理"的概念。实际上，顺此演绎下去，一个"目的（信念）伦理—结构伦理—责任（规范）"伦理的体系，比三种思路中的任何一个更能在互补中实现合理的伦理干预。但是，即使这个体系，在高技术面前，也会面临严峻的挑战。

就目的伦理或信念伦理来说，目的与信念显然是伦理的最为重要的方面，无论是康德还是黑格尔，都强调目的或作为它的转化形态的动机，是构成伦理与道德的第一要素。但是，目的与信念在高技术伦理中面临两大难题：第一，在理论上，无论是目的还是信念，事实上都具有很大的主观性，客观性的缺乏，使它所诉求的良心正像黑格尔所说，常常处于作恶的边缘上，所以在黑格尔体系中，良心是被扬弃的对象，透过良心的扬弃，道德向伦理过渡。第二，在现实性方面，现代高技术在颠覆全部文化基础的同时，也颠覆了作为文化积淀的信念，在许多场合下，信念不仅为责任所代替，而且出于信念的行动，被很多人指认为是传统性。在 20 世纪频繁的文化涤荡而导致信念危机的背景下，高技术对人的信念的动摇几乎可以说是扫荡式的。因此，仅以信念作为伦理的根据，除了对极少数人即所谓"理念人"之外，对社会的伦理生活来说，是靠不住的。

责任同样如此。高技术赋予人的行为以前所未有的重大责任，但同时也提供了规避责任的前所未有的能力和手段。在伦理史上，规避责任的企图和能力几乎与责任同时诞生。在目的与责任、信念与规范之间，伦理学常常陷入悖论与两难。责任只有与目的结合才具有伦理意义，规范只有以信念为基础才能获得真正的道德力量。没有美德，就没有真正的责任和义务。然而，如果没有责任，伦理就只是一种内心生活，最多是一种高尚的内心生活。高技术巨大的利益和福利方面的诱惑，不仅会使个人，而且会使集团甚至国家消解伦理的目的与信念；而巨大的技术力量和新的技术手段，又使逃避责任不仅成为可能，而且成为现实。于是，高技术便陷于目的—责任的伦理悖论之中。

结构伦理的命运也是如此。结构伦理的核心是通过价值指导和制度安排使伦理成为技术活动的强制性结构，大量的伦理法典和伦理组织的颁布和建立，就是常见的方法。但是，结构伦理同样面临难题。首先，当成为制度和组织，或成为法典和组织体制的一部分后，伦理是否还保持或具有原有的文化本性，根本就是一个值得也应当怀疑的问题。虽然它们的问题指向是伦理，然而方法和机制可能都不是伦理性的了，最后，它会与法律法规合一，伦理同样会丧失作为文明体系中特定的文化因子和文化安排的角色。因为它的作用对象已经是意志，而不是信念和价值。其次，结构伦理不仅会遭遇像法律那样昂贵的社会成本，而且，也会遭遇像法律那样"限制—自由"的悖论。令人担心的是，由于高技术的不可测性，结构伦理在限制了某些方面，甚至是某些很小方面即现在可以预见的方面的非伦理行为的同时，潜在着为更大量的非伦理甚至反伦理的技术行为提供合法性的危险。

超越"目的—结构—责任"悖论的有效路径，我认为是"伦理精神"。培育合理而有效的高技术伦理精神可能是解决高技术伦理问题的根本。在学术的视野，"伦理精神"的要素有三。第一，是"精神"。如前所述，"精神"包括理智和意志，又高于二者的结合。高技术伦理精神既涵摄高技术伦理理智和伦理意志，又体现为更高的主体性和伦理性。第二，是"伦理"。在黑格尔的法哲学体系中，伦理之所以高于道德，就是因为它具有更大的客观性、实体性和现实性。高技术"伦理"精神，已经不只是个体的精神，而是实体即伦理实体的精神。在黑格尔那里，伦理实体被分为"家庭—市民社会—国家"。高技术的伦理实体，除此三者之外，直接的还是科技工作者组织实体以及包括社会和国家在内的各种伦理实体的精神。"伦理精神"不仅基于实体的伦理共识，而且在此基础上知行合一，具有直接的现实性，转化为"技术—伦理实践"。第三，融"目的—结构—责任"于一体，是对主体和实体的技术活动进行根本性和合理性指导的实践理性和价值理性。

"伦理精神"是高技术伦理的精神中道或理智—意志中道，那么，这种"伦理精神"的中道形态是什么？中道点在哪里？我认为既不是高技术，也不是传统意义的伦理，而是超越高技术和传统意义的伦理理念的"新人文主义"，是"新人文主义伦理精神"。作为应对高技术伦理问题的一种形态，"新人文主义伦理精神"还只是一种假设。在"伦理精神"或"高技术伦理精神"理念的基础上，"新人文主义"的要义有二。（1）在基本文化立场上是人文主义的。在不仅将对象、将人的生活方式技术化，而且也可能将人技术化的背景下，高技术伦理比以往任何科技伦理都更迫切地需要将技术活动和技术发展回归到人、回归到人的文化的立场上。以人及其文化，而不是技术或经济为本位，为价值的根本出发点和归宿，应当是高技术伦理的逻辑与历史元点。（2）它与以往的人文主义有联系更有区别。区别主要表现在对人的理解和规定，其有两个方面：一是高技术伦理中的"人"首先是上文所指出的"自然—自由人"，而不是技术所创造和控制的技术人。离开了以往文明体系中人的一如既往的这种基本属性，就无所谓高技术伦理，伦理对技术人来说，也许只是另一种技术，最多是"社会技术"。二是与西方传统的人文主义、人本主义、人道主义中的"人"不同，新人文主义伦理精神中的人，不是个人或个体的人，而是群体的人、集团的人，甚至是作为整个人类的"类人"。高技术已经将它的目标指向，由个体或小的群体转向代际、国际和人类。因为，无论是它所产生的社会和伦理后果如生态环境后果，还是利益格局如代际之间的利益格局，抑或对人种的改造与创造；无论是效率与公平的矛盾，还是利益之间的冲突，都比以往任何技术行为具有更大的群体性、集团性和人类性。因此，高技术的人文主义伦理精神，必然也应当是类群的或广义上的集团主义的、而不是个人主义的。这是高技术的新人文主义伦理精神"新"之根本所在。第一个方面，即"自然—自由人"，只是对在原有的人文主义中并不需要凸显的基础的固持，由个人或个体伦理向类群伦理或集团伦理的转化，才是高技术伦理精神需要进行的创新之所在。

（四）　高技术伦理战略

虽然高技术革命才刚刚开始，但从露出的端倪中做出这样的判断并不是危言耸听：如果听任技术的自发性而不加合理有效的伦理干预，那么，高技术颠覆的不只是人的生活方式，而且是"人"本身；高技术颠覆的不是某些或某些民族重要的伦理传统和道德价值，而是全部伦理道德的基础；由此演绎下去，高技术最终颠覆的，可能不只是伦理传统和道德文明，而是整个人类文明。技术已经走到"克隆人"的边缘，如果让"克隆人"主宰世界，那么，迄今为止的全部人类文明或许都只能被这些"新人"称为"史前时期"或另一个"原始社会"。但是，这绝不意味着我们应将高技术视作洪水猛兽，更不意味着要在惊慌失措中扼杀这些新的文明生命。放逐的啸狮是人间的妖孽，然而一旦套上灵魂的缰绳，便可能成为观音的坐骑。准确地说，当前我们正面临一次重大的历史机遇，同时，我们也已经走进文明史上最大文明黑洞的风道口，以往历史中没有任何时候、任何地方能像今天的高技术尤其是基因技术那样，诱人的机遇和巨大的风险同时紧密相连。卓越的智慧，无疑不是放弃机遇以规避风险，也不是为追逐机遇而以全部文明和整个人类的命运作赌注，而是以合理的文化战略寻求机遇与风险之间的文明中道。技术自发性一旦形成便难以驾驭，最恰当也是最重要的选择是驾驭人、人的理性和意志。由此，伦理战略就成为高技术文化战略的核心战略。

从前述对高技术伦理—道德悖论的分析可以看出，高技术伦理已经不是一般意义上的伦理转换，而是伦理形态的革命。因为历史上任何一次科技变革，即使是像核技术的发明与应用，都没有突破人类文明的底线——人种自身，即人之作为自然人的基本属性，然而今天，现代高技术已经踩在这个底线同时也是文明的引爆线之上。因此，以往的伦理形态虽因生产方式与文化传统的殊异而有所不同，但却有一个共同而共通的文明根源：自然—文化人是道德主体；伦理以作为自然—文化人的生命之根的家庭及其血缘关系为基础。不仅中国传统伦理以"人伦本于天伦"为基本原理，而且西方文明发展到 19 世纪的时候，黑格尔还坚持认为，家庭是根源性的伦理实体，"家庭—市民社会—国家"是伦理体系的基本构架，二者在文化原理上相通。在伦理体系上，各种文化大致都具有"伦—理—道—德—得"的五个要素和四个过程，区别在于文化预设、运作原理和话语系统有所不同罢了。现代高技术很可能颠覆传统伦理形态的这些基本元素，虽然新的伦理形态还难以预言，但有一点是肯定的，不仅传统伦理，而且即使是现代意义上的伦理，在整体形态上也已经难以应对高技术，更难以对它进行合理有效的文化互动。因此，必须以发展伦理学的视野确立高技术的文化战略和伦理战略。

鉴于目前高技术正处于孕生之中，一切变化才刚刚开始，企图建立一种新的伦理形态和应对高技术的成熟的伦理战略是不现实的。最紧迫的工作是有效而合理地防止技术自发性突破文明的底线，并根据这一目标确立初级和具有基础意义的文化战略。根据以上分析，最需要也是最基本的文化战略有两个方面：一是科技—伦理生态的建构，一是伦理精神的培育。

科技—伦理生态是超越高技术伦理悖论的文化战略。就目前情势而言，至少两大原因在深层上制约着高技术伦理的选择：第一，高技术发展不成熟，这种不成熟主要还不在于技术性，而在于它的社会—文化支持系统。在初始阶段，伦理反映很可能表现为公众情绪和文化情结，对高技术进行任何伦理宣判事实上根据都不充分。第二，由于现代高技术的特殊性，人们的伦理选择可能面临前所未有的两难：要么冒巨大的文化风险；要么放弃一次文明飞跃的重大历史机遇。鉴于这两点，确立超越高技术伦理悖论的文化战略需要寻找新的价值理念，建立合理的科技—伦理生态，是最合适的理念和战略选择。其理论前提是：发端于 19 世纪的生态觉悟，不只是人与自然关系的觉悟，而且是整个人类文明的重大觉悟；21 世纪许多重大文明难题的解决，必须对之进行历史性推进，将基于人与自然关系的生态觉悟推进为一种生态价值观和生态世界观。生态价值观是有机的、平等的和追求机体合理性与历史合理性的价值观。[①] 科技—伦理生态的精髓是黑格尔在《法哲学原理》中所说的"冲动的体系"，其核心是将社会的与科技人员个体的科技冲动力与伦理冲动力作合理有效的辩证互动，在互动中形成合理的科技—伦理生态。科技—伦理生态由三方面构成：（1）价值生态；（2）结构生态；（3）实践生态。通过科技与伦理在形上—意义、制度—规范、行为—评价三个层面的对话、互动，寻求二者之间的价值中道。

伦理精神是超越高技术道德悖论的文化战略。当下对高技术的道德问题已经提出三种解决方案：目的（信念）、责任、结构。以信念或责任解决道德问题是比较传统的两种思路，而结构或结构伦理则相对较新，其特点是对高技术进行制度化的伦理设计和内置性道德规约。但是，深究下去，结构伦理解决高技术道德问题也有很大的限度。伦理、道德一旦诉诸制度安排和规章约束，到底是不是还能保持其人文本性，便是一个很值得怀疑的问题。结构伦理以契约为本质，而黑格尔早就说过，对"法"和伦理来说，契约是靠不住的，因为它以主观任性为前提。高技术的道德战略，应当建立在"伦理精神"理念的基础上。这里的关键词是两个。一是"精神"。"精神"是德国哲学与中国哲学中特别强调的概念。它统摄理性和意志，具有将理性或理智转化为行为的品质，同时又是包含人的全部德性和灵魂的概念。在这个意义上，精神就是外化为行为的实践理性。对道德来说，最需要的不是理性，也不是抽象的意志，而是理性—意志见于行为的统一。二是"伦理"。高技术道德最需要的是一种"精神"。但这种精神不只是局限于个体生命秩序的道德精神，而是合理地理解和处理

---

① 详论请参见樊浩《伦理精神的价值生态》，中国社会科学出版社 2001 年版。

自己的行为与他人和社会的关系、以对社会生活的合理价值理解和价值选择为指导的"伦理精神"。现代高技术极大地扩展了人的能动性、个体性与主体性，因而也极大地扩展了人的道德责任，对掌握高技术或在高技术条件下行动的人来说，"高技术伦理精神"对解决"道德出域"难题，虽不是全部但却是基础性和根本性的文化战略。

第四编

伦理之"公"与道德之"民"

十二 伦理，"存在"吗？

（一）回到"庄子问题"："相濡以沫"，还是"相忘于江湖"？

在《大宗师》中，庄子透过"涸泉之鱼"的虚拟情境，引出一个著名命题："泉涸，鱼相与处于陆，相呴以湿，相濡以沫，不如相忘于江湖。""相濡以沫，不如相忘于江湖"的"庄子命题"在人类文明史尤其是精神上产生的不绝震撼，并不只是"相濡以沫"与"相忘于江湖"之间绝尘逸俗的精神飞越，更是"相忘于江湖"的庄子式大道智慧与"相濡以沫"的历史选择之间涤荡心灵的强烈反差。面对"泉涸，鱼相与处于陆"的生活世界，庄子展现了两种可能的世界图景和生命智慧：相生，但相濡；自由，但相忘。"相濡以沫"是伦理世界的悲怆情愫，"相忘于江湖"是大道世界的自由之境，"不如"二字温婉而决然地呈现了庄子的"真人"执着。然而，两千多年大浪淘沙的文化选择，留给庄子的只是一声叹息："相忘于江湖"的"大宗"自走出思想的襁褓后便被彻底"相忘"，精神史上一如既往地感动苍生的是如泣如诉的"相濡以沫"。"庄子命题"中两种智慧的命运倒置如此强烈，乃至如果没有"相濡以沫"的催醒，后人可能已经忘却"相忘于江湖"的曾经。"相忘"被相忘，"相濡"被感动，轴心时代的原创智慧与它在文明长河中的历史命运之间的悲剧性倒置，同样温婉而决然地将"庄子命题"蝶变为"庄子问题"："泉涸"之际，人类与人类的精神之"鱼"到底该"相忘于江湖"，还是"相濡以沫"？

"庄子命题"早成遥远追忆，然而"庄子问题"却使庄子如歌德所说，不仅是时代的产儿，而且是一切时代的同代人。因为由"庄子命题"的历史命运所造就的"庄子问题"，在与人类精神的深度契合中展现为一个文明史上不断邂逅而又永远有待破解的难题。人类精神史上，"泉涸"

之境时时发生，"鱼"几多"相与处于陆"，于是"相濡以沫"还是"相忘于江湖"，自古至今总是人类无法摆脱的精神纠结，伦理与道德，便是人类精神世界最具表现力与解释力的"泉涸之鱼"。

在精神哲学意义上，"泉涸"意味着作为人类精神家园的个体与实体直接同一的伦理世界的解构，所谓"失家园"或"失乐园"，"大道废，有仁义"，以个体为本质的教化世界诞生，中国的春秋与西方的古希腊，以及基督教的"走出伊甸园"，展现的就是"泉涸"的精神世界图景。"泉涸"之际，作为人类精神的两大基本因子的伦理与道德便"相与处于陆"。在赤裸的"陆"地即被异化了的生活世界，人的精神世界如何生生不息？同样有两种可能图景：一是伦理与道德"相濡以沫"，在"相濡"所缔造的生命实体中共生，重建精神家园；二是伦理与道德"相忘于江湖"，在彼岸的"江湖"中彼此逍遥。在世界文明史上，前者是中国智慧与中国传统，后者是西方智慧和西方传统。两千多年的成长，两大智慧形态都"分殊"而"理一"地遭遇深刻矛盾：伦理解放与道德自律的"中国问题"；伦理认同与道德自由的"西方问题"。两大问题，根源于伦理与道德"相濡"与"相忘"的精神史轨迹。精神世界中概念地存在的这一历史哲学难题，在道德哲学理论中演绎为旷日持久并愈演愈烈的正义论与德性论之争。面对生活世界的现实，到底社会伦理的公正诉求优先，还是个体道德的德性追究优先，人们似乎总是难以甚至根本不可能在"相濡以沫"与"相忘于江湖"之间做出任何非此即彼的选择。

曾经"泉涸"，今又"泉涸"。遭遇改革开放40年的冲击，形上层面的伦理与道德的矛盾，理论自觉中的正义论与德性论之争，现实而强烈地表现为"伦理之'公'"与"道德之'民'"的两难。当社会生活出现愈益严重的道德危机，精神世界再次坠入"泉涸"之境，陷于难解的精神纠结。于是，亘古的"庄子问题"便以新的时代话语表达，呈现为强烈的"中国问题式"——

没有伦理之"公"，能否造就道德之"民"？

没有道德之"民"，能否存在真正的伦理之"公"？

遭遇"泉涸"，公正与德性、伦理之"公"与道德之"民"，到底何种价值优先？

由是，人类精神又一次纠结于"庄子问题"：伦理与道德，到底需要"濡"的智慧，还是"忘"的境界？

伦理与道德、正义论与德性论、伦理之"公"与道德之"民"，在概念、理论、现实诸层面展现人类精神的深层纠结，不仅是历史、而且是时代的精神纠结。人类到底以什么走出精神"泉涸"？也许，需要再次回到"庄子问题"，通过"庄子命题"与历史选择的强烈互镜，在"相濡以沫"的伦理之性与"相忘于江湖"的大道之境之外，开发"第三智慧"，渡"沫"而至"江湖"，重新回到人类精神的家园。

问题在于，人类精神的纠结点到底在哪里？唯有找到纠结点，才可能解开这个千丝万缕的精神之"结"。考察发现，在现代性问题域和话语背景下，无论伦理与道德的概念纠结，正义论与德性论的理论纠结，还是伦理之"公"与道德之"民"的现实纠结，都缠绕于一个问题：伦理存在。可以假定：伦理存在，就是人类精神的纠结点。伦理是"本性上普遍的东西"，伦理的真理，是人与自己的公共本质即实体的同一，通过这种同一，人由个别性存在或个体提升为普遍性存在。"伦"与"理"及其相互关系，是"伦理"的结构元素，潜隐于背后的是兼具个别性与普遍性双重本质的"人"。其中，"伦"是人的公共本质，即实体或"普遍物"，其要义是"公"；"理"是"伦"的规律，既是"伦"存在的客观规律，也是达到"伦"的主观规律，其要义是"精神"。"伦理存在"是客观与主观、存在与认同的统一。"伦理存在"的确立，必须完成三大工程：形上世界中关于伦理的"存在"本性及其现象学形态的澄明；生活世界中关于伦理之"公"或"伦"之"普遍物"的反思性批判；价值世界中关于伦理认同或伦理存在的"精神"条件的追究。客观性存在、反思性存在、价值性存在，是伦理的三种存在方式，它们构成伦理的"存在"体系。一旦通过"精神"达到伦理认同，伦理便与道德相接，因为"精神"不仅是"单一物与普遍物的统一"，而且是思维与意志、知与行的统一。由此，伦理与道德、正义论与德性论、伦理之"公"与道德之"民"便实现和解，缠绕于其间的现代性纠结便迎刃而解。

近代以来，西方文化以道德的强势压过并取代伦理，积疾为现代文明中伦理认同与道德自由之间难以调和的矛盾。"现代化"意识形态飓风下西方文化近一个世纪的浸淫，市场经济的推动，"伦理缺乏症"或"伦理缺场"已经演绎为全球性痼疾，也日益凸显为深刻而严峻的"中国问题"，伦理退隐导致人的生活世界和精神世界被肢解为现代性碎片。由此，困境、怀疑和质疑，集中指向一个追问：

伦理，"存在"吗？

追问从两个维度展开：一是对生活世界中"伦理死了""伦理退隐"的现实批判，二是伦理是否"存在"的道德哲学反思。

必须保卫伦理！保卫伦理，必须保卫伦理存在；保卫伦理存在，道德哲学必须完成一个亟迫的前沿课题：澄明伦理存在。

（二）公民，"公"在哪里？

公民是伦理的主体，公民与伦理的同一性，是伦理"存在"的全部根据。问题在于，公民与伦理因何同一，如何同一，同一的哲学基础是什么？诸多难题，聚于一个焦点："公民"，到底"公"在哪里？

1. "没精神"的"公民"

在现代话语中，"公民"主要被当作政治法律的概念，国籍是"公民"的身份标识和身份认同，由此衍生出相关权利和义务。现代性"公民"概念的最大缺陷是"没精神"，以国籍身份遮蔽甚至取代精神归宿，必然逻辑和历史地使现代社会中的公民认同患染"精神分裂症"，也使公民理论陷于现代性困境：心与身、灵魂与肉体的分裂；国家认同与民族认同、国家意识与民族精神的分裂；"好人"与"好公民"的分裂。在生命存在的意义上，"公民"是心与身的统一体，不仅意味着个体之"身"与国家作为政治实体之"公"在制度层面相互承认而获得"民"的资格，更深刻的是个体之"心"与国家作为伦理实体之"公"之间的同一性关系，前者是肉体意义上的公民资格，后者是灵魂意义上的公民认同。脱离"心"的精神同一性的"公民"理念长期演绎的严重后果，不只是批量产出几十年前新加坡学者已经指证的那种黄皮白心的"香蕉人"（注：即皮肤是黄色的中国人，但灵魂已经是白色的西方人），而且使现代社会盛产"边缘人"，即在文化与精神上漂泊的"无国籍人"，他们往往自讽或被讽为文化上的"世界公民"，实际上是现代性背景下"公民"身心剥离的人格分裂。由此，必然导致另一个问题，国家认同与民族认同之间的矛盾。国籍是一个政治地理意义上的国家概念，民族则是与文化认同和精神皈依相关的伦理概念，"公民"概念的"没精神"，导致在生活世界的权利义务关系方面属于某一"国家"，但在精神世界领域却属于另一个民族甚至游离于任何民族。国家意识方面的认同、文化意识方面的不认同甚至抗拒,已经成为现代社会的普遍病症。于是,在国家与民族的内部关系,尤其是公民的安身立命方面,便遭遇做一个"好人"和做一个"好公民"之间的两难选择,两难的焦点,是"人"与"公民"的矛盾。"好公民"是政治要求,只需要履行政治制度所要求的权利义务;"好人"则是以伦理道德为核心的文化诉求,高于也超越于"好公民"。"好人"与"好公民"问题的提出,本是源自西方经验的"西方问题",但已经逐渐蔓延为一个具有普遍性的现代性问题,它是否已经是"中国问题"当然有待追究,然而这一问题在中国学术界的热烈讨论,至少说明它已经是可能的"中国问题",标示着在全球化进程中,中国社会已经患上"西方病"。以上三大"精神分裂症",是"公民"作为精神主体与作为制度存在的概念性剥离,"没精神"或"精神"的概念性缺场,导致"公民"政治身份与伦理认同、生活世界与意义世界的分裂,催生只有国籍身份而没有文化归属的"没精神"的"公民"。

2. "公"与"民"的相互承认

如何走出"没精神"的现代性困境?"公民"伦理身份认同是破解难题的关键。伦理身份认同的真义是:"公民"由政治主体提升为伦理政治的主体。

内在于"公民"概念中的"没精神",源于"无伦理"。顾名思义,"公民"的本义是"公"之"民",既是被"公"承认之"民",也是承认"公"的"民"。"公民"的精髓,是"公"与"民"之间的相互承认,"公民"之"民"意味着经过"公"与"民"的相互承认,成为"公"的普遍性与"民"的特殊性相同一的主体。如果说,"公"对"民"承认的基本方式是国籍,那么,"民"对"公"的承认便是具有精神气质的伦理认同。"公民"之"公"兼具政治与伦理的双重意义,"公民"之"民"是在制度和精神方面都达到普遍性与特殊性统一的社会主体。在现实性上,"公民"是兼具制度和精神双重意义的主体性存在。"公民"作为精神意义存在的要义是:不仅在政治制度或生活世界中,而且在精神生活或精神世界中,成为"公"之"民";不仅被国家制度化地承认,而且与国家共同体保持着精神同一性,在心与身、灵魂与肉体两个层面成为具有"公"的普遍性和过普遍生活的存在者,即所谓"公"之"民"。"公民"作为政治存在和伦理存在的关系，毋宁应当理解为：只有在伦理精神上成长为"有'公'之'民'"，政治制度意义上的"公民"才有可能彻底确立。"公民"概念中伦理与政治相同一，才能化解心与身、民族认同与国家认同、好人与好公民分裂的现代性精神分裂症。

由此便引出"公民"与"伦理"之间的概念同一性问题。任何一个被体制承认的人都不会怀疑、更不会否认伦理道德对于公民的意义，理解这种同一性关系的难题在于："公民"与"伦理"、"道德"之间到底是何种语词结构、何种哲学关系？现代性话语的主导表达为何是"公民道德"而不是"公民伦理"？前者是语义哲学问题，后者涉及伦理、道德在公民精神世界中的不同地位。

3."公民道德"还是"公民伦理"？

在语义哲学上，通常将"公民伦理""公民道德"理解为主谓语词结构，即"公民"之"伦理"、"公民"之"道德"。这种理解的严重缺陷是："公民"与"伦理"、"道德"在哲学上是彼此分离的文化黏合，伦理与道德只是"公民"的义务附加或"应然"要求。也许，将它们理解为相互诠释的并列结构更具有解释力，也更经得起哲学反思。并列语词结构的要义是：伦理与道德不仅是"公民"的"应当"或一般意义上成为"公民"的条件，更是"公民"的精神存在方式，伦理道德，既是"公"的精神性存在，也是"民"之"公"的精神表达和精神确证。一旦因伦理道德构造而被赋予成为共同体成员的精神存在的意义，"公民"便不只是政治意义上的制度性躯体，而是具有灵魂的伦理存在。

"公民伦理"与"公民道德"在话语表达方面的殊异，既隐含不同文化传统中伦理与道德的分离，更预示二者之间不可分离的关联。古希腊之后，西方道德哲学的主导趋向，是道德压过伦理，以道德取代伦理，于是"公民道德"便成为主导话语。在中国话语系统中，"公民道德"在文化传统上隐含着对"公民伦理"的前提性确认。伦理与道德共生互动，一直是自周、秦以来中国哲学一以贯之的传统，"伦理""道德"的核心是"伦"和"德"。在道德哲学意义上，"伦"是实体性，"德"是主体性；"理"是"伦"的真理，"道"是"德"的"绝对命令"，"道"在现实性上是"伦"与"理"的要求。于是，"伦"的实体性要求，便透过"理"的真理和"道"的绝对命令，落实为"德"的主体性建构，最后达到实体与主体或"伦"的实体与"德"的主体的同一，所谓"实体即主体"。正是在这个意义上，黑格尔才说"德"毋宁说是一种伦理上的造诣。"德"与"伦"、道德与伦理的最大区别，在于它不只是存在，而且是价值；不只是认知，而且是行动，是知与行的统一，即所谓："知行合一。"知行合一的真谛，是透过"行"体现和确证"知"，所谓"不行谓知"。显然，在伦理道德一体的文化传统及其哲学诠释下，"公民道德"已经体现并确证了"公民伦理"。这便是在中国传统中为何是"公民道德"而不是"公民伦理"成为主导话语的道德哲学根据。必须强调，"公民伦理"是"公民道德"的真理与价值前提，"公民道德"的合理性，在于它实践和呈现了"公民伦理""公民"与"伦理"之间具有存在论意义上的同一性关系，"公民"必须也应当是一种伦理性存在，公民道德是公民作为伦理性存在的确证，表征公民与伦理之间的概念同一性关系。

必须将伦理与道德还原于公民的精神世界，在精神哲学层面探讨伦理与道德对于"公民"的生成意义，才能呈现和解释"公民"精神发展的有机生命过程。"公民"与伦理、道德之间的关系，本质上是"公—民"与"伦理—道德"之间的整体性关系，在这种关系中，不仅"公民"的精神历程和精神世界被展现，而且其所存在的精神世界与生活世界也被整合，由此复原出一个完整而活生生的"公民世界"或"公民生活"。简言之，"公—民"与"伦理—道德"之间关系是："伦"的本性及其真"理"是"公"，个体分享"公"之"道"，便获得作为"伦理上造诣"的"德"，便成为"公"的普遍性存在，即所谓"公"之"民"。伦理与道德，确切地说，"伦—理—道—德"是"公—民"生成的精神哲学规律。① 在精神世界中，"公—民"展现为伦理与道德辩证运动的生命进程，具体地说，展现为伦理之"公"与道德之"民"辩证发展的精神历程。

由此，"公民"与伦理、道德之间便概念地存在两种关系：一是"公民"与伦理、道德之间语词关系；二是"公—民"与"伦理—道德"之间的精神关系。将"公民伦理""公民道德"由主谓关系转换为并列关系

---

① 关于伦—理—道—德的精神哲学规律，参见樊浩《道德形而上学体系的精神哲学基础》，中国社会科学出版社 2006 年版。

的要义，是将作为公民应然要求的单向附加关系，推进为相互诠释、相互建构的双向关系——不只是公民需要伦理道德建构，更具本质性的是，伦理与道德建构真正意义上的公民。建立"公—民"与"伦理—道德"之间精神关系的要义，是将"公—民"还原为"伦理—道德"辩证运动的精神哲学过程或辩证发展的生命进程。第一种关系赋予"公民"以精神本性，第二种关系赋予"公民"以精神生命的辩证本质。

以上论证演绎为一个结论：公民是一种伦理存在，伦理与公民同在。在"公民"的世界，伦理不会死，也不能退隐。为此，现代道德哲学必须完成关于"公民"的两大理论推进：其一，由政治向伦理的推进。"公民"不仅是政治的概念，而且是伦理的概念，是伦理与政治同一的概念，即伦理政治的概念。其二，由"概念"向"理念"的推进，将公民"概念"现实化为公民"理念"。哲学研究的对象是理念，理念是概念和它的定在即现实形态的统一。① 通过两大推进，"公民"便从抽象的政治概念现实化为具有伦理灵性和道德实践能力的"理念"。用宋明理学的话语诠释，政治意义上的"公民"是气质之性，伦理意义上的"公民"是天命之性，天命之性与气质之性、政治存在与伦理存在的同一，便诞生"单一物与普遍物统一"的"有精神"的"公民"。

（三）伦理的"存在"条件："公"；"精神"

1. "伦理"如何存在？

"伦理"，因何"存在"？

熟知的观念是：伦理是社会意识的一种形态，因而是主观的，所谓"客观伦理"，在学理上或者沿袭黑格尔将伦理当作"客观精神"的话语，或者只是在社会性的意义上赋予其与道德主观性相区分的客观性。但无论如何，社会意识是伦理的本质。这种否认伦理的"存在"属性或"存在"本质的流行观点，在理论与实践上导致诸多严重问题：伦理因其主观性不仅在理论上相对，而且在实践上由相对而虚无、由虚无而虚幻；伦理长期逍遥于存在的合法性追究与合法性批判；无论在理论上还是实践上都难以

---

① "定在与概念、肉体与灵魂的统一便是理念。"参见黑格尔《法哲学原理》，范扬、张企泰译，商务印书馆1996年版，导论第1页。

找到伦理与个体的内在同一性。三大问题导致一个后果：伦理认同危机。

无须否认，伦理具有社会意识的本性，但在严谨的道德哲学解释中，伦理的主观性只是在其必须通过主体认同而获得现实性的意义上的主观性。伦理与道德的根本区别之一，在于它首先是一种现存，通过主体认同而成为现实，是现存与现实的统一，因而是"存在"、不是意识，才是它的真正本质。这便是伦理与道德在文明史，尤其是精神文明史上能长期共存，共同缔造人的精神世界和生活世界的根本原因。伦理既是生活世界中的存在，但又不是如物质生活条件那样的世俗化的直接存在，而是必须通过人的特殊把握才能洞察的存在。因为客观伦理的存在，道德才有可能，生活世界才有合理性与合法性。在某种意义上，伦理既是存在论，又是价值论，将伦理只当作意识而不是"存在"的观点，事实上在消解伦理的客观性的同时，也消解了伦理的合法性与现实性。也许，接近真理的表述是：对于伦理的认知和把握具有主观性，但伦理本身是客观的。将伦理当作意识而不是存在的观点所导致的严重后果之一，是近一个世纪以来关于伦理的合法性追究长期在学术研究中缺场，既缺乏陈独秀那种"伦理之觉悟为吾人最后觉悟之最后觉悟"的批判性自觉，也缺乏罗素那种"学会伦理地思考"关乎"人类种族的绵延"的建构性自觉，总之缺乏开启于轴心时代被孟子等道德哲学家所揭示的那种基于伦理对人类文明的终极意义的"终极觉悟"。在这种话语背景下，所谓的"正义论"呼吁，在西方，不过是如罗尔斯在学术论战中所最后表述的那样，既是一种政治诉求，也是西方传统的延续；在中国，不过是基于西方经验的西方理论的简单移植。一种始料不及的后果已经造成：对伦理的"存在"本质的不幸忽略，使自近代启蒙运动以来的整个现当代社会，缺乏对于伦理合法性的追究与批判。原因很简单，因为伦理被认为只是主观的，因而无须"客观"的、甚至严肃的对待。然而，无视伦理的存在论本质，并不能也丝毫没有改变"存在"的伦理，不可避免的结果是：伦理的非合理性、非合法性可能存在，甚至已经存在。于是，伦理与作为它的主体的人，伦理与社会，总是若即若离，无论道德哲学还是主流意识形态，都难以为现代社会指引一条伦理与人相结合的学术通道和现实路径，伦理既难以成为人的世界之"伦"，也难以成为人的世界之"理"。

伦理是"存在"，必须是"存在"，也只能是"存在"。既是"伦"的自在存在，又是"理"的自为存在，更是"伦"之"理"的自在自为的存在。有待探讨的是：伦理因何，如何"存在"？总而言之，伦理"存在"的条件是什么？

2. 伦理的存在条件

伦理的存在条件或伦理的存在方式，有两大结构："公"或"普遍物"；"精神"。

"伦理"与"精神"是两个相互诠释的概念，"普遍的东西"即所谓"普遍物"是伦理的本性，但并不是任何"普遍物"都是伦理，必须同时具备另一个必要条件即"精神本质"时，才成为伦理，"只有"一词，凸显"精神"之于伦理存在的绝对意义。于是，伦理为伦理、伦理的存在，必须同时具备两个条件："本性上普遍的东西"，"精神"。

问题在于，"本性上普遍的东西"是什么？因何成为"普遍的东西"？"本性上普遍的东西"是意识中的存在还是现实的存在？用中国道德哲学的话语表述，这种"本性上普遍的东西"的存在方式是"伦"，"伦"的本质或存在方式就是"公"，或者说，伦理因为"公"而成为"本性上普遍的东西"。在中国话语中，伦理是"伦"之"理"，"伦"在任何意义上都指向人的公共本质或人的共体，所谓"天伦"与"人伦"，便表征人的两种公共本质。因此，在中国道德哲学中，"伦"首先是一个存在论的概念，它指谓也肯定人的公共本质或共同存在，是关于人的存在的总体性概念，因为这种总体性存在为人的精神所自觉并在人的精神中存在和把握，因而成为人的实体，是人的存在的实体性概念。正因为如此，"人伦"与"人道"相通，孟子将"教以人伦"作为摆脱"类于禽兽"的终极忧患的根本路径，不仅将"人伦"与"人道"相通，而且将"人伦"作为"人道"的现实性。在中国道德哲学话语中，如果"道"是一个本体性概念，那么，"伦"就是一个实体性概念，"人道"是人的本体性，"人伦"是人的实体性，作为人的公共本质，"人伦"就是人的"普遍的东西"或黑格尔所说的"普遍物"。不过，无论"普遍的东西"还是"普遍物"都不是中国话语，"伦"作为"本性上普遍的东西"的中国表达就是"公"。两种表述的精微哲学差异在于，"公"不仅是存在论意义上的普遍物，而且是价值论意义上建构和分享的对象，"伦"既是人的公共本质，也是人存在的共体。所谓"天下为公"，不仅是政治学意义上的"天下为天下人之天下"，还是"天下人"平等的权利诉求；更重要的是一种伦理追究，它指谓"天下"的本质是"公"，如果失去了"公"，"天下"便名存实亡，因而"天下人"都有建构"天下"之"公"的责任。在这里，"天下"是存在论意义的"普遍物"，"公"是价值论意义上的普遍物。由此，"公"便可以当作动词，将"天下为公"的哲学命题，转移为"公天下"的道德哲学命题，不仅能动地建构和捍卫"天下"之"公"，而且从"天下"之"公"出发判断人的行为的合理性与合法性。正是在这个意义上，伦理才成为存在。"伦"的"普遍物"、"伦"之"公"，是伦理的存在方式，也是伦理存在的合理性客观基础。

　　"伦"之"理"，是"伦"的规律。"理"之规律，是伦理的自为形态的存在方式，其内核是"精神"。黑格尔已经指出，伦理关系本质上是一种"精神"，并且"只有作为精神本质才是伦理的"。"只有"二字凸显"精神"作为伦理存在条件的前提性乃至某种程度上的绝对意义。这里很容易产生误读，将伦理简单理解和归结为"精神"，因而是主观的。黑格尔这句话的本意是，人与人之间的关系只有指向"伦"的普遍物即成为"人伦"关系，并且具有精神的本质或对人伦关系进行"精神"把握时，才是伦理的。何为"精神本质"？如何才是"精神"的把握方式？一种行为只有当它具有实体性内容，即指向整体与普遍，才是伦理行为，伦理行为指向并且只指向"整个的个体"，即"作为普遍物的那种个体"。无论如何，"伦"的"普遍物"是伦理关系、伦理行为，推而言之，是伦理存在的本质特征。正因为如此，伦理关系、伦理行为，都是也只能是以"伦"的普遍物为目的和内容的"精神"，这便是"伦"之"理"的存在方式与存在条件。或许，"人伦关系"与"人际关系"的辨析，对于伦理存在具有特殊的道德哲学意义。伦理关系是"人伦"关系，它的真谛，是个体性的人与普遍性的"伦"之间的实体性关系，以对"伦"的普遍物的承认为前提；而"人际关系"是个别性的人与人之间的原子式关系，以个体的非实体性即所谓人与人之间的"际"的存在为特征。"人际关系"如何才具有"伦理关系"的意义？"为了要使这种关系成为伦理的，个体、无论他是行为者或行为所关涉的对方，都不能以一种偶然性而出现于这种关系中"，而必须指向"伦"的实体性，即"其本身是普遍物的那个个体"。[①] 在"学科"高度分化的时代，"人伦关系"是道德哲学或伦

---

　　① ［德］黑格尔：《精神现象学》下卷，贺麟、王玖兴译，商务印书馆 1996 年版，第 9 页。

理学的概念，"人际关系"是社会学的概念，并且在相当程度上是现代性概念。伦理学并不排斥人际关系，只是强调个别性的人与人的关系，只有在"伦"的实体中才有合法性和现实性。

"伦"与"理"、"伦"之"公"与"理"之"精神"的结合，便是"伦理"的自在自为的存在。或者说，当"伦"的"普遍物"之"公"，与"理"所指向的"其本身是普遍物的那种个体"的"精神"结合时，"伦理"便达到它的自在自为的存在。"伦理"和"伦理存在"是"伦"与"理"的辩证结构。"伦"是存在的客观性，是人的公共本质或共体，其存在方式是"公"，"公"既是"伦"的神圣性，又是"伦"的合法性。因其"公"即作为诸偶然性个体的公共本质而神圣，但也只有具备"公"的本性，"伦"才具有存在的合法性。因"公"而神圣，唯"公"而合法，于是，"伦"便因"公"而兼具神圣性与批判性的双重本质，二者都是"伦"的存在的客观性。如果"伦"的内核是"公"之存在，那么，"理"的内核便是"以'伦'为公"的"精神"。与物质性的社会存在不同，无论"伦"之存在，还是"伦"之"公"，都必须以对"伦"的认同和实践为现实性。"伦"的精髓是"公"之存在，"理"的精髓是"以'伦'为公"。"伦"是伦理存在的客观性，"理"是伦理存在的现实性，"以'伦'为公"的现实性便是所谓"精神"。在黑格尔看来，永远只有两种伦理观，即实体的伦理观与原子的伦理观，"从实体出发"是唯一合理的伦理观，原子伦理观的最大缺陷是"没有精神"。伦理或精神的本质，是"单一物与普遍物的统一"。"从实体性出发"必须有两个前提：第一，实体或实体性是真实的存在，否则伦理与伦理观便是虚幻；第二，"从实体出发"是一种信念，其哲学本质是"精神"。由此，"伦理"与"精神"同一，即所谓"伦理精神"；更进一步，"精神"不仅与伦理同一，而且与伦理存在同一，在其直接性上，伦理"是家庭和民族的现实精神"。伦理既是"精神"的种种样态，更是世界的种种样态。于是，伦理存在不仅是"伦"的"普遍物"的自在存在，而且是通过"精神"对"伦"的普遍物的认同，达到个体"单一物"与"伦"的"普遍物"相统一的自为存在，是"伦"的实在性与"理"的精神认同的统一，由此达到的实体性存在。伦理观、伦理存在的根本要求，是"从实体出发"。"从实体出发"预示着一方面实体是伦理和伦理存在的真理；另一方面，基于"单一物与普遍物的统一"的伦理认同，是达到伦理的精神，也是个体行为的信念。如前所述，实体与本体不同，作为道德哲学的概念，它不仅是"普遍物"，而且是个体"单一物"对"普遍物"的信念，透过"精神"达到"单一物与普遍物的统一"。因而实体既是普遍物，又是精神，是精神地把握和达到的普遍物。

综上，伦理是"伦"的"普遍物"（"公"）与"理"的"精神"的统一的既自在又自为的存在，即所谓"伦理存在"。"伦"的"普遍物"或伦之"公""理"的"精神"或"从实体性出发"的伦理认同，是伦理存在的两大条件；"伦"之"公"与"理"之"精神"的同一，是伦理的存在条件或伦理的存在方式。两大条件的共生互动，构成伦理存在神圣性与批判性、现存与现实统一的辩证本质。

（四）伦理的"存在"形态及其"活的世界"

逐渐达成的共识是：伦理认同与道德自由的矛盾，是现代性道德的基本问题。然而，在"伦理认同"的话语结构中，既然"伦理"是"认同"的对象，那么必须首先回答：伦理认同，认同什么？换言之，"伦理"，到底在哪里、以何种形态存在？

如果说，伦理的存在条件所解决的核心问题是"因何存在"，那么，伦理的存在形态解决的核心问题便是"以何存在"。"以何存在"必须具备两个要素：存在的诸形态；诸形态形成伦理的"活的世界"即"活的伦理世界"。"活的伦理世界就是在其真理性中的精神"既展现为现实形态的多样性，又呈现为一个完整的"活的世界"，由此，伦理便"不仅是意识的种种形态，而且是世界的种种形态"。①

黑格尔曾经在他的第一部著作和最后一部著作中，分别展现了两种伦理存在的世界图景："伦理世界"（狭义的）—教化世界—道德世界的现象学图景，家庭—市民社会—国家的法哲学图景。仅从文本考察，在《法哲学原理》中，家庭、市民社会、国家三者被黑格尔明确地当作"伦理性的实体"，三者构成"伦理"的世界；《精神现象学》中所描绘的三个世界，即狭义的伦理世界、教化世界、道德世界，是客观精神或精神客观化自身的世界图景。然而，如果不囿于黑格尔的思辨，如果对黑格尔的

---

① ［德］黑格尔：《精神现象学》下卷，贺麟、王玖兴译，商务印书馆1996年版，第4页。

体系进行批判性反思，并试图在此基础上有所创造，那么，家庭与民族—财富与国家权力—德性与社会风尚，毋宁更有理由被当作伦理存在的诸形态，三者形成伦理存在的"活的伦理世界"。因为，如果将家庭、市民社会、国家当作伦理存在和伦理世界，一方面总是难以摆脱黑格尔在《法哲学原理》序言中所申言的"凡是合乎理性的东西都是现实的；凡是现实的东西都是合乎理性"的矛盾，另一方面，依然存在伦理与道德分离的难题；但是，如果直接将狭义的伦理世界、教化世界、道德世界当作伦理存在，那么，伦理便完全与客观精神等同，也难以具有合理的解释力。"伦理存在"要对现实的生活世界有足够的表达力和解释力，必须在伦理的两大存在条件，即"公"与"精神"的基础上，结合新的时代精神进行道德哲学创新。

1. 形态一：家庭与民族

家庭与民族，在《精神现象学》中被黑格尔当作"伦理世界"的元素或"精神现象"。不过，这里的"伦理世界"只是狭义的，是人的精神客观化自身而生成的第一个世界，即个体与实体直接而自然地同一的世界，它是人的精神的第一次日出或第一种"现象"。正是在这个意义上，黑格尔将它称作直接的和自然的精神，也是"真实的精神"。但是，在黑格尔的"伦理世界"中，无论家庭还是民族，都只是精神，而且如果将它与《法哲学原理》相对照，也内在将民族与国家分离的可能，因为在《法哲学原理》中，伦理实体的最高形态是国家。家庭与民族当作伦理存在的第一结构元素，必须回答以下问题：它们为何是"第一伦理存在"？它们如何是"精神"？精神与存在如何在其中同一而成为"伦理"？正如黑格尔所发现的那样，家庭与民族成为"第一伦理"或"第一伦理存在"，在于它们的自然性和直接性，以及由此而导致的神圣性。因为，"如果伦理实体是共体或公共本质，而这是以有自我意识的现实行动为其存在形式，则它的对方，就是以直接的或存在着的实体为其存在形式"。公共本质或伦理实体与"有自我意识的现实行动"的同一，便构成伦理的"存在形式"或"存在着的实体"。这种"存在着的实体"的直接表现，便是家庭与民族。"它既然是一个天然的伦理的共体或社会，那么显然，这个环节即是家庭。""当它处于直接的真理性状态时，精神乃是一个民族——这个个体是一个世界——的伦理生活。"①

需要论证的是，家庭、民族为何，如何是伦理存在？黑格尔，指证了伦理系的两大特质：（1）它是作为个别性家庭成员的"人"，与作为家庭整体的"伦"之间的实体性关系；（2）这种关系的精髓，是个别家庭成员的行动及其合理性，以家庭实体为目的和内容。前者是"伦"之"普遍物"；后者是"伦"之"理"，即"精神"。民族是家族的文化放大与精神延伸，同样是自然的伦理存在，但民族的伦理存在与家庭伦理存在又具有不同性质。"作为现实的实体，这种精神是一个民族，作为现实的意识，这是民族的公民。"② 作为对两种伦理存在的自我意识，家庭精神的呈现方式是"家庭成员"，民族精神的呈现方式是"民族的公民"。公民意识，本质上是一种关于民族伦理存在的伦理意识和伦理精神，是在精神上达到民族之"公"的意识和精神。

然而，家庭与民族毕竟是两种不同的伦理存在，体现"天伦"与"人伦"、"神的规律"与"人的规律"的亲和与紧张。"因为一个人只有作为公民才是现实的和有实体的，所以如果他不是一个公民而是属于家庭的，他就只是一个非现实的和无实体的阴影。"③ 家庭与民族两种伦理实体中内在的两大伦理规律之间的矛盾和紧张，将"人"由家庭成员和民族公民还原为原子式的个人，进而推动伦理存在由自然世界向生活世界、由自然状态向教化状态的辩证发展，由此，伦理存在便获得世俗形态：财富与国家权力。将财富与国家权力当作伦理存在似乎遭遇质疑：它们并不像家庭与民族那样，是具有组织意义的实体性存在，毋宁说更像是某种功能和中介，也许像黑格尔《法哲学原理》那样，将社会与国家当作伦理存在或伦理性的实体更恰当，在《精神现象学》中，财富与国家权力只是被当作"精神"在教化世界中的"现象"。回应质疑的解释是：财富与国家权力是生活世界中作为"普遍物"的"伦"，与作为"伦"之"理"的"精神"结合的最具现实性的呈现和存在方式，是生活世界中伦理存在的两大基础形态，二者贯穿于国家与社会两大伦理性的实体之中，也是解释和解决现实世界的伦理问题的核心。

---

① 以上三段分别见［德］黑格尔《精神现象学》下卷，贺麟、王玖兴译，商务印书馆1996年版，第8、4、4页。
② 同上书，第8页。
③ 同上书，第10页。

2. 形态二：财富与国家权力

财富和国家权力如何是伦理？因何是伦理性的存在？它们都是个体与社会、国家两种"普遍物"的同一性方式，是自我与本质或个体自我与他的公共本质的两种自觉的同一体或两种形态。前者是经济的同一体，后者是政治的同一体，它们只有透过"精神"才能真正达到"单一物与普遍物的统一"，成为伦理性的存在，具有伦理的合法性。在这里，无论伦理还是精神，都获得了现实的形态。黑格尔曾将国家权力当作个体与自己公共本质的肯定性统一，它让个体在其中意识到自己的普遍性本质，因而是善；财富是个体与自己公共本质的否定性统一，在个人消费中牺牲其普遍性而意识到自己的个别性，因而是恶。但是，它们都是伦理性存在，是伦理通过精神现实化自身的两种方式。国家权力"固然是简单的实体，也同样是普遍的（或共同的）的作品"，并且"又是作品和简单结果，其所以说是简单结果，是因为这个结果虽系出于所有个体的行动，但这一事实已经从这个结果中消逝不见了；它只落得是所有他们的行动的绝对基础和持续存在……于是就具有存在的性质，并且因此只是一种为他存在"[1]。质言之，国家权力是个体与自己公共本质同一的作品和简单结果，它因成为个体行动获得普遍性的绝对基础而成为"存在"，并由此而具有伦理意义。财富也是如此。"它同样是普遍的精神本质，它既因一切人的行动和劳动而不断地形成，又因一切人的享受或消费而重新归于消失。"享受或消费虽然是个别的，但因为它本身是普遍劳动的结果，并且反过来促进普遍行动和普遍享受，因而既是伦理性又是精神性的东西。"一个人自己享受时，他也在促使一切人都得到享受，一个人劳动时，他既是为他自己劳动也是为一切人劳动，而且一切人也都为他而劳动。因此，一个人的自为的存在本来即是普遍的，自私自利只不过是一种想象的东西。"[2]财富与国家权力是伦理存在的现实性，其伦理性、精神性在于它的普遍性，而且同样是直接的普遍性。"现实的东西完全具有这样的精神意义，它直接地是普遍的。"[3] 将财富与国家权力当作伦理性存在，可以演绎出另一个结

---

① ［德］黑格尔：《精神现象学》下卷，贺麟、王玖兴译，商务印书馆1996年版，第46页。
② 同上书，第46、47页。
③ 同上书，第47页。

论：它们只有具有伦理普遍性，才具有合法性；只有具有精神意义，才具有伦理的普遍性。由此，财富与国家权力便由世俗存在，提升为伦理性和精神性的存在，即伦理精神的存在。

3. 形态三：德性与社会风尚

但是，教化世界具有虚假性，财富与国家权力当作伦理存在，毋宁说凸显其批判性本质，这种批判性本质的真谛是：只有是或成为伦理存在，它们才具有合理性与现实性。生活世界的事实，是个体与自己的普遍本质或普遍物与单一物的分裂。也许正因为这种分裂，才需要通过财富与国家权力使之获得现实的统一，也才需要对财富和国家权力提出成为伦理存在的诉求。在生活世界，个体与普遍本质不仅分离，而且最终分裂，"分裂为简单的，不可屈挠的，冷酷的普遍性，和现实自我意识所具有的那种分立的、绝对的、僵硬的严格性和顽固的单一的点"[1]。财富与国家权力将世界分裂为"冷酷的普遍性"与"顽固的单一的点"的两极，于是，伦理存在必须继续行进，由自为的存在成长为自由的存在，这便是自由主体觉醒。在这一阶段，伦理存在获得两种形态：德性与社会风尚。

德性为何是伦理存在？一般认为，德或德性是个体的，然而，德性之为个体内在的普遍性，本质是一种内化了的伦理性或伦理存在，是个体获得伦理普遍性或成为"普遍物"的标志。个体性与主观性只是德性的形式，其本质是伦理普遍性。"伦理性的东西，如果在本性所规定的个人性格本身中得到反映，那便是德。"[2] 德是伦理普遍物在个体性格中的体现，是个体内在的伦理存在。何种伦理存在？"'德'毋宁应该说是一种伦理上的造诣。"[3] 德是作为个体"伦理上的造诣"的伦理存在。风尚或社会风尚同样如此，它是"伦理性的东西"或伦理普遍物的社会存在方式和社会表达方式。"在跟个人现实性的简单同一中，伦理性的东西就表现为这些个人的普遍行为方式，即表现为风尚。"风尚作为伦理存在的呈现方式，就是"个人的普遍行为方式"，是作为个人普遍行为方式的伦理存在，这种伦理存在本性上也是一种精神，即社会精神。一旦具有德性，一

---

① ［德］黑格尔：《精神现象学》下卷，贺麟、王玖兴译，商务印书馆1996年版，第119页。
② ［德］黑格尔：《法哲学原理》，范扬、张企泰译，商务印书馆1996年版，第168页。
③ 同上书，第170页。

且德性成为社公风尚，"对伦理性东西的习惯，成为取代最初纯粹自然意志的第二天性，它是渗透在习惯定在中的灵魂，是习惯定在的意义和现实。它是像世界一般地活着和现实着的精神，这种精神的实体就是这样地初次作为精神而存在"①。社会风尚是"像世界一般活着的精神"，是一种精神的存在。如果说德性是个体内在的伦理存在或伦理普遍物，风尚便是社会内在的伦理存在，它们是"活着的精神"。至此，伦理存在便达到它的自由之境，成为自由的存在。

综上，伦理存在有三种形态和三个发展阶段：家庭与民族是自然的伦理存在，财富与国家权力是自为的伦理存在，德性与风尚是自由的伦理存在；家庭与民族—财富与国家权力—德性与社会风尚，构成伦理存在的自在—自为—自由的辩证发展。

（五）"伦理存在"的概念与理念

以上论述，凝聚为一个概念和理念："伦理存在"。现代道德哲学和道德生活，应当确立伦理存在的概念和理念，以此弥补道德生活的缺陷，也扬弃道德哲学对现实生活解释和解决的苍白无力。

伦理存在既是伦理的现实形态，也是伦理的现象形态。借用黑格尔哲学的话语，"伦理存在"也可以被表述为"伦理性的东西""伦理性的实体"或"伦理普遍物"。伦理存在必须具备两个不可或缺的条件："伦"之"公"的客观存在；"精神"或"伦"之"理"的主观认同。两大条件的简要表述，就是"伦"与"理"；或"公"与"精神"。它们都兼具现实性与批判性的双重品质。"公"是伦理存在的客观条件，其辩证内涵是：伦理存在就是伦理之"公"或伦理普遍物；反之，只有具有"公"或普遍物的本性，才可能成为伦理存在。"伦"之"理"的"精神"是达到伦理存在，使伦理存在由自在走向自觉的主观条件。"精神"的对立面是"理性"。"精神"的本质是"从实体出发"达到"单一物与普遍物的统一"，"理性"则是"原子式地思考"而实现的"集合并列"。

伦理存在有三大现实形态和精神形态：即家庭与民族的自然形态，财富与国家权力的自觉形态，德性与风尚的自由形态，它们构成伦理存在的

---

① ［德］黑格尔：《法哲学原理》，范扬、张企泰译，商务印书馆1996年版，第170页。

辩证结构和辩证运动。三大形态及其辩证体系，达到"单一物"与"普遍物"统一、伦理与道德的统一、伦理与精神的统一。如果说家庭与民族是黑格尔所说的个体与实体自然统一的狭义的伦理世界，财富与国家权力是自然伦理世界现实化自身而形成的生活世界，那么，德性与风尚便是个体与社会内化伦理普遍物，达到"伦理上的造诣"所建构的道德世界。

伦理存在的诸形态是个体"单一物"与公共本质的"普遍物"的同一体；伦理存在的辩证运动是伦理与道德的统一，以伦理贯穿，由伦理（自然伦理）开始，到道德完成；伦理存在将"伦"与"理"、伦理与精神统一，使伦理与精神互为条件，相互诠释，成为二位一体的辩证结构，由此衍生另一个概念："伦理精神。""伦理存在"的概念内在并将展示其重大的理论与现实意义：现代道德哲学理论中的诸多难题，如个体与实体、伦理与道德、精神与理性的关系问题，将得到更彻底的解释和辩证；中国道德哲学传统的意义、中国道德哲学话语的生成也具备了一个新的概念条件；更重要的是，一些重大现实难题可能得到更好的解释和解决。

关键在于，必须将"伦理存在"由概念向理念继续推进。因为，概念是思辨，理念是行动；概念是灵魂，理念是实存。由概念向理念推进，才能使伦理从思想中的存在，推进和落实为行动中的存在，最终真正成为现实中的存在。

伦理，已经存在；伦理，必须存在；伦理，应当存在。伦理存在，必将成为道德哲学和道德生活中的一轮日出！

十三 伦理之"公"及其存在形态

（一）如果没有伦理,道德将会怎样?

中国社会生活史的宏大叙事发现,自周秦以来,"世风日下,人心不古"几乎成为贯穿整个文明进程的"终极批评"。在学术反思中,"终极批评"的生成获得两种诠释:一是规律昭示,人类文明的演进轨迹,是老子所揭示的"大道废,有仁义,智慧出,有大伪"的不断远离自己的伦理良知和道德本真的精神坠落过程;二是事实判断,生活世界的重大进步,往往以伦理道德的不断恶化为代价。然而,仔细考察,两种诠释似乎都未触及中国文明的本真。数千年的执着,与其说对世风人心的终极批评,毋宁说对伦理道德的终极关注。而无论终极批评还是终极关注,其根源都在于伦理道德之于中国文明终极意义,以及由此衍生的中华民族对于这一具有终极意义的文明因子的终极忧患。终极意义、终极关注、终极忧患,无疑比终极批评更有解释力和建设意义。

然而,"世风日下,人心不古"所传递的深层文化信息,并不只是道德忧患或所谓狭义的"忧道",而是伦理型文化的结构性忧患。借助语言哲学分析,"世风"是社会风尚或社会的普遍行为方式,是伦理。"在跟个人现实性的简单同一中,伦理性的东西就再现为这些个人的普遍行为方式,即表现为风尚。"[1] "人心"与"道心"对应,必须归于道心才有合理性,是人的德性,是道德。"人心惟危,道心惟微,惟精惟一,允执厥中"(《尚书·大禹谟》)自有这"十六字心传""人心"与"道心"的区分,便贯穿中国道德生活史和道德哲学史。因此,对世风人心的忧患,本质上是对伦理与道德的双重忧患。重要的是,两种忧患之间有何内在联

---

① ［德］黑格尔:《法哲学原理》,范扬、张企泰译,商务印书馆 1996 年版,第 170 页。

系，又具有何种结构性？"世风"作为社会风尚，是共时性的伦理同一性，而所谓"日下"的批评，则意味着预设或存在一种判断"日上"或"日下"的参照系，其终极存在也许就是尧舜时代伦理世界的那种原初状态。"人心"是个体道德，而所谓"不古"的批评，则指向历时性的道德同一性。"世风日下，人心不古"的终极忧患，分别指向伦理与道德的同一性。然而，"世风日下"与"人心不古"之间到底是否存在某种逻辑关联，如何关联，虽不可过度解读，但千百年来，不仅在日常话语而且更重要的在文化潜意识中将"世风日下"置于"人心不古"之前，已经隐喻对二者之间关系的认知与判断，暗讽"世风"对于"人心"，或伦理之于道德的某种前置地位，只是隐而不彰。于是，"如果没有道德，世界将会怎样？"的伦理型文化的终极忧患，在现实进程中必然逻辑和历史地演绎为另一个更具体的追问——

"如果没有伦理，道德将会怎样？"

这绝不是一个虚命题，更不是伪问题，而是为人类全部文明史所证实，并且在当代文明尤其中国文明中愈益凸显而又冷落太久的紧迫问题。

不可否认，在当今人类的符号系统，包括道德哲学的概念系统中，"伦理"日益成为一个走向消失的稀有语言，除了在少数"迂腐"的道德哲学家笔下被不断提醒外，于日常生活和学术研究中已经被逐渐遗忘。然而，当"伦理"在理性世界中几成死亡话语之际，伦理问题，尤其是伦理与道德的关系问题，却悄然成为并且从来都是人类生活和道德哲学的基本课题，尤其在今天的文明体系中，"如果没有伦理，道德将会怎样？"已经以愈益尖锐的形式摆到世人面前，迫使我们觉悟。伦理认同与道德自由的矛盾，已经成为现代性尤其是西方现代性道德文明的基本矛盾，矛盾主要方面是脱离伦理认同的道德自由；正义论或公正论与德性论已经成为两大对立并且居主导地位的两大道德哲学形态。追溯历史，道德生活与道德哲学的基本问题不仅是个体与社会的关系问题，而且更深刻地表现为个体至善与社会至善的关系问题，个体至善是道德的善，社会至善是伦理的善。

长期以来，公民道德成为当代中国文明的难题。这一难题的存在以至让人们产生诘问：我们的经济社会发展是否付出了伦理道德的高昂代价？为何推进公民发展的巨大努力未能收到期望的效果？在公民道德发展的实践探索和理论研究中，我们是否过于一厢情愿而直截了当地聚力"道德"

或个体道德，而对作为道德前提的伦理却不恰当地冷落，以致使个体道德失去家园和合法性依据？仔细反思，"公民道德"的主题是"道德"，然而解决问题的关键却是"公"与"民"，确切地说，伦理之"公"与道德之"民"的关系问题——

只有存在伦理之"公"，才能造就道德之"民"；

只有达到伦理之"公"，才能成为道德之"民"。

然而，伦理与道德关系的真理是辩证法：没有道德之"民"，便不存在也不能达到伦理之"公"。于是，通常的情况便是：伦理与道德相互期待，互不满足；在个体精神构造中，伦理之"公"与道德之"民"的诉求，彼此冲突，相互撕扯；最后，是"公"与"民"的精神与人格分裂。

在《法哲学原理》中，黑格尔借古希腊智者学派之口，呈现了西方传统中的这种矛盾：一个父亲问："要在伦理上教育儿子，用什么方法最好"，毕达哥拉斯学派的人会回答说（其他人也会做出同样的答复）："使他成为一个具有良好法律的国家的公民。"伦理教育的目的是造就公民，但前提是必须成为"具有良好法律国家的公民"。这里暗藏一个非常深刻的问题：如果一个国家没有或者被认为没有"良好法律"，是否、能否、又如何将人"在伦理上"教育为一个"公民"？这个问题让人们想起苏格拉底赴死时的那种纠结：他不出逃雅典，重要原因之一，是其他城邦的法律同样不合理甚至比雅典更糟糕，而不像人们美好想象的那样，只是出于一种道德上的高洁。社会合理性与公民造就之间的伦理纠结，既是西方纠结，也是中国纠结，在全球化时代，它已经蔓延为一种时代纠结。纠结的核心，是伦理之"公"与道德之"民"的纠结。

于是，"公民道德"便遭遇以下尖端性难题——

"伦理"之"公"如何存在？

"道德"之"民"如何生成？

在正义与德性稀缺的现代背景下，伦理之"公"与道德之"民"之间到底应当如何良性而辩证地互动？

（二）伦理之"公"及其"理想类型"

1. "公民"—"道德"的语词结构

在语词结构上，"公民道德"不能一般地诠释为"公民之道德"，因为它带有太多的相对性和主观性，毋宁说应该诠释为"成为公民的道德"或"作为公民条件的道德"，由此可以发现和凸显公民与道德之间的同一性关系，以及道德之于公民的特殊价值。

"公民道德"的真谛是什么？"公！"公民道德的主体是"公民"。"公民"与"道德"联结所形成的主谓语词结构，已经意味着一种事实承认与价值承诺，准确地说，是于事实与价值两个层面的相互承认和相互承诺。在现实中，承认是"公民"或"公"之"民"即共同体之一员；在价值上，承诺通过道德努力，不仅制度地而且精神地成为"公"之"民"或"公"之普遍性存在。"公民"之中，重心在"公"。"公"首先是事实判断，在生活世界中已经和必须存在"公"，即"公"之生活世界；其次是价值判断，以"公"为"民"之存在意义和真理。"天下为公"，首先，申言天下是"天下人"之天下，即"天下"是"公"之存在；其次，天下人必须认同"天下"这个"公"，并成为、成就天下之"公"。于是，"公民道德"之中，不仅"公民"与"道德"相互诠释，而且"公"与"民"相互规定，构成一个诠释链和价值系统，其中，"公"是基础和关键，其精神化的表现和表达则是生活世界中之伦理存在。

成为"公"之"民"必有道德条件，但道德条件并不像一般人想象的那样直接存在于道德或道德努力之中，道德的客观前提和合法性基础是伦理，尤其是生活世界中的伦理存在。伦理如何成为公民道德的前提和基础？奥秘在于它与"公"的共通。"公民道德"之中，"公"何以呈现和造就？就是在"伦理"中实现和建构。伦理存在，或"公"之伦理存在是公民道德的前提条件。一般认为，伦理是一个关涉社会生活秩序的概念，然而社会生活秩序无论建构还是呈现都有诸多路径和形态，政治、经济、法律莫不如此。中国"伦理"理念之特殊文明贡献，在于它是"伦—理—伦理实体"的辩证构造。"伦"在任何意义上都意味着某种普遍性存在，而且是自在的普遍物，在入世的中国文化中，它是终极性的存在，"天伦""人伦"莫不如此；"理"是"伦"的普遍物或普遍性的自为的存在，既是"伦"的存在规律，也是被人认同和实践的普遍物；"伦"与"理"的结合，造就伦理性的实体，这个伦理性的实体，既是现实的普遍物，又必须通过人的精神努力即"理"的认同与实践才能达到和建构，因而既是客观现实，又是精神性的存在，或者说只有透过精神努力才能存在，家庭、民族、国家就是这样的伦理性实体。在承认、追求、实现普遍物或普遍性意义上，伦理与"公"共通并同一。

2. 伦理之"公"的"理想类型"

透过"伦理"的概念分析，便可以演绎出关于作为公民道德客观基础的"公"之伦理存在的理论模型或"理想类型"。逻辑模型是："'伦'—'伦'之'理'—'伦理'善"；现实模型是："伦理实体—正义或公正—社会善。"

伦理存在的第一个结构或自在形态是伦理实体或伦理普遍物。伦理是一种普遍存在或普遍物，是诸个体的"共体"或"实体"，即伦理性的实体。在黑格尔体系中，家庭与民族是直接和自然的伦理实体或伦理存在，社会或市民社会是形态普遍性的伦理存在，国家则是真实的伦理存在。这种"本性上普遍的东西"不仅是存在，而且是价值，任何行为只有指向这种"整个的个体"，才是伦理的。现代德国社会学家滕尼斯将人类共同生活的基本结构区分为共同体与社会两极，共同体是建立在自然基础上的群体，如家庭、村庄等，社会则是个人基于利己目的的联合体，它的出现晚于共同体，存在"潜在的战争"和"普遍的竞争"。① 显然，滕尼斯与黑格尔有相似之处，"共同体"即黑格尔所说的"自然的伦理实体"，"社会"则专指"市民社会"。但它们都是人类共同生活的方式，普遍性是其根本规定，只有具备这种普遍性，它们才可能成为伦理存在。

第二要素：正义或公正。伦理实体之成为个体的"共体"，需要两个基本伦理条件：对个体与实体的关系而言，其行为所关涉的"只能是整个的个体"，即"公"的德性；对实体与个体，以及实体内部个体与个体的关系而言，则要求"公正"或"正义"的德性。区别性与整体性是伦理之为伦理的两个基本要件，正如施莱尔·马赫所说，"伦理在人类行为的每一部分都追求精确区别，同时又把它们联结成一个自然关系的整体"②。由于伦理性的实体既对个体"精确区别"又能使之成为"自然关系的整体"，"正义"或"公正"便成为它的最重要的德性。尼布尔认为，道德生活有两个集中点，"一个集中点存在于个人的内部生活中，另一个

---

① 参见 [德] 斐迪南·滕尼斯《共同体与社会》，林荣远译，商务印书馆 1999 年版。

② [德] 施莱尔马赫：《论宗教——对文化蔑视的演讲》，第 36、37 页。转引自莱茵霍尔德·尼布尔《道德的人与不道德的社会》，蒋庆等译，贵州人民出版社 1998 年版，第 55 页。

集中点存在于维持人类社会生活的必要性中。从社会的角度看，最高的道德理想是公平，从个人角度看，最高的道德理想则是无私"①。公平与无私，分别对应社会生活与个体生活的道德理想，是社会与个体的两种最重要的德性，尼布尔将它解释为"社会需要和敏感的良心命令之间的冲突"，并归结为"政治和伦理之间的冲突"，事实上，它们都是伦理冲突，因为正义是共同体之成为伦理实体的必要条件，必须在伦理中完成和实现。英国哲学家布莱恩·巴里曾将正义区分为"互利的正义"和"公正（公平）的正义"，其实，作为"公平的正义"更能表现实体的伦理本性，因为它是出于实体的"公"即"从实体出发"的"正"或"平"，而互利的正义可能会在外部关系中给伦理实体产生很大的伦理风险。

第三要素：伦理善或社会善。伦理与道德的最大区别之一在于，它不仅追求个体善，而且追求社会善，前者是道德善，后者是伦理善。个体至善与社会至善的矛盾历来就是道德生活史和道德哲学的基本问题。亚里士多德早就指出，"一种善即或对于个人和对于城邦来说，都是同一的，然而获得和保持城邦的善更为重要，也更为完满"②。社会至善高于个体至善，因为在亚里士多德看来，只有善的社会，才能造就善的个体。这便是对于伦理实体"公正"或"正义"诉求的道德哲学意义。然而，伦理善的诉求还有更为深刻的根据。伦理普遍物的存在形态是"整个的个体"，具有"整体"与"个体"的双重本质。就内部伦理关系而言，它是"整体"；而当它作为"整个的个人"而行动时，它是"个体"，于是便内在巨大而深刻的道德风险。正因为如此，尼布尔以"道德的人与不道德的社会"为题，揭示个人道德与社会道德之间的分裂。他认为，个体道德可能表现为利己与利他两种倾向，而社会群体却主要表现为利己的倾向，群体利己主义和个体利己主义纠缠在一起只能表现为一种群体利己的形式，因而总体上群体道德低于个体道德，"将纯粹无私的道德学说用来处理群体关系的任何努力都以失败告终"③。然而，也正因为如此，对社会

① ［美］莱茵霍尔德·尼布尔：《道德的人与不道德的社会》，蒋庆等译，贵州人民出版社1998年版，第257页。

② ［古希腊］亚里士多德：《尼各马科伦理学》，苗力田译，中国社会科学出版社1999年版，第3页。

③ ［美］莱茵霍尔德·尼布尔：《道德的人与不道德的社会》，蒋庆等译，贵州人民出版社1998年版，第210页。

善或伦理善的诉求才是难得的和重要的。

（三）伦理存在的历史形态（一）：政治—伦理形态

改革开放40年，中国社会不仅伦理的存在形态而且伦理存在的性质发生深刻变化，由此公民道德发展的伦理境遇与伦理前提发生重在改变。1949—1978年30年的计划经济时代，中国社会的伦理存在的特点，是伦理与政治直接同一，伦理之"公"逻辑与历史地涵摄于"一大二公"的经济社会体制之中，政治伦理直接同一，伦理为政治所替代，最后的结果是，由于经济社会体制的伦理资源供给不足而使理想主义走向乌托邦。计划经济时代的经济社会体制被概括为"一大二公"。"一大二公"背景下的伦理存在是直接的、连续的和实体性的，伦理之"公"的存在具体呈现为经济制度上的公有制，社会制度上的"单位制"，以及个体存在的实体性。这是中国现代社会伦理存在的第一种历史形态，即政治—伦理合一形态。

公有制是伦理之"公"存在的直接形态。应该说公有制理论上为伦理普遍性的实现提供了最重要的客观基础和制度保障，这便是中国大同社会和柏拉图理想国的永恒魅力之所在。因为公有制的内核在"公"，它从制度上试图建构普遍而平等的所有权，并逻辑地使伦理普遍性成为可能。但是，中国经验表明，公有制的伦理普遍性受到来自两个方面的挑战：第一，所有权与支配权的矛盾。公有制将生产资料的所有权在理论上和制度上归全体公民所有，但它并不就是现实，所有权的实现或现实性表现为支配权，生产资料的所有权必须透过作为公民代表的所谓"干部"即政府官员的支配权才能获得现实性。因此，只有一种伦理条件下，公有制的所有权与支配权才能真正合一，这就是掌握支配权的"干部"必须"全心全意为人民服务"——不仅是信念，而且是现实。在这个意义上，公有制既奠定了伦理的制度基础，又有很高的伦理诉求，如果这个伦理条件具备，公有制确实是人类历史上最美好的社会制度和伦理制度。然而，如果干部道德这一伦理条件不具备，便内含巨大的伦理风险和制度风险。历史表明，这种伦理条件是如此难以满足，以至毛泽东自1949年提出"进京赶考"开始，发起一场又一场运动，都未能真正解决这个难题，最后演绎为所谓"文化大革命"。在这个意义上，公有制的所有制形式的转型，标志着伦理理想主义和道德乌托邦的终结。

第二,关于财富的法哲学与经济学悖论。"一大二公"的另一个制度与伦理表现,是平等主义或平均主义。按照法哲学理论,占有权或所有权是人格最初的规定,没有所有权便没有人格,在取得所有权的意义上人人应当是平等的。但占有权并不能等同于财富的分配,财富分配属于经济学范畴和市民社会的领域,财产拥有依赖于劳动。将法哲学问题与经济学问题混同,将导致平均主义,而平均主义注定要垮台。"人们当然是平等的,但他们仅仅作为人,即在他们的占有来源上,是平等的。从这个意义上说,每个人必须拥有财产。所以我们如果要谈平等,所谈的应该就是这种平等。但是特殊性的规定,即我占有多少的问题,却不属于这个范围。由此可见,正义要求各人的财产一律平等这种主张是错误的,因为正义所要求的仅仅是各人都应该有财产而已。"① 财富占有权与分配中的平均主义内含着平等与公平的深刻矛盾。在政治或占有权方面,它是平等的;但在经济上和分配方面,它却是不公平的,由此平均主义的伦理理想恰恰导致非伦理后果。这样,所有权与支配权的矛盾,以及由于干部道德的这一关键性伦理条件的不具备;占有的法哲学问题与分配的经济学问题的混同,以及由此而导致的平均主义,便是"一大二公"的经济社会制度的伦理矛盾和伦理否定性。这一矛盾的深刻存在,使伦理普遍性或伦理存在不仅成为乌托邦,而且使经济社会发展丧失活力,从而必须进行经济体制和社会体制变革。

如果说公有制从经济制度上奠定了伦理之"公"的直接性,那么,"单位制"则从社会制度上建构了伦理之"公"的连续性。众所周知,自西周维新,传统中国社会结构区别于其他任何文明的根本特点,是家国一体,由家及国,形成所谓"国家"构造和"国家"传统。"一大二公"的经济社会制度,一方面沿袭了这一传统;另一方面,以特殊的构造解决了"国家"体制中"国"与"家"两极所存在的断裂难题,以"单位"作为"国"与"家"的连接体与过渡带。"单位"在中国社会结构中,既是"国"又是"家",非家非国又即家即国。它具体地履行"国"的政治经济功能,又寄托"家"的伦理关怀,具有"单位"身份的人,生老病死,一切都"找单位解决"。在这种社会体制下,单位是不折不扣的

---

① [德]黑格尔:《法哲学原理》,范扬、张企泰译,商务印书馆1996年版,第58页。

"第二家庭"，一种伦理政治的存在。可以说，改革开放前的中国，只有"单位"，没有"社会"，中国社会体制的重要特征，是以"单位"代替"社会"。然而，即使在"一大而公"的背景下，由于所有制方面"公"的程度不同，伦理普遍性的存在形态有深刻差异；城乡二元结构以严峻的方式扩张了这一差异；缺乏活力的经济，根本难以为"公"的需求提供足够甚至必要的物质资源。更深刻的难题是，掌握"单位"支配权的干部的道德状况，成为"单位"伦理性，以及由此成为整个社会结构伦理存在的决定性因素。"政治路线确定之后，干部就是决定的因素"，毛泽东经常这样说。这是一种警示和洞察，但历史地看，也是一种无奈，一种伦理上的无奈。

在公有制的经济体制和单位制的社会体制下，个体从存在到行为无疑不是个别性而是实体性的。这种体制强烈地呈现"公"的合法性与终极性，并顽强地通过各种政治努力使之伦理化，"公而忘私"既是一种伦理境界，也是一种制度诉求。"一大二公"要求一切"从实体出发"。这便是那个时代"公民道德"的精神烙印。然而，最后的结局却是，直接而连续地体现"公"的伦理追求并且具有制度保障的"一大二公"的伦理政治制度，却因为伦理资源和经济活力的严重不足而被迫艰难地转型。

（四）伦理存在的历史形态(二)："市场经济—'后单位制'"形态

如果说计划经济时代伦理存在表现为伦理与政治直接同一的过度亲和，那么，市场经济时代的伦理存在则表现为伦理与经济之间相互背离的过度紧张。转型之后的中国发生了两大变化。在经济制度方面，并没有放弃公有制，而是实行多种经济形式并存的混合经济体制，在这个意义上，它并没有抛弃"公"的伦理理想，并且努力使"公"的伦理存在成为经济制度的主流与主体。在社会结构方面，市场经济推进了"市民社会"的进程，虽然很难说市民社会至今在中国已经生成，更难说市民社会是中国社会的应然而必然的结构，但市场经济对它的推动显而易见。一个重要的表征，是中国社会结构由"单位制"向"后单位制"或"无单位制"转化。转化的表现，是走出家庭这个自然伦理实体之后，每个人以个人的身份直接进入社会，缔结各种共同生活的组织形式，利益的逻辑是其决定性逻辑，走进黑格尔所说的"个人私利的战场"。"以经济建设为中心"的40多年中国社会的伦理存在形态，简言之是经济—伦理辩论互动的博弈形态，它是现代伦理存在的第二种历史形态。

伴随改革开放的经济社会进程，中国社会的伦理存在发生了根本性变化，具体表现为以下三方面。

第一，伦理存在结构及其性质的变化，由此遭遇一系列难题。（1）伦理存在日益"社会化"，黑格尔所说的家庭、民族的自然的伦理实体，或滕尼斯所主张的"共同体"的伦理存在，在市场经济和全球化的多重裹挟下愈益瘦化并祛魅，"市民社会"或所谓"社会"的伦理存在逻辑和伦理存在形态日益扩张。其结果，是伦理归宿和人的精神的失家园。（2）伦理存在同一性的解构。多种所有制形式必然导致多重伦理存在，以及人们在主观意识中对伦理存在的多重认同，因而无论在现实还是精神方面，伦理存在的原初的同一性瓦解，伦理存在的性质发生根本性变化，产生所谓"混合性伦理存在"，并必然导致"混合性伦理认同"。（3）伦理存在链或伦理实体链的断裂。"单位制"已经解构，最多只是在公共部门稀有地存在，个体被从家庭中"揪出"后被直接抛向社会，而"社会"事实上并不存在，因为中国并没有建立起像黑格尔所说的那种具有"第二家庭"功能的市民社会，于是，处于"社会"中的人，面临"潜在的战争"和"普遍的竞争"，却缺乏关怀和归宿，难以建构真正意义上的伦理普遍性，即便是形式的伦理普遍性，因为"社会"或"市民社会"并没有生成，更没有成熟。"市民社会是个人私利的战场，是一切人反对一切人的战场，同样，市民社会也是私人利益跟特殊的公共事务冲突的舞台，并且是它们二者共同跟随国家的最高观点和制度冲突的舞台。"① 于是，"无所措手足"的失序与失范便在所难免，剩下的是"一切都被允许"的虚幻的自由，极易造成黑格尔所说的那种精神上和生活上荒淫和贫困的双重景象。

第二，集团伦理与公民道德生态的危机。尼布尔已经指出了社会之于个人的更大伦理风险，描绘了"道德的人与不道德的社会"的相互冲突的道德图景，当今中国社会的状况可能更复杂也更严峻。市场经济和单位制的解构，使中国社会分解为无数单子式的利益集团。这些集团也是实

---

① ［德］黑格尔：《法哲学原理》，范扬、张企泰译，商务印书馆1996年版，第309页。

体，但既不是伦理实体，也不是政治实体，而是所谓"经济实体"，说到底是利益实体，放任的和无节制利益冲动使它们难以成为伦理实体，市场体制的自发性已经从体制上彻底解脱了它们作为政治实体即"单位"的规则制约。作为个人与国家连接点的集团不是集体，集体有"体"，即有利益之外的价值的凝聚力，而集团则完全是利益的集合体，即所谓"经济实体"。集团具有双重性，既是"整体"，更是"个体"。对内是具有共同利益关系的整体，对外是"共谋"社会的"个体"。于是便可能潜在集团行为的"伦理—道德悖论"——"伦理的实体，不道德的个体"。对内，不仅靠利益，也需要通过利益链进行伦理凝聚；对外，则共同谋取集团的个体利益。市场逻辑的泛滥，以及单位制解构之后在家庭与社会之间留下的伦理与政治缺场的旷野，使得"集团行为的伦理—道德悖论"成为当今中国的基本社会事实，文化大量存在于社会的经济生活和政治生活中，不仅在企业，而且在政府，甚至在学校大量存在。由于其主体是"集团"，由于它披着伦理的外衣，由于它的背后有复杂的利益链的支持，这些行为不仅被隐忍，甚至被接受和认同，它给当代中国道德发展产生极其深刻的影响。因为，其一，在市场社会中，集团是社会的细胞，本身就是公民，所谓"集团公民"，如企业公民等，因而"公民"主体和公民道德具有两种存在形态：个体公民道德和集团公民道德。集团道德不仅是最基本公民道德，而且是影响最大、最深刻的公民道德。其二，集团行为及其道德状况，对个体来说，是公民道德直接的伦理场；对社会来说，是现实的道德环境。集团行为的伦理—道德悖论，不仅严重污染了社会环境，而且它对内部关系的伦理假象，极易钝化和麻木社会的伦理道德感受力，造成广泛存在的社会性伪善。在这个意义上，当今中国社会最严峻的公民道德问题，是集团公民的不道德；公民道德发展的最值得警惕的，不是不道德，而是伪善，因为不道德一旦被揭露，就难有立足之地，而伦理—道德悖论之类的伪善，则具有很大的欺骗性。

第三，社会公正与伦理正直。正义与公正是任何文明的社会理想，也是伦理存在的自觉形态。在英文中，正义与公正是同一个词，但在中文中，公正比正义更有表达力。公正之于正义的明显差异，便是有一"公"的前提。它标示，具有很强相对性的"正"，存在于共同体的整体性的"公"的关系中，并由共同体的"公"来实现。"公"既是"正"的尺度和合法性依据，也是"正"的实现者。"一大二公"的经济社会体制试图通过"公"为伦理存在提供坚实基础，但最后却因陷于伦理困境而被伦理所颠覆。当今中国社会最亟须的可能已经不是道德觉悟，而是伦理觉悟。伦理觉悟，将成为当今中国公民道德发展的"终极觉悟"，或陈独秀所说的"吾人最后觉悟之最后觉悟"。

（五）伦理"涅槃"

由是，便可以检察当今中国社会伦理存在所发生的深刻变化，及其对个体之成为伦理公民的道德生成所产生的深远影响。改革开放将中国社会分为前后两个时代。计划经济时代经济社会体制的特质是"一大二公"，它透过经济体制的公有制和社会体制的"单位制"，将经济社会体制的"公"，与伦理普遍物的"公"，以及公民之"公"直接同一，伦理与政治直接同一。在这种背景下，"公"即普遍物被制度化与体制化，"公"的存在及其诉求是不折不扣的政治，不仅伦理，而且经济都是以"公"为主导的政治。伦理与政治的同一性方式，是政治压过伦理，伦理为政治所替代，政治既是伦理的代办，也是伦理的代理人和保护神。由于"公"的要求被体制化和制度化，因而伦理的全部使命就是服从或屈从政治的要求，无须特别的伦理建构，乃至无须自觉的伦理意识，因为它已经是一种制度安排，也是一种政治要求和政治冲动。伦理与政治无隙亲和或无际亲和的这种历史状况，有一个特别的历史条件，即伦理与政治深度契合，伦理为政治所代办和代理。于是，真实的情况是，伦理所追求的那种社会存在即"公"的伦理普遍性可能得到实现，但伦理本身却丧失自身。人们很容易发现，在计划经济时代，伦理不只是政治的婢女，而且在政治的代办或包办下成为多余，因而真正的伦理精神也难以升起。也许，这就是伦理学在计划经济时代的中国难以繁荣的根本原因，因为有了政治，因为伦理存在和伦理诉求已经体制化和制度化，因而伦理本身便是画蛇添足的多余。这种历史经验，对我们今天关于伦理制度化的诉求，具有特别的警醒意义。

伦理为政治所代办，包裹于体制与制度之中的直接后果是，一旦体制与制度发生重大变化，伦理本身也就消解，以至谈不上消解，因为在政治包办下，伦理本身无须发生。市场经济与"后单位制"将伦理从政治的包办下解放出来，获得空前的自由。然而自由与失依本身就是一对孪生儿，自由了，也就失依了。在市场经济冲击下，伦理存在的方式与形态急剧而且根本地变化。伦理已经不是制度化、体制化的被固化了的存在，伦理之"公"也不是在制度和体制层面被预置性的存在，而是作为市场以及在市场中活动的个体行为的合理性与合法性的基础，在人的精神中作为信念和价值而被追求和固守，因而需要建构。变化不止于此。不仅伦理之"公"不再是直接的制度化存在，而且市场与市场经济本能地消解伦理之"公"的存在，"无单位"的社会体制也让人们在现实社会生活中难以意识到伦理的现实存在，因而不仅有待通过生成新的价值共识艰难地建构，而且无论在市场、作为市场主体的个体，以及按市场逻辑组成的社会，与伦理、伦理存在之间总是存在深度的紧张。于是，伦理和伦理存在便能陷入空前的危机。

然而，无论如何，伦理必须存在。"周虽旧邦，其命维新"，山河依在主人易，如果说计划经济造就了政治压过伦理的"政治人"，市场经济则造就了利益冲击伦理的"经济人"。当今经济社会生活中的主人已经不是往日的"计划"，而是"市场"；不是"单位"，而是"市民社会"。伦理与伦理存在担当着特别繁重的文明使命，也处于特别的文明境遇之中：一方面，伦理必须担当起计划经济时代伦理与政治的双重使命，重建社会生活秩序与个体生命秩序；另一方面，从政治和制度中剥离，在与市场与私利的抗衡搏斗中，伦理成为文明体系中孤独顽强的舞者，举步维艰。面临无所不在的市场逻辑的日益扩张，伦理为捍卫自己的存在，不得不与风车搏斗。面对市场逻辑与个人私利的汹涌洪流，伦理不得不以一夫当关的文化勇气在价值世界中作最后的但却是至关重要的文明坚守，在坚守中不断收复自己的失地。为此，许多情况下出现的大量伦理问题，与其说是"世风日下，人心不古"的道德坠落，不如说是在市场冲击下势单力孤的暂时失守，而伦理道德批评则标志着对伦理失地收复的开始，因为批评意味着良知的复苏和追求，意味着希冀和希望，也意味着坚守的重新开始。

计划经济—"单位制"时代的政治—伦理合一的伦理存在形态，以政治"代办"伦理；市场经济—"后单位"时代的经济—伦理博弈的伦理存在形态，以经济排斥伦理；伦理存在的两种历史形态，从政治与经济两方面都可能导致伦理存在的退场与缺场。当代中国期待一场伦理存在的凤凰涅槃——不仅是精神世界，而且是生活世界。涅槃已经演绎，正在演绎，并将继续演绎，直至新的伦理世界浴火重生！

十四　道德之"民"的诞生

（一）道德："发生"还是"诞生"？

在人的世界中，被孟子当作终极忧患、为康德"充满敬畏"的道德到底因何、如何产生？问题的解决聚焦于一个追问：道德，到底是"发生"，还是"诞生"？

也许，这是冷饭一碟的伪问题，因为"道德"已经是"常识"：社会道德归根结底为物质生活条件和经济发展所"决定"。然而"常识"，准确地说，"常识"的误读与误用导致的严重后果是：道德或是沦为生理水平的自然冲动的分泌物，或是沦为心理水平的经济发展的条件反射与无条件反射。于是，"祛魅"之后，必然虚无。"常识"留给人们的唯一希望是：市场经济发达之后，道德"自然"成熟。"自然"背后，是放任自流的茫然。

困惑之中，人们将目光投向植根于人的精神世界并作为马克思主义三大思想资源的黑格尔"客观唯心主义"。它为道德发生绘制了两个体系性的基因图谱：最早完成的"伦理世界—教化世界—道德世界"的精神现象体系，最后完成的"抽象法—道德—伦理"的法哲学体系。然而，分别以"意识"和"意志"为主题的两大体系中道德环节所处的完全不同的地位，使人们在饱飨哲学盛宴之后依然茫然。

马克思立足于物质世界，黑格尔聚力精神世界。然而，物质世界与精神世界终究都是"人"的世界，必须将其璧还于人，还原于人的生命和人的生活。在这个意义上，关于道德的真正创造，相当程度上有赖于马克思与黑格尔两位巨人的对话及其学说的综合甚至调和。游离于物质世界之外，道德就只是乌托邦；沉溺于物质世界，道德沦为"歹托邦"。道德是人在物质世界中的精神挺拔，是人通过精神对物质世界的赋魅与重建。如果以物质世界为背景，那么，无论在类还是个体的人的生命历程和生活世界中，道德本质上都不是自然的发生，而是一次伦理诞生，准确地说，是从伦理世界中诞生的生命过程。"诞生"是生命的自然进程，它凸显母体之于生命的基因意义，是生生不息的生命体之间的一脉相承及其所形成的实体关联。"诞生"一词在现代学术中获得新的诠释，福柯在《临床医学的诞生》中"改变了'诞生'的语法性质，从一个非连续动词，衍生为一个连续动词"。① 在连续谓语下，道德的"诞生"成为一种生命有机进程，而不是缺乏生命力的"被决定"的"发生"。道德的"诞生"，绝不只意味着道德的生成或出场，而是真正意义上的"人"、人的世界的诞生。如果说"发生"是因果决定论，那么"诞生"便是"人"的世界的生命论。

从"发生"到"诞生"，似乎将道德从物质世界悄悄位移于生活世界，生活世界是一个以人为重心、以人伦关系为纽结、集物质世界与精神世界于一体的世界，在生活世界中，伦理世界与道德世界交会转换，一体贯通。如果将伦理与道德当作共体与个体相互链接的有机体系，那么，"伦"与"道"都是"普遍物"的两种存在形态，前者是实体形态和生命形态，后是本体形态与知识形态；而"理"与"德"则是向由实体向主体提升，造就作为普遍存在者的个体或"整个的个体"的两种形态：一是规律形态，一是主体形态。由此，道德的个体或"道德人"便从伦理中"诞生"。

基于"诞生"，"公民"作为个体与社会之间相互承认，标示个体的社会身份尤其是在伦理与政治的双重意义上由个体存在成长为社会存在的概念，与"道德"的结合而生成的"公民道德"的概念，其真谛和问题域绝不只是公民应当具有哪些道德或公民如何有道德的应用性问题，而是指个体经过何种道德成长才能成为真正意义上的公民，换言之，经过哪些生命历程，才能孕生"公民"的问题。无论对于个体道德还是社会道德的发展，揭示道德诞生的规律都是一个极具挑战性的未知领域。如果对道德，尤其是生活世界中道德之"民"的诞生进程做一个现象学描述，它是由三个阶段构成的生命体：伦理上的造诣—道德世界观—道德主体。

---

① 马维娜：《集体性知识——中国教育改革的社会学解释》，广西师范大学出版社 2011 年版，第 36 页。

"伦理上的造诣"是道德生命的童年,道德世界观是道德生命的青春期,道德主体则是道德生命的壮年或完成期。三个生命阶段分别对应人的精神成长的三个阶段: "伦理人"—"道德人"—"成人"。"成人"既是"人"的精神完成,也是人的精神世界即伦理世界与道德世界合一的创造性过程。这是一个道德诞生的精神过程,更是一个公民诞生的现实过程,简言之,是"道德之民"诞生的生命历程。

(二)"伦理上的造诣": "伦理人"及其"精神"家园

个体德性的胚胎是什么?是伦理!"伦理上的造诣"是道德的单细胞在伦理中孕育,并且从伦理中脱胎分娩的生命历程。其正果是"精神"的诞生,即个体从自然存在成为"精神"存在。

1. 德是"一种伦理上的造诣"

道德从哪里开始?"德"为何是"伦理上的造诣"?

根据老子的《道德经》,"德"与"道"相对应,是对"道"的分享。"道生之,德蓄之,物形之,势成之。是以万物莫不尊道而贵德。"(《道德经·五十一章》)道生,德蓄,物形,势成,是宇宙万物、也是作为"万物之灵"的人化生的规律。"道"化生万物,是万物之母;"德"以载"道",是"道"的分享和积蓄;万物是"道"的呈现方式和存在形态,所谓"道成肉身";"势"即情势、境遇最后成就万物。"道"与"德"的关系在相当意义上是本体与存在的关系,确切地说,"德"不是存在,而是"道"由形上本体向存在过渡即生成万物的中介,是万物生成的条件,与"道"共同造就万物,由此"万物莫不尊道而贵德"。此即所谓"道—德"规律,柏拉图的理念论也以不同话语揭示了万物化生的相似规律。如果将宇宙生成的"道—德"规律用于人和人生的诠释,便不可回避一个问题:既然"道生之,德蓄之",为何不说"德"是"道"的造诣,而说是"伦理"的造诣?而且,根据老子的描述,包括人在内的宇宙万物化生的过程,德蓄、物形、势成三个阶段都始于"道生",因而都是"道"的造化。对人与万物来说,"道"是"尊","德"是"贵",似乎"德"更直接地应当是"道"的造诣。于是,便有待追问:"道生之,德蓄之","伦理上的造诣",两大经典论断所揭示的"德"的真谛是否存在文化与时代上的本质差异？

还是回到黑格尔的论证。在以下三种意义上，"德是一种伦理上的造诣"。

（1）"德"是一种伦理性格，但不是偶然性格，而是"固定"的伦理性格。只有当人的行为不仅符合伦理，而且对伦理的符合成为性格中的"固定要素"时，真正的"德"才生成。"伦理性的东西，如果在本性所规定的个人性格本身中得到反映，那便是德。"不过，"一个人做了这样或那样一件合乎伦理的事，还不能就说他是有德的；只有当这种行为方式成为性格中的固定要素时，他才是有德的。'德'毋宁应该说是一种伦理上的造诣。"①"伦理上的造诣"，不仅强调"德"是对伦理的符合，而且是对伦理的坚守。换言之，"德"既是一种伦理同一性，也是一种伦理修炼。德是伦理之"蓄"。

（2）"德"是一种伦理性的正直或对伦理正直，是对伦理的正道而行。"一个人必须做些什么，应该尽些什么义务，才能成为有德的人，这在伦理性的共同体中是容易谈出的：他只需做在他的环境中所已经指出的、明确的和他所熟知的事就行了。这种德，如果仅仅表现为个人单纯地适合其所应尽——按照其所处的地位——的义务，那就是正直。""正直的各个不同方面都同样可以叫作德，因为它们都同样是个人的特质。""正直是法和伦理上对他要求的普遍物。"② 德就是行伦理之所是，其根本要求是即安伦尽份，孔子的"亲亲相隐"就是这种伦理性的正直。由此，就解决了德或道德的相对主义问题，也解决了多元文化背景下道德的相对主义难题：德的标准不是个体主观性，而是伦理客观性。

（3）伦理是调整个人生活的现实力量，所谓"客观伦理"。"因为伦理性的规定构成自由的概念，所以这些伦理性规定就是个人的实体性或普遍本质，个人只是作为一种偶性的东西同它发生关系。个人存在与否，对客观伦理说来是无所谓的，唯有客观伦理才是永恒的，并且是调整个人生活的力量。因此，人类把伦理看作是永恒的正义，是自在自为地存在的神，在这些神面前，个人的忙忙碌碌不过是玩跷跷板的游戏罢了。"③ 伦

① ［德］黑格尔：《法哲学原理》，范扬、张企泰译，商务印书馆1996年版，第168、170页。
② 同上书，第168页。
③ 同上书，第165页。

理是个人的普遍本质，对个人来说具有客观现实性。这里，黑格尔显然不是否定个人存在的意义，而是强调伦理对于个人行为的合法性及其调节力量。

可见，"伦理上的造诣"强调伦理对于个体德性的现实性、合理性与决定性，并以此扬弃德的抽象性、主观性和相对性。伦理与"道"，简言之，"伦"与"道"对德而言都具有某种客观性，但"道"是本体性，而"伦"或伦理则是实体性。本体性是哲学形而上学概念，实体性是道德哲学的概念。实体性具体展现为伦理总体性或整体性，用黑格尔的另一个论断表述就是，"伦理是本性的普遍的东西"。伦理即普遍物，既是实体性，又是总体性或整体性。本体决定性与实体合理性，是形而上学与哲学的两个不同领域。德，本性上是一种"伦理上的造诣"。

2. 作为人类家园的"伦理"

德到底因何、如何是一种"伦理上的造诣"？

原因很简单，伦理是人的世界的家园。

现象学还原发现，德性或现代意义上的道德在发生学上是从伦理中诞生的。在语词结构上，"道德"的重心是"德"，指个体行为的普遍性以及基于"道"的根源性与合法性，"道德"的精义是"得道"。"德也者，得也。""得"什么？得"道"。这一辨析的意义，在于澄明伦理之于道德或德的家园意义。伦理是个体德性的家园，也是人的世界的家园。正因为如此，黑格尔才说，一个人如何有德，在伦理性共同体中最容易发现。

伦理之于个体及其德性的家园意义，在中国文化的"伦"的理念中得到原初和充分的体现。"伦"是什么？"伦"即实体。所谓"天伦""人伦"标示着实体的两种形态，即血缘形态和社会形态（或非血缘形态），它们是个体与自己的普遍本质结合的两种方式；也标示着"伦"的两种规律，即黑格尔所说的先验性的"神的规律"和经验性的"人的规律"。《说文解字》曰："伦，辈也。车以列分为辈。"这种解析表面上强调区分，所谓"辈"，但更预制了一个前提，即实体，其真正指谓是由"辈"的区分与认同所构成的惟齐非齐的"伦"的实体。诚如西方道德哲学家所说，伦理既指向实体，更指向实体中的精确的区别。正是这些"精确的区别"才造就了共同体生活的合理性，对区分的承认和恪守，形成个体"伦理上的造诣"。孔子以"礼"为伦理实体的概念，以"正名"

即对分位的严格遵守为德的根本途径，正是"伦"的本质的道德哲学表达。所以广义的人伦，不仅意味着个别性的人与普遍性的伦的关系，更意味着普遍性的伦对于个别性的人的意义。这种意义不只是客观决定性，更重要的是作为"可靠居留地"的家园意义。也许正因为如此，在英文中，"ethic"（伦理）与"ethnic"（种族）在词根和拼写方面才相似得极易混淆。这种跨文化的哲学相通预示着一种世界性共识：血缘家庭是最基本、最重要的伦理实体，是人和人的德性的家园。

伦理的家园意义昭示着德性本质上是对伦理家园的认同与回归。伦理实体作为诸个体的普遍本质或普遍物，是个体的家园，德性则是回归伦理家园的必由之路和康庄大道，二者之间的关系即孟子所说"礼门义路"。正因为如此，德性是、也必须成为一种"伦理上的造诣"，因为个体只有获得这种造诣，才能回归伦理家园，否则只是一个飘忽的幽灵。

在人的世界中，"伦理上的造诣"因何必须？"伦理家园"派生出两个相反相成的概念和问题：伦理安全；伦理风险。二者在肯定与否定的双重维度，使作为"伦理上的造诣"，不仅需要，而且必须。需要与必须基于一个真理和信念：伦理家园。

根据马斯洛的心理学理论，安全需要是人的最初最接近本能的基本需要。然而，人们关于安全需要的理解，大体滞留于生理和心理的水平，至今未触及伦理即"伦理安全"的层次。伦理安全有两个基本结构：一是生命意义上作为家园的"伦"的安全；一是生活意义上人伦关系的安全。伦理安全最基本也是最具终极意义的内容，是伦理家园的存在与回归。在任何意义上，"失家园"都是人类最彻底的失落。在现代语汇中，有人、神关系意义上基督教的所谓"失乐园"，也有人与自然关系意义上的失家园，其实最重要的还有人伦关系意义上的失家园。正如一位西方学者所说，失家园不仅意味着无归宿，而且意味着没有一个出发的地方。无归宿、无出发点，人类的惨剧莫过于此。"伦理安全"首先是作为普遍物的"伦"对于作为单一性的人的关怀，在非宗教的中国文化中，它具有与上帝关怀同样重要的终极意义。缺失伦理安全，人将无归宿无规定。伦理安全是人的终极安全。伦理安全的世俗表现，是人伦关系具体地说交往关系中的安全。作为"可靠居留地"，伦理的意义，"德"的价值，不仅使交往行为得以发生，而且使交往行为得以预期。诚实、诚信德性，归根结底都是一种"伦理性正直"，因为这些德指向也只是指向"伦理上对他所要求的普遍物"。"诚"于什么?"实"是什么?对象都是伦理普遍物,正是对伦理普遍物的尊重与坚守,才产生"可靠居留地"的"信"。诚实、诚信之德的文明本质,是对"可靠居留地"的伦理家园的缔造和守望。另外一些使交往行为得以预期的德,如报恩、忠恕等,同样是为缔造"可靠居留地"的伦理家园。归根结底,人类之所以需要"伦理上的造诣",德之所以是"伦理上的造诣",是因为只有透过德的努力,才能获得对人具有终极意义和现实意义的伦理安全。

正因为如此,德的风险本质上是伦理风险。由于德是"伦理上的造诣",因而失德本质上是缺乏伦理教养。伦理风险,对个体来说,是共同体接纳的家园危机;对共同体来说,是"可靠居留地"失落的危机。心理学家热衷于以群体压力诠释道德的发生,以往的伦理学以社会舆论与内心信念作为道德发生的两大必要条件之一。然而,多元多变的文化既解构了社会舆论的同一性,也解构了内心信念的现实性,在这种背景下,道德是否可能?如何可能?与其为道德重新寻找生机,不如重新寻找道德真理。社会舆论之所以成为道德生成的必要条件,是因为它可能导致心理学家所说的那种群体压力或伦理压力,然而,黑格尔早已向世人昭示了社会舆论的软肋:"公共舆论是人民表达他们意志和意见的无机方式。"它"采取常识的形式,这种常识以成见形态而贯穿在一切人思想中的伦理基础"。"因此,公共舆论既值得重视,又不值得一提。不值得一提的是它的具体意识和具体表达,值得重视的是在那具体表达中只是隐隐约约地映现着的本质基础。"所以,"谁在这里和那里听到了公共舆论而不懂得去藐视它,这种人决做不出伟大的事业来"①。伦理风险的概念对道德的必要性进行了另一种诠释:德的失落将个体投入巨大的伦理风险之中——不仅是生活世界中共同体接纳即失去共同体承认的伦理风险,而且是失却伦理家园的风险。由此,人的存在不仅没有实体,而且也不是"个体",最终沦落为无归宿、无规定的"个人"。伦理风险不仅是个体家园的风险,也是共同体生活的风险。失德行为所导致的最大威胁是对共同体生活的颠覆,因而是共同体的伦理风险。为规避风险,共同体终将必须行动。行动的积极方面是唤醒个体的伦理良知,培养伦理上的造诣,教育的根本使命便在于此。"教育学是使人们合乎伦理的一种艺术。它把人看作是自然

---

① 〔德〕黑格尔:《法哲学原理》,范扬、张企泰译,商务印书馆1996年版,第332、334页。

的，它向他指出再生道路，使他的原来的天性转变为另一种天性，即精神的天性，也就是使这种精神的东西成为它的习惯。"① 在今天的文明中，伦理虽然不是教育的唯一任务，却是第一任务，德智体全面发展，德育为先，体现的就是这个伦理真理。德育即是培育伦理教养，使个体也使社会规避沦落和分崩离析的伦理风险。当然，对于一些极端的伦理行为，共同体也可能进行伦理制裁，显示"伦理性的力量"，捍卫伦理存在。

3. "精神"的日出

在生命发展中，"伦理上的造诣"的正果是什么？"精神"的诞生。

为何"精神"，而且只有"精神"，才是"伦理上的造诣"的生命体征和生命呈现？密码存在于"精神"的文明本性之中。

"精神"的对立面是"自然"，是人从自然中分离和脱胎出来的标志，"精神"的诞生是人的生命史上最为壮丽绚烂的日出。黑格尔发现，精神"对自然有其最接近的关系"。"精神以自然为前提，而精神则是自然的真理，因而是自然的绝对第一性的东西。""精神否定自然的外在性，使自然与之化为一体，并由此而观念化自然。"精神透过观念化追求和实现普遍性，从而达到伦理。在人的生命历程中，"精神"的生成是人自然状态的终结和伦理生命的诞生标志。"那种单纯直接的、个别生命力的死亡是精神的诞生。"②

无论在中国文化语境中，还是在西方哲学中，"精神"都是指谓和表达单一性与普遍性、单一物与普遍物统一的概念。在中国文化传统中，"精"是普遍物即"道"的凝聚，而"神"人对于外在于个体的普遍物的感通灵明的能力。"精神"的这种本性，无论在文学作品，还是哲学乃至民族潜意识中都得到体现。大众话语中的所谓"精灵"，是道成肉身的普遍性的个体呈现方式。在文学作品如《西游记》中，众多的"精"都是以特殊生命形态演绎的"仙"的普遍物，区别只是善恶属性不同。在宋明理学中，所谓"天命之性"与"气质之性"，就是单一物与普遍物的关系。"天命之性"是纯粹至善的普遍物，这个普遍物达到如此程度，以至被当作与天地合一的"天命之性"。"气质之性"则是生成个体或标示

---

① ［德］黑格尔：《法哲学原理》，范扬、张企泰译，商务印书馆1996年版，第170—171页。
② ［德］黑格尔：《精神哲学》，杨祖陶译，人民出版社2006年版，第10、15、17、19页。

个体存在的单一物，因而可善可恶。"天命之性"与"气质之性"的结合，造就人这个"整个的个体"——既是单一物的个体，又必然上升为普遍物，因而既需要道德，又可能有道德。于是，"精神"便是伦理与道德、普遍性与单一性的生命结晶。作为"伦理上的造诣"，它是"本性上普遍的东西"，这是精髓所在；但又具有现实性，可以通过行动道成肉身地"显现"普遍物，"显现"普遍物的本性和能力，便是所谓"德"。所以，"精神"是"伦理上的造诣"所生成的生命形态，即道德的生命形态。在《精神哲学》中，黑格尔曾指出精神的两种重要特性：从自然出发又与自然对立、显现。精神在人的自然天性基础上缔造人的另一种天性，这种天性使人能够超越自然生命的有限而达到无限，因而是生命的再发现和再创造，也是生命的新形态；精神以个别性的形态呈现普遍物，因而是"显现"，不同文化的区别在于，在宗教型的文化中，这种普遍物以"上帝""佛"诸形态在彼岸显现，在伦理文化中，这种普遍物以"伦"的形态在此岸显现，但无论如何，精神都是"显现"。所以，精神既是伦理的生命形态，又是伦理的"显现"。如果用中国道德哲学的话语表述，"精神"即"以身体道"，"身"是单一物，"道"是普遍物，"体"即显现。"以身体道"的真义，即以个别性的"身""显现"普遍性的"道"，由此达到"单一物与普遍物的统一"，成为"整个的个体"。

在人的世界中，单一性与普遍性结合有多种形态，理性便是诸形态之一，为何"伦理上的造诣"的生命表达是"精神"而不是"理性"？根源在于"精神"的另一本性："从实体出发。""伦理性东西不是像善那样是抽象的，而是强烈地现实的。精神具有现实性，现实性的偶性是个人。因此，在考察伦理时永远只有两种观点可能：或者从实体出发，或者原子式地思考，即以单个的人为基础而逐渐提高。后一种观点是没有精神的，因为它只能做到集合并列，但是精神不是单一的东西，而是单一物和普遍物的统一。"① 精神的本性是"从实体出发"，而理性"只能做到集合并列"。理性同样可以建构普遍性和达到普遍物，但与精神相比，理性的出发点是个体，是由"理"而"性"所建构的形式普遍性，形式普遍性只能"集合并列"。"精神"的出发点是实体，从实体认同和关于实体的信念出发，透过"精"与"神"的转换，内化实体，透过个体行为追求和

① [德] 黑格尔：《法哲学原理》，范扬、张企泰译，商务印书馆1996年版，第173页。

实现普遍性，最终成为伦理性的普遍存在者。所以，"伦理上造诣"的生命正果只能是"精神"，而不是理性。由此，伦理是精神，也只是精神，所谓"伦理精神"，表达的并不是一般意义上伦理与精神的结合，而是伦理与精神的内在同一的生命表现和人生境界。

与理性相比，精神还有另一重要本性，这就是思维和意志的统一。自康德以来，道德哲学将道德诠释为"实践理性"，然而这一概念本身已经预设了"实践"与"理性"的分离，只是试图证明理性实践能力，或将理性实现出来的品质。同时，它还必然预设另一种理性，即理论理性，在道德生活中，这种只思维不行动的理论理性被黑格尔称为"优美灵魂"或"伦理意境"。黑格尔认为，精神是思维和意志的统一，但这种统一绝不是说精神有两个口袋，一个口袋是思维，一个口袋是意志，思维和意志的区分只是对待同一事物的两种不同态度，即理论态度和实践态度。思维和意志具有不同品质。思维指向普遍性，意志实现普遍性。"每一个观念都是一种普遍化，而普遍化是属于思维的。使某个东西普遍化，就是对它进行思维。"而"意志不过是特殊的思维方式，即把自己转变为定在的那种思维，作为达到定在的冲动的那种思维"。意志是"冲动形态的思维"，思维与意志关系的真理是："理论的东西本质上包含于实践的东西之中。"① 王阳明以良知诠释精神，又以知行合一诠释良知。知行合一，"一"什么？就是良知，就是精神。思维与意志，知与行同一，不仅使伦理普遍物得到认同，而且使伦理普遍物得以实现。由此，"伦理上的造诣"便生成具有生命意义的"精神"，即所谓"伦理精神"。

（三）"道德世界观"："道德人"的"精神"轨迹

伦理造诣的正果是"精神"，"精神"之花的果实是"道德世界观"。"道德世界观"的生成标志着个体由伦理存在向道德存在的过渡。道德世界观是道德世界的自我意识。它从"自然"中诞生，在原初的自然世界中出现一个他者即道德，意识到道德与自然的对峙与对立；但道德世界观的真谛是扬弃道德与自然的对立，在信念中追求并通过行动实现二者之间"被预定的和谐"的和谐；由此造就现实的道德生活，道德生活的真理是

---

① ［德］黑格尔：《法哲学原理》，范扬、张企泰译，商务印书馆1996年版，第12、13页。

在道德行为和自强不息的努力中追求和实现生活世界的道德和谐。道德世界的自我意识—道德与自然之间"被预定的和谐"—在"永远有待完成的任务"中实现和谐的道德生活,是道德世界观建构和发展的辩证过程和辩证规律。道德世界观是"道德规律成为自然规律"的"道德的"世界观,是以道德与自然之间"被预定的和谐"为世界的终极目的和人的终极目的世界观,是以道德行为为精髓的世界观,是自强不息、厚德载物的永无止境地行动着的世界观。

1. 道德与自然的对峙

伦理世界中"精神"的诞生是人的生命的伦理启蒙和伦理觉悟。"精神"的生成标志着伦理生命或"伦理人"的脱胎。因为"精神"使人从自然中走出,意识到个体的普遍本质或伦理性的实体,意识到个体与公共本质即伦理实体的统一;由于它具有思维与意志统一的品质,因而不仅是意识,而且是行动,必然透过个体的意志行动追求和实现伦理普遍物。由此,伦理世界便向道德世界转化,个体便由伦理存在成长为道德存在。

如果说"精神"是伦理世界的自我意识,"道德世界观"便是道德世界的自我意识。"道德世界观"在反思中意识到道德世界的存在,进而"精神"地把握和建构这个世界。道德世界观的生成有两个基本条件。其一,在主观精神中形成两个世界:自然世界与道德世界。两个世界相互对峙甚至对立。自然世界是本能的、个体的、任性的世界,道德世界是扬弃自然本能、追求伦理普遍物的世界。在个体生命发展中,道德世界是自然世界中的异乡客或他者。简言之,道德世界将世界区分为道德与自然,相互对立,因而道德与自然的关系问题成为道德世界观的基本问题。"道德世界观"某种程度上类似于哲学的基本问题。哲学的基本问题是思维和存在的关系,它将纷繁的大千世界区分为思维和存在两个方面,并在对立中追求二者的统一。于是,只有"精神"发育到如此程度,以至自我意识在自然世界中分娩出道德世界并意识到二者之间的对立时,道德世界观才可能生成。其二,"道德世界观"的真谛不是固守道德与自然之间的对立,相反,是要通过行动扬弃这种对立。"精神"的本性决定了道德世界观从自然出发,但必须,也必然超越自然。因此,道德世界观的根本立足点不是"自然",而是"道德",否则便不是道德世界观,而是"自然世界观"。"道德世界观"是道德的世界观,即从道德出发、坚守道德的世界观，其根本任务是从自然中创造道德，进而创造一个由道德托载的世界。黑格尔断言，当在自我意识中出现道德与自然、义务与现实两种意识时，"一个道德世界观就形成了"。"道德世界观"只是一种"观"，即道德自我意识。"道德世界观的这种客观方式不是什么别的，只是道德自我意识本身的概念，只不过道德自我意识把它自己的概念弄成对象性的东西而已。①"

　　将道德世界观的基本问题表述为道德与自然的关系问题，只是一种哲学抽象，这一基本问题的现实形态是什么？在《精神现象学》中，黑格尔将它表述为义务与现实的关系，或者"把自然换作幸福来说"，表述为道德与幸福的关系问题。道德世界观的基本问题的中国表达是什么？在中国传统道德哲学中，它得到了系统而深刻的研究，递进地展开为义与利、理与欲、公与私的关系。

　　道德世界观的形上形态是义利关系。自孔子创立儒家，"君子喻以义，小人喻以利"（《论语·里仁》）便不仅是道德世界而且是整个世界的真理。朱熹曾以一言澄明儒家要义："义利之说，乃儒者第一义。"（朱熹：《朱子文集》卷二十四）义利之辨，既是"儒者"的根本原则，也是儒学的精髓。何为"义"？"义者，心之制，事之宜也。"（朱熹：《孟子集注》卷一）何为"利"？"对义而言，利则为不善。"（朱熹：《论语或问》卷四）二程认为，人的世界虽然纷繁复杂，但无非义、利两个方面，"天下之事，惟义利而已"（二程：《遗书》卷十一）。义与利的关系可以分别对应义务与现实，但黑格尔只是认为它们是道德世界观或道德哲学的基本问题，而二程则认为它们既是人的世界的基本问题，也是哲学的基本问题，这一立论充分体现中国哲学的道德性质。"大凡出义则入利，出利则入义。"（二程：《遗书》卷十一）二者截然对立，已经不是黑格尔所说的"完全不相干和各自独立"，而是非此即彼。然而，义、利依然是一种哲学表述，其具体内容是什么？在宋明理学中，义、利关系被具体落实和表述为理欲关系，理欲的标准是什么？就是公私关系。

　　理欲关系即所谓天理与人欲的关系。中国道德哲学自创生便严格理欲之分，先秦传统中便有所谓"养欲""节欲""导欲""禁欲"诸理论，到宋明理学，提出"存天理，灭人欲"的口号，将二者之间的对立提高

---

① ［德］黑格尔：《精神现象学》下卷，贺麟、王玖兴译，商务印书馆1996年版，第134页。

到事关人的终极忧患的高度。"人之所以为人者,以有天理也。天理之不存,则与禽兽何异矣。"(二程:《粹言》卷二)"不是天理,便是私欲","无人欲即皆天理。"(二程:《遗书》卷十五)朱熹反复强调,"天理人欲,不容并列。"(朱熹:《孟子集注·万章句上》)"人之一心,天理存在则人欲亡,人欲胜则天理灭。"(朱熹:《朱子语类》卷十三)"天理人欲"存于"一心",是人的世界或道德世界观的两个方面,二者势不两立。

儒家学说尤其宋明理学的最大贡献,是将义利、理欲关系,现实化为公私关系。义利关系是道德世界和儒家道德世界观的哲学表达,理欲关系则是道德世界观在个体生命秩序中的表现,公私关系是道德世界观在社会生活秩序中的体现。二程以一句话点明义利关系的真谛:"义与利,只是一个公与私也。"(二程:《遗书》卷十七)朱熹进一步发挥:"凡一事便有两端,是底即天理之公,非底即人欲之私。"(朱熹:《朱子语类》卷一三)"己者,人欲之私也;礼者,天理之公也。一人之中,二者不容并立……出乎此,则入乎彼;出乎彼,则入于此矣。"(朱熹:《论语或问》卷一二)将义利、理欲关系落实为公私关系是道德哲学上的重大推进,它将道德、道德世界观的基本问题现实化为个体与社会、单一物与普遍物的关系问题,进而使个体道德获得社会伦理的基础,在哲学上也使"道德世界观"与作为"伦理上的造诣"的"精神"相贯通,从而扬弃道德的抽象性和个体的主观性,使道德世界观具有现实性。

2. "被设定的和谐"

道德与自然的对峙与对立只是道德世界观生成的标志,道德世界观的本质是二者之间的和谐——既是信念和价值中坚守的和谐,也是透过行为实现的和谐。黑格尔曾预定了道德世界观中道德与自然和谐的两大"公设"。"第一个和谐是道德与客观自然的和谐,这是世界的终极目的;另一个公设是道德与感性意志的和谐,这是自我意识本身的终极目的;因此第一个公设是在自在存在下的和谐,另一个公设是在自为存在下的和谐。但是,把这两个端项,亦即两个设想出来的终极目的联结起来的那个中项,则是现实行为的运动本身。"[1] 两大和谐,即道德与客观自然的和谐,道德与主观自然的和谐。前者是道德与客观世界的和谐,创造道德的现

---

① [德] 黑格尔:《精神现象学》下卷,贺麟、王玖兴译,商务印书馆 1996 年版,第 130 页。

实，这是世界的终极目的；后者是道德与主观世界即感性冲动之间的和谐，创造道德的人，这是个体的终极目的。两大和谐之间相互过渡的中介是现实的道德行动。只有通过道德行动，才能达到主观世界与客观世界的和谐。用中国道德哲学的话语表述，两大和谐分别对应理与欲、公与私的和谐。理与欲的和谐是个体道德自我意识的终极目的；公与私的和谐是世界的终极目的。两大和谐之间的相互过渡，是透过"存天理，灭人欲"而实现的义利合一、公私合一。

关键在于，如何建构道德与自然、义务与现实之间"预定的和谐"？中国道德哲学贡献了大智慧。它由形上层面的义利和谐展开。中国道德哲学强调义与利的严格区分，但到宋明理学，朱熹一方面要求"天理人欲、义利、公私分别得明白"（朱熹：《朱子语类》卷十三），另一方面，更强调三者的和谐。朱熹的"义利合一"论代表宋明理学道德世界观的最高成就。他将董仲舒"正其义而不计其利，谋其道而不计其功"发展为义利合一："正其义而利自在，明其道而功自在，专去计较利害，定未必有利，未必有功。"因为，"利是那义里面生出来底，凡事处制得合宜，利便随之，所以云：利者，义之和。"（朱熹：《朱子语类》卷六八）义利合一，对个体生命秩序而言是理欲合一，天理与人欲合一。朱熹对"欲"与"人欲"做了区分，认为人欲是"不好底欲"或"过节"之欲，失去伦理合理性或泛滥之"欲"才是"人欲"，天理与人欲不可分离，天理寓于人欲之中。"有个天理，便有个人欲，盖缘这个天理，须有个安顿处，才安顿得不恰好，便有个人欲来。所以，人欲也便也是天理里面做出来，虽是人欲，人欲中自有天理。"（朱熹：《朱子语类》卷十三）天理与人欲"同行而异情"，二者并存，关键在于"过"与"不过"。但是义利、理欲的和谐到底是公与私的和谐，所谓"天理之公"与"人欲之私"。正如二程所说，"'如何是仁'？曰：'只是一个公字'"。"凡人须是克尽己私后，只有礼，始是仁处。""有少私意，便不是仁。"（二程：《遗书》卷二十二）"公"即是礼，即是仁。"存天理，灭人欲"核心是存公去私；义利合一，理欲合一最后归结为公私合一，"合"于什么？"合"于公。陆王心学虽然在诸多方面与程朱理学存在根本分歧，但在将义利、理欲、公私三者合一，最后落实为公私方面却完全一致。陆九渊宣称："私意与公理、利欲与道义，其势不两立。"（陆九渊：《象山集》卷十四）"凡欲学者，当先识义利公私之辨。"（陆九渊：《象山集》卷三十六）这种道德世界观对中华民族精神产生了深远影响：一方面，伦理整体主义造就了大批为民族大义舍生取义的仁人志士；另一方面，它与封建政治的结合也导致了伦理专制主义。

在世界文明体系中，道德与自然、义务与现实的和谐，既是终极信念，也是世界智慧。任何文明形态都预定并追求这种和谐，并将它当作世界的终极目。这种和谐的世俗表达就是所谓善恶因果律，其具体内涵便是道德与幸福同一，或所谓德福一致。区别在于，在宗教型文化中，善恶因果律或德福同一在终极实体——如上帝、佛主、真主——中实现，基督教的失乐园以及赎罪拯救就是这规律和信念的体现；在伦理型的中国文化中，古神话的主题就是彰显善恶因果的人的世界的元规律。善恶因果律、道德与幸福的同一，既是人的世界的终极目的，也是现实生活的合理性的根本规律，因而既在人的信念中存在，也必须在现实中体现。然而这一信念和大智慧的精髓是人的道德行为。显而易见，善恶因果律在任何时代都不只是指向抽象的善或抽象的社会合理性，其重心是人的行为的道德性；而且，作为信念，它也是终极性的，因为道德与幸福的同一，只是终极地实现。正因为如此，道德世界观必须"预定"这种和谐。"预定"是应然，更是未然，重要的是，必须通过行动使之成为实然。这是道德世界观"预定的和谐"的真谛。

3. 走向和谐的"中项"：道德行为

至此，道德世界观已经具有上述两个规定：关于道德与自然，具体地说，义利—理欲—公私的自我意识；关于道德与自然、义务与现实方向和谐关系的"设定"。然而，这两个规定，都是伦理沃土中盛开的"精神"之花的"设定"。"设定"的必要性恰恰是出于现实生活中存在的不和谐。不和谐与对和谐的信念与追求，造就现实的道德生活。所以，道德世界观必须由对立与和谐向现实道德生活过渡，在道德生活中坚守道德的本质性并实现和谐，由此追求和实现道德的终极目的和世界的终极目的。

在《精神现象学》中，黑格尔揭示了道德世界观中被"设定"的和谐，然而生活世界的真理却是"倒置"。道德的本质必须像康德所说的那样"为义务而义务"，它虽然可能产生幸福，但如果将幸福当作道德的目的，无异于抛弃了道德本身，因而道德世界观必须正视的毋宁是道德与幸福之间不对应和不公正的情况。但是道德意识决不能放弃幸福，幸福虽不存在于道德的目的中，但却应当存在于实现了的道德概念中，因而道德世界观必须设定二者之间的和谐。道德具有否定性的本质，因为道德总是指向不道德的现实，因而道德世界观是一种行动的世界观，必须通过行动缔造道德世界的两大和谐。

就个体生命秩序而言，道德与自然冲动之间的和谐必须被设定，然而呈现于道德意识中的恰恰是不和谐。但是道德世界观是行动着的道德意识，正如一位西方哲学家所言，行为的本性是"翻译"，其使命是将人们意识中的东西实现出来。"行为只不过是内心道德目的的实现，只不过是去产生出一种由道德目的所规定的现实，或者说，只不过去制造出道德目的现实本身的和谐。"① 这样，对道德世界观来说，应当严肃面对的，不是道德与自然之间的不和谐，而是行为本身。道德与自然和谐的真谛是"道德规律成为自然规律"，而不是"自然规律成为道德规律"，实现这一转化的关键是道德行为。"因此，无论如何应该有所行为，绝对义务应该在整个自然中表现出来，道德规律应该成为自然规律。"② 于是，在道德世界观中便存在一个悖论：一方面，道德与现实之间并不和谐；另一方面它又不严肃认真地对待这种不和谐，"因为在行为里道德与现实的和谐对意识来说是当前存在着的"③。"道德行为直接就是冲动和道德之间的实现了的和谐。"④ 更重要的是，由于道德基于不道德的现实，因而在道德世界观中总存在某种紧张，所谓"存天理，灭人欲"就是这种紧张的极度表现。道德的终极目的是彻底消除这种紧张。因此，道德世界观的终极理想是："意识并不是真正严肃地看待道德行为，毋宁认为最值得期望的、绝对的情况是：最高的善得到实现而道德行为成为多余。"⑤ 道德的最高任务，不仅消灭不道德，而且消灭道德和道德行为本身，这便是世界的终极目的。

道德与幸福之间的和谐，是道德世界观"被设定的和谐"的第二方面。道德不能以幸福为动机但又不能放弃幸福，道德与幸福的和谐也是世界的终极目的。宗教在彼岸预定二者的和谐。康德以道德与幸福的和谐为最高的善，但必须借助"灵魂不朽"与"上帝存在"两大公设实现。黑

---

① ［德］黑格尔：《精神现象学》下卷，贺麟、王玖兴译，商务印书馆1996年版，第137页。
② 同上书，第138页。
③ 同上书，第139页。
④ 同上书，第140页。
⑤ 同上书，第139页。

格尔借助哲学思辨达到这种和谐。在他看来，既然道德总是基于不道德的现实，一旦不道德的现实消失，道德本身也就成为多余的了。因此，"道德的完成是不能实际达到的，而毋宁是只可予以设想的一种绝对任务，即是说，一种永远有待于完成的任务"①。对道德世界观来说，唯一可能做的，就是如孔子所说，"颠沛必如是，造次必如是"的道德上的自强不息，厚德载物。于是，在现实生活中，准确地说完成了的道德并不存在，"道德因此在道德意识里是没有完成的。……道德的本质却只在于它是完成了的纯粹的东西；因此没有完成了道德不是纯粹的道德，也可以说是不道德"②。由此，关于道德与幸福不和谐的假设便思辨性地被扬弃。因为既然道德是正在行进中的、没有完成的东西，既然事实上没有道德，那么，关于道德与幸福不一致的经验便是虚幻。所以，正如黑格尔所说，日常生活中人们提出的"不道德的人生活得很好"的论断，只是"一种披上了道德外衣的嫉妒"，其真正含义只是说某些人不应该得到幸福。③

要之，在生活世界中或道德生活中道德与自然、义务与现实之间和谐的根本，在于二者之间的"中间状态"。对道德与感性自然的和谐而言，这个"中间状态"是道德行为，通过道德行为，创造彼此之间的和谐；对道德与幸福的和谐而言，是尚未完成的道德的"中间状态"，在自强不息的道德努力和无止境的道德完成中，实现道德与幸福的和谐。这便是"预定和谐"的真谛。

（四）道德主体："成人"及其"世界"

在人的道德诞生中，"伦理上的造诣"使人成为伦理存在或"伦理人"；"道德世界观"造就道德的主观世界孕生"道德人"；道德主体不仅标志着人从伦理存在成长为道德存在，而且在主观与客观两个方面创造了一个新的世界，即伦理世界与道德世界统一的世界。由此，真正意义上的"人"或所谓"成人"及其世界诞生了。

道德主体使人从自然存在成长为道德存在，道德存在并不是一般意义

---

① ［德］黑格尔：《精神现象学》下卷，贺麟、王玖兴译，商务印书馆 1996 年版，第 129 页。
② 同上书，第 142 页。
③ 同上。

上有道德，而是获得道德自由，道德自由的标志是人从自然任性状态下获得解放。黑格尔曾对人的主体和一般动物的主体作了区分，认为任何动物都是主体，而人是意识到主体性的主体。"人间最高贵的事就是成为人。"但是，"人实质上不同于主体，因为主体只是人格的可能性，所有的生物一般说来都是主体。所以人是意识到这种主体性的主体，因为在人里面我完全意识到我自己，人就是意识到他的纯自为存在的那种自由的单一性。作为这样一个人，我知道自己在我自身中是自由，而且能从一切中抽象出来，因为在我的面前除了纯人格以外什么都没有"①。道德主体是道德自由的境界，因而已经是也必须是一个世界。

道德主体的生成，经过三个阶段：道德本体，特殊意志与普遍意志的统一，个体向实体的伦理回归。

1. 良心："不同自我意识的公共元素"

通过对道德哲学史和道德哲学体系的考察，我们发现了一个十分有趣的现象：良心良知，不仅在道德哲学体系，而且在道德哲学发展史中都处于最高和最后的环节。前者以黑格尔体系为代表，后者以中国道德哲学史为佐证，这似乎隐喻着良心和良知在人的道德发展中的特殊地位。

众所周知，宋明理学是中国哲学尤其是中国道德哲学的辩证综合，程朱理学与陆王心学代表宋明理学的最高成就，其中陆王心学具有特殊地位，其理论体系不仅化解了中国传统道德哲学的诸多难题，而且在给其注入新活力的同时也埋下了否定性因子，导致传统道德哲学的解构。在这个意义上，陆王心学既是中国传统道德哲学的完成，也是其终结。良心与良知，分别构成陆九渊、王阳明学说的两个核心概念。自周敦颐之后，如何造就道德上的圣人是宋明理学的共同主题，所谓"立人极"。朱熹以"理一分殊"解决彼岸的绝对"天理"如何与此岸的个体结合的难题，便需要"格外致知"等一系列工夫而"大费手脚"。陆九渊以"简易工夫"挑战朱熹的烦琐哲学，他将全部道德生活概括为一句话："先立乎其大者"，这个"大者"便是"良心"。理由很简单，心即是理。"人皆有是心，心皆具是理，心即理也。"（陆九渊：《象山集》卷一）"心"是宇宙的本体，"宇宙便是吾心，吾心便是宇宙"（陆九渊：《象山集》卷二十

---

① ［德］黑格尔：《法哲学原理》，范扬、张企泰译，商务印书馆1996年版，第46页。

二),也是人的世界的根本同一性。"心只是一个心。某之心,吾友之心,上而千百载圣贤之心,下而千百载复有一圣贤,其心亦只如此。心之体甚大,若能尽我之心,便与天同。"(陆九渊:《象山语录》卷三)"吾心之良,吾所固有也。"(陆九渊:《象山外集》卷四)从"良心"出发,道德上的完成便被"简易"为两个工夫:"存心""力行",由此形成"学问求放心"的力行哲学。王阳明将"良心"推进为"良知"。"良知者,心之本体。"(王阳明:《王文成全书》卷二·语录二·答陆静原书)"知是心之本体,心自然会知。"(王阳明:《王文成全书》卷一·传习录一)与良心相比,良知是心之昭灵明觉的能力。由此形成以"致良知"为核心的"知行合一"的道德哲学。知与行"一"于什么?"一"于良知。然而,当将外在的天理内植为个体的良心,并进一步将本体性的良心发展为能动的良心时,不仅动摇了"天理"的绝对性,而且在个体能动性中埋下理性怀疑的否定性因子,最后导致传统道德哲学的瓦解。

在《精神现象学》中,黑格尔建构了一个"伦理世界—教化世界—道德世界"的"客观精神"体系,认为伦理道德是精神客观化自身所创造的世界,而良心则是精神扬弃道德世界观的二律背反所创造的第三种自我,即原子式自我、功利的自我之后的"道德的自我"。"良心是不同的自我意识的公共元素,而这个公共元素乃是行动在其中可以取得持续存在和现实性的实体,它也是被别人承认的那个环节。"① 良心扬弃了人及其自我意识的个别性,是原子式自我意识的公共元素,即"一个人的心就是所有人的心",它与陆九渊"心之体甚大"的观点相通;良心通过行动而使个体成为现实的实体,这与陆九渊力行王阳明知行合一的观点相通;良心即是个体之间的相互承认。"公共元素"、行动、由个体而"实体"、相互承认,是良心的本质规定。在良心中,行动只是"翻译",即将个别性的自我意识翻译成对象性的公共元素,上升为普遍和得到承认的现实。于是,"良心就是自身确信的精神",② 并由此成为道德的自我或道德的主体。"良心就是这样一种创造道德的天才,这种天才知道它自己的直接知识的内心声音好是上帝的神圣声音⋯⋯这种道德天才同时又是自己本身中

---

① 〔德〕黑格尔:《精神现象学》下卷,贺麟、王玖兴译,商务印书馆1996年版,第152页。
② 同上书,第153页。

的上帝崇拜；因为它的行为就是它对自己的这种神圣性的直观。"① 在这些意义上，作为黑格尔道德世界最高主人或道德自我的良心，兼具陆九渊良心、王阳明良知的双重属性。

问题在于，良心与良知为何成为道德哲学与道德哲学史的最高和最后概念？良心、而不是理性是道德主体或道德自我的表现？这些问题的辩证需要从良心与道德世界观的关系澄清。如前所述，道德世界观是道德世界生成的标志，然而道德世界观具有三个重要特点。（1）它以道德与自然的对峙与对立为前提，因而总是存在"天理"—"人欲"的紧张，"存天理，灭人欲"既可能是造就圣人的坦途，也可能在极度紧张中将个体撕裂进而自暴自弃。这种紧张本质上是义务与现实或理想与现实之间的紧张：现实中不和谐，但在自我意识中要创造并追求这种和谐，这便是内在于道德世界观中的"二律背反"。（2）道德世界观只是一种"观"，本身还不是行动，或者说只是知，而不是行，而道德与自然、义务与现实之间"被预定的和谐"的实现必须依赖于"行为"这个中项。（3）更重要的是，道德世界观内蕴着人溺于个体性的深刻风险，而道德的终极任务，是将个体提升为实体。于是，在道德世界必须创造一个主体，这个主体扬弃道德世界观的二元分裂，诉诸道德直接性、诉诸道德行动、诉诸实体性，这个道德主体就是良心。正因为如此，良心、良知在历史的源头便为哲学家所洞察和揭示。孟子将人性当作人的实体性，其规定即"人之异于禽兽者几稀"的"心之同"，人的世界共有的"心之同"，即恻隐、羞恶、恭敬、是非的"四心"，它们是仁、义、礼、智之"四端"即四种德性的根源。"心之同"的"四心"即所谓"良心"，展现为良知与良能。"人之所不学而能者，其良能也；所不虑而知者，其良知也。"（《孟子·尽心上》）不学而能的良能、不虑而知的良知，既是道德的本体，也是道德的主体。

有待追问的是，在这个理性主宰和驰骋的时代，良心良知是否依然应当？是否可能作为道德的主体？最大的挑战是，是否应当是理智而不是良知、是"是非之心"而不是良心成为道德的主体和主宰？也许，自康德提出"实践理性"的概念开始，这个问题便已经严峻地摆到世人面前，至今不仅未能解决，而且愈益严峻。道德与道德哲学发展史表明，理性与

---

① ［德］黑格尔：《精神现象学》下卷，贺麟、王玖兴译，商务印书馆1996年版，第164页。

理智作为道德主体，内含三个难以解决的理论与实践问题："原子式地思考"、理性算计、知行脱节。生活世界的原子化、"理智的傻瓜"的大量存在、"有道德知识但不行动"的时代病的生成，已经宣告了道德世界中理性主义的失败。这一结论不仅为道德哲学思辨所发现而且为科学研究所证实。英国心理学家莫里斯经过研究发现了一个有趣的现象——"人体中越是远离大脑的部位可信度越大"。脸离大脑中枢最近，所以最不诚实；脚离大脑最远，所以最能真实反映人的心迹。哈佛大学的心理实验和调查研究表明，在所有专业的大学生中，经济系的学生不道德的可能性最大，因为它遵循"理性"或"经济理性"的法则。另一项哈佛心理实验表明，在关于捐款的试验中，受试人思考的时间越长，捐款越少；相反，拿到款就捐的人，捐款最多。这个实验表明，道德反映与理性思考呈反比，它受特殊主体支配。也许，理性是生活世界的法则，而不能是道德世界的主宰，道德世界的主人应当也必须是良心和良知，亦即陆九渊、王阳明所说的"精神"。今天的世界，道德主体的建构必须如《圣经》故事所说，将属于恺撒的还给恺撒，将属于上帝的还给上帝。将理性还给世俗，将良心良知还给道德。如此，道德才有可能，道德世界才有希望。

2. 善：特殊意志与普遍意志的统一

良心是道德的主体或道德的自我，它扬弃主观性与特殊性，是自身反思着的普遍性，是特殊性的规定者。"主观性当它达到了在自身中被反思着的普遍性时，就是它内部的绝对自我确信，是特殊性的设定者、规定者和决定者，也就是他的良心。"① 但是作为自我意识，它只是"自己与自己相处"，"良心是自己同自己相处的这种最深奥的孤独，在其中一切外在的东西和限制都消失了，它彻头彻尾地隐遁在自身之中"。② 于是，良心内蕴一种风险："一个人的心就是所有人的心"逻辑地内含两种可能——将一个人的心提升为所有人的心；将一个人的心当作所有人的心。前者是个体向实体的过渡和主体的建构；后者是道德的暴力和伪善。或者说，前者是客观性，后者是主观性。"良心如果仅仅是形式的主观性，那简直就是处于转向作恶的待发点上的东西，道德和恶两者都在独立存在以及独自

① ［德］黑格尔：《法哲学原理》，范扬、张企泰译，商务印书馆1996年版，第139页。
② 同上。

知道和决定的自信中有其共同根源。"① 黑格尔的解决方案是将良心区分为"形式的良心"和"真实的良心",前者只是道德的,而后者则包含于伦理性的情绪之中。也就是说,形式的良心向真实的良心过渡,必须由道德过渡到伦理。应该说,这种思路有很大的合理性。人的高贵、道德的高贵,在于不断超越自己个别性和有限性,成为普遍存在。在道德世界观中,存在道德与自然的对立;在良心中,存在"一个人的心"和"所有人的心"的对立。人间最高贵的事就是成为人,但"人包含着无限的东西和有限的东西的统一,一定界限和完全无界限的统一。人的高贵处就在于能保持这种矛盾,而这种矛盾是任何自然东西在自身中所没有的也是它所不能忍受的"②。为此,"人"或道德必须继续前进,由道德进展到伦理,将主观性的"良心"推进为更具普遍性和客观性的"善"。

善的本质是什么?(1)善是特殊意志的真理,是特殊意志与普遍意志的统一。"善是特殊意志的真理,而意志只是它对善来设定自己的东西。""善就是作为意志概念和特殊意志的统一的理念。"③(2)善是现实的自由,是世界的终极目的。"善就是被实现了的自由,世界的绝对最终目的。"④(3)善既是主观意志的价值所在,又具有现实的内容。"对主观意志来说,善同样是绝对本质的东西,而主观意志仅仅以在见解和意图上符合于善为限,才具有价值和尊严。""善不是某种抽象的东西,而是某种其实质由法和福利所构成的、内容充实的东西。"⑤ 正因为如此,善便具有以下特点:与伦理普遍物相联系,以个别意志与伦理普遍物的统一为规定,并由此推动人的精神由道德世界向伦理世界过渡;在道德世界中,伦理普遍物表现为普遍意志,普遍意志的自为形态便是道德规范,于是,无论善,还是善所达到的道德自由,都与道德规范相关联;同时,更重要的是,善不是抽象的概念,以现实利益或所谓"福利"以现实内容。

善的现实内容既为哲学思辨所发现,也为现实生活所证明。在《精神现象学》中,黑格尔将"善"诠释为精神与客观实在,尤其是国家权力与财富的关系,二者同一的关系是善,不同一的关系是恶。这种思辨性

---

① [德]黑格尔:《法哲学原理》,范扬、张企泰译,商务印书馆1996年版,第143页。
② 同上书,第46页。
③ 同上书,第133、132页。
④ 同上书,第132页。
⑤ 同上书,第133、132页。

的表述被恩格斯更深刻地揭示为善恶的观念从一个民族到另一个民族、一个时代到另一个时代会变得完全不同,甚至截然相反。为何"完全不同"甚至"截然相反"?根本就在于不同民族、不同时代的利益关系。善既不是主观性的特殊意志,也不是抽象的普遍意志,而是特殊意志与普遍意志的统一,但每个民族、每个时代都有自己的普遍意志,于是善恶观念便迥然不同。善及其特殊意志与普遍意志的统一的自在形态,就是道德规范。道德规范对个体来说具有双重意义:一方面,扬弃个别性与特殊性,达到普遍性;另一方面,追求和实现真正的自由。规范对个体来说,既是规定,又是解放。规范的对象不是自由,而是任性,它将个体从任性的束缚下解放出来,达到伦理普遍性,实现真正的自由。因而对规范的遵循本质上是一种伦理教养,是达到伦理普遍性的教养。道德自由的境界,就是孔子所说的"从心所欲不逾矩"。由此,"道德人"便开始生成。

3. 道德主体:个体向实体的伦理回归

"良心"是人由个别性存在上升为普遍存在的可能性或道德本体,但内蕴着以个别性僭越普遍性或实体性的伦理风险;善是自为形态的普遍物,是特殊意志与普遍意志的统一,但具有抽象性;道德的生成,个体道德发展的最高阶段,是道德主体的生成。至此,道德诞生了,呱呱坠地了。

道德主体意味着人或个体获得了道德的主体性。道德主体性绝不只意味着纯粹的道德存在,而是说人已经被赋予一种"精神"能力:既扬弃了道德世界观中道德与自然、义务与现实的对立,又扬弃了良心与善中个别性与普遍性、特殊意志与普遍意志的对立。这便是陆九渊所说的"收拾精神,自作主宰"。在对立中追求和实现和谐与统一,是道德主体性的能动表现。人是有限与无限、个别性与普遍性的统一,用中国道德哲学的话语表达是理与欲、公与私的统一,道德主体性的真谛不在于人没有个别性或所谓私欲,如果个别性与私欲完全消失,道德也便成为多余。道德的使命、道德主体性的真谛,是在人欲之中存天理,在有限之中追求和达到无限。"人的高贵之处就在于能保持这种矛盾,而这种矛盾是任何自然的东西在自身中所没有的也不是它所能忍受的。"[1] 道德主体性就是人的这

---

[1] [德]黑格尔:《法哲学原理》,范扬、张企泰译,商务印书馆1996年版,第46页。

种"高贵之处"，转换为中国道德哲学话语，这种"高贵之处"就是所谓"修养"。"修"什么？"修"个别性、有限性，"养"什么？"养"普遍性、无限性。孟子发现，人身上有"大体"和"小体"，"大体"是人的实体性与普遍性，"小体"是人的个别性与有限性，"体有贵贱，有小大。无以小害大，无以贱害贵。养其小者为小人，养其大者为大人"。道德的关键是"先立乎其大者，则小者弗能夺也"（《孟子·告子上》）。在这个意义上，道德不仅是一种建构，更是一种创造，是道德主体与道德生活的创造。"人有权把他的需要作为他的目的。生活不是什么可鄙的事，除了生命以外，再也没有人们可以在其中生存的更高的精神生活了。只有把现有的东西提升为某种自己创造的东西——这种区分并含有两者极不相容的意义——才会产生善的更高境界。"① 中国道德哲学中的"大人"与"小人"至少首先是一个伦理境界的概念，与后来政治意义上的概念不同。"大人"即扬弃了自己的个别性，从而与人的公共本质，即伦理实体合一的人。所以，孔子与孟子都认为，"为仁由己""万物皆备于我"，人人皆可为尧舜，到底执迷于自己的个别性，还是成就为大人，主动权和责任完全在于个体自身。"故小人可以为君子，而不肯为君子，君子可以为小人，而不肯为小人。小人君子者，未尝不可以相为也，然而不相为者，可以而不使也。故涂之人可以为禹则然。"（《荀子·性恶》）

经过"伦理上的造诣""道德世界观"诸环节成长建构起来的道德主体或道德主体性的人格，既是"道德人"，又是"伦理人"。他是道德主体性的体现，通过道德修养达到，所以是"道德人"；他是与伦理实体合一的人，因而是"伦理人"。但是在根本意义上，既不是原初意义上获得"伦理上造诣"的"伦理人"，也不是在"道德世界观"基础上建构的"道德人"，而是在"伦理上的造诣"和"道德世界观"的基础上，经过良心和善的辩证发展而达到的"伦理人"与"道德人"的合一。"伦理人"与"道德人"合一所达到的人的境界，用中国传统道德哲学的话语表述，是所谓"大人"或"成人"。"大人"是"成其大体"即达到伦理实体之人，因其是"人"的完成与实现，所以孔孟的"大人"理念，到王夫之转换和发展为"成人"，"成人"是彻底地成就与完成之人，它是一种道德努力，更是一种伦理实现。在这个意义上，也许，经过转换和重

① ［德］黑格尔：《法哲学原理》，范扬、张企泰译，商务印书馆1996年版，第126页。

新诠释的"成人"比其他任何概念都更好地表达了作为"伦理人"与"道德人"合一的"人"的境界，用马克思的话语表述，"成人"就是所谓"大写的人"。

伦理的本质、道德的本质，与其说是一种建构，毋宁说是一种"创造"性的"提升"。提升什么？就是黑格尔所说，将"现有的东西""提升"为"自己创造"的东西。"创造"了什么？既创造了道德主体，更创造了伦理世界。道德基于伦理上的造诣，将个体提升为主体，最终回归于伦理性的实体，于是，实现"个体—主体—实体"的统一。有学者从黑格尔哲学中概括出"主体即实体"的理念，其实，黑格尔道德哲学的理念与境界是个体即主体，主体即实体，是"个体—主体—实体"合一，准确地说，是通过主体将个体提升为实体。在这个意义上，"个体即实体"比"主体即实体"更具有伦理的表达力和解释力。但是伦理与道德的创造性的更高本质或终极目的，是透过道德主体的造就，创造一个道德世界和伦理世界。中国传统"大学之道"的精髓，既是"大人之道"即道德世界创造之道，更是伦理世界创造之道。"修、齐、治、平"之贯通是道德世界创造之道，"身、家、国、天下"之贯通是伦理世界创造之道。所以，自孔子缔造儒家，便强调"修己安人""内圣外王"。"修己""内圣"是道德创造，"安人""外王"是伦理创造。"大学之道"的最高境界是"平天下"。"天下"是什么？既不是家，也不是国，而是一个文化意义和伦理意义上的存在，因而"天下"的缔造原理既不是"齐"，也不是"治"，而是"平"。如何"平"？就是行"洁矩之道"或"忠恕之道"，己立立人，己达达人；老吾老以及人之老，幼吾幼以及人之幼，由此达到"天下如一家""中国如一人"的"天下"之"平"。至此，无论中国还是天下，都是并且只是一个"整个的个体"，即伦理性的实体或伦理性的世界。在这个意义上，伦理与道德的真谛，道德主体的真谛是伦理世界与道德世界的创造。

道德的完成、主体的建构，伦理道德创造的本质，对于生活世界，尤其生活世界中的个体而言，是真正意义上"公民"的造就与诞生。准确地说，是"公民"与"道德"，"公民"与"伦理"的合一：既创造"道德"之"民"，更缔造"伦理"之"公"。"公"之世界有赖于"伦理"创造；"民"之诞生有赖于"道德"创造。"公民"的诞生是一个伦理创造与道德创造共生互动的性灵之光与文明结晶，是人类世界中最为灿烂夺目的"精神"硕果。不过，在其现实性上，无论道德主体的诞生，还是公民的诞生，伦理比道德具有更为根本的意义。因为个体透过主体向实体的回归，本质上是一次伦理还乡和伦理回归，是回到伦理家园的回归运动，因为实体，即伦理性的实体，实体既是个体的归宿，也是主体的境界。道德主体的世界，既是一个"人人可以为尧舜""涂之人可以为禹"的道德的世界，更是一个通过"平"的道德努力达到的"天下"或"天下为公"的伦理境界。

十五 德福因果律的"理性"形态与"精神"形态

(一) 文明的纠结

在《实践理性批判》中，康德宣示了一个著名的道德哲学发现：道德与幸福的二律背反。

康德指证，在价值原则与实践原则两种辩证中，道德与幸福的关系呈现两种截然相反的状态。在价值原则中，纯粹实践理性的对象和总体是至善，至善是道德与幸福的一致：对个体、德行和幸福一起构成了一个人对至善的拥有；对社会、德性与幸福的比配构成一个可能世界的至善。但是，在实践原则中，德行的准则与个人幸福的准则，却可能完全各异，在同一主体中竭力相互限制、相互妨碍。

于是，康德感叹，德行与幸福的结盟，是一个在实践中没有完成甚至难以完成的任务。"无论迄今为止一切结盟（注：德行与幸福的结盟——引者注）的努力如何，至善在实践上是如何可能的？这个追问始终还是一个未解决的任务。"①

但是，未解决绝不意味着放弃解决；相反，在至善中，德行与幸福必须"被思想为"联系在一起的，"甚至思想为原因和结果的连接"，即善恶因果律。原因很简单也很彻底，"因为它关涉实践的善"！

关键在于，德行与幸福"被思想为"何种因果连接？在思辨理性中，只有两种可能："或者追求幸福的欲望必须是德行准则的动机，或者德行的准则必须是幸福的有效原因。"② 康德发现，在实践理性中，两种可能

---

① ［德］康德：《实践理性批判》，韩水法译，商务印书馆 1999 年版，第 124 页。
② 同上书，第 125 页。

都不能成立。第一种情形是绝对不可能的，理由很简单，把意志的决定的根据置于对幸福的渴求，是完全非道德的，也不能为德行建立基础；第二种情形也是不可能的，因为德行与幸福的因果关联并不取决于意志的道德意向，而是取决于知识和能力等诸多因素，即主体必须是"全能的存在者"而不是有限的理性存在者。于是，康德感叹，二者之间的必然连接，"在这个世界上是无法指望的"。① 这就是道德与幸福，或德行与幸福的"二律背反"。

"迄今未解决""无法指望"，这些具有绝对性质的话语，既是事实的呈现，更是智者的洞察。然而，康德道德哲学的魅力在于："未解决"又"应当解决"；"无法指望"又必须"给予指望"。这种"虽不能至，然心向往之"的理想主义也许更能体现道德哲学和人类文明的真谛。不难发现，康德深陷纠结之中：既是德行与幸福的纠结，更是"不能解决"和"应当解决"的事实和价值之间的纠结；在哲学层面，它们是纯粹理性与实践理性、形而上学和道德哲学之间的纠结。

"二律背反"之所以是真理，就是因为它揭示了人类文明的真实而生动的样态，揭示了人类文明的密码。如果说，在康德那里，德行与幸福的因果律还是一种"思想的纠结"，在今天的中国，它已经演绎或呈现为一种文明的纠结。不难发现，经过两个多世纪的演化，道德与幸福同一性关系的价值与话语重心，已经悄然而深刻地位移，关切点从意义世界的德行或道德，转移到幸福，尤其是生活世界的幸福。它不仅表征社会的精神气质，而且表征整个社会文明气质的巨大变化。也许，它预示着关于道德与幸福同一性的文化信念和人类价值正在发生甚至已经出现某种转向；也许，它昭示着现代文明已经走到一个重大转换点甚至临界点。无论如何，在道德与幸福的同一性关系方面，文明正面临严峻选择，道德哲学必须为这种选择做理论准备。显然，在新的选择中，康德在《实践理性批判》中所指证的那种"未解决"—"必须解决"、"无法指望"—"给予指望"的理性纠结将继续存在，并且，这一纠结将继续成为选择的文明魅力和对人类价值智慧的考验。选择的可能路径：是沿袭康德式的道德理想主义或抽象形上思辨，还是将批判的武器转化为武器的批判，进行现实世界中道德与幸福同一性的批判性建构？在批判性的现实建构中，如何防止

---

① 参见［德］康德《实践理性批判》，韩水法译，商务印书馆1999年版，第125页。

因道德的工具化而将整个社会引入万劫不复的伪善深渊？

道德与幸福必须同一，它是人类文明永恒不变的主题，否则，文明没有前途，人类没有未来。难题在于，康德之后，经过两个多世纪的洗礼，二者如何同一？最具前沿性的课题是：道德与幸福，到底何种同一性？或者说，何种因果律？

理论上，道德与幸福的同一性，面临以下三个基本问题。

其一，有无同一性？经验与知识表明，无论生活世界中道德与幸福的同一性关系呈现何种样态，关联到何种程度，乃至是否确实存在同一性关联，在理论还是现实中，大多希冀、承认、追究并努力建构二者之间的同一性，甚至将这种同一性关系提高到如此重要和紧密的程度——因果同一性，或善恶因果律。

其二，何种同一性？具体地说，道德与幸福或德福之间，何为因？何为果？是否因果，能否因果？

其三，如何同一性，如何因果？换言之，如何论证和建构道德与幸福的同一性关系。

基于第二和第三个问题，便形成关于道德与幸福同一性关系的诸理论形态和价值形态。由于这一问题不仅是道德哲学的关切对象，更是关乎现实世界合理性及其终极价值的重大基本问题，因而它们所生成的不仅是诸道德哲学，更是生活世界中的诸价值形态。从逻辑与历史及其统一的维度考察，道德与幸福的同一性关系或德福同一性，其原点大致有三种路向或形态：基于道德或德性的同一性，形成德性主义的德福因果律形态；基于幸福的同一性，形成幸福论的德福因果律形态；基于至善的同一性，形成至善论的德福因果形态。第一种同一性形态基于个体道德，指向自强不息的永恒德性追求；第二种同一性形态基于幸福包括个体幸福与社会幸福，指向以社会批判为目标的公正诉求；第三种同一性基于德福的精神同一体与文明同一体，指向终极价值和终极关怀。三种形态中，前两种形态在一定意义上分别表征理论与现实，也代表传统与现代；第三种形态，则更多是一种体系性和终极性诉求。

考察发现，在文明史和道德哲学史上，基于或诉诸德行的同一性，即德性主义的德福因果律，是迄今为止最为主流的取向，也是最为经典的理论。这种理论在古典时期就得到较为完备的表述和论证。当然，可能在相当意义上也代表着古典，是古典时代信仰和信奉的价值真理。使其成为主流的文明密码也许是：德福同一性建构和追求的真谛，是砥砺和鞭策人们向善致善。这种德福观和德福同一性形态有四大要义：预设德行与幸福应当同一，也必须同一；将德行作为一个总体性和整体性的概念，它存在于主体的全部生命过程和自强不息的道德努力中；于是，德福同一性便在此岸不可能完成和确证，而是一个彼岸性的信念和信仰；由此，道德便自然而必然地走向宗教，与宗教相通。

在理论上，德性主义德福因果律有两种经典哲学形态：康德的"实践理性"，黑格尔的"精神哲学"。简单地说，即"理性"形态、"精神"形态。前者在"实践理性"的整体思辨中求证，后者在精神的辩证发展中建构。

（二）康德的"理性"形态

康德的德福因果律之所以被称为"理性"形态，一是因为他的道德与幸福的同一体是被他称为"实践理性客体的无条件总体"的"至善"；二是他在纯粹理性与实践理性辩证发展的关系中探讨德福同一性，并坚持实践理性在两者关系中的优先地位。在这个意义上，道德与幸福的同一性，是"理性"的同一性，准确地说，是实践理性的同一性。

1. 德福同一性的"理性"规律

道德与幸福的关系如何？德福同一性如何在理性中存在和把握？康德描述和呈现的轨迹与规律是：在纯粹理性中"被思想为"联结；在生活世界中彼此分离，甚至相互妨碍；在实践理性中建构二者之间"自然和必然的联结"。由此形成纯粹理性—生活世界—实践理性的正—反—合的辩证发展。

道德与幸福为何在理性与实践中同一？它们的同一体是什么？在《实践理性批判》中，康德宣布了"纯粹实践理性的一个命令"："竭尽可能促进至善的实现！"[①] 什么是至善？至善既是整个的善或善的整体，又是完满的善或自足的无条件的善，它是实践理性的无条件的总体。至善的规定是什么？是德行与幸福之间"自然和必然的联结"，是道德与幸福的

---

① ［德］康德：《实践理性批判》，韩水法译，商务印书馆1999年版，第131页。

同一。

德行与幸福为何、如何在纯粹理性中概念地同一？在康德至善中，存在两个基本元素和原则：一是德行和道德法则；二是幸福和幸福法则。由此在概念上便存在三种善："无上的善""可能世界的善""至善"。他认为，德行只是一种善，当它作为获得幸福的配当或追求幸福的无上条件时，它也是"无上的善"，但它并不是"整个的和完满的善"或至善。为了成就至善，必须加上幸福。德行和幸福的同一，才是至善。至善为何要求幸福？幸福如何才成为至善的因子？因为幸福是所有理性存在者的需要，因而是善的对象。当德行与幸福精确比配时，幸福便构成"一个可能世界的至善"。简言之，德行是善，但不是"整个的和完满的善"；幸福是善的可能因子，但不是绝对的善，只有以合乎道德法则为条件时，才是现实的善。德行因为作为追求幸福的无上条件而从一种善成为"无上的善"；幸福因有德行的精确比配而成为"可能世界的至善"；德行与幸福同一，便是至善。"既然德行和幸福一起构成了一个人对至善的拥有，但与此同时，与德性（作为个人价值和得到幸福的配当）极其精确地相比配的幸福也构成了一个可能世界的至善。"①

德行与幸福如何连接？康德认为，有两种可能的理解：（1）将成就德行的努力和对幸福的谋求，当作原本就是完全同一的行为，因为德行的准则与幸福的准则完全一致；（2）德行将幸福作为与德行意识不同的东西产生出来，从而建立彼此间的因果关联。于是，"在至善里面，德行和幸福被思想为必然地联结在一起的，因此，实践理性若不能够认定其中一项，另一项也就不属于至善"②。

然而，无论如何，德行原则与幸福原则虽同属至善，但在实践上或生活世界中却完全各类，远非一致，常常相互限制和相互妨碍。由此，康德发现，人们只能"被迫这样遥远地"即在理性思辨和彼岸世界中寻求至善，即德行与幸福的同一性，"古代和现代哲学的哲学家居然能够在今生（在感觉世界里）已经找到了与德行完全比配的幸福，或已经能够让自己相信意识到了这种幸福，这就必定令人诧异了"③。

---

① ［德］康德：《实践理性批判》，韩水法译，商务印书馆 1999 年版，第 123 页。
② 同上书，第 124 页。
③ 同上书，第 127 页。

　　纯粹理性中联结，生活世界中分离，德行与幸福的连接如何可能？至善如何存在？康德的努力是：在实践理性中建构。实践理性的理念与方法是：基于"实践上必然"的先验综合判断。具体地说，把德行与幸福的连接当作"先天的，从而是实践上必然的，而不是从经验里面推论出来的，并且至善的可能性也不依赖于任何经验的原则"。而且，这种联结"不可能以分析的方式被认识到"，"而是两个概念的综合"①。德行与幸福必须被综合地而不分析地"思想为原因和结果的连接"。

　　康德的"实践理性命令"有三个重要元素。其一，对德行与幸福"自然的与必然的联结"的肯定及其信念。其二，纯粹理性与实践理性的严格区分。其三，对于德行与幸福"自然的和必然的联结"，康德始终严谨地表述为"德性意识和对作为其后果的而与之比配的幸福期望"、或者"与德性极其精确地相比配的幸福"。这种表述有两大要义：幸福原则与德性原则的同一，甚至将幸福当作德性的后果；德性与幸福的"比配"，甚至"精确"比配。这种严谨表述的意义在于，无论在实践理性还是生活世界中，德行与幸福之间偶然的甚至经常的关联是可能的，但康德的问题指向是两者之间比配的必然而精确的因果律，即道德与幸福的善恶因果律。

2. 二律背反及其"理性"公设

　　纯粹理性中德行与幸福之间"被思想为"的自然而必然的联结，在实践理性中遭遇二律背反。不过，在纯粹理性与实践理性的必然性关系中，康德坚持实践理性的优先地位，以免理性发生自相冲突。"因为一切关切归根到底都是实践的，甚至思辨性的关切也仅仅是有条件的，只有在实践的应用中才是完整的。"②

　　如果像康德所规定的那样，以道德法则作为意志及其自由的唯一决定性根据，那么德行和幸福联结时的二律背反便可能使德福因果律的现实性遭遇颠覆，因为其中两个可能的命题都是虚妄。"命题的第一个：追求幸福产生了有德行意向的根据，是绝对虚妄的；但是，第二个命题：德行意

---

①　［德］康德：《实践理性批判》，韩水法译，商务印书馆 1999 年版，第 124 页。

②　同上书，第 133 页。

向必然产生幸福，不是绝对虚妄的……是有条件地虚妄的。"① 于是，便产生实践理性的二律背反：德行和幸福是至善的两个不可或缺的元素，德行和与之比配的幸福之间的"自然的和必然的联结"，至少可能思想为可能。另外，谋求幸福的种种原理不能产生德性，德行也不能以幸福为直接目标，因为在至善之中，德性才是无上的善，而幸福只有以德性为条件、并且作为德性的必然结果时，才成为至善的第二元素。不过，这种背反只是一种误解，因为它们只是德性与幸福两种现象之间的关系，而不是至善本身与这些现象之间的关系。因为在实践理性中存在两大公设，即灵魂不朽与上帝存在。借此，德行与幸福同一的至善，不仅是可能的，而且是现实的。

康德将公设理解为理论的、不可证明但又可以不证自明的实践法则。作为第一公设的"灵魂不朽"针对至善的第一要素即德性，其真义在于：德性，或他所说的"意志与道德法则的完全切合"既是完满或完整的，又是神圣的。对任何一个有限理性存在者来说，在任何一个时刻都不能达到德性的完满性，它作为实践理性的要求，存在于完全切合的无穷进展中。这个无穷进展只有以无限延续的同一个理性存在者的人格，即所谓灵魂不朽为先决条件，德性"对于一个理性的却有限的存在者来说，惟有趋于无穷的、从低级的道德完善性向高级的道德完善性的前进才是可能"②。一句话，德性是一个无限进展的过程，这个无限进展只有在不朽的无限人格中才能达到，德性的完整性只有在永恒中才能完成，于是"灵魂不朽"的公设便是不证自明的。

第二公设即"上帝存在"相应至善的第二要素，即与德性切合的幸福。幸福的内核是什么？如果用中国话语表述康德的理解，便是所谓"称心如意"，因为"心""意"意味着德性并与德性相通，于是幸福必须与德性一致。"幸福是世界上理性存在者在其整个实存期间凡事皆照愿望和意志而行的状态，因而依赖于自然与他的整个目的、并与他意志的本质的决定根据的契合一致。"③ 在道德法则中，德性和幸福之间并没有必然的联系，它也没有力量使德性与属于生活世界的幸福彻底协调。但是，

---

① ［德］康德：《实践理性批判》，韩水法译，商务印书馆 1999 年版，第 126 页。
② 同上书，第 127 页。
③ 同上书，第 136 页。

由于"实践理性命令"是追求至善，在对至善的追求中，这种联系与协调，即幸福与德性精确地契合一致被设定为必然。于是，便必然产生对"无上自然原因"的认定，即上帝存在（即此在上帝）的公设。因为，"只有在一个无上的自然原因被认定，并且这个原因具备合乎道德意向的因果性的范围内，这个至善在世界上才是可能的。……因此，派生的至善（极善世界）可能性的公设同时就是一个源始的至善的现实性的公设，也就是上帝实存的公设"①。

"灵魂不朽"的公设使至善的第一原则即道德的完整性与完满性成为可能；"上帝存在"的公设使至善的第二原则，即与德性严格比配的幸福成为可能。由此，至善，即道德与幸福的同一性，德福因果律，对实践理性来说，便不仅可能，而且现实。

3. 道德哲学追问："配当"幸福，还是"享有"幸福？

对于至善来说，上帝存在的意义到底是什么？是作为全能的存在者推进幸福，还是保证幸福的德性根据？康德提出了一个十分有意义但未被充分关注的问题：上帝到底是何种概念？是物理学、形而上学的概念，还是道德哲学的概念？他的结论是："上帝的概念是一个在本源上不属于物理学，亦即不属于思辨理性的、而属于道德学的概念。"② 上帝存在的公设使上帝从彼在成为此在，将彼岸的上帝之国（即至善）带到人间的生活世界。康德提醒，导致幸福的这种道德必然性是主观的，即是实践理性的需求，而不是客观的。康德将上帝存在的认定称作信仰，是纯粹理性或理论理性信仰。"道德法则并不独自预告幸福；因为依照一般自然秩序概念，幸福并不与遵循道德法则必然地联结在一起。"③ 上帝既是幸福的实现者，更是德性的守护神，是幸福与德性比配的无上力量。灵魂不朽与上帝存在的公设或不证自明，使最大的幸福与最大程度的德性完满性以最精确比例的联结的至善，也使实践理性获得实现。不过，在这种联结中，意志的决定性根据不是幸福，而是道德法则。

由此，康德便揭示了道德的"学"的真谛。"道德学根本就不是关于

① ［德］康德：《实践理性批判》，韩水法译，商务印书馆 1999 年版，第 137 页。
② 同上书，第 153 页。
③ 同上书，第 140 页。

我们如何谋得幸福的学说，而是关于我们如何配当幸福的学说。""人们决不应该把道德学本身当作幸福学说对待，亦即当作如何享有幸福的指导对待；因为道德学仅仅处理幸福的理性条件，而不处理获得幸福的手段。"①"谋得""享有"，还是"配当"，这是道德与幸福关系的两种完全不同的价值取向，也是两种完全不同的道德哲学，"配当"彰显了康德德福同一性理论的德性主义立场。并且，由于两大公设，道德与宗教、道德哲学与宗教学也就链接相通。"只有在宗教参与之后，我们确实才有希望有一天以我们为配当幸福所做努力的程度分享幸福。"道德学本质上是德性学，只有在唤醒了至善的道德愿望，并迈出通向宗教的步子之后，德性学说才能命名为幸福学说，"因为对幸福的希望，道德只是与宗教一起发轫的"②。

由此，便可归纳出康德关于道德与幸福同一性理论的要义。

德福因果律因何存在？因为至善是实践理性客体的无条件的总体，而至善既不是道德的善，也不是幸福的善，而是道德与幸福的同一。

德福因果律如何存在？是道德与幸福的精确比配的自然而必然的关联，德行是对幸福的配当，而不是对幸福的谋取和享有。

德福因果律在哪里存在？在实践理性中存在，通过实践理性的两大公设，在德性的无穷进展及其主体的无限延续（灵魂不朽），和无上自然原因的认定（上帝存在）中获得现实性。

因实践理性发生，以实践理性为存在形态，遵循实践理性的规律，于是，康德德福因果律的哲学形态便是"理性"形态；准确地说，"实践理性"形态。

（三）黑格尔的"精神"形态

黑格尔的德福因果律之所以被称为"精神"形态，是因为在他的体系中，道德与幸福的同一性在客观精神发展的第三阶段，即"道德"环节完成和建构，这个环节被他称为"对其自身具有确定性的精神"。与康德相似而又殊异的是，他在"精神""自我确定"的辩证过程，而不是

---

① ［德］康德：《实践理性批判》，韩水法译，商务印书馆1999年版，第142页。
② 同上书，第142—143页。

"理性"自洽的思辨中探讨和确证道德与幸福的同一性。由此，黑格尔关于道德与幸福的同一性，是"精神"的同一性；道德与幸福的因果律，是"精神"的因果律。

虽然黑格尔对康德有诸多批评，但关于道德与幸福同一性的理论乃至对同一性的论证方式却在根本上一致，其取向都是德性主义。不同的是，康德基于"实践理性"的抽象思辨，黑格尔基于"精神哲学"的辩证法。不过，由于黑格尔的"精神"概念是思维与意志，或理论的态度与实践的态度的统一，涵盖并发展了康德"实践理性"整体中的"实践"与"理性"两个元素，必然殊途同归。

1. "道德世界观"的"精神"公设

康德以"实践理性"的"至善"客体，认定道德与幸福的同一性；黑格尔在"精神""自我确定"的"道德世界观"中，预设道德与幸福之间"被设定的和谐"。"至善"与"道德世界观"，是理解康德与黑格尔道德与幸福同一性预设的两个关键性概念。

在《精神现象学》中，黑格尔呈现或复原了"客观精神"自我发展的过程，这就是"伦理世界—教化世界—道德世界"的辩证运动。在他的体系中，伦理世界是个体与实体原初同一并以实体为现实性的世界，是"真实的精神"或自在的精神，家庭和民族是伦理世界的两种客观形态或伦理实体；教化世界是异化了的精神世界，也是伦理世界的现实化自身而生成的精神世界，国家权力和财富是其客观形态，也是精神呈现自身的方式，由此出现个体与实体、善与恶之间的分裂与对立；道德世界扬弃了教化世界中的异化，通过道德与自然之间"被预设的和谐"的"道德世界观"的生成，成为"对其自身具有确定性的精神"。"道德世界"的诞生、"道德世界观"的生成，是"精神""自身确定"的前提，而道德与自然，或者说，道德与幸福的和谐，则是道德世界观的标志和内在规定。在这个意义上，道德世界观，就是道德与幸福和谐的那样一种道德世界的自我意识。

什么是"道德世界"？"道德世界"的"精神"构造是什么？在《精神现象学》中，伦理世界由个体意识与实书体意识两个辩证的"精神"构造；教化世界有"高贵意识"与"卑贱意识"两种"精神"构造；道德世界则由这样两种精神元素构成，即"道德意识一般""自然一般"，简称"道德"与"自然"。于是，道德世界观的基本问题，便是道德与自然的关系。这里，黑格尔的所谓"自然"，包括主观自然或个人的感性冲动和客观自然，即社会现实两方面，由于他将"自然"当作与"幸福"相通的概念，常相互置换，明确表示"让我们把自然换成幸福来说"①，于是道德世界观中的道德与自然的关系，也就是道德与幸福的关系。既然是道德世界，在思辨理性中就必须建立一种假设：道德与自然或幸福彼此独立，相互对峙；既然是"道德世界观"即"道德世界的自我意识"，那么就必须达到一种认定，只有道德具有本质性，而自然全无本质性，否则，就不是"道德的"世界观，而是"自然的"世界观；但是，如果没有"自然"或放弃幸福，无论道德世界还是道德世界观就会流于空虚和抽象，而不是基于教化世界现实的那种辩证统一。

于是，道德世界和道德世界观的辩证法便是以下方面。一方面，道德意识只看到行动的动因，而对由此是否获得幸福或享受漠不关心。在这种情况下，道德意识毋宁有充分的理由抱怨道德与幸福之间的不对应和不公正。但是，另一方面，"道德意识决不能放弃幸福，决不能把幸福这个环节从它的绝对目的中排除掉"②。于是，"道德与幸福之间的和谐，是被设想为必然存在着的，或者说，这种和谐是被设定的"③。

由此，便产生黑格尔关于道德世界观中道德与自然，或道德与幸福两大和谐的著名公设。"第一个公设是道德与客观自然的和谐，这是世界的终极目的；另一个公设是道德与感性意志的和谐，这是自我意识本身的终极目的；因此第一个公设是在自存在的形式下的和谐，另一个公设是在自为存在的形式下的和谐。"④ 道德与幸福之间的和谐，既是世界的终极目的，也是自我意识的终极目的，必须也必然在"道德世界观"中"被设定"。

2. 道德与幸福之间的不和谐及其扬弃

道德世界或道德世界观在自在状态是和谐的，但在自为状态即现实的道德世界和道德世界观中却发生所谓"倒置"，出现不和谐。在道德世界观中，既存在道德与自然、道德与幸福的矛盾，但同时又扬弃这个矛盾，从而推动道德精神的辩证发展。

---

① ［德］黑格尔：《精神现象学》下卷，贺麟、王玖兴译，商务印书馆1996年版，第127页。
② 同上。
③ 同上。
④ 同上书，第130页。

　　首先，在第一个和谐设定，即道德与客观自然即客观现实之间的和谐中，道德与自然的和谐只是潜在的、不为现实意识所知的和谐，相反，呈现于现实意识中的道德与客观自然的关系倒不如说是不和谐的。然而，关键在于，"现实的道德意识是一种行动着的意识"，而行为只不过是内心道德目的的实现，"只不过是去制造出道德目的现实本身的和谐"①。于是，对道德意识来说，道德与幸福之间的矛盾便不那么严重，相反，行为本身必须严肃对待，因为道德行为的概念本质就是"道德规律应该成为自然规律"。"由此可见，在意识看来，道德与现实之间并不和谐；但是它又并不严肃认真地看待这种不和谐，因为在行为里，道德与现实的和谐对意识说来是当前存在着的。"② 更具深刻意义的是，对道德意识来说，最应该严肃对待的是最高的善这样的终极目的，因而"绝对的情况是，最高的善得到实现而道德行为成为多余"③。道德与客观现实之间的和谐，必须在不断推进的道德行动中完成，不断地使道德规律成为自然规律，通过创造一个"道德的"现实世界，扬弃道德与现实之间的矛盾。由此，道德的终极目的，不是固持道德，相反，是消灭道德本身，使"道德行为成为多余"。因为，道德与道德行为的本质，是道德原则与社会现实之间的紧张。当遭遇这种紧张时，在义利不能两全、鱼和熊掌不可兼得的情况下，以"理"导"欲"，甚至存"理"灭"欲"，从而创造一个道德的社会，所以，黑格尔强调，道德总是发生在相互冲突的条件下。但是，道德的最高使命不是制造这种紧张，也不是在"存理灭欲"的紧张中显示精神的崇高，而是消除存在于精神世界和现实生活中的这种紧张，从而使道德成为多余。在文明体系中，道德犹如精神世界和生活世界的精神医师，医师的终极信仰和最高使命还不是治病救人，而是让天下无病，从而使医生和医院成为多余。应该说，这是道德理念中的一种具有终极意义和彼岸性的极高远的境界。

　　其次，在第二个和谐设定，即道德与感性自然和谐的设定中，也存在着矛盾，这就是道德与冲动、道德与欲求的矛盾。在精神的自在状态中，道德与冲动应该是和谐的，因为，道德行为本质上只是"给予自己以一

————————
① [德]黑格尔：《精神现象学》下卷，贺麟、王玖兴译，商务印书馆1996年版，第137页。
② 同上书，第138、139页。
③ 同上书，第139页。

种冲动形态的意识"。知行合一，思维和意志的统一，是精神的真谛，更是道德行为的本质。道德行为本质上是一种冲动形态的意识。"这就是说，道德行为直接就是冲动和道德间实现了的和谐。"① 既然道德意识是一种行动着的意识，行动是道德与冲动之间和谐的实现，于是，对道德意识来说，应当认真对待的并不是道德的完成，而是道德与冲动之间那种没有完成的中间状态或非道德状态。由此推论，既然道德上没有完成，于是它所要求和得到的幸福或享受，便只是一种恩赐。基于这种道德中间状态或非道德状态，经验世界中假定道德与幸福不相和谐的断言，也就被扬弃了。"人们自以为经验事实是这样的：在我们当前的世界里有道德的人常逢不幸，而不道德的人反而时常是幸运的。"但是，"既然道德是没有完成的东西，即是说，既然事实上没有道德，那么关于道德遭逢不幸这样的经验有什么意义呢？"于是，当人们提出"不道德的人生活得很好"的论断时，实际上所指的并不是实际发生的不公正和不道德，而是说有些人不该得到幸福，这种论断的真正含义"是一种披上了道德外衣的嫉妒"。同样，认为另一些人该当幸福，也只是出于友谊和友好而希望这些人享有这种恩赐和机遇。② 道德的任务是在道德世界中通过道德行为不断推进道德冲动，在道德行为的无限推进中完成道德，处于这个无限推进进程中的是道德上的中间状态，即未完成状态，与这个完成状态伴随的幸福或享受，只是偶然或恩赐。就是说，处于这个无限进程中的任何关于道德与幸福关系的任何诊断或论断，都不具有真理性。

3. "绝对任务"

黑格尔对德福同一性论证的最大秘密在于：道德本质上是必须完成，但却在道德意识中没有完成的。因为没有完成，便不能断言道德与幸福的不和谐或不一致；因为必须完成，道德与幸福的一致便是必然的和值得期待的。"道德因此在道德意识中是没有完成的。……但是，道德的本质只在于它是完成了的纯粹的东西；因此没有完成的道德是不纯粹的道德，也可以说是不道德。"③ "因此，道德的完成是不能实际达到的，而毋宁是只

---

①　[德]黑格尔：《精神现象学》下卷，贺麟、王玖兴译，商务印书馆1996年版，第140页。

②　同上书，第142页。

③　同上。

可予以设想的一种绝对任务，即是说，一种永远有待完成的任务。"于是，对道德与幸福的同一性来说，道德意识的任务是，"必须自己来创造这种和谐，必须在道德中永远向前推进"①。于是，黑格尔又沿袭了康德的老路，由道德走向宗教。由于道德的完成是可以推之于无限的，"因此道德本身是在不同于现实意识的另一种本质里，这种本质乃是一位神圣的道德规律的制定者或道德立法者"②。这种神圣立法者便是上帝。不同的是，黑格尔并不是在"道德"这个精神环节内部，而是通过对它的内在否定的揭示，在"道德"之后，把精神引向宗教，引向上帝。

（四）德性主义的德福因果律

　　道德与幸福的同一性或德福同一性呈现着两种哲学形态：康德的"理性"形态；黑格尔的"精神"形态。它们在三个意义上成为两种哲学形态。其一，话语形态。康德的话语背景和话语形态是"理性"尤其是"实践理性"，黑格尔的话语背景和话语形态是"精神"尤其是"道德"精神。其二，言说构架。康德道德与幸福的同一体是"至善"，它是"实践理性客体的无条件总体"；黑格尔道德与幸福的同一体是"道德世界观"，它是"对其自身具有确定性的精神"。其三，体系构造。康德在纯粹理性与实践理性辩证的体系中建构，黑格尔在客观精神的自我发展中生成。正因为如此，它们也成为两种道德哲学形态。

　　然而，仔细考察发现，两种哲学形态在德福同一性的价值取向和论证方式方面异曲同工，曲径通幽。在相当意义上，两种形态的开辟也代表着一种传统，一种德福同一性的理论体系和价值形态，这就是德性主义的道德因果律，并且具有相似相通的哲学气质。第一，在道德与幸福的关系方面，是道德理想主义——二者都诉诸德性或德行，以道德为原点，在道德的无穷进程中建构道德与幸福的同一性，因而是德性主义的德福同一性。第二，在德福同一性诉求方面，是道德乐观主义，二者都认定或预设道德与幸福的"自然而必然的联系"或"被设定的和谐"，并且认为这种关联达到如此紧密的程度，以至存在某种因果律，并且相信通过无穷的道德努

---

① ［德］黑格尔：《精神现象学》下卷，贺麟、王玖兴译，商务印书馆1996年版，第127页。
② 同上书，第142页。

力，一定能够达到这种至善或和谐。第三，无论"理性"形态还是"精神"形态，都具有一种共同的形态，即德性主义的德福同一性，或"道德的"即基于道德的德福因果律，因而同是德性主义的德福因果律形态。

这种德性主义的德福因果律，有以下四个基本的哲学元素和论证步骤。

第一步，公设或设定道德与幸福之间自在的同一。不同的是，康德在作为"纯粹实践理性客体的无条件的总体"的"至善"中公设，黑格尔在"道德世界观"中"设定"；康德话语是"至善"，黑格尔话语是"和谐"；康德借助"先验综合判断"确立，黑格尔通过辩证法达到。

第二步，揭示和指证道德与幸福在经验世界和自为状态下的悖论或不和谐。康德表述为"二律背反"，黑格尔表述为"倒置"。

第三步，道德与幸福的同一性经过辩证否定后如何达到同一？诉诸德性的无限进程！康德表达为"灵魂存在"与"上帝存在"两大公设，黑格尔表述为"绝对任务"或"永远有待完成的任务"。

第四步，理论归宿。经过以上正—反—合的否定之否定之后，"理性"形态和"精神"形态都将道德与幸福的最终同一或德福因果律的终极实现指向神圣，从而走向宗教。于是，康德将上帝称为"道德哲学的概念"，黑格尔客观精神之后，继续追求艺术—宗教—哲学的绝对精神。

不难发现，这种德性主义的道德因果律有其合理之处。其一，思辨理性与实践理性，或理论理性与实践理性的一致与区分。在思辨理性中预设同一，在实践理性中揭示矛盾。它们所发现和揭示的，实际上是道德与幸福在事实领域与价值领域、生活世界和价值世界中的矛盾或悖论，所坚持的是实践理性和价值理性的立场。其二，对德性的无限进程的诉求和追求，将道德作为自强不息的无限精神运动和精神追求。其三，对道德神圣性的坚持。这种坚持在今天仍不失其文化与文明意义。

但是，无论康德还是黑格尔，都只是在理性世界或精神世界中完成了对德福同一性的预设和论证，他们建构了一个强大的理性世界和精神世界，透过哲学思辨的力量，在理性世界和精神世界中消解了道德与幸福的矛盾，彰显出巨大而深刻的人文魅力，然而无论如何，他们对现实世界或生活世界中道德与幸福的矛盾缺乏彻底的解释力和真正的解决力。康德和黑格尔的德福因果律的魅力是道德的魅力、哲学的魅力，在真实的生活世界面前却显得苍白和无奈。而且，这种德性主义的德福因果律，无论怎样

"理想"和"乐观"，归根结底与"求诸己"的中国传统道德哲学殊途同归，缺乏批判社会、改造秩序的力量。它们可能征服和改变自我，却难以改变世界。一旦走出"至善"和"被设定的和谐"的象牙塔，这种德福同一的精神世界便可能风雨飘摇，只能在贤士仁者的道德精英中固持。于是，酣睡于德性主义卧榻之侧的幸福主义的德福同一性，便可能在世俗世界的摇篮中催醒，或与之分庭抗礼，或被世俗的人们激赏，甚至在"不登大雅"中表现出冲击现有社会秩序的批判性力量。也许，这便是德性主义德福同一性总是与幸福论的德福同一性长期共眠的哲学理由。

不过，这些并不是"理性"与"精神"的主体，更不是全部。准确把握康德、黑格尔德性主义德福因果律，有两个因素特别重要。

第一，"理性"形态和"精神"形态在本质上是道德哲学形态，具体地说，是在道德哲学的视野下探讨道德与幸福的同一性。于是，康德申言，在道德与幸福的关系方面，道德学只处理获得幸福的理性条件，准确地说是道德条件而不是获得幸福的手段。他所谓的德福因果律，只是"配当"幸福，而不是"获得"幸福。同样，黑格尔在关于道德与幸福同一的道德世界观"被设定的和谐"中申言，在世界观的两大元素即道德与幸福的两极中，必须假定只有道德具有本质性，而自然或幸福则全无本质性。这些申言表明，他们的基本立场是"道德学"或"道德哲学"，而不是其他。关于道德与幸福的现实同一性，也许应当在政治学中讨论和完成，道德哲学必须坚守自己的价值关切和判明使命，也只能完成自己应当完成和能够完成的任务。当然，这种严格的道德哲学立场，是"理性"与"精神"两种形态在作为一种学术立场规定的同时，也成为和形成一种限制和局限。

第二，康德、黑格尔德性主义的德福因果律的秘密和宏旨，正是黑格尔在《法哲学原理》中所宣示的那个著名的哲学信念："凡是合乎理性的东西都是现实的；凡是现实的东西都是符合理性的。……哲学正是从这一信念出发来考察不论是精神世界或是自然世界的。"[①] 理论不仅要符合现实，现实也要变得符合理论，这是今天早已被遗忘的人文精神和道德理想主义的精髓。这一不幸遗忘的后果，便是精神世界的祛魅，甚至彻底祛魅，剩下的便是媚俗和对感性冲动的可悲放逐。康德、黑格尔德性主义德

---

① ［德］黑格尔：《法哲学原理》，范扬、张企泰译，商务印书馆1996年版，序言第11页。

福因果律在理性世界和精神世界中不断向前推进所呈现的难以置疑和不可阻挡的理性力量和精神力量，一旦诉诸"现实必须符合理论"的哲学信念，便可转换为批判社会和建构文明合理性的深刻动力。当然，这一转换的实现，还需要另一个条件，即像马克思所说的那样，理论一旦武装群众，就会变成巨大的物质力量。也许，重温和重新诠释这个古老的哲学信念，进而调整对整个世界包括学术研究的态度，是我们从康德、黑格尔深切的人文精神和道德理想主义中可能引出的创造性的灵感和启迪。

下　卷

伦理道德形态的精神哲学理论

两百多年前，黑格尔曾向世人传递一个坚韧信念："凡是合乎理性的东西都是现实的，凡是现实的东西都是符合理性的。"① 因为，"合乎理性"或所谓"合理"，不仅是批判现实而且是创造现实的必然性力量。

　　马克思曾谆谆告诫："光是思想竭力体现为现实是不够的，现实本身应当力求趋向于思想。"② 因为，如果现实不能趋向于思想，世界将因失去理想而在世俗中沉沦。

　　历史只能完成自己所能完成的任务，因为任务的提出，预示着完成任务的条件正在成熟或已经成熟。今天，完成任务的条件正在成熟，历史赋予时代一个重大学术使命：建立基于中国经验和中国传统，汲取人类文明一切精神滋养的伦理道德的精神哲学形态。

　　无疑，这是一个神圣而艰巨的学术任务，需要数代人薪火相传。然而，千里之行，始于足下；九层之台，起于垒土。"足下"与"垒土"，不仅是开始，而且是奠基。"形态"建构任重道远，而"精神哲学"的理念于当下中国学界似乎还只是来

<hr>

① ［德］黑格尔：《法哲学原理》，范扬、张企泰译，商务印书馆1996年版，序言第11页。
② 马克思：《黑格尔法哲学批判导言》，《马克思恩格斯选集》第1卷，人民出版社1972年版，第10页。

自爱因斯坦引力波假设中的希夷天籁，然而，借着信念、担当和直觉，必须为它做理论准备和学术奠基，至少，两大努力具有资源与方向的哲学意义：澄明伦理道德的精神哲学范式；在守望中国传统中"走向伦理精神"。

20世纪前期，中西方哲人发出同一个预言："伦理觉悟"为"最后觉悟之最后觉悟"（陈独秀）；人类第一次走到这一时刻，"学会伦理地思考"已经关乎"人类种族的绵亘"（罗素）。时至今日，人类最重要的精神哲学觉悟，已经不是道德觉悟，甚至不是伦理觉悟，而是"伦理—道德"觉悟。纵观文明史，伦理道德逻辑与历史地内在三种精神哲学形态：伦理形态、道德形态、伦理—道德形态，它们既是理论的种种形态，也是人的生命和人的生活的种种形态。其中，"伦理—道德形态"是最高也是最合理的精神哲学形态，它为中国和西方的精神哲学范式所佐证或反证。

伦理道德的精神哲学形态的前沿和归宿在哪里？"走向伦理精神。"它必须在现象学、法哲学、历史哲学统一的基础上，破解三大理论难题：伦理道德，为何"精神"？伦理道德，因何期待"精神哲学"？伦理道德，何种精神哲学形态？走向伦理精神，必须完成三大理论辩证：到底是"伦理优先"还是"道德优先"？伦理道德的哲学本性到底是"理性"还是"精神"？中国精神哲学到底坚守"道德理性"还是"伦理精神"？

人类文明正面临巨大的历史跨越，跨越的精髓是对世界态度的根本改变，根深蒂固数千年的"轴心文明"理念，在思想的先行者那里已经开始向"对话文明"悄悄挪步。"精神哲学发展"从哪里启程？从"伦理道德的精神哲学对话"开始！在对话中走出"轴心文明"的千古惯力，了悟人类精神史的真谛，开启"伦理共和"的人类精神的新时代与新形态！

第五编

伦理道德的精神哲学范式

十六　伦理道德的精神哲学形态

（一）问题："多"与"变"的时代,何处是家园?

我们正处于一个多元多变的时代,不仅内在生命世界、外在生活世界,而且作为精神世界核心的伦理道德及其理论从来没有像今天这样处于"多"的淆乱与"变"的激流之中。邂逅"多"与"变"的旋涡,如何不为"多"所迷失、不被"变"所掳掠? 必须探讨一个严峻课题:"多"与"变"的时代,何处是家园?

思路简单而简洁:寻找"多"中之"一"、"变"中之"不变"。文明史的规律是:人们享受"多"的丰盛与"变"的活力,然而千百年来最高智慧总是坚韧地寻找"多"背后的"一","变"背后的那种"不变",哲学中的"始基",物理学中的"基本粒子",生命科学的"基因",人文科学的"最高主宰",无一不是寻找"多"中之"一"、"变"中之"不变"的努力。"给一个支点,我能撬动整个地球",阿基米德的名言泄露了人类的抱负与梦想。"多"中之"一"、"变"中之"不变",才是"道",才是永恒,才是出发点和作为归宿的家园。

伦理道德如何在"多"与"变"中寻觅和回归家园? 南宋理学家陆九渊近一千年前就提供了启示:"收拾精神,自作主宰,万物皆备于我,有何欠阙。"(陆九渊:《语录》)人们往往将这句豪迈宣言只当心学禅说,难以真正了悟其哲学大智慧。学术史还原发现,这一道德哲学命题的话语背景与问题意识,理论上针对朱熹"格物致知"的"支离事业",提供"力行"的"简易工夫";实践上针对心与理、知与行的纷扰,提倡"先立乎其大者"(《象山语录》卷一)的乾坤定力。"支离事业"即是失去整体性的"多","易简工夫终久大,支离事业竟沉浮"(《陆九渊集》卷二十五)。所谓"立乎大者"即知行合一的"良心"或"浩然之气"的

"精神"，"身体力行，障百川而东之！"（陆九渊：《语录》下）陆九渊的
"收拾精神"的现代启示是：伦理道德走出"多"与"变"的"支离"，
只需"收拾精神"，由此便可"自作主宰"，"万物皆备于我"地在"精
神"中安若家居。"当恻隐时自然恻隐，当羞恶时自然羞恶。"（陆九渊：
《语录》下）

　　"多"与"变"的时代，伦理道德"何处是家园"？关键词有两个：
（1）"精神"，（2）"形态"；思路很简洁：（1）回归"精神"，（2）皈依
"形态"。伦理道德既是一个精神世界，也是精神世界的核心，还是精神
世界的生命过程或精神的呈现方式。在"多"与"变"的时代，伦理道
德摆脱"支离"或被碎片化的厄运，必须以"收拾精神"回归家园。"收
拾"的要义，一是回归"精神"的本性；二是寻找伦理道德呈现其精神
本性的哲学"形态"，具体地说包括三大形态：建构个体生命秩序的种种
精神形态，建构社会生活秩序的种种精神形态，现代伦理学的理论形态，
三大形态"理一分殊"，在"精神哲学"的层面道通为一。由此便演绎一
个理念与方法假设："多"与"变"的时代，伦理道德回归家园，必须建
构"精神哲学形态"。"精神"是家园，"形态"是家园中的生命呈现方
式。"精神哲学形态"同时指向实践与理论两个维度：实践上为人的精神
在"多"与"变"中建立现实生命"形态"，理论上为伦理道德在"多"
与"变"中建立理论"形态"，于是在实践和理论上便可以"自作主
宰"，"当伦理时自然伦理，当道德时自然道德"。"精神哲学形态"即伦
理道德的"多"中之"一"，"变"中之"不变"。

　　然而，无论伦理道德还是以它们为核心所建构的人的精神世界和生活
世界，既具有强烈的现实性，又指向终极理想，"伦理道德的精神哲学形
态"具有两种可能的形态：一是现实形态；二是"理想类型"。现实形态
中人的精神可能流连滞留于伦理的或道德的某种形态或某个阶段，然而人
们必定执着地追求由伦理道德的辩证互动所建构的精神世界及其理论的
"理想类型"。因其现实性，所以具有解释力和解决力；因其理想性，内
蕴着精神世界的巨大人文魅力和信念力量。"精神哲学形态"试图以"精
神"为伦理道德的家园，以"形态"为伦理道德的呈现方式，提出一种
理论假设和解释构架：个体生命秩序与社会生活秩序的精神结构，人类的
伦理道德史，现代伦理学理论，虽风情万种，然而不外三种形态，伦—理
形态，道—德形态，伦理—道德形态，其理想类型是"伦理道德一体，

伦理优先"的精神哲学形态。

（二）何种现代觉悟？"伦理—道德"觉悟！

1. 伦理觉悟的时代

在某种意义上，20 世纪可以说是伦理觉悟的时代。

20 世纪 20 年代，陈独秀断言："伦理的觉悟为吾人最后觉悟之最后觉悟。"①

20 世纪 50 年代，英国哲学家罗素发现："在人类历史上，我们第一次达到了这样一个时代：人类种族的绵亘已经开始取决于人类能够学到的为伦理思考所支配的程度。"②

不同的国度，不同的历史境遇，同一个觉悟："伦理觉悟。"其话语背景有三大共同特点。其一，"伦理觉悟"的直接参照是"政治觉悟"。陈独秀以中国在明朝中叶之后面对西方冲击依次产生的六期文化反映为背景，将"吾人之觉悟"展开为"政治觉悟"与"伦理觉悟"两大觉悟，因为"伦理思想，影响于政治，各国皆然，吾华尤甚"③。罗素则从相反的维度，即"伦理学应用到政治学的困难——有时难到几乎是徒劳的"，揭示"伦理觉悟"的意义。其二，无论在中国还是西方，"伦理觉悟"都是终极觉悟，"最后觉悟""人类种族的绵亘"等话语，无不宣示伦理觉悟的终极意义。其三，最为隐蔽，也是最需要辩证的是：为何"伦理觉悟"而不是"道德觉悟"是终极觉悟？显然，无论在陈独秀还是罗素的话语中，"伦理觉悟"都有特殊的问题指向，陈独秀指向"三纲"之名教礼教，罗素指向第二次世界大战以来那些"有组织的""破坏性激情"。然而仔细考察发现，它们还有另一个潜隐的参照，这就是"道德觉悟"。陈独秀明确指出："儒者三纲之说，为吾伦理政治之大原，共贯同条，莫可偏废。三纲之根本义，阶级制度是也。所谓名教，所谓礼教，皆以拥护此别尊卑、明贵贱之制度也。近世西洋之道德政治，乃以自由、平等、独

---

① 陈独秀：《吾人最后之觉悟》，《青年杂志》1916 年 2 月 15 日 1 卷号。

② ［英］罗素：《伦理学和政治学中的人类社会》，肖巍译，中国社会科学出版社 1992 年版，第 159 页。

③ 陈独秀：《吾人最后之觉悟》，《青年杂志》1916 年 2 月 15 日 1 卷号。

立之说为大原，与阶级制度极端相反。此东西文明之一大分水岭也。"①
且不论陈独秀的判断是否准确，中国"伦理政治"、西方"道德政治"之
说，已经明确将伦理与道德相区分，以"伦理觉悟"而不是"道德觉悟"
为指向。罗素"伦理觉悟"所针对的不只是个体的"破坏性激情"，而是
那些"组织起来"的破坏性激情，诸如纳粹对犹太人的灭绝、"有组织的
集团之间的竞争"等。因为这些"破坏性激情"的"有组织"，因而它们
不仅具有伦理的性质，而且对世界的破坏已经将文明推向存亡的边缘。正
是在"有组织的破坏性激情"的意义上，这种觉悟是"伦理觉悟"而不
"道德觉悟"。因为罗素发现，"从金字塔的建造直到今日的历史研究，一
直没能给任何仁慈者以鼓励。在各个时代里，总有能看清什么是善的人
们，但他们并不能成功地改变人们的行为方式"②。换言之，道德问题一
直存在，道德觉悟也一直是历史的良知，然而只有当那种"破坏性激情"
被"组织"起来之后，"学会为伦理思考所支配"的"伦理觉悟"才具
有决定"人类种族绵亘"的终极意义。总之，不仅相对于政治，而且相
对于道德，"伦理觉悟"是"吾人之最后觉悟之最后觉悟"。

2. "伦理觉悟"？"道德觉悟"？

由此便衍生两大问题。第一，一个世纪之后的今天，"伦理觉悟"是
否依然是"最后觉悟"？在精神哲学的意义上，"伦理觉悟"的优先地位，
或伦理之于道德的优先地位，今天是否依然具有合理性与现实性？第二，
"伦理觉悟"与"道德觉悟"，或者说伦理与道德，在人的精神世界、生
活世界，以及与之相对应的伦理学理论中到底具有何种不同意义？今天我
们所需要的觉悟，到底是"伦理觉悟"，"道德觉悟"，还是"伦理—道德
觉悟"？

一个多世纪以来的人类世界已经沧海桑田，然而"伦理觉悟"不仅
依然是精神世界的主题，而且是生活世界的难题，只是在不同历史境遇
下，切换了文明的问题式。在中国，它以伦理—道德悖论的方式在场；在
西方，它以伦理认同与道德自由的矛盾显现。然而，在以伦理与道德为结

---

① 陈独秀：《吾人最后之觉悟》，《青年杂志》1916 年 2 月 15 日 1 卷号。
② ［英］罗素：《伦理学和政治学中的人类社会》，肖巍译，中国社会科学出版社 1992 年
版，第 159 页。

构的精神世界及其所缔造的生活世界中，伦理依然是世界的重心，"伦理觉悟"依然是今天这个时代的"最后之觉悟"。"三纲"的伦理与"五常"的道德，是千百年来的传统社会中人的精神世界和生活世界中伦理与道德的纵横两轴，在近现代转型中，自谭嗣同始，便将批判的矛头直指"三纲"礼教。一个多世纪的涤荡，尤其市场经济和全球化的冲击，一个深刻悖论在生活经验和实证调查中被揭示：伦理的实体与不道德的个体。人们已经发现，当今社会最严重的问题或最大的恶，如生态危机、战争、分配不公等，并不是由个人，而是罗素所说的那些"有组织的集团"造成。市场逻辑下所形成的各种集团，因其利益的直接相关在内部关系中可能具有某种伦理性，在一定意义上成为"伦理的实体"，但当它们作为"整个的个体"而行动时，对社会和集团外部的他人却可能造成严重的恶，沦为"不道德的个体"。"伦理的实体—不道德的个体"，成为尼布尔所揭示的"道德的人—不道德的社会"的西方悖论在中国的反绎，也是中国传统社会的"道德圣贤—专制社会"的伦理—道德悖论在现代的反绎。在西方，遭遇两次大战的精神重创，当"有组织的破坏性激情"被唾弃之后，伦理认同与道德自由的矛盾成为精神世界的基本矛盾，于是康德主义、新康德主义兴起，意志自由不仅是道德世界而且是精神世界的主旋律，伦理认同遭遇前所未有的危机，于是无论生活世界还是精神世界都陷于原子化和碎片化，社会的精神凝聚力涣散。

作为精神构造和生活世界中伦理—道德矛盾的理论表现，先是在西方，正义论与德性论的论战烽火再起，继而借助全球化飓风，它们"被移植"为"中国问题"，并一度呈燎原之势。然而无论在西方还是中国，正义论的强势与受宠，已经暗示或隐喻当今世界的精神生活和现实生活中伦理之于道德的优先地位，因为正义所诉求的无疑是伦理或伦理实体的合理性，而德性归责的则是个体对共同体的认同及其所内化的将个体性提升到普遍性的那些品质。它标示伦理日益成为生活世界的课题，由此也催生以"正义"或公正为诉求的"伦理觉悟"。

3. 精神哲学体系中的"伦理—道德觉悟"

然而，如果将"伦理觉悟"的现代问题式仅仅归之于伦理，那无异于是对生活世界的误读和对精神世界的误导。"伦理觉悟"只是基于精神世界和生活世界中伦理之于道德的某种意义上的优先地位，离开道德和

"道德觉悟"的参照系，精神世界和生活世界都将被肢解。"伦理觉悟"既诠释了伦理之于道德的优先地位，更演绎了伦理与道德不可分离的精神同一性。虽然陈独秀将"伦理觉悟"当作"最后之觉悟"，罗素将"学会为伦理思考所支配"提高到关乎"人类种族绵亘"的"最后时刻"，提示伦理问题是我们这个时代具有世界意义的共同难题。然而"伦理觉悟"的话语背景已经提醒我们，如果只局限于"伦理"，也许包括伦理在内的诸多问题都难以解决，必须进行理念和方法的重大转换，转换的方向，是在"精神哲学"的意义上，通过伦理道德向"精神"的家园回归，将伦理与道德作为精神世界的生命整体性、生活世界的生命整体性，以及与之相对应的伦理学理论体系中的一种"形态"，即一个精神结构和一个生命进程，在伦理与道德的生态互动及其历史发展中辩证把握。

行进至 21 世纪，人类文明，尤其是人类精神文明的重大觉悟，既不是"伦理觉悟"，也不是"道德觉悟"，而是"伦理—道德觉悟"。它承认，在"伦理—道德觉悟"中，伦理具有某种精神哲学的优先地位，由此，它便不是伦理与道德的某种无原则的折中调和。正义论与德性论之争，在精神哲学意义上是伦理与道德之争，离开精神的家园和精神哲学的视界，它可能就是一场难有结果的论争，因为它从开始便陷入一种精神纠结，陷入相互期待，却永远难以相互满足的价值围城。正义论与德性论之争及其所折射的伦理与道德之争，是我们这个时代的纠结，既是精神世界的纠结，也是生活世界的纠结，更是伦理学理论的纠结。任其纠结下去，将迷失于精神世界的孤岛，生活世界的碎片，伦理学理论的"丛林"。摆脱纠结，必须在精神哲学意义上建立伦理道德及其伦理学理论的"形态观"。它认为，伦理道德的精神哲学形态，不只是伦理形态、道德形态，而且是二者辩证互动所生成的伦理—道德形态。与之相对应，人类文明的彻底觉悟，不只是伦理觉悟或道德觉悟，而是"伦理—道德觉悟"，准确地说，是以伦理觉悟为重心的"伦理—道德觉悟"。

（三）精神世界—生活世界—伦理学理论的
"形态"同一性

为什么"伦理觉悟"是现代觉悟的重心，而伦理与道德才是个体与社会的精神构造及其所建构的伦理学理论的结构形态？必须透过精神世界、生活世界、伦理学理论三者之间的同一性关系，在人类文明的终极问题中寻找形上根据。

1. 伦理与道德的哲学裂隙

伦理与道德不仅关联着个体与社会，而且关联着精神世界与生活世界。在《精神现象学》中，黑格尔将伦理道德当作"客观精神"，其哲学指谓有二：其一，伦理道德是精神或所谓"绝对精神"客观化或现实化自身所"现"出的"象"即形成的两种现实形态；其二，"客观精神"与个体性的"主观精神"相对应，它是超越个体的社会精神或社会意识、民族精神。在这个意义上，伦理道德是精神在现实世界中呈现的形态，或者说是在人的意识中呈现的世界的两种形态，它试图解释和回答一个问题：社会生活或生活世界如何在精神的顶层设计中成为可能与合理，或者说，社会生活如何被精神所建构。然而，思维缜密的黑格尔及其精神现象学体系也潜隐着一个思想的裂隙：伦理道德虽然"精神地"缔造社会生活，但它不仅是客观性的社会意识或指向社会性的精神，而且首先是个体并且必须首先是个体的精神构造，否则它们便逻辑和历史不能完成"客观化"即建构社会生活与精神生活的任务。也许正因为洞察这一裂隙，在《法哲学原理》中，黑格尔颠倒了伦理与道德的体系地位。《精神现象学》中"客观精神"的体系是"伦理世界—教化世界—道德世界"，《法哲学原理》的体系是"抽象法—道德—伦理"。伦理与道德地位的这一体系性倒置当然可以从两本著作的不同研究主题解释，《精神现象学》的主题是"意识"或"精神"的辩证发展，《法哲学原理》的主题是意志或自由意志的辩证发展。然而值得注意的是，在《精神哲学》中，黑格尔明确将伦理道德作为"客观精神"的两个环节或精神客观化自身的两种形态，并且几乎完全采用了《法哲学原理》的体系结构，或者说，《法哲学原理》就是《精神哲学》中"客观精神"的展开。无论如何，在黑格尔哲学中存在"伦理"与"道德"的理论纠结，只是他用天才的辩证法，在精神的辩证发展及其生命体系中讨论伦理与道德，以此化解了伦理与道德之间的矛盾，也化解至少淡化了内在于他的精神哲学体系内部的伦理与道德的矛盾，或者说，黑格尔真正关心的并不是伦理与道德本身，而是它们辩证互动所形成的精神体系和精神哲学体系。但可以假设甚至指证，这一矛盾在黑格尔精神哲学体系中的存在，可能与黑格尔强制性地将伦理与道德"客观化"或只客观化，未能充分揭示它的主观性或作为个体精神构造的哲学意义深度相关。

2. 伦理学？道德哲学？精神哲学？

指证黑格尔体系中伦理与道德的纠结，并不只是为了研究黑格尔或为黑格尔辩护，而是试图澄清，二者之间的纠结内在于个体与社会的精神世界及其理论之中。当今，关于伦理道德的理论似乎难以找到一个共同的表述，至少存在三种可能的表达，但又明显感觉到任何一种表达都缺乏普适性或不够契合：伦理学？道德哲学？精神哲学？伦理学的话语重心在"伦理"，只是以"道德"为研究对象。名之"伦理"却以"道德"为对象和内容，这种理论和体系从一开始便内在概念矛盾，或许，将以"道德"为研究对象和内容的学科名之为"伦理学"，本来就是一种中国传统和中国文化基因，是伦理道德一体、伦理优先的中国伦理型文化传统的哲学演绎，这种传统倾向在孔子"克己复礼为仁"的哲学范式中已经潜在。"克己复礼为仁"的哲学范式表面指向"仁"的道德，实际以"礼"或"复礼"的伦理为目的和标准，但正因为如此，千百年来一直存在关于孔子及其儒家体系的"仁"核心与"礼"核心之争，这种解读的歧途甚至直接导致了后来的孟荀之殊。"道德哲学"的话语重心在"道德"，它将"道德"归之于哲学并在哲学的层面进行讨论，以此涵盖道德与伦理。然而仔细考察便发现，"道德哲学"也许是一个西方传统或西方文化偏好，就像"伦理学"是中国传统和中国文化偏好一样。亚里士多德的《尼各马科伦理学》虽名之为"伦理"之"学"，但开篇便区分"伦理的德性"与"理智的德性"，并且以后者贬抑前者。在日后拉丁化的过程中，古希腊的"伦理"便向古罗马的"道德"形变，至康德，一种"道德哲学"的传统和偏好最后完成，这种道德哲学"完全限于道德这一概念，致使伦理的观点完全不能成立，并且甚至把它公然取消，加以凌辱"①。

西方哲学将伦理与道德重新回归于一体，只是在黑格尔体系中才完成。黑格尔找到了"精神"这一概念，在"精神哲学"的框架和体系中讨论伦理与道德问题，将它们作为人的精神发展的一个环节和不同形态。虽然恩格斯在《费尔巴哈论》中说"黑格尔伦理学或关于伦理的学说就

---

① ［德］黑格尔：《法哲学原理》，范扬、张企泰译，商务印书馆1996年版，第42页。

是法哲学",但黑格尔本人明白无误地将它作为精神哲学体系中的一个结构。"精神哲学"可以扬弃"伦理学"和"道德哲学"中对伦理与道德的偏颇,将伦理与道德在精神中哲学地整合为一个体系,然而似乎在名称中缺失"伦理"或"道德"的标识与显示度,并且,无论如何它们只是精神哲学即"客观精神"的一个结构,而不是精神哲学本身,在此之前和在此之后,还有"主观精神""绝对精神"两个构造。

"伦理学"与"道德哲学"的纠结至今依然存在。当今中国的学科划分,将"伦理学"归之于哲学,突显其"哲学"本性,但同时又认为它是一门实践的科学,在这种理解中显然存在康德"道德哲学"和"实践理性"理念的痕迹。而且,将伦理学当作"哲学",不可避免地存在罗素所说的"道德的知识"和"关于道德的知识"的矛盾。哲学研究的是"关于道德的知识",而伦理学的传授的却是"道德的知识"。伦理学必须是哲学,否则难以洞明人的大智慧,但如果只是哲学,将稀释其精神意义与实践意义。当今世界范围内伦理学或道德哲学蓬勃发展,不少人预言:伦理学将成为甚至已经成为哲学中的显学,但无论"显"到何种程度,伦理与道德的纠结总是逻辑与历史地存在。不过,正因为存在伦理与道德、伦理学与道德哲学的纠结,才需要精神哲学,在精神哲学的理念和理论框架下统摄和讨论伦理与道德及其辩证发展。也许,"精神哲学"并不是化解这些纠结的最佳方案,但它确实是迄今发现的最具可能性的方案。

3. 精神世界—生活世界—伦理学理论的同一性及其基本问题

如何超越伦理与道德的纠结?黑格尔提供了智慧指引,即回归"精神"并在"精神"中"哲学地"同一,然而止于斯还远远不够,因为黑格尔体系本身就存在"精神"的裂隙。于是,必须借助黑格尔的"精神"资源同时扬弃其体系矛盾,其方法是在"主观精神—客观精神—理论体系"或"精神世界—生活世界—理论体系"的三者统一中,建立伦理道德的精神哲学同一性或精神哲学体系,其突破点是将伦理与道德当作个体精神世界的文化结构与生命形态。个体精神世界与社会生活世界具有内在同一性。当下无论哲学理论还是伦理学理论,都将伦理道德当作"社会意识"或"意识形态",即具有社会性和客观性的意识,社会性即普遍性或个体意识的同一性,客观性即具有实现自身或客观化自身的内在力量。

"社会意识"的理念事实上与黑格尔"客观精神"的理念在形上层面相通，只是历史唯物主义倒置了他的"倒置"，不是精神外化或客观化为现实的社会存在，而是伦理道德作为社会存在是社会意识的反映。然而，"社会意识"不仅是具有社会性或社会同一性的意识，而且也是建构社会使社会生活成为可能的意识，由此个体的主观意识与社会的普遍意识便相通。而"意识形态"或"社会意识形态"表明个体的、主观性的、多样性的"意识"已经具有"形态"或"形态化"，"形态"不仅是超越个体的同一性，而且也是个体意识具有现实性的生命呈现方式，个体意识一旦具有"形态"，便一方面是获得社会的普遍性，另一方面也客观化和现实化。由于"形态"，个体意识扬弃了个体性与主观性，从而成为建构社会生活世界的精神力量。"社会意识形态"是个体意识与社会意识之间的相互承认，而不是对个体意识的简单否定，将伦理道德当作"社会意识形态"，充分肯定了它们作为个体意识所内蕴的成为"社会"并且缔造"社会"的精神基因和精神力量。由此，个体意识与社会意识、主观精神与客观精神、精神世界与生活世界便相通合一。

无论伦理学还是道德哲学，乃至精神哲学，都以"善"为核心价值和文化归宿。什么是"善"？黑格尔说："善就是作为意志概念和特殊意志的统一的理念……善就是被实现了的自由，世界的绝对最终目的。"①在他看来，善不仅是世界的终极目的，而且是世界的绝对目的，即唯一目的。伦理与道德是善的两种形态，道德是主观的善，伦理是客观的善或"活的善"。个体意志与其本性的统一，就是善，或者说，个体性与普遍性的统一就是善。其实，无论哲学、伦理学，还是其他一切人文社会科学，如政治学、法学乃至经济学，都以个体性与普遍性的统一为诉求，分殊在于如何统一，统一于何？伦理学、道德哲学以"善"为最高价值建构世界的同一性。人既具有单一性，又具有普遍性，于是便有心与身之分，性善与性恶之争。人不是天使，所以必须有道德；人不是魔鬼，所以可能有道德，这便是道德的必要与可能所在。人既是作为自然存在的个体，又是有家园的实体，"成为一个人，并尊敬他人为人"是"法的命令"。②"成为一个人"并不是成为一个"个人"，因为"把一个个体称为

---

① ［德］黑格尔：《法哲学原理》，范扬、张企泰译，商务印书馆1996年版，第132页。
② 同上书，第46页。

个人，实际上是一种轻蔑的表示"①，它否定了人的实体性。于是，单一
性与普遍性，或个体与实体的同一性问题，便是伦理学和道德哲学、也是
人的精神世界和生活世界的基本问题。然而，一旦将这一基本问题从形上
层面落实到"如何统一""统一于何"的价值层面和意义层面，便理论与
现实地遭遇另一个基本问题，即伦理与道德的关系问题。单一性与普遍性
或个体与实体的关系、伦理与道德的关系，既是人的精神世界和生活世
界，也是作为其理论表达的伦理学和道德哲学的两大基本问题。

4. 人类文明的终极问题

为何伦理与道德的关系成为人类的精神哲学纠结？其深刻根源存在于
人类文明的终极问题及其形上认知之中。

人类文明的终极问题是什么？长期以来流行一种表述，"人应当如何
生活"。这种观点被诠释为"苏格拉底之问"。然而仔细考察发现，其一，
在苏格拉底著作中没有发现关于这一命题的表述，相近命题是《克力同》
中所说的"好的生活高于生活本身"，而它们显然并不是完全相同的命
题。其二，根据黑格尔的观点，"应然"是不断的"未然"，应然意味着
未发生，但人们希望它发生，于是"应然"以及与之相对应的道德便是
一个永远有待完成的任务。文明史表明，人类文明的终极问题，不是
"人应当如何生活"的道德问题，而是"我们如何在一起"的伦理问题，
但是，这并不表明"人应当如何生活"在人类文明中不具有重要的意义，
只是因为它与"我们如何在一起"相关联，因而同样具有某种终极性。

伦理与道德、伦理学与道德哲学作为人类精神的特殊形态和理论表
达，应当与人类精神发展史、个体精神发育史，与社会发展史或人类文明
史相一致，只有达到三者的一致，才具有真理性与现实性。中西方文明的
历史叙事表明，文明起源所邂逅的第一个问题，便是"我们如何在一
起"。西方文明有两大基本传统，希腊传统与希伯来传统。希伯来传统即
基督教传统，其创世纪史诗有两个重大文明事件，一是上帝造人，一是逐
出伊甸园。"创世纪"复原了人类文明的原初状态：上帝是世界的根源，
上帝用一把黄土创造了亚当，又用亚当的肋骨创造了夏娃。于是，在原初

---

①　[德] 黑格尔：《精神现象学》下，贺麟、王玖兴译，商务印书馆 1996 年版，第 35—
36 页。

世界中，上帝、亚当、夏娃便只是一个存在者，这是一个实体性的世界，也是一个完美的世界。然而，亚当、夏娃偷吃了智慧果，于是启蒙了，也异化了，异化的集中表达就是用了第一块遮羞布。这块遮羞布极具文明象征意义，它意味着原初世界出现了"别"，不仅是亚当、夏娃之间的两性之"别"，而且表明实体性的世界分裂为亚当之"我"，夏娃之"你"，还有不在场的上帝之"他"，由此完美的原初实体世界颠覆了，解构了，于是上帝雷霆震怒，将人类的祖先逐出伊甸园，开始了赎罪得救的漫漫文化长征。拯救的真义是受上帝恩宠和召唤而重返伊甸园，而重返伊甸园，便是重新回归原初的伦理实体。"原初状态—逐出伊甸园—重返伊甸园"的精神过程与文明过程，本质上就是从实体出发，解构实体而又回归实体的伦理过程。

在希腊历史上，第一个重大文明事件是苏格拉底之死。一般将苏格拉底之死诠释为道德事件，然而仔细反思发现，这一文明事件的核心不是苏格拉底被蒙冤判死，而是他可以逃死却慷慨赴死，于是苏格拉底便成古希腊的道德基型，苏格拉底之死也就成为一个道德事件。实际上这同样是一种误读，因为它是一个典型的伦理事件。"苏格拉底之死"作为古希腊最重要的文明事件的秘密，一是苏格拉底为何"罪当至死"，二是苏格拉底到底因何"赴死"。苏格拉底因两宗罪而被判死，慢神和教唆青年。秘密在于，它们为何是死罪？慢神颠覆了神的终极实体性，而教唆青年则颠覆了雅典城邦的实体性。这两宗罪分别在精神世界和生活世界颠覆了古希腊的实体性，"罪大恶极"，于是"苏格拉底必须死"。苏格拉底因何不逃死？《苏格拉底的申辩》和《克力同》记载了苏格拉底的纠结，"好的生活高于生活本身"是他的纠结的理性表达。苏格拉底解构了古希腊的实体性世界，却未能像重返伊甸园那样发现新的文明希望，更重要的是，他对这个实体性世界还保持深深的认同，苏格拉底反复追问和论证，他难以逃到一个比雅典更好的城邦。"好的生活高于生活本身"，逃死不如慷慨赴死，于是，"苏格拉底只能死"。"必须死""只能死"，演绎一个主题，"苏格拉底之死"是古希腊文明源头的重大伦理事件，而不是道德事件。

中国文明源头的文明事件同样演绎了这一人类精神的主题，携带伦理型文化的胎记，相对于西方文化的悲剧式崇高而具有伦理喜剧的色彩。解码轴心时代的中国文明，春秋时代最重要的精神事件，一是孔子周游，老子出关；二是《论语》与《道德经》同时诞生。孔子周游"游"什么？

"游"于伦理道德之和。孔子学说以"克己复礼为仁"为宗旨，其要义不在仁的道德，也不在礼的伦理，而是通过仁的努力，回归礼的伦理实体即所谓由"克己"而"复礼"。在孔子那里，自殷周而来"礼"是原初而美好的伦理实体，"复礼"实际是"重返伊甸园"的伦理型文化的表达。老子出关出何种"关"？"大道废，有仁义，智慧出，有大伪"，出仁义智慧的教化异化之"关"。在老子那里，仁义实际是伊甸园里的智慧果，是文明异化的结果，也被他当作异化的根源，因而要"绝圣弃智"，这便是"出关"的真义，即出仁义异化之关而回归"道"的本真。《论语》是"伦"语，《道德经》是"得'道'经"，一个以伦理为重心，一个以道德为重心，共同缔造了中国伦理型文化的阴阳两条染色体。

个体精神发育史同样体现文明的这一精神密码。个体生命从无到有，十月怀胎，以一声啼哭向这个世界报到，人类为何对母亲、母爱有如何强烈的依恋之情？为何从伦理到宗教的一切人文科学都以"爱"为永恒的主题，而爱的精髓是"不独立""不孤立"？为何即便在高扬个体主义与理性主义的今天，人类也必须并且能够培育出如此坚韧的"爱"的能力和品质？为何迄今为止的一切人类文明都以实体性的家庭为基础和细胞，并且在日后的家国矛盾、家庭与社会的矛盾中忍受那么多的与家庭的情感纠结深度相关的爱恨情仇？根本原因在于，家庭是一个自然的伦理实体，母亲是生命之源，是伦理实体的人格化。对母亲、对家庭的情感，本质上是一种实体性的伦理情感。人的精神生命的本质是什么？是伦理；个体生命的原初问题是什么？是与母亲、与家庭"在一起"的伦理问题。

上帝之怒，苏格拉底之死；孔子周游，老子出关；无论中西文明源头的重大精神事件，还是个体生命的诞生史与发育史都表明，人类文明的终极问题不是"应当如何生活"的道德问题，而是"如何在一起"的伦理问题。上帝之怒，苏格拉底之死，本质上是一个伦理事件；孔子周游完成的是"复礼"的伦理使命，老子出关出的是道德异化之关，"周游"与"出关"，演绎的是伦理与道德的文明二重奏；而个体生命诞生之初的第一声啼哭，是从母体的实体中分离的"伦理之哭"，与被逐出伊甸园的亚当、夏娃之哭具有相通的文明意义。然而，这些并不表明"人应当如何生活"的道德问题不具有重要文明意义。伦理是实体，道德是主体。实体等同于"共同体"，共同体在任何时代、任何情况下都可能形成，譬如以利益建构的经济共同体、以权力建构的政治共同体，"实体"的必要条件是"精神",当透过"精神"的努力而"在一起"时,共同体便成为伦理性的实体。伦理性的实体的建构与坚守,必然期待处于其中的每一个个体严肃回答"应当如何生活"的道德问题,并通过对实体的认同与内化而成为主体。"应当如何生活"同样是人类文明的重大问题,只是它由"我们如何在一起"的伦理问题衍生,并以伦理实体为其现实性,因而"在一起"的伦理问题更具终极性。

必须澄清,"我们如何在一起"中的"在一起"涵盖两个内容。一是个体性的"我"如何成为实体性的"我们",或"我"如何成为"我们";二是作为诸伦理实体的"我们"如何在一起。前者指向个体与实体之间的关系;后者指向实体之间的相互关系。陈独秀的"最后觉悟"与罗素的"为伦理思考所支配",便分别指向这两大伦理问题和伦理关系。陈独秀的"最后觉悟"以"三纲"为批判对象,要求在现代觉悟中冲破个体与实体关系的纲常礼教或伦理罗网;罗素的"为伦理思考所支配",以诸民族、诸集团之间"有组织的破坏性激情"为对象,认为这些破坏性的激情不仅使不同的"我们"即诸国家、民族、社会群体不能"在一起",而且已经将人类文明推至可能灭绝的边缘。于是,"我们如何在一起"的现代觉悟,不仅是个体的伦理觉悟,而且是实体的伦理觉悟,前者关乎社会风尚,而后者已经关乎"人类种族的绵亘"。这便是集团伦理在当今文明体系中至关重要的精神哲学意义,也是伦理之于道德对于文明前途的更重要、更具现实性的精神哲学意义。

(四) 伦理道德的三种精神哲学形态

1. "精神哲学形态"结构元素

"伦理道德的精神哲学形态"逻辑地包含三大结构元素:"伦理道德";"精神";"形态",形上根据与合理性存在于其"哲学"本性之中。

伦理道德的基本问题,或者说伦理道德的文明使命是什么?是个别性与普遍性,或人的个体性与实体性的关系问题,其文明使命是将人从单一的个体提升到普遍的实体,从而在空间上超越有限达到无限,在时间上超越短暂达到永恒。"无限"与"永恒"是伦理道德的两大终极追求。在"伦理道德"的概念中,"伦"与"道"是无限与永恒的两种不同形态,而"理"与"德"是达到无限与永恒的路径和条件。人是一个有限的存在者，"身"的具体性和自然属性使其具有个别性；人与世间万物一样，有生必有死，是一个短暂的存在者。人无法逃越"空间"与"时间"的终极魔力，也许人是世间唯一意识到自己的有限性和必定要死亡的动物，于是便诞生追求无限与永恒的终极追求与终极理想。在人类文明体系中，宗教与伦理道德是达到无限与永恒的两种基本文化智慧，前者是西方智慧，后者是中国贡献。宗教将普遍性人格化，于是创造某些终极性的实体，如上帝、佛主、真主；伦理道德在现世和世代更迭的血脉关系中缔造普遍，达到永恒。前者的逻辑是"永远活在上帝手中"，后者的逻辑是"永远活在人们心中"。这便是出世文化与入世文化的根本殊异，区别在于是否将普遍与永恒人格化，在彼岸达到还是此岸达到。"伦"与"道"，就是普遍与永恒的现世形态和信念形态。宗教实现个体性与普遍性的统一，达到永恒与不朽需要"信仰"；伦理道德的路径则是"敬仰"，也许这便是孔子"畏大人、畏天命，畏圣人之言"（《论语·季氏》），也是中国哲学一以贯之地"主敬"的根本原因。宗教与伦理道德，殊途同归，理一而分殊，完成人类文明的终极使命，也是人类文明的顶层设计。

宗教与伦理道德的另一相通之处在于：无限与永恒必须也只能在"精神"中实现。在相当意义上，"精神"是宗教与伦理道德的共同话语。在当今世界的哲学话语中，"理性"具有霸权地位，不少西方学者认为，"精神"是一个宗教的概念，其实中国传统哲学，尤其宋明理学特别强调精神，陆九渊的"良心"，王阳明的"良知"，都被他们自己诠释为精神。按照黑格尔的精神哲学理论，"精神"有三大特点：出于"自然"而超越自然；"单一物与普遍物的统一"；知行合一。其中，"单一物与普遍物的统一"是核心，也就是说，精神的本性是将人从个别性提升到普遍性，从而达到无限与永恒。黑格尔将精神表述为"单一物与普遍物"的统一，而不是"个别性与普遍性"的统一，一个"物"字，实际上内在将个别性与普遍性人格化的倾向，而普遍性一旦人格化，便具有走向宗教的可能。所以，在黑格尔哲学中，既有高度思辨的哲学普遍性，又有作为绝对精神人格化的宗教，不过，宗教也只是他的绝对精神的一个环节，然而这也可以作为"精神"兼具宗教与伦理道德双重属性学术佐证。

个别性与普遍性、个体与实体的统一是辩证发展的生命过程，也是人的文化生命及其境界的呈现方式。伦理道德如何"精神地"呈现自己所达到的个别性与普遍性统一的境界与样式，于是便有所谓"形态"。"形态"即样态，"形"与"态"是生命的两种呈现和表达方式。"形"是具体，是"肉"，"态"是抽象，是"灵"；"形"是"精"，"态"是"神"。"形"与"态"构成具体与抽象、灵与肉、精与神的统一。"形态"表明，伦理道德的辩证发展，展现为个别性与普遍性、个体与实体的统一的不同"精神"状态、不同"精神"境界，一句话，呈现为人的"精神"不同生命样态。

"伦理道德"—"精神"—"形态"，构成"伦理道德的精神哲学形态"的三个结构元素，三个元素如何统一？必须"哲学"地统一。伦理道德的精神形态是一种哲学形态，或者说是在哲学的层面建构和呈现的形态。由此，它逻辑与历史地呈现为三种形态：伦—理形态，道—德形态，伦理—道德形态，简言之，伦理形态、道德形态、伦理—道德形态。伦理形态是"如何在一起"的形态，道德形态是"应当如何生活"的形态，伦理道德形态是"如何在一起"与"应当如何生活"辩证互动的形态。

2. 伦—理形态

伦理形态是实体形态，其要义是"居伦由理"。在中国文化中，"伦"即实体，也是人的精神的家园。"伦"为"实体"的要义，不只是因为它是共体，即人的公共本质，并且由于对这种公共本质的认同，建立起人的诸多共同体，从"人之异于禽兽者"的"人"之"类"的"人类"普遍本质的认同，到荀子所说的各种"群"的建构，逐步由哲学走向生活，由形上走向形下，更重要的是，真正的"伦"的实体必须甚至只能通过"精神"才能建构。黑格尔曾经说过，家庭这样的"出自自然的关联"，只有当它作为精神或具有精神的本性时才是"伦理的"。"伦"超越时空但又没有西方那样浓郁的宗教气息，具有入世文化的特质。"伦"的精神发端于家庭，并以家庭为根源，其文化符号便是从父氏社会延传而来的家族姓氏，由此，从家族血脉的起源到延绵无疆或子子孙孙不绝的未来，便都是也只是"伦"的自然形态或"伦"的自我演绎，是"伦"自然的呈现方式，于是便有所谓"慎终追远"。中国式的"伦"与西方式的"上帝"，最大区别在于没有将它人格化和彼岸化，而只是此岸的血脉，中国人的祖先崇拜，实际就是"伦"的崇拜，是个体对血缘实体的伦理皈依，是兼具伦理与宗教双重意义并以伦理为表达方式的精神形态。然而，"伦"不仅是实体，而且是以区分而建立起来的实体，"伦"的智慧本质与文明真谛是所谓"惟齐非齐"。"伦者，辈也"，"伦"的文明意义是由"群"而"分"，因"分"而"群"，由此才能建立秩序，使群体成为一个"整个的个体"。由是，以"君君臣臣、父父子"和"礼之用，和为贵"为秩序与价值取向的"礼"，在中国文化中便成为"伦"和"伦理"的日常话语与生活形态。

在西方，尤其在黑格尔哲学中，"伦"的精神形态是家庭、市民社会、国家；在中国传统哲学中，"伦"的精神形态是家庭、国家、天下，所谓家、国、天下。它们构成人的家园，准确地说，是由人的精神所缔造和建构的家园。对"伦"的认同便是所谓"理"，"伦理"二字表征"伦理"之"理"不是西方式的理性之"理"，而是甚至只是"伦"之"理"。"伦"之"理"不只是说"伦"派生"理"，"理"由"伦"来，而且说"理"必须以对"伦"的认同为前提和依据。由此，"伦理"的前提是"居伦"，守望和守护"伦"的家园，这是一切"理"的根源、神圣性和合法性之所在。"理"由"伦"出，"理"在"伦"中，"理"为"伦"之"理"，这便是所谓"居伦由理"。在家国一体的中国传统中，"伦"分为"天伦"与"人伦"，前者是家庭血缘关系，具有自然性与神圣性，后者是社会和国家关系，具有建构性。"伦"的精神哲学规律是："人伦本于天伦而立。"与之对应，"伦"之"理"便有所谓"天理"与"人理"，"天理"的神圣性首先是与"天伦"相契合并来自"天伦"。"伦"与"理"的关系，准确地说，"理"对"伦"的关系，不是反思，而是认同，所谓"见父自然知孝，见兄自然知悌，见孺子入井自然知恻隐"，这里的"自然"即所谓"由理"。"居伦由理"表征"伦"的家园意义和"理"对"伦"的认同关系，由此"伦理"的精神哲学逻辑便是所谓"伦—理"。

"伦理"建构个体与群体的实体性关系，这种关系因"伦"的不同在场方式或"居伦"的不同文化取向，以及"由理"而"居伦"的不同方式，逻辑地展现为多种伦理形态。从"伦"的在场方式或"居伦"的文化取向考察，有"伦"在此岸与"伦"在彼岸两种文化取向，于是便有宗教伦理与世俗伦理，或出世的伦理与入世的伦理两种形态。从"由理"的方式考察，也有两种可能。黑格尔断言："在考察伦理时永远只有两种观点可能：或者从实体出发，或者原子式地进行探讨，即以单个的人为基础而逐渐提高。后一种观点是没有精神的，因为它只能做到集合并列，但精神不是单一的东西，而是单一物与普遍物的统一。"① 两种伦理观点，即"从实体出发"与"以单个的人为基础而逐渐提高"，是两种"伦—理"路向。前者是"居伦"，是由实体而个体；后者是"反思"，是由个体而实体；前者是伦理实体主义，后者是伦理个体主义。"以单个的人为基础而逐渐提高"的个体主义伦理路向的最大缺陷是"没有精神"，不过，虽然它只能做到"集合并列"，而不能造就"有精神"的实体，但依然是一种"伦理的观点"，在现代，它甚至可能成为居主流地位的伦理的观点。所以，黑格尔所说的"两种伦理的观点"，即"从实体出发"与"集合并列"，既是逻辑的，也是历史的，是不同文化传统，也是生活世界和伦理学理论中现实地存在的"两种伦理的观点"，或两种"伦理的形态"。

3. 道—德形态

道德形态是道德主体形态，其要义是"明道成德"，是由"道"而"德"的"道—德"形态。雅斯贝斯曾经说过，在轴心时代，人类产生了一些共同的觉悟，相信人可以将自己提高到宇宙同一的高度，这是人类对于无限与永恒的一次具有决定意义的重大觉悟，也许，这就是为何轴心时代的那些经典为何成为人类精神永远的家园的重要原因，因为人类文明的主题万变不离其宗，终极问题就是如何超越有限而达到无限。金岳霖发现，在那次具有决定意义的觉悟中，不同的文明都产生了一些"最崇高的概念"，在希腊是罗格斯，在犹太人那里是上帝，在印度是佛主，在中国则是"道"，它们是世界最后的根源，也是最高的同一性。这些觉悟的概念与话语虽不同，但都大致指向同一主题，由此也说明，人类文明在终极层面相通。"道"是终极与永恒的中国表达，"道生一，一生二，二生三，三生万物"（《道德经·四十二章》）。也许无须考察道与德何时成为人的品质的专有名词，可以肯定它们从一开始就是指向个别性与普遍性同一的概念，老子的《道德经》就是这种同一性智慧的集中表达，但"道"的理念及其与"德"的关系的理论几乎在春秋百家的经典作品中都被讨论，不能不说它是一次具有标志意义的重大时代觉悟和文明觉悟。"道德"文明的精髓，《道德经》的主题，是如何得"道"而成"德"。"道—德"关系

---

① ［德］黑格尔：《法哲学原理》，范扬、张企泰译，商务印书馆1996年版，第173页。

与"伦—理"关系不同，"伦"是实体，而"道"是本体；"理"是"伦"的实体规律，而"德"则是"道"的本体的多样性表现。"道德经"不仅在原始文本上是"德道经"，而且本质上是"得道经"，即如何"得道"的智慧。"德也者，得也。""得"什么？得"道"！人们常用"内得于己，外施于人"诠释"德"，然而在这种诠释中往往将"得"的对象遮蔽了，"得"的对象是"道"，普遍性的"道"通过为个体所体悟，即"内得到己"，然而这只是"德"的一个方面，即"知"结构，"德"还有另一个更重要的结构，即"外施于人"，这就是"行"。"德"是知与行的统一，所谓知行合一，于是"德"便是王阳明诠释的"良知"，黑格尔所诠释的"精神"。中西方哲学殊途同归："德"的本性就是"精神"。

"道—德"关系在哲学的层面也表现出深刻的跨文化相通。在柏拉图哲学中，"德"就是所谓"众理"，而"道"则是"总理"，"道"—"德"关系的真谛是"分享"。在佛教哲学中，"道—德"关系被禅绎为"月映万川"，"一切水月映一月，一月摄一切水月"。在朱熹哲学中，"道"与"德"的关系一言概之，"理一分殊"，"道"是"理一"，"德"是"分殊"。总之，"道"是一，"德"是"多"；"德"是"变"，"道"是变中之"不变"。"道—德"关系的真理是："道生之，德蓄之，物形之，势成之。是以万物莫不尊道而贵德。"(《道德经·五十一章》)"道"是万物的最高本体，"德"是分享或得"道"之后而形成的世界的现象形态，是"道"的寓所和托载，"德"对"道"分享所化生的生命形态便是包括人在内的世间万"物"，"物"赋予"道"也赋予"德"，准确地说赋予"道"与"德"的统一以生命形态，即所谓"形"，但"道—德"同一的生命形态的生成需要一定的条件即"势"，所谓"势成之"。所以，宇宙万物，都是"道—德"的在场方式和生命形态。特别重要的是，世界的生成，不仅需要"道"，也期待"德"，否则便"生"而无"形"即缺乏生命。"道"是本体，"德"是主体，本体与主体的同一，共同缔造生命的无限与永恒。正因为"道德"从一开始便是一个关于宇宙本体的概念，中国哲学便将"道"区分为"天道"与"人道"，并以"人道"为基点建立起二者之间的同一性关系，因为"天道远，人道迩"(《左传·昭公十八年》)。也许，这就是后来"道德"成为关于人的品质及其终极根据的专有概念的深刻原因。"德"是主体，是人的高贵之所在，黑格尔说过，人的最高贵之处，就在于能够扬弃自然本能，以此超越有限，而这些是动物所不能忍受的。这种高贵之处，孟子将它表述为"人之异于禽兽者"，实为人之"贵于"禽兽者，这种贵于禽兽者就是人性或人之性，其具体内容就是孟子所说的"四心"，它们是道德的根源或仁、义、礼、智的四"善端"。于是，"性"便成为多样性个体中的道德本体，而"心"则是这一本体的能动体现。也许这就是后来将中国道德学说诠释为"心性说"的根据。人是有限与无限的矛盾体。因其"身"而有限，是个别性；因其有"性"和"心"而具有达到无限与永恒的可能与能力。所以，与"天道"与"人道"的区分相对应，作为"德"的主体的"心"也被区分为"道心"与"人心"。《尚书·大禹谟》云："道心惟微，人心微危；惟精惟一，允执厥中。"人心具有偏离和背离"道"的可能性，因而必须"惟精惟一"地保持高度的警惕。

如何"明""道"？"成"何种"德"？于是派生"道—德"的种种形态。正是与"道"和"德"，以及"天道"与"人道"、"道心"与"人心"的"道—德"呈现方式相对应，所"成"之"德"便有两种可能的形态：德性主义与自然主义。"道德"的文化使命是建立个体性与普遍性之间的同一性关系，这种同一性关系被黑格尔表达为"被设定的和谐"。然而由于"德"的建构的基点不同，便可能产生两种"道—德"路向。人是心与身或孟子所说的"大体"与"小体"的统一，人身上"大体"与"小体"的对立统一关系被黑格尔表述为以义务与现实、道德与自然的关系为内容的所谓"道德世界"观，于是，道德同一性的建立便内在两种可能：基于"大体"建构德性主义的道德同一性；基于"小体"建构自然主义的同一性；但只有德性主义才能达到"万物皆备于我""从心所欲不逾矩"式的自足与自由。在严格的伦理学说中，德性主义应当是与自然主义相对应的理论，而不是直接与正义理论相对立。同时，"明道"之"明"有"自明"与"他明"两种路径，前者是孟子的觉悟论，后者是荀子的教化论；前者是自律，后者是他律。另外，由于"道"与"德"的不同关系，或"得'道'"的不同方式，也可能产生另外两种不同的路向：道德的理性主义与非理性主义。前者将道德作为认识与反思的对象，后者将道德作为内化的对象。基于不同的"道德世界观"和对"道—德"关系的不同把握方式，产生不同的关于道德的理论形态和实践形态。

4. 伦理—道德形态

伦理形态，道德形态，也许是现实的精神哲学形态，但并不是伦理道德的精神哲学形态的"理想类型"，也不是它的合理形态，伦理道德的合理形态和理想类型，是"伦理—道德形态"。

伦理形态的要义是实体和实体认同，道德形态的要义是主体和主体建构。"伦"是自然，"理"是必然，于是伦理形态的规律便是戴震所说的"适完其自然而归于必然"，具体地说，基于"伦"的神圣性，达到"理"的必然性。"伦"的"自然"，在中国入世文化中是家庭的自然神圣性，在西方出世的文化中是宗教的自然神圣性，无论如何都是实体神圣性。"道"是本然，"德"应然，"道德"规律是"出于本然而合于应然"。伦理是实体性的家园，道德是主体性的自由，伦理与道德、伦理形态与道德形态的辩证互动，建构人的精神的有机生态，缔造人的精神世界和生活世界的现实合理性。"伦理—道德形态"是"伦—理—道—德—得"五位一体、辩证发展的过程，也是伦理精神与道德精神的辩证互动过程，最终表现为实体与主体、实体认同与主体建构的辩证统一，也是伦理认同与道德自由的辩证统一。伦理形态的核心问题是"我们因何在一起？""我们如何在一起？"道德形态的核心问题是"人应当如何生活？"伦理—道德形态建构"如何在一起"与"应当如何生活"的伦理—道德的精神生态，形成人的生命和生活的顶层设计。

然而，由于伦理与道德的双重结构，伦理—道德一体所形成的精神哲学形态逻辑与历史地内在两种路向和可能：或伦理优先的形态，或道德优先的形态。伦理道德一体、伦理优先的形态，以伦理认同和伦理实体的建构为核心与宗旨，孔子"克己复礼为仁"就是经典形态或中国形态。黑格尔精神现象学和法哲学也是伦理优先的精神哲学形态，是西方经典形态，不同的是在《精神现象学》中，伦理是起点，是家园；在《法哲学原理》中，伦理是归宿，是现实性。"伦理学"与"道德哲学"两种不同的对以伦理道德为对象和内容的理论体系的表述，实际上就体现了在伦理道德一体中伦理优先与道德优先两种不同取向及其所建构的不同理论形态。所有道德哲学体系都难以回避伦理的前提，只是以道德主体建构和道德自由为主题；所有名之为"伦理学"的理论体系，无论它在何种程度上以道德为对象和内容，但都潜隐着以"伦理"为取向的诉求。正义论与德性论之争，在现实形态上是伦理与道德之争，在理论形态上也可以诠释为伦理学与道德哲学之争。而在生活世界，准确地说，在精神世界与生活世界统一的意义上，伦理与道德、伦理形态与道德形态一体的现实形态和精神哲学规律，就是所谓"善恶因果律"。"善恶"指向道德，而"因果"必须在现实的伦理关系和伦理实体中实现，"善恶因果律"的精神哲学本性，就是伦理与道德、伦理形态与道德形态的统一，而以"因果律"为话语重心和伦理—道德关系的规律，已经内在对"伦理优先"的追求，因而是伦理优先的精神哲学形态。

（五）"精神的种种形态"与"理论的种种形态"

综上，可以得出一个关于"伦理道德精神哲学形态"的理论假设：无论伦理道德如何"多"与"变"，但在精神哲学意义上万变不离其宗，只有三种可能的形态：伦理形态、道德形态、伦理—道德形态。伦理形态是实体认同形态，道德形态是主体建构形态，伦理—道德形态是实体与主体合一形态。其中，只有伦理—道德形态才是精神哲学的合理形态和"理想类型"。个体生命形态如此，社会生活形态如此，现代伦理学理论形态也是如此。

1. 个体生命发展的精神哲学形态

个体生命的精神发育史，相当意义上就是伦理—道德的生命发展史。人类生命的原初状态就是伦理的实体状态，这种实体状态具有生理与伦理的双重意义。在生理上，个人生命从无到有，却总是由两个人，即一个男人和一个女人共同缔造，也必须在一个生命，即母体中由单细胞发育成灵长类。然而，个体生命的本质和家园并只属于其中任何一个人，即母亲或父亲，而是婚姻双方，即婚姻关系中的男人和女人扬弃各自的个别性获得实体性的人格化表现，正是在这个意义上，子女被当作父母爱情的"结晶"，"结晶"即实体。"爱"的本质是不独立、不孤立，爱情是扬弃个体独立性的自然形态和最高形态，因为它赋予爱的双方，即男人和女人以生命的实体形态，即子女，而作为生命的缔造者，他们被赋予"父亲"和"母亲"的家园和根源地位。所以，个体生命从开始就是一个伦理性的存在。十月怀胎，一朝分娩后的第一声啼哭，标志着个体由自然生命向伦理生命的具有决定意义的转化，婴儿落地时的那一声啼哭，本质上是一个伦理事件，它标志着与生理实体的痛苦而诗意的告别，更标志着具有精神意义的伦理生命和伦理实体的诞生，因为从此必须以母子的生理实体性关系为基因和本能，创造和建构具有精神意义的新的伦理性的实体性关系。子女在母亲怀抱中成长的过程，也就是一步步从生理实体中分离，习得和建构伦理实体的生命旅程。个体生命由男人和女人共同创造，并作为男人和女人实体性的人格化确证的诞生史，使人具有伦理的基因，孩童时代所有的温馨与美好记忆都与这种自然的伦理实体密切相关，可以说，个体生命自从生理实体中分离，便处于自然伦理实体的温暖褓襁之中。孩童时代，是伦理的童话时代，也是伦理的神话时代，呱呱坠地时的那一声啼哭，是人的伦理时代开幕的魅力献词，是人类留在这个世界上最初也是最美妙的唱晓，只是这声唱晓只为观众永远地回味和激赏，而歌者自己却全然不知，也全无记忆，因为他们总是像舞台上的明星那样投入和忘情。

　　孩童时代是由伦理世界逐步向道德世界转化的过程。家庭是伦理的温床，也是伦理的策源地，在家庭中个体养成和积淀一些自然的伦理本能和伦理素质。然而家庭是社会的细胞，家庭教育的重要任务，是使个体成功地融入社会，于是，无论社会多么的"超稳定"，它都跨越了家庭的自然伦理实体，个体将面对完全不同于家庭的更为复杂也不断变化的关系及其课题，于是必须学会社会生活的普遍准则，按照社会所期待的规则行动，它们使社会生活成为可能，也是个体与社会之间相互承认的必要条件。由此，自然的伦理状态便向自觉的道德状态过渡。所有的道德教育，所有的道德评价，实际上都是对人过普遍生活的精神素质的建构和矫正，评价只是通过激励和处罚，使个体与社会所期待的普遍准则保持一致。因为这些普遍准则是社会的精神基础，并为社会成员所认同，也因为它与人的本质的一致性，所以被提高到"道"的本体与绝对价值的高度，而所谓的"德"，就是通过对"道"的分享、认同和践行，将人由个体提升到普遍，从而从个别性的存在者成为普遍性存在者。所谓"同心同德"，意味着人获得社会的精神同一性，在个体与社会之间建立起相互承认的信心和信念。

　　道德和道德世界使人的主体得以建构。然而，无论"道"还是"德"都不可能与伦理完全脱离。"道"实际上是"伦"的形上形态或实体的本体性表达，而"德"则如黑格尔所说，"是一种伦理上的造诣"。道德世界本质上是一个冲突而严峻的世界，这个世界的逻辑是孔子所揭示的"君子喻于义，小人喻于利"。宋明理学所说的"天理人欲，不能两立"。道德世界中人的主体建构的典型方式是曾子的"日三省吾身"，这是一种紧张，也是一种严峻。因为，道德世界以义与利、理与欲、公与私的对峙与对立为前提，正如中西方哲学家所发现的那样，道德必须在冲突的情境中才能体现。虽然孔子指出道德的最高境界是"从心所欲不逾矩"的自由，虽然黑格尔认为道德世界观中存在道德与自然，即天理与人欲、义务与现实的"被设定的和谐"，道德的目标是"使自然规律成为道德规律"，但这种对立始终是存在的，如果永远保持这种对立，个体就会在紧张中自我分裂。于是，个体的道德世界必须向伦理世界复归，人的精神在回归于伦理与道德统一中完成，达到伦理与道德辩证互动的"中庸"之境。由此，不仅个体与个体之间、个体行为与普遍准则之间相互承认，而且个体与实体相互承认，承认的精神哲学形态，就是伦理的实体与道德的主体合一，不仅"自然规律成为道德规律"，而且"道德规律成为自然规律"。达到实体的"伦理律"与道德的"主体律"的精神哲学统一，即所谓"精神律"。精神律就是伦理律和道德律的统一，精神世界就是伦理世界与道德世界的统一。

2. 社会生活世界的精神哲学形态

　　与个体生命相比，社会生活具有更大的复杂性和现实性，但社会生活本质上是"人"的生命，对伦理道德而言，必须达到个体生命形态与社会生活形态的精神哲学统一，由此才具有真理性和价值意义。社会生活中的伦理道德形态，表现为"家庭—社会—国家"的精神哲学发展。

　　人类世界的精神史从哪里开始？从古神话开始。古神话的世界是何种世界？是原初的实体世界、伦理世界。无论基督教的上帝造人、古希腊的奥林匹斯神话，还是中国的盘古开天、女娲补天，复原的都是同一个世界，这个世界原本是无疆无分无辨的实体世界，在基督教是"上帝"的实体，在奥林匹斯山是"力"的实体，在中国是"天"的实体，因为偷吃智慧果或开天辟地，于是这个世界分化了，也异化了。人的世界从哪里开始？世界文明的所有的集体记忆都是：从一个男人和一个女人开始，亚当与夏娃、宝葫芦中的兄妹，就是人类的祖先，也是人这个"类"的根源。然而，人类史发端的文明密码和文明基因，不是实体分离为一个男人和一个女人，而是他们如何创造世界，重新缔造他们自己的实体即子女，并与他们的实体"在一起"，形成延绵无疆的人类文明。于是，家庭便成为古神话所创造的人的实体的自然文明形态，也成为超越于动物本能的文明形态。家庭不仅是人类自然生命的根源，也是人的社会生活的开端，是人的精神的家园。家庭的本质是自然伦理实体，它对人类文明的深远意义是作为伦理永远的策源地。因为家庭具有社会生活的现实性，所以在中国将它表述为"家"与"庭"，在西方表述为"home"与"house"，前者指向抽象的共体性生活，后者指向共同生活的现实空间。在中国，"庭"原指父母所在之地，是自己的根源所在。但无论中国还是西方，家庭都具有另一个超越于以上二者的意义，即所谓"family"，它不只是一般意义上的血缘关系，而是由这些关系所构成的实体，这个实体只有通过精神才能建构。正如黑格尔所说，家庭关系并不只是家庭成员之间的关系，也不是他们之间的情感关系或爱的关系，家庭关系的真谛是：个别性的家庭成员的行动，以家庭的整体为现实性和内容。所以，这样的自然实体只有具有精神时才可能是伦理的，因为"精神是单一物与普遍物的统一"。家庭是人的社会生活的始点和基础，家庭是自然的伦理实体，社会生活或人的生活世界的第一种形态就是伦理或伦理实体。

个体因从家庭中被"揪出"而成为社会公民。"社会"一词，已经隐喻它对个体的某种文化承诺：既然人的自然状态是伦理实体状态，既然家庭是人的伦理家园，那么，个体一旦被从家庭中揪出而与之分离，社会就有一种义务，即为个体建立所谓"第二家庭"。因为人诞生于家庭，已经表明它是一种伦理性的动物。中文中的"社会"实际上是一个凌驾于众多家庭之上的超越性的伦理概念。"社"是土神，农业国家，土地为生命和生活之本，土神是超越于众多家庭之上的精神同一性。在敬奉土神的时节和场所，众多的家庭及其成员相"会"在一起。因"社"而"会"，不仅"在一起"，而且对敬奉土神的共同价值赋予这种"在一起"以精神意义。然而，个体一旦走出家庭，已经摆脱"成员"身份，而成为脱离实体的"单子"。"在一起"要成为可能，就必须使众多单子或原子式的个人具有精神同一性，这种精神同一性就是所谓"公"，即成为有"公"之"民"，"公"即普遍性，"公民"不只意味着某种政治身份，而且意味着对于"公"也成为"公"的伦理认同和伦理承认。在社会生活中，

"公"具有两大现实的伦理基础，这就是国家权力与社会财富。黑格尔说，国家权力是"直向的善"，因为它通过权力将个体组织起来，使之成为普遍性的存在，从而建构伦理性的实体；财富是"反向的善"，因为一方面在分工条件下财富创造必须通过大家的共同努力，"自私自利只是一种想象的东西"；另一方面，财富又要通过消费才能实现和完成，在这个意义上，财富具有恶的性质，因为在消费中人们意识到自己的个别性，即所谓"人欲"。国家权力与社会财富是社会生活中伦理的两种存在形态，它们的伦理性的保持必须透过个体的道德的努力。在权力中存在公与私的冲突，在财富中存在理与欲的冲突，对二者来说都存在义与利的冲突。由此，伦理生活便进入道德生活，伦理世界现实化为道德世界。道德世界与道德生活是生活世界的第二个精神哲学形态。

　　然而，道德，包括理欲、公私、义利关系的合理性与合法性，必须在具体的伦理情境和伦理实体中才有现实性，离开伦理具体性和伦理实体的抽象道德，很可能导致"道德的人与不道德的社会""伦理的实体与不道德的个体"的伦理—道德悖论。同样，离开道德，伦理和伦理实体便难以建构和守护。在这个意义，正义论与德性论的抽象讨论，也许从一开始就是一场没有结果的学术争讼，或学术思想的自由市场。同时，道德的根本目的，是伦理实体的建构，"人应当如何生活"是永远有待回答也永远难以彻底回答的问题，它服务于"我们如何在一起"的终极目的与现实追求。也许，这就是孔子以"克己"而"复礼"，苏格拉底认为培养孩子的根本是教育他们做"具有良好法律城邦的公民"的原因所在。由此，道德必须回归于伦理，但这里的伦理，已经不是原初的家庭那样的自然实体的伦理，而是通过道德，通过以对国家权力和社会财富为两个伦理焦点的生活世界和精神世界的道德建构，形成伦理与道德辩证互动的价值生态和精神生态，将伦理道德的精神哲学形态推进到伦理—道德形态。这是生活世界中伦理道德的现实形态，黑格尔认为，这种现实形态就是国家或者说必须在国家中实现。重要的是，这里的"国家"并不指某个具体的国家，如普鲁士国家，在《法哲学原理》的开篇，黑格尔已经申言，法哲学不是研究国家应当如何的学问，而是研究对国家这个伦理性的实体应当如何认识的学问。伦理与道德统一的生活世界与精神世界，应当也必须在国家中实现。

3. 现代伦理学诸理论形态

现代西方伦理学理论虽流派众多，丛林蔓生，然而万变不离其宗，归根结底同样是三种形态：伦理形态、道德形态、伦理—道德形态。

伦理形态与道德形态之间的逻辑殊异，在于"伦"的实体性与"道"的本体性，"理"的认同与"德"的内化之间的关系。由此有三种可能的理论形态：伦理实体主义、道德理性主义以及伦理—道德的还原主义。之所以将伦理—道德形态称为还原主义，是因为它是现实的精神哲学形态，前两种形态在相当意义上都具有某种抽象性质。在"理"与"伦"、"德"与"道"的关系方面，"理"对"伦"的认同是一种良知良能，即孟子所谓"不虑而知""不学而良"的"自然"；"德"对"道"的内化是"良心"的道德主体的建构。在中国哲学中，"良心"的经典结构，即孟子所谓"四心"：恻隐之心，恭敬之心，羞恶之心，是非之心。其中，前三心是情感，只有"是非之心"是理性。学术界长期存在关于道德本性的理性、情感、意志的争论，以良心为体，便可以化解这一争讼。理性是"知"的结构，意志是"行"的结构，而情感与意志具有相通的精神功能，在《历史哲学》中，黑格尔认为，情感只是主观形态的意志，比意志更具行为的直接性，所谓"身不由己"。而且，知与行只是精神的两种不同形态，并不是精神中的两个独立存在的结构，本来就合一，"一"于何？"一"于精神，"一"于良知。中西方伦理学和道德哲学都将良心作为道德的主体。孟子将"四心"作为道德的根源，认为道德努力的根本是"学问求放心"，至陆九渊将良心直接作为道德的本体与主体。黑格尔的《精神现象学》在道德世界中讨论良心问题，认为良心扬弃义务与现实、道德与自然之间的倒置与道德世界观中存在的分裂，将精神复归为一个主体，是"创造道德的天才"。伦理之"理"由良知良能建构"伦"的实体，故名之伦理实体主义；道德以良心建构"德"的主体，而"心之官则思，思则得之，不思则不得之"，故名之道德理性主义；伦理—道德形态将伦理之良知良能与道德之良心复合，形成"良知—良能—良心"的由实体而主体的精神生态，进而安顿个体的生命秩序和社会的生活秩序，故名之还原主义。伦理道德以善为精神价值，伦理形态建构伦理的善，既在实体中建构个体的善，也建构实体的善；道德形态建构道德的善，培育道德的个体与主体；伦理—道德形态建构既现实又合理的善。伦理的善—道德的善—伦理道德的善，构成伦理道德的精神哲学形态的"善"的形态与体系。

现代西方伦理学三大理论形态划分，既依据其理论特色或理论的标导性理念和标志性话语，也依据其理论所指向和解决的问题，达到抽象的形态类型与诸如中国传统伦理学的"心学"与"理学"等具有表达力或冲击力的学派理念的统一。

伦理形态或伦—理形态的伦理学理论的关键词是"伦理世界"或"伦理实体"。其理论要素有四："伦"的信念与认同，即对伦理实体的尊敬与肯定；"伦"之"理"的自觉，即良知良能，是良知理性而不是抽象的认知理性；"伦理世界"的建构；由"伦"而"理"的致善规律或同一性精神哲学规律。伦理形态的精髓是伦理实体主义，但根据黑格尔所说的"永远只有两种可能的观念"，现代西方伦理学大致可以区分为两大"伦理形态"。其一，"从实体出发"的伦理形态，如情感主义伦理学、共同体主义伦理学，宗教伦理学也是这种精神哲学类型。其二，"集合并列"的伦理形态，如正义论的伦理学、契约论的伦理学、制度主义伦理学等。离开具体的伦理情境，正义本质上只是一种抽象的理念，它无法回答那个著名的"麦金太尔之问"："谁之正义？""何种合理性？"它所建构的伦理实体，只是个体追求正义而达到的个人利益的"集合并列"。契约所建构的只是契约双方的"共同意志"，而不是"普遍意志"，因而同样是"没有精神"，黑格尔认为，那些最具伦理性的实体，如婚姻、国家等是绝不可以契约的，因而契约论的伦理学虽然诉求伦理的同一性，但本质上只是"集合并列"的伦理形态。

道德形态或道—德形态的伦理学的关键词是"道德世界观"与道德主体。其理论要素同样有四：尊"道"；贵"德"；由"道"而"德"的"理一分殊"；道德与自然的精神同一性。道德形态的精髓是道德理性主义，按照"道德世界观"的不同形态或建立道德与自然关系的不同路径，有两种基本的理论形态：其一，德性论或德性主义道德形态；其二，自然主义的道德形态、道德心理主义、精神分析学派、存在主义、实用主义、新功利主义等，都是自然主义道德形态或道德自然主义理论形态的种种表现，因为在"道德世界"和"道德世界观"中，它们以"自然"，如个体欲望、利益、存在，以及社会功利为基点建立理论体系，其中最新，也是最典型的是道德心理主义。心理学以生物学为基础，具有"自然"的性质，道德心理主义以生理解释心理，以心理解释伦理，虽然具有一定的合理性与现实性，然而一定程度上也是对人的本能的迁就，对伦理道德"出于自然又超越自然"的"精神"本性的祛魅。两种道德形态，基于两种"道德世界观"：道德主义的世界观与自然主义的世界观。

伦理—道德的理论形态是还原主义的精神哲学形态，其形态精髓是生态复归。它不再滞留于伦理世界或道德世界，而是通过生活世界的中介，实现伦理与道德、伦理世界与道德世界的辩证互动，建构伦理道德的精神哲学生态，达到个体生命秩序、社会生活秩序、精神哲学生态，即生命、生活、生态的辩证统一。伦理—道德理论形态的关键词有三：伦理道德生态，回归生活世界，真善合一。新马克思主义伦理学、生态主义伦理学、境遇伦理学等，都是伦理—道德形态的理论表现。境遇伦理学在特殊的伦理境遇中考察和解释人的行为的道德合理性与道德合法性；生态主义伦理学已经不是一般意义上的自然生态，而是将自然生态的理念提升到生态哲学的形上高度，再落实为价值生态，以"生态"为合理性依据；新马克思主义伦理学虽然本身分歧很大，但从社会存在和社会意识的有机体系中考察伦理道德，建立伦理道德理论，却是一以贯之的传统。

诚然，以上伦理学理论形态还有待审慎论证，现代西方伦理学还有其他流派，如道德虚无主义等，难以一一穷尽。"伦理道德的精神哲学形态"的理念和理论只试图做出一种理论假设和学术尝试：无论现代伦理学或道德哲学如何"多"与"变"，但总是如影随"形"，千姿一"态"，它们是"精神"，也必须是"精神"，因而具有"精神"的"形态"；伦理形态，道德形态，伦理—道德形态，就是三种基本的精神哲学形态。"形态"就是诸伦理学和道德哲学理论的"多"中之"一"，"变"中之"不变"，它们不仅对现代西方伦理学理论形态有解释力，而且为伦理道德史所证明。西方传统伦理学的发展史，经历了从古希腊的"伦理"，到古罗马的"道德"，再到康德的"道德哲学"和黑格尔的"精神哲学"的三期发展。正如黑尔所说，现代西方伦理学理论的"多"与"变"，呈现的是伦理与道德的"临界"状态或摇摆状态。黑格尔扬弃了西方传统中伦理与道德的分离，建立了伦理与道德辩证互动、伦理优先的精神哲学体系，现代西方哲学故意冷落黑格尔，甚至将他当作死狗打，于是陷入伦理与道德的碎片之中，在20世纪短暂的"丛林"繁荣之后走向沉寂。世纪之交以来出现的宗教伦理学的兴起，以及对黑格尔的重新关注，潜在着某种重新走向整合以及伦理复归的趋向。中国传统伦理学一以贯之的传统是伦理道德一体、伦理优先，但在此过程中，伦理与道德的两种形态都得到充分发展。轴心时代孔子与老子、《论语》与《道德经》的同时诞生，演绎着伦理道德一体的精神哲学基因，同时儒家与道家在整个中国传统社会中共生互动的历史，也使它们所代表的伦理与道德两大形态充分展开。然而，儒家在中国文化和中国人的精神发展的中流地位，不仅标志着，而且在相当程度上是因为孔子所奠定、日后为孟子与荀子沿着两个路向发展的伦理道德一体、伦理优先的精神哲学形态，为中国人的精神世界和社会生活，也为中国伦理道德理论提供了"理想类型"。以"克己复礼为仁"为基型的伦理道德一体、伦理优先的精神哲学形态，是中国文明对世界的特殊贡献，也正因为这种精神哲学形态，正因为这种精神哲学形态的合理性与现实性，中国文化才成为一种伦理型文化，伦理型的中国文化才与西方文化、印度文化、伊斯兰文化等宗教型文化比肩而立，共同缔造人类文明尤其是精神文明的辉煌。

十七　伦理道德的西方精神哲学范式

（一）一个量界，两种风情

无论基于何种立场，任何具有想象力，并试图走近中国民族精神生活的人，都会对两种独特现象产生好奇：一是精神世界宝座上宗教的缺位；二是伦理道德在精神世界中的主旋律地位。两种现象都吸引太多的世界目光与本土反思，基于当今学术进展，解开这个文明之谜的难题有二：（1）中国民族到底是"无宗教"还是"不宗教"？（2）宗教缺位与伦理道德的主旋律之间到底存在何种关系？彻底的哲学反思发现，以宗教作为文明标识，其实只是一种文明中心主义的独特的文化经验和文明立场，中国人精神世界的真正秘密其实不是"无宗教"，而是"不宗教"。"无宗教"可能是基因缺失，而"不宗教"却是自主选择，五千年的中国文明并不稀缺宗教智慧，而只是拒绝走上宗教，准确地说以宗教为精神世界顶层设计的文化轨道。对此，梁漱溟先生曾提出"以道德代宗教"，或"以伦理代宗教"作为诠释，但这种诠释本质上还是一种以西方宗教文明为镜像的在文化策略方面比较被动的"解释性辩护"或"辩护性解释"。中国人的精神生活与精神世界"不宗教"的根本原因是"有伦理"，历史如此，现代依然如此，[①] 在"有伦理"与"不宗教"之间存在精神哲学的因果关联。借用雅思贝斯"轴心文明"的命题，以宗教为轴心的精神世界，只是文明的一种风情；人类精神世界还有另一种风情，这就是以伦理为轴心的中国文明。宗教与伦理、宗教型文化与伦理型文化，是人类精神世界中各领风骚并且平分秋色的两大风

---

① 参见樊浩《伦理道德现代转型的文化轨迹》，《哲学研究》2015 年第 1 期。

情，彼此交相辉映，互为异域。在文明中心主义的强势话语下，人类必须反思，是否因为文化心态与思维方式的偏执而真的对自己的精神世界不解风情？宗教文明不能成为人类精神的唯一文化范式，更不能成为主导话语，"不宗教，有伦理"，是中国民族精神世界的独特风情，是人类精神文明的"中国风情"。

有待研究的课题在于，"不宗教"的精神世界因何可能？"有伦理"何以擎起中国民族的精神大厦五千年而成为中国文明对人类文明的独特贡献？两大课题，聚焦于一个前沿：中国伦理道德到底是何种精神哲学形态？换句话说，"不宗教"的伦理型文化所缔造的伦理道德的精神世界及其哲学形态是什么？它的历史传统、现代呈现、中国话语是什么？

在这个被全球化、市场经济和信息技术摧枯拉朽般将多样性世界文明裹挟得趋向同质的时代，人类精神世界和精神文明不仅可能因高度同质化陷于高度贫乏，而且可能我们还没来得及对自己所缔造的"世界同一性"沾沾自喜就已经开始接近灭绝深渊的边缘。因为，文明尤其是精神世界多样性的消失，将使人类在不断变化的自然与社会面前只能"命悬一线"，丧失丹尼尔·贝尔所说的那种"为人的生命过程提供解释系统，以对付生存困境"的文化能力，进而造成一种文明的危机，也即整个人类的危机；一种文明的灭绝，便是整个人类文明的灭绝。为此，不仅是基于文化自信，而是基于对整个人类的文化担当，有必要再次完成一种努力，让中国自觉，也让世界确认，存在一种独特的精神世界风情，存在一种独特的伦理道德形态，这就是中国风情与中国形态。概言之，如果说以宗教为顶层设计的西方伦理道德的精神哲学形态是"道德理性形态"，那么，中国伦理道德的精神哲学形态便是"伦理精神形态"。伦理与道德是精神世界的两个基本构造，在文明史上，道德理性形态是在理性化进程中道德的强势最终压过伦理、以理性统摄道德也使道德成为理性的形态；伦理精神形态是伦理道德一体、伦理优先的形态。伦理道德是中国民族对人类文明的最大贡献，伦理型文化之所以成为与宗教型文化比肩而立，就在于它创造了这种不仅具有很强的本土适应性，而且内在深刻的文明合理性的精神哲学形态。今天，走向道德理性与走向伦理精神，依然是人类文明体系中的两大壮丽的精神之流，伦理精神正在行进，也必须行进，这，就是我们应当达到的文化自觉和文明自觉。

（二）伦理道德精神哲学形态的"黑格尔范式"

无论世界如何万种风情，文明的真谛总是一本万象，理一而分殊。如何异中求同，委实是对人类的文化胸怀和哲学能力的一种考验。如果说伦理道德及其由此建构的人的精神世界具有某种形态，如果说人类精神有一个让自己遨游驰骋的世界，如果诸文化传统的精神世界五彩缤纷各领风骚，那么，它首先必须是人的世界，是人的精神的世界，因而不仅是一个可以对话而且根本上是一个共通的世界，否则就不是"人"，也不是"人"这个"类"的世界。所以，在宗教型文化与伦理型文化的精神世界的阴阳两极之上，一定有一个"多"中之"一"、变中之不变的"太极"，这就是伦理道德的"一般"精神哲学形态，或伦理道德所缔造的人的精神世界的"一般"形态。

黑格尔试图思辨性地呈现这一哲学形态，这就是《精神现象学》中所指证的"伦理世界—教化世界—道德世界"的"客观精神"形态。在这个精神世界和精神哲学形态中，伦理与道德是两个基本结构，它们以教化世界为中介，借此实现精神世界的辩证运动和自我完成。"精神"的内核是"单一物与普遍物的统一"，是将人从个体性的"单一物"提升为"普遍物"的超越性进程，是思维与意志、知与行统一的自我实现。伦理世界是个体性与普遍性自然同一的实体性世界，因而是"直接的和自然的精神"；教化世界是精神从自然世界中异化的世界，其特点是抽象的个人成为世界的主宰，在这个意义上是世俗世界或生活世界；道德世界是在生活世界中重新意识到自己的实体性，达到个体性与实体性统一的世界，是既具有个体性又回归实体性的主体性世界。伦理世界的精神形态是"实体"，教化世界的精神形态是"个体"，道德世界的精神形态是"主体"，"实体—个体—主体"，构成以伦理与道德为基本结构，以生活世界为中介的人的精神世界的辩证体系。如果以它为人类精神世界的一般形态，或伦理道德的精神哲学形态"一般"的理论假设，如果将它当作由伦理道德所缔造的人的精神世界的"黑格尔范式"，那么，有待进一步追问的问题便是：其一，它的"一般性"到底如何获得论证？其二，如何化解它所遭遇的现代性挑战？

"黑格尔范式"的最大哲学魅力，在于它与人类文明史、人的生命发展史相契合。借用马克思的社会形态理论，原始社会是人的精神发展的实体状态，私有制的产生标志着人类进入教化状态，日后的文明进程中的道德进步，相当程度上可以看作人的实体性与个体性的"伦理和解"，或人的主体性的精神建构过程。实体状态，是婴儿赤子之为个体生命的精神家园的永远的眷念和全部美好的根据所在，正如古希腊、伊甸园、夏商周三代是人类精神永远的家园和永远的眷念。人类文明演化史、人的生命发育史，与人类精神发展史不仅相似，而且相通，唯有相通，才具有合理性。黑格尔精神哲学契合人类精神的真理，因而揭示了人类精神的一般哲学形态。

在黑格尔以伦理与道德为两极，教化为中介的精神世界的哲学范式中，教化世界的精神哲学意义及其与生活世界的关系是一个必须澄明的问题。在相当意义上，教化世界是生活世界或世俗世界的哲学表达，之所以说"相当意义"，是因为彼此并不能完全等同，因为"教化"是相对于伦理世界的自然状态而言，正如黑格尔所说，"教化是自然存在的异化"，"个体性的自身教化运动直接就是它向普遍的对象性本质的发展，也就是说，就是它向现实世界的转化"。作为一种精神现象与精神形态，教化只是"个体在这里取得客观效准和现实性的手段"，① 其要义是将人从实体状态中分离出来，从实体状态进入以个体为本质的法权状态。在人的生命发展进程中，这是进入真正的世俗生活的开始，但并不是生命和生命的真理，其真理是对教化的再教化或异化的扬弃，即通过道德在精神世界中将个体提升为主体，回归伦理的实体，达到主体与实体的同一。"教化"相对于精神的自然状态，即实体状态而言，而生活世界在一般话语中相对于精神世界而言，不过，在教化世界乃至生活世界中，个体与实体的统一，或所谓"精神"只是转换了一种存在形态，在教化世界中精神将自己对象化为财富与国家权力，通过财富与国家权力呈现其作为"单一物与普遍物统一的"本质及其现象化存在。重要的是，在黑格尔的教化世界中，无论财富还是国家权力，都只是"精神"或"单一物与普遍物统一"的现象形态，是精神的世俗存在方式或世俗形态。

---

① ［德］黑格尔：《精神现象学》，贺麟、王玖兴译，商务印书馆1996年版，第42、43、42页。

（三）西方问题："伦理驿站"的"异乡人"

"伦理世界—教化世界—道德世界"的精神哲学形态，既是一种具有一定普遍意义的形上形态，又是一种典型的西方形态。它是一种思辨的形上建构，因而具有一定的普遍性，但是，其背后又具有很强的历史感，是西方文明史、西方精神史的现象学，按照黑格尔在《历史哲学》中的诠释，"伦理世界—教化世界—道德世界"的精神哲学过程，就是由古希腊到古罗马，再到日耳曼的西方文明的"哲学的历史"。在这个意义上，它是一个不折不扣的"西方精神哲学范式"，因而必然遭遇"西方问题"。

在历史、理论、逻辑三个维度，"伦理世界—教化世界—道德世界"的精神哲学范式遭遇的最大挑战，也是最具前沿意义的课题，就是所谓"异乡人问题"。无论在黑格尔的思辨模型，还是在人类文明和个体生命发展进程中，实体性的伦理状态都是人的精神的家园，也是道德的家园，教化是伦理的异化，用黑格尔的话语，异化是精神使自己变得符合现实，而所谓德性，则是一种伦理上的造诣。在伦理世界中，人与自己的公共本质，乃至人与人之间是自然同一的，所以无论在宗教与伦理中，"爱"都是共同的和不可动摇的出发点与策源地，因为"爱"的本质是不孤立、不独立。作为自然伦理实体的家庭，就是"爱"的精神共同体，因而成为伦理的自然根源；上帝的博爱所创造的也同样是一个爱的实体，不同的是，家庭是爱的自然实体，上帝是爱的终极实体。在教化世界中，个体与实体、个体与个体之间在财富与国家权力的世俗形态中发生了分离，但这种分离只是精神的异化，是精神本质被遮蔽的结果，因为，教化世界中存在人是"个体"而不是个人，将人当作"个人"，之所以被黑格尔称作对人的"一种轻蔑的表示"，根本原因在于，这种抽象的"个人"，丧失了自己的家园即所谓实体之"体"，个体是有"体"的，是个人与它的公共本质即所谓"体"的统一，而"个人"则是迷失了自己本质的抽象的非实的存在，是无"体"即无家园之"人"，因而将人称作"个人"是对"人"准确地说，是对人的"精神"的"轻蔑"。基于对"大道废，有仁义"的由伦理世界向教化世界异化真谛的洞察，中国道德哲学智慧以仁义诠释道德，在日常话语中仁义几乎成为道德的代名词，所谓"仁义道德"，其学理根据在于，仁的本质是"爱"，"仁者爱人"，其精神哲学意

义是"合同";"义"的本质是"别",即区别,而所谓"别"则无论在
文明进程,还是生命进程中都是一次重要的异化或世俗化,伊甸园的遮羞
布和生命进程中由"两小无猜"向"猜"的转化,本质上都是精神发展
中针对"别"而产生的"义"的"教化","义"的精神哲学意义是"别
异"。"仁以合同,义以别异",合同与别异,分别对应着伦理世界与教化
世界,所以孟子说,"仁,人之安宅也;义,人之正路也"(《孟子·离娄
上》)。仁是人的家园,义是人之为人的必由之路和康庄大道。在这个意
义上,仁义不仅是道德的精髓,而且关联和贯通伦理世界、教化世界和道
德世界,既是伦理上的造诣,又是教化世界的超越,是对教化的再教化。

　　难题在于,无论在不同文化传统,还是在人的生命的不同际遇中,伦
理的精神家园不仅风情万种,而且不断变化,于是,不仅不同文化传统之
间,而且在同一文化传统的不同发展阶段,在同一文明体系的不同社会结
构之间,乃至在人生的不同进程,伦理的实体或伦理的家园总是不断变
化,于是在伦理上,人人都是"异乡人",时时都是"异乡人",完全意
义上的伦理"本乡人"并不存在,甚至,严格意义上的伦理"同乡人"
也不存在。于是,"异乡人"问题便不仅成为人类精神、成为伦理道德发
展的永远的难题,而且也历史地成为影响人类精神史进程的最重要因子。
在古希腊,亚里士多德发现,德性有两种,"伦理的德性"与"理智的德
性",伦理的德性出于风俗习惯,是原生的经验;理智的德性依赖传授与
教育,是次生的经验。然而有待破解的精神史之谜是,为何亚里士多德之
后,在西方精神史上,古希腊的伦理形态向古罗马的道德形态转化?深层
原因就在于这种伦理的"异乡人难题"。因为伦理是原生的经验,可能适
合于古希腊城邦这样的内部结构单一而又相对稳定的共同体,在多元与多
变的社会中,这种基于一种集体体验和集体记忆的原生经验便难以成为精
神的共同家园,于是就内在一种可能或危险:由伦理的异乡人成为道德的
异乡人,或由伦理的相对性走向道德的虚无主义。于是,西方精神史便向
两个方向进展:其一,寻找某种伦理的"绝对",这就是基督教的上帝,
上帝是终极实体,是一切异乡人的绝对的和神圣的精神家园,在对上帝这
一终极实体的信仰中,伦理的异乡人难题便迎刃而解;其二,向道德理性
方向发展,在道德理性或在道德的普遍法则中,建立人的精神的同一性,
于是,古希腊的伦理,在希腊化进程中便演化为古罗马的道德,西方精神
史上的伦理形态便向道德形态转化。人们都说,西方文明有两大传统,所

谓"两希文明"，其实，希腊文明与希伯来文明在精神史上具有某种同根性，希伯来文明相当程度上是希腊精神史的自然结果，正如马克思所揭示，在柏拉图的"理念"中已经存在"上帝"的影子；同样，在亚里士多德的"伦理"中，已经存在日后向"道德"转化的基因，内在于古希腊伦理形态中的内在否定性，就是伦理上的"异乡人问题"。

如何破解"异乡人难题"？黑格尔在《精神现象学》中思辨了家庭与民族两大自然伦理实体，所谓"神的规律"与"人的规律"，以此建构人的精神家园的同一性；在《法哲学原理》中，建构了"家庭—市民社会—国家"三大伦理实体的体系，其中，家庭是自然的伦理实体，精神在婚姻、家庭财富、子女教育中获得直接的自由；市民社会是出于"需要的体系"建构的伦理实体，借助司法，在"警察"即公共权力和同业公会中相互成为伦理上的"同乡人"；在伦理实体的最高环节即国家中，精神最终获得真正的现实自由。马克思发现并揭示了黑格尔精神哲学的"头足倒置"，提出"社会存在"的概念，认为伦理道德由人们的社会存在决定，人们总是从他们的现实社会关系中吸取自己的道德观念，但如果将"社会存在"的理念贯彻到底，道德不仅从一个时代到另一个时代，一个民族到另一个民族会变得完全不同，甚至截然相反，注定人们只能在伦理上互为"异乡人"，而且在人生的不同阶段和不同境遇下也与自己成为伦理上的异乡人。精神世界是否存在伦理上的"同乡人"？马克思又提出了"阶级"的概念，在同一阶级中，人们互为伦理上的本乡人或同乡人。然而，阶级的对立必然导致社会的伦理对峙与精神分裂，因而使伦理的共同精神家园成为不可能。于是，在人的精神世界中，理论上就存在一个极其危险的可能：伦理，成为道德的敌人。具体地说，因为伦理同乡人的不可以，因为人们只能是伦理上的异乡人，道德成为不可能。精神世界的社会同一性与自我同一性，首先要求伦理的和解，使伦理的和道德的本乡人和同乡人成为可能，在此基础上实现伦理与道德的和解，透过教化的现实世界，建构人的精神世界。于是，"伦理世界—教化世界—道德世界"的精神哲学形态要成为一种具有普遍意义的文明范式，"异乡人"准确地说，"伦理异乡人"是一个不可逾越的挑战与难题。异乡人难题不破解，精神世界的前途只有两种可能：一是寻找伦理实体的绝对，走向终极实体的上帝；一是寻求普遍的道德准则，走向抽象的道德。"两希"传统就是两种可能的历史演绎。然而普遍道德准则因其抽象性，注定只能像康德那样"满怀敬畏",在现实中很难存在,最后还得借助"上帝存在"的公设,因而"两希"传统在精神世界中具有相交集的特征。现代西方学界如火如荼的关于异乡人的讨论和追问,一定意义上就是内在于西方文明,尤其是西方哲学中这一难题的延续。

(四) 中国问题?西方问题?

　　假如人类精神世界有共同的家园,假如在理论思辨中存在某种具有普遍意义的伦理道德的精神哲学形态或精神哲学范式,"异乡人难题"就是一个伦理的驿站,诸精神哲学传统、诸伦理道德传统在这里相会交集,因对这一难题的不同解决,进而分道扬镳——不仅"两希"文明相分流,而且催生中西方精神世界的两道风情。

　　"黑格尔范式"由一些基本元素构成:(1)世界的三种形态:伦理世界、教化世界、道德世界,客观精神的世界由这三个世界构成,但又不是其中任何一个世界,而是这三个世界辩证运动的整体;(2)精神的三种形态:实体、个体、主体,精神的发展经历了其中每一种形态,但又不是其中任何一种形态,而是"实体—个体—主体"辩证运动的过程;(3)三个世界、三种形态中,伦理与道德的关系是基本问题,伦理与道德关系的现实性及其中介是教化世界。这一范式思辨性地揭示了伦理道德的辩证运动所形成的精神世界发展的一般规律,但也同样思辨地潜在一系列文化风险,最基本的文化风险就是伦理与道德相分离的倾向,它在西方精神史上表现为道德压过伦理,最后取代伦理的过程,以及教化世界祛魅和世俗化。这些文化风险也注定了黑格尔哲学在西方遭遇故意冷落的命运。其实,黑格尔所遭遇的冷落,不是因为它的精神哲学缺乏真理性,至少它在思辨中的真理性是深刻的,而是因为它与西方精神史,或与西方"教化世界"现实之间的过度紧张的关系。结果,原本黑格尔精神哲学应当是康德道德哲学或所谓"道德理性"形态之后的辩证综合,标志着西方精神史和精神哲学一个圆圈的完成,然而,由于黑格尔精神哲学的"不合时宜"及其遭遇的故意冷落,西方精神哲学的发展失去一次由辩证综合而自力更生的机会,最后止步于"终结论"的哲学觉悟:博大精深和无所不包的黑格尔体系让西方哲学也让西方精神史终结了,所谓"历史终结","最后一人"。在这个意义上,具有思辨普遍性的"黑格尔范式"似乎更像是西方精神哲学和精神史的谶语或咒语。

中国伦理道德之作为对人类文明的特殊贡献，在于开辟了在世俗世界中破解"异乡人"难题的特殊路径，从而使"异乡人难题"在中国文明中成为纯粹的"异乡问题"，即西方问题而非中国问题，进而形成中国人精神世界和中国精神哲学的特殊风情。概言之，中国路径有两大要义：一是作为伦理同乡人自然根源的家庭；一是建构同乡人的"忠恕"的伦理能力。人类经历了难以想象的漫长岁月才从原始社会走来的历程，决定了在任何文明体系中家庭都具有基础性地位，因为血缘智慧不仅是原始社会的最高智慧，也是它留给人类的最大遗产，正因为如此，没有任何一个即便是最为"现代"的文明，也没有任何一个"超人"可以彻底摆脱家庭或血缘关系这根原始社会留给我们的脐带。与其他文化不同的是，家庭在中国文明体系中具有绝对的和本位的地位，不仅是生活世界而且是精神世界的共同家园。梁漱溟先生发现，中国是伦理为本位的社会，而伦理本位之所以可能，就是因为家庭在文化中的绝对地位。中国走向文明的特殊路径是家国一体、由家及国，形成所谓"国—家"构造与"国—家"文明。"国家"的文化精髓在于：不仅以"家"为原形缔造"国"，而且终极理想是将"国"变成"家"，所谓"天下一家"。所以，无论在生活世界还是精神世界中，家与国之间并不存在那种西方式的紧张，孔子所开创的儒家伦理对中国文明的最大贡献，就是从理论上阐述和解决了在精神世界中如何家国一体、由家及国的问题。在西方，伦理神圣性的根源是上帝，在中国，伦理神圣性的根源是家庭。而一旦将家庭的逻辑推扩为整个社会的逻辑，达到所谓"天下一家"，"异乡人"也就不存在，至少理论上如此。另外，中国伦理在长期发展中培育出一种消解"异乡人"的特殊伦理能力，这就是所谓"忠恕之道"或孔子所说的"恕道"，忠恕之道的要义就是一个字：推！即推己及人——对个体来说，己立立人，己达达人；对社会来说，老吾老以及人之老；对世界来说，民胞物与。于是，不仅人我合一，而且天人合一，在这样的伦理逻辑与伦理体系中，每一个人都有能力使自己也使他人成为伦理上的本乡人或同乡人。

于是，对中国伦理和中国人的精神世界来说，伦理异乡人便是一个伪命题，至少是一个虚命题，原因很简单，家庭本位和家国一体的社会结构在客观性上消解异乡人；忠恕之道所发展的人的伦理能力或伦理实体建构与认同的能力，在主观性方面使自己也使他人的伦理异乡人成为不可能。

当今中国社会，家庭在文明体系中的地位虽发生重大变化，但其本质没有变，正如一位国外学者所发现的，20世纪的中国虽然伤痕累累，但唯一强大的还是中国人的家庭，它是中国文明真正的"万里长城"。现代中国社会，尤其是中国人的精神世界最深刻的变化，是以"忠恕"为精髓的伦理能力的式微。在现有的学术研究中，人们往往强调"忠恕"是道德的金规则，有可能成为"普世伦理"，其实它的最大文化魅力，是在个体的精神品质与精神能力方面扬弃伦理异乡人。在这个意义上，对现代中国伦理来说，最大的挑战不是所谓"异乡人难题"，而是以"忠恕"为核心的伦理能力问题。如果缺失这种伦理能力，便可能真的遭遇一个危险的可能：不仅对他人是异乡人，而且对自己也是异乡人，最后，"人人都是异乡人"，同在异乡为异客，于是不仅伦理实体，而且伦理世界将成为不可能，由此，人类将最终丧失自己的精神家园。在这个意义上，"异乡人"不是"中国问题"，伦理能力才是真正的和深刻的"中国问题"。由此也可以部分地解释，为何面对"异乡人"这个"西方病"，中国人也开始跟着吃药，一旦伦理能力丧失，"西方病"也就感染为"中国病"。也许，这就是当今中国学界方兴未艾的"异乡人讨论"的合理性所在吧。

十八　伦理道德的中国精神哲学范式

中国文明史和精神史以历史叙事的方式演绎了由伦理与道德构成的人的精神世界发展的一般规律，并且从文明的开端就戏剧般地显示其作为伦理型文化的特殊走向。孔子与老子、《论语》与《道德经》的同时诞生，似乎隐喻伦理与道德之间不可分离的文明关系，关于这种关系，《大宗师》中庄子以寓言体裁发出了"相濡以沫"还是"相忘于江湖"的哲学追问似乎展示了一种历史必然性。有趣而令人深思的是，日后几千年的精神史，伦理与道德并没有沿着庄子式的智慧指引走上以道德自由为追求的"相忘于江湖"，始终是不离不弃、同甘共苦的伦理性的"相濡以沫"。这是伦理型文化的宿命，也是伦理型文化的悲怆情愫，中国精神史，演绎的就是伦理与道德"相濡以沫"的文化正剧。于是，在体现伦理道德发展的一般精神哲学规律的同时，中国伦理道德建构了特殊的精神哲学形态，显现出精神世界的特殊风情，即"中国风情"。

（一）精神哲学形态的"中国范式"

伦理道德发展的中国精神哲学形态具有几个特别要素：其一，对于伦理与道德"相濡以沫"的坚守，和对于"相忘于江湖"的拒绝；其二，老子道德智慧与孔子伦理情怀的合璧，老子以"大道废，有仁义，智慧出，有大伪"的道德智慧道破精神世界的秘密，完成对精神世界的批判，孔子以"仁"的道德创造及其向"礼"的伦理的辩证复归，进行精神世界的重建；其三，伦理道德精神哲学形态的经典表述或中国表达，就是孔子"克己复礼为仁"的精神哲学范式。

"克己复礼为仁"作为标示伦理与道德关系的中国精神哲学范式，具有三个基本的结构元素："礼"的伦理实体；"仁"的道德主体；由"克己"而达到的"礼"与"仁"、伦理与道德之间的和解，或由此建构的精神世界的同一性。如果对这一历史命题进行哲学分析，"礼"不能一般地诠释为周礼，而是血缘、伦理、政治三位一体的伦理实体，或家国一体的伦理实体；"仁"也不是一种德，在《论语》以及日后的中国道德哲学发展中，"仁"既是一种德，又是一切德，是全德之名；这一命题中最重要的内涵是以"仁"的道德诠释"礼"的伦理，认为"仁"的道德是为实现"礼"的伦理，而实现的路径则是通过"克己"的自我超越。在这个精神哲学命题中，"克己"之"己"是个别性之"己"，"克己"的要义是扬弃和超越自己的个别性或个体，达到普遍性，即孟子所说的"养其大者为大人"。由是，"礼"是实体，"己"是个体，"仁"是主体，"克己复礼为仁"指证的便是一个"实体—个体—主体"辩证运动的精神哲学形态，或"伦理世界—教化世界—道德世界"辩证发展的精神世界，而作为其中介的"克己"则极富表达力地呈现伦理世界向道德世界的辩证转换。由此可以表明，人类的精神世界，人类文明的大智慧，在哲学的层面相通，难以沟通和理解的只是话语形态，如果进行话语形态的哲学转换，就可以发现人类文明的精髓。

"克己复礼为仁"的精神哲学范式有两大"中国风情"。（1）"礼"的伦理风情。与黑格尔范式相通，它强调伦理与道德，准确地说，"礼"的伦理与"仁"的道德的一体，但与之不同或更为突显的是，它以"礼"释"仁"，以"礼"为"仁"的价值目标，在"礼"—"仁"合一，伦理与道德一体中，伦理处于具有某种终极价值的优先的地位。虽然黑格尔强调"实体即主体"，"德是一种伦理上的造诣"，但"克己复礼为仁"的中国话语对伦理的优先地位显然更加凸显，因为它不仅是对人的精神发展的诠释，而且是对"礼"的伦理与"仁"的道德在价值体系中不同地位的诠释。（2）"克己"的超越风情。在"克己复礼为仁"所创造的"礼—克己—仁"的精神哲学范式中，"克己"是体现中国哲学智慧、中国文化创造和中国精神境界的关键性话语，借此这一命题比黑格尔范式更合理。因为，"克己"已经不是一般性地指证和承认个体，而且包含着教化世界中个体的自我超越及其向道德主体提升的精神的自我否定性，"克己"的真义是"胜己"，是自我超越。正因为如此，它成为中国伦理道德对人类文明的特殊贡献，也是人类精神世界的独特风情。

无论"克己复礼为仁"还是中国精神哲学传统，如果试图与世界文明对话，如果要对它进行充分的倾听和理解，如果要使其具有某种哲学的普遍性，就必须澄清和揭示它在"伦理世界—教化世界—道德世界"，或"实体—个体—主体"的辩证运动中对那些具有普遍意义的精神哲学问题的中国话语、中国解决和中国智慧。这些基本问题是：伦理世界中家庭与国家的关系；教化世界中公与私的关系；道德世界中理与欲的关系；最后三大世界辩证发展中个体至善与社会至善的关系。

黑格尔伦理世界中的基本元素与基本矛盾是家庭与民族两种精神形态的关系。黑格尔认为，伦理世界的语言是规律，两大元素分别代表两大规律，即神的规律与人的规律，它们具有两种性质，即黑夜的规律与白日的规律。当两大规律处于自在状态，即没有通过人的行动向现实转化时，它们保持"安静的平衡"，创造伦理世界的"无限与美好"。然而，行动打破了这种"安静的平衡"，因为在行动中"家庭成员"与"民族公民"两种自我意识相互撕扯——或者从"家庭成员"出发，或者从"民族公民"出发，二者只能居其一，最后导致伦理世界的精神分裂。于是便造成这种状况，"只有不行动才无过失"，"伦理行动本身就具有罪行的环节"。① 在中国传统哲学尤其是儒家传统中，两大元素的话语形态是所谓家与国，或家庭与国家，与之相对应的伦理规律即所谓"天伦"与"人伦"。它们与黑格尔话语的区别在于：家庭与民族的话语，是基于西方"民族国家"的传统，而在中国，无论国家还是民族的概念，都是包含多民族或多种族的综合性话语。在中国传统中，家庭与国家两大元素之间同样存在某种紧张，所谓"忠孝不能两全"，但家国一体的"国家"结构，注定了它们之间只是"乐观的紧张"，因而行动不仅不构成罪过的环节，而是达到家与国伦理和解的过程。如何对待家庭这个人类最重要也是延绵力最强的原始遗产，不仅决定伦理的文化气质，甚至在相当程度上也决定人类的命运。诚然，正如黑格尔所说，在人的精神发展中，一个人如果只属于家庭而不属于民族，那他只是一个"非现实的阴影"。但是，如果没有家庭，一个人也可能只是一个"非现实的幽灵"。黑格尔精神哲学消解两大伦理规律紧张的出路，是将人从"家庭成员"与"民族公民"同时还原为个人，于是进入以抽象个人为世界主宰的"法权状态"，即单子化

---

① ［德］黑格尔：《精神现象学》，贺麟、王玖兴译，商务印书馆1996年版，第24页。

的原子世界。中国传统消解二者紧张的路径是以家庭为本位，通过"老吾老以及人之老"的伦理，和"移孝作忠"的道德，达到二者之间的和解，最后"天下如一家，中国如一人"，从而缔造出与西方迥然不同的"教化世界"。

黑格尔教化世界的基本问题是个体与实体的矛盾。在教化世界中，一方面人成为"抽象的个人"，另一方面人的本质依然是实体性。人的个别性与普遍性的统一在对象化的财富与国家权力中达到，但只能抽象地达到，在教化世界中精神的最终命运是分裂为"顽固的单点性与冷酷的普遍性"。在中国精神哲学话语中，个体与实体的关系被现实化为公私关系。中国哲学认为，义利关系是精神世界的基本问题，"天下之事，惟义利而已"（二程：《遗书》卷十一）。但义利只是一种形上话语，所以在日后的历史发展，尤其到宋明理学中义利关系被具体化为公私关系，"义与利，只是一个公与私也"（二程：《遗书》卷十七）。"凡一事便有两端，是底即天理之公，非底即人欲之私"（朱熹：《朱子语类》卷一三）。"己者，人欲之私也；礼者，天理之公也。一人之中，二者不可两立"（朱熹：《朱子语类》卷一二）。以义利为精神世界的基本问题的形上表达，以公私表述教化世界中个体与实体关系，是典型的中国话语，也是典型的伦理型文化的话语，与实体—个体—主体的话语系统相比，义利—公私的话语气质，是将哲学话语转换为伦理话语，赋予其善恶判断的价值属性。

黑格尔道德世界的核心是所谓"道德世界观"。道德世界观作为人的精神发展的最高阶段，以自我意识中出现道德与自然的对峙与对立为前提，但其真谛却是在道德与自然的对峙中对道德的坚守和对自然的扬弃，因而"道德世界观"的本质是"道德主宰下的世界观"，因其是对自然的扬弃和超越，成为"对其自身具有确定性的精神"。不过，道德世界观的精髓是建构道德与自然之间、义务与现实之间的"被设定的和谐"。这种预定的和谐包括两个方面：一是道德与客观自然即现实世界的和谐；二是道德与主观自然即感性欲望之间的和谐。两大和谐的终极目标，是"使道德规律成为自然规律"。在中国精神哲学中，道德与自然的和谐被宋明理学用一个命题表达："存天理，灭人欲。"理欲关系即道德与自然关系的中国话语，理欲观即宋明理学的道德世界观。它一方面凸显天理与人欲的对立与紧张，"天理人欲，不容并列"（朱熹：《孟子集注·万章句上》）。另一方面强调二者之间的和谐："有个天理，便有个人欲，盖缘这个天理,须有个安顿处,才安顿得不好,便有个人欲出来"(朱熹:《朱子语类》卷一二)。但紧张是二者的本质,"人之一心,天理存则人欲亡,人欲胜则天理灭"(朱熹:《朱子语类》卷一三)。于是,"存天理,灭人欲"便成为道德主体,也成为道德世界建立的标志。

以"克己复礼为仁"为范式的中国精神哲学的特殊风情,不仅在于关于伦理世界、教化世界、道德世界的基本问题及其话语系统,更在于三个世界关系。如前所述,最能代表关于三个世界关系理念的话语就是所谓"克己"。在"克己复礼为仁"的精神哲学范式中,"克己"是在义与利、公与私、理与欲的对立中通过个体性的扬弃,通过对伦理实体的认同与回归,达到主体性的道德建构。克己者胜己也。"克己"在日常话语中被表述为"修养"。在中国精神哲学中,"修养"是包含关于人的精神的"修"与"养"的肯定与否定两种结构的哲学话语。"修"什么?"修"一己之"身";"养"什么?"养"作为人的实体之"性",所谓"修身养性"。"身"是个别的"单一物",是"私",是自然,因而存在某种紧张;"性"是普遍物,人人具有,因而只需要"养"或"存养"。"修养"的对象分别对应着性(心)与身、公与私、理与欲,最后对应着义与利。显然,这是一种"求诸己"的精神哲学范式。正因为如此,中国伦理道德,中国精神哲学的基本问题,并不是个体与整体,或公与私的关系问题,而是个体至善与社会至善的关系问题。个体与整体或公与私的关系,可能是任何伦理道德和精神哲学的基本问题,因为精神的本质就是个体的"单一物"与实体的"普遍物"的统一,伦理道德所创造的精神哲学的根本任务,是如何将个体从个别性存在提升为普遍性存在,因而善是其绝对价值。诸精神哲学形态的区别在于,个体的善与社会的善到底谁处于更优先的地位?实现个体至善与社会至善统一的价值逻辑是什么?以伦理优先为取向和气质特征的中国精神哲学的价值逻辑是:"人人可以为尧舜",一旦人人都为尧舜,社会也就圣化,即至善了。这是典型的德性主义伦理精神的体系。这种德性伦理精神的哲学智慧是基于"人人可以为尧舜"的性善信念,一方面将道德的主动权交给个体,另一方面也将道德的责任全部交给了个体。与之相对应,从苏格拉底开启的西方精神哲学传统的主流是正义论的伦理精神,它以社会正义或社会至善为个体至善的前提。需要辩证的是,正义与德性一样,本质上是一种信念和理念,完成了,就终结了;因为没有完成,没有实现,所以成为追求的理想状态。个体至善与社会至善关系的合理性在于二者之间的辩证互动，不同精神哲学的别样风情，在于到底以何为基点或原点，以个体至善为着力点的中国精神哲学从未放弃社会批判，即对社会至善的诉求，孔孟周游列国以诸侯为游说对象甚至被讥讽"好为帝王师"，其实质就是通过对统治者的道德劝导和伦理批评而追求社会至善。在这个意义上，精神哲学具有相通的文明本质，区别在于不同的文化气质。

（二）"中国范式"的现代呈现

伦理道德一体、伦理优先的传统精神哲学形态，使近代以来中国伦理道德的启蒙与转型具有特殊路径。在中国传统社会内部，"清代思潮"已经开始对传统伦理道德的批判，戴震对理学"以理杀人"的批判相当程度上标示近代转型的肇始。"酷吏以法杀人，后儒以理杀人，浸浸乎舍法而论理死矣，更无可救矣。"（戴震：《与某书》）"人死于法，犹有怜之者，死于理，其谁怜之！"（戴震：《孟子字义疏证》卷上）戴震将批判的矛头指向"理"，"理"是儒学新形态，即宋明理学的最高范畴和总体性话语，所以对理学的批判是近代转型的先声。但是，戴震对理学的批判主要集中于传统道德而不是传统伦理，所以只是传统伦理道德中的异端，而不是严格意义上的近代启蒙。近代启蒙与传统社会异端的分水岭是反"三纲"，还是反"五常"。"三纲五常"是传统伦理道德的核心，"三纲"是伦理，"五常"是道德。反"五常"只是异端，而反"三纲"则标志着近代启蒙和近代转型的开始，所以，谭嗣同对"三纲"的批判，便成为传统伦理近代转型的标志。然而，由于伦理在中国的核心地位，伦理转型比道德转型要更深刻和漫长，陈独秀为何将"最后觉悟"定位于"伦理觉悟"而非"道德觉悟"，决非一般意义上的语词偏好，而是因为伦理之于道德的更为重要也更为深刻的精神哲学地位。就像将中国文化定位于"伦理型文化"而非"道德型文化"，同样是在强调伦理与道德的审慎区分的同时，凸显伦理之于道德的更具表达力的文化地位与气质特征。

反"三纲"与反"五常"、伦理批判与道德批判在近现代转型中有何不同意义？中国为何是"伦理型文化"而非"道德型文化"？绝不能将这些被广泛接受的命题只当作一种话语方式，其中隐含着对中国传统精神哲学形态的重要的认知与判断。自五四运动提出"打倒孔家店"的口号，至今已有一个世纪，几番激烈的冲击，"孔家店"之所以"打"而不"倒"，其内坚韧的依然提伦理，其最根本的原因是，孔孟儒家学说，不仅建立在家国一体、由家及国的社会结构基础上，而且就是这种"国家"文明的理论，体现了"国家"文明的伦理真理及其精神哲学诉求。20世纪狂风暴雨般接连发生的政治、经济和文化革命，虽然从根本上改变了中国社会的伦理关系，但是"国家"文明的本质没变。在相当程度上，计划经济体制使"国家"文明更为完善，因为它在"家"与"国"之间找到并建构起一种体制过渡与精神中介，这就是所谓"单位"。"单位制"的最大魅力，在于它不仅在经济和政治上成为"家"与"国"之间的链接，而且在文化上和精神上兼具"家"与"国"的双重意义。计划经济下的"单位"，既有"国"的政治与经济功能，又是个体走上社会之后的"第二家庭"；既是政治与经济的实体，更是直接的伦理实体，在相当程度上成为人的精神的第二家园。

问题在于，经过40年市场经济的激荡，中国的伦理道德，中国人的精神世界到底呈现为何种精神哲学形态？这一问题的另一表达方式是：中国伦理道德的精神哲学形态到底以何种方式呈现？显然，当今中国并没有形成关于伦理道德的精神哲学形态的自觉理论，乃至这一问题的提出才刚刚开始，在相当程度上，伦理道德的精神哲学形态是以"问题式"，即伦理道德的现实发展所遭遇的现实问题的方式呈现，必须也只能从现实的伦理关系和道德生活中对伦理道德的中国精神哲学形态进行实证分析，因而需要专门的研究才能完成。

（三）精神哲学形态的"中国话语"

综上，无论传统范式还是现代呈现，中国伦理道德的精神哲学形态都是伦理道德一体、伦理优先。需要进一步探讨的是：伦理道德的精神哲学的"中国话语"是什么？

行文至此，两个问题具有前提意义：其一，对伦理道德来说，精神哲学是否必要，如何必要？换言之，伦理道德与精神哲学到底何种关系？其二，"精神哲学形态"能否"中国"，如何"中国"？

迄今为止，中国并没有黑格尔意义上那种自觉的精神哲学理论和体系，但是，并不能由此断言中国没有精神哲学，更不能断言精神哲学没有民族形态。精神哲学是人的精神发展史和民族精神发展史的理论体系，在黑格尔那里，"精神"相对于"自然"，"精神哲学"与"自然哲学"相对应，它们是两种最大的哲学类型。这里所讨论的是狭义的即精神走出个体进入社会而作为"社会意识"的那种精神哲学。在这个意义上，精神哲学的基本问题，是伦理与道德的关系问题，因为伦理道德是实现个体与自己的公共本质的精神统一的意识形态，伦理道德与精神哲学是一种相互诠释的关系，精神哲学是关于伦理道德关系的理论与体系，其文化传统与实践智慧，就是精神哲学形态。中国文化是一种伦理型文化，必定有精神哲学传统，只是在形上层面没有形成西方式的体系化的精神哲学理论，事实上，西方精神哲学也只是在黑格尔体系中才达到理论和体系的自觉。时至今日，精神哲学无论对中国还是西方都是一个陌生的话题，在西方，可能因为它的形上取向和体系诉求，更可能因为它似乎是黑格尔的专利，常常被认为是具有"终结"性质的多此一举；在中国，它可能直接就是一个曲高和寡的"异乡客"。然而，对精神哲学的拒绝和冷落，相当程度上是因为在这个碎片化的时代，人们的思维和研究还没有达到相当的广度与深度，以至缺乏这样的抱负和能力，对人类精神发展和精神史进行总体性鸟瞰和检阅。可以断言的是，如果没有精神哲学，不仅关于伦理与道德关系的争讼永远不可能终结，而且人的精神和精神世界永远只是美丽的现代性碎片。

精神哲学形态及其话语体系如何"中国"，能否"中国"？两种努力显然是重要的。一是体验和反思，借助黑格尔精神哲学理论，参照性地把握中国伦理道德的精神哲学传统；二是建构，由于中国没有自觉的精神哲学理论和体系，关于中国精神哲学的传统及其现代发展的把握都是一种历史建构。历史建构的真义是什么？是用新的理念和框架对传统进行理解和呈现。于是，建构既是尊重，又是创造，是孔子所说的"温故而知新"。关于伦理道德的中国精神哲学形态的把握，一方面要尊重那些经过千百年文明传承锤炼的概念话语；另一方面要对这些概念话语在精神哲学意义上进行新的组织与诠释。五千年伦理型文化一脉相承的发展，已经凝结为一些对民族精神极具表达力的话语，在这方面，也许最重要的不是标新立异，根据西方舶来品衍生一些激发人们好奇心而缺乏现实内容更缺乏生命力的概念，而是通过充分倾听和理解那些作为民族传统精华的标志性话语，理解和把握伦理道德的中国精神哲学形态。因此，关于中国话语的把握，既是对学术品质的考验，也是对学术功力的考验。胡适先生说过，新思潮本质上是一种新态度。关于中国话语的寻找，体现对中国传统，对中国文明，对创造中国传统和中国文明的先人的一种文化态度，由于它以所谓"现代话语"或"世界话语"为参照，因而也体现对世界的文化态度。对文化传统的尊重本质上是一种自尊，这种自尊将形成一种文化心态上的自信，而无论自尊还是自信，都来源于学术自觉。一个缺乏自尊的民族很难赢得世界的尊重，就像缺乏自尊的个人很难赢得他人的尊重一样。不过，对传统的倾听和理解，需要深厚的文化功力，因为它是一种穿越时空的自我理解和历史理解，其中渗透了诸多情绪和情结。精神哲学的中国形态与中国话语的理解，本质上是对精神世界的自我理解，是精神上的理论自觉，它与保守无关，却预示和标志一种精神归宿和文化认同。

伦理道德的精神哲学形态的中国话语是什么？很简单，答案已经存在于问题之中，就是"伦理道德"。在中国，伦理与道德具有与英文中"ethics"和"moral"十分不同的文化意蕴。在古希腊，它们分别对应于社会的风俗习惯和个人的品质气质，然而在中国，"伦理"与"道德"两个概念的话语重心从诞生始便在"伦"与"道"。"伦理"是"伦"之"理"，"道德"是"道"之"德"（"得"）。黑格尔将精神的客观形态表述为"伦理世界—教化世界—道德世界"的话语体系，在中国，伦理道德的精神哲学话语就是"伦—理—道—德—得"的体系。这个体系包括微观层面的三大关系——伦与理的关系，理与道的关系，道与德的关系；宏观层面的三大关系——伦与道的关系，伦与德的关系，德与得的关系；最后，是伦理与道德的关系。

金岳霖先生曾说，"道"是中国文明在轴心时代所发现的最崇高的概念，它与希腊的"罗格斯"、希伯来文明的"上帝"、印度文明的"梵"（涅槃）具有同样重要的地位，其意义是将人提高到与宇宙同一的高度。其实，"伦"是轴心时代中国民族发现的另一个"崇高概念"，其意义并不比"道"有任何逊色。如果说"道"是一个关于宇宙总体性的概念，"伦"便是一个关于人的实体性的概念。"人之有道也，饱食、暖衣、逸居而无教，则近于禽兽。有契为司徒，教以人伦。"（《孟子·滕文公上》）作为人类精神的历史叙事，孟子的这段经典已经点明"道"与"伦"的关系："人之有道……以伦救道"——"失道"是终极忧患，"教以人

伦"是终极拯救。中国伦理道德与中国精神哲学最具文化韵味的就在这
个"伦"字。"伦"是什么?"伦"是人的生命存在的实体状态,是人的
自我认同,也是人的精神的家园。"伦"中包含了人的生命的全部温馨,
也包含了人的生活的全部严峻。"伦"是关于人的生活世界和精神世界的
本真状态与合理状态的总体性话语,孔子将它具体化为"礼",并以
"和"与"正名"诠释,"和"是精神世界的"和一","正名"是人在生
活世界中的安伦尽份。中国精神哲学将"伦"归于两大类型:天伦与人
伦,天伦是自然,是神圣,人伦是必然,是建构。"伦"始于自然,归于
必然。在此基础上,所谓"伦理"就是"伦"之"理",是"伦"的真
理,确切地说是"伦"的"天理"。"理"既是"伦"的规律,也是对于
"伦"的自觉。由于这种自觉源于人的"伦"存在的自然,所谓"见父自
然知孝,见兄自然知悌",因而伦理之"理"便是人的良知。于是,在
"伦"与"理"之间便不存在黑格尔式的那种紧张,比如黑格尔所说的教
化世界中"卑贱意识"与"高贵意识"的对立,相反却是"自然"的亲
和。不过,"伦"与"理"只是人的世界的两种不同存在状态,即自在状
态与自为状态,是人的世界及其自我意识的"自然",因为"自然",
"理"才是"天理",才是良知。

　　然而,"理"毕竟只是"知",是"精神"的开始,"精神"的真正
诞生是"理"向"道"的转化与合一。关于"理"和"道"的关系,中
国哲学一以贯之的传统,是将它们当作同一对象的两种形态。在先秦,管
子认为,"别交正分之谓理,顺理而不失之谓道"(《管子·君臣上》)。
"伦"是"礼","礼者谓之有理也","礼"是"有理"的精神性存在,
就像黑格尔所说的实体是精神一样;"理也者,明分以谕义之意也"(《管
子·心术》)。"理"的意义是在"伦"的实体中"别交正分"以达到
"义"的应然,是一种自我意识,即所谓"知";而所谓"道"则是实现
"理"之"道",是"顺理而不失"的"行"。"理"与"道"的关系,
是"知"与"行"的关系。宋明理学以更简洁的命题清晰地表述:"道即
理也。以人之共由而言,则谓之道;以其各有条理而方,则谓之理,其目
则不出乎君臣、父子、兄弟、夫妇、朋友之间,而其实无二物也。"(朱
熹:《晦庵文集》卷四九)不难发现,这一传统与黑格尔关于思维与意志
关系的观点正相契合。在《法哲学原理》中,黑格尔指出,思维与意志
并不是精神的两种官能,而是它的两种状态,意志只是"冲动形态的思

维"，将它转化为定在的那种思维。"理"与"道"，只是"伦"由存在向精神转化的两种形态，"理"是"知"的形态，"道"是"行"的形态；"理"与"道"的统一，就是所谓"知行合一"。由于近代以后的"力行"传统，将"道"的"行"置于"理"的"知"之先，产生所谓"道理"的表述方式。总之，"理"向"道"的转化及其合一，标志着"伦"由存在向精神的能动转化，"理"与"道"是精神诞生及其存在的中国话语。

"道"向"德"的转化，是人的主体性在精神世界挺拔的过程。"德者道之舍，物得以生。"（《管子·心术》）"德"是"道"的居所，用西方哲学话语表达，是"道"的托载体，"道"与"德"共同创造了万物，所谓"物得以生"。也许，这就是老子《道德经》原版中"德经"在前"道经"在后的秘密，因为《道德经》是关于万物化生的哲学，一旦获得"道"而成为"德"，便具有生生不息的能力。在"伦"的状态中，人只是实体；在"理"向"道"转化的过程中，人因为获得知与行的能力而从实体性存在提升为精神性存在；在"德"中，人成为实体存在与个体存在相统一的主体性存在。"德"是人成为主体性存在而获得自由的标志。"是故德者得也。得也者，谓得其所以然也。"（《管子·心术》）"道德"的真谛是"得道"，"德者得也"，"得"什么？"得""道"！"道"在中国哲学中即"所以然"。不过，"道"的终极性对人的世界来说并不只是一个完全缺乏世俗性的形上存在，由于在西周维新的文明转型和文明启蒙中，"德"自诞生就具有"受民受疆土"的原色和本意，因而"德者得也"从一开始就具有世俗的现实性。于是，"德"与"得"之间相通而形成的"德者得也"便既是一种文化信念，更是一种现实诉求，以"德得相通"为内核的善恶报应从古神话便成为中国文化的主题，也在相当程度上成为中国文化的终极信念。这样，"德者得也"便成为关联着精神世界与生活世界，由精神世界向生活世界转化的价值逻辑与精神规律。

由此可以发现，"伦—理—道—德—得"，既是中国精神哲学的话语，也是中国精神哲学的体系。其中，"伦"是根源性和家园性的话语，由"伦"向"理""道""德""得"转化的过程，相当程度上是人的精神从实体的家园中诞生并向生活世界转化的过程。"伦"是实体，"德"是主体，"理"与"道"是精神，"伦—理—道—德"构成人的精神世界的体系，这个精神世界是"伦理道德"的精神哲学体系，是"伦理道德"与

"精神哲学"、精神世界同一的体系，充分体现了伦理型文化的气质和智慧。而"德者得也"的逻辑，使伦理道德的精神世界成为与生活世界辩证互动的开放性结构。"伦—理—道—德—得"的精神哲学的话语与体系，与黑格尔精神哲学体系有诸多相通之处，更有许多异样风情。在这个体系中，"德"是"伦"的实现，是"伦"的造诣，正如黑格尔说，德是一种伦理的造诣，在中国精神哲学中，"德"就是一种"伦"的造诣，伦理道德的精神哲学过程，就是实体性的"伦"转化为主体性的"德"的过程。但是，第一，这个体系和话语系统更为简洁和清晰地呈现伦理道德如何在精神世界中一体，伦理到底如何比道德具有优先的地位的问题；第二，在伦理世界和道德世界之间，没有黑格尔教化世界中的那种紧张，而只是通过"理"与"道"的中介由实体向主体的转化，是一种伦理型文化的"乐观的紧张"；第三，最大的特点，是在"伦—理—道—德"的精神世界建构和完成之后，与生活世界互动，精神世界的价值建构处于比生活世界更为优先的地位，精神世界对生活世界指引的诉求更为清晰；第四，"德者得也"的"德得相通"使精神世界和生活世界在辩证互动中走向善恶因果律的超越，这种超越因其终极性而具有某种宗教气质，进而现实化为一种文化信念，从而与西方精神哲学形态相通；同时又是一种现实的超越，因为它可以将从文化信念和价值追求转化为对社会的现实批判，因而使伦理道德，使人的精神世界既成为内在超越的力量，又成为社会改造的力量。这是伦理型文化的大智慧，也是一道伦理型文化的绚丽风情。

十九 伦理道德，如何缔造现代文明的"中国精神哲学形态"？

伦理道德到底具有何种文明史意义？也许，任何固步于伦理道德内部或局限于一种伦理道德传统的抽象思辨都只能坐井观天，必须将伦理道德还原于人的精神世界及其诸哲学形态，把握伦理道德的精神哲学意义。世界文明史的精神图像，是伦理道德与宗教共同缔造了人类精神世界，它们是人类精神生命的两大染色体，区别在于精神大厦的砥柱或是以宗教为重心，或是以伦理道德为重心，于是形成宗教型文化与伦理型文化两大精神世界，诞生或以出世的宗教或以入世的伦理道德为顶层设计的两种精神哲学形态，它们是人类精神世界的阴阳两极或两种文化性别。人的精神世界和人类文明史的真相，不是二者只居其一的相互隔绝，而是共生互动，在相互渗透中共同造就人类精神世界的绚丽多彩和生生不息。

伦理型的中国文化是人类文明体系中自古至今唯一与宗教型文化相对应、相辉映的文明类型。在文明史的开端，中国文化便以伦理道德为核心，特立地缔造、日后又坚韧绵延了一种独特的精神世界、精神哲学形态和人类文明范型。遭遇全球化挑战，现代中国文明直面一个严峻课题：伦理道德，如何缔造现代文明的"中国精神哲学形态"？这一追问的要义是：在现代民族之林，中华民族的精神世界是否依然是由伦理道德擎起的那座独特大厦？伦理型的中国文化能否以及如何在现代文明体系中继续独领风骚，与宗教型的西方文化比肩而立，平分秋色？

（一）我们是否走进宗教辩护的视觉盲区？

伦理道德与中国精神哲学形态的关系，在哲学层面遭遇三大理论难

题：（1）宗教与中国文明、与中国人的精神世界的关系；（2）一些经典
形态的精神哲学体系乃至伦理道德体系为何最终借助宗教完成？（3）伦
理道德在精神哲学体系中的地位及其形态意义。

1. "有宗教"辩护的被动文化策略

很长时期以来，中国文化似乎陷于某种宗教诘难，甚至宗教两难之
中，应对宗教挑战的文化策略总体上比较被动：理论策略是关于有无宗教
的文化辩护；实践策略是对于宗教文化入侵的文化防御。可以说，宗教这
一敏感而长期聚焦的问题不解决，文化的自觉、自信难以真正确立，必须
寻找一种应对宗教挑战的能动文化理念与文化战略。

无论历史还是现实，中国都没有西方那种浓郁的宗教氛围和强大的宗
教传统，这是毋庸置疑的事实。影响文化自信的不是对这一事实的承认或
否认，而是关于它的解释和态度。西方一些学者，如韦伯认为中国因为缺
乏宗教传统，难以走向现代性的道路；一些西方人每每批评中国人因为没
有宗教信仰而"可怕"。其实，这些观点不仅出于对中国文化的偏见，更
是对人类文明和人类精神世界的无知，是以宗教为标识的西方文明中心论
的典型表现。"伦理型文化"—"宗教型文化"的区分，已经隐喻文化的
不同内核以及伦理与宗教之间的相互替代的关系，以宗教尤其以某一种宗
教如韦伯所说的新教虚拟现代文明的所谓"理想类型"，是西方文化霸权
的理论表现，韦伯"理想类型"的文明实质是文化帝国主义，经过一个
世纪的发展，它由文化帝国主义发展为文明帝国主义，当今这种文明帝国
主义已经转化为所谓"全球化"的文化表达与文化战略。

然而，自五四以来中国学术关于宗教传统的研究，往往陷于"解释
性辩护"—"辩护性解释"的被动策略，其理论有"代宗教"说与"有
宗教"说。"代宗教"说的典型代表是梁漱溟。在《中国文化要义》中，
梁先生提出了两个重要命题："伦理有宗教之用"，"中国以道德代宗
教"。① 他认为，"文化都是以宗教开端，中国亦无例外"；"说中国文化
内缺乏宗教，即是指近三千年而言"。"以此三千年的文化，其发展统一
不依宗教做中心"。"此中心在别处每为一大宗教者，在这里却谁都知道

---

① 梁漱溟：《中国文化要义》，学术出版社 2000 年版，第 80、105 页。

是周孔教化而非任何一宗教。"① 梁先生呈现了一个历史事实,然而其论证中的"代"字和伦理有宗教之"用",很容易被误读,它似乎以承认宗教在世界文明中的终极与顶层地位的普世价值为当然前提,在以宗教为西方文明标识的同时,也以它作为文明的必要结构和合法性参照,这种论证方式产生了重要影响,在日后的学术进展,尤其现代化进程中对西方学习和传统反思中,学术论证的方向悄然转向关于"中国有宗教和宗教传统"的辩护。20世纪八九十年代关于儒家是不是宗教的论争表面是关于儒家宗教属性的讨论,实质是以宗教为标准的关于中国文化现代合法性的辩护。于是,不自不觉中,便落入西方文化中心论的圈套或俗套。西方一位哲学家曾经指出,每个民族都有以自己为中心的自然倾向,然而西方民族更强烈些。关于中国"有宗教"和"代宗教"的被动辩护,缺乏对于中国文化乃至人类精神世界真谛的彻底的文化自觉,将导致对以宗教为标识的西方文化中心论的隐性承认,必须走出宗教辩护的文化盲区,以一种更为能动的文化策略应对西方中心主义的挑战。这种能动策略的核心,就是透过伦理型文化的自觉自信,在哲学意义上把握以伦理道德为核心所建构的中国文化的精神世界及其精神哲学形态。

2. 精神哲学为何需要宗教?

一个难以回避的问题是:中西方一些经典的精神哲学体系乃至道德哲学体系,如康德、黑格尔体系和中国的宋明理学,为什么最后借助宗教才得以完成?仔细考察发现,西方精神哲学体系中宗教的文化使命是所谓"和解",即此岸与彼岸、尘俗世界与精神世界的和解或相互承认,其精神哲学要义有二。其一,它是对伦理或道德的世俗局限性的扬弃;其二,宗教只是精神哲学体系和人的精神世界发展的否定性的环节,其最后完成不是在宗教中而是在哲学中达到,借助宗教完成然而又不是在宗教中完成,在这个意义上,无论西方精神哲学体系还是西方人的精神世界并不是宗教主义而是理性主义。

康德的"至善"理念以及作为其实现条件的两大公设,是宗教的精神哲学意义的经典演绎。康德在科学和纯粹理性中将上帝驱逐出去,完成了哲学领域中的哥白尼式革命,然而在实践理性中又将上帝请了回来。

① 梁漱溟:《中国文化要义》,学术出版社2000年版,第100—101页。

《实践理性批判》一般被当作康德的道德哲学，它认为，实践理性的最高境界是至善，至善是德行与幸福的统一，但这种统一不可能在此岸而只能在彼岸实现，于是就需要借助两大公设：一是灵魂不朽，二是上帝存在。两大公设的要义是：唯有通过人生的延长或此岸世界与彼岸世界的贯通，以及上帝的终极关怀，才能达到至善之境。不难理解，作为道德的实践理性之所以需要这两大公设，正是它的局限之所在，也是康德之所以需要进行实践理性"批判"或对"理性"的实践能力进行"批判"的原因所在，正因为这个局限，康德才需要由实践理性批判推进到关于"判断力"的批判。

宗教的精神哲学地位在黑格尔的精神哲学、伦理学、精神现象学中得到一以贯之的体系性表达。在《精神哲学》中，黑格尔建立了"主观精神—客观精神—绝对精神"的精神哲学体系，宗教是绝对精神的否定性环节。问题在于，精神发展为何要从伦理道德的客观精神走向宗教和哲学的绝对精神？黑格尔认为，在道德中，精神获得主观自由；在伦理，即在家庭、市民社会、国家诸伦理性的实体中，精神获得现实的自由。但在最高伦理实体，即国家中，精神又被分裂为此岸世界与彼岸世界、尘世王国与真理王国，它们的统一必须通过艺术、宗教、哲学三个环节达到绝对。宗教是精神显现自己的绝对环节，"正是在宗教中的绝对精神，它不再是显示它的抽象的环节，而是显示自己本身"①。宗教通过信仰和崇拜，达到两个世界的和解，也达到精神的自我解放。宗教的这一精神哲学意义在作为黑格尔整个体系导言的《精神现象学》中已经体现，只是由于伦理和道德的地位不同，演绎了精神发展的另一路径：在《精神哲学》和《法哲学原理》中由伦理走向宗教，在《精神现象学》中由道德走向宗教。其中，精神现象化或现实化自身的辩证过程是"伦理—教化—道德"，"道德"由"道德世界观"经过现存与合理的不断的"倒置"，最后进入"良心"的统一体，但良心既是"创造道德的天才"，又可能是以"一个人的心"僭越"所有人的人心"的道德暴力，还可能是只判断而不行动的"美的灵魂"，由此便陷入普遍性与特殊性相互冲突的伪善，于是必须通过"宽恕与和解"进入特殊性与普遍本质"相互承认"的绝对精神，"这种精神就是一种相互承认，也就是绝对的精神"。宗教尤其是以

---

① ［德］黑格尔：《精神哲学》，杨祖陶译，人民出版社 2006 年版，第 378 页。

上帝崇拜为表征的天启宗教,就是特殊性与普遍本质统一的中介。① 艺术是绝对精神的自然环节,宗教是绝对精神的信仰环节,哲学是绝对精神的理性环节,最终,精神在哲学而不是宗教中回到自身。

宗教与伦理道德、与人的精神世界及其精神哲学形态的关系,在中国精神哲学的历史发展中得到另一种文化演绎。在西方精神哲学中,宗教是伦理道德的否定性或超越性环节;在中国精神哲学中,宗教融摄于伦理道德,是伦理道德建构的支持性环节。中国文明的人文转向开启于西周时代"天命靡常,以德配天"的道德觉悟,中国文化对"天"的哲学地位一直虚席以待,在其历史展开中充满"乐观的紧张"。孔子"天道远,人道迩","畏天命,畏大人,畏圣人之言";孟子"尽心,知性,知天";老子"人法天,天法道,道法自然",表明在伦理精神和道德智慧的主旋律下对于"天"的承认和悬设。有人说在中国文化中"天"是一个没有人格化的上帝,这种表述有失偏颇,应该说"天"是没有人格化的终极实体,是包含自然、伦理道德和宗教等复杂内容的"文化黑洞"。

宋明理学是中国传统精神哲学体系完成,余敦康先生在揭示宋明理学哲学秘密时曾发出三个追问:第一,为什么理学家认真钻研孔孟儒学却普遍地感到不能满足,究竟孔孟儒学存在哪些缺陷不能满足他们的需要?第二,为什么理学家认同儒家名教理想,明知佛道是异端,却甘心接受异端洗礼?第三,为什么他们只有经过佛道思想的熏陶,才重新找回失落的儒家道统?余敦康先生认为,这是由于内圣外王的分裂而导致的"名教之乐"的精神世界的失落。② 孔孟儒家的精髓是所谓"内圣外王之道"。儒学独尊之后的工具化倾向导致内圣的心性学与外王的经世学的分裂,并演化为精神世界的深刻危机。唐玄奘西天取经,是中国精神哲学史上的重大事件,它不仅是喜剧性的文化开放,也是中国人在经济上走向强盛之际精神世界出现巨大空洞的标志。然而,中国文化的主旋律,中国人精神世界的主轴和安身立命的基地,是入世的伦理道德而不是出世的宗教,于是,经过韩愈的"道统说"与李翱的"复性论",中国精神哲学、中国道德哲学开始向儒学复归,道统说是回归儒家道统,复性论的是复兴儒家心性传

---

① 〔德〕黑格尔:《精神现象学》上卷,贺麟、王玖兴译,商务印书馆1996年版,第176页。

② 余敦康:《内圣与外王的贯通——北宋易学的现代阐释》,学林出版社1997年版,第266页。

统，但这时的儒学，已经不是孔孟的古典儒学，而是经过汉代官方儒学异化和道家佛家洗礼之后的"新儒学"。宋明理学的最大贡献之一，就是借助道佛资源重建儒家心性之学或"内圣"的精神世界。理学在道佛尤其是隋唐佛学的刺激下完成，但又摒弃了其宗教气息，建构起儒、道、佛三位一体、以儒家伦理道德为主干、道佛为支撑的自给自足的精神哲学体系，这种自给自足的精神哲学体系与自给自足的自然经济体系相匹配，主导中国人的精神世界和生活世界达千年之久。宋明理学所建构的儒、道、佛三位一体的"新儒学"，其直接背景是面对宗教挑战，将佛教消融于儒家伦理道德的主流正宗，以此重建的人的精神世界的努力，是捍卫和拯救人的精神世界的一场精神哲学运动。

3. 伦理道德与精神哲学

每一个民族作为文化上的"整个的个体"，都有自己的精神世界，这个精神世界的自觉理论建构，就是精神哲学。一个民族之成为世界文明之林中的文化个体，在于其精神世界和精神哲学的特殊气质，具有文化生命意义，并彰显其作为"整个个体"的特殊文化气质便是"精神哲学形态"。形态不仅是生命，而且是生命的特殊显现和存在方式，宗教或伦理道德在精神世界和精神哲学体系中的不同地位，是不同精神哲学形态的基本文化内核。将伦理道德与现代文明的中国精神哲学形态相关联，基于一个事实判断：伦理道德缔造了精神哲学的中国传统形态；也提出一个课题：在全球化背景下，伦理道德能否、如何缔造精神哲学的现代中国形态？

精神哲学是人的精神，也是民族精神发展的理论体系，伦理道德是古今中外任何精神哲学体系的重要结构，原因很简单，精神的本质是个别性的人与其公共本质的统一，这种统一不仅在思维中达到，而且通过意志行为转化为现实，伦理道德是达到这种统一的现实精神。然而，在西方精神哲学体系及其传统中，伦理道德只是其中一个结构，唯有在中国传统中，伦理道德不仅是结构，而且是基础和顶层设计，是精神世界的范型，也许，这就是伦理型文化之"型"的真义。伦理透过"理"的认同建立个体性的人与实体性的"伦"的同一性关系，这便是"人伦"的真谛；道德透过"德"的努力，使个体与"道"合一，从而提升为主体，这便是"人道"的真谛。这种入世而超越的品质，赋予中国伦理道德一种特殊的精神哲学气质：不只是存在于精神世界之中，而是设计、支撑、主宰了整个精神世界，一句话，缔造了精神世界，正因为如此，也缔造了精神哲学的中国形态，即中国精神哲学形态。伦理道德在中国文明体系中肩负着特殊文化使命，不只是一般意义上的人伦建构和德性建构，而是建构个体与民族的精神世界，包括个体生命秩序和社会生活秩序，因而伦理道德具有特殊的文明意义。

受全球化和现代性的冲击，伦理型的中国文化在与宗教型的西方文化对话互动中，伦理道德缔造现代文明的中国精神哲学形态，到底需要哪些哲学条件？在精神哲学意义上，三个条件不仅亟须，而且必须同时满足："伦理"的守望、"精神"的回归，"伦理精神"自信自立的理念与概念系统。

（二）"有伦理,不宗教"

中国精神哲学形态是伦理型文化的精神哲学形态，伦理，是中国精神哲学形态的第一要义；对伦理的守望，伦理在精神哲学与人的精神世界中的本位地位，不仅历史上而且在现代依然是中国精神哲学形态屹立于世界文明之林的首要条件。现代中国精神哲学由"伦理"的自觉自信所达到的"形态"自立，必须澄明两大问题：一是回应宗教挑战的"无宗教"还是"不宗教"？二是回应现代道德哲学挑战的"有伦理"还是"有道德"？由此才能洞察中国精神哲学的文化气派和文化底蕴。

1. "无宗教"还是"不宗教"？

中国文化、中国人的精神世界和中国精神哲学，到底是"无宗教"，还是"不宗教"？中国文明的基本事实及其文化魅力，不是"无宗教"，而是"不宗教"。"无宗教"指向文化事实，"不宗教"指向文化选择与文化坚守。中国文明不仅从老庄学说中异化了具有深厚哲学底蕴的道教，而且主动从印度引进外来的佛教，佛教在中国历史上曾经如此泛滥，乃至数度出现皇帝"不爱江山爱寺庙"出家做和尚的闹剧，然而即便有政治如此强力的助推，宗教终成为中国文化的主流，这只能说明其"不宗教"的本性。中国文化和中国精神哲学的最大民族特色，是在"有宗教"甚至宗教十分繁荣的背景下没有也拒绝走上宗教化的道路。与之相对应的另一史实是：在宗教尤其道教、佛教大行之际，中国文化总是以儒家伦理道德捍卫文化传统，拯救精神世界。这种捍卫与拯救，不只是一般意义上对宗教的拒斥批判，而是以伦理道德为基础对精神世界和精神哲学的能动建构。韩愈对中国学术史的贡献不多，其学术被蔡元培论定为"多为敷衍门面"，然而在佛教发展的顶峰的后唐时期以"道统说"排佛攘老，使中国精神哲学向宋明理学过渡，却是对精神史的巨大贡献。出入佛老，泛滥辞章是宋明理学的基本特色，佛教对理学的影响之大，乃至心学家陆九渊去世时，朱熹直接说"死了一个佛陀"，但陆九渊却是一个不折不扣的伦理学家而是佛学家。无论佛教在中国如何盛行，终究没有成为中国人精神世界的主轴，不是因为中国人缺乏宗教情结和宗教智慧，而是因为另一条精神之路更适合中国人的安身立命，这就是儒家伦理道德。

"无宗教"可能是一种文化结构上的缺失，但在"有宗教"的背景下"不宗教"，才是真正的文化自信。中国精神哲学所达到的文化自觉和文化自信，不是"有宗教"，而是"有宗教而不宗教"。面临宗教尤其西方基督教的严峻挑战，中国文明、中国人的精神世界的最终选择将依然是"不宗教"。

2. "有伦理"还是"有道德"？

"不宗教"是文化自觉自信，"有伦理"才能达到文化自立。"有伦理"在与宗教、道德关系的双重维度同时展开。在现代文明体系中，"有伦理"不仅是应对宗教挑战的"不宗教"，而且也是应对"无伦理"的道德主义挑战。与西方精神哲学传统不同，中国精神哲学在伦理与道德之间，不是道德，而是伦理处于更优先的地位，伦理道德一体、伦理优先，是精神哲学的中国传统。

在人类文明体系中，宗教最大的魅力在于终极关怀。张岱年先生认为，终极关怀有三种类型：皈依造物主的终极关怀，返归本原的终极关怀，发扬人生之道的终极关怀。它们分别是宗教的终极实体，如上帝和佛主的终极关怀、哲学的本体，如老庄"道"的终极关怀、儒家伦理道德的终极关怀。[1]　其实，在中国文化中，老庄"道"的哲学本体的终极关怀，根本上是一种道德的终极关怀，而儒家的终极关怀则主要是一种

---

[1]　张岱年：《中国哲学关于终极关怀的思考》，《社会科学战线》1993 年第 1 期。

"伦"或伦理的终极关怀。在这个意义上,张先生所说的三种终极关怀分别对应三种精神形态或意识形态:宗教,道德,伦理。彼岸终极关怀是宗教型文化的特征,也是它的全部魅惑。需要审慎区分的是"道"的终极关怀与"伦"的终极关怀。金岳霖先生曾说,轴心时代,中西方都产生了一些最崇高的概念,在希腊是"罗格斯",在希伯来是上帝,在中国是"道",人们相信借此可以在精神上将自己提高到宇宙同一的高度。然而金先生没有指出,中国文明在"道"之外还有另一个"最崇高的概念",这就是"伦"。"道"与"伦"是道家与儒家为人类文明所做出的独特哲学贡献,两个最高概念极易混同又不可混同。"道"与希腊"罗格斯"有相通的文化意义,是世界的本原或本体,然而中国智慧更高卓越的方面在于揭示了本体如何转化为主体,形而上的本体的"道"如何透过"德"造就现象世界的主体,这便是老子《道德经》的主题。不过,从老子开始,这种具有宇宙化生意义的"道德"概念便聚力于人伦日用,"德"被赋予"内得于己,外施于人"的知行合一的品质,于是道便由本体世界走向现象世界,成为人及其行为的合法性的"绝对命令",道德也成为个体与本体、个体与主体之间关系的概念,兼具本体论与价值论的双重意义,所谓"天道"与"人道"。在这个意义上,返归本体的终极关怀就是道德的终极关怀。

而"伦"与"伦理"则不同,它从一开始就具有基于生命和生活的终极实体与终极关怀的意义。中国文化中的"伦"用黑格尔哲学的话语诠释,就是"单一物与普遍物"统一的精神实体,家庭、社会、国家是其三大形态,它们是个体与其公共本质或普遍本质的同一性关系,其中家庭血缘关系是自然的"伦",也是最神圣、最坚韧的终极关怀。中国文化以"辈"训"伦",意味着发生于家庭血缘共同体中的个人与整个共同体之间的同一性关系以及对这种关系的认同。个体生命来自"伦"的实体并在这个实体中得以完成,"伦"不仅是个体生命的根源,也是其具有终极意义的关怀,因而个体生命的合法性就在于安于"伦"的实体并在其中克尽自己的道德本务,所谓"安伦尽份"。伦理与宗教、道德的终极关怀不同。伦理之"理",就是由"理"归"伦"之路,所谓"居伦由理",这种"理"不是彼岸信仰,也不是明"道"的理智,而是源于"伦"的良知,是附着生活气息和生命体温并且人人可以现世获得的终极关怀。

　　由此，终极关怀便具有三种精神哲学形态：宗教的彼岸世界的终极关怀，道德的形上世界的终极关怀，伦理的此岸世界的终极关怀。宗教的终极关怀存在于彼岸，通过信仰和崇拜达到；道德的终极关怀存在于形上本体，通过智慧和知识达到；伦理的终极关怀存在于此岸，须臾可得。诚然，伦理与道德的终极关怀都具有某种世俗性，一定意义上都是世俗而终极的关怀，但"道"的终极关怀虽然以个体的"德"为条件并且通过"德"实现，它不仅存在形上世界，而且终极关怀的完成是德福同一的"至善"。根据康德的理论，道德与幸福统一的至善最后必须借助"灵魂不朽"与"上帝存在"的公设才能完成，于是道德的终极关怀必须也只能在宗教的预设下才能完成。伦理则不同，它存在于世俗生活中，"含饴弄孙"就是最世俗并且人人可得的终极关怀，有"伦"在，就有终极关怀在。这种关怀既是世俗的，又是终极的，"慎终追远"，既指向生命始点的"终"，又指向生命无限绵延的"远"，于是"入世"而"超越"。

　　中国精神哲学和中国人的精神世界，呈现以伦理与道德为两个焦点所写意的椭圆形的文化轨迹，伦理与道德辩证互动造就了人的精神世界的现实合理性和精神哲学史的丰富生动。与康德精神哲学不同，它坚持伦理与道德的同一性，不像康德那样"完全没有伦理的概念"；与黑格尔哲学不同，它在伦理与道德之间始终坚持伦理的优先地位。伦理，成为中国人的精神世界也是中国精神哲学中最具魅力和现实性的终极关怀，缔造了中国精神哲学的"伦理型"的文化形态。当今之世，现代中国精神哲学面临的最大挑战其实不是宗教，而是如何继续坚守伦理道德一体、伦理优先的传统。受西方文化影响，中国精神哲学无论在话语还是结构方面很大程度上已经像康德那样"完全没有伦理的概念"，"道德"成为主导话语和绝对的问题意识，"伦理"守望已经成为关乎伦理型文化能否存续的根本问题。

3. "学会伦理地思考"

　　综上，全球化背景下中国精神哲学形态的自立，不只是伦理道德与宗教关系中"不宗教"的自觉自信，而且是伦理与道德关系中对于伦理的坚守。为此，中国精神哲学形态的自信自立，期待一次理论与实践上的伦理觉悟，这种觉悟的核心，是在精神世界和精神哲学中对伦理的守望，第一要义是如罗素所说的那种关乎人类种族绵亘的"学会伦理地思考"。

　　伦理与道德的相互关系及其伦理守望的典型表现，就是关于孝道的精神哲学诠释。从传统到现代，孝道都具有基础性的精神哲学意义，所谓"百善孝为先"。然而问题在于，"孝"因何"道"，何种"道"？当今的理解主要将孝当作一种道德规范和行为要求，于是历史上传承的那些诸如"卧冰取鱼"式的曾经感天动地的孝道故事，便不仅不合时宜，而且在小康时代根本无须，倡导孝道的某些活动也沦为祛除人文底蕴的具有喜剧色彩的文化游戏。其实，孝之为道，孝之成德，根本上是因为它是一种具有终极关怀意义的伦理的顶层设计。

　　宇宙中人不是唯一必定死亡的动物，但却可能是唯一意识到自己必定死亡的动物，向死而生是人生的真理，于是如何不死便成为人的终极追求和终极关怀。古典时期，西方诞生了彼岸终极关怀的上帝崇拜，中国诞生了贯通此岸彼岸的祖先崇拜，祖先崇拜在文化启蒙中转化为以孝道为核心的伦理型文化的终极关怀。孝道本质上是一种生命伦理，其真义是意识到自己的生命在父母生命的枯萎中成长起来，意识到血脉延传中生命的诞生即生命的消逝，于是产生返本回报的伦理觉悟。在这个意义上，孝之为道，是对待生命共同体的伦理敬畏；孝之为德，是关于生命的伦理真谛的良知良能。孝之所以成为中国哲学的根基，是因为它给予所有人以永恒不朽的可能与希望。中国文化追求永恒不朽的基本智慧是将"死"与"亡"相区分，所谓"死而不亡者寿"。如何才能"死而不亡"？古代有所谓"立德，立言，立功"的"三不朽"之说，然而这些都是精英群体的特权，对普罗大众来说，走向不朽之路就是自然生命的不息延绵。孟子说"不孝有三，无后为大"，为何"无后"是最大不孝？生命的基本事实是：只要"有后"即血缘生命延绵不息，作为生命缔造者的前辈也就不朽，在家族血脉的延传中，祖先便"死而不亡"。用今天的话语诠释，因有共同的 DNA 遗传，祖先便万寿无疆。在这个意义上，以"孝"为人文精神的新生命的缔造，不只是个人的自然选择，而是一种伦理上的义务，不只是物种再生产的义务，而且是使祖先达到永恒不朽的承认与承诺。于是"孝"之为道，便成为关乎终极关怀的最大伦理。伦理，是通向终极关怀的根本精神之路。

　　要之，在中国文明中，伦理不仅与宗教相对应，而且与道德相对应，伦理就是中国精神哲学的终极关怀。由此也产生一种忧患意识：伦理的危机，将导致整个精神世界和精神哲学形态的危机。这便是伦理觉悟之于当今中国的整个文化觉悟、文明觉悟的精神哲学意义。

（三）"理性"精神与"伦理"精神

无论精神世界还是精神哲学都必须"是精神"，"有精神"。然而到底什么"是精神"？如何才"有精神"？中西方精神哲学形态从这里便开始分道扬镳。遭遇现代性挑战，"精神"遭遇被僭越的颠覆性危机，回归"精神"，回归中国的"精神"传统，是建构中国精神哲学形态的另一文化期待。

1. 两种"精神"和两种"精神哲学"

黑格尔《精神哲学》开篇的第一句话就是："关于精神的知识是最具体的，因而是最高和最难的。"① 为何"最高最难"？因为它"最具体"，它不仅是精神的种种形态，而且是世界的种种形态。精神哲学不只是一种抽象的理论体系，必须与民族精神发展史相一致，与个体精神发育史相一致，与人的精神世界相一致，这三个一致决定了精神及其哲学传统的历史具体性，其理论表现就是所谓"精神哲学形态"。

如果以一句话概括中西方"精神"理念及其哲学形态的不同气质，那么可以说，西方"精神"理念的内核是理性，中国"精神"理念的内核是伦理；西方是"理性"精神，中国是"伦理"精神；西方是理性主义"精神"哲学，中国是伦理主义的"精神"哲学。西方哲学的基本预设就是"人是理性的动物"，自亚里士多德开始，西方哲学就有一种主流的观点，认为"真正的存在被视作理性"，黑格尔继承了亚里士多德的传统，认为精神的根本目的，"就是要使世界成为理性的实现"。② 黑格尔试图"创建一种能够从理论上说明人的全部生活的精神哲学体系"，认为精神之为精神，其根本规定就在于观念性，精神发展本质上就是一种扬弃外在性的观念化活动。③ 正如马尔库塞所说，"黑格尔哲学的核心就是理性主宰现实，人们认为是真善美的东西就应在他们的个人和社会现实生活中

① ［德］黑格尔：《精神哲学》，杨祖陶译，人民出版社 2006 年版，第 1 页。
② ［美］赫伯特·马尔库塞：《理性和革命——黑格尔和神社会理论的兴起》，程志民等译，上海世纪出版集团 2007 年版，第 49 页。
③ ［德］黑格尔：《精神哲学》，杨祖陶译，人民出版社 2006 年版，译者导言第 4—6 页。

被成为现实存在的东西"①。与之相对应，中国哲学的基本预设是"人是伦理的动物"，孟子"仁也者，人也"的终极认同及其"人之有道……类于禽兽"的终极忧患，体现的都是"伦理动物"文化气质，所谓"精神"根本上是成为一个"人"的良知良能。毛泽东所说"人是要有一点精神的"，因为"有精神"才能成为"一个高尚的人，一个纯粹的人，一个有道德的人，一个脱离了低级趣味的人，一个有益于人民的人"②。显然，这是在"人之为人"或"如何成为一个人"的意义上理解和高诠释"精神"。理性与伦理，是中西方"精神"理念的根本分殊。

2."理性"与"心性"

黑格尔精神哲学体系存在几个显而易见的概念纠结，这便是"意识""理性""精神"，纠结如此之大，乃至可以说三大概念在彼此交叠中混淆，至少使读者混淆。《精神现象学》研究对象是"意识"，"精神现象学就是意识形态学，它以意识发展的各个形态、各个阶段为研究的具体对象。"③ 在整个体系中，"精神"既是"理性"发展的结果，又是理性的一个环节，它们都是意识的不同形态。在《精神哲学》中，灵魂、意识、精神分别是主观精神发展的三个阶段即人类学、精神现象学、心理学的研究对象，其中意识与精神相互交叉甚至彼此替代。康德的哲学体系缺乏"精神"的概念，他的三批判都以"理性"为对象，已经表明理性在其体系中的核心地位，被黑格尔称作"客观精神"的伦理道德，在康德那里也是理性的一种形态，即与"纯粹理性"相对应的所谓"实践理性"。

中国没有也不应该要求中国有西方式尤其是黑格尔式的精神哲学体系，但这并不能说中国没有精神哲学传统。如果说黑格尔式的精神哲学体系以"理性"为气质特征，那么中国精神哲学、中国人精神世界的基础便是所谓"心性"。对中国文化来说，"理性"完全是一个舶来品甚至是一种文化殖民，构成中国精神哲学包括伦理道德基础的是心性传统，心、性、情、命、天及其相互关系，成为中国精神哲学乃至整个中国哲学最为

---

① ［美］赫伯特·马尔库塞：《理性和革命——黑格尔和神社会理论的兴起》，程志民等译，上海世纪出版集团2007年版，第6页。
② 《毛泽东选集》第2卷，人民文学出版社1966年版，第621页。
③ ［德］黑格尔：《精神现象学》上卷，贺麟、王玖兴译，商务印书馆1996年版，译者导言第21页。

博大精深的问题，几乎在任何严谨的理论体系中都被讨论。自孟子提出"四心说"和性善论，建构"尽心—知性—知天"的心性论，心性关系便成为中国精神哲学的基本问题。心性学的精髓是内圣学，汉以后尤其到隋唐，中国文化和中国人的精神世界之所以遭遇深刻危机，根本上就是心性学的失落，表现为外王的事功压过内圣的心性修炼。李翱在思想史上最大贡献，就在于提出"复性论"即复兴儒家心性学，以此与韩愈道统说相呼应，实现向宋明理学的过渡。宋明理学建立了博大精深的心性学体系，以"即心即性""心统性情"等命题解决了心、性、情、命的关系问题，从而完成了"立人极"的建立"新儒学"的哲学使命。在这个意义上，中国精神哲学体系从开启到完成，聚力点都是"心性"，而不是西方式的"理性"。

"理性"与"心性"的重要区别在于：理性基于自然，是认知之"理"；而心性则基于人性，是伦理之"理"。"心性"比"理性"具有更为超越的"精神"气质。西方精神哲学的理念基础是"人是理性动物"，故其体系从人类学的"自然"开启；中国精神哲学的出发点是"人之异于禽兽者"的对人的超越，故从人性人心开始。虽然传统中国精神哲学似乎跳过"人"的自然过程，但它从"人之为人"即从"人之性"而不"物之性"出发探讨人的精神发展过程和精神世界建构，造就一种独特的精神哲学形态，即基于"心性"而不是"理性"的伦理型文化的精神哲学形态，做出了独特的精神哲学贡献。也许，世界学术史上从未有另一种文化传统对心性问题倾注数千年的哲学关注，这便是中国传统和中国形态，它赋予中国精神哲学以更纯正浓郁的"超越自然"的伦理型文化气质。

3. 伦理优先与道德优先

在任何精神哲学体系中，伦理道德都是最具现实性的构造，区别在于伦理、道德与精神哲学体系的关系。在黑格尔精神哲学中，伦理道德是精神的"客观精神"或社会形态，《法哲学原理》既是精神哲学中的客观精神结构，又是他的伦理学。在中国传统中，精神哲学是伦理道德"上达下求"而成的体系，上达是天人合一，下求是心性之学，不仅精神哲学乃至整个哲学传统都具有浓郁的伦理学气质。

然而，伦理与道德的关系在相当程度上构成诸精神哲学形态或人的精神世界的"形态"标志。这种关系的实质是：伦理优先还是道德优先？伦理精神还是道德精神？康德体系因"全无伦理的概念"，其体系只是"理性"哲学而不是"精神"哲学。黑格尔建立了伦理道德一体的客观精神体系，然而在他的体系中伦理与道德的地位明显摇摆，但伦理与道德的一体互动是他对精神哲学的重大贡献。伦理道德一体、伦理优先是中国精神哲学的传统，孔子"克己复礼为仁"从一开始便奠定了伦理优先的精神哲学的基调，日后的"五伦四德"和"三纲五常"，都是这一基调的展开。中国精神哲学中的"精神"首先是伦理精神，伦理优先使中国精神哲学始终守望"精神"，而拒绝向"理性"方向发展。

伦理之为"精神"的要义是什么？是"从实体出发"。"伦理"与"精神"在哲学意义上一体相通。黑格尔说过，伦理是本性普遍的东西，这种普遍的东西只有通过精神才能达到。由"精神"达到"伦理"的要义是"从实体出发"，即透过实体认同达到伦理，它与"集合并列"的理性主义伦理观相对立。"集合并列"因其"原子式提高"而被黑格尔批评为"没有精神"，不能达到个体性与实体性的统一。伦理精神与道德理性的最大区别在于"精神"与"理性"，二者都可能建构普遍性，但路径不同，前者是"从实体出发"，后者是"集合并列"。回归"精神"必须守望"伦理"，在伦理道德的一体互动中坚持伦理之于道德的精神哲学优先地位。

4. 天人合一与神人合一

精神哲学的最高境界都是超越，用黑格尔哲学的话语表述，是此岸与彼岸、生活世界与精神世界、个体与实体的"和解"或"相互承认"。西方精神哲学的超越最后必须透过宗教的中介完成，康德的两大公设呈现了终极超越的彼岸意义，黑格尔以宗教为"绝对精神"的否定环节，是精神最后回到自身的必经阶段，在这个意义上，西方精神哲学是一种彼岸超越。中国精神哲学的终极超越在此岸完成，是一种"入世而超越"的精神哲学。"人法地，地法天，天法道，道法自然。"① 精神在人与天、地、道、自然的贯通中走向终极。中国哲学将天地并列，地是此岸，天是彼岸，人在天地间，以精神顶天而立地，天人合一的终极境界就是此岸与彼

————————

① 《老子》二十五章。

岸的合一。在中国文化的天道观中，"天"虽具有某种彼岸性，但它仍然不是终极，天之上有"道"，而形而上的"道"同样不是终极，"自然"才是终极，"自然"就是人所"在"的那个世界，包括生活世界与精神世界、此岸世界与彼岸世界。《中庸》建构了一个由"天下至诚"而达到"极高明"的人的精神发展之路。"唯天下至诚，为能尽其性。能尽其性，则能尽人之性；能尽人之性，则能尽物之性；能尽物之性，则可以赞天地之化育；可以赞天之化育，则可以与天地参矣。"① 这是一个"己之性—人之性—物之性—天地之性"一体贯通的天人合一的精神世界和精神哲学的终极超越。这里的"天"虽然包含自然、宗教、伦理的多重意义，但无论如何"赞天地之化育""与天地参"已经是一个此岸与彼岸、个体与实体统一的精神世界，也是一个"入世而超越"的终极精神世界。这种走向终极的精神之路，似乎与黑格尔"艺术—宗教—哲学"的终极精神之路有某些契合，但在黑格尔体系中宗教是彼岸，由彼岸回到"精神"的概念本身，归根结底是一种经过彼岸回归本体的超越之路，"入世而超越"才是中国精神哲学具有终极意义的"精神"气质和"精神"形态。

（四）"伦理精神"文化自立的概念体系

要之，"伦理"与"精神"是中国人的精神世界和中国精神哲学形态两个最重要的文化元素，它们分别与"宗教"与"理性"的西方元素相对应，"伦理"与"精神"的一体贯通，形成精神世界与精神哲学体系的特殊中国形态和中国气派，这就是"伦理精神"形态和"伦理精神"气派，它与"绝对精神"或理性主义的西方精神哲学形态在世界文明体系中比肩而立，交相辉映，现代文明的中国精神哲学形态，就是"伦理精神形态"，它是精神哲学的伦理型文化形态。由此便可以回答一个问题：伦理道德如何缔造现代文明的中国精神哲学形态？以"伦理精神"缔造现代文明的中国精神哲学形态。"伦理"守望，"精神"回归，"伦理精神"的创造性转化与创新性发展，不仅是中国精神哲学的文化自觉和文化自信，而且是在全球化背景下达到文化自立的必要条件。然而，"伦理"与"精神"只是"伦理精神"的文化因子，"伦理精神形态"在现

---

① 《中庸》二十二章。

代文明体系中的文化自立，还期待形上层面的某种哲学革命，尤其期待建立一套体现伦理精神自信自立的理念和概念体系。概言之，这种理念和概念体系的基本元素就是："文明共生—文化生态—文化共和。"

1. 文明共生

"文明共生"是人类文明诞生的原初图像，也是由文明基因所决定的现代文明的基本价值。历史还原表明，人类诸文明诸形态包括中国、希腊、印度、巴比伦四大文明古国原初是在相互隔绝的状态下孕生，在彼此无知的状态下长期比肩而立，本无所谓高低优劣，都是从各民族的生命和生活中"长出"的文明和"长出"的文化，此即所谓"文化自生"。正如梁漱溟先生所说，文化就是"人的生活样法"。轴心时代，诸文明形态诞生了某些"最崇高的观念"，这些"最崇高观念"之间关系的本是"理一分殊"，话语方式"分殊"，但精神旨趣"理一"，表达的都是人类在精神上走向无限的超越性，所谓殊途同归，一虑而百致。它们在日后漫长的自我发展中形成高度完备的文明体系，并自古典时代起便成为所在地域精神世界和生活世界的"轴心"，造就人类文明的万种风情，每一文明形态都做出了独特贡献。正因为人类文明由"轴心时代"走来，在"轴心思维"的驱动下，对待其他文明的态度很容易形成以自我为"轴心"的文化中心主义倾向，然而无论这种自然的文化倾向如何在任何民族中不同程度地存在，都不能改变文明共生和文化多样性的"理一分殊"的事实，唯一需要改变并亟须改变的是人们对待世界文明的文化态度。在精神世界，数千年的人类文明逐渐形成两大轴心，即以出世超越为"轴心"的宗教型文化，和以入世超越为"轴心"的伦理型文化；由此形成两种精神哲学形态，即以宗教精神为顶层设计的理性主义的精神哲学形态，和伦理精神为顶层设计的精神哲学形态。两种形态好似精神的阴阳两极或两种文化性别，在人类精神世界的生命共同体中辩证互动，交织为人类文明生生不息的无限活力。只是，它们已经由轴心时代原初状态下的"青梅竹马，两小无猜"，经过文化身份认同的现代性启蒙，在交汇碰撞中产生现代性危机。在"文明的冲突"的时代，人类不仅应该走出"轴心文明"，更应该告别"轴心思维"，保持"文明自生"的文明本真和文化实心，告别作为异化历史的"轴心文明"，进入"文明共生"的新时代。精神哲学必须首先完成"文明共生"的新启蒙，因为无论精神世界还是生活世界,"学会共生"已经不仅关乎一种文明而是关乎整个人类命运的文化觉悟。

2. 精神生态

"伦理精神形态"的文化自立如何可能?以"文化生态"为形上基础的"精神生态"可以为之提供理念。文化人类学发现,由于文明在相对隔绝的状态下孕生,因而具有悠久传统的任何一种文化尤其成熟文化都相对自足甚至是自给自足的生命体,自给自足意味着文化系统中内在使作为该文化承负者的个体及其民族安身立命的基本要素甚至一切要素,可以满足其精神世界和生活世界中自我调节的需要。中国文化不仅是梁漱溟所说的早熟的文化,而且是高度成熟的文化。宋明理学是中国传统文化的辩证综合,它所创造的儒道佛三位一体的哲学体系和精神构造,将儒家的入世、道家的避世、佛家的出世互补互摄,使中国人在任何境遇下都不会丧失安身立命基地,形成自给自足的精神世界和自给自足的生活世界。扩而言之,任何一种发育相对成熟的文化体系都有同样的特点,否则便不能满足人的精神世界的基本需要。因此,在文化比较中如果发现某种文化因子很重要但在特定文化系统中并不具备,那么审慎的态度便不是激烈的文化批判或简单的文化改造,而且寻找和反思其文化替代。当然,"文化自足"并不排斥文化开放和文化交融,但同样需要有正确的理念和态度。在全球化背景下,文化交融的本质是"兼容"而不是"包容"。文化"兼容"是彼此之间的互镜,是开放心态下的相互借鉴,它以不同文化之间的平等和相互承认为前提。而文化"包容"则往往以居高临下的心态对待异质文明和异质文化,虽有文化开放,但却是以"一览众山小"的心态藐视甚至蔑视异质文化,"包容"是伦理外衣和道德做派下的文化中心主义和文化帝国主义。文化开放和文化学习的本质是移植,是新的文化要素在文化生态中的成活和再生,它犹如器官移植,必须建构文化的新的生命同一性或生态同一性,否则便会产生文化抗体或文化冲突。"文化自足论—文化替代论—文化兼容论",构成"精神生态"理念的形上基础。精神哲学和精神世界是个体和民族的生命表达,"文化生态"以及由此衍生的"精神生态"的理念对精神哲学和人的精神世界的民族"形态",具有更为直接的理论和实践意义。

3. 伦理共和

伦理共和的要义是多样性文化的共生共荣,它以文化共和为指向,因为表征对待世界的一种新态度,因而本质上是一种伦理共和。"伦理共和"是针对文化帝国主义或所谓"全球化"的对文化多样性的尊重与承认的"新态度",其要义是"和则生物"的文化创造。当今对文化包括自身文化传统和异质文化的解读,常常囿于"文化了解"。"了解"的态度是对象化,止于知识;理解是生态的把握,态度是海外新儒家所说的那种"同情"和"敬意"。如果将文化传统和异质文化当作文本,那么根据解释学的理论,人们所把握的只是文本的"意义",而不是"含义","意义"与解释者的"先见"如价值观、文化态度等密切相关,只有通过"理解"而不是"解释"才能达到。基于"精神生态"的理念,对人的精神世界及其精神哲学形态把握必须是"文化理解",文化了解很可能导致碎片化的肢解,文化理解才能达到生命的贯通。理解是倾听,是同情,是敬意,而不只是对象化的反思与批判。理解需要对话。对话的要义是相互承认,借此才能由文化理解走向文化和解。伦理精神的中国精神哲学形态的文化自立,必须透过与其他精神哲学之间的文化理解和文化对话达到,在理解和对话中实现与自己的文化传统,以及与其他文化传统之间在精神世界的和解,最后在民族精神哲学形态和精神世界的文化自立中走向文化共和,这种文化共和的精髓,是诸文明、诸文化、诸民族之间的伦理共和。

第六编

走向伦理精神

二十　伦理道德，为何"精神"？

　　"伦理道德的精神哲学形态"是一个充满学术诱惑和学术挑战、有待披荆斩棘地学术开拓的命题，这一命题中的任何概念都需要经受严谨的学术批判和学术论证。"精神哲学形态"是基于对"伦理道德"的"精神"本性的认知、运用"精神哲学"方法所进行的关于伦理道德的哲学"形态"的研究。"精神哲学形态"既是一个反思性命题，藏关于伦理道德"精神"本性的强烈甚至尖锐的问题意识，也是一个建构性命题，隐含关于伦理道德的"精神哲学"的"形态"建构的主题诉求。从作为言说主体的"伦理道德"（既不是"伦理""道德"，也不是"伦理与道德"）话语、"精神哲学"的理念与方法，到"形态"的主题，再到"伦理道德的精神哲学形态"的命题，诸多概念元素不仅因个体性化而可能引起争议甚至非议，而且因为关乎道德哲学和中国伦理道德发展的诸多重大前沿问题，必须经过严肃的学术批判，其中最具基础意义的就是关于"伦理道德"的"精神"本性的定位和诠释，如果这一工程不完成，不仅"伦理道德的精神哲学形态"的命题难以真正成立，甚至本身就是虚命题甚至伪命题，进而对于当代伦理道德尤其是中国伦理道德发展的重大理论推进就成为不可能。"形态"是存在方式，也是呈现方式。"伦理道德的精神哲学形态"的学术抱负，是关于伦理道德的"精神"本性的前沿性理论澄明，也是关于伦理道德发展的"精神哲学规律"的现实辩证，它在形上层面都向一个前沿问题："精神"，具体地说：伦理道德，为何"精神"？

　　伦理道德的"精神"本性如何在哲学上澄明？期待以下三个辩证：（1）关于伦理道德的哲学本性的三大理论资源，即马克思、康德、黑格尔的道德哲学理论及其相互关系的辩证，中西方两大精神哲学传统的辩证；（2）伦理道德的三种形上形态，即精神现象学、法哲学、历史哲学及其相互关系的辩证；（3）伦理精神与民族精神关系的辩证。三大辩证，形成历史辩证—哲学辩证—现实辩证的系统，也是伦理道德作为"精神"的三种存在形态。

（一）关于伦理道德本性的三大理论资源

1. 三大资源与两种话语

"伦理精神"的理念和"伦理道德的精神哲学形态"的命题，在问题意识和主题追求方面，与三大学术资源相关：以黑格尔哲学尤其精神哲学资源为轴心，向后追溯作为黑格尔哲学的批判者和继承者的马克思哲学；向前回溯到黑格尔所继承和批判的康德哲学。而对这三大学术资源的辨析和选择，无论在学术自觉还是文化本能方面，都基于中国道德哲学的资源。因而对三大学术资源及其与中国道德哲学传统之间关系的澄明便是基本问题。

仔细反思发现，"精神"的概念在中国的使用存在两种语境和两种传统，彼此具有十分不同的意韵：哲学语境和伦理学语境、"学院传统"和"民间传统"。哲学语境中的"精神"广义上是意识或者理性；伦理学意义上的精神即毛泽东所说的"人是要有一点精神的"，是人的"精气神"。有意思的是，哲学语境中精神一般在学术研究中，而伦理学语境中的精神往往发生于生活世界，或与人的行为实践相关的场域。于是，关于"精神"事实上便有"学院传统"与"民间传统"两种意旨，两种语境像两个世界，彼此很少互通，因而便产生诠释和理解中的诸多混淆，导致关于伦理道德的"精神"本性在解释和表达中的诸多困难。"伦理道德的精神哲学形态"中的"精神"，是"精神哲学"或伦理学意义上的概念。因为是伦理学的概念，因而与"伦理"内在逻辑和历史的同一性，所谓"伦理精神"；但因其在"精神哲学"意义上被考察，因而必须是"哲学的精神"。

当今学术研究中关于伦理道德本性的理解大致来自三大理论资源，即马克思、康德和黑格尔，三大理论资源形成三种诠释传统。马克思在将伦理道德当作意识，准确地说社会意识，与之对应的概念是存在或社会存在，由于广义的意识在西方哲学传统中也被表述为"精神"，于是在与物质对应时，伦理道德便是或属于"精神现象"。康德将伦理道德准确地说将道德诠释为"实践理性",是"理性"的一种形态。黑格尔将伦理道德当作"绝对精神"发展的一个阶段或一种形态,即客观精神。社会意识、实践理性、客观精神,就是三大理论资源关于伦理道德哲学本性的核心话语。三者既相互交切,存在承续与扬弃的关系,又彼此分殊,存在精微而又深刻的差异,它们的共生互动,是伦理道德在理论和实践上诸多分歧和难题的根源所在。

必须讨论的问题是,基于三大理论资源,为何将伦理道德认同为"精神"?在何种意义上认同为"精神"?

2. 三种概念框架

马克思在"意识—社会意识"的哲学框架下诠释伦理道德的哲学本性。马克思关于伦理道德本性的诠释与两大问题相关:马克思到底在何种意义揭示伦理道德的本质?伦理道德在马克思哲学体系中具有何种地位?在历史唯物主义体系中,伦理道德是一种意识现象,是具有一定客观性的"社会意识"的一种形态,其本质是对"社会存在"的反映,为物质生活条件所决定,其经典表述就是恩格斯在《反杜林论》中的那个著名论断:"人们自觉地不自觉地,归根到底总是从他们阶级地位所依据的实际关系中——从他们进行生产和交换的经济关系中,吸取自己的道德观念。""善恶观念从一个民族到另一个民族、从一个时代到另一个时代变得这样厉害,以致它们常常是互相直接矛盾的。"① 在马克思和马克思主义的哲学中,关于伦理道德本性的理解是本体论和认识论的。它发现并揭示包括伦理道德在内的一切社会现象的最后决定因子,强调社会物质生活条件对伦理道德的决定意义,因而是本体论的;它揭示伦理道德观念和物质生活条件之间的"反映—决定"关系,因而是反映论和认识论的。历史唯物主义最重要的贡献,是发现生产力对全部社会生活和社会历史进程的最终决定性意义,这一努力本质上是一种本体论诉求,是自柏拉图开始的寻找本体的西方形而上学传统在社会历史领域的哲学表达。由此也便可以推演和解释伦理道德在马克思哲学体系中的地位。不少学者质疑"马克思理论旨归中有无道德性的问题"。马克思对"对启蒙国民经济学家最大的不满就是,他们试图以道德哲学解决社会现实问题"。"马克思早年就意识

---

① 《马克思恩格斯选集》第三卷,人民出版社1972年版,第133、132页。

到道德讨论对资本主义批判是没有实质意义的，这是空想社会的东西。"
因而经常用"道德姨妈""宗教姨妈"这类带有藐视口吻的词语对其反
讽。① 一般认为，马克思首先是一位革命家，即使在青年马克思时期，也
只是基于人本主义的立场，从"应当"的意义上进行某些道德批判，但
他所致力的是社会批判而不是人文批判。其实，伦理道德作为"意识"
或"社会意识"的本体论与认识论方法，已经决定它在马克思哲学体系
中的地位："被决定"，但有"反作用"或"能动作用"，既然"被决定"
当然也就不可能具有主体性地位。

　　康德在"理性—实践理性"的框架下诠释伦理道德的哲学本性。康
德和黑格尔是马克思哲学的两个重要来源。近年哲学界出现关于从康德还
是从黑格尔来解释马克思的论争，所谓"康马"与"黑马"之争，分歧
在于强调马克思哲学中的黑格尔因素还是康德因素，前者强调客观必然性
与历史性，后者试图摆脱必然性与主观性的二元对峙。但在关于伦理道德
的哲学本性方面，康德的影响似乎要大于黑格尔，很多人将伦理道德认同
为康德所说的"实践理性"。发现康德"实践理性"秘密必须追问以下三
个问题：(1)"实践理性"与"纯粹理性"关系是什么？(2)伦理道德
是"实践理性"，还是"实践理性"的一种形态？(3)从"实践理性"
出发，康德是否使伦理道德获得彻底的哲学解释和解决？在《实践理性
批判》的导言中，康德开卷便将纯粹理性和实践理性当作理性的两种形
态，即理论应用与实践应用。② 在序言中也申言《实践理性批判》的学术
使命，"应当单单阐明纯粹实践理性是存在的，并且出于这个意图批判理
性的全部实践能力"③。在该书的第二部即方法论的开卷，康德指出实践
理性批判的方法论要义："我们如何裁成纯粹实践理性的法则进入人类的
心灵，以及裁成它们对于这种心灵的准则的影响，亦即如何能够使客观的
实践理性在主观上也成为实践的。"④ 可见，《实践理性批判》的主题是研
究理性的实践形态，因为伦理道德"使纯粹理性的法则进入人的心灵"
并使之"在主观上也成为实践的"，因而成为实践理性，准确地说，是

---

① 崔唯航等：《重估马克思与黑格尔关系的当代价值和中国意义》，《江海学刊》2016年第
3期，第44、45页。
② ［德］康德：《实践理性批判》，韩水法译，商务印书馆1999年版，第13页。
③ 同上书，第1页。
④ 同上书，第165页。

"实践理性"典型形态或一种形态，但康德从来没说，它是实践理性的唯一形态，就像在马克思哲学中伦理道德是社会意识的一种形态而不是全部形态，在康德哲学中，伦理道德只是理性的实践形态之一，是并且只是"理性的运用"。康德将伦理道德定位于"实践理性"的结果，就是在"结论"中那个著名独白："有两样东西，我们愈经常愈持久地加以思索，它们就愈使心灵充满始终新鲜不断增长的景仰和敬畏：在我之上的星空和居我内心的道德律。"① 我们已经无数次对康德的景仰表示景仰，对康德的敬畏表示敬畏，但因为这种"景仰和敬畏""始终新鲜不断"，却忘记了做一个哲学追问：在内心世界，康德是否只剩下"景仰和敬畏"？就像他的《实践理性批判》到此戛然而止一样，康德的最后只能终结于"景仰和敬畏"，根本原因在于，伦理道德，准确地说，道德是、也只是"实践理性"。

黑格尔在"精神—客观精神"的框架中诠释伦理道德的哲学本性。在哲学史上，黑格尔将世界"精神化"，建立了以绝对精神为核心的哲学体系，伦理道德是"精神"似乎已经代表他的先验哲学话语，但是，他在至今最为系统的精神哲学体系中对伦理道德与精神的关系做了最为严密的哲学呈现。黑格尔的辩证法成为马克思主义的三个基本来源之一，已经说明它与马克思之间的关系。与康德相似的是，在黑格尔哲学例如在《精神现象学》中，意识、理性、精神三个概念相互交切甚至混淆，他把《精神现象学》诠释为"意识的经验科学"，探讨精神在意识的诸现象形态和发展阶段，由此看来，精神属于意识；他将"理性"当作主观精神发展的第三个环节，但又认为精神是一种理性。精神、意识、理性的混搭是西方哲学的传统，但最值得注意的是，黑格尔不仅将伦理道德置于精神的一种形态即客观精神形态，而且客观精神就是伦理道德辩证运动的体系与逻辑展开。由此便在哲学上将理性和精神相区分："当理性之确信其自身即是一切实在这一确定性已经上升为真理性，亦即理性已意识到它的自身即是它的世界、它的世界即是它的自身时，理性就成了精神。"② 精神是理性的现实性，即理性与它的世界的同一，精神的现实内容就是伦理道德。在这里隐约可以看到康德"实践理性"的影子，推进在于黑格尔明

---

① ［德］康德：《实践理性批判》，韩水法译，商务印书馆1999年版，第177页。
② ［德］黑格尔：《精神现象学》下卷，贺麟、王玖兴译，商务印书馆1996年版，第1页。

确宣示：伦理道德不是理性，而是理性发展的更高形态即精神形态，黑格尔是在"主观精神—客观精神—绝对精神"的辩证运动的体系中揭示伦理道德的哲学本性。

有待追究的是，黑格尔为什么能完成由康德的"实践理性"向"客观精神"的哲学推进？秘密在于，黑格尔严格区分了伦理与道德，不是以道德取代或僭越伦理，而是将伦理与道德置于客观精神发展的不同环节，在客观精神的辩证运动中，伦理具有毋庸置疑的优先地位。黑格尔尖锐地指出，"康德多半喜欢使用道德一词。其实在他的哲学中，各项实践原则完全限于道德这一概念，致使伦理的观点完全不能成立，并且甚至把它公然取消，加以凌辱"①。取消和凌辱伦理的后果是什么？使康德的哲学成为"真空中飞翔的鸽子"，只在"纯粹"中存在；而因为对伦理的肯定和尊重，黑格尔哲学成为"黄昏起飞的猫头鹰"，实现由理性向精神的凤凰涅槃。因为，伦理与道德不同，已经不只是主观性，而且是客观性，所谓客观伦理或社会伦理。由此，伦理道德便成为精神，准确地说，客观精神。

然而，在黑格尔那里，无论"精神"还是对伦理道德精神本性的演绎，都是头足倒置的，马克思对它进行了革命性"颠倒"，有学者将这种颠倒诠释为"退却"，实际上是一种回归，即从黑格尔抽象思辨回到现实生活世界，所谓"感性的暴动"。但正如海德格尔所说，随着马克思完成这一对形而上学的颠倒，哲学达到了最极端的可能性。在日后关于马克思哲学的理解中，这种"最极端的可能性"之一，就是对感性的放逐，其典型表现之一就是庸俗的存在决定意识、利益决定道德的自然主义。马克思将共产主义表达为"完成了的自然主义"，从而与人道主义相通，然而由"存在决定意识"机械地推演出的"利益决定道德"，却是一种庸俗的自然主义，而不是"完成了的自然主义"。于是便可能产生一种马克思所担忧的现象：播下的是龙种，收获的却是跳蚤。结合当今理论与现实中的种种误区，不得不承认，海德格尔所担忧的那种"最极端的可能性"已经存在。这种"最极端可能性"的形成，相当程度上是在形而上学层面将"意识"与"精神"混同的结果，其核心是伦理道德与感性自然的关系问题。

---

① ［德］黑格尔：《法哲学原理》，范扬、张企泰译，商务印书馆1996年版，第42页。

马克思主义哲学承认,意识是物质世界长期发展的结果,是作为人的物质器官即人脑的产物,是对存在的反映。但如果将伦理道德只当作物理和生理的意识现象而不是文化意义上的精神现象,便内在庸俗化的可能,堕落为自然主义。在黑格尔的哲学中,"精神"具有特殊的规定,这就是既从自然中产生又扬弃自然,与自然相对立,超越于自然才是精神,也才有精神。在《精神现象学》中,道德是客观精神发展的最高阶段,其标志就是所谓"道德世界观",道德世界观以道德与自然的对立及其自觉为标志,"道德规律成为自然规律"是道德世界观的根本目标,道德世界观是道德主宰的世界观,由此道德才成为客观精神的最高形态。在这个意义上,黑格尔关于伦理道德的"精神"本性的定位是价值论和生命论,而不是本体论和认识论。

3. 基于中国传统的整合与超越

综上,可以将关于伦理道德本性的三大理论资源归结为三种概念范式:意识—社会意识,理性—实践理性,精神—客观精神。三种范式都是形而上学,但具有不同的哲学语境:本体论、认识论、价值论。准确定位伦理道德的哲学本性,必须对这三大理论资源进行反思性整合。恩格斯在马克思墓前的讲话已经确认,马克思首先是一个革命家,而康德、黑格尔是纯粹的哲学家。三者的根本区别,不在于存在与本质的关系,而在于现存与合理的关系问题。正如一些学者所指出的,马克思作为革命家,已经说明他不是传统意义的哲学家,理解马克思必须认真对待的问题是,作为革命家的马克思,如何影响作为理论家的马克思。① 马克思并没有像康德、黑格尔那样篇幅宏大的关于伦理道德的专门论著,在《马克思恩格斯选集》中,马克思关于伦理道德的专著有《道德化的批判和批判化的道德》,恩格斯在《反杜林论》《费尔巴哈论》中有较长的篇幅讨论伦理道德问题。而且,在相关论述中也只用"道德"的话语而没有"伦理",因为马克思最重要的哲学努力是寻找人类社会发展的本质,社会存在是本质,伦理道德只是作为对它的反映的社会意识,于是完成社会批判也就逻辑地完成道德批判,而马克思哲学中没有伦理的概念,也可以假设为受康

---

① 崔唯航等:《重估马克思与黑格尔关系的当代价值和中国意义》,《江海学刊》2016 年第3 期,第31 页。

德传统的影响，在马克思的时代，康德的影响要比黑格尔大得多。

关于伦理道德的"社会意识"定位的"决定论"传统，给现代中国道德哲学和道德发展产生了极为深远的影响，由于伦理道德不仅是意识，而且被经济发展水平和经济利益关系所决定，因而很容易被简单化为只是经济发展水平和物质生活方式的"自然"结果，于是便内在海德格尔所说的那种"最极端的可能性""极端化"为道德相对主义、道德自然主义和道德无用主义。康德关于道德的"实践理性"定位，旨在批判纯粹理性的实践能力，而不是将道德推向实践，由此便导致一种状况：在康德那里，道德只是推演理性的实践能力的工具，绝不是要使道德外化为实践，于是标榜作为"实践"的"理性"的道德，恰恰最缺乏实践的内在力量，康德主义的"实践理性"在中国伦理道德发展中酿造的苦果之一，就是"有道德知识，但不见诸道德行动"的具有哲学意义的品质缺陷。

三大理论资源中，马克思主义是主流，康德主义是支流，而黑格尔因为经过马克思的批判，虽然被公认是马克思主义的重要来源和组成部分，但只在学术反思中偶尔被关注。中国道德哲学和道德发展在理论和实践上的突破，有必要重新反思马克思对黑格尔的批判性改造，重新发现黑格尔精神哲学的意义。马克思聚力于生活世界的现实批判，黑格尔聚力于精神世界的思辨性建构；马克思哲学的重心是"物质"，黑格尔哲学的重心是"精神"。黑格尔赋予伦理道德以精神的本性与本质，将伦理道德当作精神的现实形态或客观形态，在精神哲学的框架下建立了一个"精神"的道德哲学体系。当然，黑格尔基于"精神"的道德哲学也只能"黄昏起飞"而不能"白天起飞"，因为它是头足倒置的思辨的理想主义。有理由假设：在道德哲学领域，如果将马克思的"物质"和经过批判性转化之后的黑格尔的"精神"相整合，将会迎来一个具有革命意义的突破，至少，可以突破"有意识""有理性"，但"没精神"的现代道德哲学与道德发展难题。

以何种资源实现三大理论资源的反思性整合和创造性转化？必须回到中国传统。伦理道德不仅是伦理型中国文化对人类文明做出的最大贡献，而且在"有伦理，不宗教"的五千年中国文明中一直担负着特殊的文化使命。如果说在西方文明中宗教主导着人的精神世界，那么在中国文明中伦理道德便是人的精神世界的核心。所以，中国哲学对伦理道德从一开始便进行"精神"的而不是"意识"、"理性"或"物质"的把握。"精神"之于伦理道德和人的精神世界的意义，在作为中国哲学的辩证综合的宋明理学中得到自觉阐释。陆九渊豪迈宣告："收拾精神，自作主宰，万物皆备于我。"（《陆九渊集》卷三十五）有"精神"便可以"自作主宰"，建构真正的主体性，生成"万物皆备"的自足精神宇宙。王阳明以"精神"诠释作为他的道德哲学核心概念的"良知"，"夫良知一也，以其妙用而言，谓之神；以其流行而言，谓之气；以其凝聚而言谓之精"（王阳明：《王文成全书》卷二）。伦理道德即良知，即人的精气神。不难发现，中国道德哲学传统与黑格尔精神哲学有深切相通之处。在黑格尔那里，"精神"具有三大特征：出于自然而超越自然，"单一物与普遍物的统一"，思维与意志的统一。中国道德哲学在人兽之分即孟子所谓"异于禽兽"的意义上体认人性，认为"天下之事，义利而已"，是出于自然而又高于自然；伦理道德的精髓在人伦，人伦关系的真谛，是个体"单一物"与"伦"的"普遍物"的统一，是将个体性的"人"提升为普遍性的"伦"的存在，从而达到永恒与不朽；知行合一不仅是良知，而且是伦理道德的本质特征，其哲学表达就是思维和意志的统一。有理由假设，"精神"是三大理论资源在中国传统下的辩证互动所体现的关于伦理道德本性的中国话语。由此，马克思被物质生活条件所"决定"的"社会意识"（或广义的精神），康德"真空中飞翔"的"实践理性"，黑格尔"黄昏起飞"的"客观精神"，被中国化为一个简洁的概念：精神。

（二） 现象学、法哲学、历史哲学三位一体的概念基础与"形态"体系

1. 问题：何种"体"？如何"一"？

必须承认，在关于道德形而上学体系的精神现象学、法哲学、历史哲学三位一体的观点，与其是一种立论，毋宁说是一个大胆假设，有待严谨的"小心求证"。必须解决的基本问题是：如果"三位一体"，这个"体"是什么？如何"一"？它又回到一个最根本的问题：伦理道德的哲学本性是什么？如果是"精神"，那么，"精神"在概念中能否、如何达到现象学、法哲学、历史哲学的统一？同时又回到一个命题："伦理道德的精神哲学形态"，如果伦理道德在形上层面是或且具有精神哲学形态，那么，现象学、法哲学、历史哲学三位一体能否构成伦理道德精神哲学形态的体系或形上基础？

破解这些难题的关键有三："精神"的概念，精神现象学、法哲学和历史哲学的关系，伦理道德与精神现象学、法哲学、历史哲学的关系。"三位一体"的根据及其哲学逻辑：伦理道德的本性是精神；"精神"的哲学本性是思维和意志的统一；思维和意志统一的哲学形态及其现实性，是现象学、法哲学、历史哲学的三位一体。

2. "精神"概念中的"三位一体"

现象学、法哲学、历史哲学三位一体，内在于伦理道德的概念本性中，是伦理道德"精神"的概念本性的逻辑展开。在中国传统和黑格尔哲学中，伦理道德与"精神"似乎存在某种概念上的相互诠释和体系上的相互包容关系。在黑格尔《精神现象学》中，伦理道德是"客观精神"即精神的现实性的两个基本结构；在《法哲学原理》中，伦理道德是意志自由发展的两个基本环节，而恩格斯曾经明确指出，黑格尔的伦理学就是他的法哲学。在中国传统中，"精神"不仅是伦理道德的内核，甚至就是伦理道德本身，王阳明以精神诠释良知已经表明这一特点。伦理道德的本性是"精神"，那么"精神"的形上结构是什么？这又回到黑格尔的关于精神的那个著名论断。在《法哲学原理》中，黑格尔对于"精神"的表述似乎相互矛盾。他首先申言"法的基地一般说来是精神的东西，它的确定的地位和出发点是意志"。继而又说，"精神首先是理智"，"精神一般说来是思维"。① 然而这两种观点并不矛盾，黑格尔的哲学辩证是：精神是思维与意志的统一。"精神一般说来就是思维，人之异于动物就因为他有思维。但是我们不能这样设想，人一方面是思维，另一方面是意志，他一个口袋装着思维，另一个口袋装着意志，因为这是一种不实在的想法。思维和意志的区别，无非就是理论的态度和实践的态度的区别。它们不是两种官能，意志不过是特殊的思维方式，即把它自己转变成定在的那种思维，作为达到定在的冲动的那种思维。"② 这段论述表面谈思维和意志的关系，实际澄明思维、意志与精神的关系，他所做的哲学辩证是：精神是思维和意志的统一，但思维和意志并不是精神的两个结构，而是精

---

① ［德］黑格尔：《法哲学原理》，范扬、张企泰译，商务印书馆 1996 年版，第 10、11、12 页。

② 同上书，第 12 页。

神的两种形态。两个结构是什么？就是黑格尔所批评的"人有两个口袋"，分别装着思维和意志；两种形态即精神的两种存在和呈现方式，两种形态是什么？是对待同一对象的两种不同态度，是理论态度和实践态度的区别，理论的态度是思维，实践的态度是意志或冲动。思维和意志合一，"一"是什么？就是"精神"，思维与意志合于"精神"。如何合一？为何合一？意志是特殊形态的思维，是"冲动形态"即将自己实现出来的那种思维。思维是"知"即黑格尔所说的"理智"，意志是"行"，二者关系的中国话语与中国表达就是王阳明的"知行合一"。"一"是什么？在王阳明那里，"一"是"良知"；"良知"是什么？"良知"是"精神"。如何才是真正的"合"？"知""行"之间不能用"与"字，借用王阳明阐述"心"等"理智关系的结语"，"下'一'字，恐未免有二"（王阳明《传习录》上）。用一"与"字，"知""行"便是良知或精神的两个环节，或黑格尔所说的两个口袋。"知行合一之说，专为近世学者分知行为两事，必欲先用知之之功而后行，遂致终身不行，故不得已而为此被偏救弊之言。"（王阳明：《答周冲书五通》）真知必行，不行不谓真知。如果用中国话语表达黑格尔的理论，"精神"便是"思维意志合一"，如何"合一"？它们只是"精神"的两种形态或对待同一对象的两种不同态度。归根到底，思维与意志、知与行，"合"于"精神"，一本两相。黑格尔这样表述理论态度与实践态度之间的关系："理论的东西包含于实践的东西之中……如果没有理智就不可能具有意志。反之，意志在自身中包含着理论的东西。……人不可能没有意志而进行理论活动或思维，因为在思维时他就在活动。"①

有待探究的是，思维与意志，或知与行，对"精神"，对伦理道德有何特殊意义？概言之，思维是将自我普遍化，而意志则是自我规定。在人的精神活动中，思维指向普遍，"每一种观念都是一种普遍化，而普遍化是属于思维的。使某种东西普遍化，就是对它进行思维。自我就是思维，同时也就是普遍物"。思维扬弃自身的个别性，消除特殊性，而意志则是自我限制，希求特殊物。"意志这个要素所包含的是：我能摆脱一切东西，放弃一切目的，从一切东西中摆脱出来。"②"意志所希求的特殊物，

---

① ［德］黑格尔：《法哲学原理》，范扬、张企泰译，商务印书馆1996年版，第13页。

② 同上书，第15页。

就是一种限制，因为意志要成为意志，就是一般地限制自己。意志希求某事物，这就是界限、否定。"①"克己""修身"，就是限制自己，"从一切东西中摆脱出来"的意志力的表现。于是，在"精神"中，就内在两个辩证的品质：一方面通过思维追求自我超越的普遍性，以成为普遍存在者；另一方面通过意志限制和规定自己，以实现普遍性。思维普遍化自我，意志限制自我，这就是"精神"的思维与意志、知与行的辩证品质。"舍生取义"便体现了"精神"的品质。"取义"追求价值的普遍性，"舍生"限制与否定个体的特殊性，限制个体性是为了追求和达到普遍性。思维与意志、知与行统一的这种"精神"真谛，用黑格尔的一个命题表述就是：精神是"单一物与普遍物的统一"，而这种统一正是伦理的品质和达到伦理的条件。精神是达到伦理的条件，"没有精神"便"永远"不可能达到伦理。于是，伦理与精神便概念地同一，所谓"伦理精神"。

3. "精神"形态中的"三位一体"及其现实性

思维与意志的形上形态是什么？其体系化的表现就是精神现象学与法哲学，思维和意志合一的"精神"的概念展开所生成的哲学体系，就是精神现象学与法哲学的贯通。精神现象学关注观念，法哲学关注规范，观念是思维的结果，规范的对象是意志行为。黑格尔将《精神现象学》诠释为"意识的经验学"，而法哲学的研究对象是意志，于是，精神现象学与法哲学便逻辑与历史地在"精神哲学"中"合一"，也"精神地"合一。难题在于，在现象学、法哲学以及历史哲学三大形态之间是否存在某种逻辑上的先后位序？正如杨国荣教授所说，如果将它们并列，那么作为伦理道德内核的规范性就会被抽出；但如果三者是某种推绎关系，那么将因为缺乏现实性而陷于抽象思辨。精神现象学、法哲学、历史哲学，作为三大哲学形态，当然有其独特的对象和方法，但无论作为伦理道德的三大形而上学基础，还是作为伦理道德的三种精神哲学形态，彼此之间又确实存在某种一体相通的关系，"三位一体"之"体"，一是"精神"的概念，或关于伦理道德本性的"精神"把握；二是伦理道德的精神哲学"形态"，即伦理道德的精神哲学"呈现"。精神现象学的

---

① ［德］黑格尔：《法哲学原理》，范扬、张企泰译，商务印书馆1996年版，第17页。

对象是思维或意识，法哲学的出发点是意志，思维和意志是"精神"概念一体两面的两种形态，现象学和法哲学是伦理道德的"精神"本性的两种哲学形态，即理论形态与实践形态。历史哲学与它们的关系如何？在《历史哲学》中，黑格尔将历史分为三种：记事的历史、反省的历史、哲学的历史。哲学的历史是精神的历史，精神的历史才是真正的历史。姑且不对黑格尔的历史观进行评价，"精神的历史"已经对精神现象学、法哲学与历史哲学之间的关系，也对伦理道德与历史哲学之间的关系做了概念性的表述。如果说精神现象学与法哲学是伦理道德作为精神的两种哲学形态的合一，那么，历史哲学便是伦理道德作为"精神"的历史运动或在历史上的辩证发展。于是，精神现象学、法哲学、历史哲学，便在"精神"的概念和理念下"合一"。三大体系"合一"的概念基础或理论元点是"精神"；呈现方式是"形态"准确地说是"精神哲学形态"。由此，精神现象学、法哲学、历史哲学便逻辑与历史地"三位一体"，成为伦理道德的"形而上学基础"和"形而上学形态"或"精神哲学形态"。

有意思的是，黑格尔一生亲自完成四部书。亲自完成的第一部书《精神现象学》、亲自完成的最后一部书《法哲学原理》，以及在他的哲学体系中具有特别重要地位的《精神哲学》，相当意义上都可以被当作伦理学或道德哲学，事实上并不只是《法哲学原理》是黑格尔的伦理学，恩格斯的论断可能有特殊的语境，因为关于伦理道德的论述，在另外两部书中不仅篇幅上占有特别重要的地位，例如在《精神现象学》的下卷，三分之二的篇幅讨论伦理道德。更有意思的是，《法哲学原理》的内容几乎全部纲要式地包含于《精神哲学》中，是"主观精神—客观精神—绝对精神"的三大环节之一。这些事实都可以反证一个判断：在黑格尔那里，伦理道德是"精神"。黑格尔进行了关于伦理道德为何是"精神"、是何种"精神"，以及如何"精神"的哲学论证。于是，有待进一步论证的问题，反而不是它们之间的同一性关系，而是三者之间的殊异，尤其是精神现象学与法哲学在"精神"本性和哲学体系上的殊异。这一殊异首先存在于黑格尔关于"精神"的概念规定中。如前所述，思维与意志是"精神"的一体两面，但是，在关于"精神"的概念诠释中，黑格尔似乎强调思维、观念、理智的某种前置地位。"精神首先是理智"，"精神一般说来就是思维"，这些命题似乎已经昭示精神现象学之于法哲学在人的精神构造及其形上体系中的某种前置性。这种处于前置地位的"精神"的秘密也许在于：思维追求普遍，意志规定和限制人的个别性实现普遍性，由此才达到"单一物与普遍物统一"的"精神"。与之相关联，在黑格尔体系中，似乎存在一种矛盾：在《精神现象学》和《法哲学原理》中，伦理与道德的"精神"地位相互倒置。《精神现象学》展现的"精神"发展过程是"伦理—教化—道德"，即"伦理世界—教化世界—道德世界"；《法哲学原理》展现的精神进程是"抽象法—道德—伦理"。这种现象不能简单解释为体系的自相矛盾，虽然《精神现象学》是黑格尔完成的第一部著作因而可能被假设为不够成熟，虽然《法哲学原理》与《精神哲学》中关于伦理道德关系的体系安排完全一致因而可以被假设为成熟的观点，但如果在体系中真的存在这一矛盾，运思缜密的黑格尔一定会在生前加以修订，就像修订《小逻辑》一样。因此只能认为，伦理与道德关系的在黑格尔体系中的倒置，根本上是因为现象学与法哲学的不同"精神"形态。《精神现象学》研究意识的辩证发展，于是黑格尔展现了由伦理世界的实体、到教化世界的个体、最后到道德世界的主体的"实体—个体—主体"的"精神"运动过程。在这一过程中，伦理是"真实的精神"，教化是"自身异化了的精神"，道德是"对其自身具有确定性的精神"。《法哲学原理》研究的对象是意志，主题是意志自由，意志自由的实现过程是：在抽象法中有抽象的自由，在道德中有主观自由，在伦理即家庭、市民社会、国家诸伦理实体中有现实自由，揭示的是"抽象自由—主观自由—现实自由"的"精神"运动。它表明，意识发展和意志自由遵循不同的精神哲学规律，就像在"精神"的概念中，思维指向普遍，意志追求特殊性一样，作为"精神"的两种形态，伦理与道德在现象学与法哲学中具有不同的哲学地位。

诚然，关于伦理道德在黑格尔《精神现象学》与《法哲学原理》中的不同地位的辩证，目的并不是研究黑格尔的哲学文本，而是精神现象学与法哲学之于伦理道德的关系。以上讨论得出的结论是：在形而上学的意义上，精神现象学与法哲学是伦理道德的一体两面，二者是同一关系，而不是抽象的推绎。同一的概念基础是伦理道德的"精神"本性；同一的理论体系是伦理道德的精神哲学"形态"。而同一的历史现实性则是伦理道德的第三个形上形态，即历史哲学形态。

（三）伦理精神与民族精神

历史哲学对于伦理道德的精神哲学意义，在于它是思维和意志统一、精神现象学和法哲学合一的现实运动及其历史进程，当然，黑格尔《历史哲学》所展现的那个"精神的历史"已经以形而上学的力量宣示其西方文明中心论的基因。对伦理道德来说，历史哲学是伦理道德的哲学的历史，由于伦理道德是"精神"，民族是伦理的实体，于是，伦理道德的"哲学的历史"，便是民族精神的历史；在历史传统和文明现实性方面，对伦理型的中国文化来说，伦理道德史更具有民族精神史的意义。由此便内在另一个哲学问题：伦理精神与民族精神的关系。

1. 民族、伦理、精神三者关系与伦理精神—民族精神的概念同一性

伦理精神与民族精神的同一性，逻辑上以"伦理"的哲学本性为中介。"伦理本性上普遍的东西"，其文化使命是将人从单一性存在提升为普遍性存在，达到个体的"单一物"与"伦"的"普遍物"的统一。在生活世界或现实性上，这种统一有两种形态：一是家庭，一是民族。家庭与民族是两个自然伦理实体，是伦理存在的两种自然形态，或人的"单一物"与"伦"的"普遍物"结合的两种自然形态，它们是伦理的世俗基础和自然根源。在家庭伦理实体中，个体与实体的结合所形成的伦理人格是"成员"，所谓"家庭成员"；在民族伦理实体中，个体与实体的结合所形成的伦理人格是"公民"，所谓"民族公民"，"公"与"民"已经彰显其普遍性与个体性统一的伦理本质。在这个意义上，民族是伦理的实体，准确地说，民族是伦理实体之一，因为家庭也是伦理实体。但是，个体作为"人"的"单一物"与民族的"伦"的"普遍物"的结合，不是通过诸如制度、法律等"集合并列"的外在方式，而是通过"精神"才能达到，所谓"民族精神"，因为家庭与民族都是"实体"。实体是什么？实体即共体，即公共本质。"实体"不能简单等同于"共同体"，"共体"是存在于诸个体之上的公共本质，"共同体"只是"共体"的现象形态，其要义和呈现方式是外在的"同"。实体要从自在存在上升为自为存在，还必须具备另一个条件，即个体对自己公共本质的自觉意识。由此，"实体"便与"精神"相同一。实体是没有意识到自身的公共本质，或人

的公共本质的自在状态；一旦意识到自己的公共本质并将它实现出来，实体就成为精神。"精神"与"实体"是"共体"或公共本质的两种状态，"精神"之于"实体"有两大特点：意识到自身；将公共本质呈现或实现出来，一句话，是对于公共本质的"知"与"行"的合一。而伦理，正是透过"精神"所达到的公共本质。黑格尔已经断言，达到伦理"永远"只有两种可能：或是"集合并列"的原子式思考，或是"从实体出发"，"原子式思考"的最大缺陷是"没有精神"，只有"精神"才是"单一物与普遍的统一"，所谓"伦理精神"。由此，民族、伦理、精神，三者便以"伦理"为概念中介逻辑和历史地同一，同一的理论范式是：民族是伦理的实体，伦理是民族的精神；"精神"既是伦理的条件，也是民族成为伦理实体的条件。

由此，伦理精神与民族精神也便逻辑与历史地同一。在这里，"伦理精神"不能诠释为"伦理'的'精神"，而是"伦理"与"精神"的同一体，其真谛是"伦理"与"精神"互为条件，相互确证，"伦理"是"精神"的现象形态，"精神"以"伦理"为存在方式。同样，"民族精神"也不是一般意义的所谓"民族'的'精神"，而是隐喻"民族"与"精神"互为条件，相互确证，民族的自在形态是作为实体的"伦理"，自为形态是"精神"，民族是"精神"的现实形态和历史样态，"精神"是"民族"存在的自在自为的表现。如果将"民族精神"只理解为"民族'的'精神"，不仅"窄化"了民族精神的内涵，也使民族精神碎片化、抽象化，因为任何民族都有自己的精神。"民族精神"的精髓在于：不是民族必须有精神，而是说"精神"是"民族"的自我确证方式，"没精神"便无"民族"。正是在以上逻辑、现实、历史的意义上，"伦理精神"与"民族精神"相统一。民族精神是伦理精神的现实性与历史形态，伦理精神是民族精神的合理性与哲学形态。伦理精神与民族精神相互确证，互为条件，在伦理道德的辩证发展中展开为精神现象学、法哲学、历史哲学三位一体的体系，并在历史哲学中得到具体呈现。

2. 伦理道德关系与伦理精神—民族精神的现实同一性

伦理精神与民族精神同一的现实性，在现象学、法哲学、历史哲学三位一体的道德形而上学体系中的呈现方式，就是伦理与道德的关系及其辩证互动。伦理精神与民族精神辩证关系的逻辑表达，就是黑格尔在精神现象学与法哲学体系中所呈现的伦理道德的不同地位;历史表达就是中西方精神哲学体系和中西方文明中伦理与道德的不同关系。如前所述,在黑格尔精神现象学与法哲学体系中,伦理与道德的关系发生倒置,在精神现象学中伦理是起点,是第一个环节;在法哲学中,伦理是终点,是最后一个环节。必须注意的是,无论起点还是终点,伦理都是精神现象学和法哲学中最重要的环节,在各自体系中处于优先地位。在意识的辩证发展即精神现象学中,伦理是"真实的精神",是家园;在意志自由实现的辩证运动即法哲学中,伦理是现实的自由。这说明,无论现象学还是法哲学,都有其现实性,现实性的结构就是伦理与道德,现实性的表现就是伦理与道德的不同关系,或伦理的实体性与道德的主体性的辩证互动。现实性的内涵不只是在历史哲学中表现,历史哲学只是"历史地"呈现在民族精神发展中伦理道德辩证互动的历史进程。

在伦理道德的历史发展或历史哲学中,伦理道德的辩证互动或所谓"伦理精神"呈现为具体的历史进程和民族特点。西方精神史的总体图式是伦理与道德分离,从古希腊的伦理,演绎为古罗马的道德,进一步抽象化为近代康德"完全没有伦理"的道德哲学或实践理性,至黑格尔虽然达到伦理与道德的统一,但现代西方哲学故意冷落黑格尔的直接后果,是形成伦理与道德关系的摇摆状态或中间状态,导致伦理认同与道德自由之间不可调和的现代性矛盾。中国则是另一种历史图像,从孔子《论语》到老子《道德经》的共生互动开始,伦理道德一体、伦理优先的取向便是伦理精神和民族精神一以贯之的传统,只是具有不同的时代话语和历史表达,从"克己复礼为仁""五伦四德",到"三纲五常",最后到宋明理学的"天理人欲"。伦理与道德关系的不同哲学范式及其传统,构成伦理精神与民族精神统一的历史哲学内涵。由此,伦理与道德的关系及其辩证互动,既是伦理精神与民族精神统一,也是精神现象学、法哲学、历史哲学三位一体的现实规定性和历史确定性。

3. "冲动形态的伦理"与伦理精神—民族精神的历史同一性

伦理精神与民族精神同一,精神现象学、法哲学、历史哲学三位一体,在"中国四德"与"希腊四德"的关系中得到具体诠释。"中国四德"与"希腊四德"只是借喻性而不是严谨的表述。因为仁义礼智的"四德"只是产生深远历史影响的孟子传统,中国历史哲学中还有其他传统，如法家的"礼义廉耻"的"四德"，因而它并不完全"中国"。理智、正义、节制、勇敢的"西方四德"只是柏拉图提出，经过亚里士多德发挥的希腊传统，也并不完全"西方"。准确地说，它们是两种分别在中西方产生最重要影响的"四德"。"中国四德"与"西方四德"辩证的主题，是以它们为"冲动形态伦理"的两种法哲学结构。于是，便产生一种立论或假设：仁义礼智的"中国四德"中，前三者都属于情，只有"智"属于理。中国传统中伦理冲动的法哲学结构是"情感＋理性"，以情感为主体，因为在这个结构中，四分之三是情感，四分之一是理性；而"西方四德"形成的是"理性＋意志"，以意志为主体，因为除"理智"外，其他三德都可以视为意志。中西四德中相同的是"智"或"理智"，其他三德的法哲学本性则有情感与意志的巨大而深刻的殊异，并且恰好在两种结构中都各占四分之三。必须承认，这种关于中西四德的法哲学结构的分析，只是提出了假说，并没有经过严谨的学术论证。这一努力只想说明一个问题：中西方伦理道德具有不同的精神哲学传统，其典型而重要的表现之一，就是法哲学结构的殊异，集中表现于情感与意志在德性构造中的不同地位。必须强调的是，无论"情感＋理智"，还是"意志＋理智"，都是精神现象学与法哲学统一的结构，它们所代表的是伦理道德的精神发展的两种历史哲学传统。共性在于理智，殊异在于情感和意志，但重要的是，两种结构的主体都是"精神"。

于是，如果认为它们是伦理精神的两种法哲学结构，那么就必须澄清情感与意志相通的法哲学本性，这种相通的本性用黑格尔《历史哲学》中的一个论断表达就是：情感——其现实形态是热情，是主观形态的意志或"主观意志"，它是"推动人们行动的东西，促成实现的东西"。黑格尔认为，历史哲学有两个考察对象，"第一是那个'观念'，第二是人类的热情，这两者交织成为世界历史的经纬线"。因为"假如没有热情，世界上一切伟大的事业都不会成功"。① 而人类之所以会限制自己的热情，就是因有意志，从而使热情具有客观性。黑格尔认为，理智、意志、情感的不同关系，构成历史哲学意义上民族的"性格"。由此，"中国四德"与"西方四德"在法哲学结构或"冲动形态的伦理"的意义上便"精神地"相通。

---

① ［德］黑格尔：《历史哲学》，王造时译，上海书店出版社 1999 年版，第 40、24 页。

当然,关于"希腊四德"的"理智+意志"的概括必须经过充分的学术批判,即便"中国四德"的"理智+情感"的结构,其"中国性"也不能一概而论,但如果将二者之间在法哲学结构上的相殊相通当作关于伦理精神与民族精神同一性的哲学论证,也许是一个有借鉴意义的思路,因为它提供另一个视角,诠释和理解中西方伦理精神的不同历史性格及其在精神哲学意义上的相通,一句话,它可以佐证中西方伦理精神在历史哲学意义和民族精神发展中的"理一分殊"。

二十一　伦理道德,因何期待"精神哲学"?

当今中国伦理道德发展，需要三次连续推进的学术进程："精神"的认同、"哲学"的期待、"形态"的建构。"精神"的认同，是使伦理道德回归"精神"的家园，在人的精神发展和人的精神世界中考察伦理道德；"哲学"的期待，是在伦理道德的精神哲学体系中破解伦理道德发展的尖端性的理论难题和现实难题；"形态"的建构，是在伦理道德发展的民族传统和人的现实精神世界中具体地而不抽象地把握伦理道德发展的规律。三个进程的总体性命题和总体性话语是："伦理道德的精神哲学形态。"

"伦理精神的精神哲学形态"，无论作为命题还是话语，都包含太多学术诱惑，作为其语词构造的四个话语元素已经足以激起对于学术前沿的强烈冲动：伦理道德，精神，精神哲学，形态。然而最具诱惑力和挑战性的还不是这四个话语，而是四者之间关系所聚焦的学术指向和问题意识。"伦理道德的精神哲学形态"的要旨在于：以"伦理道德"为聚力点，将伦理道德回归于"精神"，在"精神哲学"体系和人的精神世界的辩证发展中，探讨伦理道德的发展规律及其所建构的"精神哲学形态"。这一命题的演绎必须经历三次理论推进："伦理道德"的"精神"推进；由"精神"到"精神哲学"的推进；由"精神哲学"到"精神哲学形态"的推进。第一个是理念推进，是伦理道德文明本性的回归；第二个是理论推进，是伦理道德发展的精神哲学体系；第三个是现实推进，是伦理道德的辩证运动所构成的人的精神世界的历史形态。三次推进也是三次回归："伦理道德"向"精神"的回归，向"精神哲学"的回归，向"精神哲学形态"的回归。简言之，"精神"的推进与回归，"哲学"的推进与回归，"形态"的推进与回归。推进与回归演绎的是伦理道德发展的精神哲学规律及其历史合理性和文明现实性,展开为逻辑与历史统一的具体—抽象—具体的辩证进程,借此,伦理道德及其发展便回到自己的"精神"家园。"伦理道德的精神哲学形态"以"伦理道德"为主题,以"精神哲学"为伦理道德发展的理论合理性,以"形态"为伦理道德发展的现实合理性,展开为伦理道德发展的"精神哲学"及其"形态"的研究范式。三次推进的中枢及其必须完成的道德核心课题是:伦理道德,因何期待"精神哲学"?

(一)"伦理道德"的"精神"家园

在人类文明中,有太多迄今尚未解但却是人的世界最基本的文化密码,解开这些密码的文明意义其实并不比当今最为前沿的为人类寻找"类地球"现代宇宙学的科学壮举逊色丝毫,因为这些基本密码如果不解开,人类将面临在文化上失家园并因找不到任何"类文化星球"而无家可归的悲剧。伦理与道德的关系,就是有待破解的最重要的文化密码之一。

人类世界的基本文化密码为何难以解开?根本原因之一是人类一往无前的匆匆行进忘却了自己的本真,于尘土飞扬中将原本清澈的世界搞得樊然殽乱。由于人类告别自己的原始文明或根本已经太久因而对它全无记忆,也由于人类总是在足够成长和成熟之后才开始自己的文化反思,因而对于那些附着生命分娩的淋漓、表征生命基因的文化反映和文化信息,要么在人生制高点上的一瞥回眸中觉得过于幼稚而大度地潇洒一笑,要么把它当作全无价值的本能反应而弃若敝屣。无论对待神话的"文学"态度①,还是对待像"上帝为什么怒?""人为什么以一声啼哭向世界报到?"这样的元问题的故意冷落,无不在"成熟的潇洒"中给人类文明留下太多的具有本然意义的空白点,也给思想和文化留下太多的断裂带。然而,无论作为具有普世意义的原始文明遗存的家庭,还是作为人类生物进化潜意识的那些诸如从高处坠下、被动物追赶等具有普遍意义的梦境的挥

---

① 在中国的图书分类中,古神话往往被归属于"文学"。其实,古神话并不是人类初民的文学创作,而是他们对世界、对宇宙、对生命的真实看法,是不折不扣的意识形态。

之不去呈现,① 无不一次又一次地提醒必须严肃地思考"我们从哪里来"?"我们应当也必然到哪里去?"可悲的是,由于人们早已忘却了生命和生活、进而忘记了文明的本真,对这些不断重复和强化的催醒不是置若罔闻,就是觉得它们如垂垂老人的喃嚅私语那样令人无可奈何。不过,这一切虽然可悲,还不至于可叹。可悲而可叹的,是思想,确切地说个人私见对生命和生活,因而也是对文明的强暴,那些自认为掌握着上帝般创世纪权力的思想"超人",对那些附着文明基因,也附着生命体味的基本问题,往往于不屑一顾中向世界宣布他们的真知灼见,关于伦理与道德关系的研究便是如此。

不能不承认,近期以来,道德哲学领域关于伦理与道德关系的研究取得重要进步,由以往虚妄无知的"不分",进展到关于"分"的思考与研究,虽然通常情况下还不知到底因何"分"以及如何"分",但当强调二者区分的同时,似乎又猛然意识到伦理与道德应当是不分或本来就是不分的,于是问题似乎又螺旋式而又戏剧般地回到原点。由此,伦理与道德,似乎陷入分与不分的哲学上的"囚徒困境"。由于它不仅是道德哲学而且是人类社会生活尤其是精神世界的基本问题,这一囚徒困境所囚禁的便不只是彼岸的那个伦理与道德的概念,而是人的精神,是人的精神世界和精神生活,最后是人本身。其实,在伦理与道德的关系方面,无论是原初的"不分",还是后来作为学术进步的"分",多多少少都带有思想或学术暴力的痕迹,至少具有暴力的影子,原因不仅在于没有经过充分的学术论证,更因为它是对人的生命和生活,对人的精神世界的隔空喊话或居高临下的宣断,因而是"武断"而不是"文断",而任何"武"都是具有思想暴力性质的"断"。

如何走出"囚徒困境"?必须将概念现实化为理念,到文明本身寻找智慧。伦理道德的"理念",不仅指向作为其本质的概念,更指向它所诠释和演绎的那种文明以及于其中奔腾不息的生命与生活。当伦理道德的概念云山雾罩之际,回到文明本身,回归生命与生活,也许灯火阑珊。到目前为止,在关于伦理道德的关系方面,"伦理' = '道德"即伦理与道德

---

① 有人类学家研究,人类有些梦具有普世性,如总是从高处坠下,或被动物、人等追赶,这些梦表达了人们原始社会中的某些集体记忆,它们已经成为人类的潜意识,因为在野蛮时代,人类祖先生活于树林中,晚上栖树而眠;与动物竞争,被追逐已是日常生活;因而在现代人中,这两个梦总是不断以各种形式再现。其实它们就是人类的原初记忆而形成的潜意识。

不分的观点虽没有销声匿迹，但在严谨的学术研究中很难有学术市场，纠结的是另外两种话语方式和思维范式："伦理'与'道德"，"伦理'VS'道德"。一个"与"字已经棒打鸳鸯般地将伦理与道德分开，只是其间加了一层思想黏合剂；而"VS"突显的则是二者之间的互竞甚至对立，西方伦理认同与道德自由的矛盾，就是一种"VS"思维的表达方式。然而，仔细考察便会发现，伦理与道德关系的真理，既不是"伦理＝道德"，也不是"伦理'与'道德"，更不是"伦理'VS'道德"，而是"伦理道德"。回归"伦理道德"才是走出"囚徒困境"的智慧之路。

从"伦理＝道德""伦理'与'道德""伦理'VS'道德"，到"伦理道德"，本质上是一次精神回归，是伦理道德回归家园的"精神"之旅。

在人类精神世界和文明进展中，伦理与道德似乎更像一对双胞胎，只是有时像同卵双胞胎，相似得难以分别；有时像异卵双胞胎，虽外貌不同，但却一胎孕生。但更多时候像一对连体儿，共生互动，不但形影不离，而且息息相通。然而，无论如何，它们又是两个生命，是两种具有独特风情的文化构造。这种状况，在轴心时代的文明演绎及其经典理论中已经基因性存在和表达。文明初年伦理与道德关系的本真状态表现为两大哲学纠结，在古希腊是亚里士多德"伦理的德性"与"理智的德性"的纠结，在中国是《论语》与《道德经》的纠结。

学界共知的事实是，在《尼各马科伦理学》中，亚里士多德将德性归结为两类，即伦理的德性与理智的德性，伦理的德性来自风俗习惯，理智的德性由教导而成，需要经验和时间，因此理智的德性高于伦理的德性。但是，在关于亚里士多德两种德性的解读中，我们往往忽略了另一个重要的问题，即无论伦理还是理智，都指向并诠释同一个对象："德性"，因而其中隐含的更深刻的文化意向是，伦理、理智与德性的关系，聚焦于我们的论题，即伦理与道德的关系，是一种相互诠释的交融关系，否则便没有"伦理的德性"之说。[①] 伦理的德性来自原生的经验，理智的德性来自次生的经验，伦理与理智都指向并造就德性。然而，不得不承认，日后西方道德哲学的两大重要走向或哲学上的分道扬镳在亚里士多德的胚胎中已经基

---

① 参见［古希腊］亚里士多德《尼各马科伦理学》，苗力田译，中国社会科学出版社1999年版，第27页。

因性地存在：以理智诠释德性的康德"实践理性"走向；以伦理诠释德性的黑格尔"精神"哲学走向。然而最重要的是，在亚里士多德的思想胚胎中，伦理道德原本是一体的。

中国民族初年的两大经典，即《论语》与《道德经》的关系及其文化命运，似乎隐喻中国文化基因中伦理道德的某种精神本能。如果扼要概括二者的内核，那么《论语》的精髓是"'伦'语"，《道德经》的精髓是"德—道经"。其内隐含的文明密码有二：第一，《论语》与《道德经》同时诞生，相当程度上隐喻民族生命源头中伦理与道德的文化共生；其二，虽然《论语》的取向更似亚里士多德所说的"伦理的德性"，《道德经》更似"理智的德性"，但在伦理与道德的关系方面，二者深藏关于二者同一性的共同哲学指向。《论语》以"仁"的道德诠释"礼"的伦理，其著名命题是"克己复礼为仁"，仁的道德的完成是礼的伦理实体的实现，因而是"伦理的德性"。《道德经》的著名题是"大道废，有仁义，智慧出，有大伪"（《道德经·十八章》）。"夫失道而后德、失德而后仁，失仁而后义，失义而后礼。夫礼者，忠信之薄，而乱之首。"（《道德经·三十八章》）大道失落，便催生仁义之德；仁义失落，便需要礼的伦理秩序。显然，在《论语》与《道德经》中，"仁"的道德与"礼"的伦理具有正相反对的因果关联。在《论语》中，"礼"的伦理是"仁"的道德建构的结果和标志；在《道德经》中，"礼"的伦理恰恰是"道"之自然与仁义之德性失落的结果。然而只要稍许进行哲学思辨就会发现，二者之间潜在更为深刻的形上层面的同一性：伦理和道德是一体共生、密不可分的，只是在《论语》中是肯定性相关，在《道德经》中是否定性相关。更具意味的是，无论在智慧形态还是哲学境界方面，《道德经》都高于《论语》，虽然两部经典共同缔造了中国人的精神基因，形成中国文化构造中伦理与道德共生互动的两大结构，然而，在大浪淘沙的历史选择中，如果二者择一，为什么不是《道德经》，而是《论语》，成为中国人的第一"圣经"？中国文化对于《论语》和《道德经》的态度，相当程度上表征着对于伦理与道德关系的选择，隐喻伦理与道德共生互动中伦理优先的价值取向。因为，《论语》所奠定的就是伦理道德一体，伦理优先的精神哲学形态。两千多年历史演进中的儒道互补似乎传递一种生命信息：中国人的精神世界，是"伦理道德"，而不"伦理与道德"，更不是"伦理 VS 道德"。

可见，在人类生命的童年，在原初的精神世界及其智慧形态中，伦理与道德像未被启蒙的亚当与夏娃，都是上帝这个终极实体的创造物，"你是我的骨中之骨，肉中之肉"；亦似个体生命中"青梅竹马，两小无猜"的童稚状态。启蒙了，也就异化了。走出"两小无猜"的童真，便有了"别"，而且是人类生命中最基本也是最重要的"别"：男女两性之"别"，所谓"性别"。其实，伦理与道德，最似人的生命中的 X 和 Y 两条染色体，无论男女都具有这两种染色体，但它们的不同组合方式，却决定了男性还是女性这个人类文明中最重要的生命呈现形式。现实的生命的总是男人或女人，而"人"本身只是这两大性别的总体性话语，男人和女人构成"人"的自然世界。同样，伦理与道德是人的精神世界的两条染色体，不是伦理，也不是道德，而是"伦理道德"才是人的精神世界本身，也才是精神世界的本真。于是，关于伦理与道德的关系，必须进行一次话语告别和一种哲学回归。告别三种话语范式：告别二元等同的"伦理'＝'道德"，告别二元链接的"伦理'与'道德"，告别二元断裂式的"伦理'VS'道德"，开辟和回归第四话语：即一体共生的"伦理道德"。然而，无论如何，伦理与道德的分离，是一次"走出伊甸园"，告别"两小无猜"的童真状态精神异化，于是，回归"伦理道德"便是一次漫漫而艰难的精神救赎和文化长征，中西方民族，都经过了一个艰苦而痛苦的历程。

（二）走向"精神哲学"

如何回归"伦理道德"？伦理道德如何回归"精神"的家园？走向"精神哲学"。

"伦理道德"的回归，首先期待一种问题意识和思维方式的哲学革命：由对伦理与道德关系的思考，到对人的精神世界，准确地说，对伦理道德辩证运动所缔造的人的精神世界的追问。于是，问题式便悄悄发生位移：由伦理道德关系到伦理道德发展规律的研究。仔细反思发现，伦理与道德关系的纠结，不在关系本身，而在对待伦理与道德关系的文化态度和价值取向。伦理与道德关系的真义，不是鸡生蛋还是蛋生鸡的因果循环，回到轴心时代的原初智慧，其实是庄子《大宗师》中的那个著名寓言所提出的两难选择：泉涸之际，"两鱼相遇于辙"，到底"相濡以沫"还是

"相忘于江湖"？切换到当下的论题，其问题式便是：在人的生命与生活中，在文明进程中，伦理与道德，到底是"相濡以沫"，还是"相忘于江湖"？显然，"相濡以沫"是以伦理认同为主题的"伦理的德性"，"相忘于江湖"是以道德自由为追求的"理智的德性"。两种德性、两种智慧，"相濡以沫"足够"伦理"，"相忘于江湖"足够"理智"，然而值得玩味而又特别具有启发意义的是：中国文化一如既往选择的不是庄子所指引的那种"相忘于江湖"道德自由之路，而是被其反讽的"相濡以沫"伦理认同之途，也许，这正是伦理型文化的密码所在。不过，庄子的寓言及其历史境遇的哲学意义并不止于此，将它移植于关于伦理道德关系的诠释，"相濡以沫"，既是伦理道德关系的现象学图景，也是中国文化一如既往的价值和态度。伦理道德的真理与真谛，就是"相濡以沫"。在何处相濡以沫？在人的精神世界和文明进程中相濡以沫。于是，一种精神哲学诉求便逻辑和历史地一朝分娩。

在伦理与道德关系的话语方式方面，"伦理'与'道德"与"伦理道德"的表述最易混淆，混淆之处在一"与"字。借用王阳明对"心即理，性即理"的话语对"知行合一"进行辩证，如果在"知"与"行"之间"下一'与'字，恐未免为二"（王阳明：《传习录·上》）。"知行合一"不能表述为"知与行合一"。因为，"知行"只是良知发用时的两种状态，"合"即"同"，"一"是什么？就是"良知"。"知是行之始，行是知之成。对学只有一个功夫，知行不可分作两事。"（《王文成全书·卷一·语录一》）知与行即所谓思维与意志，黑格尔曾说，思维与意志只是精神的两种形态，意志只是"冲动形态的思维"。同样，在伦理与道德之间，也不能用一个"与"字。不过，伦理道德也不能依王阳明的话语方式简单诠释为"伦理即道德"，或"伦理道德合一"，"伦理道德"作为理念，更凸显它们作为人的精神的两大染色体和人的精神世界的两大基因，在人的精神发展和精神世界建构中的辩证运动。不幸的是，逻辑地潜在于伦理道德之间的"与"和"VS"，在轴心时代之后的文明进展中顽强地显露峥嵘。在走向现代性的文明进程中，伦理道德遭遇文化生命的决绝性断裂，并在与自己的文明家园的渐行渐远中逐步陷入囚徒困境。断裂的意向和主题，是道德对于伦理的远离甚至凌辱。

西方文明中伦理与道德的分离与断裂，潜隐于康德在《实践理性批判》的那个著名感叹和结论中："有两样东西，我们愈经常持久地加以思索，它们就愈使心灵充满始终新鲜不断增长的景仰和敬畏：在我之上的星空和居我心中的道德法则。"① 人们在向康德的道德虔诚献上一掬心灵鞠躬的时候，往往忘记一个反问：康德为什么对内心的道德法则满怀"景仰和敬畏"？景仰表征距离，敬畏意味紧张，康德并未与"内心的道德法则"达成后现代哲学所谓的"和解"，为什么？康德自己解释，因为它"肇始于我的不可见的自我，我的人格，将我呈现在一个具有真正无穷性但仅能为知性所觉察的世界里"，"内心的道德法则"赋予人的生命以某种合目的性而趋于无限。② 其实，康德对道德法则的敬畏与中国传统道德哲学中"主敬"并不完全是一回事，康德的"敬畏"相当程度上源于实践理性中伦理与道德的分离。正如黑格尔所说，公然全无伦理的概念，而一旦取消和凌辱了伦理，道德便失去合法性根据和神圣性根源，于是，康德在借助"上帝存在"与"灵魂不朽"的终极预设的同时，尘世间就只能对内心的道德法则表示"景仰和敬畏"。问题在于，康德为什么取消和凌辱伦理？这是西方精神哲学蜕变的结果。在西方文明进程中，亚里士多德以具体历史境遇为指向的伦理，到古罗马蜕变为寻求普遍法则的道德，康德的努力和贡献，是将古罗马脱离伦理家园的以自由为追求道德法则进一步抽象和体系化为道德哲学，于是，这个离开伦理总体性与伦理具体性的"纯粹实践理性"，便成为"真空中飞翔的鸽子"，康德只能对它"景仰和敬畏"。

中国文明进程也经历了这样的分离和分裂，魏晋玄学就是历史表达。《论语》伦理与道德统一的基因，在日后的文明演进中展开为"内圣外王之道"，然而，"内圣"的道德与"外王"的伦理的统一必须具备一定的现实条件，两汉经学将这一传统功利化，无论道德还是伦理，都蜕化为谋取功名利禄的工具。遭遇后汉以后的长期社会混乱，在魏晋玄学中，便出现伦理与道德之间深刻而巨大的分裂，这种分裂以哲学方式表达，就是所谓"名教"与"自然"之辨。这一命题表面上是名教的应然与自然的本然之辨，实际表征名教的道德与自然的伦理的分裂，分裂的精神形态，是竹林玄学家嵇康在《卜疑》中所表白的"文明在中，见素表璞。内不愧心，外不负俗"的那种人格与生命的大裂变；其世俗形态是玄学家们表

---

① ［德］康德：《实践理性批判》，韩水法译，商务印书馆1999年版，第177页。
② 同上书，第177—178页。

面放荡而内心极为痛苦的生活方式，"风声雨声读书声声声入耳，家事国事天下事事事关心"，竹林楹联以文学的话语呈现了这种深入精神骨髓的苦痛；分裂的哲学轨迹是玄学三期发展的命题演绎：从正始玄学的"名教本于自然"，到竹林玄学的"越名教而任自然"，最后到元康玄学的"名教即是自然"。其实，这种因伦理与道德矛盾而导致的文化精神与文化生命的分裂，在《道德经》的继承者庄子那里已经被咒语般地描述："乘物以游心，托不得已以养中。"（《庄子·人世间》）"乘物""不得已"，都是一种伦理态度和伦理境遇，"游心""养中"是一种道德自由和道德取向。其实，无论"越名教而任自然"，还是"乘物以游心"，说到底哲学本质都是一个：脱离伦理认同的道德自由，或脱离现实伦理的真空中飞翔的道德。

其实，无论康德的"实践理性"，还是玄学的"名教与自然之辨"，精神本质都是伦理与道德的分立与对立，是伦理与道德的一次精神断裂，其核心是试图以"道德"取代伦理道德的整体性与有机性，直至像黑格尔所批评康德的那样，"完全没有伦理"。其根源是"无哲学"，准确地说，无"精神哲学"，即不能在人的精神辩证发展和人的精神世界的辩证结构中把握伦理道德的有机性与整体性。虽然无康德和魏晋玄学都将哲学推进到一个新阶段，然而，康德"实践理性"的哲学，只是"道德哲学"，而不是"精神哲学"，因为它"全无伦理"；玄学之"玄"已经道出一种难以企及的哲学意境，然而，"玄"的根源在于它对伦理的逃避，因为逃避了现实的伦理，因而必须"玄"也只能"玄"。所以，康德和玄学，都是"伦理'与'道德"，甚至"伦理'VS'道德"精神世界的分立与对立模式。他们有哲学，有很高的哲学境界，但却无真正意义上的"精神哲学"，更缺乏精神哲学的"体系"。

只需稍许反思一下现代中国社会中"道德"之于"伦理"的强势话语，就会发现这种断裂依然在延伸。伦理与道德关系的真正解决，必须也只有回到生命，回到人的精神世界，回到人类文明本身。于是，对于精神哲学的诉求就不仅应然，而且必然。走出分裂，逻辑和历史地必须也只有诉诸精神哲学的自觉建构。精神哲学不仅研究精神本身，而且研究人的现实精神世界、研究人的精神和精神世界由低能到高级的辩证运动过程。精神哲学将伦理与道德当作精神世界的两个辩证构造，当作人的精神发展的两个特殊环节，从而使伦理道德在人的精神世界和精神发展中得到哲学辩证，也使人的精神世界和精神生活得到现实建构。"精神哲学"对于伦理道德的意义有二。第一，将伦理道德还原于精神，当作精神现象，在人的精神由低级到高级的辩证发展中考察和把握伦理道德发展的规律，尤其是精神哲学规律；其二，将伦理与道德当作人的精神世界的两个基本结构，在精神和精神世界的辩证运动中考察和把握伦理道德关系，探讨伦理道德如何在辩证互动中推动精神与精神世界的发展，进而摆脱关于伦理道德关系研究中"合"与"分"的机械二元主义。在这个意义上，精神哲学建构的是伦理道德与人的精神世界、精神发展的相互诠释的关系，它既探讨伦理道德发展的精神哲学规律，即伦理道德在人的精神世界中发展的规律；也通过伦理道德探讨人的精神世界建构和人的精神发展的规律，由此形成伦理道德与人的精神世界在客观世界中共生互动的关系。精神哲学是对伦理道德的精神现象学，它将伦理道德还原于人，还原于人的精神和精神世界，在精神哲学的体系和精神世界的现实性中考察伦理道德的发展规律和人的精神世界发展的规律。

（三）回归"精神哲学形态"

伦理道德如何历史与现实地造就人的精神世界，推动精神世界的辩证发展？理论形态的"精神哲学"便推进为历史和现实的"精神哲学形态"。

精神哲学形态是人的精神世界和人的精神发展的哲学形态或哲学自觉，是"精神的""哲学形态"。"伦理道德的精神哲学形态"，在理论上是伦理道德的"精神形态"的哲学表达，在现实性上是伦理道德所缔造的人的现实的精神世界，因而也是人的精神世界的现实形态和现实发展。

"伦理道德的精神哲学形态"包含两个相反相成的结构。一是伦理道德的"精神"形态，即精神或精神哲学意义上的伦理道德；一是伦理道德所造就的精神世界的哲学形态。前者是作为精神现象的伦理道德，后者是作为伦理道德辩证发展的现实成果的伦理道德。第一结构的要义是：伦理道德是"精神"；第二个结构的要义是：伦理道德的辩证运动造就了一个现实的"精神世界"。一句话，"伦理道德的精神哲学形态"，理论上是伦理道德所呈现的"精神"的哲学形态；现实性上是伦理道德的辩证发展所造就的"精神世界"的哲学形态。伦理是民族的实体，民族是伦理

的精神，于是，"伦理道德的精神哲学形态"便历史和具体地是伦理道德
所造就的民族精神的哲学形态，是伦理道德的辩证发展所建构的民族的精
神世界。由此，伦理道德便从哲学抽象走向历史具体。

问题的关键是，伦理道德的辩证发展呈现为何种"精神哲学形态"？
"精神哲学形态"应当在三个维度上获得诠释。第一，伦理道德作为人的
精神发展的特殊阶段的哲学形态；第二，伦理道德的诸精神形态；第三，
伦理道德辩证运动的哲学形态。诚然，伦理道德不是人的精神世界的全
部，而是精神发展到一定阶段所呈现的历史形态和辩证构造，在黑格尔哲
学中，伦理道德是客观精神形态，或者说，是精神客观化自身的形态，具
体地说，伦理道德是人在现实世界或现实社会中超越自己的个别性，追求
普遍和无限，达到"单一物和普遍物"统一的精神发展阶段和特殊精神
形态。伦理道德的精神形态的诞生，标志着人的精神发展已经摆脱主观
性，具有客观性或社会性。在这个意义上，伦理道德的精神形态，只是精
神在特殊发展阶段的形态，并不是精神的全部形态，换言之，是精神的社
会形态或客观形态。"精神"如何获得自己的社会形态？黑格尔认为，伦
理道德都是特殊的精神，伦理是"直接的和自然的精神"，道德是"对其
自身具有确定性的精神"；[1] 道德是主观的自由，伦理是现实的自由；家
庭、社会、国家都是伦理的实体，家庭是自然的伦理实体，社会是异化了
的伦理实体，国家是真实或现实的伦理实体，责任、良心、善等都是道德
的形态。[2] 需要特别指出的是，它们之成为"精神现象"或"精神形
态"，并不是哲学思辨"点石成精"的结果，而是说它们本身具有也应当
具有精神的本性，家庭、社会、国家，只有具有伦理的精神本质，才具有
合法性，才从"现存的"成为"合理的"。伦理道德的辩证关系及其历史
发展，造就民族精神的历史具体性。具体地说，"伦理'='道德"、"伦
理'与'道德"、"伦理'VS'道德"、"伦理道德"的不同关系范式和价
值态度造成了民族精神、民族的精神世界，以及作为其自觉表现的精神哲
学的历史性和现实性，成为"这一个"民族的精神和精神世界。"精神哲
学形态"就是民族精神形态，就是人的精神世界的形态，这便是"精神
哲学形态"的秘密和学术诱惑所在。质言之，"精神哲学形态"的要义在

---

① 参见［德］黑格尔《精神现象学》，贺麟、王玖兴译，商务印书馆1996年版。
② 同上。

于，伦理道德作为精神发展的一个阶段和精神哲学的一个环节的形态；作为民族精神传统和人的精神世界的形态。

精神史、哲学史与人类文明史具有同一性，在哲学史上，"精神哲学形态"的理论呈现，在西方是黑格尔精神哲学体系，在中国是宋明理学。黑格尔精神哲学体系从三个方面对伦理道德做出原创性和革命性贡献。第一，将伦理道德回归精神，实现了伦理道德的"精神"复归，在道德哲学上实现对古罗马的"道德"传统，康德的"道德哲学"传统的哲学革命，将伦理道德从"理性"还原为"精神"，在相当意义上也是对人类精神的哲学革命。第二，建立了以伦理道德为基本构造的精神哲学体系，形成伦理世界—教化世界—道德世界辩证互动的精神世界，准确地说是"客观精神"的世界，第一次哲学地也是体系性地探讨和解决了伦理道德关系，以及伦理道德所造就的精神世界与生活世界辩证互动、并在此过程中坚持人的"精神守望"，将"现存"提升为"合理"的问题。第三，形成伦理道德的"西方精神哲学形态"。所谓"西方精神哲学形态"意指黑格尔精神哲学的西方基因和西方哲学矛盾。人们很容易发现，黑格尔的精神哲学体系存在甚至陷入"现象学—法哲学纠结"。《精神现象学》与《法哲学原理》可以被理解为是黑格尔建构和呈现的两种不同形态精神哲学体系，即意识的体系和意志的体系。"现象学—法哲学纠结"以哲学体系的自觉形式潜在和表征西方民族精神传统中的"亚里士多德基因"，两种理论形态在一定程度上可以被当作亚里士多德"伦理的德性—理智的德性"的黑格尔演绎。黑格尔对于亚里士多德的回归在于，伦理与道德一体，将亚里士多德以后脱离伦理的"道德""道德哲学"推进为"伦理道德"。黑格尔对亚里士多德传统的超越和新贡献在于：（1）找到了伦理与道德的统一体，这就是"精神"；（2）在一体中坚持伦理优先的原则，无论在现象学还是法哲学体系中，伦理都处于优先的地位。在《精神现象学》中，伦理是精神的家园；在《法哲学原理》中，伦理是意志自由的现实性和完成，无论何种体系，伦理优先一以贯之。而在亚里士多德的"伦理的德性—理智的德性"中，核心概念或诠释的对象都是"德性"，《尼各马科伦理学》已经隐藏了日后由伦理走向道德的趋向。黑格尔则不同，在将伦理道德统摄于精神并哲学地完成这一尖端性的学术工程的过程中，他始终坚持伦理优先的地位。

不过，缜密的研究切不可跳过或无视黑格尔体系中的"现象学—法哲学纠结"，因为从中不仅可以发现黑格尔精神哲学，也可以发现西方民族精神传统乃至西方人精神世界中某种始终如一的文化基因。"现象学—法哲学纠结"是对黑格尔体系写意的结果，也是对整个西方精神哲学传统鸟瞰的结果，从中可以窥视西方民族精神传统、西方人的精神世界、西方精神哲学的"形态"。黑格尔精神哲学体系，既是西方精神哲学的完成，也是西方精神哲学的终结，因为它使西方精神哲学，也使伦理道德完成并成为"形态"，准确地说，使伦理道德成为一种西方精神哲学"形态"。当然，"现象学—法哲学纠结"只是黑格尔精神哲学体系或他所建构的精神世界的哲学形态的玉璧中的一道潜隐的裂隙，它不是真正的断裂，黑格尔体系本身是自洽的。但是，这道不易发现的裂隙在西方精神哲学史、道德哲学史、近现代西方精神史上的命运并没有被"白驹过隙"般地跳过。黑格尔所建构的精神哲学伴随它的主人，要么被故意冷落，要么被当作死狗打，原因很简明也很深刻，这种形态虽然符合人类文明和人类精神的"真际"，却在相当程度上不符合西方传统的"实际"，是"真谛"但不是"实谛"，然而这正是它的革命性意义所在。对待黑格尔哲学的肤浅态度和可悲固执，最后导致现代西方道德哲学、精神哲学，也导致现代西方精神的分裂，黑格尔开辟的"伦理道德"传统，到现代流变为"伦理'VS'道德"传统，出现伦理认同与道德自由之间不可调和的矛盾，进而使西方精神面临"失家园"的危机。

在中国，伦理道德成为一种精神哲学"形态"到宋明理学得以完成，完成的标志是儒道佛三位一体、以儒家为核心的精神哲学体系的建构。在中国文明史上，《论语》与《道德经》同时诞生，隐喻伦理与道德在民族精神和中国人的精神世界中的一体共生，而"罢黜百家，独尊儒术"，也标示伦理在精神哲学体系中的优先地位的体制性确立。魏晋玄学"名教与自然之辨"标志着伦理道德在精神体系中的哲学分裂，玄学家以外在生活方式与内在价值坚守的激烈冲突演绎了这种精神分裂及其由此导致的极具悲剧美感和表达力的人格分裂。此后，中国哲学开始了漫长的精神探索和再建构，至宋明理学才得以完成。在宋明理学中，儒家与道家在哲学上的和解不仅使伦理与道德最终完成它的哲学同一，而且由于佛家的参与，也强化了本来就内在于儒家伦理与道家道德中那种终极实体与彼岸取向，其哲学意义犹如康德"灵魂不死"与"上帝存在"的两大公设，由此无论是精神哲学的理论体系还是人的精神世界的现实构造中潜在的矛盾和危机就得到化解。宋明理学儒道的哲学互补，不仅是由玄学危机所演绎的精神分裂而达到的伦理与道德的和解，而且从根本上是轴心时代所生成的《论语》与《道德经》共生的文化基因的复归和成长，佛家的精神构造毋宁被认为是在哲学上也在人的精神世界中为伦理道德的和解提供某种终极关怀和彼岸机制。宋明理学被称为"新儒学"，明白无误地表明了儒道佛三位一体的哲学融合以及由此所达到的伦理道德和解的高度原则性，就是说，在这个三位一体的哲学形态和精神世界中，儒家是主流和主轴，甚至就是新的精神形态哲学标签，它以学派的话语表明，这是一种伦理道德一体、伦理优先的精神哲学形态。

在宋明理学中，伦理道德一体、伦理优先的精神哲学形态的标志性话语是什么？就是"天理"！宋明理学的最高任务是"立人极"，哲学思路是由"太极"而"人极"，但不能简单地将"立人极"诠释为培养圣人。圣人只是"人极"的人格化，或者说是"人极"的一种。"立人极"毋宁应当被理解为"立人之极"或"为人立极"，即为人，为伦理道德，为人的精神世界建立终极性，包括终极实体、终极关怀、终极追求。程颐曾申言："吾学虽有所受，'天理'二字却是自家体贴出来。"（二程：《外书》卷二十一）"天理"是二程的原创造，也是宋明理学最具标识性的概念，是它作为"新儒学"的"新"的集中表现。人们不会否认，如果宋明理学的理念和理论用一个命题表达，就是"存天理，灭人欲"。在相当意义上，"天理"成为礼与仁、伦理与道德、此岸与彼岸同一的话语，它的诞生是儒道佛三位一体完成的标志，由此便可以理解，宋明理学为什么将礼与理、礼与仁、仁与五常的关系作为重要内容，"夫礼也者，天理也"（《王文成全书·卷七·博约说》）。

宋明理学作为一种精神哲学形态的另一个重要标志，是对天理与人欲关系的诠释。宋明理学诸流派的天理人欲论有一个相通的路径，这就是：天理人欲—义利—公私。在哲学体系中以本体世界的天理人欲关系为重心，在形上层面将之归结为意义世界的义利关系，"天下之事，惟义利而已"（二程：《遗书》卷十一）。天理是义，人欲是利。然而义利依然是一种形上抽象，于是又进一步落实为生活世界的公私关系，公是义，是天理；私是利，是人欲。于是便在哲学层面得到一种澄明：人欲不是欲，而是私欲与过欲，总之是不当之欲。由此，本体世界—意义世界—生活世界在哲学上便融通为一个精神体系和精神哲学形态。有待辩证的是，为何天理、人欲落实为公私关系，是伦理道德同一、伦理优先的精神哲学形态的完成？因为在形而上的意义上，"伦"是人的实体性，"德"是人的主体性，伦理道德的文化使命和精神过程，是个体性的"人"，如何回归于实体性的"伦"，"德"的主体性就是人的个别性与实体性的统一。所以，公私关系在生活世界中是个人和共同体的关系，在精神哲学意义上是个别性的人与实体性的伦的关系，于是，天理人欲一旦落实为公私关系，就达到了本体世界、意义世界与生活世界的和解。

正因为如此，宋明理学所建构的不只是一个儒道佛三位一体的哲学体系，也不只是伦理道德一体、伦理优先的精神哲学，而且也是人的精神世界。儒道佛三位一体，建构了一个自给自足的精神体系和精神世界，作为一种化解人的精神冲突、化解伦理与道德冲突、使人的精神达到自我和解的自给自足的精神哲学体系，它将儒家"明知不可为而为之"的伦理道德的进取，道家"明知不可为之而安之若命"的"明哲保身"的退的智慧，佛家"四大皆空"的终极诠释，融炼于人的精神构造和精神世界中，进退互补、刚柔相济，使中国人在任何境遇下都不会丧失安身立命的基地，建立了一个自给自足的精神哲学体系和自给自足的精神世界，形成一种与自给自足的自然经济相匹配的精神哲学形态。不过，与西方精神哲学相同的是，完成了，也就终结了。

"精神哲学形态"是"精神哲学"的形态化，具体地说，是伦理道德辩证运动的形态化，因为伦理道德是人的精神和精神哲学发展的特殊阶段。如何走出伦理道德的精神断裂？历史在提出任务的同时已经为任务的完成任务准备了条件，中西文明史已经在断裂中诞生了可供参照的哲学智慧，这就是黑格尔的精神哲学和中国的宋明理学，在黑格尔哲学和宋明理学中，"精神哲学"才成为"形态"，以伦理道德为基本构造的"精神"才成为"形态"。"精神哲学"一旦具有"形态"，推进为"精神哲学形态"，便使伦理道德的辩证运动获得哲学体系的具体性、生活世界的现实性和民族精神的历史性。

在哲学上，"形态"不仅赋予伦理道德辩证发展以体系性，而且赋予其成熟的理论形态，这种理论形态是以往精神哲学发展的结果，就像黑格尔精神哲学是自亚里士多德以来西方精神哲学的否定之否定，宋明理学是中国传统哲学的辩证综合。因其成熟和体系化，也因其综合，"形态"往往产生西方式"终结"的幻觉，其实，"终结"相当程度上是因为体系的博大和理论的"综罗百代",因而难以超越,它最多只是一种体系、一个时代的"终结"。"形态"是伦理道德所缔造的人的精神世界的现实性,不难发现,无论在黑格尔精神哲学体系还是宋明理学中,生活世界都是伦理与道德之间的中介。在黑格尔那里,作为伦理世界和道德世界中介的是"教化世界",在宋明理学中,构成黑格尔教化世界那些精神元素,如财富与国家权力等,以中国话语表达,就是"理欲—义利—公私"的"本体世界—意义世界—生活世界"的价值序列与精神过程。因此,不是伦理道德,而是伦理道德与生活世界的辩证互动,构成现实的人的精神世界。这个精神世界,用宋明理学的话语与命题表述,就是由二程的"正其谊而不谋其利,明其道而不计其功"的伦理道德与生活世界的紧张,到朱熹"正其谊而利自在,明其道而功自在"的精神世界的和解;用黑格尔的话语表述,就是由"道德世界观"的紧张、以道德与主观自然的和谐、道德与客观自然的和谐为两大内容的"道德世界被预设的和谐",到"使道德规律成为自然规律""使道德成为多余"的精神世界的自由。

现实的精神世界是伦理道德与生活世界辩证互动的世界,是生活世界中的精神世界即"地上的"或尘世的精神世界,"形态"标志着伦理道德缔造的精神世界具有某种稳定的结构和样态。"形态"的历史性是民族精神和民族精神传统。"精神哲学"成为形态,不仅因为它表达了那个时代的精神,更因为它设计和指引着创造它的那个民族的精神,并可能成为这个民族的精神传统。精神哲学体系、人的精神世界、民族精神传统,是"精神哲学"成为"形态"的三个元素,也是由这个三元素构成的"形态"结构。由此,伦理道德辩证运动的规律、人的精神世界建构的规律、民族精神发展的规律便三位一体,达到"伦理道德—精神世界—民族精神"的互释互动。这,就是"形态"的魅力所在,也是"精神哲学"推进为"精神哲学形态"的必然性所在。

二十二　伦理道德,何种精神哲学形态?

　　自美国文化人类学家本尼迪克特提出"罪感文化"—"耻感文化"的概念,宗教型文化与伦理型文化作为人类文明的两大范型便被赋予学理和历史的根据。然而,全部现代史已经表明,无论文明认同还是学术心态都迫切期待一次超越甚至革命。今天的人类文明及其格局是雅士贝斯所说的"轴心文明"的延续,"文明的冲突"根本上是"轴心文明"的礼物及其文化心态的表征,它的蔓延正让我们走到一个选择的边缘,这一典型的西方中心论的命题无异于宣告"轴心文明"的终结——面对围绕各自"轴心"旋转的文明丛林及其传统之间的冲突,人类的未来是:要么在冲突中"对话",要么在冲突中毁灭。于是,"对话文明"便不只是哲学思辨,而是必然选择。在这种话语背景下,无论以有无宗教信仰对中国文化的批评,还是中国文化以伦理型文化的自我辩护,可能都不自不觉地携带太深的"轴心思维"的胎记。"轴心思维"本质上是一种"'化'思维",它在现代文明的表现便是处于优势地位或被认为处于优势地位的文明"全球'化'",即以其自身为范式"化"其他文明的文化帝国主义心态,和处于被"化"地位的文明的"现代'化'"的诉求和冲动。对话文明,必须走出"化"与"被化"的思维定式与价值范式,在文明对话中由"文化自觉"走向"文明自觉"。

　　于是,无论对中国文化传统的自我认同,还是对中国文化未来的预期和谋划,以宗教为顶层设计的异域风情虽然是不可缺场的话语坐标与文化参照,但更重要的当是一种自我觉悟:五千年生生不息的文化延绵,伦理道德所设计、所建构、所沉淀中国民族的精神世界到底是什么? 这种精神世界到底显现何种"中国形态"? 它如何耸立于世界文明之林成为"世界历史"长河中与宗教型文化异曲同工的两大文化动脉之一? 于是,一种努力便逻辑与历史地不可逾越：在形上对话中揭示中西方伦理道德之于人的精神世界建构的"理一"和"分殊"，在历史哲学的追溯中建构关于中国伦理道德的"精神现象学"，寻找伦理道德的"中国气派"。

（一）作为伦理型文化与宗教型文化共同话语的"精神"

由"轴心文明"走向"对话文明"的推进首先需要寻求不同"轴心"的文明之间的共同智慧与共同价值，否则便缺乏由此达彼的桥梁，"精神"就是超越于不同文明形态的最重要的共同话语之一。遗憾的是，"精神"话语之于人类文明的普遍哲学意义至今未被揭示，甚至未引起必要的关注。

毫无疑问，"精神"是人的专利，也许人的专利有许多，"理性"就是在"思想的自由市场"中购买率最旺盛的专利之一，亚里士多德早就断言"人是理性的动物"，而至今似乎没有"人是精神的动物"的命题。然而，中西方主流文明都默认精神对于人的根本标识意义。对这一悖论或许可以这样解释：人类需要强调的往往是一些依然存疑和争议的问题，相反，对那些不证自明的真理则根本无须论证，只是当有一天人们将它们失落像孟子所说的那样需要通过"学问"而"求放心"时，才进入学术的视域之内，"精神"便是这样的理念。"精神"的文化密码和文明意义是什么？第一，"精神"表征人类的终极信念和终极信仰。无论在中国还是在西方，在任何"轴心"的文明体系中，"精神"及其替代性话语总是表达人类的这样一种终极诉求与文化信心：人通过自强不息的努力不懈追求并可能达到普遍与永恒，区别只是在于到底通过宗教还是通过伦理达到。第二，由是，"精神"便不只是宗教型文化与伦理型文化两大文明范型的共同话语，而且是"轴心文明"的不同形态对于普遍与永恒的终极追求共同形上路径，它可以作为一个哲学上的"阿基米德支点"，推动"轴心文明"走向"对话文明"。

仔细考察便会发现，无论在中国还是西方，无论伦理还是宗教中，"精神"都有两个哲学构造："精"与"神"。"精"意味着个别性与普遍性的统一，是个体获得普遍之后的那种生命形态；而"神"则总是开启和传递一种信心：人有可能也有能力达到这种统一。在古希腊，"精神"

与两个概念相关并以此为标志，即 pneuma（灵气）和 nous（心灵），二者虽都兼具中国文化的"灵"的意义，但前者与始基，即某些精致的物质相关，也可能在哲学发展中被抽象为非物质的实体；后者与理性和罗格斯相关。灵气与心灵交织于古希腊哲学尤其是其"精神"理念中，于是"精神"具有双重意义，既是水、气等始基，又是理性、认识和罗格斯，但灵气是低级的，希腊哲学的主流是以精神为 nous。与中国的"精神"话语牵强附会，pneuma 是"精"，nous 是"神"。由此也可以推断，在古希腊"精神"已经潜在哲学和宗教两种理解方式，诚如马克思所说的在柏拉图的"理念"中潜在基督教的影子一样。哲学的理解以精神为心灵的理性与罗格斯，宗教的理解将精神诠释为最高生命力量，上帝将它注入人的身上，是上帝向亚当、夏娃身上吹的那口"灵气"，由此，基督教便不仅将理智的因素，而且将伦理的因素引入对精神的理解。在"两希传统"即希腊传统与希伯来传统中，"精神"在哲学与宗教中已经具有理智和伦理的不同取向，黑格尔实现了两种传统的辩证整合，把"自由"作为"精神"的根本标志。在黑格尔看来，理性是精神的位置，上帝最后也在这个位置上展现，哲学的仆人是有精神面孔的人，宗教是可能的，伦理道德是可能的，哲学是可能的，只是因为人是精神的存在。黑格尔将"精神"与"自然"相对立，其本质是"单一物与普遍物的统一"，这种统一的真谛是，人通过伦理道德、宗教、哲学诸环节，将自身从"单一物"提升为"普遍物"，达到普遍与永恒，走向"绝对精神"，而"精神"因为内在"思维与意志统一"这种区别于理性的不同哲学品质，也具有达到这种统一的内在力量。在"精神"中，人达到自我解放的自由，伦理道德就是实现这种自由的现实力量，即所谓"客观精神"。

　　"精神"的本性在中国话语中同样兼具哲学、伦理、宗教诸多属性，不同的是，伦理始终是主旋律。王阳明在"良知"与"精神"之间建立起本体互释的关系，表明"精神"理念中伦理与哲学的统一。"夫良知也，以其妙用而言，谓之神；以其流行而言，谓之气；以其凝聚而言，谓之精。"（王阳明《传习录》）精、气、神是良知的三种不同"显现"方式，于是"精神"是伦理的，是伦理的三种生命形态。"精"是良知的道成肉身，是普遍物的个体性显现，在民间文化与文学话语中，它被表述为"精灵"；"神"是个体对普遍物的感动灵明，是成为普遍物的能力与内在可能；"气"是精神或良知外化为现实的动力与行动，类似黑格尔所说的

"思维和意志的统一"。"精神"虽有"精"与"神"两个构造,但却不是"精"与"神"的二元,而是体与用,即"单一物与普遍物统一"或个体与实体的统一而生成的真正的主体("精"),与人们对实现这种统一的信念和内在力量("神")的统一。所以,在中国传统中,"单一物与普遍物统一"的"精"往往被赋予伦理的性质,文学作品如《西游记》中林林总总的"精"都是道成肉身的精灵,区别只在于它们伦理上的不同善恶性质,而"神"因其实现这种统一并且是这种统一的"显现",因而总是与伦理同在。正因为如此,"精神"在中国民间信仰中既是世俗性的伦理理念也具有某种宗教情愫。

无论在中国还是西方,人都被当作精神、灵魂、肉体的存在物,但精神不是灵与肉之外的存在物,而是人由"自然"达到"自由"的意义构造。精神使人的肉体达到超越,但精神不是灵魂,而是灵魂的真谛与真理;精神也不是理性,而是植根于生命、使人成为超越性存在的完整智慧;精神不是意识,虽然在哲学中常常与意识相互替代;精神更不是被"物质"所决定的肉体的"副产品",而是一种主观能动的存在。因为精神是哲学智慧、宗教智慧、伦理智慧的统一,于是在不同传统中因其对三者的不同侧重便具有鲜明的文化特色,正因为如此,它也成为宗教型文化与伦理文化的共同话语与共同智慧。

"精神"如何与宗教、与伦理相过渡?"实体"是最重要的形上中介,区别在于,在宗教中,它是上帝、佛主的人格化的终极实体,在伦理中,它是人的公共本质或普遍本质。前者是一个信仰的世界,"显现"为民族的宗教精神;后者是一个伦理的世界,"显现"为民族的伦理精神。黑格尔曾用一系列精微命题思辨理性、精神、实体、伦理、民族之间的复杂关系。在他的《精神现象学》中,理性是意识与自我意识的统一,理性的客观真理性是向精神过渡,精神是理性的客观性或实在性,是理性的高级阶段。当"理性已意识到它的自身即是它的世界、它的世界即是它的自身时,理性就成了精神"①。理性一经意识到自己的实在性便蝶化为精神。这种实在性是什么?就是实体。实体是精神的直接形态。精神与实体的区别在于:实体是没有意识到其自身那种自在自为地存在着的普遍本质,一旦意识到自身,一旦将这种普遍本质显现出来,实体就成了精神。"实体

---

① [德]黑格尔:《精神现象学》下卷,贺麟、王玖兴译,商务印书馆1996年版,第1页。

是还没有意识到其自身的那种自在而自为地存在着的精神本质。至于既认识到自己即是一个现实的意识同时又将其自身呈现于自己之前［意识到了其自身］的那种自在而又自为地存在着的本质，就是精神。"① 精神对于人的根本意义在于："作为实体，精神是坚定的和正当的自身同一性"；"精神既是实体，而且是普遍的、自身同一的、永恒不变的本质，那么它就是一切个人的行动的不可动摇和不可解除的根据地和出发点——而且是一切个人的目的和目标，因为它是一切自我意识所思维的自在物"②。精神是个体与自己的公共本质的统一。每个人都肯定自己"是"一个"人"，终极目标都是"成为"一个"人"，于是，精神便不仅是个体对于自己属"人"的普遍本质的同一性，而且是"坚定的和正当的自身同一性"。精神是个人的同一性，是人的公共本质，但精神与实体不同，实体不仅是精神的自在存在，而且是精神的作品和业绩，每个人通过自己的行动将自己的普遍本质实现出来，使实体从自在存在成为自为存在，精神是将人的同一性即通过行动将自己的公共本质实现出来的那种"普遍业绩"，即建构和达到普遍成为"普遍物"的那种"业绩"。每个人都分享人的公共本质而将自己实现出来，实体或公共本质通过精神使个人获得分享而成为"人"，所谓"月映万川"。

正是在这个意义上，精神是人的家园，是人的行动的根据地和出发点，所谓"精神家园"，其真谛绝不只是"精神"的"家园"，或人在精神世界中的家园，而是说人的家园就是精神，精神就是人的家园。精神与伦理的关系是什么？伦理是精神的直接真理性。精神的直接生命形态或"单一物与普遍物统一"的自然形态是家庭、民族等诸伦理性实体，因而精神本身便不只是伦理实体而是伦理现实，伦理现实是由家庭、民族诸伦理实体构成的伦理世界或精神世界，当精神已经是一现实，即现实化为家庭、民族等诸伦理实体并且构成一个精神世界时，精神便成为伦理。于是，精神本质上就是一个民族的伦理生活，是以家庭、民族等伦理实体为直接生命形态的民族的伦理生活，是一个民族建构与自己的公共本质的同一性的伦理生活。诸伦理实体不只是精神的种种形态，而且是世界的种种形态，是一个活的伦理世界，精神的直接真理性状态，就是一个民族的伦

---

① ［德］黑格尔：《精神现象学》下卷，贺麟、王玖兴译，商务印书馆 1996 年版，第 2 页。
② 同上。

理生活。"精神乃是一个自由的民族,在这个民族的生活中,伦理构成一切人的实体,这伦理实体的实现和体现,每个人都知道是他们自己的意志和行为。"①

综上,可以这样概括理性、精神、实体、伦理、民族之间的关系:精神是理性的真理性;实体是精神的直接形态;伦理是精神的直接真理性,伦理实体是精神的生命形态;精神的直接真理性状态,就是一个民族的伦理性生活,活的伦理世界,就是在其真理性中的精神。一言蔽之,民族是伦理的实体,伦理是民族的精神。

(二)"'精'一'神'"的哲学构造与文明魅力

基于以上形上思辨,便可以哲学地把握"伦理精神"和"中国伦理精神"的真义。"伦理精神"并不是"伦理'的'精神",更不是"伦理'与'精神",而是一个民族通过伦理的生命形态及其由此建构伦理世界所显现或呈现的精神,即民族精神,在这个意义上,不仅伦理与精神同一,而且伦理精神与民族精神同一。同样,"中国伦理精神",并不只是"中国"民族的"伦理精神",更不是"中国伦理"的"精神",其哲学真义是伦理如何显现和建构中国民族的精神,是中国民族如何通过伦理的中介建构自己的精神形态。"中国伦理精神"是与宗教型文化相对应的特殊的中国话语,其哲学前提和话语背景是:宗教型文化与伦理型文化是分别以宗教与伦理为顶层设计、生命形态建构与表达自己的精神世界和民族精神形态的两种文明、两种智慧,它们不仅交相辉映,构成人类精神世界的多样与美好,而且都是自足的,是人类精神的两种生命形态,区别只在于宗教与伦理两大轴心及其数千年旋转所造就的精神银河的那般炫目得令人难以把握的万种风情。"中国伦理精神"的真谛,在于凸显"伦理精神"之于"中国"文明、突显"伦理"之于"中国"及其"精神"的特殊文化意义,它是对话文明的哲学话语。

"中国伦理精神"如何通过"伦理"具体、历史地呈现和建构"中国"这个"精神"的王国? 宗教型文化与伦理型文化如何进行"精神"的隔空对话?"精神世界"是一个关键性概念。"精神世界"是一个完整

---

① [德] 黑格尔:《精神现象学》上卷,贺麟、王玖兴译,商务印书馆 1996 年版,第 196 页。

有机的生命世界，是精神的辩证运动所造就的世界，是精神现实化自身而在现实世界中呈现的生命形态，它不仅是意识的种种形态，而且是世界的种种形态。精神现象学的形上还原发现，两种文明形态，精神世界的生命形态及其辩证运动在形上层面相契合，都经历了黑格尔所说的"伦理—教化—道德"的精神的辩证发展过程，在每个进程中显现为大致相同的精神形态，但在历史哲学层面却表现出迥然不同的文化风情。"中国伦理精神"的特殊民族个性在于：它是伦理道德一体、伦理优先的伦理精神形态。由此，伦理型文化与宗教型文化的精神世界"理一"而"分殊"。

"精神"哲学地内在两个基本矛盾。其一，自我与本质，或"单一物与普遍物"的矛盾。自我即个体，是"单一物"或个别性存在；本质即公共本质或所谓实体，是"普遍物"或实体性存在。精神的文明意蕴是将人从个别性存在提升为普遍性存在，因而是信念、信仰和行动的统一。"精神"基于"成为一个人"的信念与信仰，透过伦理或宗教的努力向"人"的家园和终极目标自强不息地行进与回归；"精神"的真谛是通过知与行、思维和意志统一的行动，将"人"显现或实现出来。其二，理想与现实的矛盾。正如黑格尔所说，"精神"不只是意识的种种形态，而且是世界的种种形态，这是精神与理性的根本区别，它不仅在观念中追求和达到普遍，而且通过行动将"普遍物"或人的公共本质"显现"和实现出来。"精神"基于一种黑格尔式的信念："凡是合理的都是现实的，凡是现实的都是合理的。"它坚信凡是在信念和信仰中合理的东西也一定会成为现实；同样，凡是现实的东西也必须具备合理性，否则便是注定要灭亡的。恩格斯所揭示的"黑格尔命题"中的这个革命性内核其实是"精神"中内在的理想与现实张力的表达。问题在于，信念和信仰的实现，合理性向现实性的转化，不仅哲学地要求知行合一，而且期待实现这种转化的现实力量。于是，在"精神"和"精神世界"中便逻辑与历史地内在理想与现实、主观设计的可能性与历史进程的脆弱性之间的矛盾。两大基本矛盾彰显"精神"的两大文明使命：如何成为一个"人"？如何造就一个"人的世界"？一句话，如何将人、将人的世界从自然存在提升为"精神"存在？

两大哲学矛盾赋予"精神"以特殊的文明魅力。（1）自强不息的理想主义；（2）批判与改造现实的文化力量。"精神"以"单一物与普遍物的统一"为追求和归宿，它在自我意识与价值中追求信念、信仰这种统一，然而在现实中又未达到这种统一，正如黑格尔所说，这种统一是一项永远有待完成的任务，无论儒家的"仁人"、道家的"真人"，基督教的上帝召唤，佛教的涅槃境界，都是一个"虽不能止，然心向往之"的彼岸性的终极境界，唯一的选择就是自强不息，诉诸"颠沛必如是，造次必如是"的顽强努力。"精神"与"理性"的本质区别在于：它"从实体出发"，而不是以个人为出发点的"集合并列"；它是"思维与意志的统一"，不仅是知，而且是行，具有外化为现实的内在力量。由此，"精神"的理想主义必定转化为对现实的批判，在对现实的改造中追求理想主义的实现。由于通向终极是一条永无止境的自强不自息之路，于是，"精神"便成为现实世界的永远的革命性力量，因为"合理"与"现实"的矛盾既是"精神"的张力，也是精神的魅力：一方面，它要求"现实的"必须是"合理性"的，这是其革命性所在；另一方面，它执着地相信："合理的"一定会成为"现实的"，这是其理想主义和现实力量所在。于是，"精神"中所永远存在的那种"合理"与"现实"的矛盾，正是其文明真理和文化魅力所在。

由此，"精神"及其所"显现"的现实世界便既具有普遍性又具有特殊性。在形上层面，精神遵循普遍的哲学规律；但在具体的历史运动与现实发展中，它所展现的"世界的种种形态"即精神的现实形态又具有特殊性即民族性。特殊性的基本表现，就是"精神"到底以伦理还是宗教为顶层设计？到底透过伦理还是宗教建构？由此便有所谓"伦理精神"与"宗教精神"的两大文化类型。"精神"在现象学意义上遵循形上规律，具有普遍性；在历史哲学意义上具有特殊性，体现民族性；在法哲学意义上具有现实性，体现时代性。因此，对"精神"的把握必须也只能是现象学、法哲学和历史哲学的统一。这便是为何要对伦理道德进行现象学、法哲学、历史哲学的贯通研究，并最后在精神哲学中统摄的学术根据，现象学、法哲学、历史哲学，构成"精神"的"理一分殊"：在现象学中"理一"，在法哲学和历史哲学中"分殊"。"理一"在于，精神的现实性或精神在现实世界中的实现，一般都经历黑格尔所说的"伦理—教化—道德"的诸生命形态，即所谓"直接的精神—异化的精神—自我确定的精神"的辩证运动，它们是精神的形上形态。在这个辩证运动中，伦理道德是精神发展的生命形态和两个发展环节，既是家园，又是出发点，在这个意义上伦理道德与精神相同一，不仅伦理道德是精神的现实形态，而且精神必须通过伦理道德确证。然而，精神的历史形态和现实发展却具有具体的民族内涵，"中国伦理精神"遵循中国民族的特殊文化规律，是以伦理道德所建构和展现的中国民族精神。如果借助黑格尔的精神现象学体系，无论由家庭和民族所构成的伦理世界，还是以国家权力和财富所构成的教化世界，以道德与自然或义务与现实所构成的道德世界，不仅每个要素和环节具有民族性的内涵，而且更重要的是，三大世界中两个结构之间的关系，尤其是人们对待它们的不同文化态度，都体现"中国伦理"的"精神"意蕴，由此成为"中国伦理精神"，生成伦理道德的"中国形态"。

（三）"精神"的家园或自然形态：伦理世界

在精神辩证发展的三大阶段中，以家庭和民族两大伦理实体为基本结构的"伦理世界"，是精神的第一个现实形态，也是最具"中国形态"的精神构造。

伦理世界的真谛及其精神现象学图景是什么？黑格尔将伦理和伦理世界当作精神现实化自身的第一个阶段，或精神在现实世界中"显现"的第一种形态。问题在于：伦理世界为何是精神的客观化的第一个环节？家庭、民族这些在任何一个理智正常的人看来都是铁一般的客观存在为何被天才的黑格尔当作"精神"，并且是精神的第一个生命形态即伦理实体？伦理世界有哪些"精神"要义？黑格尔将伦理当作"真实的精神"，"真实"的要义是直接，它是自我意识的"直向运动"，因为伦理是自身普遍的那种自我意识，是各个个体的普遍本质（普遍物）在个体（单一物）身上的直接的精神统一。普遍的自我意识和个体自我意识的统一就是伦理实体，然而达到和建构伦理实体的必要条件是"精神"，在精神中，个体性以普遍实体为本质，普遍性是个别性创造出来的事业。家庭和民族之所以是伦理的两大生命形态，是因为它们是个体性与普遍本质统一的两个直接的或自然的形态，唯有通过精神，家庭和民族才是伦理的存在，也才是伦理实体。黑格尔曾以家庭关系为例澄明家庭的精神本性，指出，家庭关系不是情感关系，不是爱的关系，家庭伦理关系的本质，是个别性的家庭成员的行动和现实以家庭整体为目的和内容。[①] 伦理行为同样如此,伦理行为必须是整个的和普遍的,它所关涉的只是"普遍的个体",即自身是普遍物或人的公共本质的那种个体。[②] 于是,不是一般地说家庭关系和伦理行为必须"有精神"或以"精神"为条件,而是说它们只有通过精神才具有存在的现实性和合法性。如果没有精神,家庭、民族便从伦理存在坠落为自然存在。黑格尔的误区在于,他将家庭和民族的伦理实体只当作精神的作品和业绩,颠覆了它的客观性,这便是马克思所批评的"头足倒置";黑格尔的卓越之处在于,他通过道德辩证法建立了一个充满"精神"魅力的伦理世界,并且第一次系统揭示了伦理世界的"精神"密码。

伦理世界的精神现象学图景是什么?它是由三大环节构成的"精神"王国。第一,伦理世界以家庭与民族为两大伦理实体,以与之相对应的神的规律与人的规律为两大伦理势力,以男人和女人为两大伦理原素。男人与女人具有不同的伦理性格,女人是家庭的守护神,男人天生指向共同体生活,由此使两大伦理实体与两大伦理势力相互过渡,形成伦理世界"无限与整体"。第二,伦理行为是伦理世界的内在否定性。伦理世界的合理性与现实性在于家庭与民族两大伦理实体之间的"伦理公正",但由于两大伦理实体是伦理世界中的两大伦理势力和伦理规律,它们是人的个体性与普遍本质统一的两种相互对立的伦理力量。在自在状态中,它们存在"安静的平衡",然而一旦行动,便只能服从一种规律而压制另一种规律,现实的伦理自我意识或者是家庭成员,或者是民族公民,而伦理世界的主流是民族精神压制家庭精神,它的至公正正是它的至不公正,它的胜利正是它的失败,[③] 于是伦理行为便是一种"罪过的环节"。第三,于是,伦理世界的前途只能是由个体与实体直接统一的伦理状态进入以个体为本位的"法权状态",最后进入"教化世界"。伦理世界—伦理行为—法权状态,构成伦理的"精神世界"。

应该说,黑格尔所揭示的伦理世界的"精神"真谛,所描绘的伦理世界的精神现象学图景具有哲学的真理性,作为"精神",它与"中国伦理"相通,然而,中国民族的伦理世界却具有特殊的精神规律,并因此

---

① [德] 黑格尔:《精神现象学》下卷,贺麟、王玖兴译,商务印书馆1996年版,第9页。
② 同上。
③ 同上书,第30页。

而成为"中国伦理精神"。一言蔽之，伦理世界的"中国形态"，或中国伦理的精神规律是："'国'—'家'文明"背景下家庭与民族两大伦理实体之间的"乐观的紧张"。具体地说，第一，"家国一体，由家及国"的伦理世界。伦理世界的生命力在于两大伦理实体之间的相互过渡，同样，伦理世界的内在否定性在于两大伦理实体之间的相互冲突。黑格尔所描绘的这种过渡和冲突的西方现象学图景是：有意识的民族精神侮辱和压制无意识的家庭精神，但却不能摧毁它；反之家庭精神必将群起而攻之，将其摧毁。其精神哲学基础是：一个人如果只属于家庭而不属民族，只是一个非现实的阴影。这里，我们分明捕捉到家国相分的西方文明的历史哲学影像，黑格尔所展现的是只有在家国相分的西方文明中历史地生成的那种伦理冲突，所以，他所说的那种两大伦理势力在伦理精神中相互撕裂的"悲怆情愫"，其实只是西方伦理精神的"悲怆"。中国文明的轨迹是家国一体、由家及国，家族本位是"'国'—'家'文明"的基本法则。家庭是民族和国家的本位，"修身齐家治国平天下"是一以贯之的伦理世界的精神逻辑，家国同构、忠孝一体是伦理世界的精神规律。所谓"国家"，不是国与家的并列或调和，而是国以家为基础。"国家"对中国来说，不仅是在人类文明的第一次也是最重要的文明转型中的历史选择，不仅是一种社会政治体制，而且是一种文化自觉、一种价值系统、一种伦理信念和一个伦理世界，由此也是一种独特文明风情和精神魅力。

　　第二，"忠孝一体"的伦理行为。诚然，在中国文明的伦理世界中也存在家与国两大伦理实体或伦理势力之间的紧张，但这只是特殊境遇中的紧张，并不贯彻于人的整个生命过程和世界的全部生活图景。在个体生命的成长中，西方伦理的精神冲突的典型图像是："一个青年人离开无意识的本质，摆脱家庭的精神，变成了共体中的个体性，但是，它仍旧保有他所摆脱的那个自然。①"在这里，个体精神的发育与其说是伦理成长，不如说是一种伦理纠结，家庭精神之于个体就像人从猴子变来却永远不能彻底去掉背后那根尾骨一样痛苦。相反，在中国，家庭永远是伦理的家园，或黑格尔所说的精神的根据地、归宿甚至目的，"求忠臣必出于孝子之门"是基本价值逻辑，但在民族危机的重大关头，"精忠报国"却是一种崇高的美德，而不像黑格尔所说，战争只是唤醒沉睡的民族伦理精神的一

---

① ［德］黑格尔：《精神现象学》上卷，贺麟、王玖兴译，商务印书馆1996年版，第28页。

剂强心针。伦理世界的美德是过共同体生活，但这种共同体生活不只是民族，其根源和策源地是家庭。如果没有家庭的哺育，"过共同体生活"的美德将成为无源之水，无本之木。

第三，由此，伦理世界的前途便不是解构实体，回到"抽象的个人，世界的主宰"的法权状态的单子世界，而是造就一种生生不息的伦理型文化及其生命智慧。

总之，"伦理世界"的"中国精神形态"，是"'国'—'家'"形态；反之，西方形态是"country""state"形态。"国家"与"country"、"state"不只是两套社会体制，而且是两种文明路径、两个伦理世界，因而必然遵循两种不同的精神哲学规律。从这里出发，西方文明生成宗教精神，因为家与国的实体性分裂必然期待宗教的终极实体，正如众多独立的"states"在政治体制上期待"united"一样；中国文明生成伦理精神，因为家庭构成伦理精神的神圣性根源，它在世俗世界中自足并自洽。借此，"伦理精神"也才成为也才是"中国伦理精神"。

（四）"精神"的现实形态：生活世界

生活世界的祛魅在于精神的退场与缺场。黑格尔精神现象学的最独特贡献之一，是赋予以国家权力和财富为基本结构的生活世界以"精神"。他将生活世界，即所谓教化世界当作精神的现实化，当然是"头足倒置"，但他揭示了国家权力和财富的精神本质，因而是深刻的哲学洞察。这一发现的精神哲学意义是：生活世界只有具有伦理本质和精神本性才是合理的和现实的。在《精神现象学》中，教化世界是直接的和自然的伦理世界之后的第二个精神世界。伦理世界的精神是个体直接消融于实体的"自然"，它所达到的普遍只是思维中的普遍，由于内在神的规律与人的规律两大伦理势力的冲突，必然向教化世界转化。教化即现实化，其真谛是使思维中的普遍过渡为现实的普遍，其哲学使命是完成两个过渡：由个体向本质过渡；由实体向现实过渡。由此，伦理世界中的实体才成为生活世界中的现实存在。

生活世界是由三个环节及其辩证运动构成的精神世界。第一，自在形态——生活世界内在两种精神本质：善与恶。善与恶既是两种本质，又是两种关系。善是让一切个体意识到自己的实体性的本质，是独立的精神本质；恶牺牲普遍性，是让个体在它那里意识到自己的个别性的本质，是被动的精神本质。[①] 简言之，善与恶只是自我意识的两种判断：判断出与普遍本质的同一性的那种意识关系就是善，反之，认不出同一性来的那种关系就是恶。[②] 第二，自为形态——两种伦理存在和两种精神力量：国家权力与财富。与家庭、民族的两大伦理实体一样，国家权力与财富是精神现实化自身的两种生命形态，因而与其说它们是生活世界中的两种客观存在，不如说精神在生活世界中建构或"显现"个体与实体、自我与本质的同一性关系的两种现实形态。黑格尔认为，国家权力是简单的实体，是普遍意识的作品和简单结果，在国家权力中个体直接过普遍的生活，因而是善。财富同样是普遍的精神本质，因为它因一切人的劳动而生成，又因一切人的享受而消失，但是，财富的精神本质是恶，因为财富的占有与消费让人们意识自己的个别性。不过，二者的善恶本性将辩证转化。国家权力具有压制个体的倾向，因而是恶；相反，财富在生产和消费中让个体意识到普遍劳动和普遍享受，因而是善。第三，自在自为形态——两种意识形态：高贵意识与卑贱意识。由此，便产生个体与实体、自我与本质的两种关系方式。在一种方式下，把国家权力与财富都当作与自己同一的东西；在另一种方式下，把国家权力与财富当作与自己不同一的东西。与之相对应，产生两种意识形态，认定国家权力和财富与自己同一的意识，是高贵意识；反之，认定不同一的那种意识，是卑贱意识。[③] 在这里，关键不是现实世界中国家权力和财富与个体是否真实地同一，而是自我意识将它们认定为同一还是不同一。

在这个精神结构及其现实运动中，生活世界的美德是"服务"，是个体对普遍物或普遍实体的服务，高贵意识是"服务的英雄主义"，[④] 而伦理世界中的美德是过普遍生活。伦理世界的内在否定性是伦理行为，生活世界的内在否定性是语言。伦理世界中的语言是规律与命令，所谓"见父自然知孝，见兄自然知悌"之"自然"，或康德式的"绝对命令"；生活世界的语言是"建议"，面对国家权力的普遍性，伦理精神的语言只是

---

① ［德］黑格尔：《精神现象学》上卷，贺麟、王玖兴译，商务印书馆 1996 年版，第 45—46 页。
② 同上书，第 50 页。
③ 同上书，第 50—51 页。
④ 同上书，第 52 页。

"建议",即所谓"应当"或"应然"。然而,由于国家权力必须成为"整个的个体"才有生命和现实的精神本性,因而普遍化的国家权力必然从实体走向主体,形成所谓"政府"。但也正因为如此,伦理精神的语言便内在由"服务的英雄主义"向"阿谀的英雄主义"转化的可能。转化的过程是:第一步,语言将国家权力抬高为普遍性;第二步,由于国家权力的普遍性必须以个别性即政府为生命形态,于是语言又将个别性抬高到顶点,在生活世界中将作为权力掌握者的官员作为普遍性的人格化,由此,国家权力便有了所谓"姓名",现实生活中所有的官位以及与之相联系的官员所谓"部长、处长"的称号,都是国家权力的"姓名",而它所确立的正是个别性。第三步,阿谀的伦理语言便使普遍权力与个别人相同一,权力与财富私通,至此,现实的伦理精神世界便瓦解和崩溃了。① 黑格尔对生活世界的"精神现象学"描述着实令人难以理解,最重要的是,必须把生活世界中的一切,尤其是国家权力和财富当作精神,当作个体与自己的普遍本质同一的精神关系。

黑格尔所谓"现象"作为精神发展的第二种形态的教化世界,是实体性伦理世界解构之后的个体本位的世界,它以国家权力与财富作为人与自己的本质同一的两种精神形态,具有精神现象学的合理性,但它在历史哲学意义上只是西方文明的精神史,尤其当他将"启蒙"与"绝对自由"当作教化世界的否定与否定之否定的两个阶段时,实际上就是文艺复兴与法国大革命精神史抽象。中国精神史遵循精神哲学的一般规律,但更具有民族特性,最重要的特性就是遵循以家族为本位的伦理型文化的规律。伦理型文化规律的重要表征是:精神的现实化或社会化虽然也必然从实体中走出,但它并没有像西方文明那样,在"法权状态"中解构还原为"抽象的个人,世界的主宰",而是携带着深深的伦理世界的胎记,即实体主义而非个人主义的价值取向,也许这就是黑格尔在《历史哲学》中所断言的"中国永远建立在道德的结合上",事实上,这句话翻译有误,应该是"中国永远建立在伦理的结合上",因为家庭以及由"家庭的平静扩大"而形成的民族,不仅在伦理世界而且在教化世界中都永远是中国人精神的家园。在这个意义也可以说,中国文明并没有彻底走出伦理世界或

---

① [德]黑格尔:《精神现象学》上卷,贺麟、王玖兴译,商务印书馆1996年版,第57—62页。

伦理状态，理由很简单，中国文明从一开始就没有走上家国决裂的西方式道路。

如果对应黑格尔所描绘生活世界的三个现象学结构，就可以发现教化世界中"精神"的"中国胎记"。中国伦理同样以国家权力与财富为两大坐标建立生活世界的伦理精神，但又具有不同的精神气质。第一，善与恶的理念具有比西方文明更高的精神哲学地位，不仅是精神的自在状态，不仅是个体与自己的普遍本质结合的概念，而且是精神乃至文明的最高概念，因为伦理型文化的重要特征是对一切事物进行伦理性的善恶评价，在古神话时代中国文化就埋下崇德不崇力的精神基因。区别在于，在西方善恶通过宗教信仰完成，在中国通过伦理信念实现。黑格尔认为走出伦理世界之后，生活世界分裂为现实世界与信仰世界，生活世界是去精神、去伦理的个体性世界，信仰世界是普遍本质的彼岸世界。然而在中国，生活世界被分裂为现实世界与信念世界，信仰与信念虽一字之差，却体现了宗教型文化与伦理型文化的不同精神哲学气质。

第二，国家权力与财富的不同精神哲学关系与精神哲学态度。黑格尔将国家权力的精神哲学意义诠释为"直接的连续不变的本质"，这句话的政治学表达就是所谓西方式的"民主"，因为西方式民主就是在共同体生活实现自己的自由意志和普遍本质的直接政治方式，这种"数头而不砍头的政治"具有表达个体的自由意志与压制个别性的双重倾向。与之不同，国家权力的中国精神哲学表达是"内圣外王"或所谓"为民做主"的伦理诉求。"内圣外王"的着力点不是国家权力的伦理性，而是在这个前提下诉求作为"整个的个体"的政府、并且被黑格尔所说的那种被赋予"姓名"的政治家为国家权力"服务"的伦理精神，从孔子的"内圣外王"到毛泽东的"全心全意为人民服务"，都可以读到国家权力的行使者与国家权力的主体，以及在此背后所隐藏的并作为它的哲学根据的诸个体的公共本质的那种精神哲学关系。中国文明对待财富的态度似乎更严峻更紧张，更将它作为"恶"的构造或内在"恶"的风险，这是与黑格尔精神现象学的共通之处，它对待财富的根本伦理态度是孔子所揭示并在长期文明中所认同的那个论断："为富不仁。""为富不仁"被误读，重要原因是没有对它进行精神哲学解码。这一名言长期被认同，说明它揭示了生活世界的真理，因而与其说是论断，不如说是对生活世界的诊断。它在精神哲学意义上与西方宗教型文化深切相通，基督教的重要信仰之一是：

"富人要进天堂比骆驼穿进针眼还要难。"这句话的关键不是富人不能进天堂，而是富人为什么不能进天堂，追问下去不仅是富人究竟如何富，而且是富本身的伦理合法性。但是，比较起来，基督教的这一宗教信仰只是终极性的或只适用于终极审判，而"为富不仁"的"中国信念"贯穿于整个生活世界，在这个意义上，中国精神哲学对待财富的态度更为警惕也更为紧张。

第三，"中国形态"的"高贵意识"比"西方形态"更世俗，更伦理，也更彻底。它不仅在信念中建立起与普遍本质的同一性关系，而且在现实生活中以与共同体的同一性关系为"高贵"追求，孟子的"贫贱不能移，富贵不能淫，威武不能屈"的"大丈夫"气概，进行现象学转换，就是个体与普遍本质关系的"服务的英雄主义"的伦理气概和"精神"气概。由此，"卑贱意识"不仅意味着精神世界中的"卑贱"，而且意味着在生活世界中的出局，这便是伦理型文化的"严峻主义"。

但是，正因为生活世界中对伦理实体的精神守望，"内圣外王"和"为富不仁"的对待国家权力和财富的精神哲学态度，在国家权力成为"整个的个体"并被赋予"姓名"的世俗化进程中，在国家权力向普遍福利的转换中，生活世界便内在着比西方形态更为巨大和深刻的由"服务的英雄主义"向"阿谀的英雄主义"转化的精神哲学风险。由对普遍物的"服务"到对权力和权力掌控者的膜拜、由权力与财富私通导致的腐败，就是这种风险的世俗表现。"阿谀"的精神哲学悲剧，在于由对普遍物的"服务"，沦落为对获得"姓名"的权力承担者和财富本身的阿谀奉承。在这个意义上，当今中国社会的腐败，与其说是生活世界的腐败，不如说是精神世界的腐败，精神世界的腐败，是比生活世界更严重、更深刻的腐败。

（五）"精神"的主体形态：道德世界

在《精神现象学》中，黑格尔将"道德"看作比伦理更高的意识形态，"所谓道德，乃是一种比伦常更高的意识形态"①。因为它既扬弃了个别性，又摆脱实体而成为独立存在。伦理世界是个体与实体直接同一的世界，实体外在于自我之外，其命运是个别的自我。教化世界中自我与本质

---

① ［德］黑格尔：《精神现象学》上卷，贺麟、王玖兴译，商务印书馆 1996 年版，第 238 页。

的同一通过国家权力和财富外在地实现。在道德世界中，个体与实体成为不可分割的统一体，它具有伦理世界的直接性，又不像它那样只是一种不自觉的伦理性格，而是一种现实。由此，精神由实体性的伦理世界通过教化世界的中介达到主体，所谓"主体即实体"。

黑格尔将道德世界"现象"思辨分为三个生命结构：道德世界观；道德与现实关系的"倒置"；道德主体：良心。第一，自在形态：道德世界观及其和谐预设。道德世界观以道德与自然的关系为基本问题，当在自我意识中产生道德与自然的对峙时，便标志着道德世界观的生成。道德世界观以两个假设为基础：道德与自然各自独立；只有道德具有本质性而自然全无本质性，否则便不是"道德的世界观"而是"自然世界观"。但是道德世界观的本质是扬弃道德与现实之间的对立，实现统一，这便是现实的道德行动。① 道德世界观有两大和谐预设：（1）道德与客观自然或幸福之间的和谐，即义务与现实之间、道德与客观世界之间的和谐；（2）道德与主观自然即感性冲动之间的和谐。② 前一个和谐是世界的终极目的，创造一个德福统一的世界；后一个和谐是自我意识的终极目的，建构受道德主宰的生活和道德指导的人生。然而道德与自然的和谐是一个永远有待完成，但却应该是已经完成了的任务。两种和谐统一的力量是现实的道德行动。

第二，道德世界观的自我否定。黑格尔关于道德世界观的两大和谐预设在其精神哲学中的地位犹如康德"灵魂不朽"与"上帝存在"的两大公设，不同的是，黑格尔运用道德辩证法揭示了其内在否定性。首先，道德与客观自然即现实关系的和谐是一种"倒置"，因为现实中存在的恰恰是不和谐，然而道德并不严肃地对待这种不和谐，而是严肃地对待道德行为；不是严肃地对待道德行为，而是严肃地对待最高目的，即所谓善；不是严肃地对待善，而是期望使道德成为多余，使道德规律成为自然规律。"道德与现实之间的不和谐—道德行为—善的最高目的—道德规律成为自然规律"，这便是道德与现实统一精神辩证法。其次，道德与主观自然关系的和谐是一种"倒置"。一方面，道德必须是完成了的，不完成的不能是道德；另一方面，道德要实现自己，正是以感性冲动为对象；道德必须

---

① ［德］黑格尔：《精神现象学》上卷，贺麟、王玖兴译，商务印书馆1996年版，第126页。

② 同上书，第130页。

完成又不能完成,因为完成了道德本身也就终结了,道德是一项永远有待完成的任务,道德需要认真对待的是介于完成与未完成之间的那种中间状态。

第三,道德主体:良心。良心扬弃了自我意识中的分离与对立,使之复归为一个整体或主体,并且诉诸直接行动;良心是众多自我意识中的公共元素,它通过行动使普遍物或普遍本质成为现实。由此,"单一物与普遍物统一"的"精神"便获得新的生命形态:在伦理世界,它是实体;在教化世界,它是国家权力与财富的外在的客观存在;在道德世界,它是良心的主体。于是,"精神"便完成"实体—个体—主体"的辩证运动,达到实体与主体的统一,所谓"实体即主体"。然而在良心中也具有内在否定性,其一,良心的本质是义务与行动的统一,如果只静观不行动,就会坠落为"优美灵魂";其二,良心的真谛是"一个人的心"与"所有人的心"同一,即个体意识与普遍意识的直接同一,这就内在一种危险:将一个人的心当作所有的心,导致良心的伪善。黑格尔找不到解决这些矛盾的道路,最后诉诸宗教与哲学的"绝对精神"。

道德世界观的"中国形态"具有特殊的精神哲学话语和精神哲学气派。第一,"道德世界观"的话语构造表现为义与利、理与欲、公与私的法哲学内容与历史哲学演进。自孔子提出"君子喻以义,小人喻以利"(《论语·里仁》),到宋明理学便获得一种精神觉悟和哲学表达:"天下事惟义利而已。"(程颢:《语录》十一)义利关系是黑格尔道德与自然关系的中国表达,其现实内容也经历了从"正其谊而不谋其利,明其道而不计其功"(《汉书·董仲舒传》)的紧张,到"正其义则利自在,明其道则功自在"(朱熹:《朱子语类》卷六八)的同一。理欲关系是道德与主观自然关系的中国表达,它也经历了从"天理人欲,不容并列"(朱熹:《孟子集注·万章句上》)的紧张到"理寓欲中","人欲中自有天理"(朱熹:《朱子语类》卷十三)的"预定和谐"的精神哲学历程。"道德世界观"的"中国气派"最凸显的是将义利、理欲关系在法哲学层面落实为公私关系,"义与利,只是一个公与私也"(《遗书》卷十七)。公与私是"单一物与普遍物统一"的中国表达,也是法哲学话语。"义利—理欲—公私"的贯通合一,是道德世界观的"中国气派",它培育了中国特殊的伦理精神和民族精神,造就了一代代仁人志士,当然也内在滋生道德专制主义的文化风险。

第二，对关于理想与现实的矛盾，或黑格尔所说的道德世界观中的"倒置"，"中国形态"的典型特征是道德理想主义与道德乐观主义。黑格尔所说的那种道德世界观中"预定的和谐"在现实世界中的"倒置"是客观存在，扬弃这种"倒置"的中国话语和中国智慧是"求诸己"的"修养"。中国道德哲学将人分为"大体"和"小体"。"大体"即人的普遍本质，它的生命形态是"心"、是本然至善的"性"；"小体"即个别性自然，它的生命形态是"身"。"修养"的真谛是"修身养性"——"修"个别性的"身"，"养"普遍性的"性"，由此达到"单一物与普遍物统一"的"精神"，将个体从自然存在提升为精神存在和伦理存在。中国文化对这一精神进程表现为执着的道德理想主义，坚信"人人可以为尧舜""涂之人可以为禹。"从孔子到宋明理学，一方面对现实尤其是国家权力和财富采取伦理反思和道德批判的态度；另一方面恪守"为仁由己"的信念，"颠沛必如是，造次必如是"地坚守"求仁得仁"的道路。

第三，"良心"不仅是典型的中国话语，而且在历史哲学或中国伦理精神的发展进程中是一以贯之的话语。从孟子"良知""良能"的道德直觉，到陆九渊的"良心说"，王阳明的"致良知"，呈现的就是伦理道德发展的精神哲学历程。陆九渊、王阳明的"心学"，表面是与二程、朱熹的"道学"相对立，但只要对程朱道学与陆王心学进行现象学还原，就会发现它实际上就是黑格尔在《精神现象学》中所烦琐地论证的道德世界观在现实世界中"倒置"及其扬弃的历史哲学呈现。由此也可以发现中西方精神哲学在形上层面的深切相通。陆九渊以"良心"的"简易功夫"，王阳明以"知行合一"的"良知"，在理想与现实的冲突中展现"收拾精神，自作主宰"（陆九渊：《象山全集》卷三十五）"身体力行，障百川而东之"的"中国气派"。应该说，在伦理道德的精神哲学发展中，"道德世界"是最能体现伦理精神和精神哲学的"中国形态"的一种构造。

（六）伦理道德的精神哲学体系与精神哲学形态

综上，"精神"是伦理型文化与宗教型文化的共同话语，因而也是多元多样的人类文明的对话平台。"'精'—'神'"的二元构造，标志着"精神"在"单一物与普遍物统一"，即个体与公共本质统一中与伦理道德的逻辑与历史的同一性，也预示它必定内在的理想与现实的矛盾，由此成为提升、批判与改造现实的能动力量,于是建立一种关于伦理道德的精神哲学体系,寻找伦理道德的精神哲学形态,便不仅必须,而且必然。

黑格尔建立或呈现了一个"伦理世界—教化世界—道德世界"辩证发展的"精神现象学",这个体系与其说是精神通过伦理道德客观化自身的体系,不如说是伦理道德的精神哲学体系,伦理道德不仅成为精神的现象形态,而且是精神实现自身的体系。"伦理实体—家庭与民族—伦理行为"的伦理世界,"善与恶—国家权力与财富—高贵意识与卑贱意识"的教化世界,"道德世界观—道德与自然的矛盾—良心"的道德世界,构成伦理道德的精神哲学发展的肯定—否定—否定之否定的辩证运动和辩证体系。这个体系在形上层面具有哲学真理性,然而,黑格尔关于伦理道德的精神哲学体系只是西方精神史的现象学,不仅内在西方文明中心论的基因和气质,而且其背后巨大而深邃的历史感只对西方精神史具有解释力。伦理道德的精神哲学体系和哲学形态是精神现象学、历史哲学和法哲学的统一。精神现象学揭示伦理道德的精神发展的形上真理,具有普遍性;历史哲学在精神史和文化传统中呈现伦理道德与民族精神的同一性,也呈现伦理道德的精神哲学形态的民族性;法哲学揭示伦理道德的精神哲学形态的现实性。伦理道德的精神哲学体系和精神哲学形态必须是精神现象学、历史哲学和法哲学的三位一体。

于是,在文明对话中,伦理道德的中国精神哲学体系和精神哲学形态,便既体现普遍的精神哲学规律,又具有特殊的"中国话语"和"中国气派"。伦理道德的"精神"本性,"伦理世界—生活世界—道德世界"的精神哲学体系,三大环节的辩证结构及其辩证发展,是中国与西方共同共通的伦理道德发展的"精神现象学"规律。然而,无论精神发展的三个环节,还是它们所构成的整体性精神哲学体系,都具有特殊的"中国气质"。伦理世界中伦理实体的中国话语是家族本位的"国—家"话语,"中国气派"是"家国一体、由家及国"的精神哲学规律所造就的伦理世界的"亲和",而不是"一种规律压制另一种规律"的西方式的紧张。生活世界或"教化世界"的中国话语是"内圣外王"的权力伦理与"义利合一"的财富伦理,其"中国气派"是对国家权力"为政以德"的道德诉求,和对财富"为富为仁"的伦理批判,体现为对生活世界的道德警惕和伦理紧张。道德世界的话语体系是"义利—理欲—公私","中国气派"是"求诸己"的自强不息的超越,由自然存在走向伦理存在的修身养性，"自强不息"的要义不仅"自强"即自我超越，而且"不息"，即是一个"永远有等完成的任务"，因而只能"永远在路上"。伦理世界的亲和，生活世界的警惕与紧张，道德世界的超越，三者构成的伦理道德的精神哲学体系和精神哲学形态的"中国气质"和"中国气派"就是：伦理乐观主义和道德理想主义。

二十三　走向伦理精神

雅思贝斯曾经告诫，"世界正经历着一场极大的变化，以往几千年中的任何巨大变化都无法与之相比。我们时代精神的状况包含着巨大的危险，也包含着巨大的可能性。如果我们不能胜任我们所面临的任务，那么，这种精神状况就预示着人类的失败"①。歌德此前已经洞察："人类将变得更加聪明，更加机灵，但是并不会变得更好、更幸福和更强壮有力。我预见会有这样一天，上帝不再喜欢他的创造物，他将不得不再一次毁掉这个世界，让一切从头开始。"饱尝变化的苦果之后，历史已经行进到这样的关头，应当着手完成雅思贝斯提出的另一任务——发现时代精神状况中的"巨大可能性"。其重要内容之一，是在"上帝死了""打倒孔家店"之后，如何重建和拯救失家园的精神世界？必须严肃地反思，我们是否走偏了路，乃至需要重新做出一次选择：从"道德理性"走向"伦理精神"？

我们必须完成这一任务，否则正如雅思贝斯所说，人类将在精神世界中失败。如果对现代精神世界进行体质诊断，就会发现三大征候：伦理僭越道德、理性僭越精神、"道德理性"僭越"伦理精神"。道德、理性、道德理性，成为现代精神世界的三大僭主。三大征候导致精神世界的三大现代性病理：无伦理，没精神，道德理性泛滥。走向"伦理精神"，本质上是人类精神世界的一条回归之路，耸立于这个精神世界丛林具有指引意义的是三个方向标：在人类精神世界的生命体系中，到底道德优先，还是伦理优先？精神世界中伦理道德的辩证发展，到底需要理性，还是需要精神？最后，精神世界的真谛，到底是"道德理性"还是"伦理精神"？

---

① ［德］卡尔·雅斯贝斯：《时代精神的状况》，王德峰译，上海译文出版社 1997 年版，第 9、19 页。

（一）"伦理优先"还是"道德优先"？

在道德已经取代伦理而成为强势话语，在伦理已经不仅从人的精神世界而且从学术研究中渐渐淡出，只是作为捉襟见肘的表达能力的偶尔补充的时代，"伦理优先还是道德优先"可能只是一个伪问题至少是虚问题。当今之际，无论对精神世界的忧患还是对精神世界的期待，都万千宠爱地凝聚于一个焦点：道德！"道德滑坡""道德建设"从否定和肯定两个维度凸显道德在精神世界中的核心地位。然而仔细反思发现，在精神世界的舞台上，道德终究只是一个当红准确地说被捧红的光鲜明星，伦理才是在决定剧情的主题及其演绎的万种风情之后功成身退的导演或编剧。处于镁光灯下的是道德，将道德送进镁光灯下的是伦理，道德是演员，伦理是导演和编剧，这是精神世界的独特风情。主题和演绎风格由编剧和导演决定，演员只是主题的在场方式和人格化，满足于感官刺激的人们往往只见演员，不见导演和编剧，错把演员当主人。原因很简单，追逐明星只需要偏好与激情，恭候导演和编剧则期待慧心和三顾茅庐的赤诚。于是在精神世界的舞台上，伦理优先还是道德优先，似乎便类似于戏剧舞台上到底演员优先，还是导演与编剧优先？也许这个问题只有演员自知，因为没有演员敢不对导演和编剧恭敬，错过他们的只是观众。

1. 伦理家园

必须回到精神世界的舞台本身！任何一个精神健全的人都会承认，在人的精神世界中，伦理与道德的关系，不是二者择其一，而是何者居于优先地位的问题。到底伦理优先还是道德优先，必须到人类文明和精神世界的一些根本问题中寻找启迪：人类文明和人的生命的本真状态是什么？人的世界的终极问题是什么？中国精神哲学的传统是什么？当今中国精神世界的根本问题是什么？

人类文明和人的生命的本真状态是什么？毫无疑问，实体状态。人类将自己文明的最初状态称为原始社会，时至今日，"原始社会"因为离我们过于遥远，因为我们对它的无知，成为未开化和没启蒙的代名词。为避免价值上的误读，我们毋宁将它称为"原初状态"。现代人已经对自己的原初状态全无记忆，可以肯定的是它是个体与实体直接同一的状态，原始文明留给现代文明的最大遗产是家庭与民族，它们被黑格尔称为自然的伦理实体，彼此以男人和女人为中介，创造伦理世界的无限与美好。所以，当人们对它进行"原始社会"事实判断时，往往忽视和忘却了其重要的人文价值：它是人类的家园，是人类文明的出发点。人的生命的原初状态是什么？同样是实体状态，是无中生有地在母体中从单细胞成长为灵长类的实体状态，十月怀胎后一朝分娩，几乎全人类同声的一声啼哭，隐喻着人类对自己与实体状态分离的痛苦和难以割舍的眷念。神话和童话全部的美好就在于它以本真和童真的方式忠实记载人类从原初状态中走出时那文明一刹那的情感和意识。几乎所有创世记的神话与宗教，镌刻的都是人类从自己家园出发而回眸一视的精神旅程，盘古开天，女娲补天，走出伊甸园，绝不是人类的文学创作，而是最初的意识形态和生命自觉。

必须追问的是，当被启蒙而终结原初状态逐出伊甸园之后，人类全部努力的终极目的是什么？——通过道德拯救重回伊甸园；当个体生命产生与实体分离的自我意识之后，人的全部教化的目的是什么？——通过道德教化守望和回到自己的精神家园。然而，对人类文明和生命真谛的误读也许就在这里发生。走出伦理的家园是一种异化，终结实体性伦理世界的是个体性的教化世界，在精神世界的顶端，人类文明、人的精神通过道德回到自己的伦理世界的精神家园。由于这个过程的漫长和艰苦，由于道德的努力像黑格尔所说是"永远有待完成的任务"，只能如孔子所说"真沛必如是，造次必如是"，便产生一种可能：误把过程当目标，将道德当作精神世界的主题和主人，忘却伦理的终极目的和家园意义。人们在世俗生活中周游四方，于是设计一些重大节日，如中国的春节和西方的圣诞节，以回到家园，重温伦理世界的温馨。遗憾的是，在精神世界中，人们往往缺乏或者难以感受那种游子回归的盛大节日，于是在与自己的家园渐行渐远中，道德取代伦理，伦理的家园反而成为精神的一道背影。不过，即便如此，文明还是宿命般地不断强化人们的伦理家园意识，在基督教中是对重返伊甸园的憧憬，在哲学思辨中，就是黑格尔所说，死亡是个体性的完成，家庭和社会的终极精神意义，就是使死亡成为一个伦理事件，让个体在完成之后重新回到家族的坟墓。

2. 传统与现代的对阵

由此必须反思另一个问题：中国伦理道德和中国精神哲学的传统是什

么？中国传统精神哲学的经典范式是孔子"克己复礼为仁"的命题，日后的"五伦四德""三纲五常""天理人欲"，都是这一范式的历史发展。因为这一命题是定义"仁"，"仁"似乎便成为话语重心。人们往往认为孔子学说的核心是"仁"，"仁"是孔子的创造，"礼"是对传统的继承，最直接的根据，是"礼"在《论语》中出现 79 次，而"仁"出现 105 次。其实，数量根本不能说明问题。这一范式最大的特点，是礼仁一体，伦理道德合一。在"礼"的伦理实体与"仁"的道德主体之间，孔子表面上以"礼"释"仁"，实际上以"复礼"即回到"礼"的伦理实体作为"仁"的价值标准，"礼"的伦理无疑比"仁"的道德更具优先地位。与之相联系的是关于"仁义"的理念。"仁义"在中国传统中如此重要，乃至日后成为道德的代名词，所谓"仁义道德"。然而"仁义"的精髓是什么？"仁"以合同，其精髓是"爱人"；"义"以别异，其精髓是亲亲尊尊。"合同"与"别异"是仁义也是道德相反相成的两个精神构造，它们都源于"礼"的伦理实体的要求。伦理是"惟齐非齐"的精神实体，在伦理实体中安伦尽份即根据自己的伦理地位克尽义务是道德教养的根本。所以，孟子由人性的四善端衍生出的仁、义、礼、智四德，直接将"礼"从伦理实体的理念转化为道德规范，"仁"的合同与"义"的别异的统一，在个体行为与社会秩序中的表现，就对"礼"践履和"礼"的伦理实体的建构，最后再由"智"内化为人的良知和信念。在这个意义上，将"仁"作为孔子学说的核心，也作为人的精神世界的核心是一种误读，其误导在于将被规定的对象当作主体，反而将规定者置于次要地位。在"克己复礼为仁"这个中国人精神世界的经典范式中，"礼"的伦理处于前提性的优先地位。同时，也不能简单地将"仁"当作孔子的创造，老子"大道废，有仁义"的命题已经在孔子之先明白无误地阐释了"仁"，只是孔子对它的发挥更系统。同时，如果只见"仁"之"爱人"的本性，不见其"合同"的精神哲学意义，这是对孔子也是对中国传统精神哲学误读，这是将"仁"的道德置于优先地位的另一学术根源。

　　需要探讨的不仅是对伦理主旋律的论证，更重要的是反思：伦理问题如何被当作道德问题？诚然，这与当下的话语系统有关，然而问题就发生在话语系统中的这种道德强势，最应当反思的不是话语偏好，而是道德压过伦理的强势话语如何发生及其精神哲学后果。一般说来，伦理是个体性的"人"与实体性的"伦"的关系，即人与伦的关系，是人伦之理；道德指向形而上的"道"与主体性的"德"的关系，是得道之行。伦理指向实体和他人，是社会的和客观的，所谓客观伦理；道德指向自我，是个体的，所谓主观道德。用古希腊的理解，伦理的本意是灵长类生物长期生存的可靠居留地；道德是由个体行为对普遍规范的践行而体现的社会承认和自我认同。二者的关联是，道德是个体的伦理教养或伦理造诣。因此，道德问题一般只是个体价值及其所形成的社会风尚问题，伦理问题则是与人的"居留地"或社会共同体的可靠性密切相关切的归宿感，即伦理安全问题。中国文化是一种伦理型文化，"伦理型文化"的话语已经表明伦理而不是道德是文明的核心和根本诉求，它不仅申言伦理之于道德的优先地位，而且表明文化的实体主义取向，由此，伦理型文化才可能与另一种文化类型，即宗教型文化相通对话，因为宗教型文化的取向也是指向实体，区别在于它指向彼岸上帝的终极实体，而伦理型文化指向此岸的家庭和民族等世俗实体。无论如何，道德只是"流"，伦理才是"源"，当今中国最需要的不仅是"道德建设"，而且是以"人"与"伦"的关系的重建为内核的伦理建设和伦理发展。应当将"道德"的问题意识转换为"伦理"的问题意识，将"道德"的价值诉求转换为"伦理"的价值诉求，实现问题意识和价值诉求的革命。

3. 道德僭越伦理

综上，伦理道德一体是人类精神世界的真理，然而在精神世界与生活世界中伦理和道德到底谁处于优先地位，则是典型的现代性或者说是在走向现代性过程中出现的难题。在相当程度上，这一难题并非源于生活世界的事实，而是人的精神的自我遮蔽。伦理世界是人类精神的家园，在生活世界尤其是以个体为本位的法权状态中人类精神因漂泊而"离家"，道德世界建构的是人的精神家园的回归之路，是"回家"。"家—离家—回家"，是精神世界中"伦理世界—教化世界—道德世界"的辩证发展之路。人类文明和人的生活的原初状态、人类文明的终极问题，中国文化的传统范式和现实问题，都深刻而清晰地显示，无论在精神世界还是生活世界中，伦理都居于比道德优先的地位。然而背离家园的精神漂泊、对人类文明的大智慧和人类精神世界缺乏辩证把握，对现实问题的本质缺乏洞察，出现一种特殊的现代性镜像：道德僭越伦理，道德成为强势话语，甚至成为话语独白和话语霸权，导致对精神世界的误读和对精神生活的误导，只见"有仁义"的世俗诉求，不见其背后"大道废"的文明根源；只见"仁"的道德的努力，不见"复礼"即回归伦理家园的终极目的。

当代中国社会，道德对伦理的僭越集中表现为三大症状。第一，"伦"的退隐，以"道"的抽象本体性僭越"伦"的家园实体性，伦理存在的危机。在中国话语中，"伦"即实体，即家园，即神圣性。天伦与人伦分别是人与自己的公共本质统一的两种形态，即自然形态与社会形态。现代社会"伦"的存在遭遇空前的危机。首先是市场经济的理性化和世俗化进程解构了作为"伦"的自然基础的家庭神圣性，继而分配不公和官员腐败从财富与公共权力两方面颠覆了现实生活中的"伦"存在，最后在"国—家"构造中，家庭、社会、国家诸伦理实体之间，尤其是个体与诸伦理实体难以达到贯通同一。在精神世界，"伦"的退隐表现为以"道"的形上普遍性，僭越"伦"的诸伦理实体的家园具体性，追求所谓超越一切伦理实体和人伦关系的抽象普遍的"道"，以此消解和取代具体的和具有家园意义的"伦"。当然，现代社会不是没有实体，而是只有经济实体、政治实体的理念，唯独伦理实体缺场。

第二，"理"的解构，以"德"的主观性和相对性，僭越"理"的神圣性与绝对性，伦理认同的危机。"伦"是伦理的自在形态，"理"是伦理的自为形态，伦理之"理"是"伦"之"理"。然而现代性伦理的特点，是追求脱离具体的伦理实体和伦理规律的抽象普遍的所谓"理"，人伦关系退变为人际关系是其集中表现。"人伦"的理念意味着一方面个别性的"人"通过"伦"的实体在精神上从自然存在提升为普遍存在；另一方面表征个别性的人与人之间的关系及其行为的合理性与合法性，只有在"伦"中才能确立，没有脱离"伦"的中介和伦理具体性的所谓"人际关系"及其行为合法性。由此，德性便是一种"伦理上的造诣"，"伦"之"理"便是对于"伦"的信念，是"见父自然知孝，见兄自然知悌"的"天理"。"人际关系"的理念消解了"伦"的终极根据，试图基于某种普遍法则，即所谓抽象的"道"建构人与人之间关系及其行为的合法性，通过脱离伦理的主观性的"德"建构社会生活的普遍性与个体的主体性，使道德陷入相对性与主观性，沦为抽象的普遍准则和孤芳自赏的自我立法和灵魂慰藉，最终因无根源和无归宿而走向道德相对主义，进而由相对主义沦为道德虚无主义。正如黑格尔所说，如果道德如何仅仅以良心为基础，那简直就处于"着恶的待发点上"。"人伦关系"是实体认同，"人际关系"是道德自由。在相当程度上，"伦"或"人伦"正成为一个日趋消逝和濒临死亡的概念，现代社会正走向一个"有道理，没天理"的时代，它标示着道德对伦理的僭越，也标示伦理的危机。

第三，"道—德"僭越"伦—理"，以道德的自由意志僭越伦理的精神家园，伦理观、伦理方式、伦理能力的危机。"伦"的家园本质决定"伦"之"理"或回归"伦"的规律是"一切从实体出发"，这便是所谓"伦理观"。然而，现代社会的普遍镜像是通过以个体为本体的"集合并列"，建构"没有精神"的形式普遍性，形成一种"无伦"的伦理观和伦理方式。另外，现代社会也面临伦理能力或回到"伦"的家园的能力的普遍退化，婚姻危机本质上是一场伦理能力的危机，因为从盘古开天、上帝造人开始，婚姻能力就是人类最重要的一种伦理能力，"男女居室，人之大伦也。"

综上，道德的自由意志日益取代伦理的精神家园，人们的精神世界正陷入有自由没家园，即有道德自由而没伦理家园的悖论和危机之中。"伦"的危机，"理"的危机，"伦—理"的危机，最后积弱为精神世界和现实世界的一种日益严重的缺陷：无伦理！普遍存在的伦理缺乏症使时代精神陷入失家园的巨大危险，也使道德成为"真空中飞翔的鸽子"，在精神世界中孤鸿哀鸣，面对生活世界的严峻挑战虽有力挽狂澜的气势，终因文化超载而成为孤立无援和虚弱无力的绝唱。走出危险，必须正本清源，在精神世界中回归伦理的优先地位，给精神世界以完整性，也给人类精神以家园。

（二）"理性"，还是"精神"？

理性僭越精神，是现代性伦理道德的第二大症状，其病理表现是："没精神！"

1. "精神"基因

理性与精神的关系，原本是一个典型的西方问题，它在中国的流行相当程度上是中国人"感冒"，即感染由西方输入的文化病毒，与市场经济转向等因素内生的自身免疫系统障碍遭遇的结果。

中国伦理道德的传统从一开始就是基于价值认同的"精神"传统，所谓"中国传统"，不仅意味着"精神"在一般意义上是伦理道德的认同方式，而且是通向伦理道德的心灵之路，从话语形态到建构方式莫不如此。孔子的"仁者人也"，老子的"德者得也"开创了中国哲学的伦理的话语形态，而不是西方式哲理的话语形态。由此，不少学者批评中国哲学缺乏西方式的科学，甚至认为中国无哲学。实际上，这正是中国哲学的特色和伦理型文化的特殊气质和贡献所在。西方哲学的所谓科学是本体论和认识论的，而不是伦理道德的价值论，以哲学的认识论进行伦理道德的建构，最终结果必然以认识论的理性僭越价值论的精神，可以说，在文化体系中，只有中国哲学形成一套完整的基于伦理道德的"精神"而不是所谓哲学"理性"的话语体系和话语形态，从先秦到宋明理学关于心性问题的探讨莫不如此，对中国哲学的话语形态和论证方式的批评，相当程度上是对伦理型文化话语形态的误读甚至无知，是以西方哲学话语对中国哲学传统削足适履的结果。在建构方式上，孔子以"反本回报"论证"三年之丧"的孝道，将伦理道德植根于生活情理与对生命的终极关怀；孟子认为道德的根源在于"类于禽兽"的终极忧患，伦理的根源在于"教以人伦"的终极拯救，伦理道德行为植根于人的良知良能的"自然"，所谓"见父自然知孝，见兄自然知悌，见孺子入井自然知恻隐"。"孔孟之道"奠定了中国伦理道德"精神"而不是"理性"的基调。

宋明理学是传统中国哲学的最后形态，围绕"理"或"天理"的核心概念和"致人极"的最高任务，出现程朱道学和陆王心学之辨，道学与心学之"道问学"与"尊德性"的分歧，相当程度上代表理性与精神两种气质。程朱道学在"精神"的基调中具有某种"理性"的倾向，因为它强调通过"理一分殊"的形上过程和"格物致知"的认知路径达到"天理"，实际上是将认识论的诉求贯彻到伦理道德的价值建构中，这种理性化倾向被陆九渊批评为"太支离"，转换为现代话语即"碎片化"，陆九渊提出"收拾精神，自作主宰"的"简易工夫"，即所谓"良心说"，以良心为精神的主体。王阳明经历了从道学向心学的觉悟过程，先是按朱熹的指引格物致知，试图通过认识论的理性达到"天理"，然而"格竹子"的失败和人生的挫折，导致流放途中的"龙场之悟"，在皈依心学中将陆九渊的"良心"推进为"良知"。其中对日后中国伦理道德发展影响最大的就是以"精气神"诠释良知，"精"是良知的"凝聚"，"神"是良知的"妙用"，"气"是良知的"流行"，一言蔽之，良知即"精神"。陆王心学尤其王阳明的力行哲学，对中国近现代发挥了直接而重大影响，"精神"由此成为伦理道德的"中国话语"。可见，宋明理学虽然由于儒道佛的合一建立了本体论、认识论与价值论统一的体系，但价值论的"精神"而不是认识论的"理性"是绝对主流，中国伦理道德的传统一以贯之是"精神"传统。

2. 认识论向价值论的殖民

西方伦理道德的"理性"传统，相当程度上是认识论渗透、蚕食、颠覆最后取代价值论的结果，它在由理性向理性主义的发展中得以完成。理性在西方从一开始就是在哲学中诞生并与宗教、伦理藕断丝连，同源共生继而在向理性主义的演进中成为话语霸权。"理性"的基因始源于古希腊哲学。望文生义，在柏拉图的"理念"中，已经隐藏两种可能的走向：走向理性的"理"和走向上帝的"念"，即所谓信念和信仰。亚里士多德对"理智德性"推崇，隐喻伦理学由希腊传统走向理性主义的可能，因为理性和理智之间存在体用关系。理性对精神的僭越，在西方近代哲学中已经埋下种子。在近代挺进的过程中，理性首先作为蛰伏于中世纪宗教信仰的否定因素在文艺复兴中驱逐了上帝，继而蛰伏于伦理世界，通过认识论向价值论的蚕食僭越了作为伦理世界灵魂的"精神"。17 世纪的理性主义演绎了这两个过程的哲学承接，笛卡儿、斯宾诺莎、莱布尼茨三位近代哲学家完成了将理性推进为理性主义的体系化过程。仔细考察便会发现，这些"从扶手椅中"诞生的哲学体系展示为由几个共同元素构成的由"理性"而"理性主义"的过程。

第一，认识论：对确定性的追求。笛卡儿从对"第一知识"的确定性追求和"我思，故我在"的假设开理性主义先河，认为确定性并不存在于感觉而存在于"思"的理智之中。斯宾诺莎严格按照定义、公理、命题、证明的几何学的理性主义方法，创造了他的《伦理学》体系，以此广泛讨论包括上帝、人类心灵、情感、人类归属和自由等心理—物理、伦理和终极的一系列问题。然而，一旦"确定性"在伦理学中彻底贯彻，伦理道德建构便只是一个认识论的"理性"过程，而不是价值论的"精神"过程。

第二，本体：实体与上帝。正如科廷汉所发现，"实体概念是理性主义形而上学的核心"①。由哲学"本体"向伦理"实体"的演化本是形而上学的本体性向伦理总体性转化的重要进程，然而，对"确定性"的认识论诉求，必然使伦理实体成为理性认识而不是精神认同的对象，最终为克服体系的"理性"矛盾，必然需要上帝这一终极实体的预设，于是陷入哲学理性、伦理信念与宗教信仰的矛盾。笛卡儿揭示精神实体与物质实体的不对称性，认为人的身体实体是很容易失去同一性的偶然结构，而心灵则是纯实体，可以由其本质而成为不朽；斯宾诺莎将实体当作"自在地存在和由自身得以想象出来的东西"；莱布尼茨认为只有上帝才能论证因果性、联系。将实体当作存在和心灵过程的统一，相信永恒实体的存在是近代理性主义的共同特征。

第三，价值论：身心关系与幸福。身心关系是近代理性主义的共同关注，由此认识论走向价值论，但关于确定性的理性追求决定了他们不能真正在价值论的意义解决身心关系问题。笛卡儿的身心区分和心灵实体不朽理论，斯宾诺莎的"身心平行理论"，莱布尼茨的身心"预定和谐理论"，本质上都是身心二元论。他们将"幸福"当作哲学事业所关心的真正观念，② 由此可以走向真正的伦理学，但由于自由与道德的关系为重心，决定了其体系只能囿于理性化的认识论。

可见，近代理性主义肇始于追求确定性的哲学认识论，然而它的彻底贯彻不仅陷入与宗教信仰、伦理信念的理论纠结，而且导致"理性"对于"精神"的话语与价值霸权。17 世纪被称为"理性的时代"，因为它摆脱了中世纪的宗教信仰，却出现了一种矛盾的现象，上帝在三位理性主义者那里都具有核心地位，是终极实体，也是至高无上的善。由此便产生一种可能和趋势，理性和理性主义由认识论向价值论渗透，颠覆伦理学和伦理世界的一些基本理念，尤其是作为哲学、宗教、伦理的共同概念并关联着三者的"精神"，虽然斯宾诺莎将意志和理智看作"同一个东西"③，这"同一个东西"被黑格尔称为"精神"。理性主义致力在哲学、宗教和

---

① ［英］约翰·科廷汉：《理性主义者》，江怡译，辽宁教育出版社、牛津大学出版社 1998 年版，第 81 页。

② 同上书，第 171 页。

③ 同上书，第 173 页。

伦理之间划出明显的界限，在理性、信仰和价值之间划出一道鸿沟，并试图在三者之间进行某种调和，然而理性对精神的僭越从这里已经开始。

以确定性为追求的认识论的理性，一旦主宰信仰的世界和伦理的世界，必然成为对以认同为核心的"精神"的解构和颠覆的力量，只是经过康德和黑格尔，这一过程在现代发展到极端。康德《实践理性批判》在严格意义上是将道德作为实践理性的一种，以此作为纯粹实践理性存在的证明，但他关于道德的"实践理性"的证明，不仅导致将道德等同于实践理性的误读，也导致将道德理性化的误导。于是，他的体系最终陷入认识论与价值论、理性与精神的纠结。他在认识论上完成了对道德的理性论证，但在价值论上陷入"实践理性的二律背反"，最后只能在借助"上帝存在"的公设同时于精神上"仰望星空"。黑格尔在《精神现象学》中同样存在理性与精神的纠结，但将伦理道德作为"精神"则是其最大贡献。一方面，他将"感性—知性—理性"当作"主观精神"，由此"理性"就成为"精神"发展的一个环节；另一方面，将伦理道德当作客观精神，是精神发展的一个独立而完整的阶段。所以，他特别强调理性与精神的严格区分及其向精神发展的必然性，精神是理性和它的世界的统一，即理性的现实性，由此认识论便向价值论转化。在黑格尔哲学中，伦理道德是精神，是精神世界的两大结构，但理性与精神的关系，则是一个容易混淆甚至在其哲学中本身就混淆的问题，因而他的精神哲学最后也必须借助宗教的终极实体，不过与康德不同，它在哲学的绝对知识中回到自身。18 世纪康德、黑格尔体系中理性与精神的这种形而上学纠结，终于在 19 世纪和 20 世纪初导致西方哲学和西方精神世界的严重危机。因为，在"上帝死了"（尼采）和"形而上学终结"的现代社会，无论哲学的形上实体还是上帝的终极实体，已经不是像在康德、黑格尔哲学中那样是化解体系的理性矛盾的一种公设或虚设，而是完全被消解为虚无。由此，"理性"便完成对"精神"的僭越，这种僭越在相当意义上是理性主义哲学对西方伦理道德传统颠覆的核心。

3. "理性"僭越"精神"

"理性"到底何时登陆和入主中国已经难以考证，可以肯定的是，对现代中国伦理道德来说，"理性"似乎是一个风华绝代的"新人"，而"精神"则是不折不扣的土著。理性与精神的纠结在现代中国的伦理道德领域不是不存在，而是没有被发现和揭示，因为在学界的集体潜意识中，这是两个隔空喊话并不相遇的星球，并不构成一对矛盾，甚至没有关系。"理性"一旦从西方舶来，几乎成为"合理性"的代名词而狂飙突进，自康德《实践理性批判》问世，自康德成为西方哲学的教主继而成为中国哲学西天取经的外神，道德便不仅被当作纯粹理性的证明，不仅是实践理性的一种，而且就是实践理性，"道德＝实践理性"已经成为毋庸置疑的学术天条。作为哲学土著的"精神"要么在意识形态话语如"民族精神"中被偶然关注，要么作为话语习惯和文化潜意识在日常生活中被提及，在学术研究包括在精神世界中早已被理性"新桃换旧符"。

借用以上对 17 世纪理性主义哲学矛盾的分析，当今中国伦理道德领域"理性"对"精神"的僭越表现为以下症状。第一，认识论的"理性"僭越：以确定性和合理性消解伦理道德的神圣性。确定性与合理性是现代理性主义的两个基本取向。人文科学尤其是伦理道德的最大特点，是它在最初出发点和终极层面往往不可追究和反思，作为人类的家园与归宿，它是信念的对象。认识与认同、信念与反思，是认识论与价值论的重要区别。中国民族对"三代"、西方民族对古希腊的眷念，相当程度上是对人类文明的精神家园的伦理情结。在伦理道德的终极基础方面，西方伦理对上帝的预设，中国伦理对家庭血缘关系的态度，都是典型的"精神"，孔子对"三年之丧"的孝的伦理论证，孟子的"自然"良知观都是一种"精神"的态度，这是一种入世伦理的奠基于家族血缘关系的"自然"神圣性。毋宁说，在伦理世界和道德生活中，更多方面是不可理性的，一旦"理性"颠覆了伦理道德本身。现代性将理性的触须深入人类伦理世界的每个角落，在追求确定性和合理性的过程中颠覆了伦理道德的神圣性，从而导致伦理道德的"祛魅"。于是，"为什么"的追问成为伦理道德的第一敌人，因为它将伦理道德仅仅作为理性认识的对象，而不是价值认同的对象。最终的结果，是先在伦理上失家园，继而在道德上失乐园，现代社会中由道德信用危机向伦理信任危机的转化，继而导致的伦理安全危机的问题轨迹就是如此。

第二，本体论的"理性"僭越：个体本位与利益算计。形而上学的"本体"理念移植到伦理道德领域便是所谓"实体"，形上本体性与伦理总体性，是认识论与价值论的两个不同论域和话语。伦理的精髓是个别性的"人"与实体性的"伦"的关系，道德的精髓是本体性的"道"和主体性的"德"的关系，两种关系本质上是世俗存在的确定性与精神超越性的关系，其真谛是通过"精神"的中介，将人从个别性存在提升为普遍性存在。现代性背景下理性放逐的结果，在伦理关系上必然由追求确定性而以个体为本位，在道德生活中必然以追求合理性而陷入利益算计或理性算计，因为个体是伦理关系中直接的确定性，利益最大化是最世俗的合理性。现代性伦理道德理性化的表现，是将人还原为原子化的存在或个体性的单子，然后试图通过制度安排、利益博弈的"集合并列"，建立现实生活的普遍性。于是，无论普遍性的建构还是对成为普遍存在者的自我提升，便不再是基于"实体"信念的家园回归，而是理性的算计。然而这种普遍性只是形式的普遍性，而不是真正意义上的伦理道德的普遍性。于是，在伦理道德领域便陷入"囚徒困境"，现代中国社会中的"老太困境""道德银行"便是理性祛魅的结果，"一个老太绊倒整个中国社会"，折射的就是精神生活与现实世界的"囚徒困境"。

第三，价值论上，心智混同，知行分离。心与身、灵与肉的关系是任何伦理道德体系的核心问题之一。伦理道德理性化的主体性表现，是以认知主体的"智"僭越和取代作为认知与价值统一的"心"。与身心关系相联系的是心与智、心与灵的关系问题，正因为如此，心、性、情、命便是中国哲学最基本的范畴。心与智是价值论与认识论的两个不同范畴，而心与灵则表示由主体走向和追求不朽的精神过程，所以，心灵与伦理道德相通，并由"灵"而与宗教相通，而"精神"在西方哲学中则被当作包括心灵、道德和宗教的概念。对于智或知的理性化追逐，使伦理道德成为一个心理和生理过程，而不是心灵过程。伦理道德的知与哲学认识论的知的最大区别是：前者是良知，后者是认知。心与灵、心与智混同的结果，便是知与行的分离。

综上，无论在学术研究还是在现实的伦理关系和道德生活中，理性与精神在现代中国伦理道德中的镜像，用一句话描述，就是：理性的玉兔东升，精神的金乌西坠。借用杜甫《佳人》中的诗句意象地表达，"但见新人笑，哪闻旧人哭"，"理性"僭越"精神"，导致的典型的"中国问题"或中国病状是："没精神！"失家园是"没精神"；"祛魅"是"没精神"；知行分离还是"没精神"！可以说，在理性化过程中，中国伦理道德已经患上"精神缺乏症"。

（三）"道德理性"还是"伦理精神"

道德僭越伦理，理性僭越精神，逻辑与历史的必然结果是：道德理性僭越伦理精神。于是便遭遇一个最具前沿意义的精神哲学难题：伦理道德的精神哲学本性到底是"道德理性"还是"伦理精神"？中国伦理道德的精神哲学形态，到底是道德理性形态，还是"伦理精神形态"？

1. "道德理性"与"伦理精神"

"道德理性"与"伦理精神"的关系关涉三个哲学问题："伦—理"过程与"道—德"过程的关系；伦理与道德在人的精神发展和精神世界中的价值序位；伦理与道德对精神和理性的不同诉求。伦理与道德作为人的精神发展的两个阶段和精神世界的两个结构，具有不同的精神哲学意义。如前所述，伦理的精髓，是个体性的"人"与实体性的"伦"的关系，伦理之"理"作为"伦"之"理"或"人伦"之"理"，意味着无论伦理意识、伦理关系还是伦理规律，都是基于"伦"的实体的良知和天理，因而具有神圣性和必然性。"伦—理"的过程，是一个由"伦"而"理"的精神进程。道德的精髓是主体性的"德"与本体性的"道"的关系，核心问题是个体如何获得与分享"道"的普遍性进而建构与他人合一、与世界合一的主体性，"德者得也"即"得道"之谓也，因而"道—德"的过程是由"道"而"德"的精神过程。"伦—理"是从生命实体和具体的伦理情境获得的良知良能，"道—德"是透过对"道"的体认而获得的"德"的觉悟和"德"的建构。因而伦理具有家园性和历史具体性，但也有其限度，一旦离开具体的伦理经验和伦理体验便很难具有普遍性，于是"道"的形上普遍性以及由此进行的"德"的自我建构便成为必然要求，这就是所谓"道—德经"。也许正是在这个意义上，亚里士多德将德性分为伦理的德性和理智的德性，并认为理智的德性高于伦理的德性，因为在他看来伦理是风俗习惯，依赖于具体的历史情境和直接经验，难以传授，也很难在不同伦理故乡之间获得普遍性，于是就需要在道德中透过理智的中介进行教育和传授，并且通过理智的共识建构"道"的普遍性和德的主体性。借用西方哲学的话语，伦理是黄昏起飞的猫头鹰，背负深厚的伦理经验；道德是真空中飞翔的鸽子，追求普遍理性和意志自由。其实，将伦理位于风俗习惯完全是西方文化或者在其源头上是希腊文化的局限。也许，在人类文明的原初阶段，伦理起源也表现为风俗习惯，然而在日后的发展中它便展开为诸多高级形态，黑格尔就指证了家庭、民族、社会、国家诸伦理实体形态。伦理是家园，是神圣，是自然和必然；道德是智慧，是理智，是应然和自由。于是，在人的精神发展和精神世界的建构中，伦理便具有优先于道德的地位——不仅在时间序列上优先，而且在价值序列上优先，因为道德的建构本性上是一种伦理上的造诣。

正因为如此，伦理期待精神，道德诉诸理性。因为，精神的真谛是"因'精'而'神'"，或者说"聚'精'会'神'"。按照王阳明的解释，"精"是凝聚，何种凝聚？"伦"的普遍物的凝聚，是普遍物的单一性呈现形态，因而任何"精"都是以个别性呈现的普遍性，也正因为如此，在神话作品和文学创作中"精"才具有超凡的力量，不同"精"的区别仅仅在于其伦理属性。"神"是"妙用"，是灵明，因为"精"是普遍物，因为个体与"伦"的普遍物之间的关系是理一分殊，因而不仅"精"之力量是"神"或具有神力的意义，而且每个人都可以因"精"而"神"，只需"聚精"，便可以"会神"即与神明相遇，"见父自然知孝，见兄自然知悌"的良知良能，就是"精"之"神"的妙用。"伦理"之中，"伦"是体，"理"是用；"精神"之中，"精"是体，"神"是用。伦理是自在状态，精神是自为状态，"伦理精神"是既自在又自为的状态。所以，伦理与精神之间具有相互期待、相互诠释的关系。伦理，只有通过精神才能达到和建构。在这个意义上，"无伦理"自然"没精神"，"没精神"必然"无伦理"。与之相对应，道德则表现为对理性与理智的诉求。道德的真谛是"由'道'而'德'"，理性的真谛是"由'理'而'性'"。德是对道的分享，这种分享，用朱熹的话语是"理一分殊"，用佛教的话语是"月映万川"。"一月摄一切水月，一切水月映一月"，万物因获得了"道"而有"德"，"德者道之舍"，但"道"并没有因众多分享而有任何亏损，所以德与道的关系是"分享"而不是"分有"。正因为如此，道德是一种大智慧，是一种理性，柏拉图的"理型"，老子的"道德经"，传授的都是这种基于"道"的本体性的形上智慧和形上理性。

伦理期待精神，谓之"伦理精神"；道德诉求理性，谓之"道德理性"。"伦理精神"与"道德理性"是人的精神发展和精神世界建构的两个最重要的结构与过程，问题在于，伦理精神之于道德理性具有优先的地位。因为，其一，伦理是人的家园，精神是回归家园之路，在人类文明进程和人的生命进程中，伦理精神都具有优先于道德理性的地位；其二，伦理精神是中国传统和中国话语，是入世文化背景下伦理道德的中国形态和中国贡献，它在文明体系中与伦理道德的另一文化形态，即宗教形态比肩而立；其三，现代中国伦理道德发展的重大理论和现实问题，是以"道德理性"僭越"伦理精神"，现代文明中的所谓"失家园""失乐园"，首先是失伦理的家园，失伦理精神的乐园。

2. 走向伦理精神

因此，无论根据伦理道德的精神哲学本性，还是基于伦理道德发展的"中国问题"，现代中国伦理道德的精神哲学形态必须确立三大关键概念：伦理、精神、伦理精神。准确说，必须确立三大优先战略：伦理之于道德的优先战略；精神之于理性的优先战略；伦理精神之于道德理性的优先战略。三大关键概念，三大优先战略，呼唤三大回归：回归伦理，回归精神，回归伦理精神。一言以蔽之，走向伦理精神！

走向伦理精神，指向也期待关于伦理道德的两个哲学革命。一是关于人类文明的终极问题的哲学革命，即由"应当如何生活"？的道德问题意识，向"我们如何在一起"的伦理问题意识的革命；二是关于伦理道德本性的哲学革命，由作为"社会意识"的"反映论"向能动建构的"精神论"的哲学革命。简言之，"伦理"革命，"精神"革命。

人类文明，或精神世界的终极问题是什么？人们已经对这样的回答耳熟能详："应当如何生活？"如此，道德便成为生活世界的主题。诚然，人与禽兽的区别，在于超越"自然"而追求"应然"的生活，然而黑格尔提醒我们，应然意味着未发生，道德的应然就是不断的未然；孔子也以他的人生经历告诉我们，道德的最高境界是没有道德的自由之境，所谓"从心所欲不逾矩"。道德建构主体性，然而道德的应然也是主观性，每个主体都有自己的"应当"，由此精神世界便可能成为"应然"的"'自由'市场"，甚至成为"应然"的"战场"。人类从实体状态走来的史实，决定了精神世界的终极问题是"我们如何在一起"。伦理世界的主人是实体性的"我们"，人类文明和个体生命的原初状态是未开化未分离的"我们"；教化世界的启蒙使伦理世界的"我们"异化为原子式单子化的

"我"；人类自被逐出伊甸园，道德长征的根本任务，就是"我"如何成为"我们"？所以，宋明理学将义利、公私之辨作为人的精神世界的根本问题，"我"是私，所谓"一己之私"；"我们"是公，所谓"天理之公"。自亚当与夏娃诞生以第一块遮羞布为象征的"别"的自我意识，自男女孩童从"两小无猜"催生"猜"的"别"，人类文明、人的生命永远的课题便是"我们如何在一起"。老子启蒙世人："大道废，有仁义，智慧出，有大伪。"老子高于孔子也因此藐视儒家的方面，就是讥讽孔子及其儒家只执着于仁义而忘却一个根本问题，即回到"大道"家园的终极目的。老子这段话的真义是，因为仁义是"大道废"的结果，只是对大道的回归与拯救，所以最高智慧是回到大道的家园，而不是在仁义的旅程中流连忘返。在他看来，包括仁义在内的教化世界的一切智慧，都不是文明的本真，而只是"伪"，即人为。于是，孔子与老子在由伦理世界向教化世界转换的精神史上演绎了不同的文明正剧。孔子"周游"，周游列国，以"明知不可为之而为之"的使命感推行仁义；老子"出关"，出何种"关"？出"仁义"智慧的"大伪"之关，回到"大道"的本真状态。所以，老子与孔子、道家与儒家合璧，才是中国文化的完整智慧，孔子致力教化世界的道德拯救，老子启迪回到"大道"的伦理家园意识。也许，这就是日后中国文明、中国人的精神世界总是儒道互补的根由。孔子"有仁义"的道德努力，老子"大道废"的哲学启蒙，孔子"周游"，老子"出关"，都是中国文明初年伦理型文化基因的生动演绎，是对中国人精神世界的哲学奠基。不过，对于精神世界、对于人类文明和人的生命的误读，也许就在这里发生。因为人们往往执着于"有仁义"的道德，忙碌于、紧张于道德的救赎，而忘记之所以需要"有仁义"，根本上是因为"大道废"的伦理解读，道德救赎的根本目的，在于回到自己的精神家园。由于这种不幸的误读，道德不仅在精神世界中处于优先地位，而且成为强势话语。

　　伦理道德的本性到底是理性还是精神？它在方法论上关联一个至今未经认真反思的哲学问题：伦理道德到底是对社会存在的反映，还是一种能动的精神建构？由此，它是认识论问题，还是价值论问题？中国学界既有的理论将它归之于"社会意识"，根据历史唯物主义的理论，是与之相对应的"社会存在"的反映，因而又是一种"意识形态"，既是人的意识的特殊文化形态，又是主观性和多样性的个体意识的社会形态，是与个体性相对应的"社会意识"，与主观性相对应的"客观意识"，总之是"社会意识形态"。这一定位当然有其合理性，黑格尔将伦理道德当作客观精神，相当程度上也是在作为它作为社会意识的客观性意义上立论。在"社会意识"的意义上，伦理道德表征社会在价值意识方面的同一性，"意识形态"表征伦理道德既具有文化的同一性，即所谓"形态"，又具有社会的同一性。但是，关于社会意识和社会意识形态的定位遭遇两大难题。第一，它同样只是认识论而不是价值论的定位。如果只是社会存在尤其是物质生活条件的直接反映，那么，伦理道德将陷于自然决定性，是生理—心理的自然过程，而不是价值过程，不可避免地"祛魅"，由此便可能在追逐社会存在的变化的过程中走向伦理道德虚无主义。第二，它可能被当作"意识形态的暴力"而在现代性背景下遭遇人们本能的抵触。因此，关于伦理道德本性的哲学定位，应当包含认识论与价值论两个方面，局限于"社会意识"及其反映的认识论定位必然导致"理性"对"精神"的僭越。应当在精神哲学的视域下将它当作精神的自我建构和不断发展的辩证过程。由此，必须进行一次由意识反映论走向精神建构论的哲学革命，历史唯物主义与精神哲学的双重哲学视野，是走出"没精神"困境的哲学之路。在这个意义上，伦理精神的回归期待一次马克思历史唯物主义与黑格尔精神哲学的哲学对话。

3. "伦理精神"的中国精神哲学形态

回归"伦理"，回归"精神"，回归"伦理精神"，完成这三大回归，现代中国伦理道德就具有独特的精神哲学形态："伦理精神形态。"

"伦理精神形态"是与西方"道德理性形态"相对应的中国精神哲学形态。中国伦理道德在传统上是伦理道德一体、伦理优先的精神哲学形态，在现代，根据人类文明遭遇的"如何在一起"的严峻挑战，针对现代中国伦理道德发展面对的问题与难题，伦理回归和精神回归的必然结果，就是"伦理精神形态"的推进与建构。"伦理精神形态"的哲学主题是"在一起"，文化气质是"回归"。伦理是人们"在一起"的家园，"精神"是"从实体出发"的重返家园之路。"伦理"是安宅，"精神"是达道。无论"伦理""精神"，还是作为二者同一的"伦理精神"，都植根于中国传统，也都是中国话语，因而"伦理精神的精神哲学形态"既是一种建构，也是根据问题诊断的哲学革命，但归根结底是一次回归——既是对中国传统、中国话语的回归，更是对人类精神发展和人的精神世界的回归。与"伦理道德一体、伦理优先"的传统形态相比，"伦理精神形态"更加凸显民族传统和现代问题意识。

"伦理精神形态"最易引起误读和误导的方面，是它可能被批评为一种保守主义。因为，"伦理"的本性是存在，"精神"的本性是认同，在"伦理"与"精神"之间建构的是相互同一的亲和。在现实性上，"伦理"不仅是作为人的生命根源和文化眷念的家园性存在，也是如家庭、社会、国家的诸伦理实体的现实存在；"精神"以对伦理存在的认同为前提，其本性是"从实体出发"的思维与意志的统一；由此，"伦理精神"似乎就潜在某种令人不安的保守倾向，不像"道德理性"那样，追求道德的"应当"和"理性"的反思，在"道德"和"理性"之间存在某种反思性紧张。然而这只是问题的现象层面。"伦理精神形态"有一个不可动摇的信念和追求，并以此为前提：一切存在，首先必须是"伦理的"才是现实的。这就回到"凡是现实的都合理的，凡是合理的都是现实的"那个著名的黑格尔悖论。"伦理精神形态"传递一种理想，一种信念："凡是伦理的才是现实的，凡是现实的必须是伦理的。"相反，这一命题从来并不认为也丝毫不意味着现存的已经是伦理的，而是说现存的只有成为伦理的才是现实的。"伦理即存在"，是说一切存在必须是伦理的，只有具有伦理性才是也才可能成为现实的存在。于是，"伦理精神形态"便是前提地指向现实批判性的一个命题，准确地说是表达对现实的伦理批判的命题。它传递一种取向和追求：一切存在，只有经受伦理的批判才是现实的和合理的，就像笛卡儿所说一切只有经受理性批判才是现实的一样。在这个意义上，"伦理精神形态"是让一切成为伦理，对一切诉求伦理的精神哲学形态。因此，"伦理精神形态"面对"无伦理""没精神"的现实，就是一种"明知不可为之而为之"的批判性的人文理想主义，因为它在对传统的回归中建构，所以毋宁说是"新古典人文主义"。

诚然，"伦理精神形态"并不是对"道德理性形态"的全盘否定，更不是泛伦理主义、泛精神主义。"伦理精神形态"的坚持和坚守，是非宗教的入世文化背景下中国伦理道德的民族精神形态，是中国精神哲学传统的现代转换和现代话语，表达在现代背景下，以"伦理精神"为重心和问题指向建构人的精神世界，推进人的精神发展的意向与抱负。不过，"伦理精神形态"也是对现代的和西方的"道德理性形态"的反思与批判，但它更强调，在宗教型文化和伦理型文化背景下，伦理道德具有不同的精神哲学形态，"伦理"与"道德"是两种文化、两种文明的不同精神哲学重心，也是两种精神世界的不同重心，而"精神"则是沟通两种文化、连接伦理与宗教的共同话语，由此，两种文化、两种文明的精神哲学形态便"理一"而"分殊"。"伦理精神形态"传递一种宏愿：中国文明将继续沿着自己的轨道为人类精神发展，为人类精神世界做出独特的贡献，以此屹立于世界精神文明之林。与之相对应，回归伦理，回归精神，回归伦理精神的三大回归，绝不是泛伦理主义和泛精神主义，绝不是以此否定道德，否定理性，否定道德理性，而只是扬弃道德对理性的僭越、理性对精神的僭越、道德理性对伦理精神的僭越。它所做的最重要的工作是："把上帝的还给上帝，把恺撒的还给恺撒"；把理性还给道德，把精神还给伦理；把道德理性还给西方，把伦理精神还给中国；最后，把家园和回归家园之路还给全人类。

我们，正走向"伦理精神时代"。

结语　伦理道德形态的精神哲学对话

（一）　走出"轴心文明"

20世纪40年代，卡尔·雅斯贝斯在提出了一个对人类文明史具有很强解释力的原创概念"轴心时代"的同时，也给世界留下一个副产品："轴心文明"与"轴心意识形态"。

"轴心时代"的核心发现是，在公元前800—前200年，中国、希腊、印度、巴比伦等古老文明几乎同时实现了文化上的巨大飞跃，从部落文化迈入文明时代，出现所谓"轴心时代"。"轴心时代"复原出世界文明史的"轴心"图景。"轴心时代"是一个原创时代，四大文明古国的原初文化创造，不仅成为古代地域文化的"轴心"，而且至今仍然是人类文明的家园。然而，巨大文明风险也许从一开始就潜在于"轴心"的原创发现中。半个多世纪以后，世界不幸被嵌入"轴心"的惯性之中而不能自拔："轴心时代"被泛化为"轴心文明"，继而从"轴心文明"衍生出"轴心意识形态"乃至"轴心世界观"。

"轴心时代"是历时性话语，指证中国、希腊、印度、巴比伦是四大地域文明的轴心，它们共同构筑人类文明史上巨大飞跃的轴心图谱；"轴心文明"是哲学话语，它试图以人类文明童年的原初图像诠释日后的人类文明，尤其是四大文明围绕自身轴心自转和公转所形成的难以调和的巨大差异，将从"轴心时代"到当下的人类历史认同为"轴心文明"。"轴心意识形态"是由"轴心文明"演绎的"轴心思维"，即"轴心"思维方式和"轴心"世界观，一方面固化、夸大"轴心时代"，由于文明隔绝所生成的历时性差异；另一方面，试图收拾"轴心文明"，创造"众轴之轴"。作为伦理遗产，"轴心文明"的当代镜像和学术表达是亨廷顿所揭示的"文明冲突"；"轴心意识形态"的伦理后果是当今文明体系中所蔓

延的基于"轴心论"的"化"思维与"化"话语，如全球化、现代化
等。所有的"化"，是"化"他，也是自化，甚至是主动积极的"被
化"。当今世界，"化"已经成为一种意识形态。现代世界的"轴心文明"
情结如此深重，以至尤尔特·卡曾斯宣告，当今的全球文明正处于"第
二轴心时代"。①

　　必须超越"轴心文明"，必须告别"轴心意识形态"，无论超越还是
告别，都期待一种关于人类文明的新的伦理解释和对待世界的新的伦理态
度。"轴心文明"是世界图像文明割据的"三国四方"；"轴心世界观"
的时代特征是包容而不是兼容的自我中心和"轴心心态"；"轴心意识形
态"的精髓是"冲突思维"。一言以蔽之，世界多轴心，自我为中心，就
是"轴心文明"的哲学本质。于是，杜维明先生呼吁：由"轴心文明"
走向"对话文明"，因为对话文明开辟了一个崭新的视域："庆幸差
异。②"其实，"庆幸差异"不只是一个新视野，而且是对待人类文明态度
的根本伦理改变。对话的前提是相互承认，彻底的承认是对同一性的深刻
认同，由此，超越"轴心文明"首先必须进行一场伦理革命。伦理革命
的要义，是不仅摆脱文明史观的自我中心的"轴心思维"和"轴心主
义"，而且将思维和价值的重心从"存异"引向"求同"。回到文本，雅
斯贝尔斯"轴心时代"发现的真谛，是人类由部落文化到文明时代的
"飞跃点"上的集体觉悟，这种集体觉悟在不同地域以不同文化形态呈
现，生成万千气象的"轴心"，所谓"道成肉身""理一分殊"，人类文
明的集体觉悟，是"轴心时代"诸轴心的"中轴"或所谓"众轴之轴"。
"人"及其文明，才是"轴心时代"的本真与本质，被放大和误读的"轴
心"以及日后的"文明冲突"，都是"以差观之"的结果。"以差观之，
因其所以大而大之，则万物莫不大；因其所以小而小之，则万物莫不小。
知天地之为稊米也，知毫末之为丘山也，则差数观矣。"（《庄子·秋水》）
"道通为一"（《庄子·齐物论》）是"轴心时代"的真理，"轴心时代"
的"道"是"人"之"道"，"人"之"道"是"轴心时代"和"轴心
文明"的中轴或总轴。

---

　　①　参见列奥纳德·斯维德勒《从轴心文明到对话文明》，载杜维明主编《从轴心文明到对
话文明》，光明日报出版社2013年版，第55页。

　　②　杜维明：《〈从轴心文明到对话文明〉的个人反思》，载杜维明主编《从轴心文明到对话
文明》，光明日报出版社2013年版，第2页。

告别"轴心文明"，必须"学会伦理地思考"，也必须从伦理思考开始。伦理思考从哪里开始？从伦理道德的精神哲学形态对话开始。伦理道德是人的世界的价值真理。伦理道德史与人类文明史、社会发展史及人的生命发展史深度契合，构成人类精神史和人的精神史的核心。"精神哲学形态对话"的关键词有三个：一是"精神"，将伦理道德当作人的精神世界的核心构造和精神生活的基本方式；二是"形态"，人类文明史上的诸伦理道德都是人的"精神"的"显现"，是精神显现自身的不同形态；三是"对话"，基于对人、对人的世界，对人的精神的同一性信念的哲学对话和人性商谈。"理一分殊""道成肉身"，是精神哲学形态对话的精髓。"理"与"道"是"人"的文明和"人"的精神的"一"，是"不变"，"分殊"与"肉身"是"一"所呈现的精神的种种形态，是"多"，是"变"。精神哲学形态对话执着于对"理"和"道"的终极同一性的信念，认为人类文明史上先后出现以及现代文明体系中呈现的诸伦理道德形态，都是"人"之"理"的"分殊"，或是"人"之"道"的"肉身"，同一性才是它们的本质和真理。精神哲学形态对话，对走出"轴心文明"，"学会伦理地思考"，调整甚至根本改变对世界的伦理态度，具有重要的道德哲学意义。

（二）人类精神世界的"太极图"

杜维明先生为文明对话提出了一个极具伦理意蕴的问题："包容差异"还是"庆幸差异"？"差异"之差异的背后，是对待世界的根本伦理态度及其所体现的生命境。"包容"以智者的眼光鸟瞰和谈笑世界的"大异"，"庆幸"则以贤者的胸怀享受和回归人类生命的"大同"。"存异"还是"求同"，不仅是两种文化态度和实践理性，更是两种文明境界和精神智慧。

1. "太极"世界

无论精神哲学形态对话，还是对待"大异"的文明智慧，都无法回避原生于人类精神世界中的两个基本问题：宗教与伦理的关系；伦理与道德的关系。两大关系指向一个共同问题："我们"的世界是什么？

"轴心时代"的文明基因和"后轴心时代"的青春图像是：四大文明

古国中，四分之三的国家以宗教为精神世界的轴心，四分之一的中国则以伦理建构精神世界的大厦；宗教与伦理，构成"我们"的精神世界的两大轴心或支点。于是，习惯于"轴心思维"的人们便以此质疑中国人精神世界的合理性乃至合法性，而当世俗生活遭遇伦理困境与道德难题之际，中国人也每每将救援的目光投向异域的宗教，试图从中寻找出路，或者"以伦理代宗教"，或者将伦理尤其是儒家伦理诠释为宗教，以为本土精神世界做合法性辩护和合理性努力。然而，五千年来，中国人的精神世界并没有因为上帝缺场而失重和倒塌，原因很简单，它另有自己的轴心，这就是伦理。如果精神世界需要轴心，那只能解释为中国人的精神世界具有不同于宗教的文化替代，这就是伦理。人类精神世界，四分之三围绕宗教自转，四分之一围绕伦理自转，异曲同工，一本万象，共同缔造人类的精神宇宙。于是，既不需要为逢迎"大多数"将中国伦理尤其是儒家伦理曲意为宗教或所谓"儒教"，也不需要缘木求鱼地"西天取经"，借力"伦理宗教化"为中国人的精神世界寻找出路。

两千五百多年前，第欧根尼在希腊半岛面对广袤无边的大海喊出："我不是雅典人或希腊人，而是一个世界公民。"一百多年前，尼采宣告，我们是被召唤来做宇宙舞者，不会沉重地停在一定点上，而是轻盈地从一个位置转身跳跃到另一个位置。"世界公民""宇宙舞者"，这是人作为精神存在者的真谛。休斯顿·史密斯对这两位天才哲学家的自我精神认同做了很好的生命伦理的诠释："作为一个世界公民，宇宙舞者将是自己文化的真正的孩子，而又与整体密切关联。舞者在家庭和社群里的根是深厚的，但是在其深处将会探触到人性共同的水源。"① 宗教或伦理是人类的两大精神故乡，彼此互为异乡，又互为同乡，每个人都是它们的孩子，但重要的是，在宗教或伦理的深处，是"人性共同的水源"，我们必须探触到它，否则，便是对宇宙和世界浅尝辄止，不能成为"世界公民"或"宇宙舞者"。

宗教是对人生终极意义的解释和追求，这种终极意义透过终极实体的终极关怀，即超自然的力量实现，教义、教典、教仪、教团等等都是它的呈现方式。人的有限性决定了对无限的渴望，但追求无限或永恒并不只有一种文化形态。斯维德勒发现，"很多人不承认有任何形式的超自然力量

---

① ［美］休斯顿·史密斯：《人的宗教》，刘安云译，海南出版社 2001 年版，第 9 页。

的存在，而是选择某种无所不在的人本主义。这种无所不在的人本主义在他们生活中的功能与宗教中信徒对超自然力量的看法是一样的"。相同的是，这两种立场都无法得到证明，因为它们都是一种信仰或信念，但正因为如此，除没有超自然的力量之外，宗教的一切元素，都适用于"无所不在的人本主义"。① 这种"无所不在的人本主义"的精神形态之一就是伦理。

　　长期以来，学术界对儒家到底是宗教还是伦理争讼不休，争讼的根源，就是没有探触到宗教与伦理深处的"人性共同的水源"。"以它对个人行为以及道德秩序的密切关注上看，儒家和其他宗教比起来，是从一种不同的角度来探讨生命，但这并不必然表示它就没有宗教资格。如果从最广义上看，以宗教为环绕着一群人的终极关怀所编织成的一种生活儒家显然够资格算是宗教。"② 史密斯为儒家所做的宗教辩护显然出自宗教的"轴心文明"的价值预制，但"从不同角度来探讨生命"，却是一个重要发现。其实，在任何"轴心文明"中，伦理与宗教往往浑然一体。宗教教义和教典的核心，是伦理义理和道德要求；中国人的精神世界，完成形态的中国道德哲学，是儒家、道家与佛家所形成的自给自足的三维结构。③ 中国人精神世界的经典图像是：年轻时是儒家，中年是道家，老年是佛家；得意时是儒家，失意时是道家，绝望时是佛家。西方人调侃，每个中国人都戴着儒家的帽子，披着道家的袍子，穿着佛家的鞋子；汉学家们发现，如果把祖先崇拜和孝道包括进去，家庭便是中国人真正的宗教。④ 宗教与伦理，实为人类精神的孪生胎，只是显现形态不同罢了。

　　伦理与道德的关系，是以伦理为轴心所建构的精神世界的基本关系。伦理与道德到底有没有区分？应不应区分？即便在伦理学界至今还仍在聚讼。一些学者从生活经验出发，认为伦理与道德本是一回事，对它们进行概念区分只是将简单问题复杂化的烦琐哲学和多此一举。然而，这种不幸的粗枝大叶所隐含的令人担忧的真正问题是：因为缺乏足够的学术耐心甚至学术功力，以虚无主义的浅妄抹杀人类精神世界中精微而深刻的殊异，

　　① 参见列奥纳德·斯维德勒《从轴心文明到对话文明》，载杜维明主编《从轴心文明到对话文明》，光明日报出版社 2013 年版，第 45 页。
　　② ［美］休斯顿·史密斯：《人的宗教》，刘安云译，海南出版社 2001 年版，第 196 页。
　　③ 参见樊浩《中国伦理精神的历史建构》，江苏人民出版社 1992 年版。
　　④ ［美］休斯顿·史密斯：《人的宗教》，刘安云译，海南出版社 2001 年版，第 202 页。

最终导致精神生命的断裂和学术研究的表浅。无须过多辩证，一个直白事实是：人的生命和人类文化遵循合理性原则，在一个充分进化的生命体中不可能长期存在两种功能相同或者已经完全失去存在价值的器官，同样，在高度成熟的文化体系中不可以长期存在两个意义完全重复的概念。在中西方文化进步和学术发展中，伦理与道德之所以总是相伴相生，表明它们具有不同而又重要的意义功能。简单地说，"伦理"是"伦"之"理"；"道德"是"道"之"德"或"道"之"得"。"伦"之"理"是人作为实体性存在的宿命和真理，是人的天理和良知；"道"之"德"是人成为主体性存在的价值与追求，是人的良心和良能。"伦"是生命实体性，"道"是价值本体性，"伦—理—道—德"是人的精神发展的辩证进程和有机生态。无论如何，只有将伦理道德相区分，才能展现人的精神世界的辩证本质；只有将伦理与道德相整合，才能复原精神世界的生命整体性。强调伦理与道德的区分并不是哲学的思辨冲动，也不只是"尽精微"的审美追逐，而是精神世界的真理诉求。必须指出，凸显伦理与道德的精神形态意义，与强调伦理与宗教的精神同一性并不矛盾，而只是申言：伦理与道德是伦理型文化中人的精神世界与精神生命中的两个基本构造。

综上，"我们"的世界是什么？太极世界！在"轴心时代"所奠基的人类文明体系和人类精神世界中，如果说以宗教为轴心所建构的精神世界是阴极，那么，以伦理为轴心所建构的精神世界便是阳极；在伦理型文化的精神世界中，如果说伦理是阴极，那么道德便是阳极。无极而太极，伦理与宗教、伦理与道德，生成人类文明和人类精神世界的太极。人类文明尤其是人类精神世界的本真图像及其生命呈现，就是宗教与伦理、伦理与道德的太极图。偏执或贬损其中任何一个元素，都只能走向"极"端，隅于一"极"。

2. 文明自觉

"太极图"的道德哲学启迪是：文明生态，顶层设计，文明自觉。

"我们"的世界，人类精神世界是一个文明生态。美国文化人类学家本尼迪克特早就发现，人类存在两种文化类型：罪感文化与耻感文化，前者是宗教型文化，后者是伦理型文化。宗教与伦理，是人类精神世界的两个生态点或生态轴，是"人"追求无限与超越的两种文明形态。在这个生态中，毋宁说人类的精神有强大的宗教，就不需要强大的伦理；有强大的伦理，就不需要强大的宗教。换言之，在相当意义上，宗教和伦理可以互为文化替代。当今世界，三分之二的人相信宗教，三分之一的人没有宗教信仰，然而都追求永恒与不朽，区别在于：是"永远"地"活"在上帝手中，还是"永远"地"活"在人们心中；是"活"在来世或彼岸，还是"活"在现世或此岸。中国文化在传统上是一种伦理型文化，调查发现，当今中国文化依然是伦理型文化，中国在过去、现在乃至未来，都不是也不可能脱胎换骨为宗教型文化。① 伦理道德是中国文化与中国人精神世界的"顶层设计"，也是中华民族对人类文明做出的最大和最独特的贡献，因为它创造性地解决了在没有终极实体或超自然力量存在的背景下人们在世俗世界的安身立命的终极课题，因此，在全球化背景下，伦理道德是中华民族文化传承的精髓和重心所在。

由此，就必须将"文化自觉"推向"文明自觉"。作为精神世界的顶层设计，伦理道德表征中国人的终极意义，既是终极智慧，也是终极追求。中国文明从古代到现代，始终是以伦理道德为核心的特殊文化生态，与以宗教为顶层设计的西方文化生态具有根本不同的发展规律。伦理道德历来既是中国社会的敏感点，也是终极纠结。千百年来，人们不断发出"世风日下，人心不古"的哀叹，它几乎成了中国文明的咒语，是中国文明的终极批评。然而，中华民族、中国文明总是一如既往地在这种哀叹声中前进、发展。于是，自20世纪以来，人们开始质疑这种批评，对这种批评进行激烈乃至极端的反批评，这种反批评如此矫枉过正，最终导致当下的伦理相对主义和道德虚无主义。其实，终极批评的生成，归根结底源于伦理道德对于中国文明的终极意义。确切地说，因为具有终极意义，因而成为终极忧患；因为是终极忧患，因而需要终极批评。这是一种文明逻辑，也是一种文明智慧。只有伦理自觉，才能文化自觉；只有将文化自觉推向文明自觉，才能达到真正的民族自觉。伦理道德的"自觉"意义尽在于此。

在"文明自觉"的意义上便可以理解，在现代中国，伦理道德到底是何种"中国问题"。19世纪末，马歇尔在《政治经济学原理》开篇就

_____

① 2007年以来，我们进行了三次全国性大调查，发现有宗教信仰的人群平均只在10%左右；伦理手段是处理人际关系和安身立命的首选，现代中国文化依然是伦理型文化。

宣布:"世界历史是由宗教和经济的力量所形成的。"① 宗教的力量缔造人
的精神世界,经济的力量创造人的物质世界或生活世界,这是宗教文明的
真实影像。后来的西方学者,都承认并延伸了这一思路。20 世纪初,马
克斯·韦伯的"理想类型",就是"新教伦理 + 市场经济",它们透过
"资本主义精神"的中介实现;20 世纪 70 年代,丹尼尔·贝尔所发现并
揭示的"资本主义文化矛盾",就是宗教冲动力与经济冲动力的矛盾。中
国文明的基本问题是什么? 义与利,或理与欲、伦理与经济的关系问题,
是中国文明的基本问题,因为,如果套用马歇尔的话语方式,中国历史是
由伦理与经济两种力量所形成的。所以,伦理道德问题在中国具有特殊的
意义,它绝不只是一般的社会风尚和个人品质问题,而是文明的顶层设计
和精神世界的核心构造问题。正因为如此,伦理道德问题的解决,道德哲
学研究,对中国文明,对中国人精神世界的建构,对中国学术发展,才具
有不同于西方宗教世界的特殊意义。这是基于伦理道德的精神哲学形态对
话所必须建构的关于伦理道德的"中国问题意识"。

(三) 精神胚胎:"力"的世界与"伦"的世界

人类文明、人类的伦理道德精神同源分流,理一而分殊,在人类的童
年,都经历了大致相同的历程,呈现为类似的精神形态。如果对人类精神
的童年或前精神史进行现象学还原,轨迹就是由实体状态到伦理道德状
态。其中,古神话是人类对世界的第一次能动的精神表达,具有特别重要
的基因意义,成为人类的精神胚胎。

1. 从德谟克利特之"瞎"到苏格拉底之"死"

在任何"轴心文明"中,人类精神的诞生史,都是从实体中挺拔的
生命分娩史,哲学史的追踪可以回溯人类生命的精神源头,发现人类生命
的精神脐带。古希腊哲学的第一个努力是寻找万物的始基或本体,问题在
于,始基为何、如何是一种伦理精神。在哲学上,始基表达的是宇宙万物
一体的元意识与元信念,正因为如此,泰勒士"水是最好的"才成为西
方文明的第一觉悟和第一哲学命题,因为它试图寻找世界的同一体和最后

① [英] 马歇尔:《政治经济学原理》上卷,朱志泰译,商务印书馆 1997 年版,第 23 页。

根源，由于人类童年的智力还没有达到纯粹的抽象，必须借助"水"这一最具普遍性，也最能被经验所体认的现象性存在表达，日后米利都学派的"气""无定形"，毕达哥拉斯的"数"，赫拉克利特的"火"，直到德谟克利特的"原子"，都是这种元意识与元信念一脉相承的延续，只是话语方式及其所达到哲学抽象的水平不同罢了。诚然，古希腊哲学已经是人类从原初状态中走出的灵性之光，但无论如何，它所呈现的是人类初年实体性精神的本真样态。寻找始基的努力，是基于宇宙万物一体的实体性信念，这一信念为宇宙演化史、人类进化史所证实，因为这种努力及其精神表达总是为现象世界所遮蔽，所以才内在发展出高度抽象的哲学能力的原动力。为摆脱现象世界的干扰，德谟克利特做出了彪炳从古至今整个文明史的骇世之举：弄瞎了自己的眼睛，并讲出了那句千古名言：我现在比任何时候都看得更清楚。因为至此他彻底摆脱了现象界的纠缠，一心追踪彼岸的"本体"。"德谟克利特之瞎"是文明史上的一次重大哲学事件，也是一次重大伦理事件，由此便可以理解，为何他的"原子论"达到古希腊哲学的巅峰，并至今仍然成为哲学和科学的基本话语。"寻找始基"或本体论的古希腊哲学意向与西方哲学传统，如果进行伦理学诠释并用伦理学的话语表述，就是信念并确认世界存在的实体性。作为哲学话语，始基是本体；作为伦理学话语，始基是实体。由此也可以理解，为何希腊哲学、西方哲学到苏格拉底才实现了"人"的转向。前苏格拉底哲学，是人与世界直接同一的实体性意识，苏格拉底将人从实体中唤醒，离析开来，挺拔出来，实现了一场具有决定意义的哲学革命与文明进步，由此，人与世界的另一种关系，人的精神的另一种形态开始了——教化世界开启了，教化精神诞生了。

如果说"德谟克利特之瞎"是指向实体世界的精神事件或伦理事件，那么，"苏格拉底之死"便是教化世界的第一个也是最重要的伦理事件，它以悲剧和悲壮的体裁标示教化世界的开始。苏格拉底之前，人类的实体状态和实体意识经历了两个历程：与世界的实体性，与神的实体性。始基是世界实体性的哲学意识和伦理精神，古希腊神庙上"认识你自己"的箴言，则是人的神的实体的宣示。今人常以为，"认识你自己"是人的意识乃至人的个体意识觉醒的标志，然而这种从现代价值出发的过度解读承受不起常识的追问：如果神庙给人以个体意识的启迪，那么神无异是自我解构和自我颠覆，将对神戒慎恐惧和虔诚之心的人从神的身边和神庙里推离和驱逐出去。"认识你自己"到底"认识"了"你自己"什么？这启迪了何种自我意识？也许神的本意很简单明了："认识""你自己"与神的实体性关系，认识到"你自己"必须听从神的摆布，任何企图从神所决定的命运中解脱的企图都只是"玩跷跷板的游戏罢了"（黑格尔语）。诠释如此，才能解释"苏格拉底之死"。苏格拉底时代，希腊文明处于从物的实体性（始基意识）向神的实体性转换的时期，神是人的伦理实体性，也是人的伦理决定性，无论慢神还是将人从神的实体中分离出来的蛊惑青年，都是颠覆整个文明和整个世界的死罪。苏格拉底认同这个世界和这个文明，因而在审判中，他极力为自己辩护，辩护的核心是没有慢神，也没有蛊惑青年。如果至此结束，这个事件最多成为一宗冤案，根本不可能成为一次具有世界文明意义的历史事件和伦理事件，将它推向高潮并赋予这一事件以更深刻文明意义的是，苏格拉底在被安排逃走的背景下仍慷慨赴死。于是，苏格拉底既成为人类文明的伦理导师，又成为人类的道德楷模。他将人尤其是年轻人从"认识你自己"的神的实体性意识或实体性伦理精神中唤醒，因而是新伦理启蒙的导师；他认同并守望那个时代的文明和秩序，坚守自己与城邦的实体性伦理关系，并至死不渝，因而成为日后世界的道德楷模。"苏格拉底之死"的全部善与美，都是一种人神关系、人与城邦的实体性关系的"悲怆情愫"，这是一种伦理性的"悲怆"。他在行动中企图摆脱和颠覆这种关系，但在精神中又认同和守望这种关系，"继往"而"开来"，以伦理导师"继往"，以道德楷模"开来"。而苏格拉底在审判中只是以微弱多数被判死，也反映了那个时代城邦精神和时代精神的那种纠结，以一种集体意识的方式体现苏格拉底式的"悲怆"。

如果说，"德谟克利特之瞎"是物的实体性或始基时代的标志性伦理事件，那么，"苏格拉底之死"便是神的实体性或"认识你自己"时代的标志性伦理事件。它们分别在人与宇宙、人与神的实体性关系中以人的"类"觉悟的方式提出两种问题："我"（人类）在哪里？"我"（人类）是谁？其中，"我在哪里？"是存在性追问，"我是谁"则是价值性追问，它们表征人的两次实体性觉悟及其所代表的伦理上的精神飞跃。"苏格拉底之死"标志一个新的文明、新的伦理时代的开端，从此，实体世界终结了，教化世界开始了。苏格拉底给人类提出了第一个伦理启蒙与道德教诲："好的生活高于生活。"人的最高价值不在于"生"和"活"，而在于"好的""生活",理由很简单,对"生活"的追逐可能使我们退化到原初的实体状态。从此,人类开始了教化的征程,也开始了伦理的精神长征。一"瞎"一"死",人类为从实体状态的觉醒付出了沉重的生命代价,赋予希腊文明和希腊精神悲剧的伦理基调。

也许,这两大伦理事件(注:指"德谟克利特之瞎"抑或"苏格拉底之死")所表征的人类精神形态离我们还太近,不足以复原人类精神的原初状态,必须回归精神的"无知之幕"——古神话。神话是什么?人们常将古神话当作文学作品。其实,神话不是文学创作,而是人类原初的意识形态,是人类对世界的第一次精神呈现和精神表达,是人类精神的胚胎。神话发生于原始社会后期和文明社会早期,是人类在最巨大、最深刻的文明转型中的自我觉悟和自我启蒙,它是人类走到文明社会的门槛前,使劲叩动文明社会的大门所发出的奇妙声响。古神话的最大魅力,不在于它的童真,而在于它向世界的第一次发声所蕴藏和传递的人类文明的基因意义,正因为如此,它在任何"轴心"的文明体系中都具有不可反思、不可复制、不可超越的神圣意义,不仅具有美学与哲学的意义,而且具有悠远深刻的伦理意义,是人类文明尤其是人类精神的"三江源"。如果将希腊神话与中国神话相比较,一言以蔽之,希腊神话是"力"的世界,中国神话则是"伦"的世界。以"力"和"伦"为轴心,中西方文明开始了自己精神世界的基因加密和大厦奠基。

希腊神话有一个神的世界,这就是奥林匹斯山,这个世界的绝对法则是"力"。"力"是什么?恩格斯说,"力"是所有科学家的避难所,当遭遇问题不能解决时,就将它归之于"力";黑格尔说,"力"是众多质料的"共同媒介",它使众多质料成为当下的存在。"力"使奥林匹斯山成为一个神的世界。在古希腊神话中,众神完全没有人格,甚至不是真实的存在,而只是某种"力"的呈现。大力神俄狄浦斯是征服力的呈现,美神雅典娜是"魅力"的呈现,爱情之神丘比特最特殊,是"爱"之力的显现。因为,按照恩格斯的理论,人类的存在必须有两大基本条件:一是物质生活资料的再产生,一是人的再生产即人种的繁衍。因而如何使男女结合具有不可抗拒又不可解释的合理性与神圣性,就是潜在于文明体系与人类精神中的始源性难题。在希腊神话中,丘比特以一支箭显现男女之间的天合之"力",具有喜剧意义,然而携带悲剧性质的是,丘比特是一个瞎子,他必须瞎,也只能瞎,因为如果不瞎,"丘比特之箭"便不仅失去"力"的不可抗拒性，更失去伦理公正和伦理合法性。在神的世界中，宙斯是最高主宰，因为它是"众力之力"。宙斯不是一种力，而是所有力，在不同境遇中有不同显现形态，是风神，是雨神，是雷神，是一切神。在这个力的世界中，伦理不是缺场，而是根本没有。正因为如此，像俄狄浦斯杀父娶母这样的在中国文化看来匪夷所思、大逆不道的事，才被希腊人坦然接受，作为最后结局，俄狄浦斯所做的唯一事情，就是捅瞎了自己的眼睛，彻底化为无眼无珠的"力"，而不必负任何道德责任。也许，从丘比特之瞎、俄狄浦斯之瞎，到德谟克利特之瞎，我们可以探寻到希腊精神一以贯之的精神轴心。古希腊神话的世界，不是神的世界，而是"力"的世界，在这里呈现和活跃的是世界和精神的"自然"状态。在这里，神只是力借以表达和显现自己的肉身或外衣。比起物的世界，它将人类文明向前大大推进了一步，"力"成为人类灵性、人类精神的第一种形态和第一次表达，因而"力"的神话世界，才成为人类精神的家园。

2. "浑沌之死"

"力"的世界—"物"的世界—"人"的世界，这就是前苏格拉底时代希腊文明的精神历程和诸精神形态。如果说作为西方人精神家园的古希腊话语呈现的是一个"力"的世界，那么，作为中国人精神家园的中国古神话呈现的则是一个"伦"的世界。有人认为，中国没有纯粹意义上的神话，中国神话的特点是历史化为神话，因而是早熟的，或者说，中国神话是神话与传说的交汇。其实，中国并不是完全没有西方意义上的神话，如盘古开天、女娲补天、嫦娥奔月等，其原始魅力完全可以与希腊神话媲美。但是，中国古神话与希腊神话的最大区别，在于当希腊人还沉没在"力"的世界中的时代时，中国人已经在思考善恶因果关系了。如果说希腊神话中的诸神是"力"的人格化，那么，中国神话中的诸神便是"伦"的人格化；在希腊神话中活跃的是自然的和超自然的"力"，在中国神话中呈现的是伦理的或善恶因果的"力"，前者是自然力，后果是伦理力。但是，它们所体现的人类精神形态是一致的。"盘古开天"是中国人的创世记，在人类文明尤其是精神世界的诞生史中具有第一标志的意义。盘古开天的伦理前景和精神认同，是人与宇宙的原初同一，而盘古开天以后的前景，同样是人与宇宙的同一，只是这种同一不仅获得自觉的意义，而且世界的轴心还发生了悄悄的却是根本性的位移，"自觉"和"位移"表达，便是"天人合一"的精神基因。盘古所以开天，是因为在此以前只有宇宙，只有自然世界，没有人的世界，开天意味着人从宇宙中分离和挺拔出来，这是人与自然的第一次"伦"分离，也是第一次"伦"挺拔。但是，分离并不意味着分裂。开天以后的世界，是由人化育而成的世界，山川是人的骨骼，河流是人的血脉，大气是人的呼吸，于是，"人"成为世界的主人，"人"的世界，或"人为万物之灵"的世界诞生了。在中国古神话中，不是没有希腊式的力，而是这些力都被赋予了伦理的因果决定性。俄狄浦斯与后羿都是中西方神话中的大力神，他们都被家庭关系所环绕和困扰，然而，后羿的"力"不是用来征伐，而是射九日以造福苍生。作为伦理回报，西王母给了那瓶让后羿与妻子嫦娥共享的长生不老之药。两种肉身都是"道"的显现，在精神史和文明史上最有意义的不是肉身本身，乃至不是奔月这个浪漫的历程，而是由仙子到癞蛤蟆的变换，渲染和强化的是善恶因果的不可逃脱的决定性力量。后羿射日和嫦娥奔月与俄狄浦斯杀父娶母，在中西方神话中上演的都是悲剧，然而，前者是"力"的悲剧，后者是"伦"的悲剧。相同相通的是，他们都处于共同的世界即"力"的世界，这是文明史的本相，也是人类精神史的开端。与希腊神话相比，中国精神史的原初启蒙是早熟的，它奠定了中国文明、中国文化伦理性的基调和基色。

在人类精神的发育中，人与宇宙合一的实体状态，是精神的单细胞。作为单细胞，中西方伦理的最初精神形态是共同共生的，这是人类文明、人类精神同一性最可靠的家园，尽管这个单细胞所携带的基因密码以及日后诞生的生命纷呈而多姿，但它为人类提供了一种终极意义上对话的可能性和必要性。人类文明和人类精神的实体性及其伦理气质，在"轴心时代"的中国哲学尤其是中国最初的智者老庄哲学中得到了揭示。老子复原的宇宙化生历程是："道生一，一生二，二生三，三生万物。"（《道德经·四十二章》）"一"是实体，是宇宙万物的同一体；"二"是分离与对立，既是"力"的分离，也是"人"从宇宙中挺拔而生的对立；"三"是多，"万物"即是世界。实体状态，是人类精神的自然状态，也是本然状态，这是"道"的状态，因而无所谓伦理道德，就像古希腊神话中诸神不具有任何伦理属性，也不需要负任何道德责任一样；"道"的实体状态一旦突破，只能希冀于"德"的守望，而仁、义便是对"道"的回归和"德"的认同，"仁义"教化是"修道"的过程；"礼"的出现，则标志教化世界的危机，需要借助制度性的安排。总而言之，这是一个由实体状态进入教化状态，由自然世界坠入教化世界的过程。庄子以诗化的语言描绘了一幅从"未始有物"到"未始有封"、再到"未始有是非"的原初文明图景和人类精神的诞生历程。[①] 如果对这段晦涩的哲理难以理解，那么，《庄子·应帝王》结尾那个"浑沌之死"的著名故事则以叙事的方式做了诠释。世界最初的生命存在是"浑沌"，南海之帝"儵"与北海之帝"忽"为了"报"中央之帝"浑沌"的善待之恩，给浑沌开七窍，"日凿一窍，七日而浑沌死"。如果进行话语转换，那么，"浑沌"便是"实体"的文学表达，是人类和人类精神的自然状态，而凿七窍则是教化启蒙，启蒙完成了，实体状态或自然世界也意味着终结了。"浑沌之死"，实为实体状态、自然世界之死。更有哲学意蕴的是，庄子将这两个启蒙者一个取名"儵"即"迅速"，一个取名"忽"，即"突然"，表明人类走向教化世界的启蒙突然而迅速，并且教化的原动力是"德""报德"，于是，"德"便成了浑沌之死的元祖和元凶。这个故事，从主题到用语，与希腊精神史和人类伦理精神史的历程，无不表现出天作之合的跨文化相通，甚至如果对"浑沌之死"进行话语与文化切换，它简直就是神话体裁的"苏格拉底之死"的翻版。

3. 走出伊甸园

要之，"伦"的世界，"失道而后德，失德而后仁……"的精神现象学的历史还原，与希腊轴心文明的"力"的世界—"物"的世界—"人"的世界的精神历程，在精神哲学形态方面表现出深度的相切相通，它们既是人类精神世界的异曲同工，更是人类精神的"共同人性水源"。也许人们会质疑，西方文明有两大源头，即"两希"传统，希腊传统只是一支，希伯来传统同样重要。其实，以基督教为标志的希伯来传统体现的是人类精神家园的共同图景。"创世记"表现的就是人类精神的原初样态。人们都相信，上帝是仁慈的，然而吊诡的是，人类的祖先只是在上帝的家园、在伊甸园犯了一个小小的错误，偷吃了智慧，便当作"原罪"，被逐出伊甸园，走上永远赎罪的无边苦旅。不仅如此，上帝对人类的惩

---

① "古之人，其知有所至矣。恶乎至？有以为未始有物者，至矣，尽矣，不可以加矣！其次以为有物矣，而未始有封也。其次以为有封焉，而未始有是非也。"（《庄子·齐物论》）

罚，是至今人类文明史最大的一起株连案，因为经过千秋万代的亚当和夏娃的子孙们至今还在人间用自己的磨难祈求上帝不知何日才降临的救赎。要么上帝不仁慈，要么人类的原罪太深重。第一个判断显然不成立也不能成立，只能是第二个判断。噢，世界的本真图像是，原来世界只有上帝，这是一个"一"的世界，即实体的世界；上帝寂寞，创造了亚当；亚当寂寞，创造了夏娃，这依然是一个"一"和"实体"的世界，因为它"未始有封"，没有分别和区分，它们都是上帝的同一体。然而，当亚当和夏娃被启蒙偷吃了智慧果后，于是，"智慧出，有大伪"，自然状态颠覆了，终结了，"伪"的第一个行动，就是用了第一块遮羞布。遮羞布是人类精神的第一次觉悟，其基础和结果是有了"分"和"辨"。为何要用遮羞布？因为亚当和夏娃意识到彼此的不同，更重要的是，要用遮羞布固化和宣示彼此的不同。从此，有了彼此互为"你"和"我"。更严重的是，"你"和"我"之外，还有个不在场却是根源的"他"，即上帝。于是，原初美好的世界分崩离析了，上帝发雷霆之怒，判人类的"原罪"。"原罪"之"原"，在于颠覆了原初的实体世界，从此，人类走上了救赎的修道教化之路。希伯来文明的"创世记"，以宗教的方式呈现了人类原初的精神形态，同样与希腊传统、中国传统理一而分殊。

（四）教化世界的伦理—道德纠结

1. "'我'来了!"

人类由实体世界进入教化世界的历程富有哲理和诗意。这是人类从实体状态中走出，以精神的挺拔向世界宣告"我来了"的哲学历程，也是从文明的母体中脱胎，婀娜多姿地演绎自己的基因生命的启蒙与被启蒙的过程。轴心时代所有的美好和深邃，都在于它承载和展现了人类十月怀胎的分娩阵痛之美，和以第一声啼哭向世界报到的那种永远不可解释但又永远试图解释的神秘与好奇，它们共同造就了轴心时代的无与伦比。轴心时代的原创，轴心时代的辉煌，轴心时代的不可超越，很大程度上在于人类携带自己从母体中脱胎出来的体嗅和基因，站在迄今为止第一次也是最重要的一次文明转型的制高点上，向这个世界简洁而童真地投上澈澄一瞥，朦胧而直觉地鸟瞰大千世界，继往而开来，不经意间，说出了世界的真谛和真理，于是成为人类永恒的精神财富，就像蒙娜丽莎成为人类的永恒之美而她自己完全出自本真一般。它给我们的启迪，必须用"轴心时代"的童真理解"轴心时代"，任何先入为主的过度解释都会斑驳人类童年的清纯之美。

从实体中走出的精神历程，经历了两次分离：一是人从宇宙实体中的分离，二是从人的实体中的分离。第一次分离诞生"人"这个"类"，第二次分离诞生"人"之个体，它们分别追寻和回答"我在哪里"？"我是谁？"两大问题。两次分离，决定了人在精神上永远离不开这两大实体，并且以自己与实体的紧张、亲和、超越的关系，展现自己的精神世界和精神境界。人从宇宙实体中分离的事实，决定了人与"物"的世界和"动物"的世界，即所谓"自然界"的关系，于是，"认识、改造、征服"自然便成为人类永远的愿望，也成为永远的狂妄，而最后的结果，却是所谓"回归自然"。达尔文的进化论让人类彻底地祛魅，人由动物演化过来的事实，决定了人永远不能摆脱动物界，又永远试图走出动物界，于是"类于禽兽"，便成为人类永远的忧患。人的世界与"自然"的世界或"自然界"的分水岭是精神，标志人从实体中走出，从人的实体中走出的旗帜是精神，也只是精神。"精神"的真谛是出于自然而又与自然对立。"精神"一旦诞生，教化的世界便开启了。教化的过程，是一个伦理化的过程，其核心是透过精神重新建立人与世界，包括人与宇宙、人与人、人与自身的关系。"天命之谓性，率性之谓道，修道之谓教。"人有自己的天命，"天地之性"即"天命之性"，尽性知天知命便是道，然而一旦从实体中分离，道便亏损了，于是便需要透过"教"即教化而"修道"。"大道废，有仁义"，教化的核心是伦理道德精神的建构，教化的世界是一个伦理道德的世界。

无论中国与西方，教化世界都有两种基本精神形态，即伦理与道德，区别只是二者之间的不同关系。中西方教化世界殊异的根源，是人类从实体状态中走出的两种不同的信念与文明基因，即《尚书》宣示的"人为万物之灵"，普罗泰戈拉宣告的"人是万物的尺度"。两种信念都凸显人与万物或自然的超越，申言对于世界的不同态度，前者精髓是"载物"，后者的要义是"宰物"，两种文明准确地说任何文明都追求自强不息，但"人为万物之灵"以"厚德载物"为前提，"人是万物的尺度"则向世界传递一个强烈的信息："人是万物的主宰"，是"主宰万物"。由此，便形成人和世界，最终也演绎为人与人的不同态度的关系，并相应地演绎教化世界中伦理与道德两种不同精神形态之间的关系。

2. "万物之灵"

考察教化世界的源头，道德之于伦理似乎总表现出某种哲学上的先置关系，也许这就是黑格尔在《法哲学原理》中将道德作为伦理之前的自由意志的环节的缘故，但由此似乎也可以假设，在教化世界的精神历程中，伦理是比道德更高的精神形态。这一难题的破解也许有待更为深入的研究，但可以肯定的是，中国文明提供一种不同于西方的智慧，这就是伦理与道德一体的精神形态。

在由实体状态向教化状态转型的历程中，虽然"德""礼""孝"等具有伦理道德意义的观念早已出现，在《礼运·大同》所描绘的文明转换中，"德"是"天下为公"时代的伦理精神，其要义是以禅让而不是世袭为特征的政教伦理，而"孝"和"礼"等，则是以私有制为基础的"天下为家"时代的伦理精神。但是，在系统的学术建构中，道德作为一种精神形态，出现得比伦理更早。一个显而易见的事实是，《道德经》的成书远比《论语》要早。道与德是老子学说尤其是《道德经》的两个核心概念，典籍研究发现，其本名和原初体系当是《德道经》。应该说，《德道经》比《道德经》更契合人类精神发展的本真，也更符合老子的思想。因为，无论在人类文明史还是在老子哲学体系中，道既是原初状态，也是实体状态，这种原初的实体状态解构了，"失道而后德"，才需要透过"德"的建构即"修道"以回归于道。因此，《道德经》的重心在"德"，"道"是"德"的对象，也是"德"的价值认同与本体预设，所谓"德者得也"，"得"什么？得"道"。《德道经》或《道德经》是关于如何得"道"或与道合一的哲学。由此，才可以解释，《道德经》为何成为日后道教的经典，因为它遵循的是"得道"以"成仙"，即万物合一的精神与哲学逻辑。庄子继承并发展了老子的"道德"传统，以文学的想象力和表达力进行了"道德"的精神叙事，甚至可以说，《庄子》就是文学体裁的或诗化的《道德经》，由于它赋予"道"以更多的人格化色彩，因而庄子最后也成为"南华真人"，成为道教的教主。孔子及其《论语》虽然也特别重视道和德，并将它们具体化为创造性的"仁"，但是，孔子认同的和预制的价值与秩序已经不是彼岸的"道"，而是此岸的"礼"。"礼"是什么？"失义而后礼，礼也者，忠信之薄而乱之首也。"孔子直面的是失序和失范的世界，因而要通过以"正名"为核心的"礼"来建立教化世界及其精神。老子的情愫在"道"，孔子的情结在"礼"，虽然孔子的创造性贡献是"仁"，但"礼"是更具目的性的概念。"仁"是道德，"礼"是伦理，二者之间的关系最具表达力的命题是："克己复礼为仁。"这里表面上是诠释仁，实际上是礼规定仁，伦理优先、伦理与道德一体的精神哲学取向表现得淋漓尽致。老子与孔子的简单比照发现：（1）在中国文明的轴心时代，道家与儒家同时诞生，道德与伦理是精神的孪生胎，但道德在精神世界中的报到更早；（2）在孔子的理论中，伦理与道德是一体的，但礼的伦理比仁的道德处于更优先、更具目的性的地位，虽然礼的实现必须透过仁的努力。

总而言之，伦理与道德一体，是轴心时代中国文明教化世界的精神形态的特征。老子描绘的由实体世界向教化世界的转型过程，是"道—德"过程，孔子描绘的是"克己复礼"的图景，是由道德而伦理的过程。不同的是，"克己复礼"已经不是文明的转换，也不是精神形态的转换，而是教化世界的精神形态。在老子的"道—德"进程中，"道"与"德"分别代表实体世界和教化世界的两种精神形态，而在"克己复礼为仁"的进程中，礼和仁都已经是教化世界的精神。伦理与道德，实体世界与教化世界的精神形态的关系到底如何？孟子展现的伦理道德图景是：人之有道—以伦救道。道是终极价值，"伦"或"人伦"则是此岸秩序；道是本体性，伦是实体性；道是道德，伦是伦理。由此，伦理与道德的关系便得到贯通，伦理道德一体的精神形态便得以建构。这种精神形态的真谛是：以教化世界的人伦为重心，追求彼岸的"道"的实现。无论"克己复礼为仁"，还是"人之有道—教以人伦"，都立足教化世界，追求超越境界，建构的都是以伦理为重心的伦理与道德为一体的精神哲学形态。这种精神形态涵摄伦理与道德、教化世界与实体世界，比起《道德经》所开辟的以诠释和复原由实体世界向教化世界转型为重心的"道—德"形态，对已经进入教化世界的人类精神和人类文明，具有更大的解释力和建构意义，因而日后成为精神演进和文明发展的主流与正宗，但基于伦理—道德一体、《道德经》先于《论语》"道德"状态早于"人伦"教化的史实与精神基因，在日后千百年的精神发展中，无论道家还是作为它的智慧表达的"道德"，都是中国人精神形态中不可或缺的表征形上真理性的构造。

如前所述，老子与孔子以后，伦理道德的精神形态，经过了"五伦四德""三纲五常""天理人欲"的诸精神形态的历史演进和历史发展。
这些精神形态都体现一个共同特点，就是伦理与道德一体。特别重要的
是，不能把这些形态都归于儒家或儒家的贡献，因为道家的"道德"基
因总是潜在。在伦理道德的精神形态中，道德是阴极，伦理是阳极；道家
是阴极，儒家是阳极，它们共同缔造精神的太极。轴心时代的教化精神，
本是道德与伦理一体，道家与儒家共生。以"罢黜百家、独尊儒术"为
背景的"三纲五常"相当程度上也是针对和应对秦汉时期道家在政教体
系中的主导地位。魏晋玄学，既是调和儒道的努力，也是儒道共同应对人
生与社会难题的精神形态，它的悲剧与喜剧以及所显现的人格的美好与分
裂，都在于礼的伦理认同与个体道德自由之间的冲突。至宋明理学，儒、
道、佛合流，三位一体，在"立人格"即培养圣人的旗帜下，内在于精
神形态中的伦理认同与道德自由的矛盾得到哲学的调和与扬弃，与自给自
足的经济形态相对应的自给自足的伦理精神形态得以建构和完成。"五伦
四德—三纲五常—天理人欲"，从先秦到宋明，虽然经历了中国文明史上
最为漫长和自觉的教化时期，教化世界的精神虽然经历了多次重大蜕变，
但伦理道德的精神构造是共同的，展现的都是伦理与道德一体、伦理优先
的精神形态和精神历程，教化世界的精神起源都是《道德经》与《论语》
中"德道""克己复礼为仁"的儒道共生的轴心时代的基因。

3. "万物尺度"

中英文翻译，"伦理"与"ethic"、"道德"与"morality"互译互释。
其实，信息交换中找不到两个文化意蕴完全相同的词，所谓"信、雅、
达"的翻译金律，充满对话中的文化解释力。更何况从希腊文到拉丁文、
从拉丁文到英文，在西方也经历了许多次重大语言转换，其中隐藏着诸多
信息变异或衰变，所以，这两组基本概念之间的一一对应关系，实在是
"不是最坏，但也没有找到更好"的结果。但很容易发现，在西方教化世
界的源头，人类精神世界或教化世界的图像与中国轴心时代的精神图谱表
现为基因性的惊人相似。学界很多将孔子比作苏格拉底，其实，二者之间
存在太多深刻殊异，最典型和最重要的是，苏格拉底决然否认自己的教师
身份，而孔子则是"有教无类""诲人不倦"的先师。孔子与亚里士多德
有更多相似，二者都是"王者师"。在精神史的意义上，柏拉图与亚里士
多德的关系，有点类似于老子与孔子的关系，虽然在师承与学说传承的意

义上更像孔孟之间的关系。柏拉图的"理型论",如果进行道德哲学解读和精神哲学还原,就是老子的"道德经"。"众理"与"总理"或"众理之理"的关系,就是主体性、多样性的"德"与本体性的"道"之间的关系。柏拉图曾以"分享"诠释"众理"与"总理"的关系,朱熹借用佛家的"月映万川"诠释"道"与"德"的关系,从话语气质到形上理念都高度相通,其哲学真义都是"理一分殊"。与孔子一样,亚里士多德尊重德性,但更强调伦理,将德性分为伦理的德性与理智的德性,认为理智的德性高于伦理的德性,因为伦理的德性只是风俗习惯。《尼各马科伦理学》在精神气质和精神史地位方面与《论语》也相似。在西方文明中,伦理与道德同样是共生的两个精神构造,不同的是,它们不是一体的,而是在历史进程中表现出某种扬弃关系。无论如何,在文明的源头、在精神史的源头,伦理与道德是一体的,实体性的伦理先于也高于主体性的道德。

　　在拉丁化的进程中,古希腊伦理向近代道德形变。意志自由的诉求,使不仅基于原生经验的风俗习惯,而且基于次生经验的伦常,都不能满足精神世界的需要,于是,寻找和建立超越于一切伦理情境的普遍有效的法则和准则,便成为近代道德哲学和精神形态的主流。对意志自由的追求和对普遍法则的痴迷,是伦理向道德转型,道德向道德哲学推进的两大哲学因素。"两希"传统即希腊传统与希伯来传统的合流,将基于意志自由的道德精神形态推向高峰,至康德,这种精神形态达到理论上的完成,道德抽象和泛化为道德哲学,道德精神形态化为道德哲学。应该说,道德哲学并不是道德的理论形态或哲学形态,而是对于道德的哲学抽象,是道德的形而上学化或道德的形而上学形态。在康德的道德哲学形态,如《实践理性批判》中,很容易发现这种精神形态的内在纠结:一方面,康德预设了达到伦理(幸福)与道德(德性)和谐的终极目标,这便是至善;另一方面,又认为至善不能在现世中实现,必须借助灵魂不朽与上帝存在两大预设。这种纠结,不仅是"两希"传统之间的张力,更是伦理与道德之间的张力。然而,道德哲学将近代的"道德"精神形态推向了极端,孕育着内在否定性。《实践理性批判》最后那段著名的结论,以诗化的语言呈现了道德精神的内在紧张。"有两样东西,我们愈经常愈持久地加以思索,它们就愈使心灵充满始终新鲜不断增长的景仰和敬畏:在我之上的星空和居我内心的道德法则。"① 这段话被诠释为康德对于道德法则的敬畏之情与怵惕之心的写照，因为它引导自我从有限走向无限。然而，仔细体味，也分明感到其中有明显的无奈与无助，一种因法则普遍和道德自由的过度张扬而产生的恐惧，一种脱离伦理的道德作为"真空中飞翔的鸽子"的孤独。这种孤独与恐惧是普遍道德法则，是终结者，标志着"道德哲学"的精神形态走到了尽头，也许正因为如此，康德要转而进行判断力批判，从道德领域进入审美领域。

在康德的终结处，黑格尔进行了西方伦理道德的精神哲学形态的宏大重建。在《精神现象学》《精神哲学》《哲学全书纲要》《法哲学原理》中，黑格尔运用道德辩证法，将伦理和道德当作精神发展的两种阶段或两种形态，建立了融伦理与道德于一体的精神哲学体系与道德哲学体系。于是，黑格尔哲学成为西方哲学由近代向现代转型的标志，经过马克思的批判性扬弃，成为现代西方哲学和西方精神哲学形态最重要的资源之一。不幸的是，黑格尔之后，准确地说，马克思之后，西方世界故意冷落黑格尔，甚至将它当作死狗，肢解了作为西方近代最高成就的伦理与道德一体的精神形态，使西方精神世界又一次坠入伦理与道德分裂的现代性碎片之中。作为这种不幸的历史错误的代价，是现代西方文明、西方人精神构造中伦理认同与道德自由之间不可调和的矛盾，正义论与德性论之争，本质上就是这种精神分裂的理论表现。

4. "我"，如何成为"我们"？

要之，在古代和近代，中西方文明走出实体世界和实体精神，进入教化世界。教化世界的精神，是伦理道德精神。如果说由实体世界走出的人类原初精神世界的追问是"我在哪里？""我是谁？"，那么，教化世界的追问或问题式便是"'我'如何成为'我们'？""我们如何在一起？"教化世界的精神发展，在中西方都经历了伦理形态—道德形态—伦理道德形态的辩证发展。在教化世界的开端，伦理与道德是同时孕生的两种精神形态，只是在轴心时代的后期，两种文明的精神世界呈现出不同的生命轨迹。在中国，一以贯之的是伦理与道德同一，伦理优先；在西方，则经历了由伦理到道德，再到道德哲学的抽象性发展。然而相同的是，至近现代

---

① ［德］康德：《实践理性批判》，韩水法译，商务印书馆 1999 年版，第 177 页。

转换之际，在宋明理学和德国古典哲学中，伦理与道德都在哲学上达到精神的同一，生成伦理与道德一体的精神哲学形态和精神哲学体系。至此，精神世界的传统形态完成。完成了，也就终结了，一种新的时代，新的精神形态，新的文明课题出现了。

（五）"最后之觉悟"与"由伦理思考所支配"

1. "'我们'能否在一起?"

随着现代性的兴起和泛滥，现代文明中伦理道德的问题式和精神形态再次发生具有革命意义的重心位移。伦理道德精神的问题指向，从教化时代"我们如何在一起"的价值追寻，到"我们能否在一起"的文明质疑，人类精神从孕生于轴心时代"类于禽兽"的道德忧患，转向"能否在一起"的伦理忧患，最后演绎为"人类还会有前途吗"的文化信心的动摇。由此，人类文明的精神，走向伦理精神时代，由伦理—道德形态，演化为伦理精神形态。

以"我们能否在一起"为问题式的现代伦理精神形态，包含两个相互发展但性质不同的问题域：一是承继教化时代的传统，探讨和追寻由实体时代人从宇宙实体和人的实体中分离出来所孕生的"'我'如何成为'我们'"的问题，核心价值是苏格拉底所提出的"好的生活高于生活"；二是现代性文明内在的新问题和新课题，即各种文明集团的"我们"如何"在一起"，这一问题的否定性表达，便是亨廷顿所揭示的"文明的冲突"；以肯定的方式表达，便是泛滥于当今世界意识形态和人类精神中的诸种"'化'思维"，"全球化""现代化""国际化""本土化"……由于文明的冲突中的文明集团根源于轴心时代的诸文明轴心，于是似乎人类精神问题式乃至精神形态又回到轴心时代，甚至回到轴心思维和轴心文明。这是一次巨大而深刻的回归，也许，这便是雅斯贝尔斯"轴心文明"的发现在近一个世纪沉寂之后又被世界瞩目的深刻原因。无论如何，人类精神又回到伦理，一个以伦理忧患而不是轴心时代的道德忧患为核心的伦理精神时代和伦理精神形态开启了。

伦理精神时代开启及其所氤氲的伦理忧患，以20世纪上半叶中西方两位启蒙思想家的重大文明发现的方式强烈地表达，这便是绪论部分所揭示的陈独秀的"伦理的觉悟，为吾人最后觉悟之最后觉悟"和罗素的

"学会为伦理思考所支配"关乎"人类种族的绵亘"。这是基于中西方文明诊断的重大文明发现。不同的国度，不同的"轴心文明"，同一个觉悟，同一个发现。何种觉悟？伦理觉悟！何种发现？伦理发现！在这个意义上，甚至可以断言，20世纪，是伦理觉悟的世纪；20世纪，是伦理大发现的世纪。伦理觉悟和伦理大发现的主题，以千年之交的法国思想家阿兰·图纳海的书名表达就是："我们能否共同生存？"在中国与西方，伦理觉悟和伦理发现具有不同的历史背景，但在近一个世纪的过程中，却经历了相似的精神轨迹，交织为当今文明体系中相通并可以相互诠释的精神图像。

2. "最后觉悟"

陈独秀的"最后觉悟"显然是针对教化时代中国传统伦理的现代启蒙。问题在于，"伦理之觉悟"为何、因何是"吾人最后之觉悟"？作为这种"最后之觉悟"的正果，吾人到底"觉悟"了什么？陈独秀"最后之觉悟"所启蒙的"伦理之觉悟"的精神形态的话语背景和问题指向，是教化时代中国传统社会中伦理与道德一体、伦理优先的精神形态。如前所述，教化时代中国伦理道德的精神形态的原初表达，是孔子"克己复礼为仁"中所彰显的"礼"的伦理与"仁"的道德的精神关系，它展现为孟子"人之有道……教以人伦"的终极忧患及其精神路径，奠定了伦理与道德一体、伦理优先的精神基调和精神本色。蕴含于其中的文明密码和精神基因，不只是以礼说仁的价值叙事，更具中国特色并创造中国经验的是"克己"。如何透过仁的道德达到礼的伦理实体？"克己！""克己"者，胜己也。超越自我，扬弃"己"的个体性，建构仁的主体性，便能达致礼的实体性。不过，这里还有一个关键性的价值预制："复。"在孔子看来，礼的伦理和伦理实体，并不是新的创造，虽然在礼的历史演进中不断有"损益"，但对礼的追寻和固守根本是一个"复"或回归的历程。实体时代的文明及其精神形态，是孔子的伦理情结和精神情愫之所在。可以说，"克己复礼为仁"隐藏着日后中国伦理道德精神发展的一切秘密和所有基因密码。

孔子以后，"克己复礼为仁"被系统化、体系化为孟子的"五伦四德"。仁义礼智"四德"之中，虽然"礼"成为德性的一个要素，然而，就像日后韩愈所发现那样，由于仁义成为道德的代名词和具体体现，所谓

"仁义为定名，道德为虚位"（韩愈《原道》），因而礼便不仅是仁义的具体落实，"礼者，履也"。而且是仁义的合理性之所在。"礼也者，节文斯二者也"（《孟子·离娄上》）。更重要的是，礼的伦理实体已经具体化为"五伦"的伦理构造，于是"礼者，经天地，理人伦"（《礼记·曲礼上》）。汉以后，伦理道德的精神形态发生重大转换，"五伦四德"被异化为"三纲五常"。"三纲五常"的精神形态，不只是伦理与道德地位和内涵上的重大变化，也不只是伦理道德作为精神世界中核心价值地位的奠定，更重要的是"五常"服从于"三纲"的伦理道德关系的体制化承认和制度性确立。这是一次精神异化，在传统社会中却是必要的异化，但由此也引发精神世界中伦理与道德的深刻矛盾，矛盾的历史体现，便是玄学伦理精神。玄学伦理精神的分裂，以名教与自然关系的问题式出现，其人格化写照，便是嵇康的"文明在中，见素表璞。内不愧心，外不负俗。交不为利，仕不谋禄。鉴乎古今，涤情荡欲"（嵇康《卜疑》）。"内不愧心，外不负俗"，集中体现了伦理认同与道德自由之间的矛盾与分裂。由此才有隋唐以后的佛教大行，外来佛教对精神世界的入主，标示着精神世界的深重危机。至宋明理学，儒道佛三位一体，"三纲五常"的伦理道德精神便推进至"天理人欲"形态。宋明理学的核心任务是培养圣人，所谓"立人极"，所以，周敦颐成为理学开山鼻祖，他的《太极图说》是"立人极"的"天理人欲"伦理道德的精神形态的宣言书。"天理"与"人欲"的关系问题，是理学伦理道德的精神形态的核心问题。理学内部虽分歧重重，有程朱道学与陆王心学两大派别，但一以贯之的传统，是义利、理欲、公私贯通一体，根本取向，是以"公私"诠释理欲、义利，作为它们的具体内容和合理法性根据。其价值过程及其逻辑推论如下。（1）义利关系，是精神世界的基本问题。"天下之事，惟义利而已。"（二程《遗书》卷十一）（2）义利关系的核心是公私关系。"义与利，只是一个公与私也。"（二程《遗书》卷十七）于是，公私关系便成为一切价值的根本。"凡一事便有两端，是底即天理之公，非底即人欲之私。"（朱熹《朱子语类》卷一三）（3）最后，天理与人欲的对立，就是公与私的对立，礼的伦理实体与人的个体性存在的对立。"己者，人欲之私也；礼者，天理之公也。一人之中，二者不可并列。"（朱熹《论语或问》卷一二）至此，"存天理，灭人欲"，便被演绎为"存公灭私"，"存礼灭己"，伦理优先的伦理精神，被极端化为道德专制主义。"天理人欲"的伦理道德精神，"立人极"的悲剧，被启蒙思想揭露为"以礼杀人"。理学内部的启蒙思想家戴震揭露："酷吏以法杀人，后儒以理杀人。"（戴震《与某书》）"人死于法，犹有怜之者，死于理，其谁怜之！"（戴震《孟子字义疏证》）

"以理杀人"标志着肇始于"克己复礼为仁"的伦理道德一体、伦理优先的精神形态走到尽头，因其事关"人"的存续，于是陈独秀高呼："伦理之觉悟，为吾人最后觉悟之最后觉悟。""伦理之觉悟"的本质，是从伦理窒息下解放的觉悟，是由伦理解放迈向道德自由的觉悟，由此才有陈独秀的另一个口号："打倒孔家店！"但是，走向道德自由的近一个世纪的"伦理之觉悟"的最后结果，是人的个体性觉悟，而不是人的实体性觉悟。在市场经济的催生下，个体主义乃至过度的个人主义诞生了，中国社会、中国伦理道德精神，陷入伦理认同和伦理缺场的危机之中。危机的重要表现，不仅是过度的个人主义，而且是潜在于全社会的"伦理的实体—不道德的个体"的伦理—道德悖论，它是以中国形式呈现的与现代性西方文明共同的精神病灶。

"伦理之觉悟"—"打倒孔家店"，中国现代社会"反传统以启蒙"的精神路径，日后以政治革命的方式作为文化启蒙的正果。但是，政治革命完成之后，"文化大革命"以文化革命和政治革命相结合的方式延续"反传统以启蒙"的路径，此后便是 30 多年市场经济的推进。至此，近百年来，中国社会似乎都在完成以"反传统以启蒙"的"伦理之觉悟"，百年涤荡的结果，精神世界遭遇"无伦理""没精神"两大严峻的"中国问题"，① 伦理的故乡，伦理型的中国文化，面临伦理缺场的严峻现实。同时，现代中国面临与西方社会共同的精神问题，即伦理与道德的纠结，纠结重要的表现，不仅是伦理认同与道德自由的矛盾，更是集体行为中所内在的"伦理的实体—不道德的个体"的伦理—道德悖论。在这个意义上，当今中国社会，期待第二次伦理启蒙。与陈独秀的"伦理之觉悟"的传统启蒙不同，它是回归伦理家园，重建社会的伦理实体和伦理信心的启蒙。由于伦理道德对于伦理型中国文化的特殊意义，以"伦理之觉悟"为主题的第二次伦理启蒙同样具有"最后之觉悟"的至关重要的文化精

---

① 参见樊浩《道德发展的"中国问题"与中国理论形态》，载樊浩等《中国伦理道德报告》，中国社会科学出版社 2010 年版，第 1 页。

神意义，中国现代伦理道德，必须也应当回归于伦理精神形态。

3. "学会伦理地思考"

陈独秀将"伦理之觉悟"定位于"最后觉悟之最后觉悟"，凸显其终极意义。罗素将"为伦理思考所支配"，表述为决定"人类种族的绵亘"，并且，"在人类历史上，我们第一次到达这样一个时刻"，在凸显终极意义的同时，凸显"伦理思考"对人类文明具有世界历史意义的严峻挑战。二者都将伦理觉悟定位于终极觉悟，陈独秀基于传统性诊断，罗素基于现代性诊断，具有相反的时代精神指向，但二者都是同一种努力：试图以伦理精神的重建拯救人类文明。如前所述，西方文明经过古希腊伦理形态、拉丁化时期的道德形态、近代道德哲学形态，到黑格尔建立了融伦理道德于一体的精神哲学体系，标志着传统伦理道德精神的完成和终结。步入现代文明之后，西方学术故意冷落黑格尔的严重后果，就是精神世界的碎片化，伦理与道德又一次陷入深刻的精神分裂之中，主流走向是伦理认同与道德自由的矛盾，追求脱离伦理认同的抽象道德自由。伦理、伦理实体、伦理认同，遭遇前所未有的颠覆性危机，尼采宣布"上帝死了"，将精神世界中的伦理危机推向顶峰。"上帝死了"的精神哲学表达，就是"伦理死了"，具有终极意义的"伦理实体死了"。于是，一方面，人空前地自由了；另一方面，人空前地失依了。人在精神世界成了无根源、无归宿的漂泊者，成为黑格尔所说的"飘忽的幽灵"。于是，作为宣布"上帝死了"的狂人和达人的尼采的必然命运，是只能疯。"上帝之死"—"尼采之疯"，成为现代文明尤其是现代西方精神史中最具有象征意义和表达力的伦理事件，就像"苏格拉底之死"是古希腊最具象征意义的伦理事件一样。"苏格拉底之死—上帝之怒"，"上帝之死—尼采之疯"，可以作为源于两希文明的西方精神史的伦理叙事。其中，"苏格拉底之死"与"上帝之怒"，分别是标示教化时代精神史开端的伦理事件，而"上帝之死"与"尼采之疯"则是两希传统在现代文明中汇合之后，标示精神形态转型和危机的伦理事件。宣布上帝之死和不久以后的尼采之疯，二者之间的历史巧合吊诡得神奇而令人毛骨悚然。尼采宣称"我是炸药"，他炸毁了一个时代、一种文明的整个精神世界，也将自己的世界，尤其是精神世界粉碎，于是，最后的命运必然疯，也只能疯，只是意想不到，疯得如此之快，如此之不可逆转，以致让人难以抑制那种在二者之间建立因果关联的想象冲动。尼采之后的西方精神世界，是一个"疯"的世界，一个支离破碎的世界。风雨飘摇之后，人们开始了重新寻找家园、回归伦理的努力。正义论与德性论之争，以理论形态的方式展现了精神世界中伦理与道德的深重纠结。正义论的伦理批判，德性论的道德诉求，表明西方伦理道德精神处于黑格尔所说的"临界状态"。而主体际理论、商谈理论，以及春秋战国式的"伦理学丛林"，无不暗示着西方精神世界中悄然回归伦理家园的蛛丝马迹。只是，这一进程还刚刚开始，一个伦理精神的形态和伦理精神的时代正在到来。

不过，"为伦理思考支配"之所以事关"人类种族的绵延"，还有更为深刻的问题指向和时代背景，这就是文明共同体中集体的伦理冲动。随着现代性的推进，中西方社会愈益生成一种集体觉悟：人类最大的伦理风险不是个体，而是集团或集体。罗素发现，人类日益处于一种"有组织的破坏性激情"的巨大威胁及其深刻危机之中。"随着社会愈发地组织起来，对于大多数人来说，那种无忧无虑的幸福的光景变得愈来愈少了。我认为，在近二十五年期间，人类的不幸甚至超过了以往历史上人类苦难的总和。"① 有组织的集团之间的竞争，就成为战争的重要来源。与罗素同时代的美国宗教伦理学家尼布尔发现了现代文明中的一种悖论，并以一本著作的书名凸显："道德的人与不道德的社会。"尼布尔发现，个体本性中虽然存在自私的冲动，但追求永恒的欲望，使个体产生过群体活动和同情他人的冲动，甚至可能产生利他主义，为他人牺牲。而社会群体，如国家、民族、阶级、集团等，则主要表现出利己的倾向，发展出一种群体自私的形式或群体利己主义，华盛顿的名言："只有有符合其自身利益时，民族才是可以信赖的"，便是这种群体利己主义的宣言书。于是，便产生"道德的人与不道德的社会"的文明悖论，并导致现代性道德精神内在的冲突。"由于道德生活有两个集中点，故而使这种冲突不可避免。一个焦点集中于个人的内在生活中，另一个焦点存在于维持人类社会生活的必要性中。从社会角度看，最高的道德理想是公正；从个人角度看，最高的道德理想则是无私。"② 无私即个体德性。"道德的人与不道德的社会"的悖

---

① ［英］罗素：《伦理学和政治学中的人类社会》，中国社会科学出版社 1992 年版，第 158 页。
② ［美］莱茵霍尔德·尼布尔：《道德的人与不道德的社会》，蒋庆等译，贵州人民出版社 1998 年版，第 257 页。

论，归根结底是德性与公正、个体道德与社会伦理的悖论。群体利己主义，就是罗素发现的"有组织的激情"，在这种有组织的激情下，即便爱国主义这样高尚的道德，也是像尼布尔所说的，将个人的无私转换为民族的自私。罗素与尼布尔，做出的都是同一个文明诊断，呼唤的都是同一种文明回归。

"伦理的实体与不道德的个体""有组织的激情""道德的人与不道德的社会"，以不同的话语，表达现代中西方文明同一个精神诊断和问题指向：现代文明正处于深刻的伦理危机之中。至此，现代文明的难题，已经不是"人应当如何生活"，也不是"我们如何在一起"，而是透过"我们能否在一起"的质疑，达到那个著名的"梁漱溟之问"："人类还会有前途吗？"

人类必须、也只能开启一种新的精神形态，这就是伦理精神形态。

（六）"伦—理—道—德"的精神哲学形态

1. "天不变，道亦不变"

自远古单细胞到现代灵长类人类文明的诞生、成长和异化史表明，人类的精神生命和精神世界虽风情万种，在不同的时代和舞台，以不同的形象和唱腔粉墨登场，但演绎的都是并且只是三种正剧：伦理的，道德的，伦理—道德的。它们是人类精神世界的"三江源"，道成肉身地显现精神世界的万千气象。"天不变，道亦不变"，物转星移，地荒天老，精神世界的精灵风采依旧。多样性的人类精神在这里凝聚呈现，多样性的人类文明在这里交汇商谈。伦理，道德，伦理—道德是文明史上精神世界的永恒主人。

逻辑和历史是统一的，正如理论与现实必须统一，但是，这种统一绝不只是逻辑对历史、理论对现实的单相思。因为正如马克思所说，不只是理论要符合现实，而且现实也应当变得符合理论，这便是黑格尔"凡是合乎理性的东西都是现实的；凡是现实的东西都是合乎理性的"命题的哲学真谛，因为这是哲学的信念，其中包含了人类文明的真正秘密。"哲学正是从这一信念出发来考察不论是精神世界还是自然世界的。"① 在中

---

① ［德］黑格尔：《法哲学原理》，范扬、张企泰译，商务印书馆1996年版，序言第11页。

西方文明史上，伦理道德作为人类世界中不断茁壮的最为绚丽丰硕的精神之果，总是千姿百态，并且随着时代发展，理论体系与流派学派也不断推陈出新，形成后浪前浪并存且又相互推涌不绝的生命之流。然而，仔细考察便会发现，它们万变不离其宗，在哲学层面呈现为大致相同并且彼此可以相互对话的精神形态。由此，一种"形态学"而非学派、流派的研究与诠释方法便呼之欲出："形态。""形态"是对伦理道德及其历史发展的形而上学研究和诠释，它透过纷繁复杂的理论背后所映现的人类精神的生命样态，把握"多"中之"一"，"变"中之"不变"，并由此展开伦理道德的文明对话。伦理道德形态，根本上是一种精神哲学的把握方式，其精髓是在逻辑与历史统一的视域下，检视与呈现精神由低级到高级的辩证运动过程，将伦理与道德当作人类精神发展的辩证环节和生命呈现方式。于是，伦理道德发展史与人类精神发展史相一致，成为人类精神史的中流砥柱，并且与个体生命发展史、人类社会发展史深度契合。在精神哲学视野下，个体生命发展史是人类伦理道德发展史的缩影，二者彼此可以相互诠释。由此，从"轴心时代"中走出的诸文明传统的伦理道德对话，不仅可能，而且必须。精神哲学既是精神世界的辩证发展，也是精神世界的辩证体系；精神哲学形态，是伦理道德在精神世界的呈现样态，也是诸伦理道德传统和伦理道德理论的精神本质和精神存在方式。将伦理道德回归于"精神"，在精神的辩证发展与辩证体系中把握伦理道德的历史与理论，就是"精神哲学形态"的真义所在。

2. "人间最高贵的事"

理论上必须完成的追问是：伦理与道德，因何、如何是精神形态？是何种精神形态？也许，只有在"精神哲学"和"精神哲学形态"的理念下，这些难题才能真正解决。

在西方哲学传统中，关于伦理与道德关系的争讼从未间断，但它却未构成真正的"中国问题"。近些年来，关于伦理与道德是否应该区分以及如何区分，之所以成为中国道德哲学领域的前沿问题之一，相当程度上是"西方问题"感染的结果，其状况大有"西方人生病，中国人陪着吃药"的喜剧味道。原因很简单，在中西方文明中，伦理与道德的出场方式迥然不同。自古希腊至现代，西方文明的精神轨迹是伦理与道德交替出场，在康德那里便出现"使伦理的观念完成不能成立，并且甚至将它公然取消，加以凌辱"① 的状况，而在伦理型的中国文化中，伦理与道德则始终是共生互动。于是，伦理与道德的关系在人类精神世界中便具有历史现实和逻辑可能：共时性或历时性。共时性结构与历时性存在的两种可能，决定了人类精神世界存在三种可能形态：伦理形态，道德形态，伦理—道德形态。

无论历史叙事还是哲学演绎，道德之于伦理，似乎总有某种先置地位。历史上，道德在精神世界中的出场先于伦理：在中国，以道德为核心概念的老子的《道德经》先于伦理优先的孔子的《论语》；在古希腊，柏拉图的"众理之理"与"众理"的关系，实际上类似老子的"道"与"德"的关系，如此，柏拉图的"道德"也先于亚里士多德的"伦理"。然而，在几千年人类历史发展的长河中，这种共时性理论出场的前后相继几乎可以被压缩得忽略不计，虽然它们成为中西方轴心时代的共同现象本身应当特别关注，但更重要的秘密则存于伦理与道德的不同哲学本质之中。无论老子的《道德经》还是柏拉图的"理型"，道德所表征的都是形而上学的本体性，"道"是一个集宇宙、社会、人生于一体的终极性存在，"道生一，一生二，二生三，三生万物"。而"德"则是万物如何得"道"而"物得以生"的概念，所谓"道生之，德蓄之"。在哲学意义上，"道德"是超越于天道与人道之上的形而上学，因而高于也先于"伦理"。但是，无论在学术体系还是日常生活中，"道德"总是一个价值的概念，"道"的核心指谓是人道，只是要为人道确立一个最终的合法性根据，才需要将人道推之于天道。这种演进，在老子的《道德经》所演绎的形上范式中已经潜在，它"推天道以明人事"，重心在"德"，根源在"道"。"道"是本体的概念，"德"是主体的概念；"道"是本体论，"德"是价值论。由此便有一种可能，在本体世界中，道德先于伦理；但在人的精神世界中，伦理与道德的地位却可能发生置换，伦理先于道德。这便是为何在人的精神世界的进程中，总是存在伦理与道德的哲学纠结的根源所在。纠结的扬弃，必须借助精神哲学的辩证法。在人的精神的辩证发展和精神哲学的辩证体系中，诠释与把握伦理与道德两种精神的关系。简言之，伦理道德的精神哲学体系就是"伦—理—道—德"体系，它们的生命运动，就是精神世界的辩证法。

---

① ［德］黑格尔：《法哲学原理》，范扬、张企泰译，商务印书馆 1996 年版，第 42 页。

一个具有基础意义的问题是：人类为何作茧自缚，需要并一如既往地追求伦理道德？原因很直白也很深邃："人间最高贵的事就是成为人。"①但是，人的存在本身是一个悖论：已经是一个人，却还要通过不屈的精神苦旅成为一个"人"。悖论根源在于人的存在的两种形态，即人既是自然的存在，又是应然的存在。作为自然存在的人是个别性，即作为有限存在者的"单一物"；作为应然存在的人是超越个别性而获得普遍性，即作为无限存在的"普遍物"。在人身上充满了个别性与普遍性、有限与无限的矛盾，"包含着无限的东西和完全有限的东西的统一、一定界限和完全无界限的统一。人的高贵处就在于能保持这种矛盾，而这种矛盾是任何的自然的东西在自身中所没有的也不是它所能忍受的"②。于是，便有"法的命令"："成为一个人，并尊敬他人为人。"③"成为一个人"是对人的存在的普遍性的自我追寻，"尊敬他人为人"是人作为普遍存在者的相互承认。问题是，人如何达到有限与无限的统一，进而由单一性存在达到普遍性存在？这就必须也只能通过"精神"。精神使人超越自然状态成为普遍存在者，而伦理与道德则是人的精神发展的两个阶段和两种形态，换言之，伦理与道德是精神的辩证进程和有机体系。但是，由于伦理与道德不仅是人的精神发展的两个不同阶段，而且是精神的两种生命形态，两个阶段、两种形态既相互链接，又可能彼此分离，因而在人类精神的历史和现实中便展现为不同的传统与进程。现代文明中的伦理道德理论虽林林总总，现代性文明虽走进"伦理学丛林"，但在精神哲学意义上却万变不离其宗，同样呈现为三种形态：伦理形态、道德形态、伦理—道德形态。三种形态样围绕一个基本问题："成为一个人！"

3. 诸精神哲学形态

伦理形态是由"伦"而"理"的形态，即居"伦"由"理"的"伦—理"形态。这是伦理实体主义的精神形态，"伦"与"理"的精神元素；居"伦"由"理"的精神进程，是这一形态的精神气质。伦理形态基于对人作为实体性存在的"伦"信念，在伦理性的实体中建构

---

① ［德］黑格尔：《法哲学原理》，范扬、张企泰译，商务印书馆1996年版，第46页。
② 同上。
③ 同上。

人的个别性与普遍性的精神同一性。伦理存在、伦理意识、伦理认同、伦理感，一句话，伦理皈依，是这种精神形态的核心。由于个别性与普遍性同一的伦理状态，既是人类生命、人的生命的起点和家园，又是人的精神的终极目标，因而伦理形态具有自发与自觉两种不同的境界，前者是自然的和直接的同一，后者是精神的同一。在人类文明史和个体生命发展中，初始状态都是个体与实体直接而自然地同一的伦理状态或伦理世界；"大道废，有仁义"，原初的伦理状态解构之后，人由自然的伦理世界进入教化世界，最后通过道德主体的建构，复归于自然与必然统一的精神性的伦理世界。中国的大同世界，柏拉图的乌托邦，都是自然的伦理世界。伦理形态的理论特质，是在伦理性的实体或具体的伦理情境中确立人的行为的合理性和必然性，所谓"伦"之"理"或"良知"，良知的呈现方式是"见父自然知孝，见兄自然知悌，见孺子入井自然知恻隐"的"自然"。"伦"的家园认同与"理"的良知，是伦理形态的两个不可或缺的精神元素，最后达到的是"伦"的精神同一性。

　　道德形态是由"道"而"德"的形态，或遵"道"贵"德"的道—德形态。这是道德理性主义或德性主义的精神形态，"道"与"德"的精神元素、尊"道"贵"德"的精神进程，是这一形态的精神气质。普遍准则与个体意志自由是道德形态的两个不可或缺的精神内核。与伦理形态不同，它的精神基点不是具体的伦理实体和伦理情境，而是普遍有效的法则，即所谓"道"，透过"道"的大智慧达到个体的自由与解放，最终建构主体性的"德"。在伦理形态中，"伦""理""伦—理"，是三个递进的精神进程，"伦"是自在，"理"是自为，"伦—理"是自在自为，"理"的良知是其精神表达。在道德形态中，"道""德""道—德"是三个精神进程，"道"是自在，"德"是自为，"道—德"是自在自为，理性而不是良知，是其精神表达。由此，道德形态也有两种可能的哲学走向：德性主义与自然主义。因为在道德形态中，道德与自然的关系问题，用中国道德哲学的话语表达，义与利、理与欲、公与私的关系问题，既是道德世界，也是道德世界观的基本问题，它所追求的目标，是达到道德与自然之间"被预定的和谐"，在此过程中超越有限达到无限。但是，由于价值重心不同，便表现为不同的精神走向，基于普遍性的德性主义与基于个别性的自然主义。不过，两种走向都是道德理性，因为它们都希图通过道德努力，达到"单一物与普遍物的统一"。

伦理—道德形态，既可能是伦理与道德的统一形态，也可能是二者之间的摇摆形态。但是，无论何种形态，都会遭遇同一个难题：伦理与道德如何统一？伦理优先，还是道德优先？伦理形态遵循伦理实体与伦理良知的"伦理律"，道德形态遵循道德本体与道德理性的"道德律"；伦理形态的重心在建构合理的社会生活秩序，道德形态的重心在建构合理的个体生命秩序。在历史上，伦理—道德形态有两种哲学路向：一是中国文明的伦理道德一体、伦理优先的路向，其原初表达，就是孔子的"克己复礼为仁"；二是西方文明的伦理与道德相互递进，由伦理形态到道德形态，再到道德哲学形态的路向。在现代文明中，这两种路向汇合交叉，在社会变革的激荡下生成一种摇摆形态，席卷中西方的正义论与德性论之争，就是人的精神在伦理与道德之间摇摆的突出表现。正义论的重心是社会至善的伦理批判，德性论的重心是个体至善的德性诉求，聚讼的焦点，是社会至善的伦理与个体至善的道德何者处于优先地位，绝不是简单的要伦理还是要道德、要正义还是要德性的两极问题，其哲学本质，是人的精神世界到底"大同"于伦理，还是"大同"于道德的问题。它是现代文明的精神纠结，也标志着人类精神走到了一个新的文明前夜。因为，无论如何，既不是伦理，也不是道德，而是伦理与道德的统一，才是人的精神世界的真理，伦理—道德形态应当是人类精神的辩证互动的合理生态。

（七）精神哲学对话的话语资源

1. "对话"的信心

在"地球村"的世纪，已经没有人否认对话的意义，难题在于如何对话，核心问题是对话的话语资源。因为，在对话过程中，如果使用其中任何一方的话语和资源，似乎都有失对话的公度性，于是便需要设想存在一种超越于所有对话主体的话语资源。所谓"世界语"或"世界伦理"，它们至今并不存在，"普世伦理"不仅没有被真正确认，而且并不适用于对话。因此，任何对话似乎都必须批评并应当批评。对话，包括伦理道德形态的对话，就这样从学术理想主义流于学术虚无主义。

其实，人类应有基本的信念和足够的信心，因为是人的"科学"、人的理论，而任何学问在根本上应当是相通的，不通是因为我们还没有真正理解，或者学术功力还没有达到这种境界。牟宗山先生就曾表达过这种思想，彻底的学问应当是相通的。如果学问是立足于"人"，是"人"的学问，而"人"归根结底是一个"类"，于是就必须有信心，归宗于人的学问一定同大于异，问题是我们有没有足够的学术功力在异中求同。如前所述，伦理道德史与人类社会发展史、个体生命发展史是一致的，它们都是一部人类精神发展史。神话是人类的童话，神话与童话之间存在根本的精神同一性。同样，人类从原始状态中走来，就像个体从母体中脱胎、从家庭自然伦理实体中脱胎，原初的世界都是自然的伦理世界，由此出发，开启"失道而后德"的教化历程，并在教化中历经类似甚至相同的精神进程，正因为如此，伦理与道德才是人类共同的精神形态。人类精神的现实是"异"，但其本质是"同"。求同存异的合理性根据，就在于本质上的"同"，只是它被过于僵硬的"异"的屏障所隔绝和遮蔽，也许正因为如此，"大同"才是人类孜孜以求的共同理想。能否对话，能否达到人类精神的"大同"，对人类的精神能力和精神境界，着实是一种严峻的考验。

2. 话语资源

伦理道德对话在哲学上是一个解释学问题。文明对话、伦理道德对话，同样是互为文本的解释过程，为在根深蒂固的"先见"中寻找最大公约，以建立最大的对话平台，"形态"便是哲学层面的最大平台，也是最具根本意义的知识；对话即倾听，为真正"理解"诸伦理道德传统的意义，就需要回归人的生命和生活深处，"精神哲学"便是最具生命感和生命力的对话场域。"形态"与"精神"，于存在与生命、多样性与同一性两个维度，建立一个对话的坐标。这是一个哲学的坐标，借此可以进行获得最大公约和最彻底智慧的"伦理道德形态"的"精神哲学对话"。

精神哲学对话需要话语资源，最具解释力和表达力的话语资源是什么？是黑格尔精神哲学。也许，这是一个可能引起广泛争议的问题，甚至不仅是在异乡的中国道德哲学传统，而且在其故乡的西方道德哲学领域，也会引起广泛质疑，问题的焦点，是黑格尔哲学的地位及其在现代西方哲学史上的命运。中国哲学界对"西方哲学"与"现代西方哲学"的划分，一般以黑格尔划界，黑格尔之所以成为界碑，赵敦华先生认为在中西方有不同根据。国内占主流地位的看法是：因为马克思主义的诞生；西方哲学界的众多解释中克洛纳的一句话最耐人寻味：了解黑格尔就是看透了绝对不能再超过黑格尔，"后黑格尔"时代必须做出一个新的开端。无论如何，黑格尔是一个具有表达力的界线。[①] 黑格尔之后，建立无所不包的哲学体系已经不可能，在这个意义上哲学"终结"了。但是，黑格尔哲学，尤其是其辩证法的合理内核，成为马克思主义的重要来源和组成部分，这足以说明它承前启后的意义和现代价值。黑格尔对传统西方哲学的终结，以及黑格尔哲学的不可超越性，让人产生一种强烈的感觉：现代西方仍处于黑格尔时代，即所谓"后黑格尔时代"。因为这种不可超越的软弱，于是走向反叛与彻底否定，如同个体生命的青春期必定遭遇叛逆期危机一样。应该说，现代西方哲学对待黑格尔的态度和待遇是不公允的，中西方哲学界对黑格尔的故意冷落，也许相当程度上出于一种可怜的自卑：在这个功利和浮躁的时代，人们再无耐心，也无耐力去阅读和把握他的宏大体系和深邃思想，于是，最简单也是最有"英雄气概"的举措，便是宣判它的过时和无用。然而，只要明白马克思站在黑格尔辩证法的肩上所达到的前所未有的思想高度，就不能不承认黑格尔哲学的巨大意义；只要肯定马克思哲学改变了中国和世界，就不可否认黑格尔哲学是中西文明对话的最有价值的话语资源。

3. 精神哲学意义

黑格尔哲学对伦理道德形态的精神哲学对话到底具有何种意义？除黑格尔哲学在西方哲学发展史上特殊的界碑地位之外，以下三方面也特别重要：（1）黑格尔的精神哲学体系；（2）黑格尔精神哲学体系对人类精神发展、对伦理道德发展的解释力与表达力；（3）黑格尔精神哲学与中国哲学的互释性。

在哲学史上，黑格尔第一次建构了宏大的精神哲学体系，伦理与道德是这个体系的重要形态。精神哲学在黑格尔体系中的意义，从以下事实中可以澄清：在亲自完成的四部著作中，有三部以精神哲学为最重要的结构。在《哲学全书纲要》中，黑格尔建立了"逻辑学—自然哲学—精神哲学"的宏大哲学构架；在《精神现象学》中提供了"意识—自我意

---

① 赵敦华：《论作为一个时代思潮的现代西方哲学》，载《中国哲学年鉴2013》，中国社会科学出版社2013年版，第46页。

识—理性"的现象学体系，"精神"是"理性"部分的核心内容；《法哲学原理》则是"客观精神"的展开。在《精神哲学》中，他完成了"主观精神—客观精神—绝对精神"的完整精神哲学体系的宏大建构。可以说，"精神"是贯穿整个黑格尔哲学的核心概念，甚至在《历史哲学》中，他也把历史诠释为"精神的历史"。而伦理与道德，在以"精神"为言说对象的任何体系中，都被当作精神的两种形态和精神发展的两个环节。可以说，在黑格尔哲学中，伦理与道德是与精神完全相通的概念，既是精神的形态或呈现方式，也是精神发展的两个阶段。区别在于，在不同体系中，伦理与道德处于不同的环节。在《精神现象学》中，"伦理（真实的精神）—教化（自身异化了的精神）—道德（对其自身具有确定性的精神）"，是"精神"的现象学体系；在《精神哲学》和《法哲学原理》中，"抽象法—道德—伦理"，是客观精神的法哲学体系。在两个体系中，伦理与道德在精神发展中的地位发生倒置，倒置的原因，可能由于研究对象的不同，《精神现象学》以意识为对象，是"意识的经验科学"；《法哲学原理》以意志尤其是意志自由为对象；而"精神"则是意识和意志的统一。不可否认，在黑格尔体系中，存在着一种伦理与道德的纠结，它以二者不同精神位序的方式表达出来。毋宁说，这种纠结与轴心时代伦理与道德在文明体系中的出场方式可以相互诠释。无论如何，黑格尔建构了庞大的精神哲学体系，伦理道德是这个体系中最重要的结构性元素，这是伦理道德形态进行精神哲学对话的最直接的话语与理论资源。

更深刻的原因在于黑格尔精神哲学体系对于人类精神和个体精神发展的解释力与表达力。黑格尔精神哲学体系的最大特点之一就是生命感，它与人类生命、个体生命深度契合。《精神现象学》中呈现的以家庭与民族为"普遍现实"、以男人与女人为"能动的个体性"的个体与实体自然而直接地同一的"伦理世界"，既是人类原始状态的哲学表达，也是个体原初精神的生命写照；作为伦理世界否定的教化世界，既是人的生活世界，也是人类在"大道废""智慧出"之后的精神世界；作为精神世界最高阶段的道德世界，则是通过道德世界观所建构的道德主体向伦理世界的实体性的精神回归，是精神发展的否定之否定。《法哲学原理》中的伦理与道德，则是人的意志自由从主观走向客观、由可能走向现实的过程。黑格尔的精神哲学，既提供了人类生命与个体生命的完整精神图像，也提供了人的精神生命由低级到高级自我发展的辩证进程，对人类、对个体的精神生命和精神世界具有很强的解释力，可以作为伦理道德对话的人性平台和精神哲学框架。

深刻的历史感，既是黑格尔精神哲学饱受争议之处，也是它的合理内核之所在。辩证法、精神世界的辩证法、伦理道德的辩证法，赋予黑格尔精神哲学以具有普遍意义的真理性。康德道德哲学的最大缺陷是抽象性，原因很简单，它缺乏伦理的概念和伦理的意识；黑格尔以伦理具体性扬弃了康德的道德抽象性，由此不仅伦理道德，而且人的精神也不再是"真空中飞翔的鸽子"，而是背负着丰富生活经验的"黄昏起飞的猫头鹰"。但是，黑格尔精神哲学的最大贡献，不是伦理的回归与在场，而是将伦理与道德相整合，建立了伦理与道德辩证发展的精神体系。因之，康德的《实践理性批判》可以称为"道德哲学"，但黑格尔的《精神现象学》《法哲学原理》等以"道德哲学"命名则可能导致误读，因为它们是"伦理道德哲学"，准确地说，是"精神哲学"，是探讨人的精神的辩证发展的哲学，伦理与道德只是其中的一个环节或精神在场的一种形态。也正因如此，伦理与道德都在这个辩证体系和生命发展的辩证进程中，为自己做了合理性与合法性辩护，同时，在相当范围内也获得了普遍的历史意义。正如经典作家所言，黑格尔哲学晦涩到什么程度，也就现实到什么程度，他的精神哲学每个环节的背后，都有重大历史进程或历史事件做支撑，他自己便发现拿破仑是"骑在马上的绝对精神"。这些解释当然有失之牵强，但逻辑与历史的统一却是合理之处和解释力所在。比如，在他的体系中，"道德"是"自我确定的精神"，在历史进程中与德国古典哲学相对应，而在中国伦理传统中，宋明理学的核心目标是培养圣人，所谓"立人极"，用黑格尔话语表述，就是道德世界的绝对精神的建构。黑格尔所思辨的"道德世界"，道德的辩证发展所建构的"良心"主体及其所内在的自我否定，理论上与"理学气象"中陆九渊的"良心说"、王阳明的"良知论"有诸多不谋而合之处。应该说，这是哲学的真理性所在，是人类精神的普遍性所在，也是黑格尔精神哲学的解释力所在。

（八）"伦理共和"

伦理形态、道德形态、伦理—道德形态，在精神哲学意义上提供了一个诸传统、诸理论的解释框架和对话平台，它们理一而分殊，既是历史的，也是逻辑的，因而逻辑与历史成为人类精神的三种哲学形态，但无论何种形态，都是人的精神在现实世界中的呈现方式，或者精神发展的某一阶段，都是"精神哲学形态"。伦理道德形态的精神哲学对话基于一个信念：伦理道德的终极追求、人类精神的终极追求，是使个体超越有限达到无限，是"单一物与普遍物统一"的至善。诸传统、诸理论的分歧只在于：这个终极目标到底如何实现？在哪里实现？是在伦理认同中实现，在道德自由中实现，还是在伦理认同与道德自由的辩证互动中实现？伦理道德不仅是精神的，而且是现实的，正如黑格尔所说，在主观性中充满了客观性。现代文明的多元和失根，使道德哲学在高度亢奋的应对中走进碎片化的"伦理学丛林"，马克斯·韦伯希图以"新教伦理与资本主义精神"的"理想类型"终结丛林状态，不幸的是，在欢欣鼓舞地激赏"理想类型"的理论盛宴的同时，不仅诸理论，而且诸文明都被粗暴地"类型化"，最后，只剩下一种"类型"，一种"理想"，这就是"新教伦理"及其所缔造的"新教资本主义"的"理想类型"。当韦伯用排他的方法论证了新教资本主义"理想类型"唯一合法性，当"理想类型"获得默认甚至青睐，现代世界于不经意间已经从"文明的冲突"走向"文化帝国主义"，并且由于这种帝国主义获得了伦理上的合法性论证，借助"伦理帝国主义"的中介，最后沦为"文明帝国主义"。现代文明的最大危险，已经不是"文明的冲突"，也不是"文化帝国主义"，而是攫取了伦理合法性的"文明帝国主义"，以"伦理帝国主义"为帮凶的"文明帝国主义"才是多样化的人类文明的真正敌人。面对现代性的"伦理学丛林"，也许最重要的不是一统丛林，而是改变丛林法则。人类必须从根本上改变对待世界的态度，根本改变诸文明之间互为"他者"的心态，在对话中共生共荣。多样性是人类文明的现实，也是人类文明在物竞天择中不绝的生命力所在。在多样性的文明体系中，人类精神发展、伦理道德发展的抱负和胸怀，不是率领潮流，也不是趋炎附势地顺应潮流，更不是为潮流所裹挟，而是追求和达到一种伦理上的共和。精神世界的合理法则，不是简单的大多数"民主"，而是相互承认的伦理共和。人类用近五百年的时间在政治世界中创造了共和制，也许，面对现代文明的深重危机，人类需要再次焕发自己的创造力，在漫长的岁月中为精神世界开创伦理共和。伦理共和是精神世界的相互承认，也是诸文明、诸传统、诸理论之间在人的终

极目标同一性的前提下彻底的相互承认。为此，现代世界需要一种新的理
解和沟通方式，诸传统的伦理道德需要在精神的国度和哲学的高度进行文
明对话，也许，"精神哲学形态"可以为这种新理解和新对话提供尝试。
但愿，它是人类文明在"精神"的旗帜下走向伦理共和的跬步寸辙。

参考文献

《马克思恩格斯选集》，人民出版社 1972 年版。

［古希腊］柏拉图：《游叙弗伦、苏格拉底申辩、克力同》，严群译，商务
　　印书馆 1983 年版。

［古希腊］亚里士多德：《尼各马科伦理学》，苗力田译，中国社会科学出
　　版社 1999 年版。

［德］黑格尔：《法哲学原理》，范扬、张企泰译，商务印书馆 1996 年版。

［德］黑格尔：《精神现象学》，贺麟、王玖兴译，商务印书馆 1996 年版。

［德］黑格尔：《历史哲学》，王造时译，上海书店出版社 1999 年版。

［德］黑格尔：《精神哲学》，杨祖陶译，人民出版社 2006 年版。

［德］康德：《实践理性批判》，韩水法译，商务印书馆 1999 年版。

［德］康德：《康德文集》，改革出版社 1997 年版。

《论语》，《孟子》，《道德经》，《庄子》。

《二程遗书》。

朱熹：《朱子语类》。

朱熹：《论语或问》。

朱熹：《朱子语类》。

王阳明：《传习录》。

王阳明：《王文成全书》。

戴震：《孟子字义疏证》。

梁漱溟：《中国文化要义》，学林出版社 2000 年版。

梁漱溟：《东西方文化及其哲学》，商务印书馆 1999 年版。

蔡元培：《中国伦理学史》，东方出版社 1996 年版。

杜维明：《人性与自我修养》，中国和平出版社 1989 年版。

殷海光：《中国文化的展望》，上海三联书店 2002 年版。

韦政通：《伦理思想的突破》，台湾水牛图书出版事业有限公司 1987
　　年版。

余敦康：《内圣外王的贯通——北宋易学的现代阐释》，上海学林出版社
　　1997 年版。

黄建中：《比较伦理学》，山东人民出版社 1998 年版。

［英］马歇尔：《政治经济学原理》上卷，朱志泰译，商务印书馆 1997
　　年版。

［英］伯特兰、阿瑟·威廉、罗素：《伦理学和政治学中的人类社会》，中
　　国社会科学出版社 1992 年版。

［德］卡尔·雅斯贝斯：《时代精神的状况》，王德峰译，上海译文出版社
　　1997 年版。

［美］斯蒂文·贝斯特：《后现代理论》，张志斌译，中央编译出版社 1999
　　年版。

［美］哈特穆特·莱曼等编：《韦伯的新教伦理》，阎克文译，辽宁教育出
　　版社 2001 年版。

［德］马克斯·韦伯：《新教伦理与资本主义精神》，于晓等译，生活·读
　　书·新知三联书店 1992 年版。

［美］丹尼尔·贝尔：《资本主义文化矛盾》，赵一凡等译，生活·读书·
　　新知三联书店 1992 年版。

［美］塞缪尔·亨廷顿：《文明的冲突与世界秩序的重建》，周琪等译，新
　　华出版社 1999 年版。

［美］汤林森：《文化帝国主义》，冯建三译，上海人民出版社 1999 年版。

［美］弗兰西斯·福山：《信任——社会信任与繁荣的创造》，李宛蓉译，
　　远方出版社 1998 年版。

［法］阿兰·图海纳：《我们能否共同生存?》，狄玉明、李平沤译，商务
　　印书馆 2003 年版。

［德］卡尔·曼海姆：《意识形态与乌托邦》，商务印书馆 2000 年版。

［美］哈贝马斯：《合法化危机》，刘北成、曹卫东译，上海人民出版社 2009
　　年版。

［美］马克·波斯特：《信息方式》，范静哗译，商务印书馆 2000 年版。

［德］库尔特·拜尔茨：《基因伦理学》，马怀琪译，华夏出版社 2001 年版。

［美］查尔斯·L. 斯蒂文森：《伦理学与语言》，姚新中等译，中国社会

科学出版社 1992 年版。

［美］德尼·古莱：《发展伦理学》，高铦、温平、李继红译，社会科学文
　献出版社 2003 年版。

［美］H. T. 恩格尔哈特：《生命伦理学基础》，范瑞平译，北京大学出版
　社 2006 年版。

［德］斐迪南·滕尼斯：《共同体与社会》，林荣远译，商务印书馆 1999
　年版。

［美］莱茵霍尔德·尼布尔：《道德的人与不道德的社会》，蒋庆等译，贵
　州人民出版社 1998 年版。

［英］约翰·科廷汉：《理性主义者》，江怡译，辽宁教育出版社 1998 年版。

［美］休斯顿·史密斯：《人的宗教》，刘安云译，海南出版社 2001 年版。

樊浩：《中国伦理精神的历史建构》，江苏人民出版社 1992 年版。

樊浩：《伦理精神的价值生态》，中国社会科学出版社 2001 年版。

樊浩：《道德形而上学体系的精神哲学基础》，中国社会科学出版社 2006
　年版。

后　记

　　这本书，准确地说，这个课题的研究第一稿就整整持续了六年。自2010年以首席专家完成第一个国家重大招标课题之后，一直专注于此课题的研究，它是我的第二个三部曲，即"道德形而上学三部曲"的最后一部。在我的研究历程中，"中国伦理精神"是第一个三部曲，它由《中国伦理的精神》（1990）、《中国伦理精神的历史建构》（1992）、《中国伦理精神的现代建构》（1997）三部著作构成，共120多万字，自1989年至1997年历时八年，其间还出版了四部为完成《中国伦理精神的现代建构》的准备性著作。"道德形而上学"，准确地说，"伦理精神的道德形而上学"是第二个三部曲，它由《伦理精神的价值生态》（2001）、《道德形而上学体系的精神哲学基础》（2007）、《伦理道德的精神哲学形态》（2015）三部著作构成，共150多万字，历时15年，时间几乎是第一个三部曲的两倍。部分原因是在这个过程中，自2005年之后，我同时开启了第三个三部曲，即"道德国情三部曲"的研究，《中国伦理道德报告》《中国大众意识形态报告》就是它的前两部，第三部《中国伦理道德发展报告》已完成但还没有出版。"道德国情三部曲"的最大特点，是以前两个三部曲都由我独立完成，而这个三部曲是我作为首席专家带领庞大团队完成，因而耗散的精力往往更大更多。但更深刻的原因是，自己研究的价值取向或学术期待发生很大变化，"为身后著书"的冲动愈益强烈。

　　2010年，我申请了国家哲学社会科学重点项目"伦理道德的精神哲学形态"，获批后便到英国伦敦国王学院做访问教授。一天晚上，平生第一次也是至今唯一一次收到一封攻击性很强的匿名信："樊和平，你徒有虚名，你对中国学术做出什么贡献？"虽然从邮箱名"snowfire"就能窥测其心态，但我并没有被他的发泄和谩骂所激怒，而是陷入反思：是的，我为中国学术做了什么贡献？虽然"为身后写书"是我

2002 年在牛津"大病大悟"之后的"既定方针",但 2010 年那个伦敦百年不遇的大雪之夜,我被来自大洋彼岸故乡的那封信彻底地骂醒了。不过,我的反躬自问是:不只是为"现代中国学术",不只是为在当下中国学术圈中寻求存在感或所谓"影响力",更重要的是为中国学术的积淀和传承可能做什么贡献?

　　我的学术研究原本就做得就比较"哲学",尤其在 2002 年那场大病中开始系统研读黑格尔道德哲学之后,就更加形而上,时常听到不少朋友说我的文章"读不懂",因为在一般人看来,伦理学不应该那么"哲学",更不应该"形而上学"。但我总是"执迷不悟",因为在学术意识中,自己总是将"热点"和"前沿"严格地加以区分,我的偏好是前沿,即便对热点问题的研究,也是试图发现和揭示其中的学术前沿,因而在任何一次"热"中都难以找到属于自己的那份"光",学界所热衷的那种"中国伦理学……年"那种急于为学术其实是为自己树碑立传的文体我不感兴趣,因为我认为历史就是历史铸就的,当代人写的历史往往可爱而不可信,留下太多误导和遗案。我在讲课时曾向学生们戏说,自己是在做"狗不理学问",但我并不感到孤独,在获评江苏"社科名家"后,我的感言就是:"繁荣与浮躁的时代,给思想留下孤独的机会。"今天的学者,最可怕也是最可怜的就是已经不会孤独甚至没有机会孤独,无限扩展的选择能力使思想和原创"繁荣致死"。一年之中,我最享受的日子,就是假期在办公室闭门冥思的那种撄宁境界般的孤独。更多的日子,整幢大楼就我一人,我感到自己简直拥有帝王般的奢侈,早出晚归,中午在沙发上和衣而眠,一尺剑,一串珠,窗外一轮烈日,便是孤独中最好的伙伴,而思想中那或绵延如丝,或激越如泉,或奔腾如驹,或熊熊如火的跃动却总是可道而又不可道地不断魅惑和驱使着自己。这部书,大抵都是在这种情境和状态下完成。

　　与我的其他任何一本著作不同,这本书的每一部分都已经在重要的学术刊物上发表,但它绝不是一本文集,因为每一部分都是在体系的严格规划和设计下的作品,由此也可以部分地理解,为何我从不接受任何杂志社"命题作文"的约稿,因为我的研究总是"计划经济",被置于比较严格的自我规划之中,长期"被规划",便只剩下"一根筋",失去追踪"热点"的那份灵动。自 20 世纪 90 年代初,我就开始探索一种研究方法,即"专著当作论文写",以此保证专著的原创性及其学术质量,可以说这本书某种意义上标志这一探索开始臻于成熟。在这个课题的研究过程中，我仅在《中国社会科学》就独立发表 3 篇学术长文，其实是 4 篇，因为《中国社会大众价值共识的意识形态期待》一文后来又被《中国社会科学》英文版发表，翻译过程中做了大量修改。加上课题申请前已经发表、作为研究前期成果同时也是本书的两部分的高科技伦理的论文，本书在《中国社会科学》共发表 6 篇学术论文。接受《中国社会科学》如此严苛的学术审查，研究的力度可以想见。全书的结语，是《哲学年鉴》2014年的特约专稿，长达四万字。这部书体系化的最后完成，是在 2015 年暑期在去德国和英国学术访问的飞机上成熟的。万里高空飞翔的那种腾云驾雾的超越，机舱里众生梦乡中那种婀娜千姿的镜像，放飞了在大地上被万有引力禁锢的思想，于是当地球的另一半露出第一抹晨曦，一个思想中脱绣的新娘便潮衣出水了。落地之后，经过六次大的修改，便呈现为当下的这尊"峥嵘"。

《伦理道德的精神哲学形态》已经呈现了本书试图进行的三大理论突破。一是"伦理道德"的话语与对象。伦理与道德的关系是道德哲学的基本前沿，中国伦理学界的研究进展是：从先前粗枝大叶的"不分"，到当下的"分"。但是，如何"分"？更重要的是，"分"了以后如何"合"？"合"于什么？因何"合"？这些前沿性的问题并未解决，甚至未有充分的"学术自觉"。"伦理道德"话语的哲学意旨是：既不是伦理"或"道德，也不是伦理"与"道德，而是"伦理道德"本身就是一体的。一体之"体"是什么？是"精神"。因此，必须进行"精神哲学"研究。"精神哲学"方法的问题指向是：现有的研究往往根据历史唯物主义的原理进行简单的哲学演绎，将伦理道德只当作"社会意识"，是"社会存在"尤其是物质生活条件的"反映"。然而，伦理道德更直接更能动的本质是"精神"，不仅一般地具有"精神"的属性，而且是人的"精神世界"的两个最现实、最重要的结构。"精神哲学"的方法在精神的哲学体系及其辩证发展中把握伦理道德的文明本性和历史形态，将伦理道德回归"精神""家园"。

然而，本书所致力聚焦的主题是"形态"，是伦理道德的精神哲学"形态"。"道德形而上学三部曲"的每一部都有自己特殊的学术使命。《伦理精神的价值生态》是方法论准备，它以 20 世纪的"生态觉悟"为宏大背景，将"生态觉悟"由自然生态向生态哲学提升，推进为"价值生态"的回归，提出并建构伦理道德发展的"价值生态"的理念和理论。
《道德形而上学体系的精神哲学基础》已经有明确的"精神哲学"的方法
论自觉，但它的使命不是建构伦理道德的"精神哲学体系"，而是为这种
体系的建构寻找"精神哲学基础"。这两大任务完成之后，探讨伦理道德
的精神哲学形态的任务便逻辑和历史地提出。"精神哲学形态"的问题意
识是：伦理型的中国文化为何、因何成为与宗教型的西方文化在人类文明
体系中比肩而立的两大文化类型？伦理道德因何成为中国文化对人类文明
的最大精神哲学贡献？在伦理型文化背景下中国伦理道德发展的精神哲学
规律到底是什么？伦理道德的精神哲学形态的中国传统、中国话语和中国
气派是什么？

在体系构造方面，全书展开为"历史—现实—理论"的宏观构架，
展现为"历史叙事—实证研究—思辨研究"三位一体的方法论体系，其
中最为特殊的部分是关于现代中国伦理道德状况的调查研究。有学者曾提
醒，全书具有很强的思辨性，中篇的现实研究是否是一个不和谐的结构？
其实，它是课题研究也是全书完成不可缺少的结构。历史篇得出的结论
是：中国传统伦理道德的精神哲学形态是伦理道德一体、伦理优先；通过
大量调查，本书得出的结论是：现代中国文化依然是一种伦理型文化，依
然体现为伦理道德一体、伦理优先的精神哲学形态，调查研究所得出的关
于现代中国伦理道德发展的三大轨迹（转型轨迹、问题轨迹、互动轨
迹）、三大规律（伦理律、一体律、精神律）、三大期待（"伦理"觉悟、
"精神"洗礼、"家园"回归）实证地回答和支持了这一立论。纵观全书，
现实篇与其说是实证研究，不如说是实证思辨，真正的旨趣不在实证，而
在思辨，这便是我所孜孜以求的"顶天立地"的工夫境界。事实上，在
这个"道德形而上学"的第三部曲完成后不久，"道德国情研究"的第三
部《中国伦理道德发展报告》也即将一朝分娩。这种同步不是巧合，而
是学术规划的必然。理论研究不是一般地进行哲学思辨，而是通过伦理道
德发展的精神哲学对话，探讨中国伦理道德发展的精神哲学形态和精神哲
学规律，最后结论是在"走向伦理精神"中达到"伦理共和"。

30多年的学术研究，在寻觅伦理道德的精神哲学"形态"的过程中，
自己的精神，乃至自己的生活也"形态"化了。天命注定，自己只能是
书生，只会过书生生活，也只能完成书生的使命。不过，本书完成之后，
猛然间似乎确实有了某种找到家园、回到家园的感觉，似乎精神世界中有

某种坚实无疆而又无相无形的存在与自己同在，于是，淡定了许多，安然了许多，我相信，继续往前走，一定有"桃花源"……

樊浩

于东南大学"舌在谷"

2015 年 9 月 8 日

2016 年修改补记

　　以上是 2015 年 9 月本书成稿后所写的后记。此后虽然样稿已经印出，但我并没有将它付印，而是决定再放一年，让自己思想"冷却"并跳出原有樊篱之后再反思。这部书完成后，2015 年 11 月 14 日，《哲学分析》杂志以我的"道德形而上学三部曲"（即《伦理精神的价值生态》《道德形而上学体系的精神哲学基础》《伦理道德的精神哲学形态》）为主要文本，在东南大学召开了"走向伦理精神——樊浩学术作品研讨会"。反思 30 多年的学术历程，我以为"走向伦理精神"是自己学术发展的主旋律。来自国内外的一百多位学者帮助我进行了学术反思和学术总结，给我以激励，给我以批评，更给我以鞭策，也给我重新反思和规划自己学术研究的机会。

　　在此后的一年中，我对全书重新进行的谋划，并试图使它与正在进行的国家重大招标项目的最终成果"现代伦理学理论形态"相分相切。修改的主要内容是重新写了三章，即现著中的"伦理道德，为何'精神'？""伦理道德，因何期待精神哲学？""伦理道德，何种精神哲学形态？"以此替换原有两章，即"伦理道德的西方精神哲学范式"，"伦理道德的中国精神哲学范式"。因为我感到如果这两个问题不回答，全书好像只开花而没结果。同时将中卷第三编中的"伦理道德与大众意识形态的互动轨迹"一章删除。两替一删，修改十万言左右。2016 年国际劳动节后，我开始"重复"劳动，对原有结构体系重新反思。经历了十多天漫长的思想纠结，聚集点是整个中卷是否保留？一方面，全书出版后可能达到 60 万字左右，这么多的絮絮叨叨，不是学术功力不够，也不是不识时务，因为在这个一切快餐化的时代，世人早已没有耐心读完一本稍长的著作，记得一位西方学者在一本书的开卷曾说过这样的话：任何神经正常的人都不会从头到尾读完一本书。我开始怀疑自己是否"正常"，因为对于经典著作，包括黑格尔的《精神现象学》和《法哲学原理》，我几乎一字不放过地读了十遍左右，并做了近百页的详细大纲，以供两门博士生课程的课堂讲授和学生学习。另一方面，中卷中的实证研究和对高技术伦理挑战的分析，似乎与上下卷思辨研究中的晦涩语言在风格上恍若异类，尤其是众多数字化图表，而且实证研究因为关乎对现实的分析判断，也内在某些学术上的风险。两大问题在思想中不断辗转盘旋，十天中做了六套可供选择的新的目录方案，但最后"正果"，还是决定保持原有的风格体系。细细想来，这宝贵的十多天并非无功而返，我的学术自觉是：历史叙事、思辨研究与实证研究的结合，正是近些年自己试图进行的重要学术超越，应当有勇气接受检验和挑战，因为只有在历史、理论和现实的互证互动中，才能达到马克思在《黑格尔法哲学批判导言》中所说的那种境界："光是思想竭力体现为现实是不够的，现实本身应当力求趋向思想。"实现"合理"与"现实"的统一。至于篇幅，如果还够不着那种"大道至简"、深入浅出的高远境界，宁愿"可信而不可爱"，"让老鼠的牙齿去批判吧"！

樊浩

于东南大学"舌在谷"

2016 年 4 月 17 日

2017 年修改再记

　　这部书是我所有著作中最特别的一本，它在第一次成稿并印出样书之后两年未正式印行，正所谓"千呼万唤始出来，犹抱琵琶半遮面"，因为我试图使它的思想和体系、也使自己的学术规划在反思中更加成熟。我很清楚，自己已经不是那个"而立""不惑"的勃发青年，在那个时代，曾创造过诸多"最年轻"的纪录；也不能再满足于"知天命"式的觉悟，因为"知命"不等于"俟命"，"知天命"意味着一种担当，一种"天生德于予"式的执着；走向"耳顺"之际，生命中添了些许焦虑，也生了些许风轻云淡，焦虑与轻淡"商谈"妥协的正果，是对"永恒"的企图和追求。古人将"立言"作为通向不朽的三大路径之一，然而在这个人人"立言"甚至遭遇"言说污染"的时代，古代精英的"立言"特权早成昨夜童话，更何况"立言"的载体已经走过一个文明时代，从"目读""心读"时代的纸质文本走向"指读"时代的电子文本，我这个拒绝微信的迂腐文人，也许注定只能成为一个逝去文明的守夜人。以"学术为业"数十年，猛然发现自己"专家"没做成，倒成了一个不折不扣的"单向度的人"，除了"孤独地思考"之外，一无所能。积重难返，干脆自我善待，将学术、将思考当作生活方式，"我思，故我在"。于是，不是因为追求"立言"的不朽，而是为了生活有内容而不至"无聊"，又继续在思想中折腾这部书稿。

　　2017 年的修改是对 2016 年"纠结"的再"纠结"，纠结点依然是中篇的第五编"伦理道德演进的精神哲学轨迹"，共五章十万多字。在 2015 年的版本中，我将这个由三轮大调查而完成的"三大轨迹""三大规律""三大期待"，当作关于现代中国伦理道德发展的精神哲学轨迹的最重要的发现，也是中国伦理道德的精神哲学形态由传统向现代转化的最重要的实证，它们大多独立发表于《中国社会科学》《哲学研究》等顶级学术刊物。更重要的是，我将它当作自己学术转型的重要标志，试图在本书中做一项学术试验：即在一本著作中能否"顶天"与"立地"兼具，理论尖端与实证研究互济。出于这样的考虑，在 2016 年的第二次修改中，我只是对这部分进行微调，删去其中一章。2015 年 11 月"樊浩学术作品研讨会"之后，唐代兴教授曾建议我将这部分移去，留下思辨性的"纯粹"文本，经过认真思考最后我还是保留原有的体系，因为它不仅是对内容的坚持，而且是对学术追求的坚持。2017 年，我再次认真思考这一问题，最终决定将这部分全部移去。助推这一决心的是 2016 年、2017 年我们又组织的两轮关于伦理道德状况的全国与江苏的大调查。2016 年暑期，我们组织了第三轮江苏伦理道德发展状况大调查，并且经过 12 次修改，最终制定了"伦理道德发展的测评体系"。2017 年暑期，与北京大学合作，进行了全国第三轮、江苏第四轮伦理道德状况大调查。在这一过程中，我撰写了"伦理道德，如何才是发展"等长文。由此我感到，有必要对以往自己关于现代中国伦理道德发展的调查研究的成果进行系统的整理，形成与《伦理道德的精神哲学形态》相互支持、"顶天"与"立地"相得益彰的体系性成果。由是形成《现代中国伦理道德发展的精神哲学规律》的 40 多万字的实证研究专著。2017 年的修改，对 2015 年、2016 年版的《伦理道德的精神哲学形态》来说，是一个体系性的重大变化。它将原有下卷第五编"伦理之'公'与道德之'民'"在删去一章后整体移入中卷，成为现在的第四编，同时重新写了"伦理道德的精神哲学形态"一章，将它与 2016 年版中删去的"伦理道德的西方精神哲学范式"，"伦理道德的中国精神哲学范式"两章整合，同时补写了一章，"伦理道德，如何缔造现代文明的'中国精神哲学形态'"，构成第五编"伦理道德的精神哲学范式"。由此，整个下卷试图回应和回答两个重大理论与现实问题："伦理道德的精神哲学形态是什么？""如何建构伦理道德的中国精神哲学形态？"

如此，这部书稿的完成便经历了长达八年的痛苦分娩的思想历程。八年前，它的第一个体系在由英国飞回中国的飞机上与我 50 岁的生日同时诞生，现在，临近"耳顺"之年，它还不能说完成，只能说不得不暂时给它划个"……"号。写完这个后记，在电视广告上猛然发现昨日刚刚度过商家所炒作的那个"光棍节"（11 月 11 日）。"光棍节"既过，但愿自己的作品在思想和学术的世界不致沦为"光棍"，能够有幸邂逅某位当然最好是复数的"某些"知音，至少是善良的同情者。当然，无论"光棍"与否，自己将一如既往地"孤独地思考"，因为禀性如此，能力如此，不仅享受孤独，而且只能孤独……

是为再记。

樊浩

于东南大学"舌在谷"

2017 年 11 月 12 日